电动机绕组全彩色图集

——嵌线·布线·接线展开图

孔 军 主编

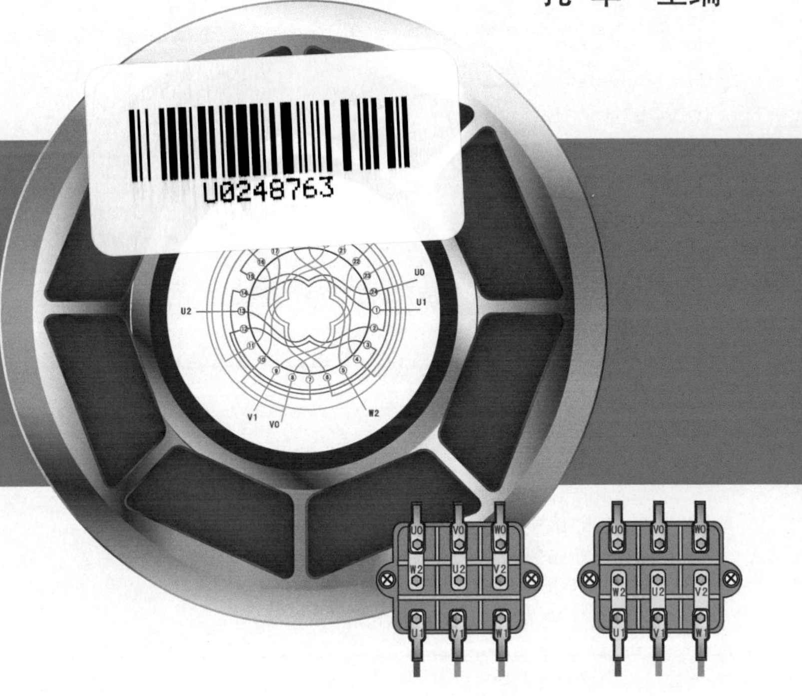

化学工业出版社

·北 京·

本书以彩色图解的形式介绍了多种电动机的绕组数据以及嵌线、布线、接线方法，具体包括：三相交流电动机单层绕组、三相交流电动机双层绕组、三相交流电动机单双层混合绕组和延边三角形绕组、三相变极双速绕组、三相交流电动机转子单层双层和单双混合绕组、单相电动机绕组以及大量不同系列电动机的铁芯及绕组技术数据等内容。本书内容实用、形式新颖、便查易用，读者可以通过目录中的电动机型号方便快捷地查找相关展开图和技术数据。

本书可供从事电动机制造和维修的技术人员学习使用，也可用作大中专院校、职业学校、培训学校等相关专业的参考用书。

图书在版编目（CIP）数据

电动机绕组全彩色图集：嵌线·布线·接线展开图/孔军主编.—北京：化学工业出版社，2013.4（2024.6重印）
ISBN 978-7-122-16490-2

Ⅰ.①电… Ⅱ.①孔… Ⅲ.①电动机-绕组-图集 Ⅳ.①TM320.31-64

中国版本图书馆CIP数据核字（2013）第025755号

责任编辑：李军亮 耍利娜　　装帧设计：尹琳琳
责任校对：宋 玮

出版发行：化学工业出版社（北京市东城区青年湖南街13号 邮政编码100011）
印　　装：涿州市般润文化传播有限公司
880mm×1230mm 1/32 印张18 字数556千字
2024年6月北京第1版第18次印刷

购书咨询：010-64518888
售后服务：010-64518899
网　　址：http://www.cip.com.cn
凡购买本书，如有缺损质量问题，本社销售中心负责调换。

定　　价：78.00元

PREFACE

前言

绕组是电动机的心脏，也是电动机的主要故障源。电动机绕组的嵌线、布线和接线是修理电动机的重中之重。由于目前电动机的种类较多，结构各异，这给广大电动机维修人员带来许多困难。因此编写本书，希望对电动机维修人员有所帮助。

本书选取了近400种常见的电动机型号，以电动机市场保有量大为原则，将传统画法——绕组展开图，与现代画法——绕组端面图结合，以更大限度地适合读者。同时在书中清楚地标明了绕组各种数据和接线方法。

本书的第1章介绍了三相交流电动机单层绕组，第2章介绍了三相交流电动机双层绕组，第3章介绍了三相交流电动机单双层混合绕组和延边三角形绕组，第4章介绍了三相变极双速绕组，第5章介绍了三相交流电动机转子绕组，第6章介绍了常见单相电动机绕组，第7章介绍了其他单相电动机绕组。

本书由孔军主编，参加编写的人员还有程玉华、张丽、宋睿、朱琳、刘冰、袁大权、曹清云、李小方、李青丽、高春其、梁志鹏、盖光辉、张彩霞、李东亮、安思慧、王彬、李勤、邵方星、周文彩、薛大迪、张军瑞、张猛、高文华、孙运生、周国强、张明星、刘海龙、尹建华、刘红军、霍胜杰、张云丹、庞云峰、吕会琴、李俊华、张倩、郭荣立、潘利杰、白春东、林博、任旭阳、王志玲、李自雄、刘力侨、陈海龙、李飞、李丽丽、黄杰、陈义强、王云、翟红波等。

由于编者水平有限，书中不足之处难免，望读者提出宝贵意见，以期重版时修正。

编者

CONTENTS

目录

第4章 三相变极双速绕组 216

7.3 单相双速绕组 …………………………… 391

7.4 单相三速绕组 …………………………… 404

附录

PART1

第1章

三相交流电动机单层绕组

1.1 三相单层叠式绕组

1.1.1 24槽2极单层叠式绕组（$y=10, a=1$）

① 绕组数据

定子槽数 $Z=24$

电机极数 $2p=2$

线圈极距 $\tau=12$

线圈组数 $u=6$

每组圈数 $S=2$

极相槽数 $q=4$

总线圈数 $Q=12$

并联路数 $a=1$

线圈节距 $y=10$

② 绕组端面图

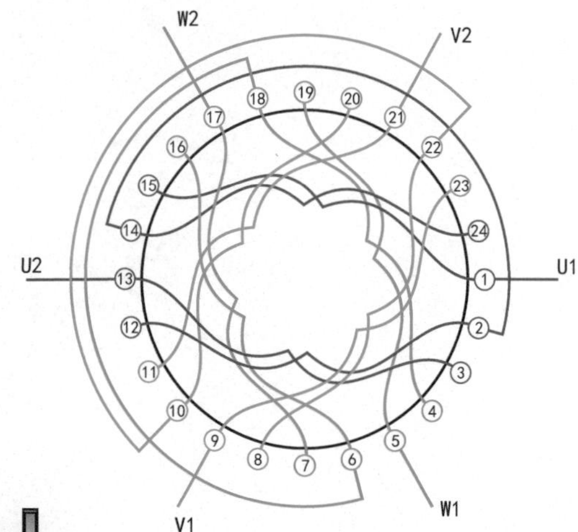

③ 接线盒

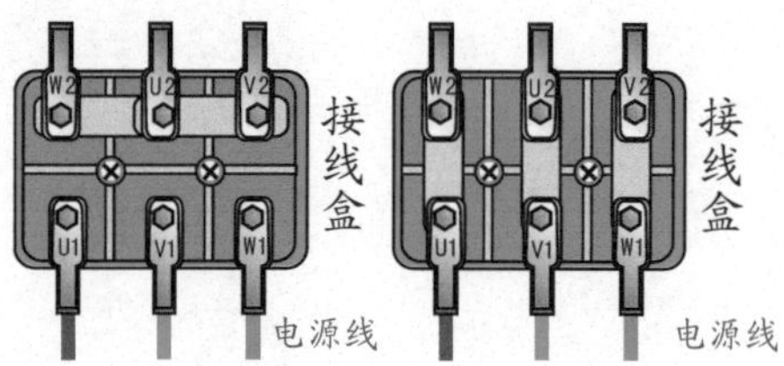

(a) 星形(Y)接法　(b) 三角形(△)接法

④ 绕组展开图

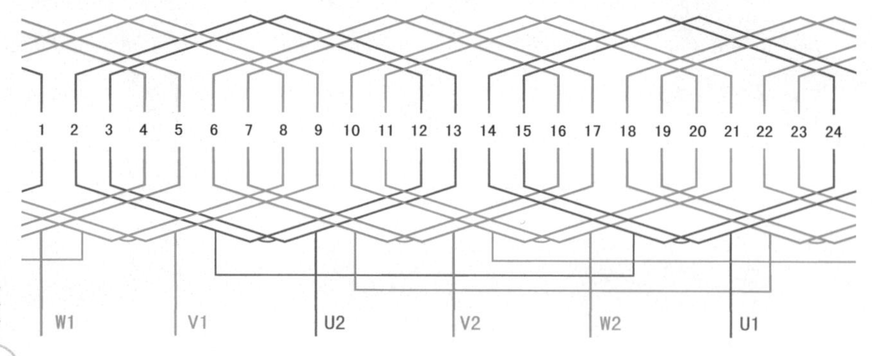

1.1.2 36槽2极单层叠式绕组（$y=15, a=1$）

① 绕组数据

定子槽数 $Z=24$

电机极数 $2p=4$

线圈极距 $\tau=18$

线圈组数 $u=6$

每组圈数 $S=3$

极相槽数 $q=6$

总线圈数 $Q=18$

并联路数 $a=1$

线圈节距 $y=15$

② 绕组端面图

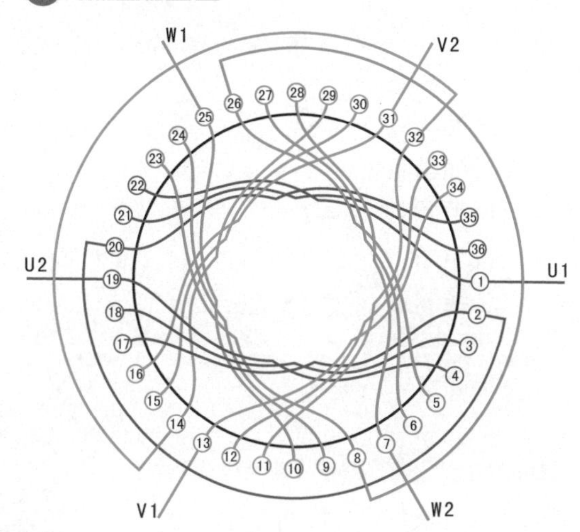

③ 接线盒

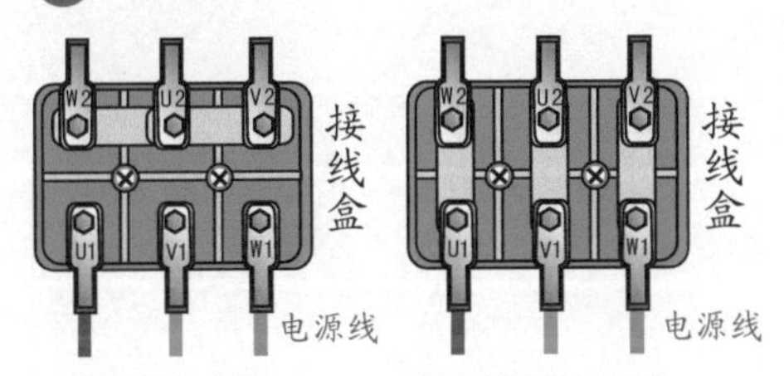

(a) 星形(Y)接法　　(b) 三角形(△)接法

④ 绕组展开图

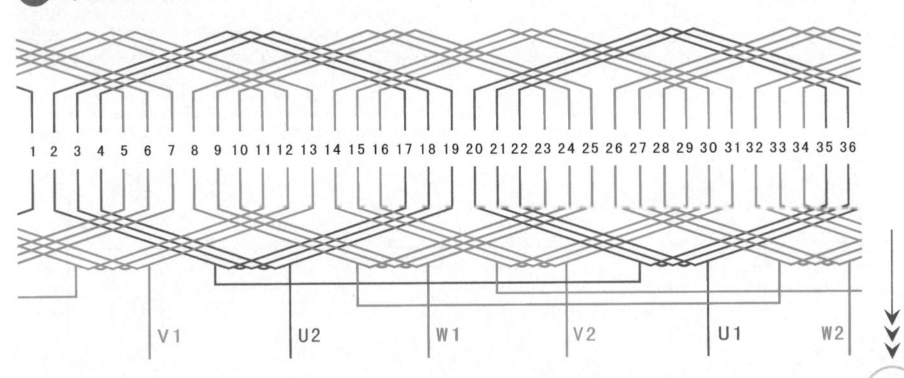

1.1.3 36槽6极单层叠式绕组（$y=6, a=1$）

① 绕组数据

定子槽数 $Z=36$

电机极数 $2p=6$

线圈极距 $\tau=6$

线圈组数 $u=9$

每组圈数 $S=2$

极相槽数 $q=2$

总线圈数 $Q=18$

并联路数 $a=1$

线圈节距 $y=6$

② 绕组端面图

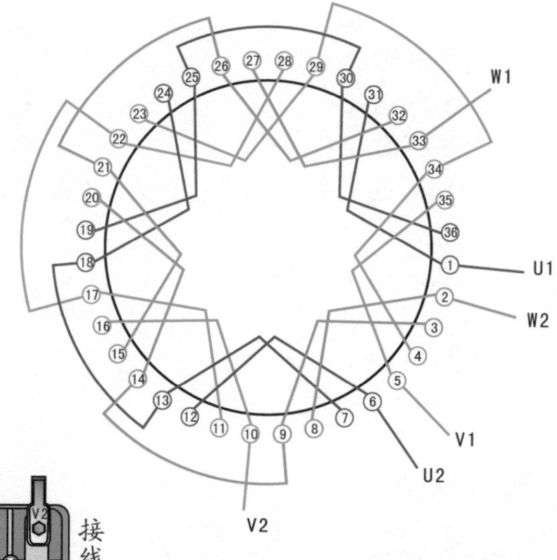

③ 接线盒

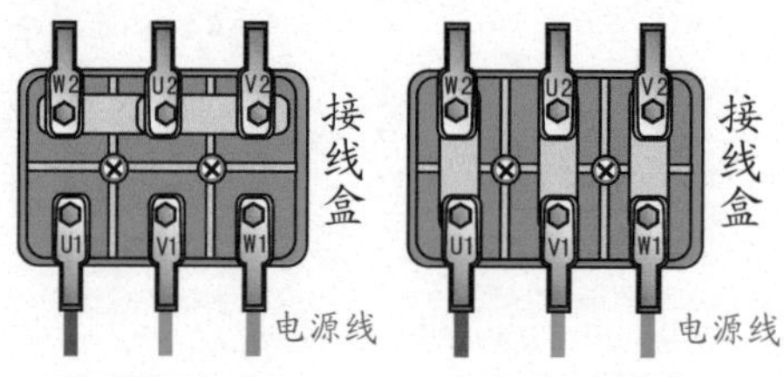

(a) 星形(Y)接法　(b) 三角形(△)接法

④ 绕组展开图

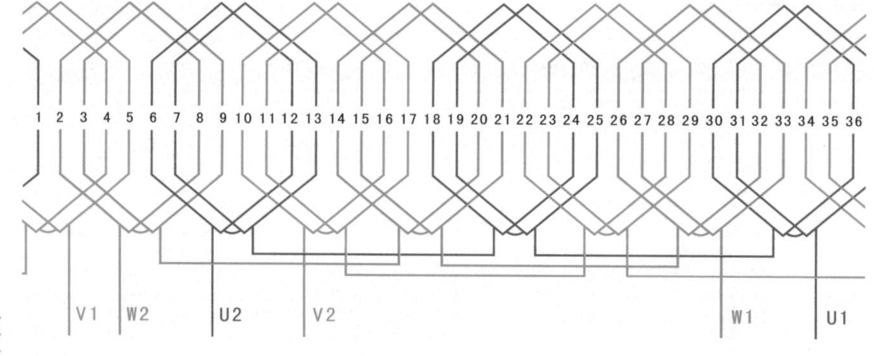

1.1.4 48槽4极单层叠式绕组（$y=10, a=2$）

1 绕组数据

定子槽数 $Z=48$

电机极数 $2p=4$

线圈极距 $\tau=12$

线圈组数 $u=12$

每组圈数 $S=2$

极相槽数 $q=4$

总线圈数 $Q=24$

并联路数 $a=2$

线圈节距 $y=10$

2 绕组端面图

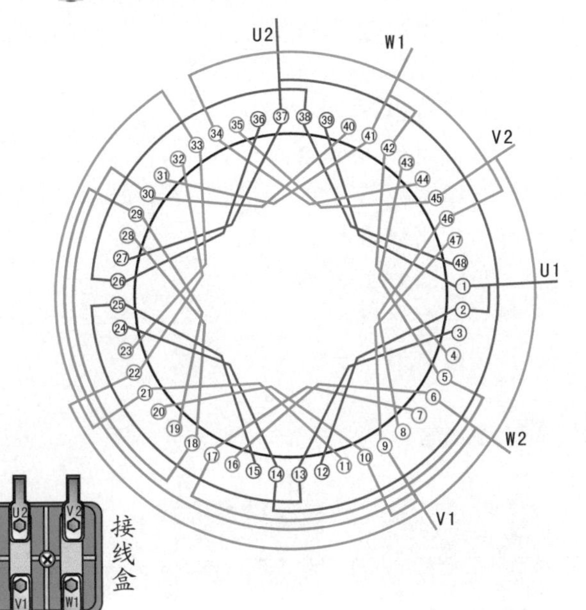

3 接线盒

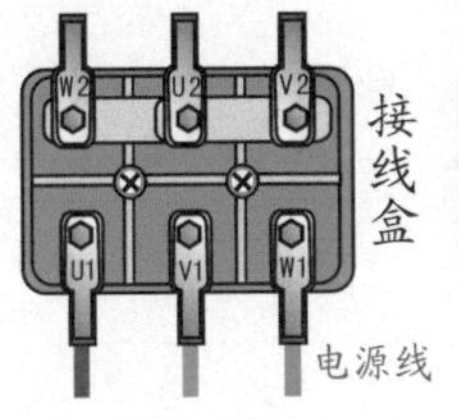

(a) 星形(Y)接法

(b) 三角形(△)接法

4 绕组展开图

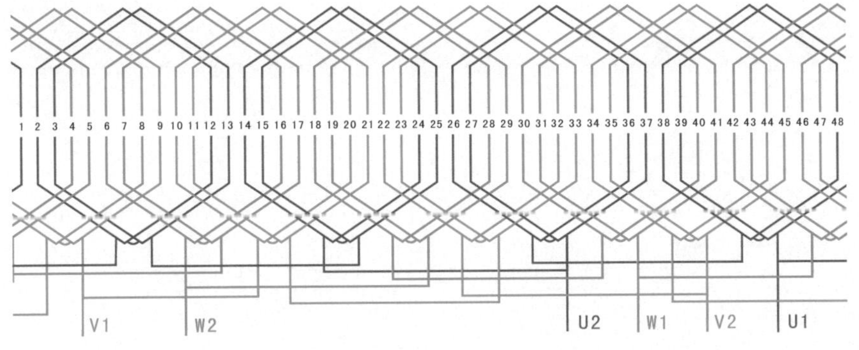

1.1.5 48槽8极单层叠式绕组（$y=6, a=1$）

① 绕组数据

定子槽数 $Z=48$

电机极数 $2p=8$

线圈极距 $\tau=6$

线圈组数 $u=12$

每组圈数 $S=2$

极相槽数 $q=2$

总线圈数 $Q=24$

并联路数 $a=1$

线圈节距 $y=6$

② 绕组端面图

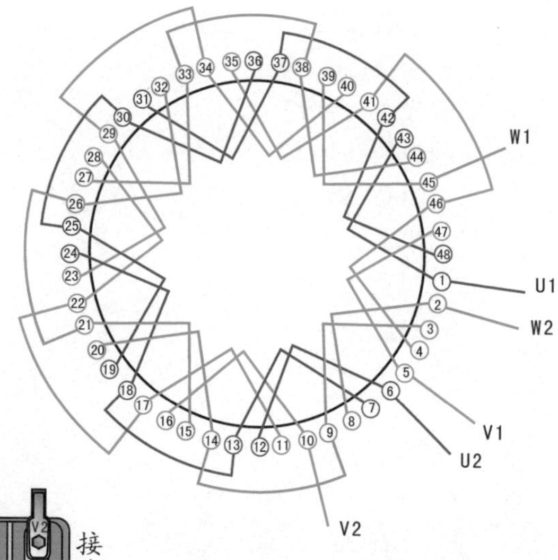

③ 接线盒

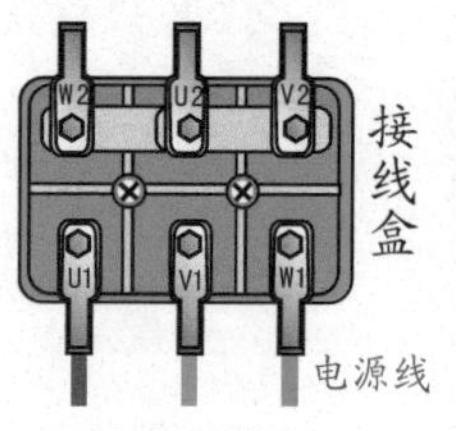

(a) 星形(Y)接法

W2 U2 V2 U1 V1 W1 接线盒 电源线

(b) 三角形(△)接法

④ 绕组展开图

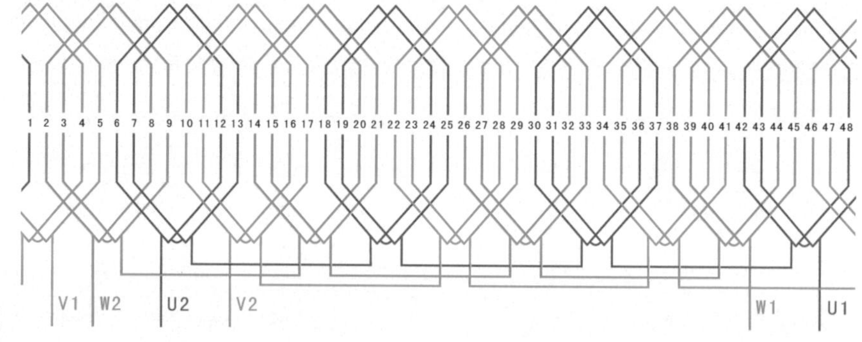

1.1.6 48槽8极单层叠式绕组（$y=6, a=2$）

1 绕组数据

定子槽数 $Z=48$

电机极数 $2p=8$

线圈极距 $\tau=6$

线圈组数 $u=12$

每组圈数 $S=2$

极相槽数 $q=2$

总线圈数 $Q=24$

并联路数 $a=2$

线圈节距 $y=6$

2 绕组端面图

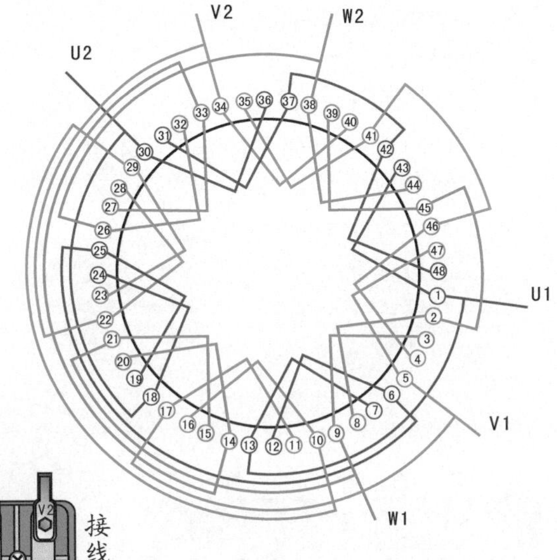

3 接线盒

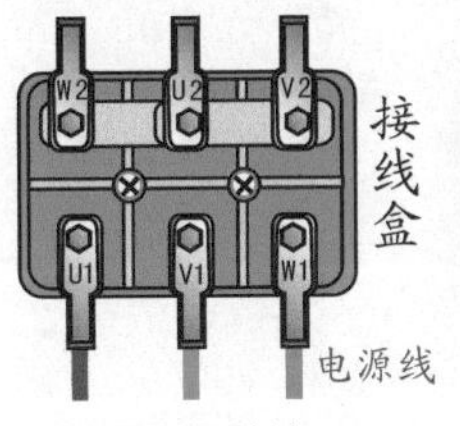

(a) 星形(Y)接法

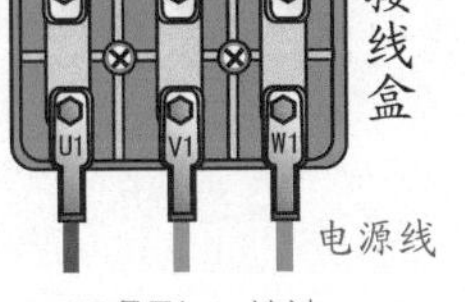

(b) 三角形(△)接法

4 绕组展开图

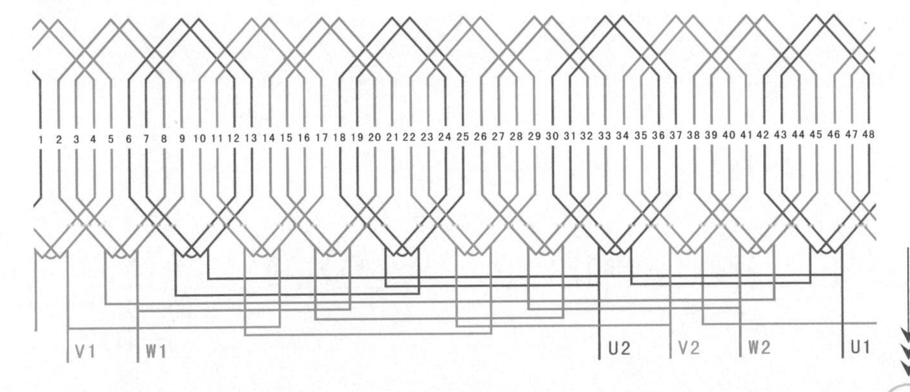

1.1.7 48槽12极单层叠式（庶极）绕组

① 绕组数据

定子槽数 $Z=48$

电机极数 $2p=12$

总线圈数 $Q=24$

线圈组数 $u=18$

每组圈数 $S=1$、2

极相槽数 $q=4/3$

线圈极距 $\tau=4$

并联路数 $a=1$

线圈节距 $y=4$

② 绕组端面图

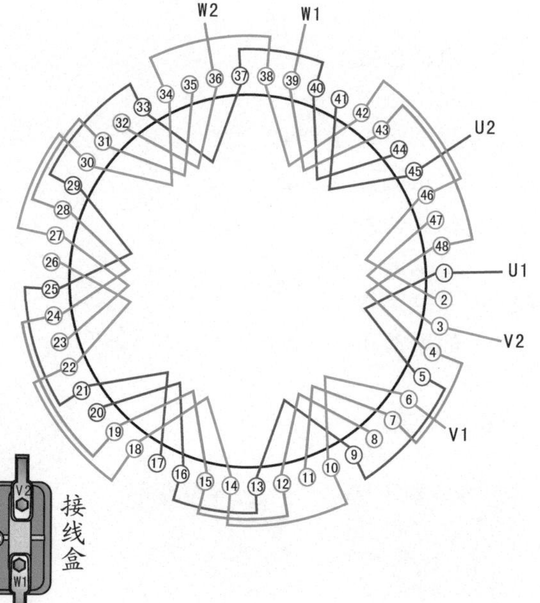

③ 接线盒

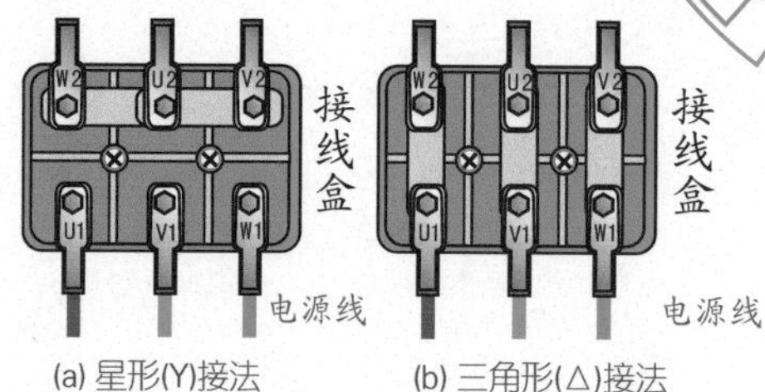

(a) 星形(Y)接法　(b) 三角形(△)接法

④ 绕组展开图

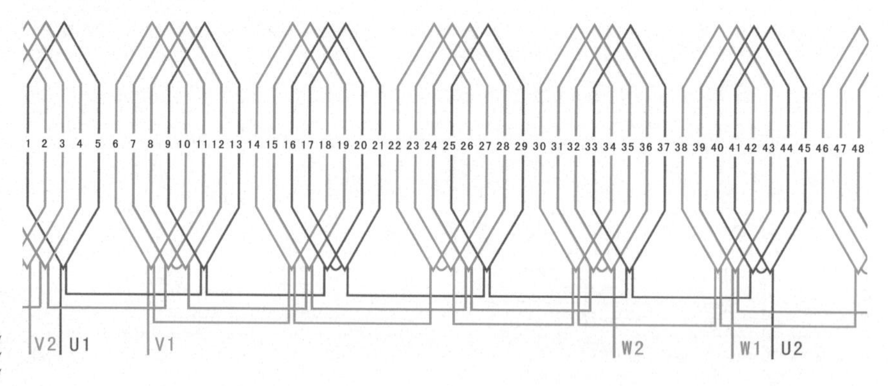

1.1.8 60槽10极单层叠式绕组（$y=6, a=1$）

① 绕组数据

定子槽数 $Z=60$

电机极数 $2p=10$

线圈极距 $\tau=6$

线圈组数 $u=15$

每组圈数 $S=2$

极相槽数 $q=2$

总线圈数 $Q=30$

并联路数 $a=1$

线圈节距 $y=6$

② 绕组端面图

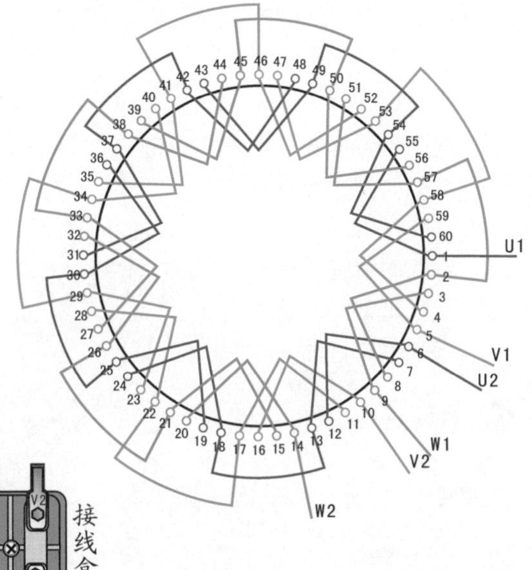

③ 接线盒

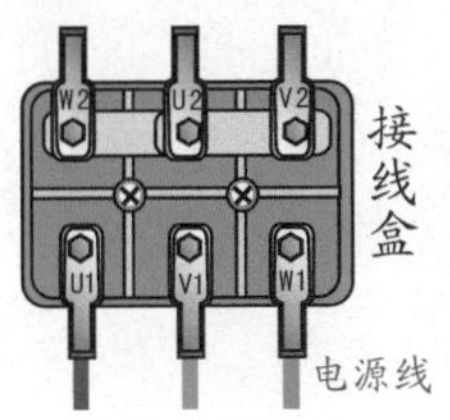

(a) 星形(Y)接法

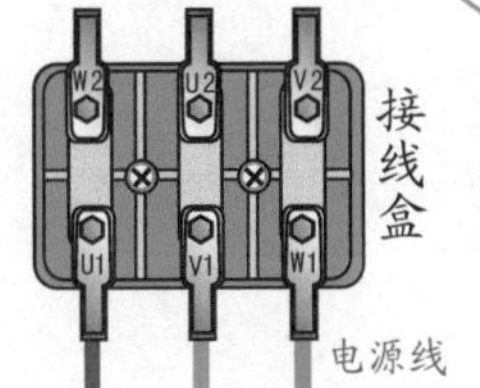

(b) 三角形(△)接法

④ 绕组展开图

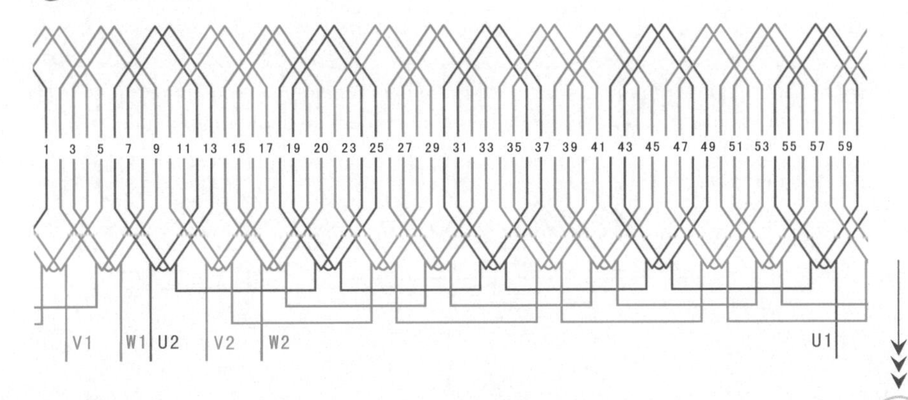

1.1.9 72槽8极单层叠式绕组（$y=9, a=2$）

① 绕组数据

定子槽数 $Z=72$

电机极数 $2p=8$

线圈极距 $\tau=9$

线圈组数 $u=12$

每组圈数 $S=3$

极相槽数 $q=3$

总线圈数 $Q=6$

并联路数 $a=2$

线圈节距 $y=9$

② 绕组端面图

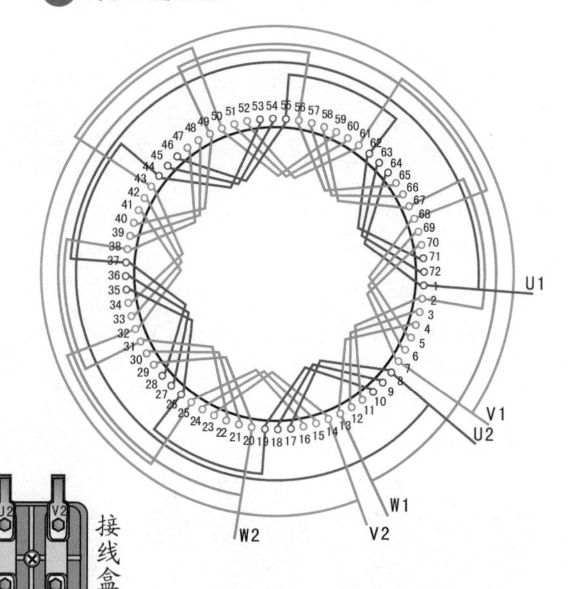

③ 接线盒

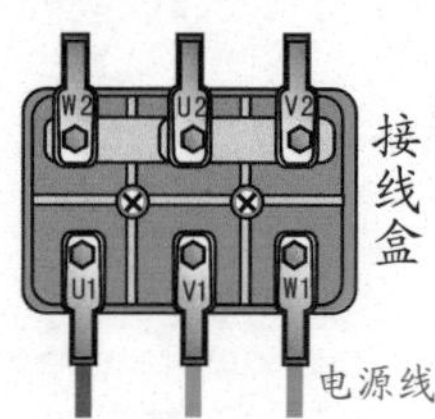

(a) 星形(Y)接法　　(b) 三角形(△)接法

④ 绕组展开图

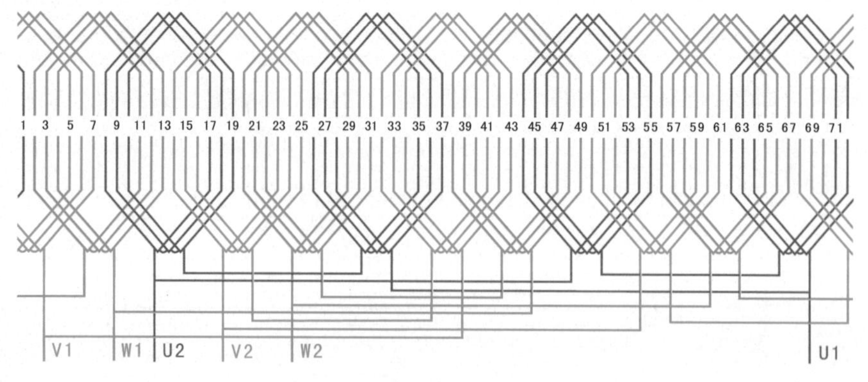

1.1.10 90槽10极单层叠式绕组（$y=9, a=1$）

1 绕组数据

定子槽数 $Z=90$

电机极数 $2p=10$

线圈极距 $\tau=9$

线圈组数 $u=15$

每组圈数 $S=3$

极相槽数 $q=3$

总线圈数 $Q=45$

并联路数 $a=1$

线圈节距 $y=9$

2 绕组端面图

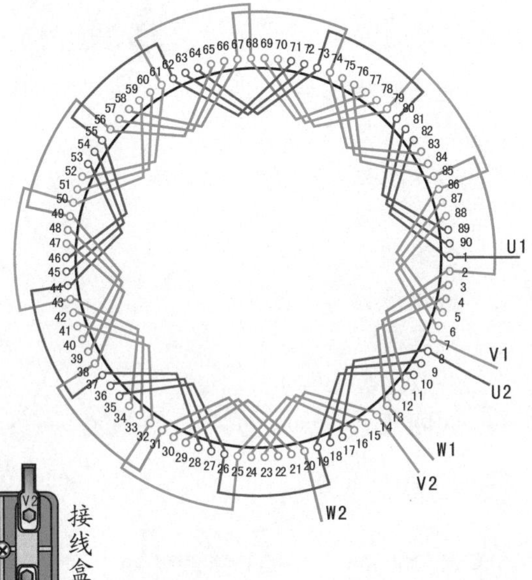

3 接线盒

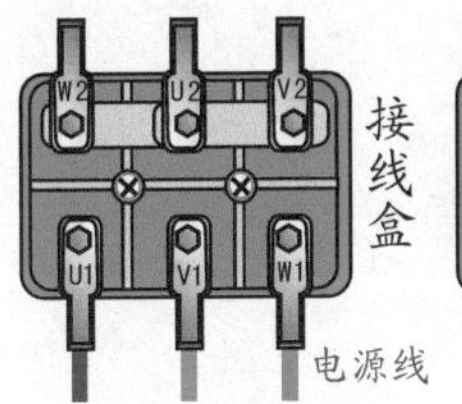

(a) 星形(Y)接法

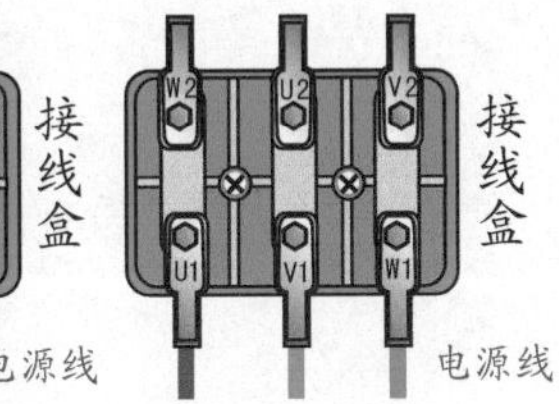

(b) 三角形(△)接法

4 绕组展开图

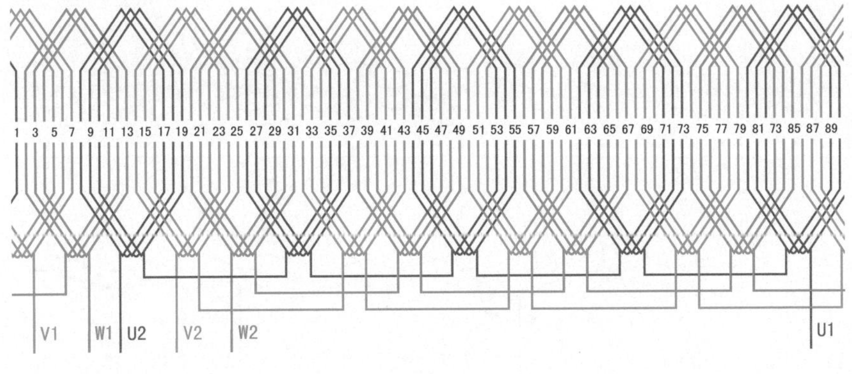

1.2 三相单层同心式绕组

1.2.1 12槽2极单层同心式绕组（$y=7$、5, $a=1$）

① 绕组数据

定子槽数 $Z=12$

电机极数 $2p=2$

总线圈数 $Q=6$

线圈组数 $u=3$

每组圈数 $S=2$

极相槽数 $q=2$

线圈极距 $\tau=6$

并联路数 $a=1$

线圈节距 $y=7$、5

② 绕组端面图

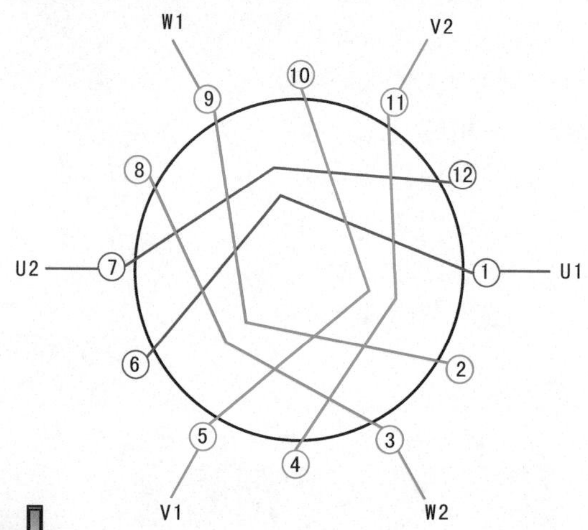

③ 接线盒

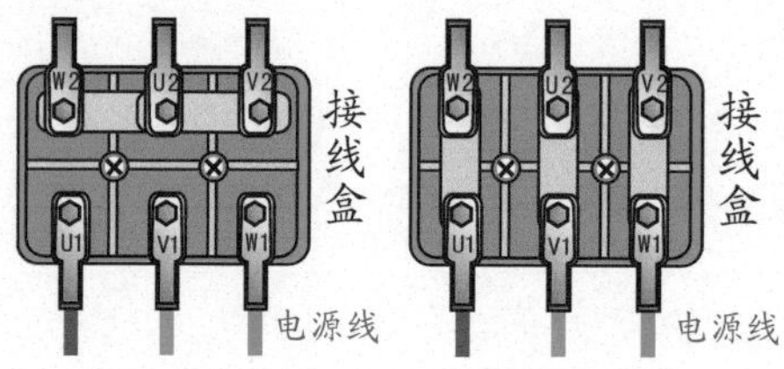

(a) 星形(Y)接法　(b) 三角形(△)接法

④ 绕组展开图

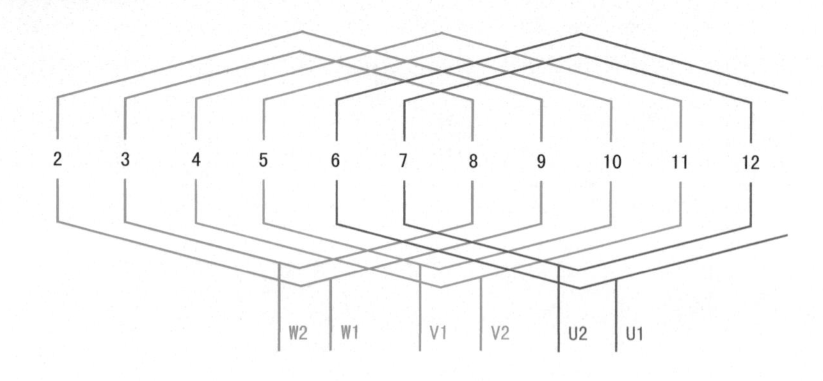

1.2.2　18槽2极单层同心式绕组（y=11、9、7，a=1）

❶ 绕组数据

定子槽数 $Z=18$

电机极数 $2p=2$

线圈极距 $\tau=9$

线圈组数 $u=3$

每组圈数 $S=3$

极相槽数 $q=3$

总线圈数 $Q=9$

并联路数 $a=1$

线圈节距 $y=11$、9、7

❷ 绕组端面图

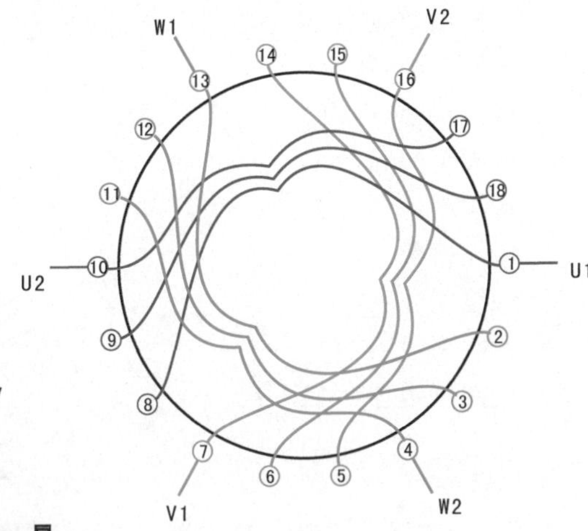

❸ 接线盒

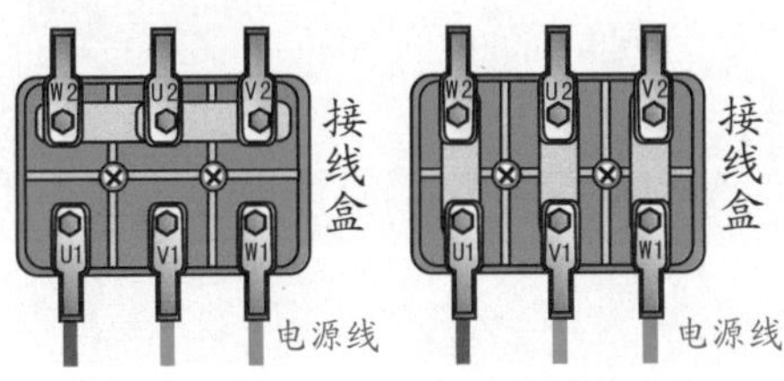

(a) 星形(Y)接法　(b) 三角形(△)接法

❹ 绕组展开图

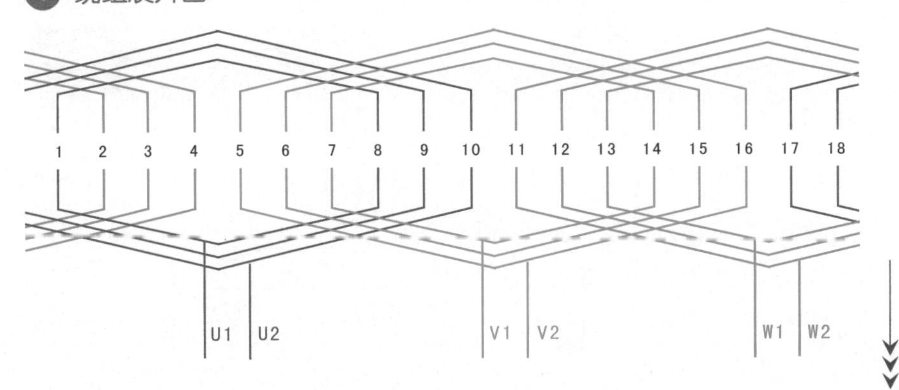

1.2.3 24槽2极单层同心式绕组（$y=11$、9，$a=1$）

① 绕组数据

定子槽数 $Z=24$

电机极数 $2p=2$

线圈极距 $\tau=12$

线圈组数 $u=6$

每组圈数 $S=2$

极相槽数 $q=4$

总线圈数 $Q=12$

并联路数 $a=1$

线圈节距 $y=11$、9

② 绕组端面图

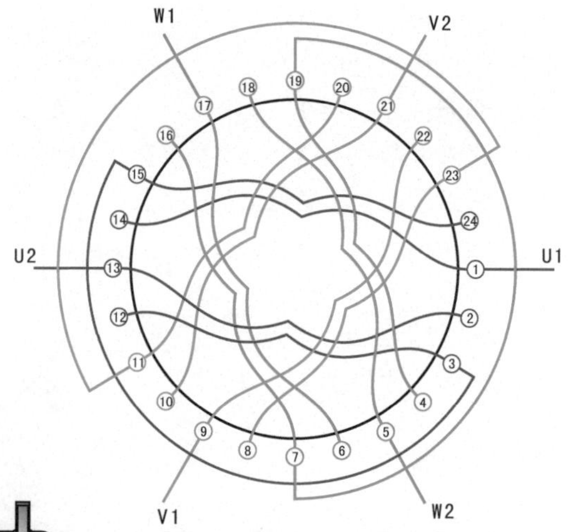

③ 接线盒

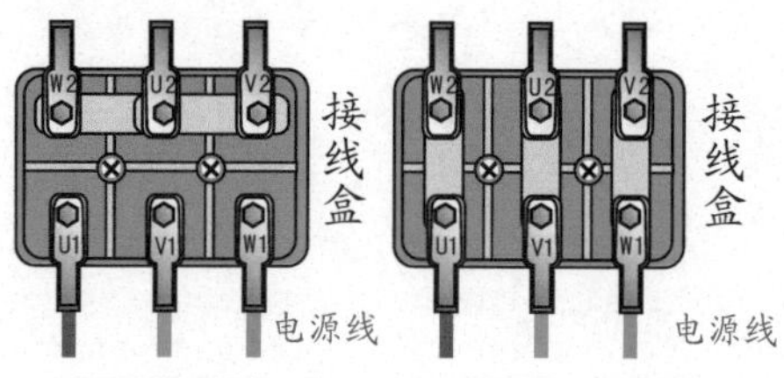

(a) 星形(Y)接法　　(b) 三角形(△)接法

④ 绕组展开图

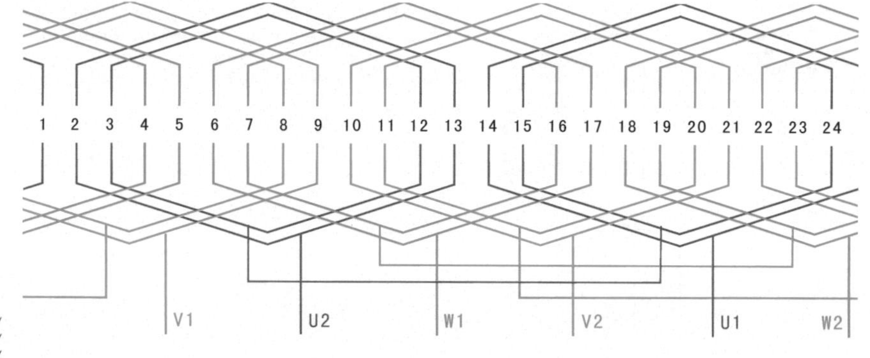

1.2.4 24槽2极单层同心式绕组（$y=11、9$，$a=2$）

① 绕组数据

定子槽数 $Z=24$

电机极数 $2p=2$

线圈极距 $\tau=12$

线圈组数 $u=6$

每组圈数 $S=2$

极相槽数 $q=4$

总线圈数 $Q=12$

并联路数 $a=2$

线圈节距 $y=11、9$

② 绕组端面图

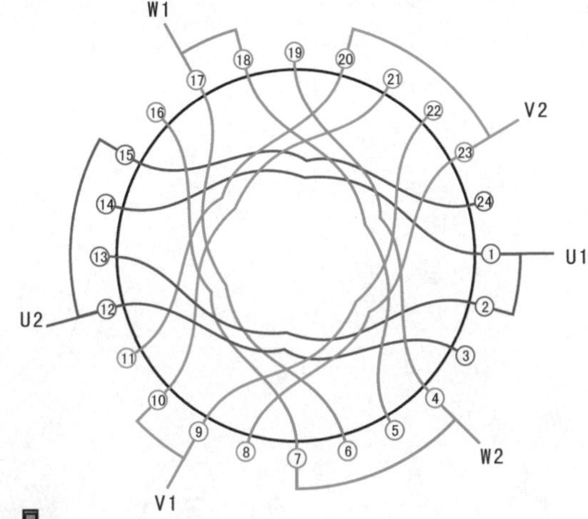

③ 接线盒

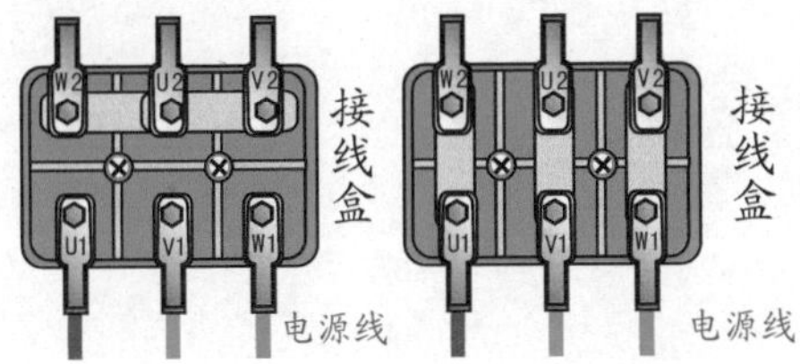

(a) 星形(Y)接法　(b) 三角形(△)接法

④ 绕组展开图

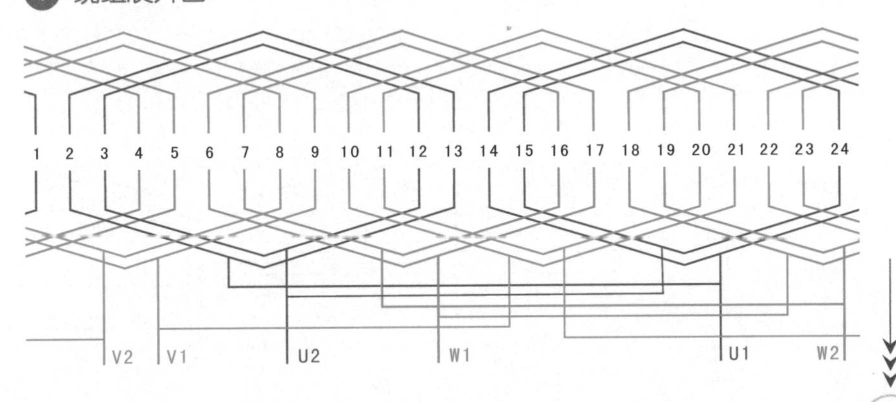

1.2.5 24槽2极延边启动单层同心式绕组（y=11、9, a=1）

① 绕组数据

定子槽数 $Z=24$

电机极数 $2p=2$

线圈极距 $\tau=12$

线圈组数 $u=12$

每组圈数 $S=1$

极相槽数 $q=4$

总线圈数 $Q=12$

并联路数 $a=1$

线圈节距 $y=11$、9

② 绕组端面图

W1 V2 W0 U0 U1 U2 V1 V0 W2

③ 接线盒

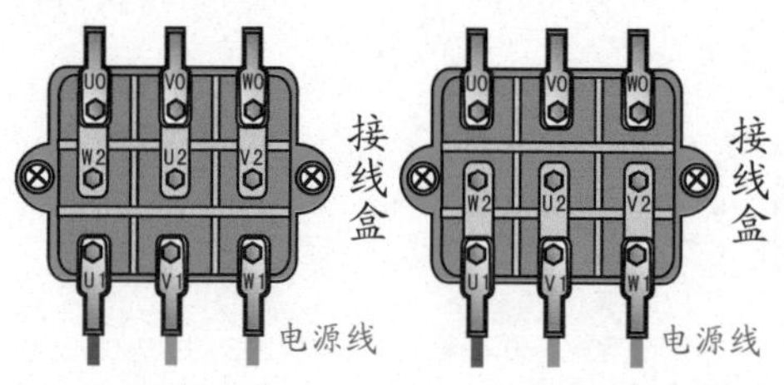

(a) 延边启动 (b) 角形运转

④ 绕组展开图

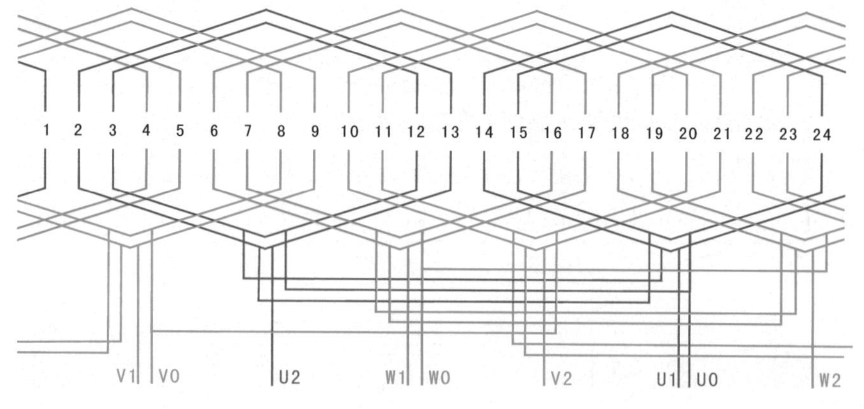

1.2.6 24槽4极单层同心式绕组（$y=7$、5，$a=1$）

① 绕组数据

定子槽数 $Z=24$

电机极数 $2p=4$

线圈极距 $\tau=6$

线圈组数 $u=6$

每组圈数 $S=2$

极相槽数 $q=2$

总线圈数 $Q=12$

并联路数 $a=1$

线圈节距 $y=7$、5

② 绕组端面图

③ 接线盒

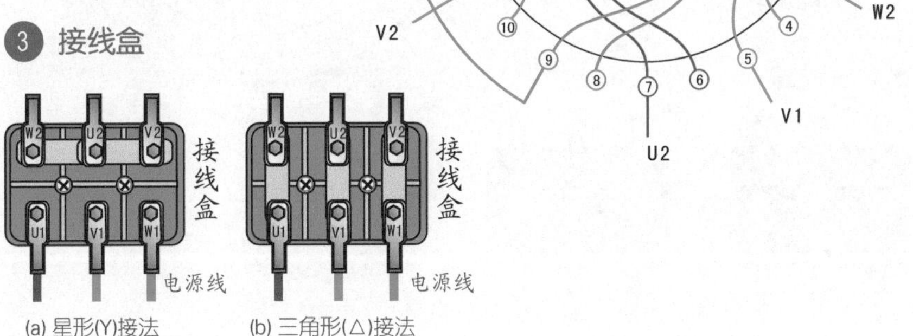

(a) 星形(Y)接法　　(b) 三角形(△)接法

④ 绕组展开图

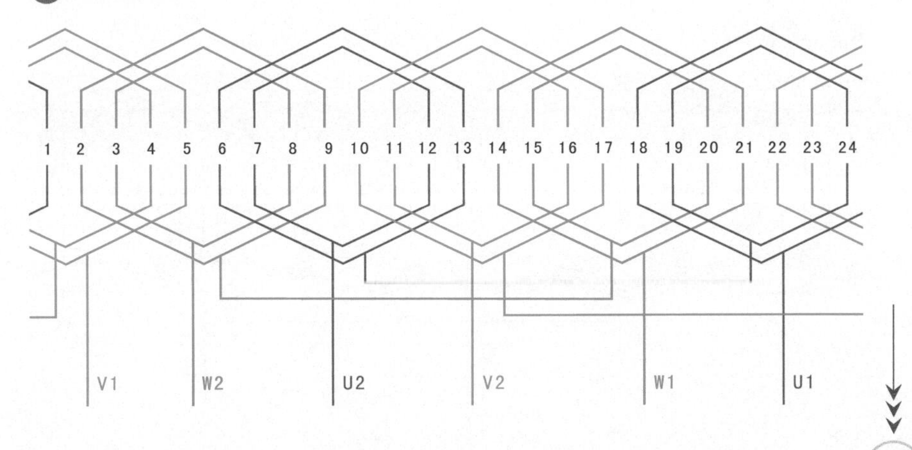

1.2.7 36槽2极单层同心式绕组（y=17、15、13, a=1）

① 绕组数据

定子槽数 $Z=36$

电机极数 $2p=2$

线圈极距 $\tau=18$

线圈组数 $u=6$

每组圈数 $S=3$

极相槽数 $q=6$

总线圈数 $Q=18$

并联路数 $a=1$

线圈节距 $y=17、15、13$

② 绕组端面图

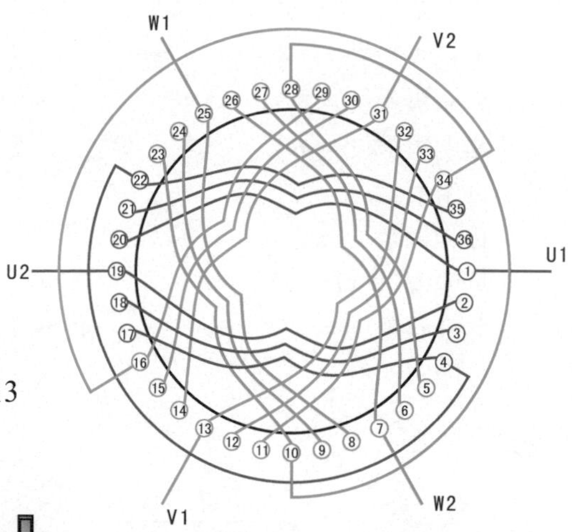

③ 接线盒

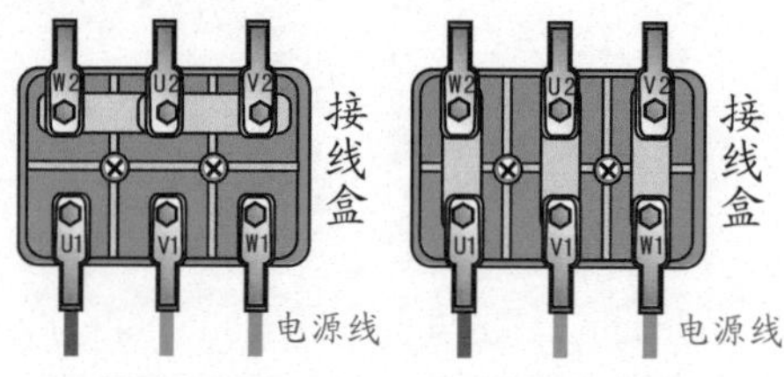

(a) 星形(Y)接法　(b) 三角形(△)接法

④ 绕组展开图

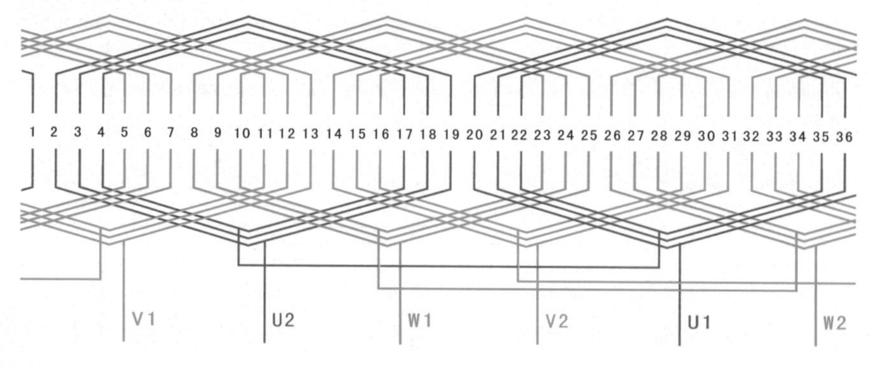

1.2.8 36槽2极单层同心式绕组（$y=17$、15、13，$a=2$）

1 绕组数据

定子槽数 $Z=36$

电机极数 $2p=2$

线圈极距 $\tau=18$

线圈组数 $u=6$

每组圈数 $S=3$

极相槽数 $q=6$

总线圈数 $Q=18$

并联路数 $a=2$

线圈节距 $y=17$、15、13

2 绕组端面图

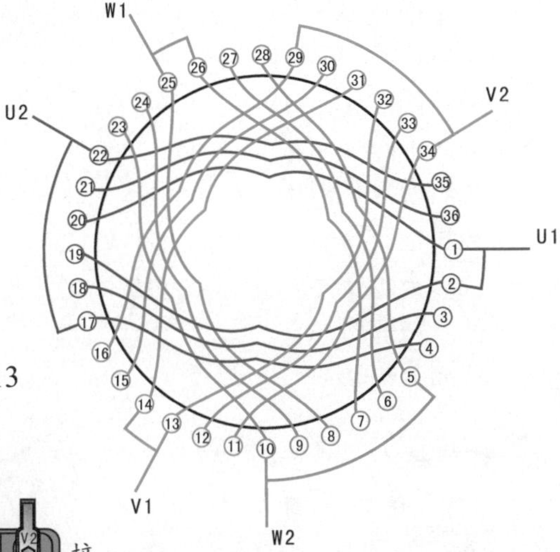

3 接线盒

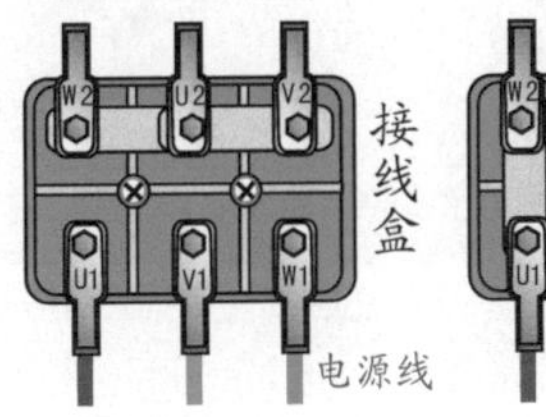

(a) 星形(Y)接法　(b) 三角形(△)接法

4 绕组展开图

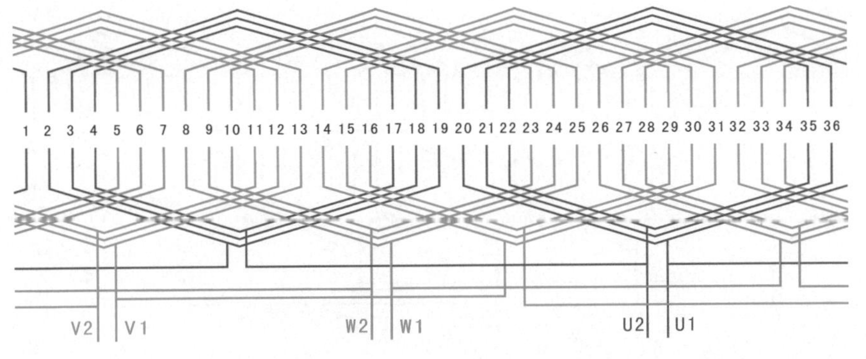

1.2.9 36槽4极单层同心式绕组（$a=2$）

① 绕组数据

定子槽数 $Z=36$

电机极数 $2p=4$

总线圈数 $Q=18$

线圈组数 $u=6$

每组圈数 $S=3$

极相槽数 $q=3$

绕组极距 $\tau=9$

并联路数 $a=2$

线圈节距 $y=11、9、7$

② 绕组端面图

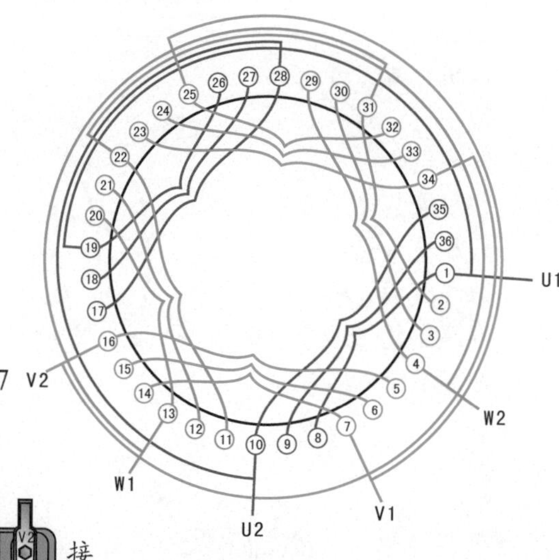

③ 接线盒

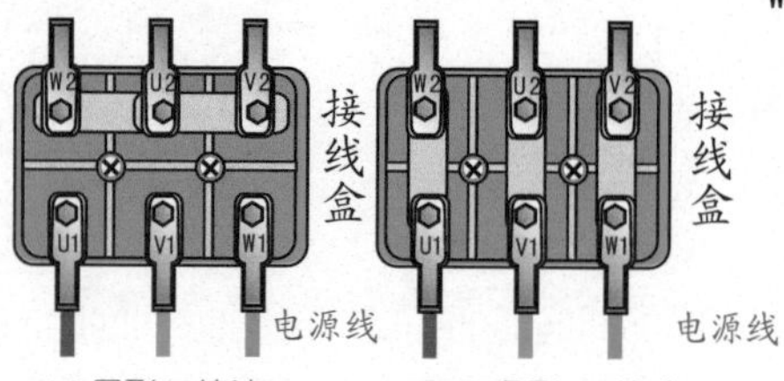

(a) 星形(Y)接法　(b) 三角形(△)接法

④ 绕组展开图

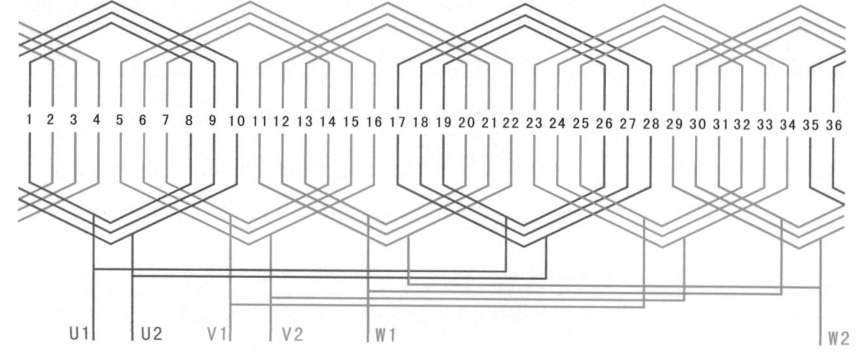

1.2.10 48槽4极单层同心式绕组（$y=11$、9, $a=1$）

① 绕组数据

定子槽数 $Z=48$

电机极数 $2p=4$

线圈极距 $\tau=12$

线圈组数 $u=12$

每组圈数 $S=2$

极相槽数 $q=4$

总线圈数 $Q=24$

并联路数 $a=1$

线圈节距 $y=11$、9

② 绕组端面图

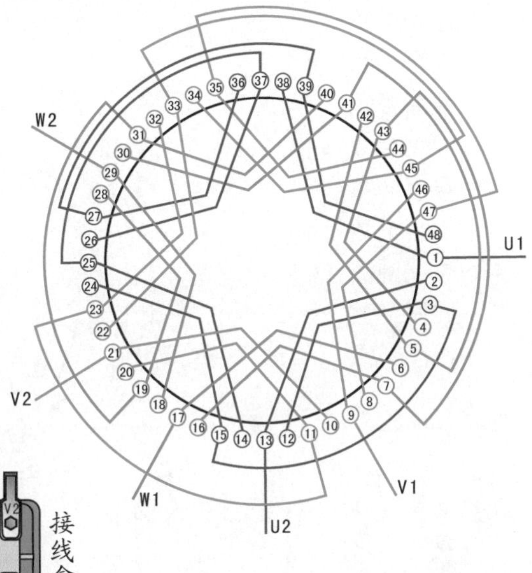

③ 接线盒

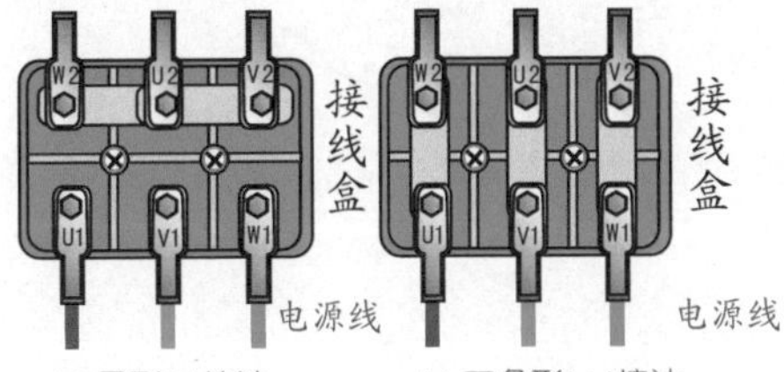

(a) 星形(Y)接法　(b) 三角形(△)接法

④ 绕组展开图

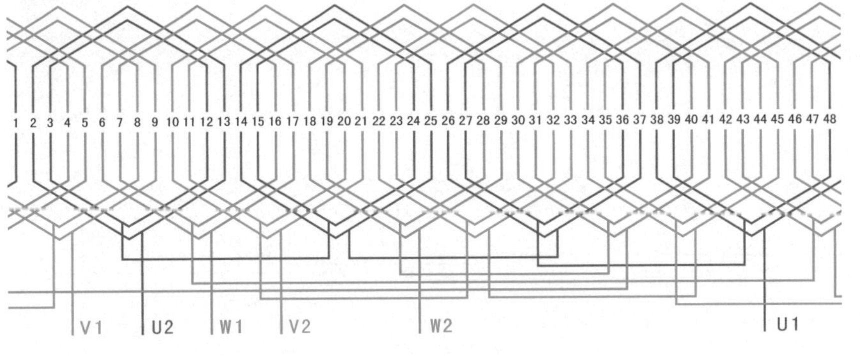

1.2.11 48槽4极单层同心式绕组（$y=11$、9，$a=2$）

① 绕组数据

定子槽数 $Z=48$

电机极数 $2p=4$

线圈极距 $\tau=12$

线圈组数 $u=12$

每组圈数 $S=2$

极相槽数 $q=4$

总线圈数 $Q=24$

并联路数 $a=2$

线圈节距 $y=11$、9

② 绕组端面图

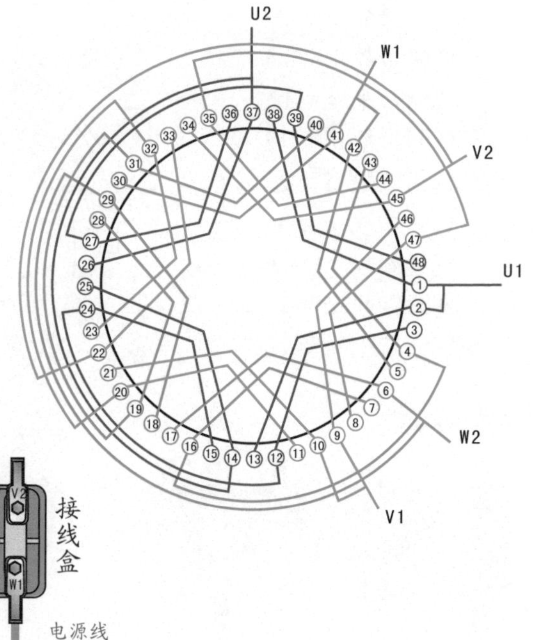

③ 接线盒

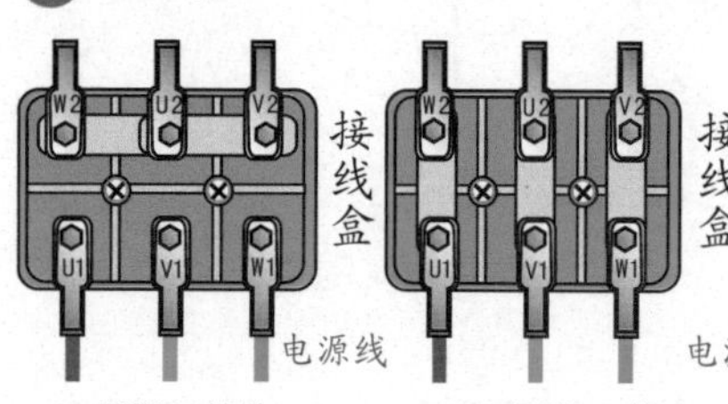

(a) 星形(Y)接法　　(b) 三角形(△)接法

④ 绕组展开图

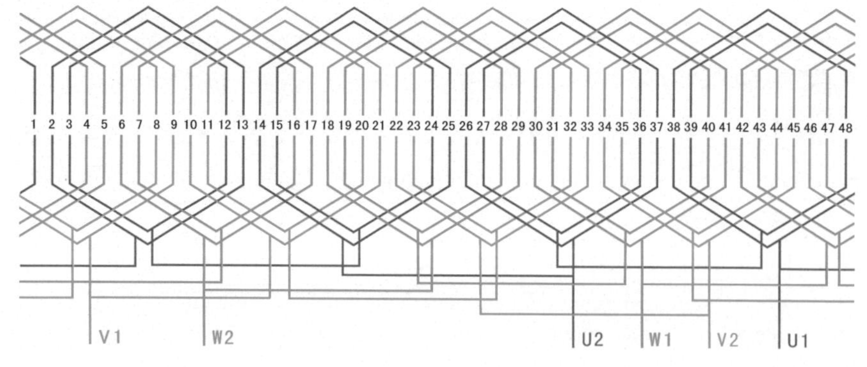

1.2.12 48槽4极单层同心式绕组（y=11、9，a=4）

1 绕组数据

定子槽数 $Z=48$

电机极数 $2p=4$

线圈极距 $\tau=12$

线圈组数 $u=12$

每组圈数 $S=2$

极相槽数 $q=4$

总线圈数 $Q=24$

并联路数 $a=4$

线圈节距 $y=11$、9

2 绕组端面图

3 接线盒

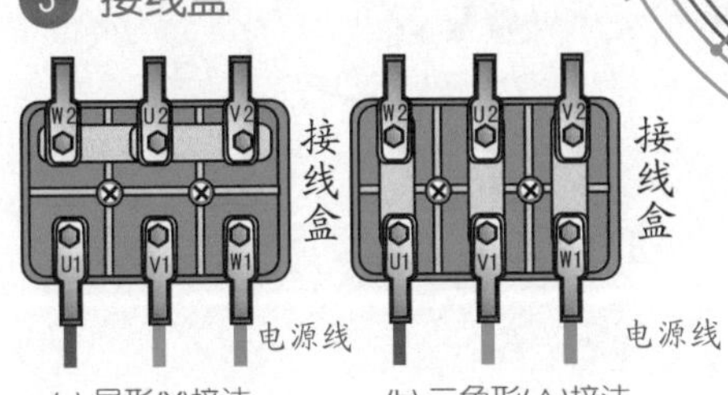

(a) 星形(Y)接法　(b) 三角形(△)接法

4 绕组展开图

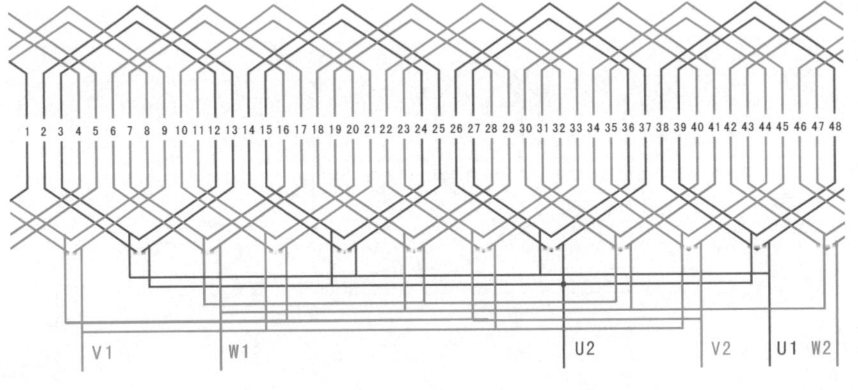

1.2.13 48槽8极单层同心式绕组（$y=7$、5, $a=1$）

① 绕组数据

定子槽数 $Z=48$

电机极数 $2p=8$

线圈极距 $\tau=6$

线圈组数 $u=12$

每组圈数 $S=2$

极相槽数 $q=2$

总线圈数 $Q=24$

并联路数 $a=1$

线圈节距 $y=7$、5

② 绕组端面图

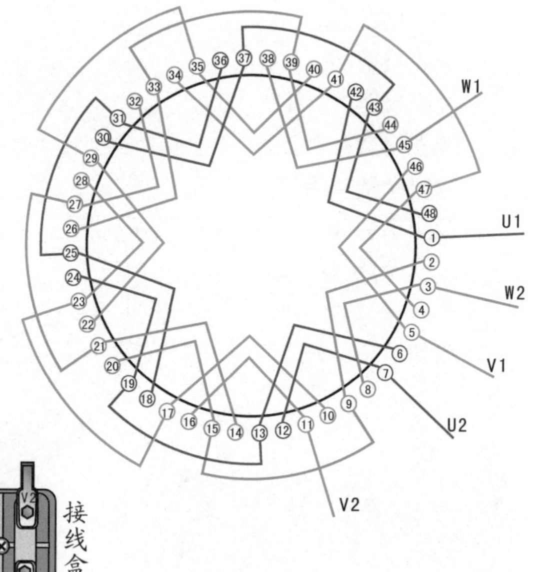

③ 接线盒

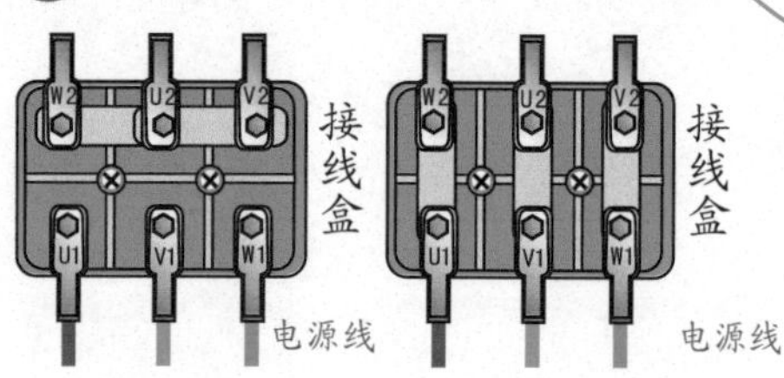

(a) 星形(Y)接法　　(b) 三角形(△)接法

④ 绕组展开图

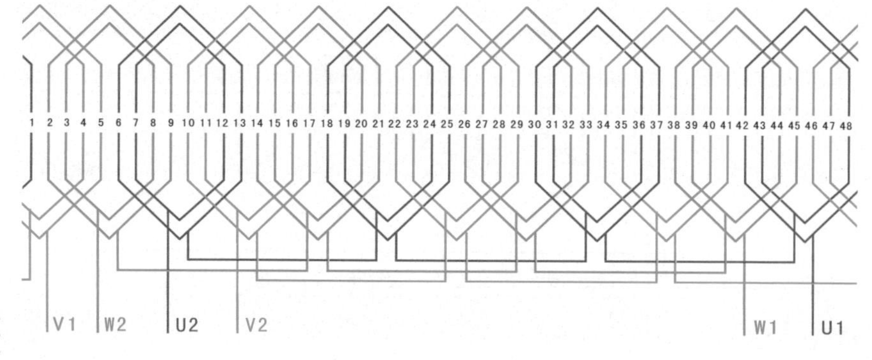

1.2.14 48槽8极单层同心式绕组（$y=7$、$5, a=4$）

1 绕组数据

定子槽数 $Z=48$

电机极数 $2p=8$

线圈极距 $\tau=6$

线圈组数 $u=12$

每组圈数 $S=2$

极相槽数 $q=2$

总线圈数 $Q=24$

并联路数 $a=4$

线圈节距 $y=7$、5

2 绕组端面图

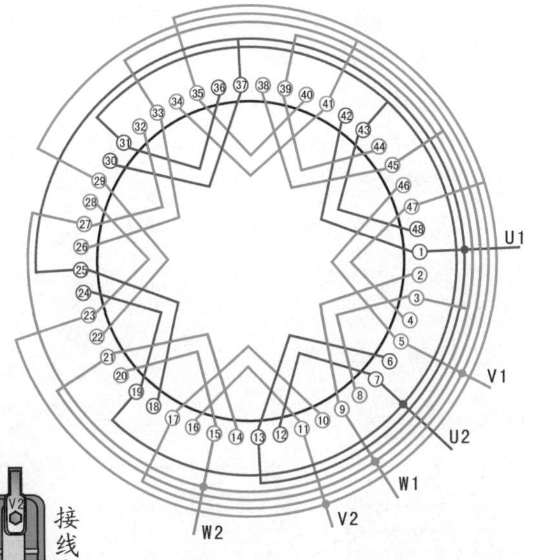

3 接线盒

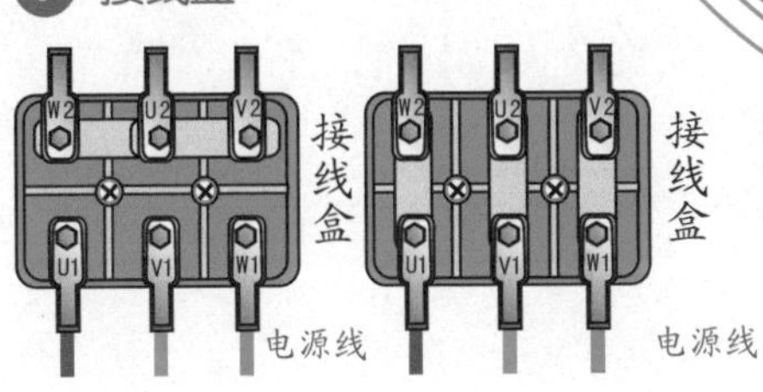

(a) 星形(Y)接法　(b) 三角形(△)接法

4 绕组展开图

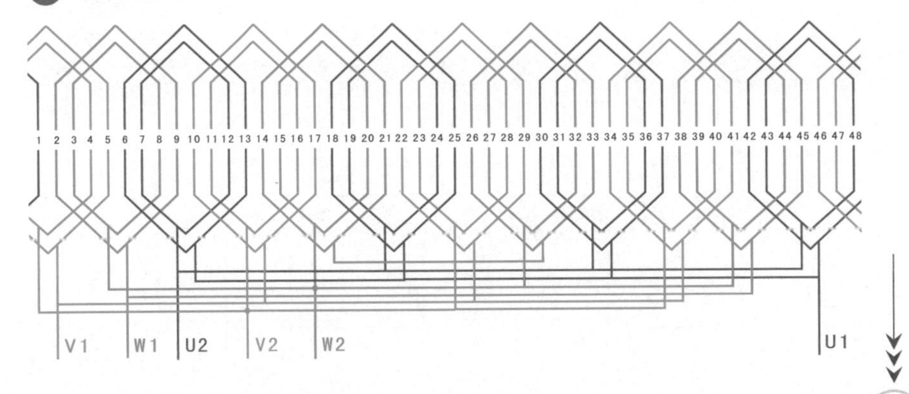

1.2.15 72槽8极单层同心式绕组（y=11、9、7，a=2）

① 绕组数据

定子槽数 $Z=72$
电机极数 $2p=8$
线圈极距 $\tau=9$
线圈组数 $u=12$
每组圈数 $S=3$
极相槽数 $q=3$
总线圈数 $Q=36$
并联路数 $a=2$
线圈节距 $y=11、9、7$

② 绕组端面图

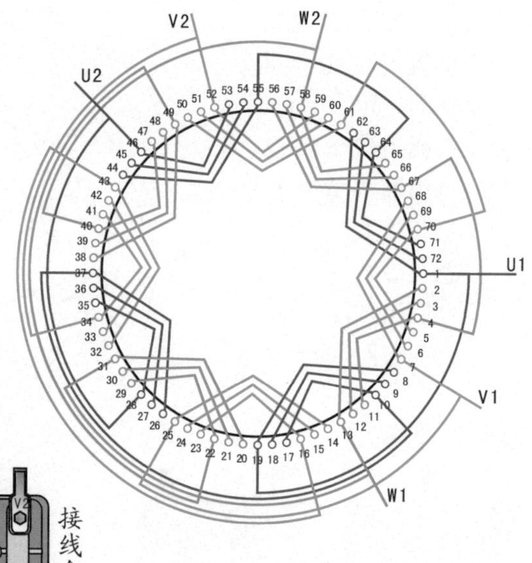

③ 接线盒

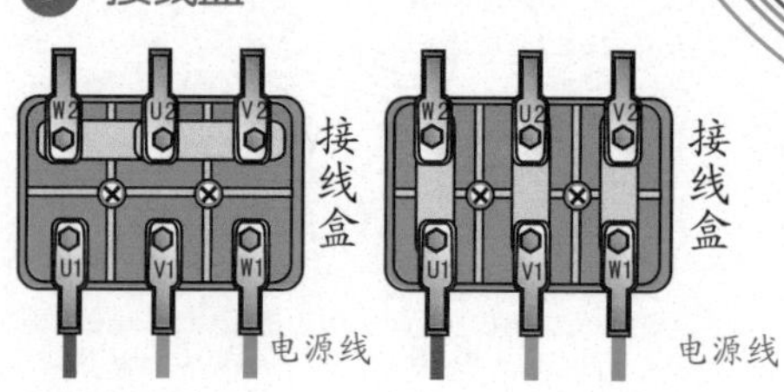

(a) 星形(Y)接法　　(b) 三角形(△)接法

④ 绕组展开图

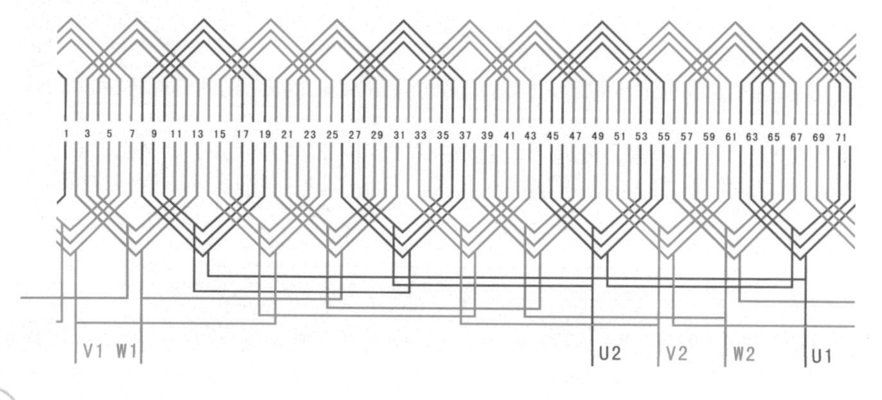

1.3 三相单层同心交叉式绕组

1.3.1 18槽4极单层同心交叉式绕组（$y=5、3, a=1$）

① 绕组数据

定子槽数 $Z=18$
电机极数 $2p=4$
线圈极距 $\tau=9/2$
线圈组数 $u=6$
每组圈数 $S=3/2$
极相槽数 $q=3/2$
总线圈数 $Q=9$
并联路数 $a=1$
线圈节距 $y=5、3$

② 绕组端面图

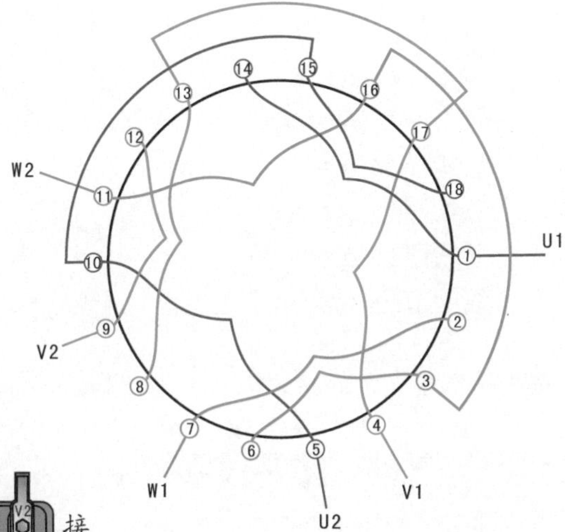

③ 接线盒

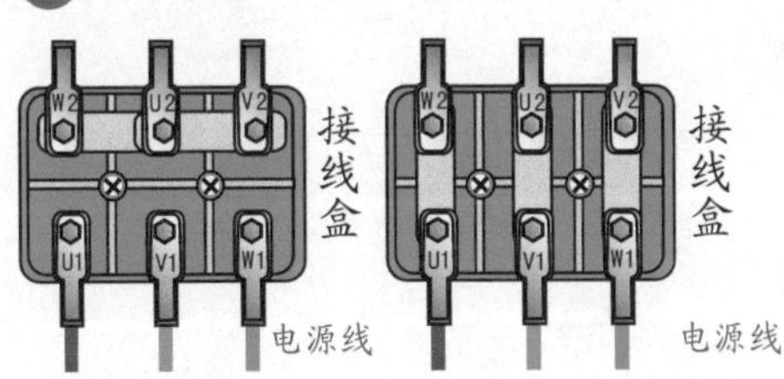

(a) 星形(Y)接法 (b) 三角形(△)接法

④ 绕组展开图

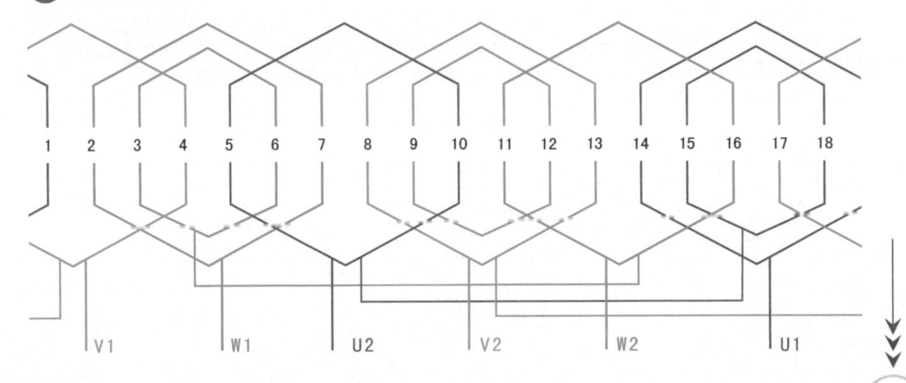

1.3.2 18槽2极单层同心交叉式绕组（$y=9$、7，$a=1$）

1 绕组数据

定子槽数 $Z=18$

电机极数 $2p=2$

线圈极距 $\tau=9$

线圈组数 $u=6$

每组圈数 $S=3/2$

极相槽数 $q=3$

总线圈数 $Q=9$

并联路数 $a=1$

线圈节距 $y=9$、7

2 绕组端面图

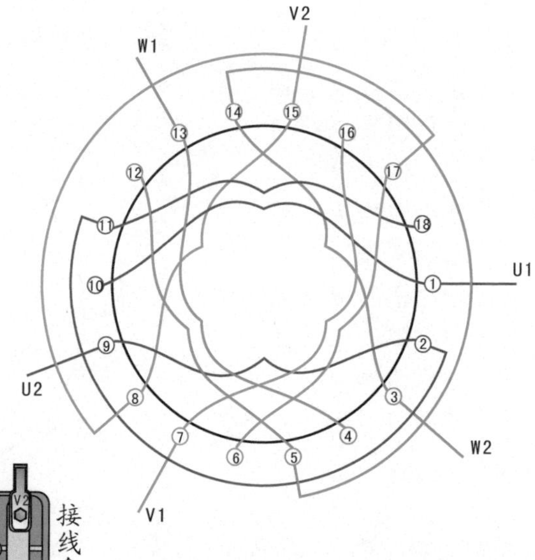

3 接线盒

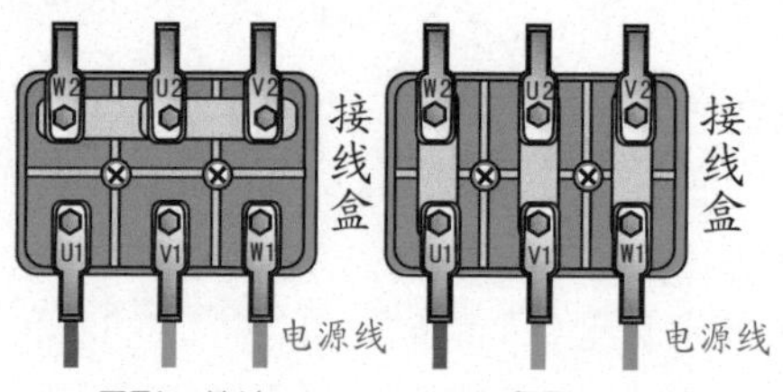

(a) 星形(Y)接法 (b) 三角形(△)接法

4 绕组展开图

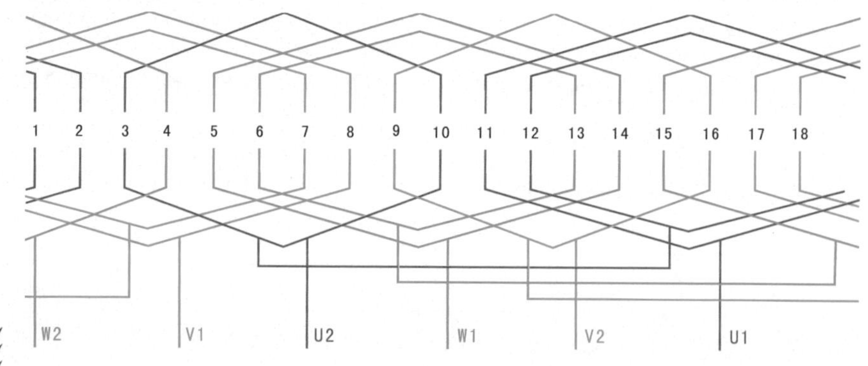

1.3.3 30槽2极单层同心交叉式绕组（$y=15$、13、11，$a=1$）

1 绕组数据

定子槽数 $Z=30$

电机极数 $2p=2$

线圈极距 $\tau=15$

线圈组数 $u=6$

每组圈数 $S=5/2$

极相槽数 $q=5$

总线圈数 $Q=15$

并联路数 $a=1$

线圈节距 $y=15$、13、11

2 绕组端面图

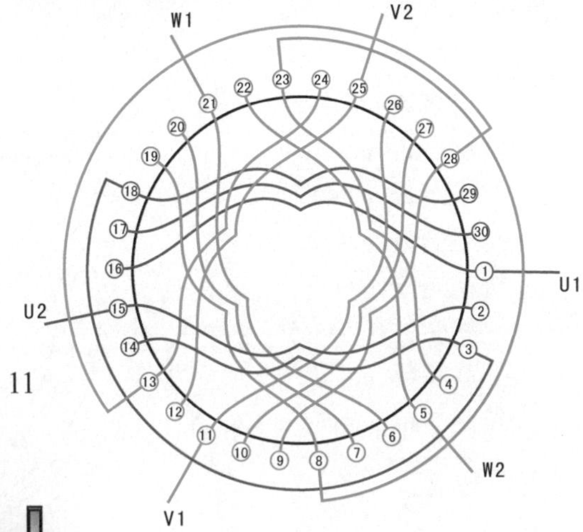

3 接线盒

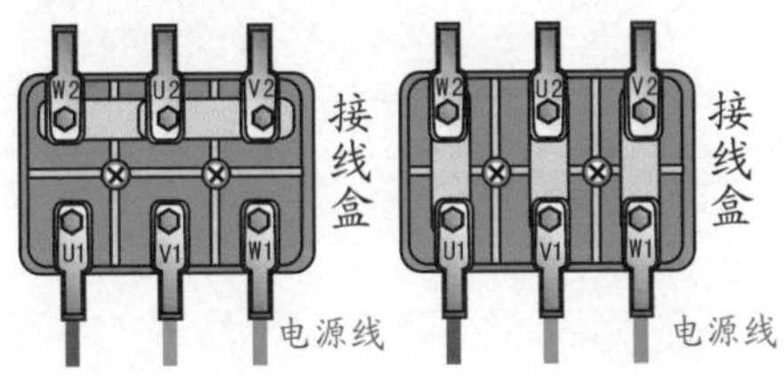

(a) 星形(Y)接法　　(b) 三角形(△)接法

4 绕组展开图

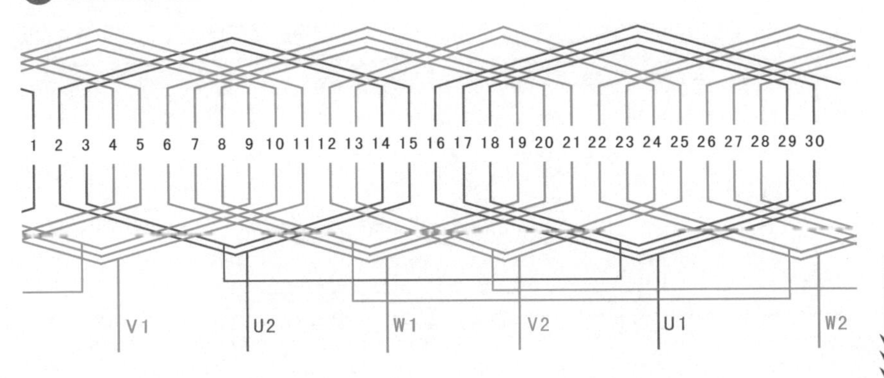

1.3.4 30槽2极延边启动单层同心交叉式绕组（y=15、13、11, a=1）

① 绕组数据

定子槽数 $Z=30$
电机极数 $2p=2$
线圈极距 $\tau=15$
线圈组数 $u=12$
每组圈数 $S=1、2$
极相槽数 $q=5$
总线圈数 $Q=15$
并联路数 $a=1$
线圈节距 $y=15、13、11$

② 绕组端面图

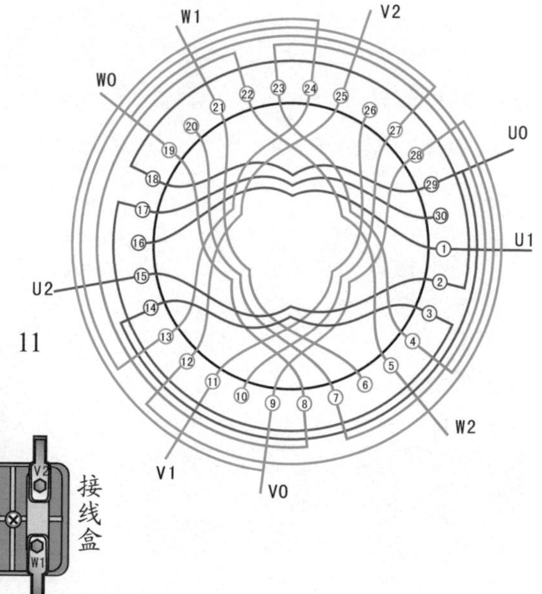

③ 接线盒

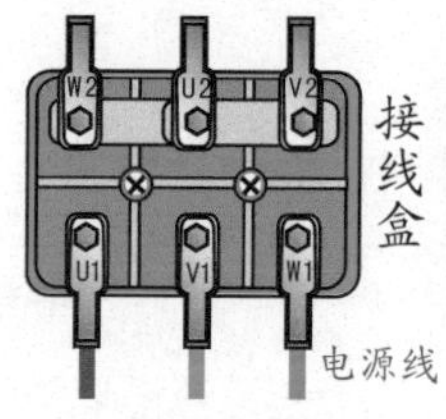

(a) 星形(Y)接法

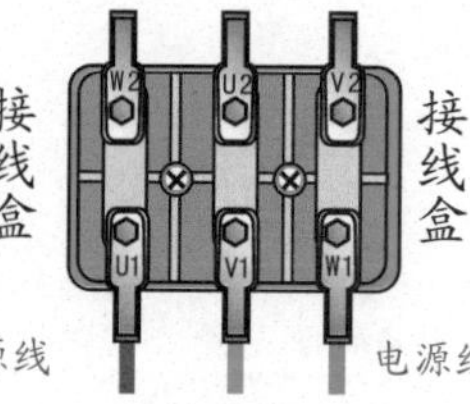

(b) 三角形(△)接法

④ 绕组展开图

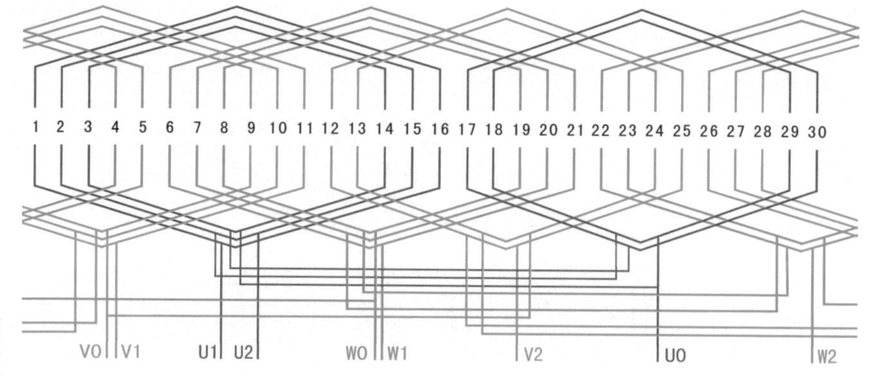

1.3.5 30槽4极单层同心交叉式绕组（y=9、7、5, a=1）

① 绕组数据

定子槽数 $Z=30$

电机极数 $2p=4$

线圈极距 $\tau=15/2$

线圈组数 $u=6$

每组圈数 $S=5/2$

极相槽数 $q=5/2$

总线圈数 $Q=15$

并联路数 $a=1$

线圈节距 $y=9$、7、5

② 绕组端面图

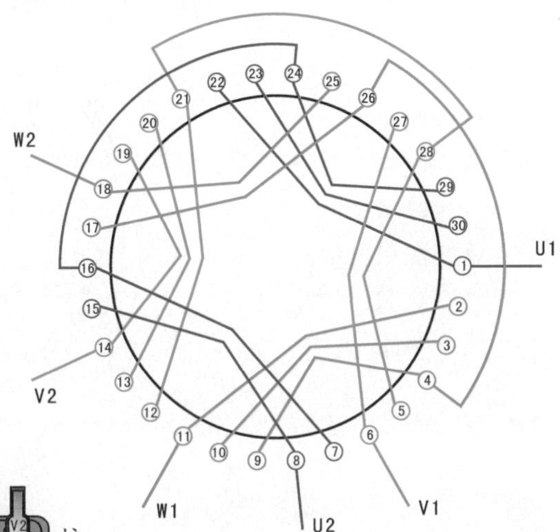

③ 接线盒

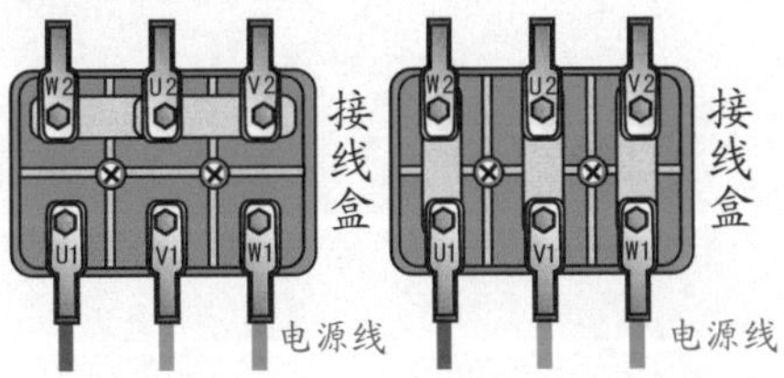

(a) 星形(Y)接法　(b) 三角形(△)接法

④ 绕组展开图

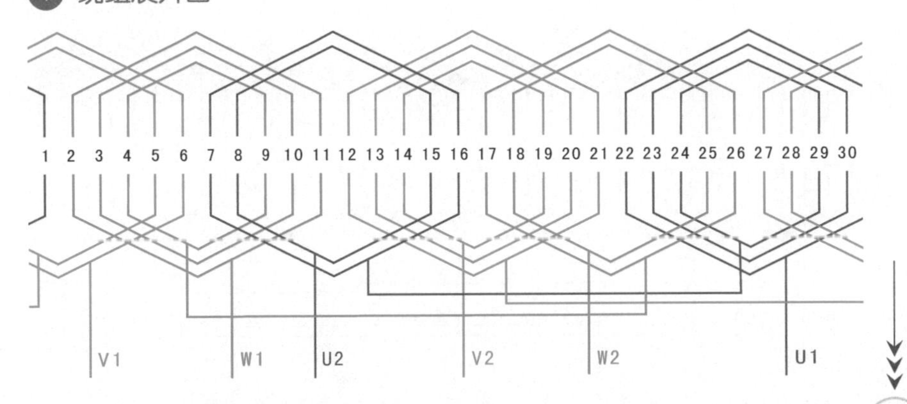

1.3.6 36槽4极单层同心交叉式绕组（$y=9$、7，$a=1$）

① 绕组数据

定子槽数 $Z=36$

电机极数 $2p=4$

线圈极距 $\tau=9$

线圈组数 $u=12$

每组圈数 $S=3/2$

极相槽数 $q=3$

总线圈数 $Q=18$

并联路数 $a=1$

线圈节距 $y=9$、7

② 绕组端面图

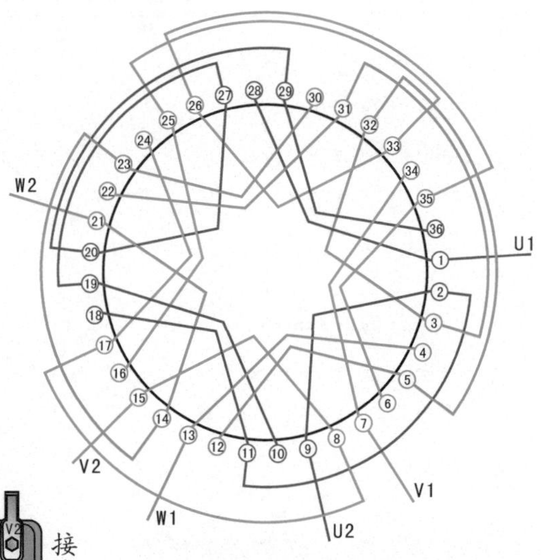

③ 接线盒

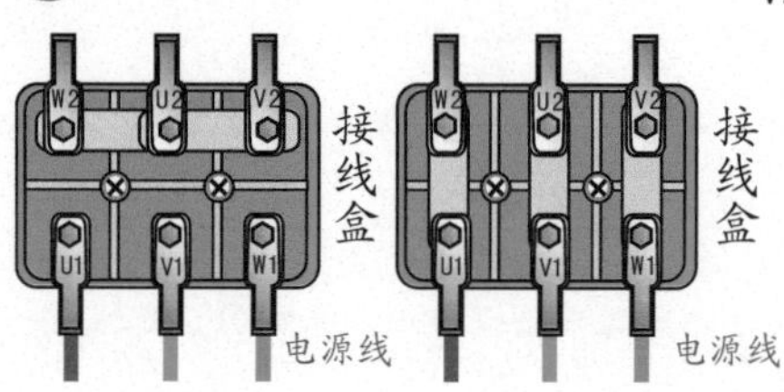

(a) 星形(Y)接法　　(b) 三角形(△)接法

④ 绕组展开图

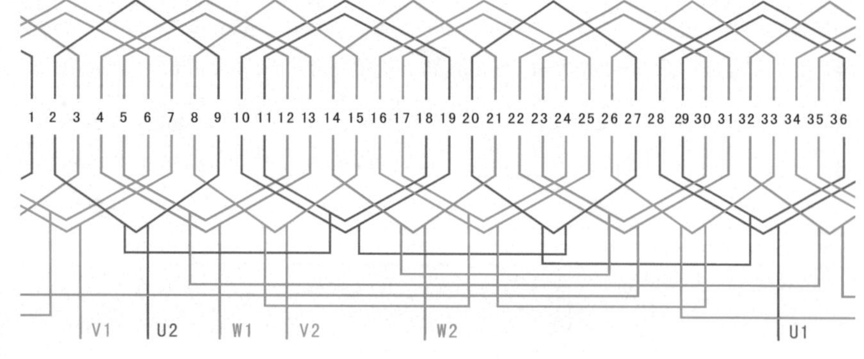

1.3.7　36槽4极单层同心交叉式绕组（$y=9$、$7, a=2$）

① 绕组数据

定子槽数 $Z=36$

电机极数 $2p=4$

总线圈数 $\tau=9$

线圈组数 $u=12$

每组圈数 $S=3/2$

极相槽数 $q=3$

线圈极距 $Q=18$

并联路数 $a=2$

线圈节距 $y=9$、7

② 绕组端面图

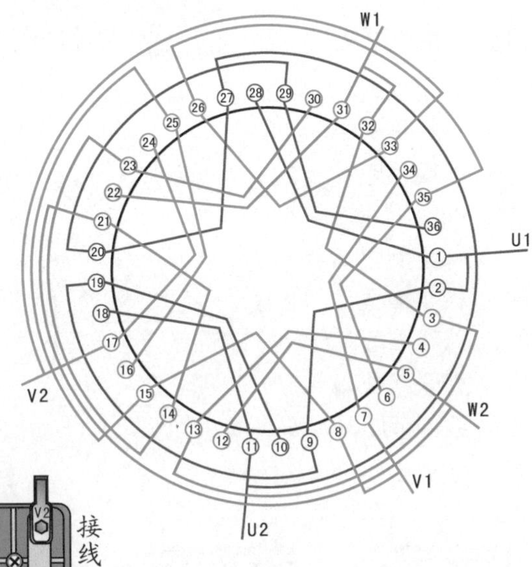

③ 接线盒

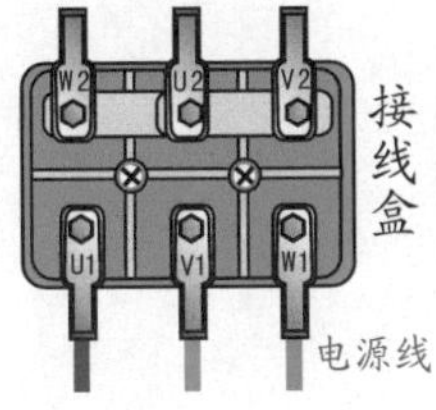

(a) 星形(Y)接法

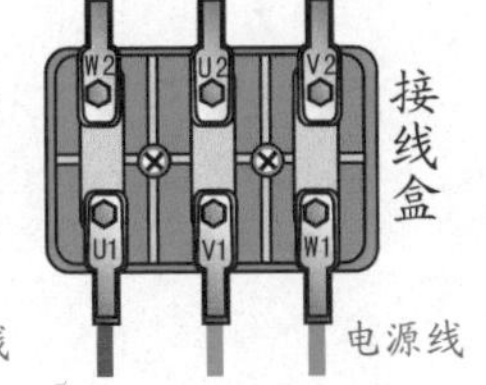

(b) 三角形(△)接法

④ 绕组展开图

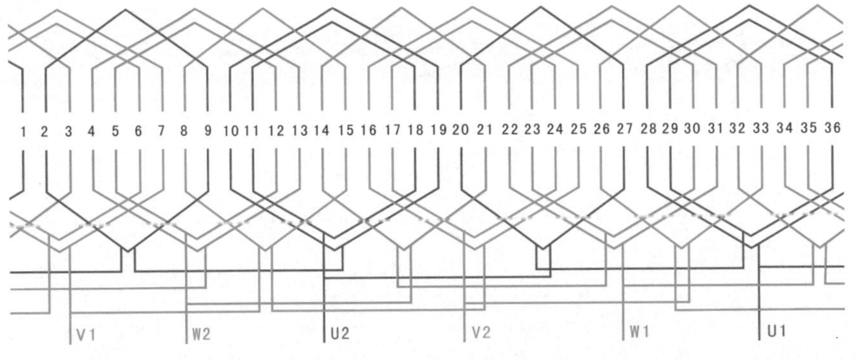

1.4 三相单层链式绕组

1.4.1 12槽2极单层链式绕组（$y=5, a=1$）

① 绕组数据

定子槽数 $Z=12$

电机极数 $2p=2$

线圈极距 $\tau=6$

线圈组数 $u=6$

每组圈数 $S=1$

极相槽数 $q=2$

总线圈数 $Q=6$

并联路数 $a=1$

线圈节距 $y=5$

② 绕组端面图

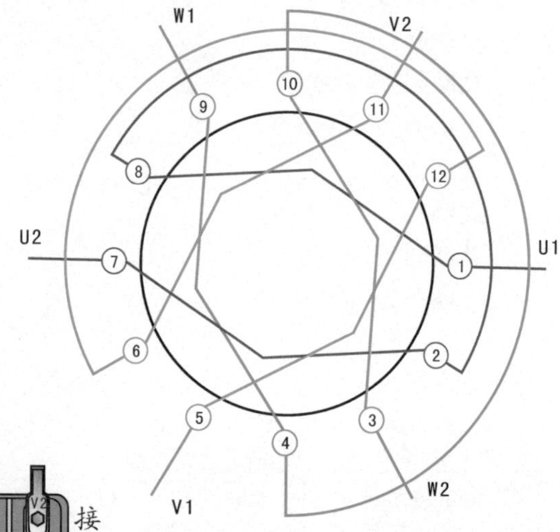

③ 接线盒

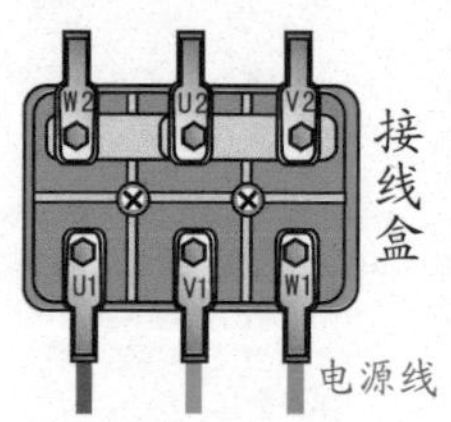

(a) 星形(Y)接法

(b) 三角形(Δ)接法

④ 绕组展开图

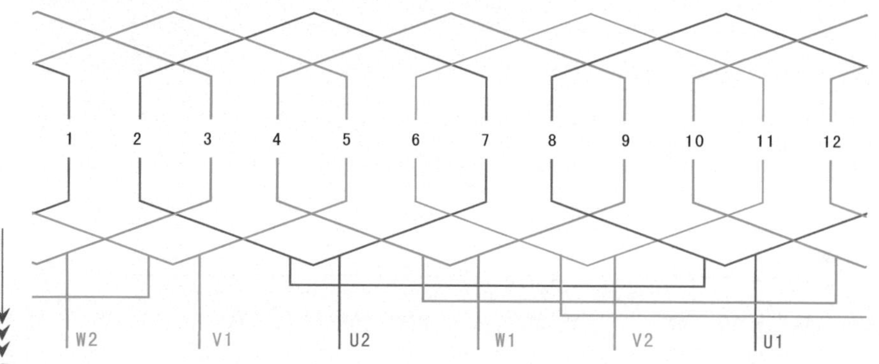

1.4.2 18槽6极单层链式绕组（$y=3, a=1$）

1 绕组数据

定子槽数 $Z=18$

电机极数 $2p=6$

线圈极距 $\tau=3$

线圈组数 $u=9$

每组圈数 $S=1$

极相槽数 $q=1$

总线圈数 $Q=9$

并联路数 $a=1$

线圈节距 $y=3$

2 绕组端面图

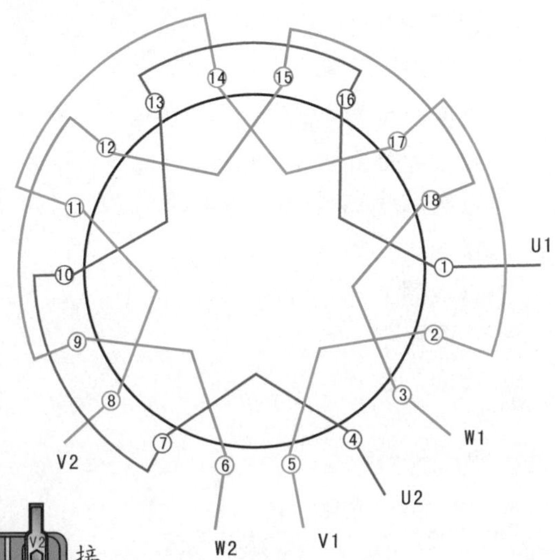

3 接线盒

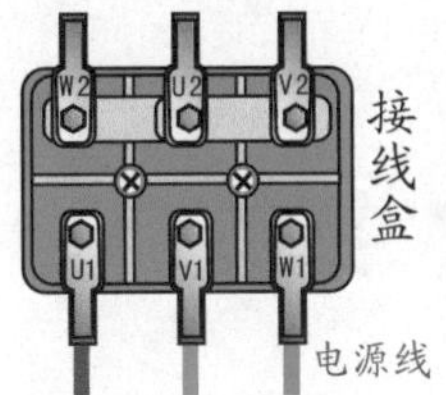

(a) 星形(Y)接法

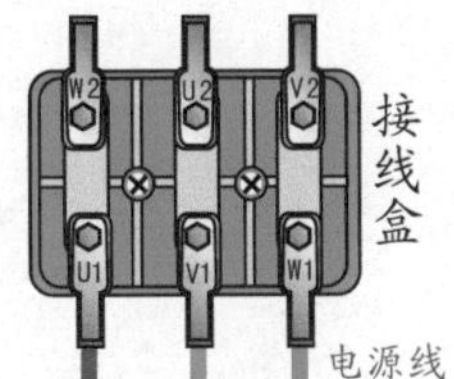

(b) 三角形(△)接法

4 绕组展开图

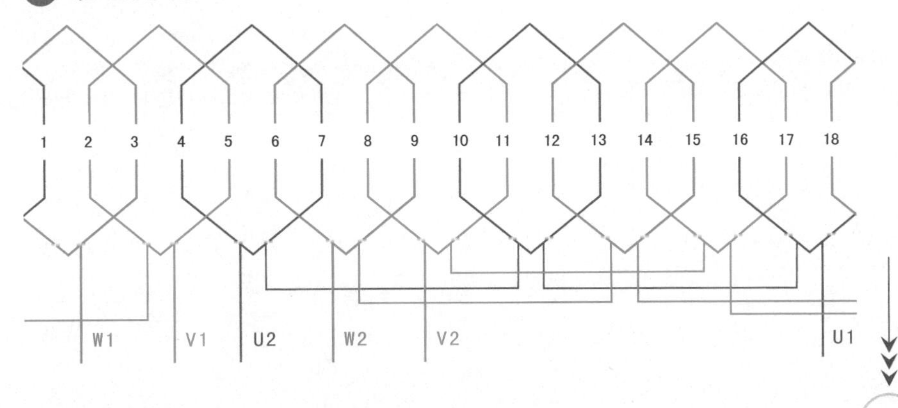

1.4.3 24槽4极单层链式绕组($y=5, a=1$)

① 绕组数据

定子槽数 $Z=24$
电机极数 $2p=4$
线圈极距 $\tau=6$
线圈组数 $u=12$
每组圈数 $S=1$
极相槽数 $q=2$
总线圈数 $Q=12$
并联路数 $a=1$
线圈节距 $y=5$

② 绕组端面图

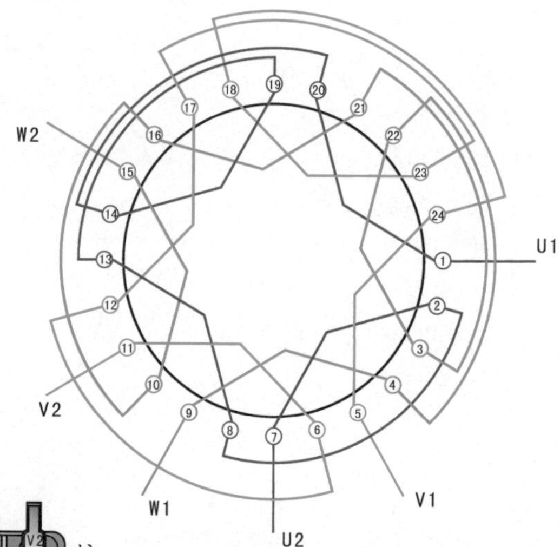

③ 接线盒

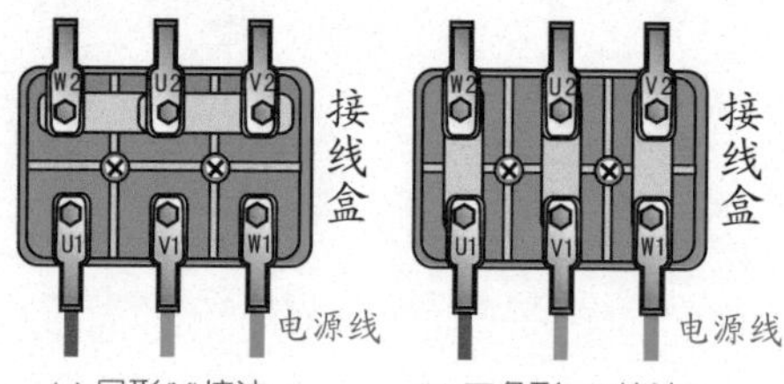

(a) 星形(Y)接法 (b) 三角形(△)接法

④ 绕组展开图

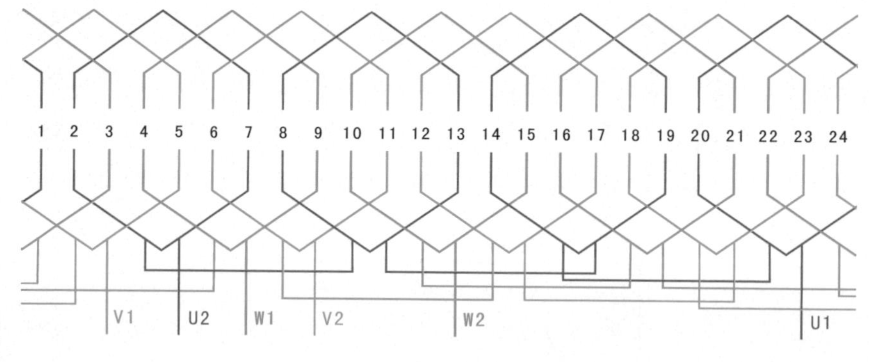

1.4.4　24槽8极单层链式绕组（$y=3, a=1$）

1 绕组数据

定子槽数 $Z=24$

电机极数 $2p=8$

线圈极距 $\tau=3$

线圈组数 $u=12$

每组圈数 $S=1$

极相槽数 $q=1$

总线圈数 $Q=12$

并联路数 $a=1$

线圈节距 $y=3$

2 绕组端面图

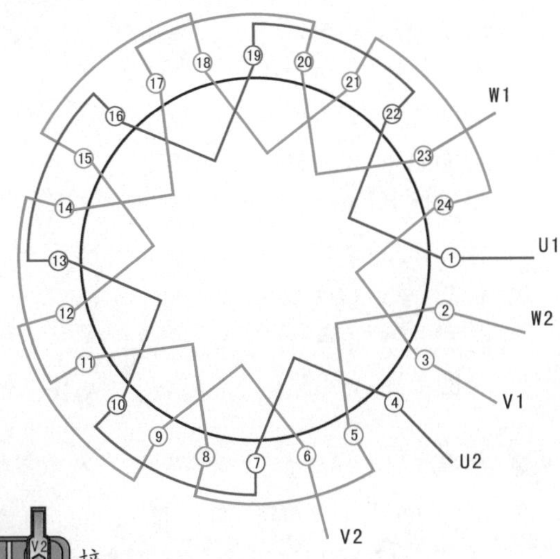

3 接线盒

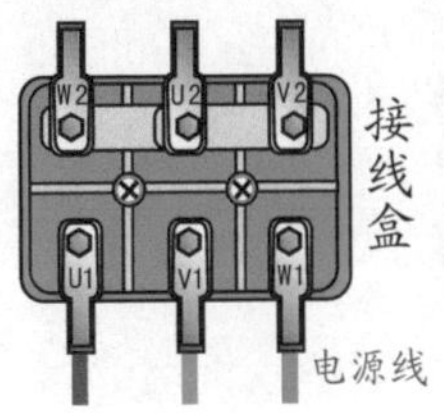

(a) 星形(Y)接法

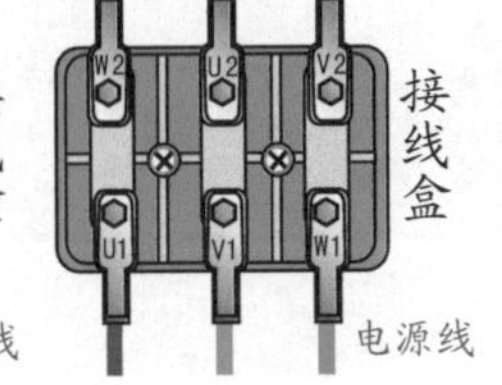

(b) 三角形(△)接法

4 绕组展开图

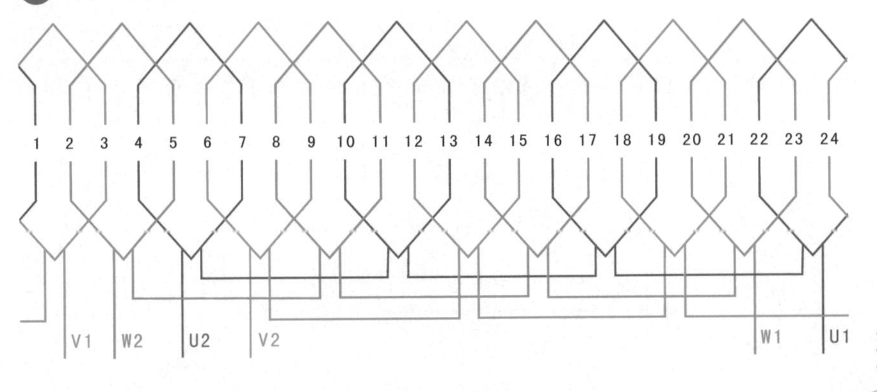

1.4.5 30槽10极单层链式绕组（$y=3, a=1$）

① 绕组数据

定子槽数 $Z=30$

电机极数 $2p=10$

线圈极距 $\tau=3$

线圈组数 $u=15$

每组圈数 $S=1$

极相槽数 $q=1$

总线圈数 $Q=15$

并联路数 $a=1$

线圈节距 $y=3$

② 绕组端面图

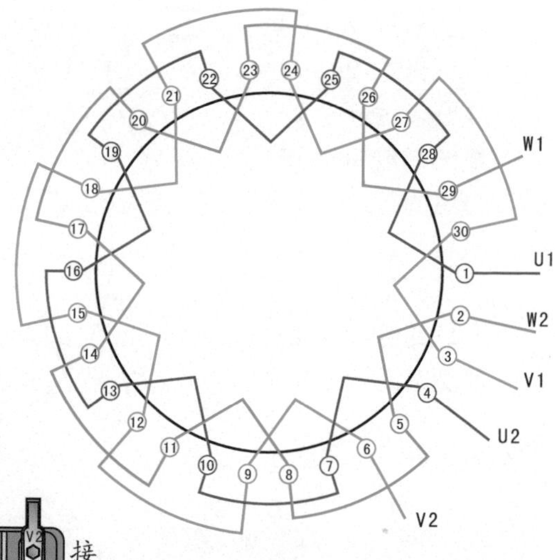

③ 接线盒

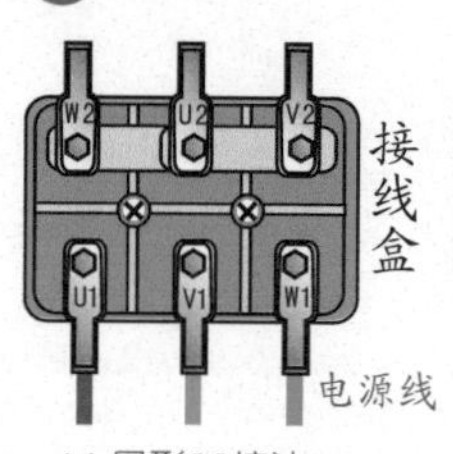

(a) 星形(Y)接法

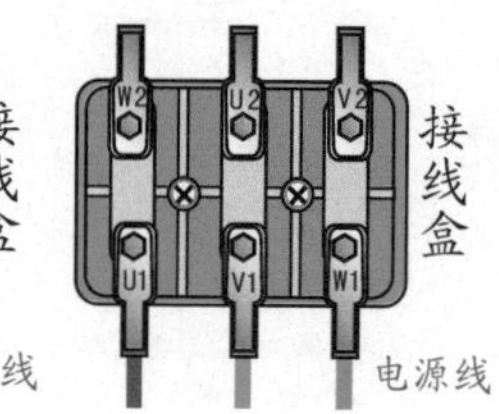

(b) 三角形(△)接法

④ 绕组展开图

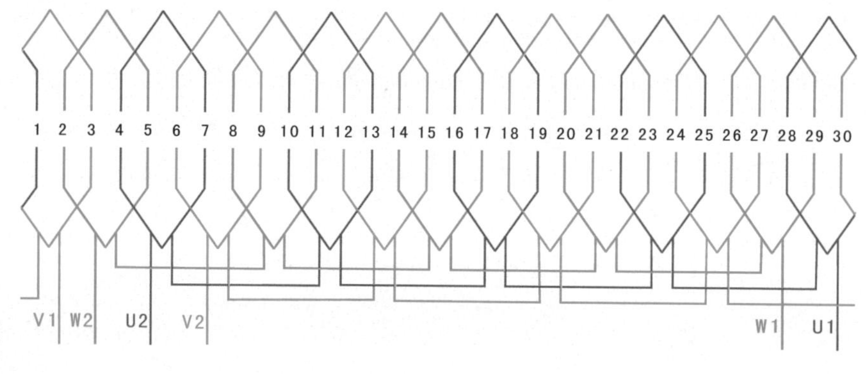

1.4.6 36槽6极单层链式绕组（$y=5, a=1$）

① 绕组数据

定子槽数 $Z=36$

电机极数 $2p=6$

线圈极距 $\tau=6$

线圈组数 $u=18$

每组圈数 $S=1$

极相槽数 $q=2$

总线圈数 $Q=18$

并联路数 $a=1$

线圈节距 $y=5$

② 绕组端面图

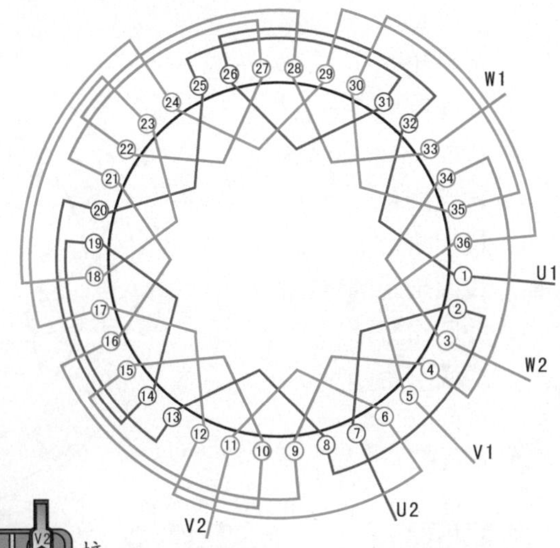

③ 接线盒

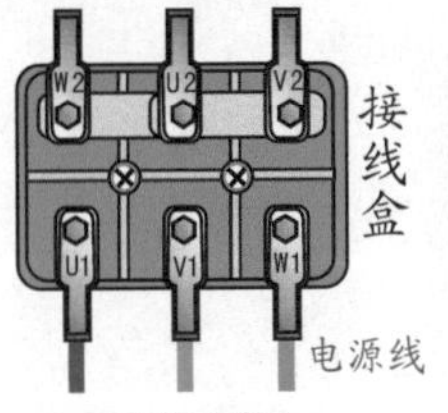

(a) 星形(Y)接法

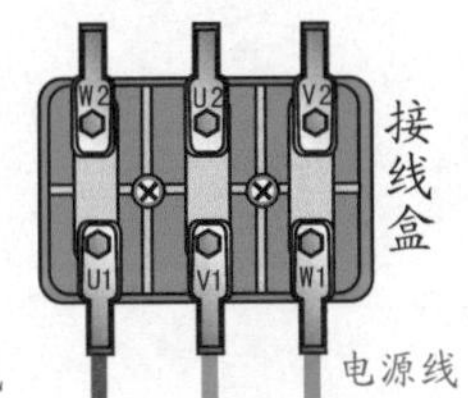

(b) 三角形(△)接法

④ 绕组展开图

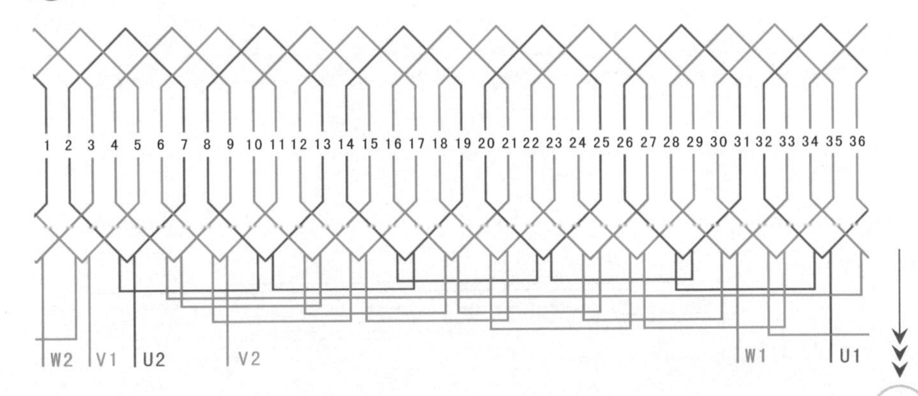

1.4.7　36槽6极延边启动单层链式绕组（$y=5, a=1$）

① 绕组数据

定子槽数 $Z=36$
电机极数 $2p=6$
总线圈数 $\tau=6$
线圈组数 $u=18$
每组圈数 $S=1$
极相槽数 $q=2$
线圈极距 $Q=18$
并联路数 $a=1$
线圈节距 $y=5$

② 绕组端面图

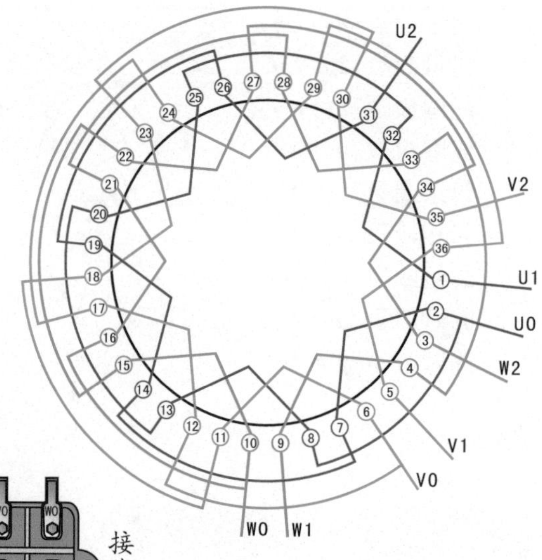

③ 接线盒

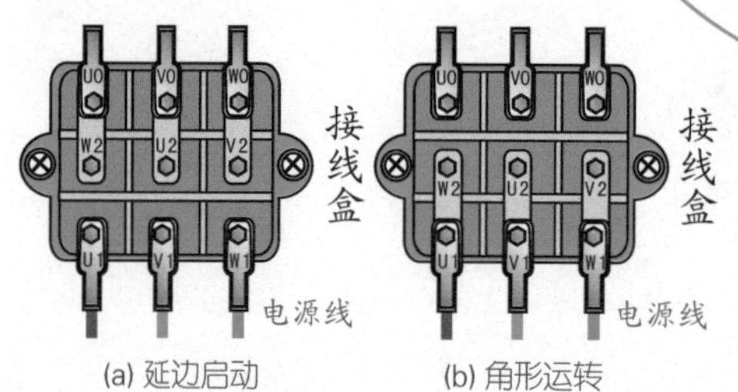

(a) 延边启动　(b) 角形运转

④ 绕组展开图

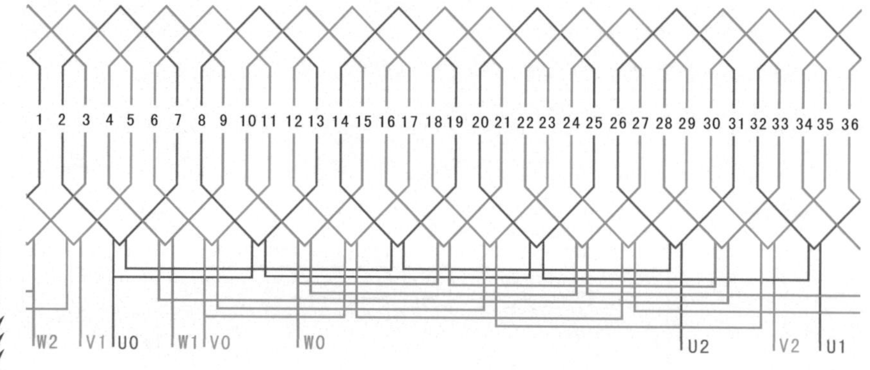

1.4.8 36槽6极单层链式绕组（$y=5, a=2$）

1 绕组数据

定子槽数 $Z=36$

电机极数 $2p=6$

线圈极距 $\tau=6$

线圈组数 $u=18$

每组圈数 $S=1$

极相槽数 $q=2$

总线圈数 $Q=18$

并联路数 $a=2$

线圈节距 $y=5$

2 绕组端面图

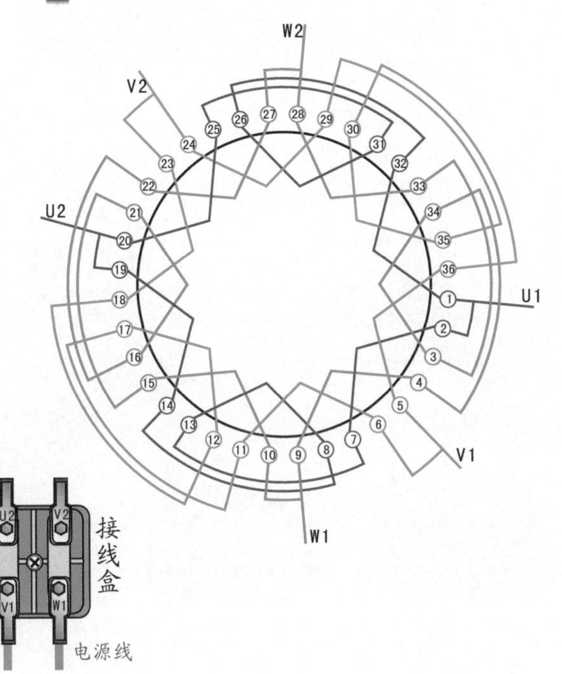

3 接线盒

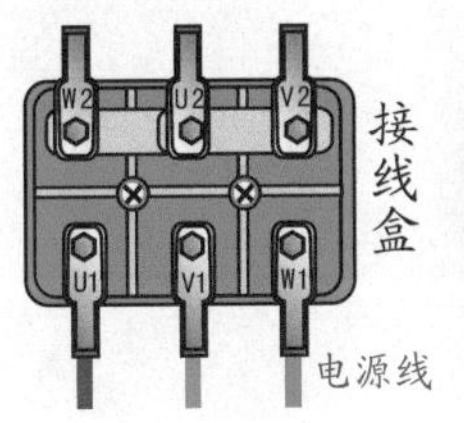

(a) 星形(Y)接法 (b) 三角形(△)接法

4 绕组展开图

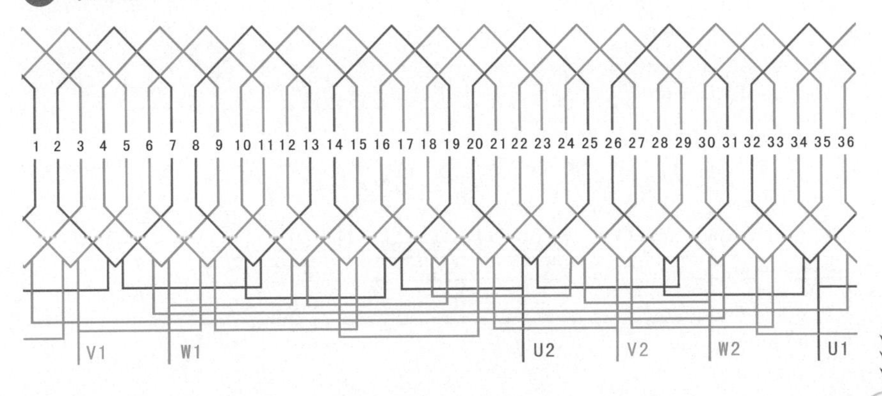

1.4.9 36槽6极单层链式绕组（$y=5, a=3$）

① 绕组数据

定子槽数 $Z=36$

电机极数 $2p=6$

线圈极距 $\tau=6$

线圈组数 $u=18$

每组圈数 $S=1$

极相槽数 $q=2$

总线圈数 $Q=18$

并联路数 $a=3$

线圈节距 $y=5$

② 绕组端面图

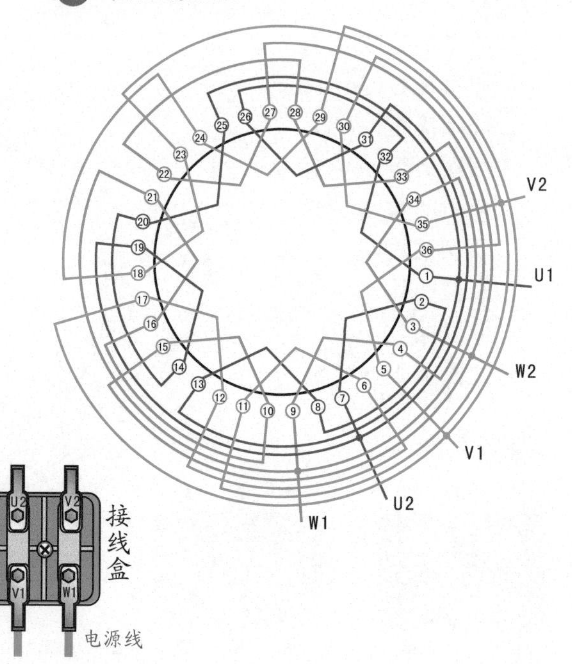

③ 接线盒

W2 U2 V2
U1 V1 W1
接线盒
电源线

(a) 星形(Y)接法

W2 U2 V2
U1 V1 W1
接线盒
电源线

(b) 三角形(△)接法

④ 绕组展开图

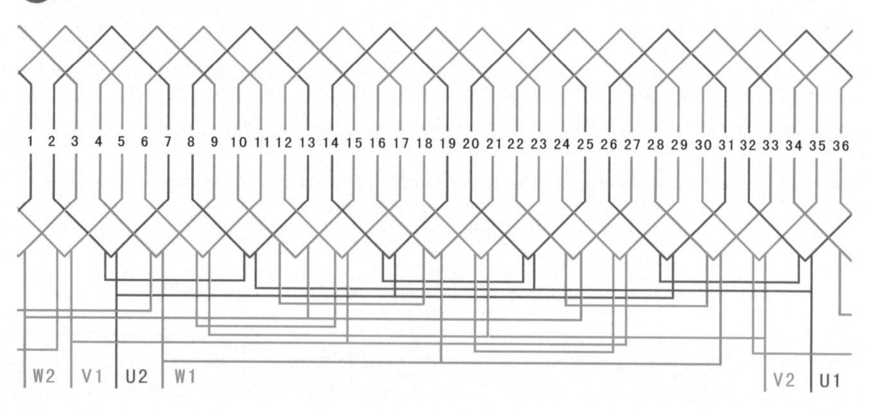

1.4.10 36槽12极单层链式绕组（$y=3, a=1$）

1 绕组数据

定子槽数 $Z=36$

电机极数 $2p=12$

线圈极距 $\tau=3$

线圈组数 $u=18$

每组圈数 $S=1$

极相槽数 $q=1$

总线圈数 $Q=18$

并联路数 $a=1$

线圈节距 $y=3$

2 绕组端面图

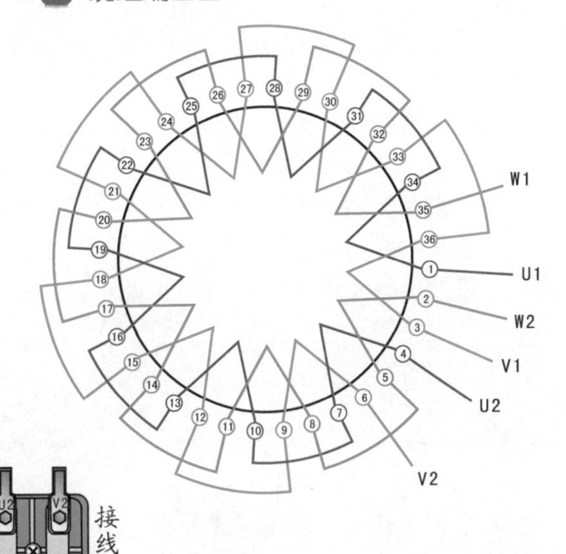

3 接线盒

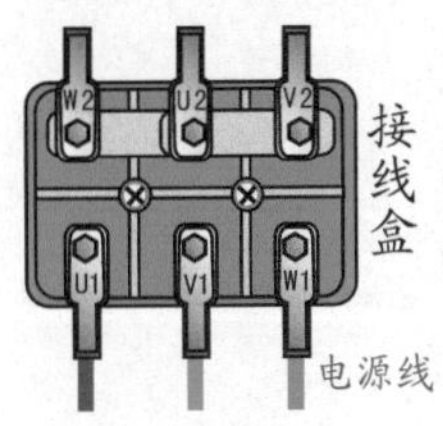

(a) 星形(Y)接法

W2 U2 V2 U1 V1 W1 接线盒 电源线

(b) 三角形(△)接法

4 绕组展开图

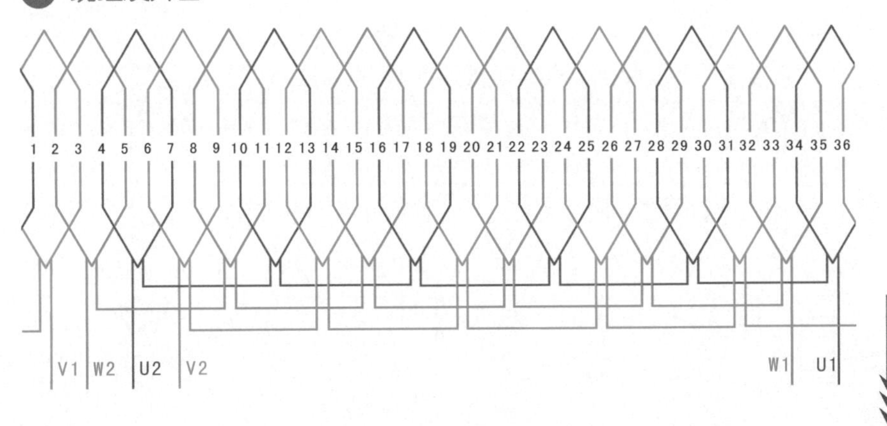

1.4.11 42槽14极单层链式绕组（$y=3, a=1$）

1 绕组数据

定子槽数 $Z=42$

电机极数 $2p=14$

线圈极距 $\tau=3$

线圈组数 $u=21$

每组圈数 $S=1$

极相槽数 $q=1$

总线圈数 $Q=21$

并联路数 $a=1$

线圈节距 $y=3$

2 绕组端面图

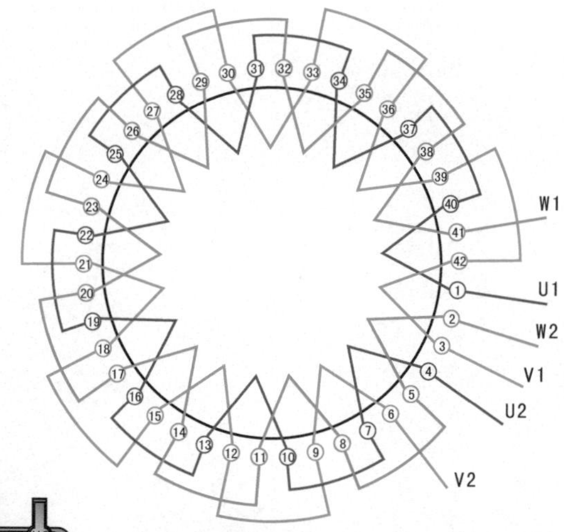

3 接线盒

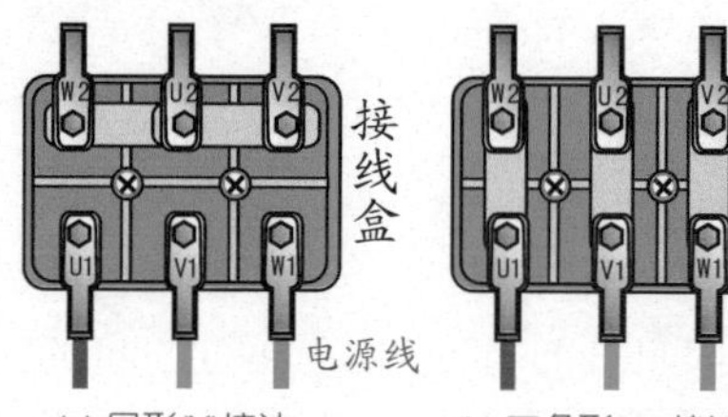

(a) 星形(Y)接法　(b) 三角形(△)接法

4 绕组展开图

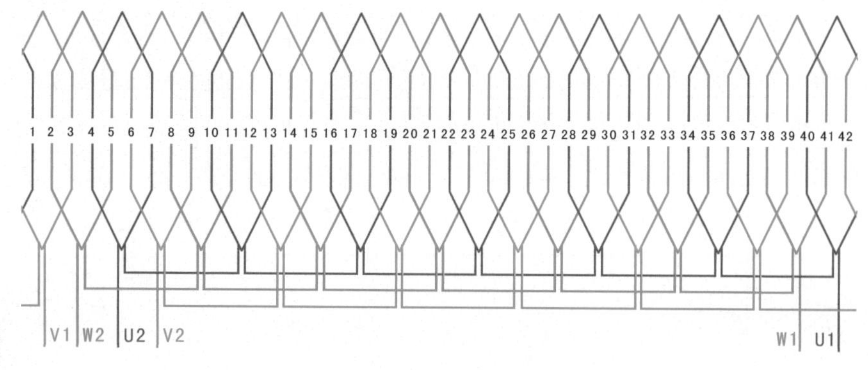

1.4.12 48槽4极单层链式绕组（$y=10, a=1$）

① 绕组数据

定子槽数 $Z=48$

电机极数 $2p=4$

线圈极距 $\tau=12$

线圈组数 $u=12$

每组圈数 $S=2$

极相槽数 $q=4$

总线圈数 $Q=24$

并联路数 $a=1$

线圈节距 $y=10$

② 绕组端面图

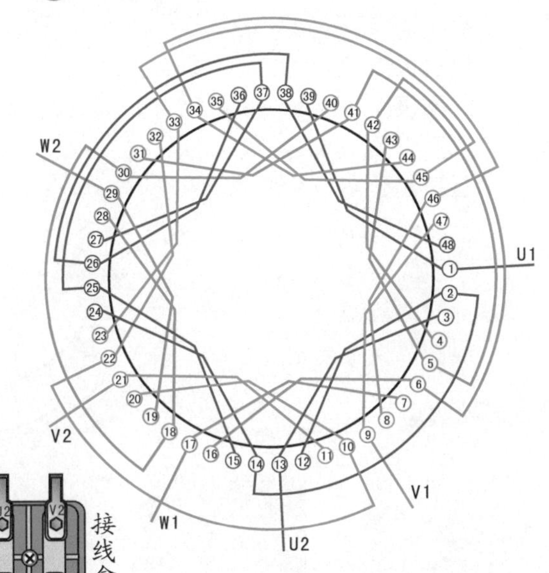

③ 接线盒

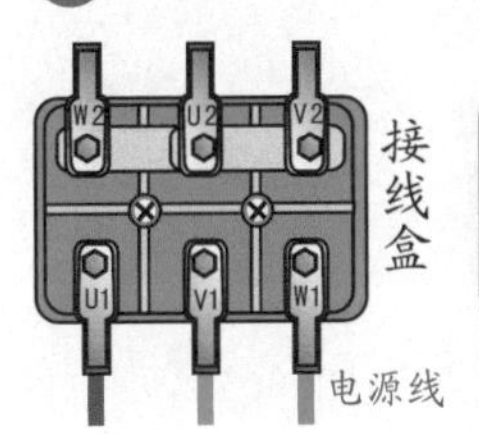

(a) 星形(Y)接法　　(b) 三角形(△)接法

④ 绕组展开图

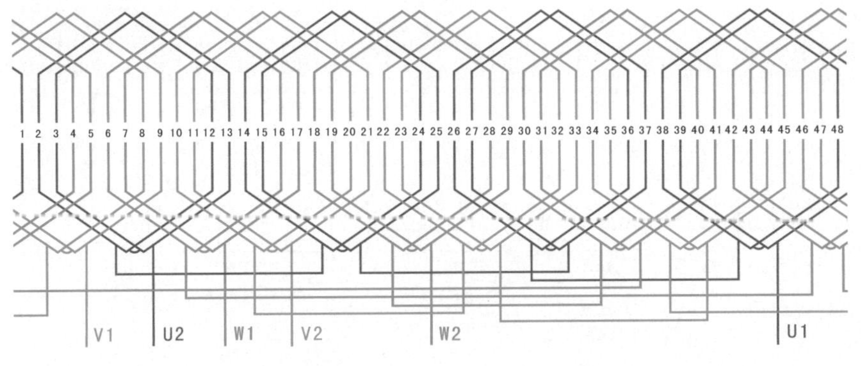

1.4.13 48槽8极单层链式绕组（$y=5, a=1$）

① 绕组数据

定子槽数 $Z=48$

电机极数 $2p=8$

线圈极距 $\tau=6$

线圈组数 $u=24$

每组圈数 $S=1$

极相槽数 $q=2$

总线圈数 $Q=24$

并联路数 $a=1$

线圈节距 $y=5$

② 绕组端面图

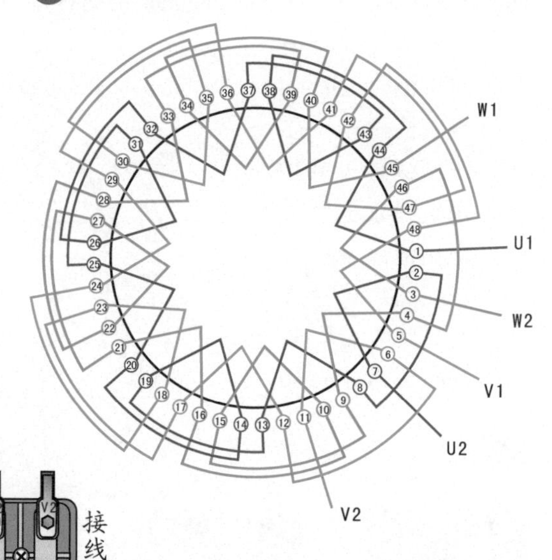

③ 接线盒

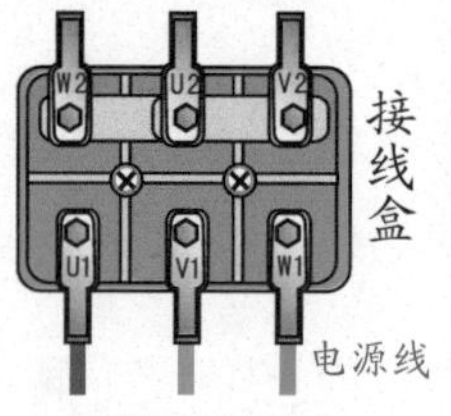

(a) 星形(Y)接法

(b) 三角形(△)接法

④ 绕组展开图

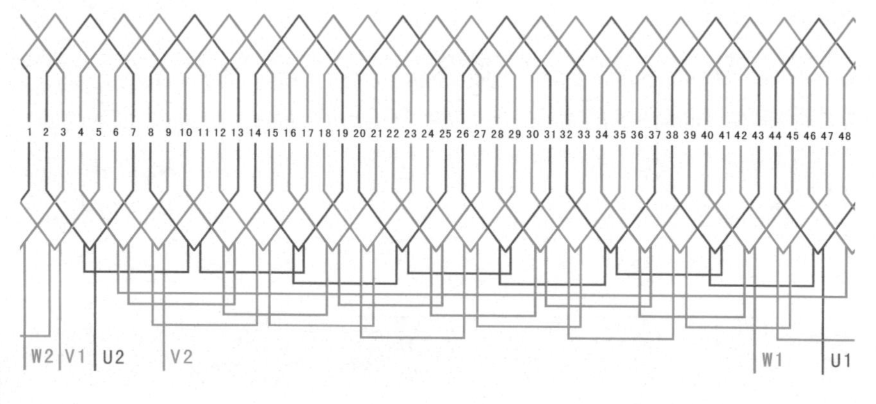

1.4.14　48槽8极单层链式绕组（$y=5, a=2$）

1 绕组数据

定子槽数 $Z=48$

电机极数 $2p=8$

线圈极距 $\tau=6$

线圈组数 $u=24$

每组圈数 $S=1$

极相槽数 $q=2$

总线圈数 $Q=24$

并联路数 $a=2$

线圈节距 $y=5$

2 绕组端面图

3 接线盒

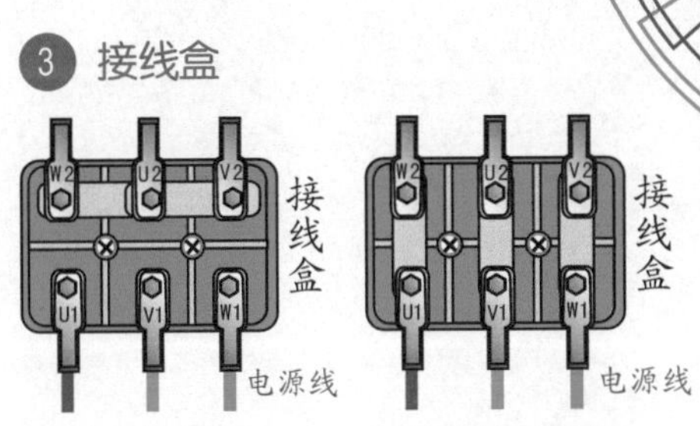

(a) 星形(Y)接法　(b) 三角形(△)接法

4 绕组展开图

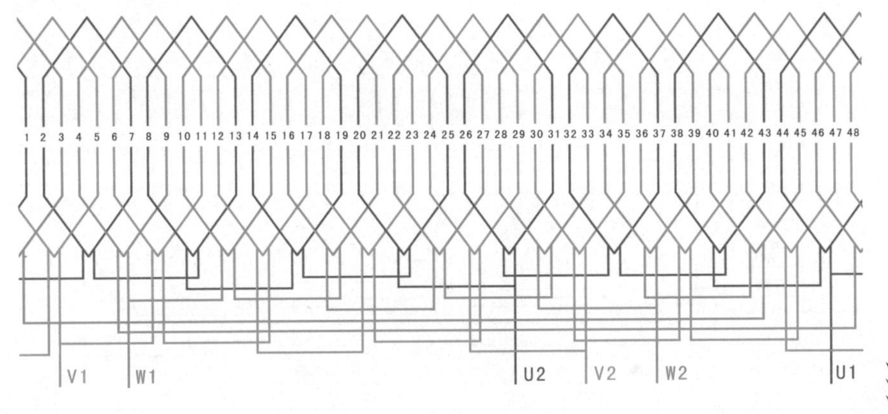

1.4.15 48槽8极单层链式绕组（$y=5, a=4$）

① 绕组数据

定子槽数 $Z=48$

电机极数 $2p=8$

线圈极距 $\tau=6$

线圈组数 $u=24$

每组圈数 $S=1$

极相槽数 $q=2$

总线圈数 $Q=24$

并联路数 $a=4$

线圈节距 $y=5$

② 绕组端面图

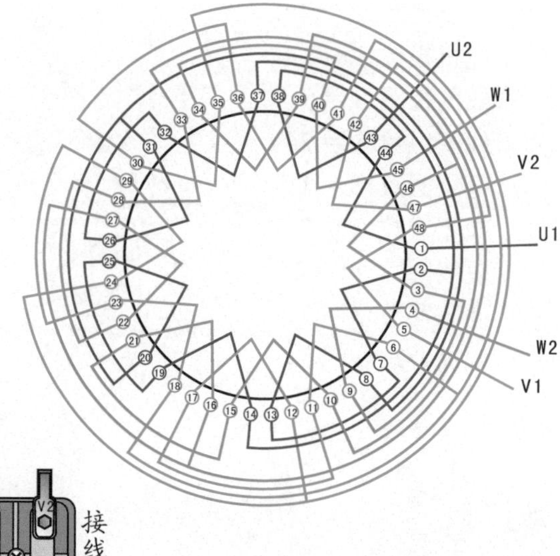

③ 接线盒

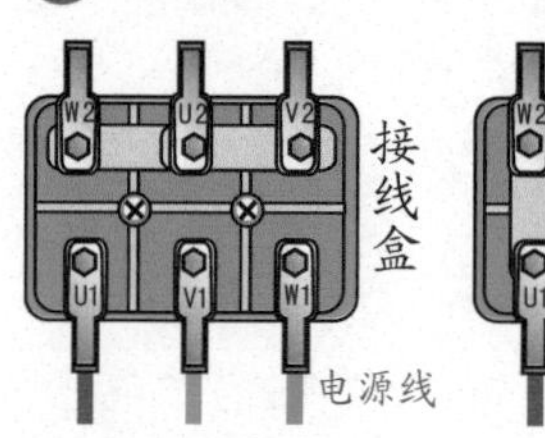

(a) 星形(Y)接法　(b) 三角形(△)接法

④ 绕组展开图

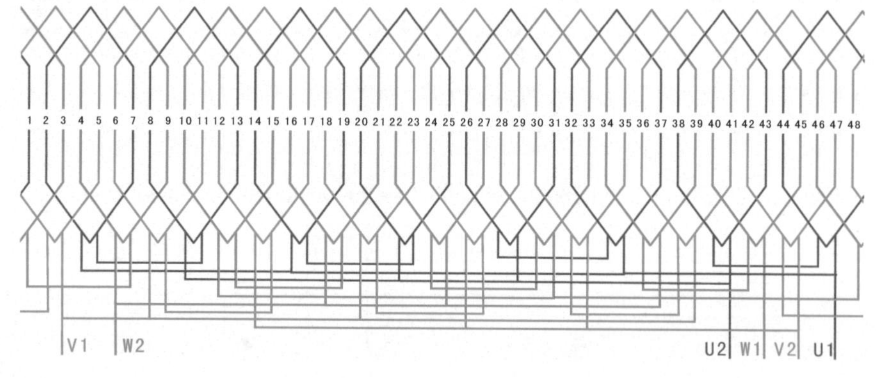

1.4.16 48槽16极单层链式绕组（$y=3, a=1$）

❶ 绕组数据

定子槽数 $Z=48$

电机极数 $2p=16$

线圈极距 $\tau=3$

线圈组数 $u=24$

每组圈数 $S=1$

极相槽数 $q=1$

总线圈数 $Q=24$

并联路数 $a=1$

线圈节距 $y=3$

❷ 绕组端面图

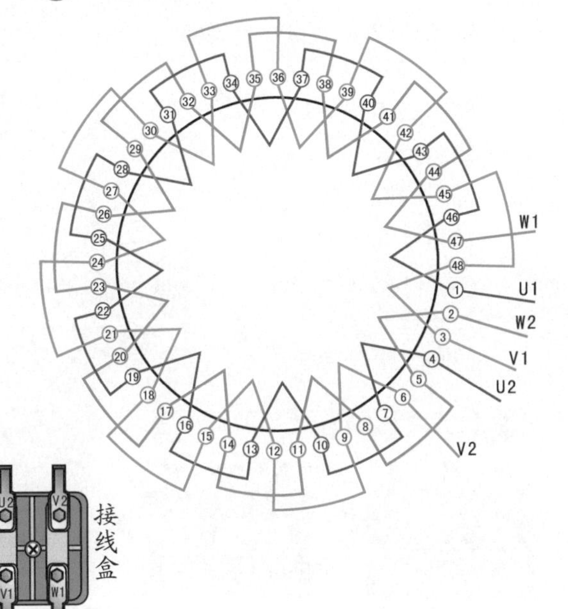

❸ 接线盒

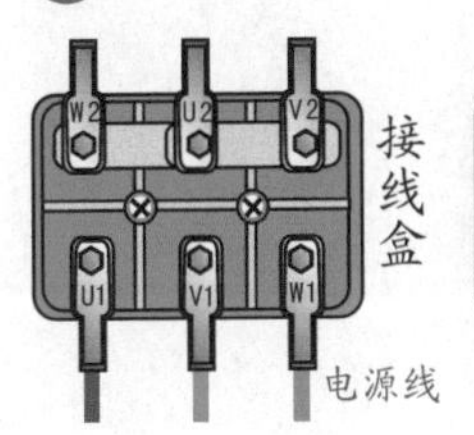

(a) 星形(Y)接法

(b) 三角形(△)接法

❹ 绕组展开图

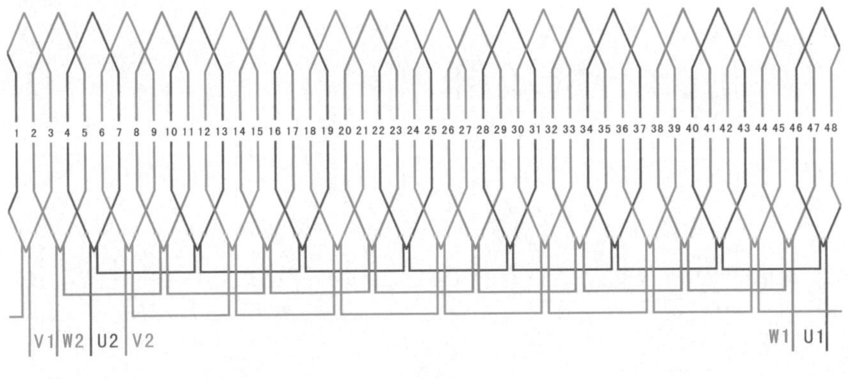

1.4.17 60槽10极单层链式绕组（$y=5, a=1$）

① 绕组数据

定子槽数 $Z=60$

电机极数 $2p=10$

线圈极距 $\tau=6$

线圈组数 $u=30$

每组圈数 $S=1$

极相槽数 $q=2$

总线圈数 $Q=30$

并联路数 $a=1$

线圈节距 $y=5$

② 绕组端面图

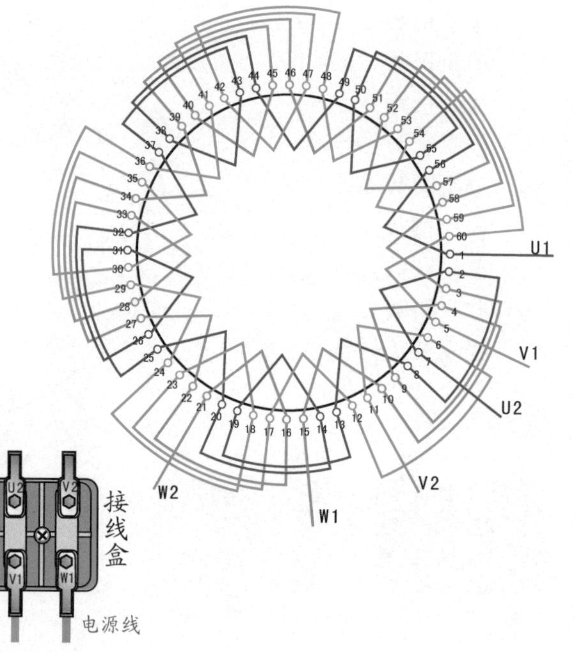

③ 接线盒

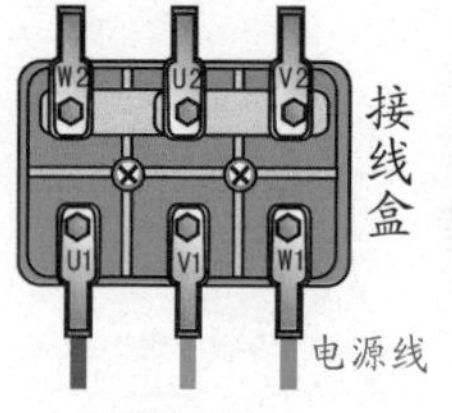

(a) 星形(Y)接法　(b) 三角形(△)接法

④ 绕组展开图

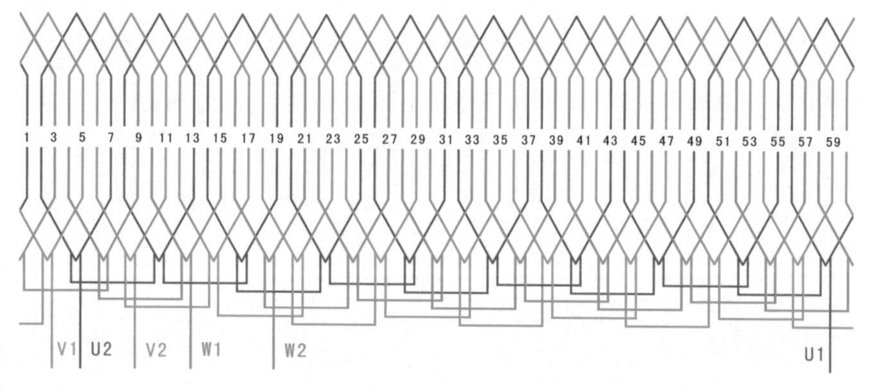

1.4.18 72槽12极单层链式绕组（$y=5, a=1$）

1 绕组数据

定子槽数 $Z=72$

电机极数 $2p=12$

线圈极距 $\tau=6$

线圈组数 $u=36$

每组圈数 $S=1$

极相槽数 $q=2$

总线圈数 $Q=36$

并联路数 $a=1$

线圈节距 $y=5$

2 绕组端面图

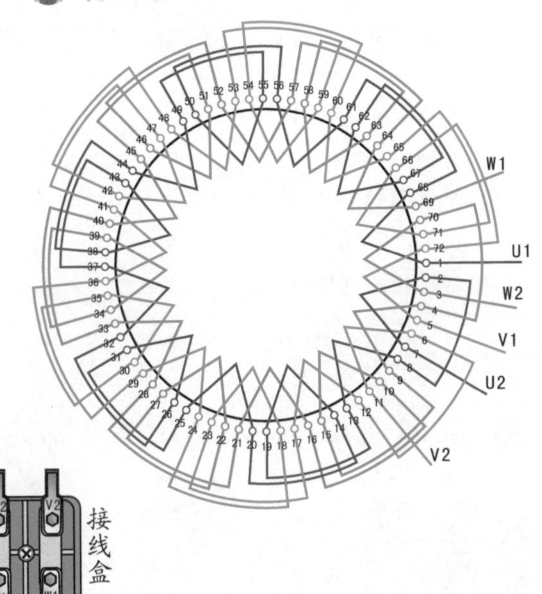

3 接线盒

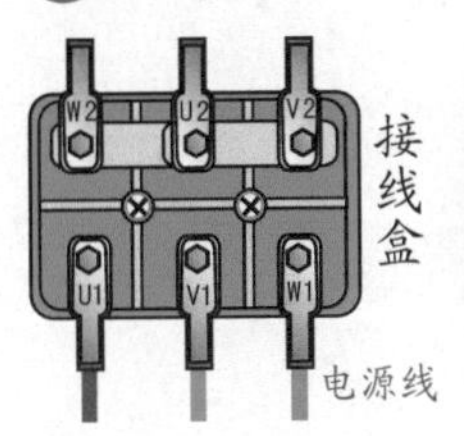

(a) 星形(Y)接法　(b) 三角形(△)接法

4 绕组展开图

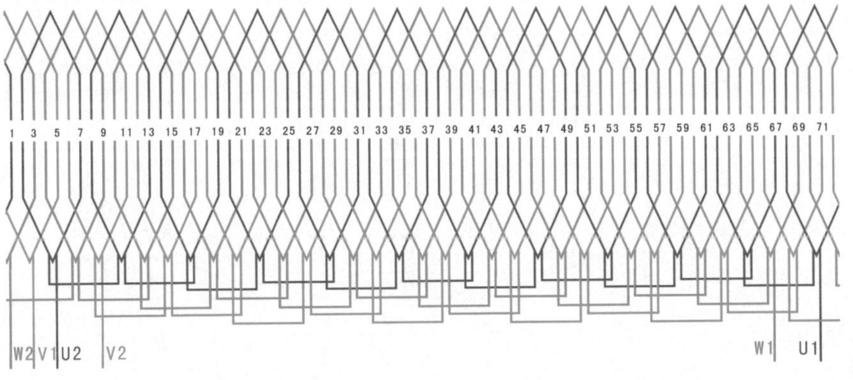

1.4.19 72槽24极单层链式绕组（$y=3, a=1$）

① 绕组数据

定子槽数 $Z=72$

电机极数 $2p=24$

线圈极距 $\tau=3$

线圈组数 $u=36$

每组圈数 $S=1$

极相槽数 $q=1$

总线圈数 $Q=36$

并联路数 $a=1$

线圈节距 $y=3$

② 绕组端面图

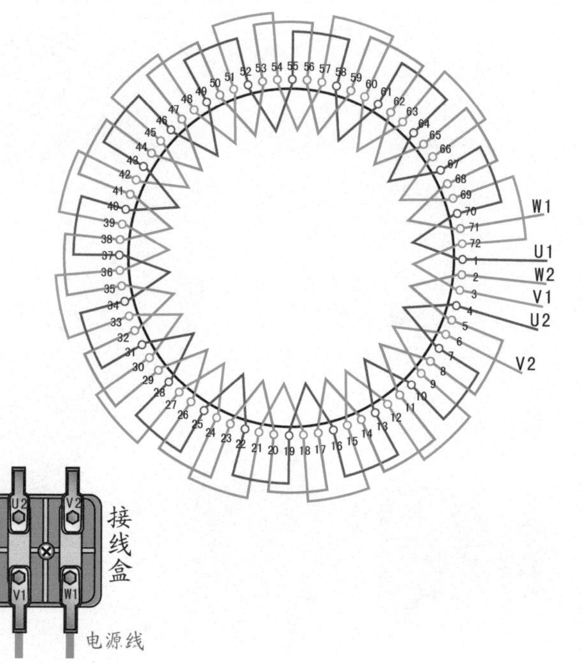

③ 接线盒

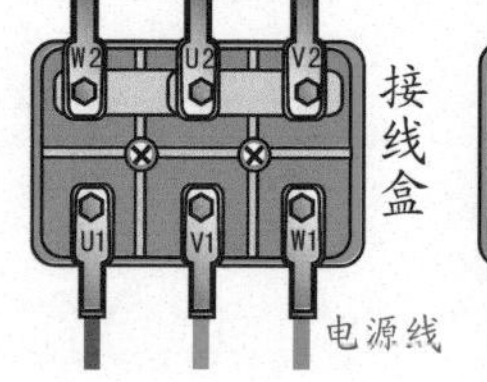

(a) 星形(Y)接法　　(b) 三角形(△)接法

④ 绕组展开图

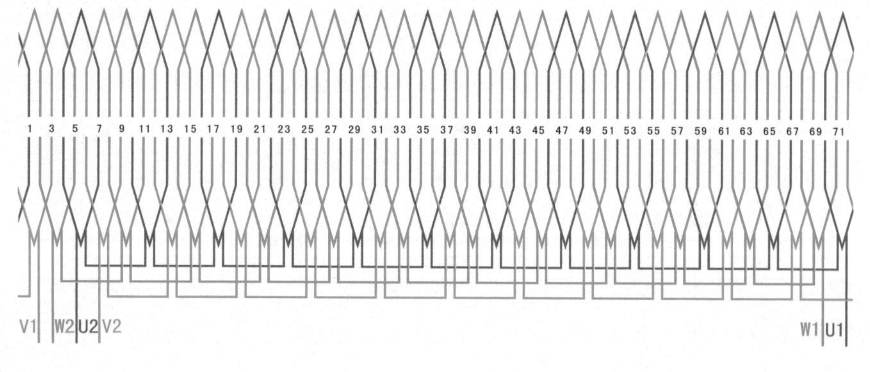

1.5 三相单层交叉链式绕组

1.5.1 18槽2极单层交叉链式绕组（$y=7, a=1$）

① 绕组数据

定子槽数 $Z=18$

电机极数 $2p=2$

线圈极距 $\tau=9$

线圈组数 $u=6$

每组圈数 $S=3/2$

极相槽数 $q=3$

总线圈数 $Q=9$

并联路数 $a=1$

线圈节距 $y=7$

② 绕组端面图

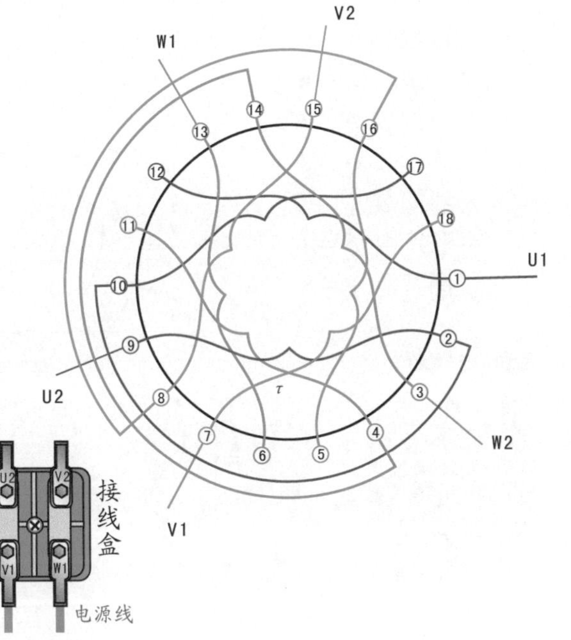

③ 接线盒

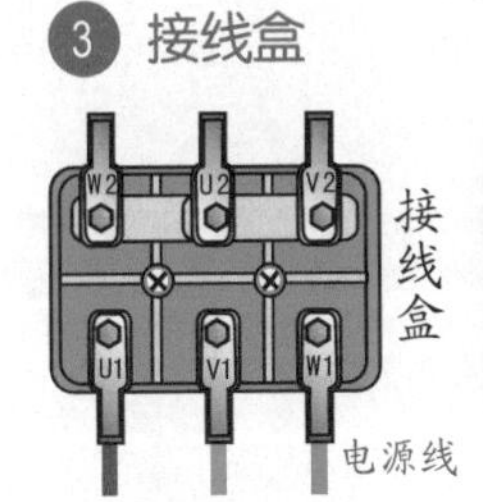

(a) 星形(Y)接法

(b) 三角形(△)接法

④ 绕组展开图

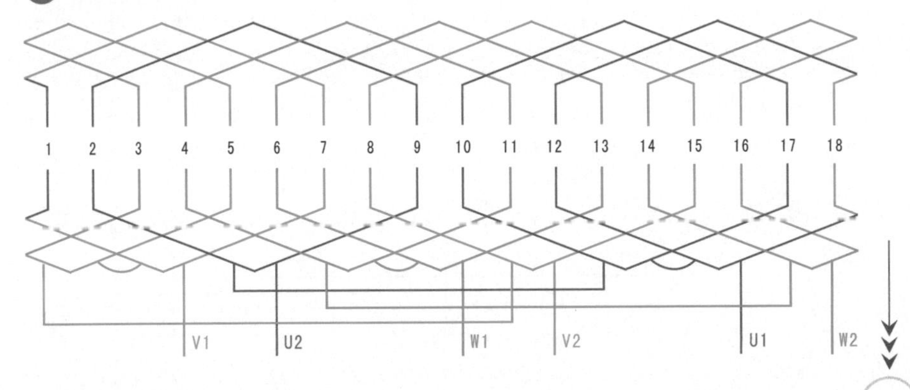

1.5.2 18槽2极单层交叉链式绕组（$y=8$、7, $a=1$）

① 绕组数据

定子槽数 $Z=18$
电机极数 $2p=2$
线圈极距 $\tau=9$
线圈组数 $u=6$
每组圈数 $S=3/2$
极相槽数 $q=3$
总线圈数 $Q=9$
并联路数 $a=1$
线圈节距 $y=8$、7

② 绕组端面图

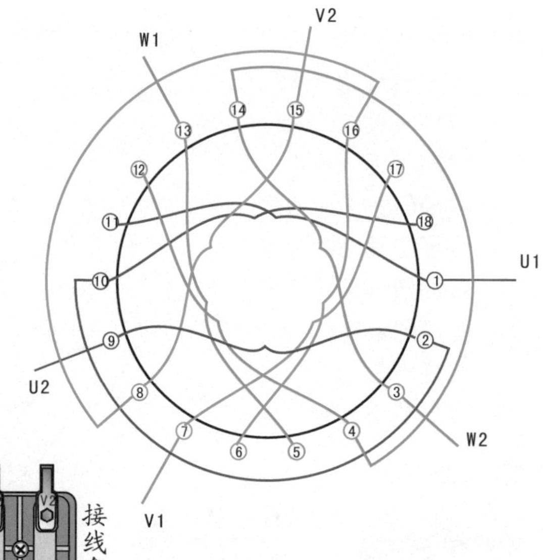

③ 接线盒

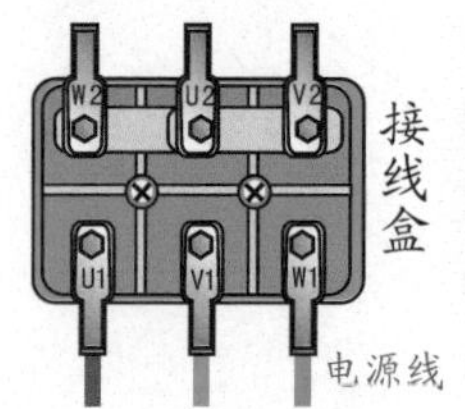

(a) 星形(Y)接法　(b) 三角形(△)接法

④ 绕组展开图

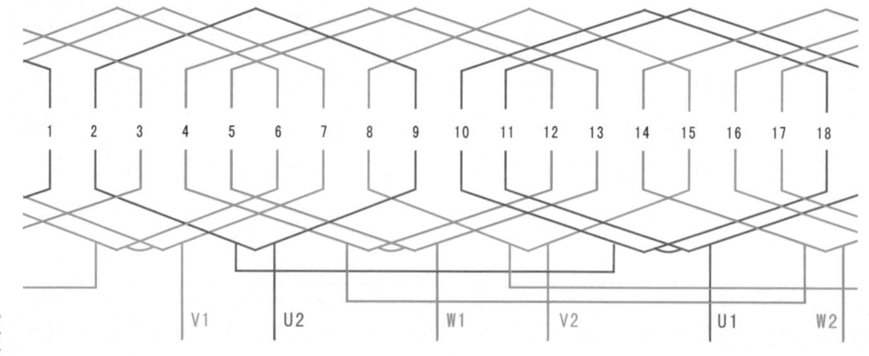

1.5.3 18槽2极单层交叉链式绕组（$y=9, a=1$）

1 绕组数据

定子槽数 $Z=18$

电机极数 $2p=2$

线圈极距 $\tau=9$

线圈组数 $u=6$

每组圈数 $S=3/2$

极相槽数 $q=3$

总线圈数 $Q=9$

并联路数 $a=1$

线圈节距 $y=9$

2 绕组端面图

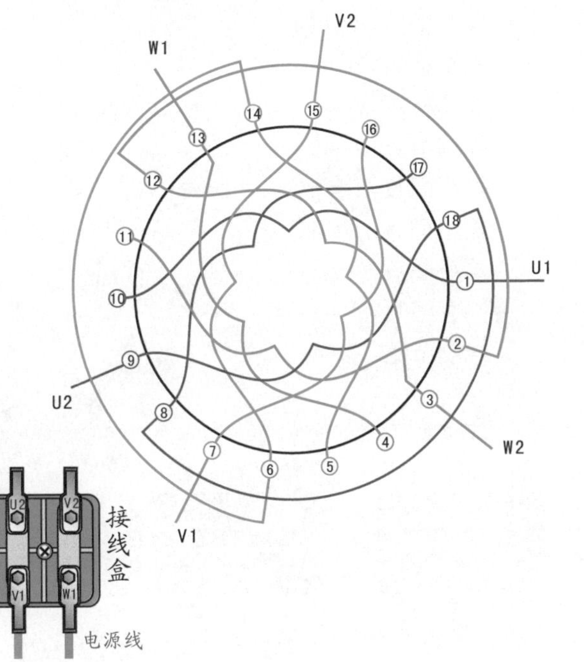

3 接线盒

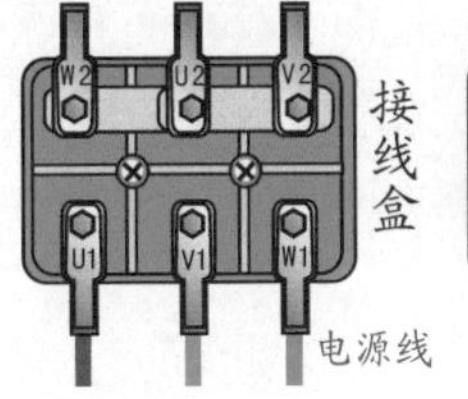

(a) 星形(Y)接法 (b) 三角形(△)接法

4 绕组展开图

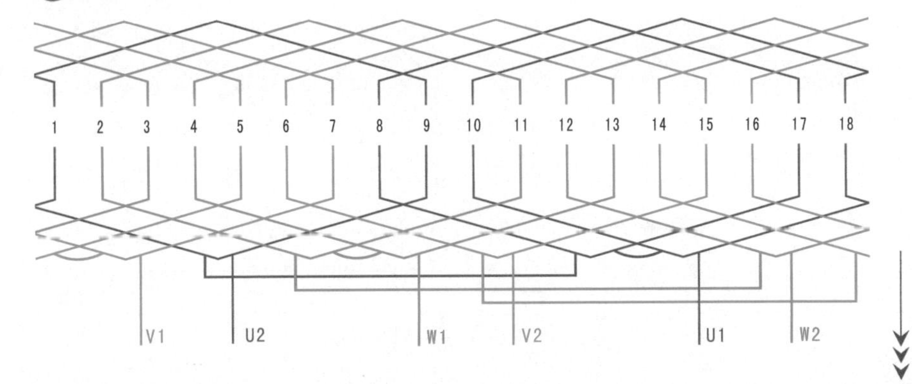

1.5.4 24槽6极单层交叉链式绕组（$y=4, a=1$）

① 绕组数据

定子槽数 $Z=24$
电机极数 $2p=6$
线圈极距 $\tau=4$
线圈组数 $u=9$
每组圈数 $S=6/5$
极相槽数 $q=4/3$
总线圈数 $Q=12$
并联路数 $a=1$
线圈节距 $y=4$

② 绕组端面图

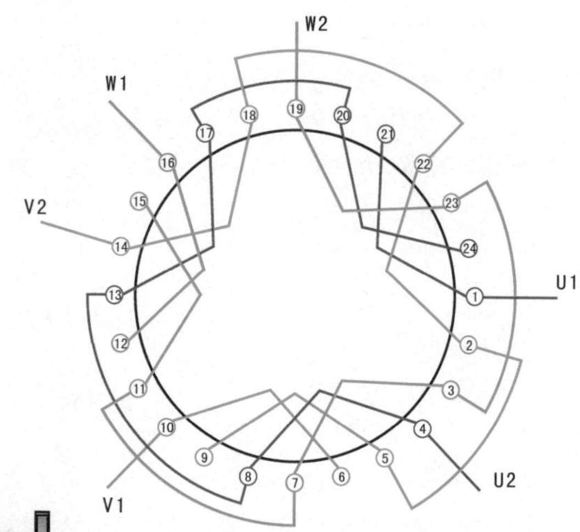

③ 接线盒

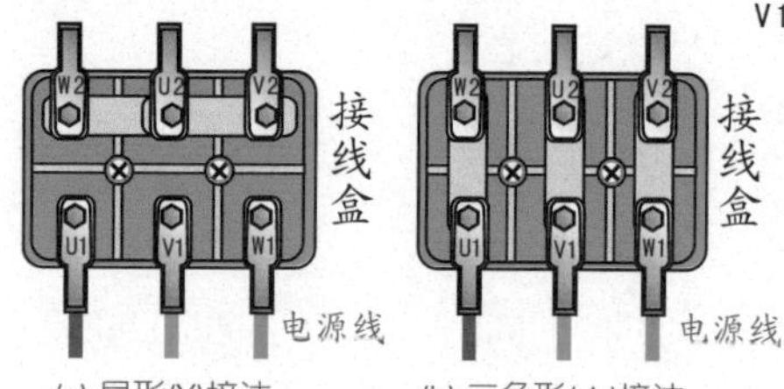

(a) 星形(Y)接法 (b) 三角形(△)接法

④ 绕组展开图

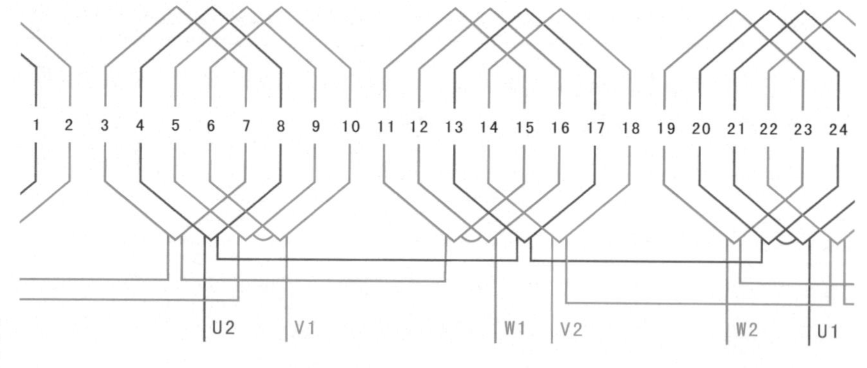

1.5.5 36槽4极单层交叉链式绕组（$y=7, a=1$）

1 绕组数据

定子槽数 $Z=36$

电机极数 $2p=4$

线圈极距 $\tau=9$

线圈组数 $u=12$

每组圈数 $S=3/2$

极相槽数 $q=3$

总线圈数 $Q=18$

并联路数 $a=1$

线圈节距 $y=7$

2 绕组端面图

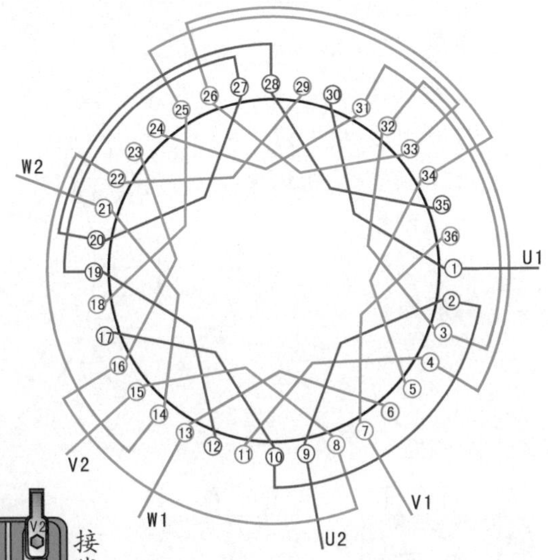

3 接线盒

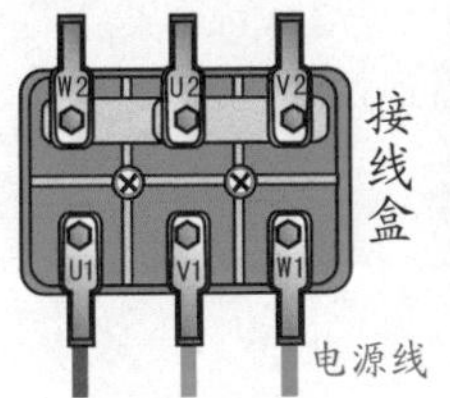

(a) 星形(Y)接法

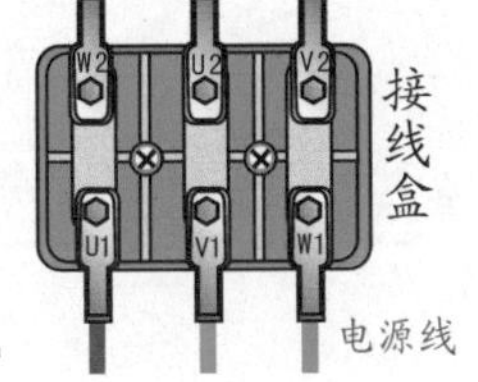

(b) 三角形(△)接法

4 绕组展开图

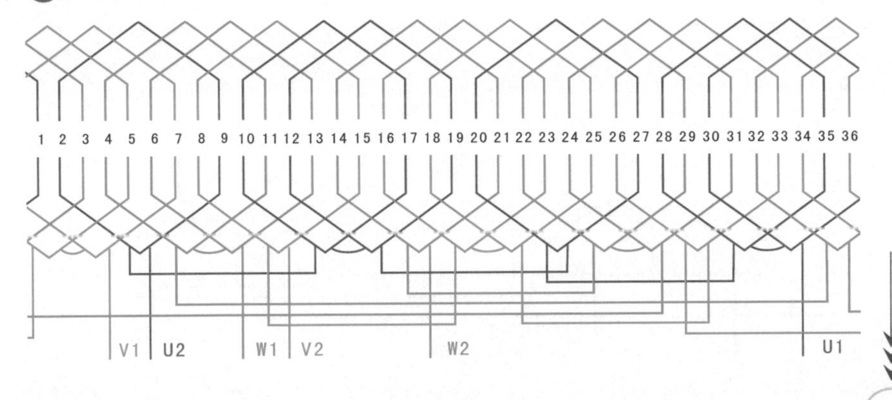

1.5.6 36槽4极单层交叉链式绕组（$y=8、7, a=1$）

① 绕组数据

定子槽数 $Z=36$

电机极数 $2p=4$

线圈极距 $\tau=9$

线圈组数 $u=12$

每组圈数 $S=3/2$

极相槽数 $q=3$

总线圈数 $Q=18$

并联路数 $a=1$

线圈节距 $y=8、7$

② 绕组端面图

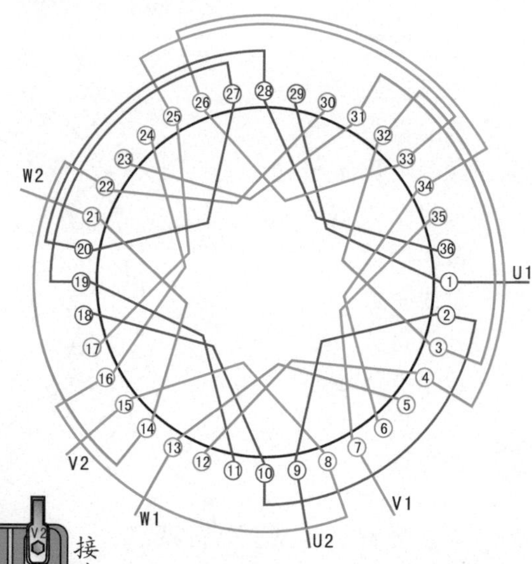

③ 接线盒

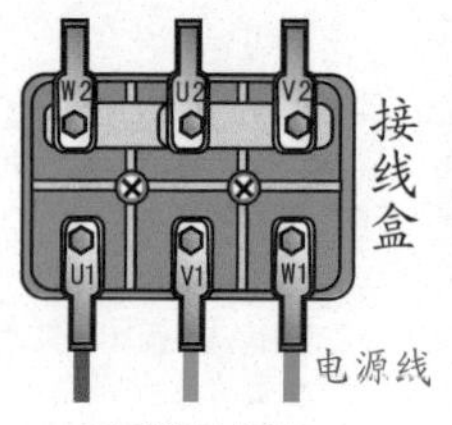

(a) 星形(Y)接法

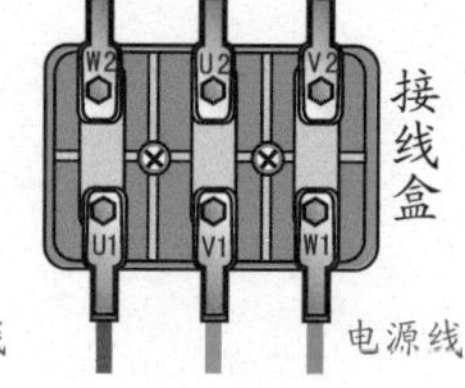

(b) 三角形(△)接法

④ 绕组展开图

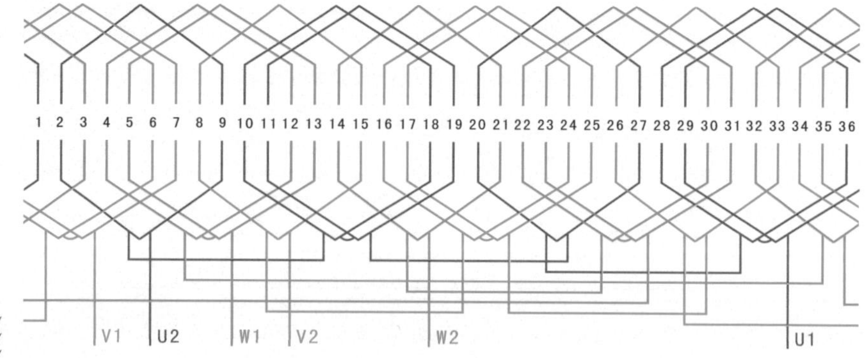

1.5.7　36槽4极延边启动单层交叉链式绕组（y=7、8，a=1）

❶ 绕组数据

定子槽数 $Z=36$

电机极数 $2p=4$

线圈极距 $\tau=9$

线圈组数 $u=12$

每组圈数 $S=1$、2

极相槽数 $q=3$

总线圈数 $Q=18$

并联路数 $a=1$

线圈节距 $y=8$、7

❷ 绕组端面图

❸ 接线盒

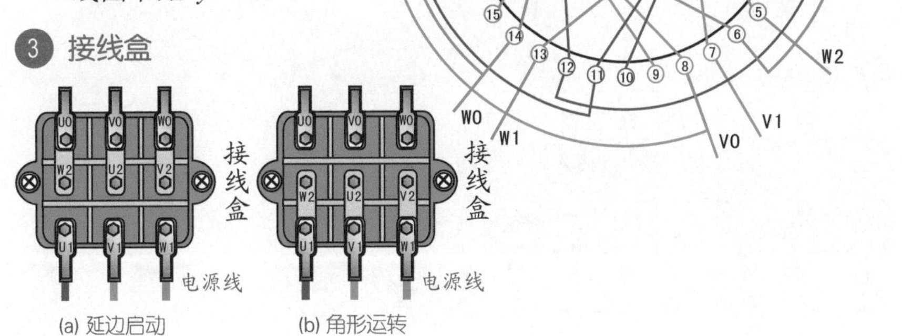

(a) 延边启动　　(b) 角形运转

❹ 绕组展开图

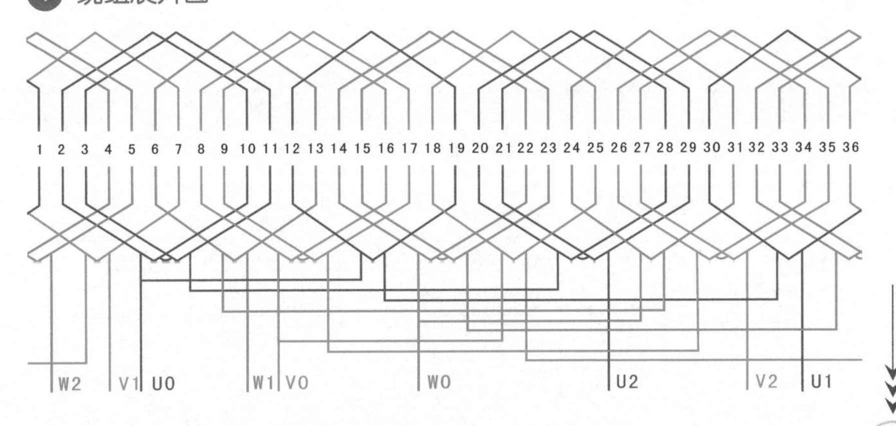

1.5.8 36槽4极单层交叉链式绕组（$y=8$、7，$a=2$）

1 绕组数据

定子槽数 $Z=36$

电机极数 $2p=4$

线圈极距 $\tau=9$

线圈组数 $u=12$

每组圈数 $S=3/2$

极相槽数 $q=3$

总线圈数 $Q=18$

并联路数 $a=2$

线圈节距 $y=8$、7

2 绕组端面图

U1 V1 W1 U2 V2 W2

3 接线盒

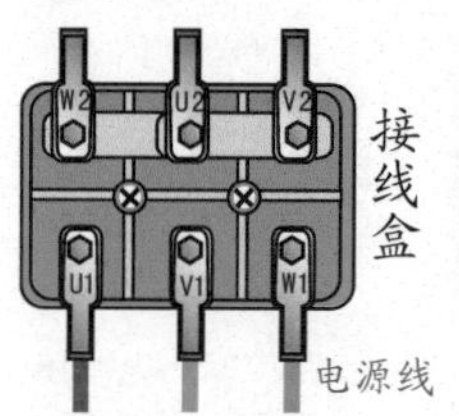

(a) 星形(Y)接法

W2 U2 V2 U1 V1 W1 接线盒 电源线

(b) 三角形(△)接法

4 绕组展开图

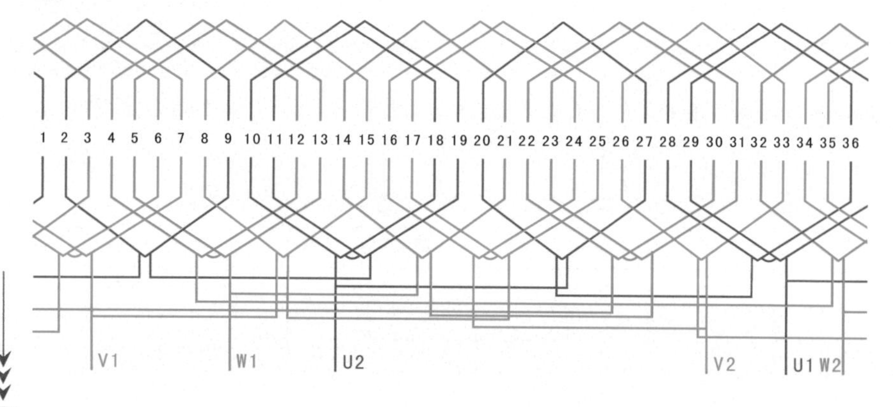

1.5.9 36槽4极单层交叉链式绕组（$y=9, a=1$）

① 绕组数据

定子槽数 $Z=36$

电机极数 $2p=4$

线圈极距 $\tau=9$

线圈组数 $u=12$

每组圈数 $S=3/2$

极相槽数 $q=3$

总线圈数 $Q=18$

并联路数 $a=1$

线圈节距 $y=9$

② 绕组端面图

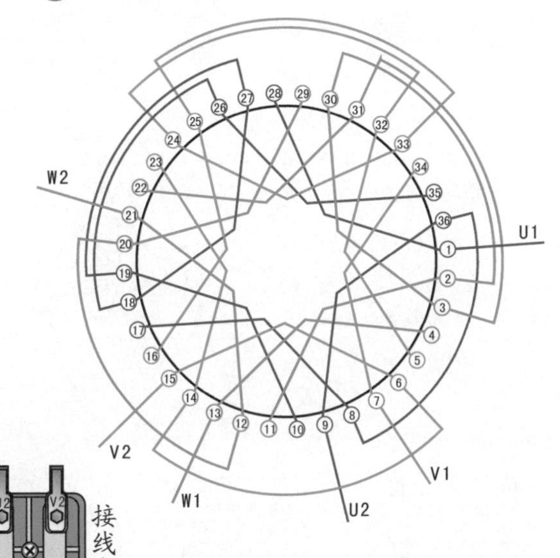

③ 接线盒

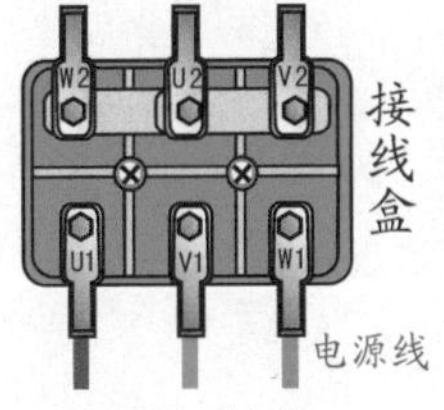

(a) 星形(Y)接法　(b) 三角形(△)接法

④ 绕组展开图

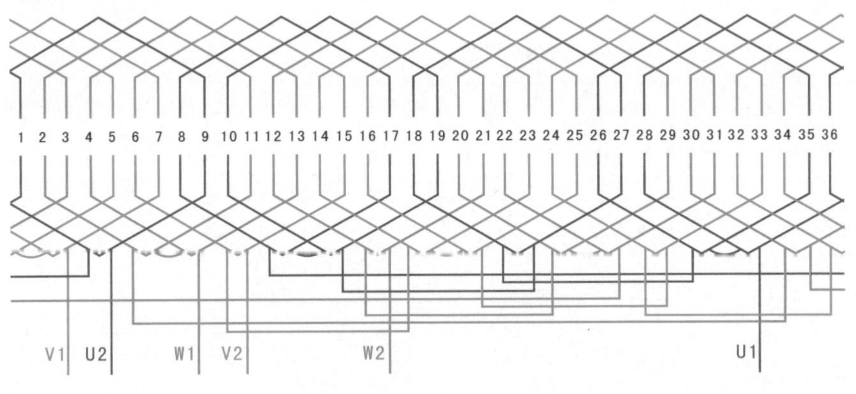

1.5.10 36槽8极单层交叉链式绕组（$y=4$、5, $a=1$）

① 绕组数据

定子槽数 $Z=36$

电机极数 $2p=8$

线圈极距 $\tau=9/2$

线圈组数 $u=12$

每组圈数 $S=3/2$

极相槽数 $q=3/2$

总线圈数 $Q=18$

并联路数 $a=1$

线圈节距 $y=4$、5

② 绕组端面图

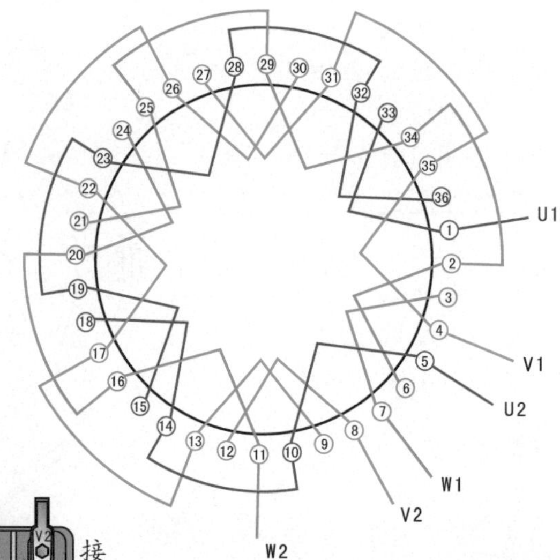

③ 接线盒

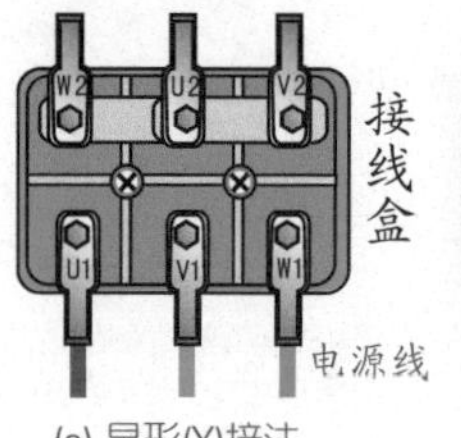

(a) 星形(Y)接法

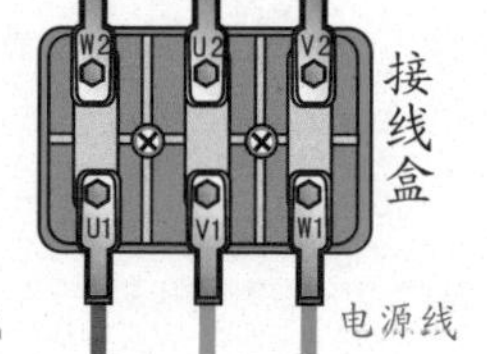

(b) 三角形(△)接法

④ 绕组展开图

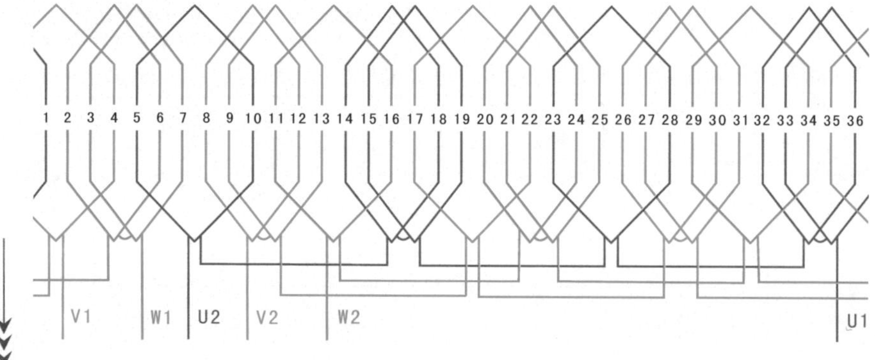

1.5.11　54槽6极单层交叉链式绕组（$y=8$、7，$a=1$）

1 绕组数据

定子槽数 $Z=54$

电机极数 $2p=6$

线圈极距 $\tau=9$

线圈组数 $u=18$

每组圈数 $S=3/2$

极相槽数 $q=3$

总线圈数 $Q=27$

并联路数 $a=1$

线圈节距 $y=8$、7

2 绕组端面图

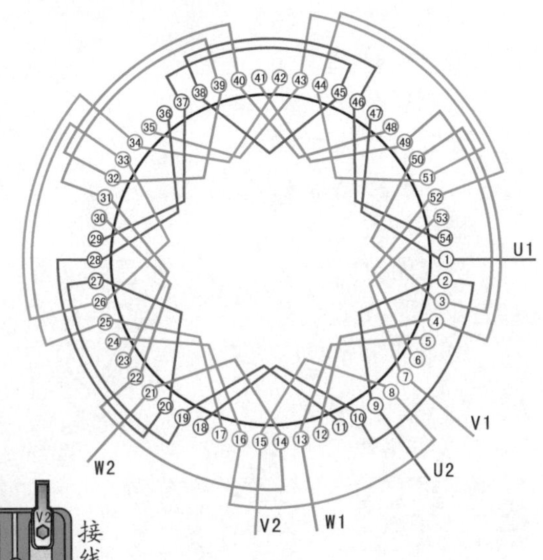

3 接线盒

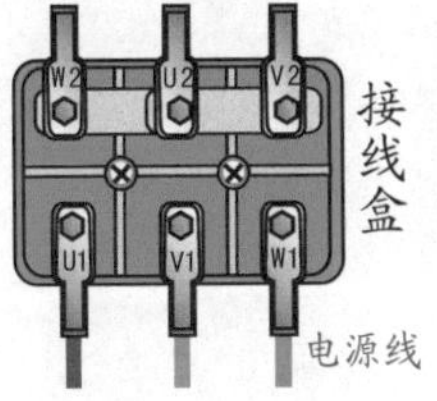

(a) 星形(Y)接法

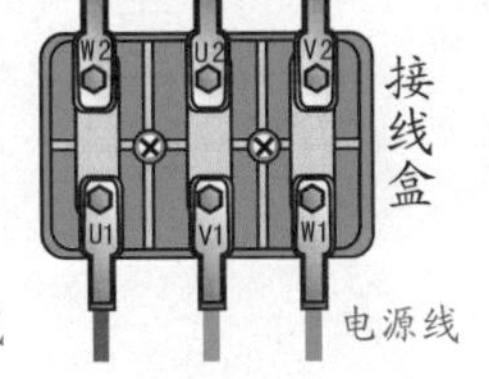

(b) 三角形(△)接法

4 绕组展开图

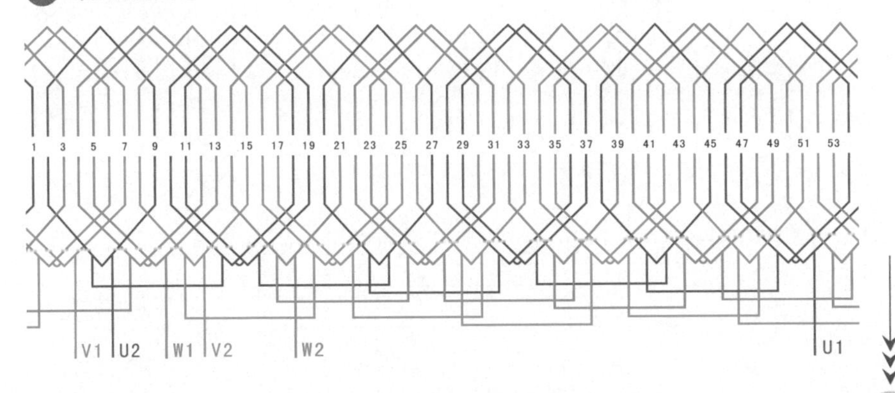

1.5.12 54槽6极单层交叉链式绕组（$y=8$、7，$a=3$）

① 绕组数据

定子槽数 $Z=54$

电机极数 $2p=6$

线圈极距 $\tau=9$

线圈组数 $u=18$

每组圈数 $S=3/2$

极相槽数 $q=3$

总线圈数 $Q=27$

并联路数 $a=3$

线圈节距 $y=8$、7

② 绕组端面图

③ 接线盒

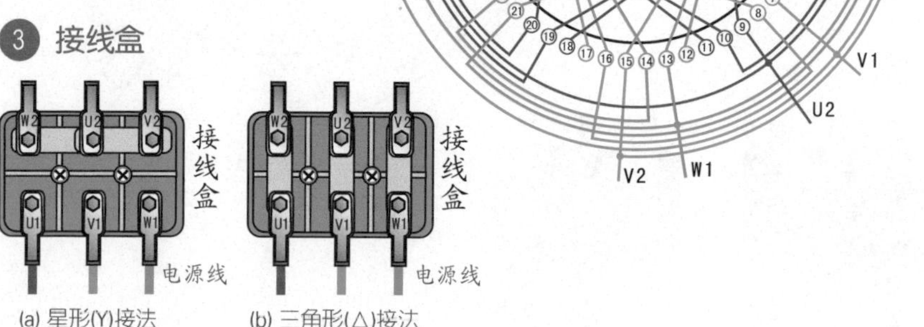

(a) 星形(Y)接法　　(b) 三角形(△)接法

④ 绕组展开图

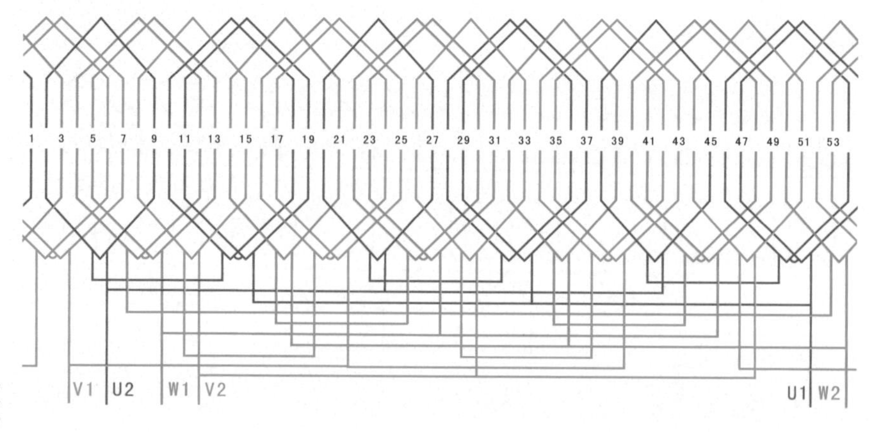

1.5.13　60槽8极单层交叉链式绕组（y=7、8, a=2）

❶ 绕组数据

定子槽数 $Z=60$

电机极数 $2p=8$

线圈极距 $\tau=15/2$

线圈组数 $u=12$

每组圈数 $S=5/2$

极相槽数 $q=5/2$

总线圈数 $Q=30$

并联路数 $a=2$

线圈节距 $y=7$、8

❷ 绕组端面图

❸ 接线盒

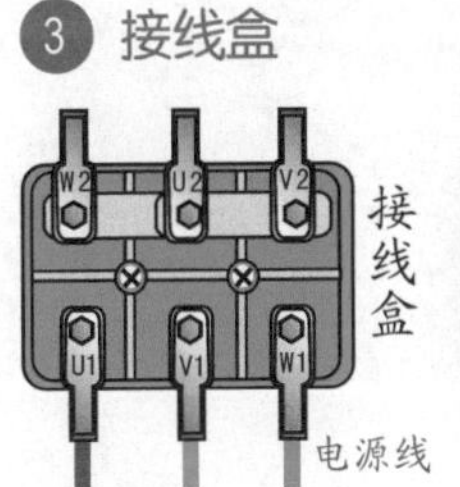

(a) 星形(Y)接法

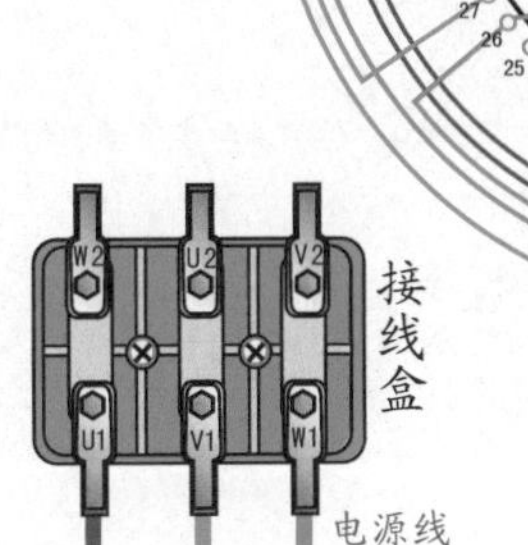

(b) 三角形(△)接法

❹ 绕组展开图

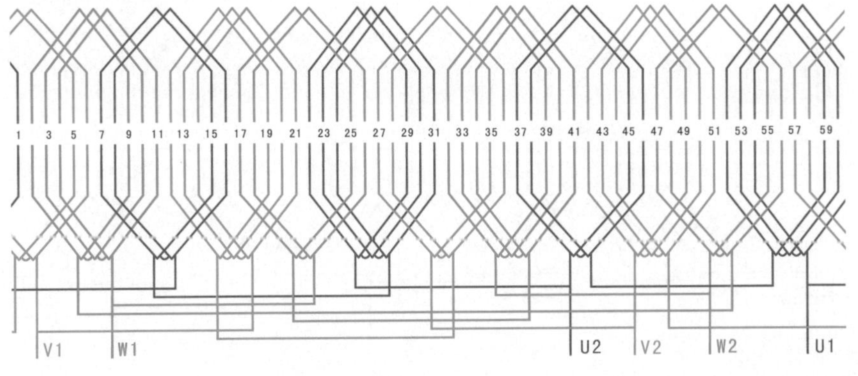

1.5.14 72槽8极单层交叉链式绕组（y=8、7, a=2）

① 绕组数据

定子槽数 $Z=72$

电机极数 $2p=8$

线圈极距 $\tau=9$

线圈组数 $u=24$

每组圈数 $S=3/2$

极相槽数 $q=3$

总线圈数 $Q=36$

并联路数 $a=2$

线圈节距 $y=8$、7

② 绕组端面图

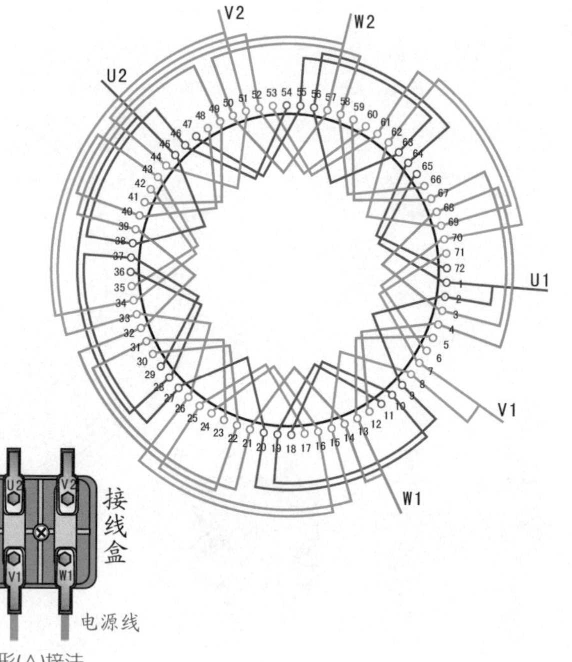

③ 接线盒

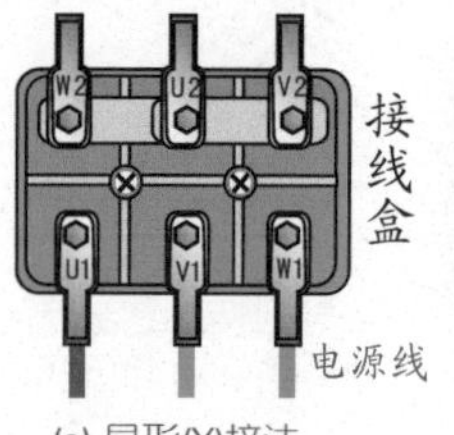

(a) 星形(Y)接法　(b) 三角形(△)接法

④ 绕组展开图

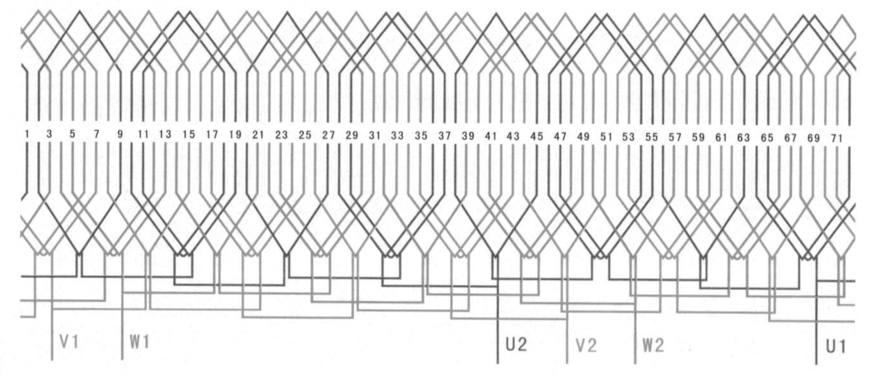

电动机绕组全彩色图集——嵌线·布线·接线展开图

PART2

第2章

三相交流电动机双层绕组

2.1 三相双层叠式绕组

2.1.1 12槽2极双层叠式绕组（$y=5, a=1$）

① 绕组数据

定子槽数 $Z=12$
电机极数 $2p=2$
线圈极距 $\tau=6$
线圈组数 $u=6$
每组圈数 $S=2$
极相槽数 $q=2$
总线圈数 $Q=12$
并联路数 $a=1$
线圈节距 $y=5$

② 绕组端面图

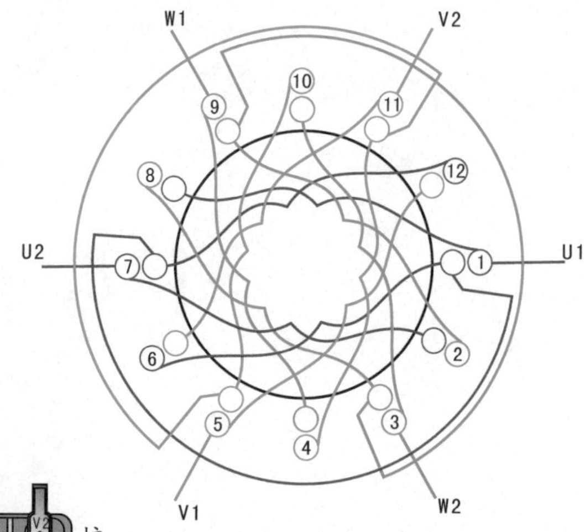

③ 接线盒

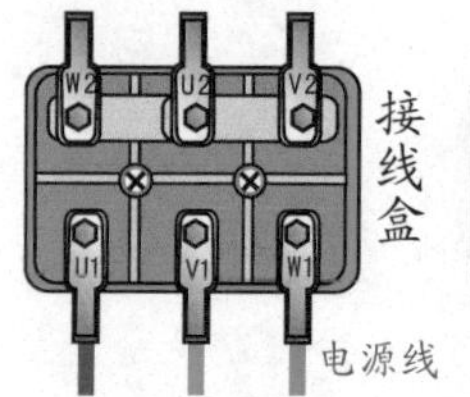

(a) 星形(Y)接法

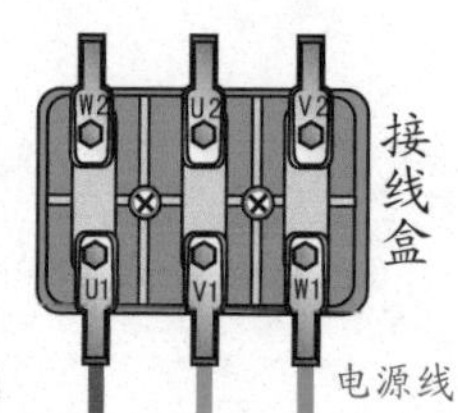

(b) 三角形(△)接法

④ 绕组展开图

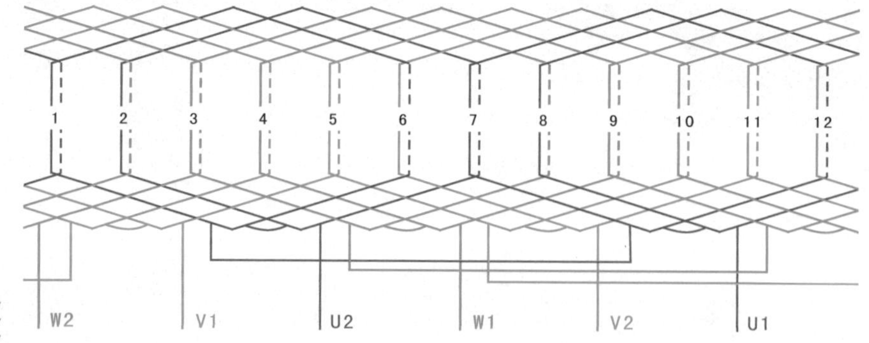

2.1.2 12槽4极双层链式绕组（$y=2$）

① 绕组数据

定子槽数 $Z=12$

电机极数 $2p=4$

总线圈数 $Q=12$

线圈组数 $u=12$

每组圈数 $S=1$

极相槽数 $q=1$

线圈极距 $\tau=3$

并联路数 $a=1$

线圈节距 $y=2$

② 绕组端面图

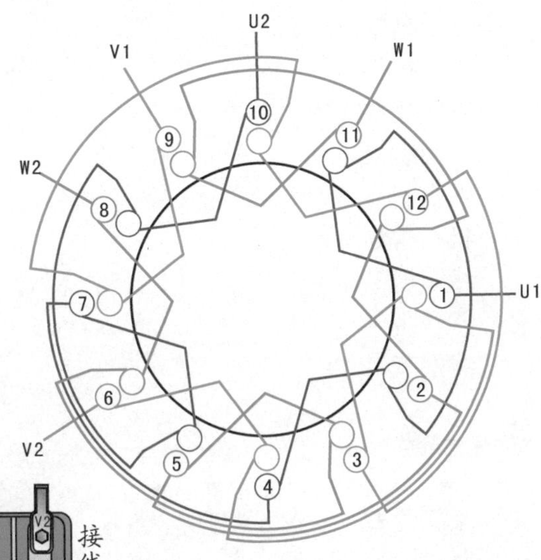

③ 接线盒

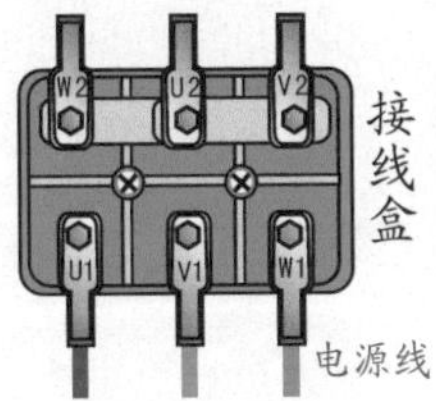

(a) 星形(Y)接法

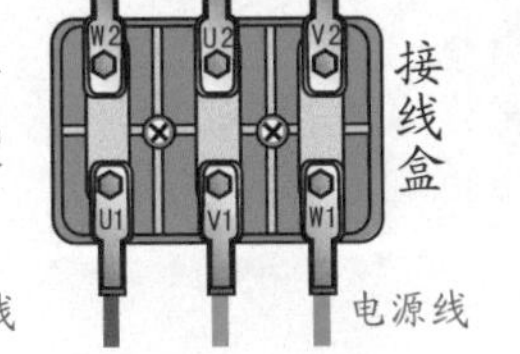

(b) 三角形(△)接法

④ 绕组展开图

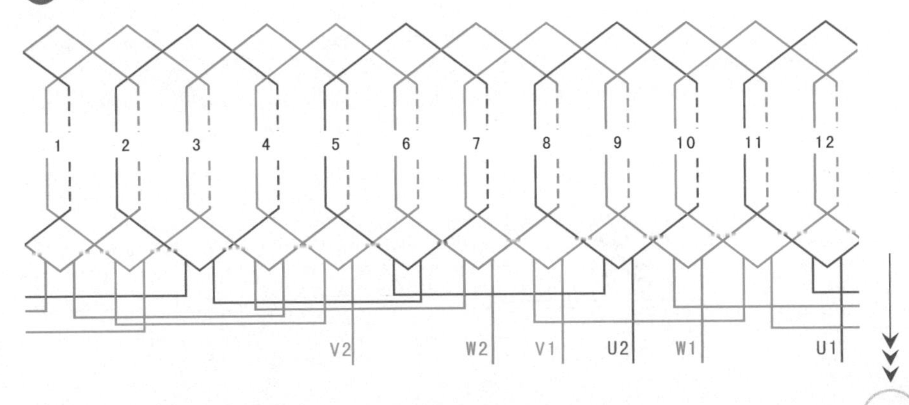

2.1.3 12槽4极双层链式绕组（$y=3$）

① 绕组数据

定子槽数 $Z=12$

电机极数 $2p=4$

总线圈数 $Q=12$

线圈组数 $u=12$

每组圈数 $S=1$

极相槽数 $q=1$

线圈极距 $\tau=3$

并联路数 $a=1$

线圈节距 $y=3$

② 绕组端面图

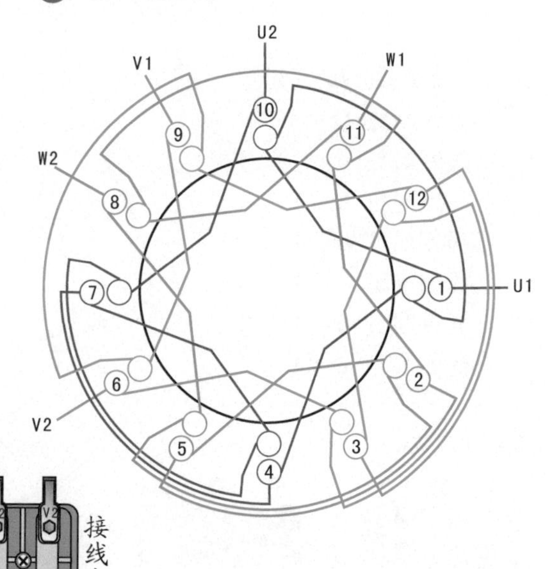

③ 接线盒

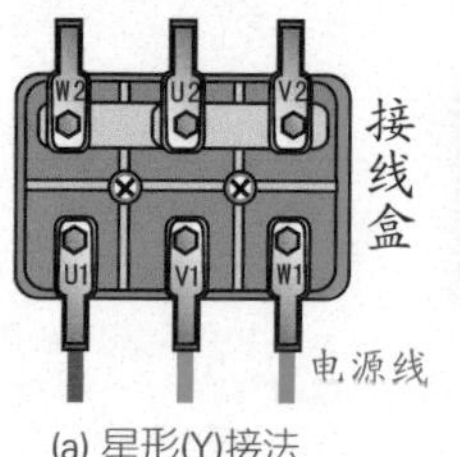

(a) 星形(Y)接法　(b) 三角形(△)接法

④ 绕组展开图

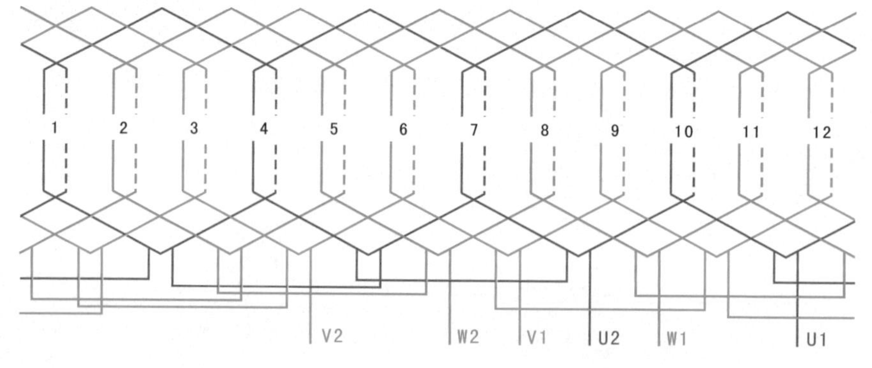

2.1.4 18槽6极双层链式绕组（$y=3$）

① 绕组数据

定子槽数 $Z=18$

电机极数 $2p=6$

总线圈数 $Q=18$

线圈组数 $u=18$

每组圈数 $S=1$

极相槽数 $q=1$

线圈极距 $\tau=3$

并联路数 $a=1$

线圈节距 $y=3$

② 绕组端面图

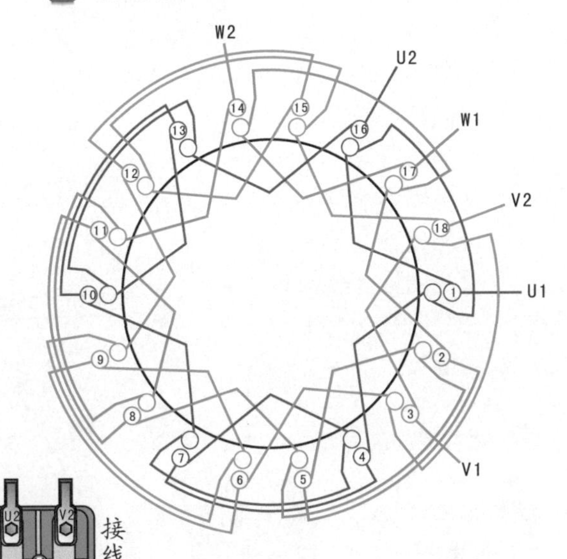

③ 接线盒

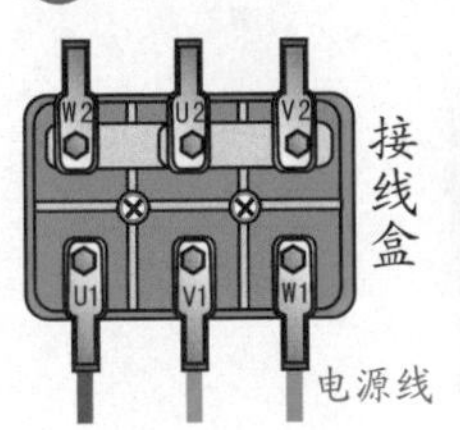

(a) 星形(Y)接法

(b) 三角形(△)接法

④ 绕组展开图

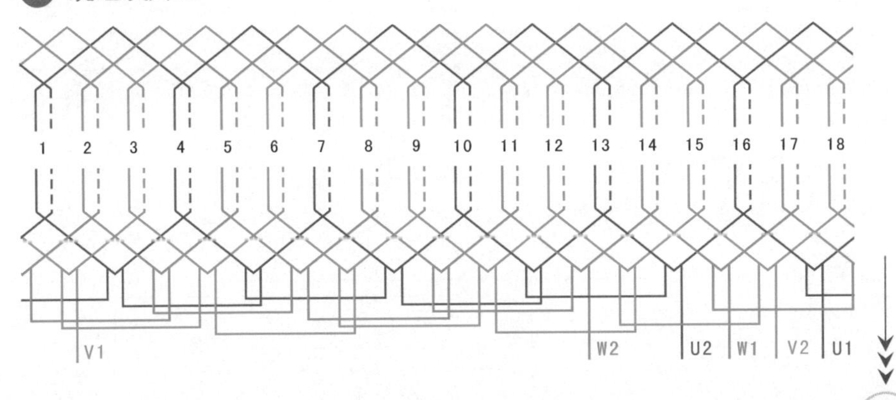

2.1.5 24槽2极双层叠式绕组（$y=7, a=1$）

① 绕组数据

定子槽数 $Z=24$

电机极数 $2p=2$

线圈极距 $\tau=12$

线圈组数 $u=6$

每组圈数 $S=4$

极相槽数 $q=4$

总线圈数 $Q=24$

并联路数 $a=1$

线圈节距 $y=7$

② 绕组端面图

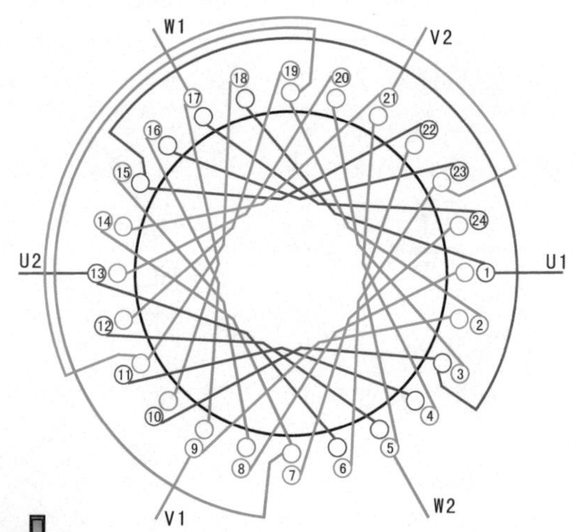

③ 接线盒

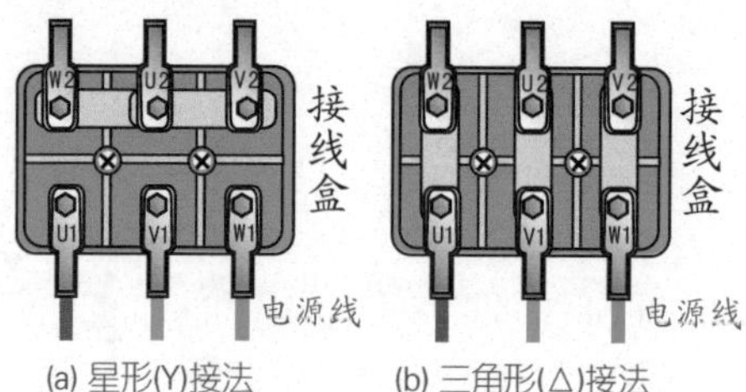

(a) 星形(Y)接法　　(b) 三角形(△)接法

④ 绕组展开图

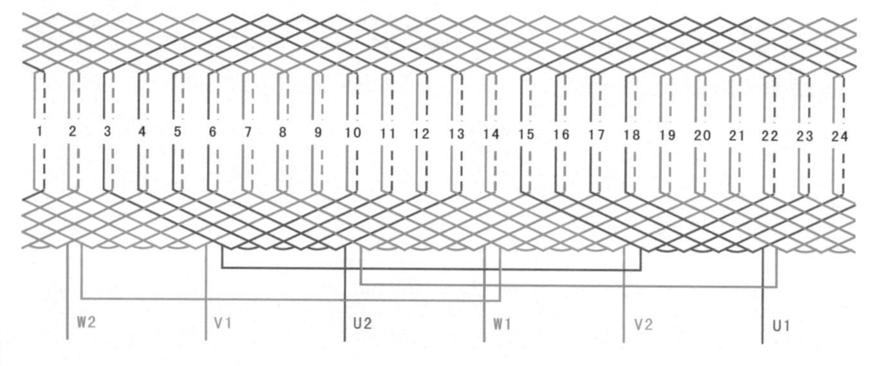

2.1.6 24槽2极双层叠式绕组（$y=8, a=1$）

① 绕组数据

定子槽数 $Z=24$

电机极数 $2p=2$

线圈极距 $\tau=12$

线圈组数 $u=6$

每组圈数 $S=4$

极相槽数 $q=4$

总线圈数 $Q=24$

并联路数 $a=1$

线圈节距 $y=8$

② 绕组端面图

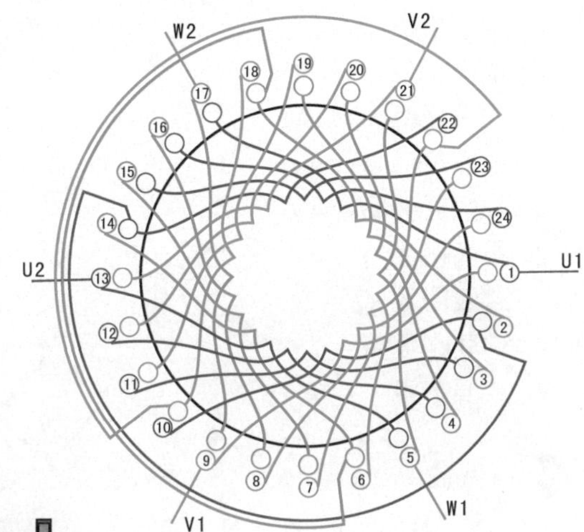

③ 接线盒

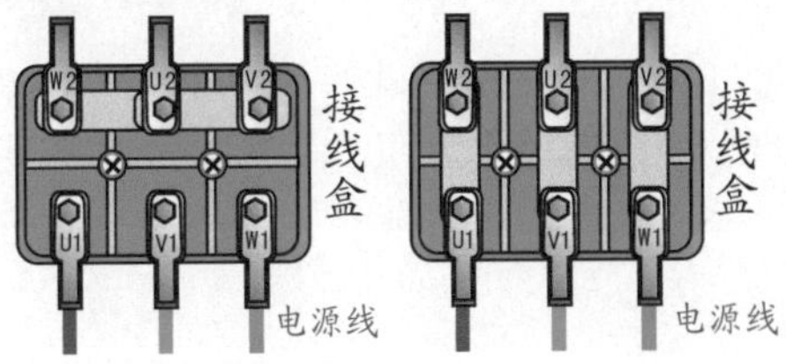

(a) 星形(Y)接法　　(b) 三角形(△)接法

④ 绕组展开图

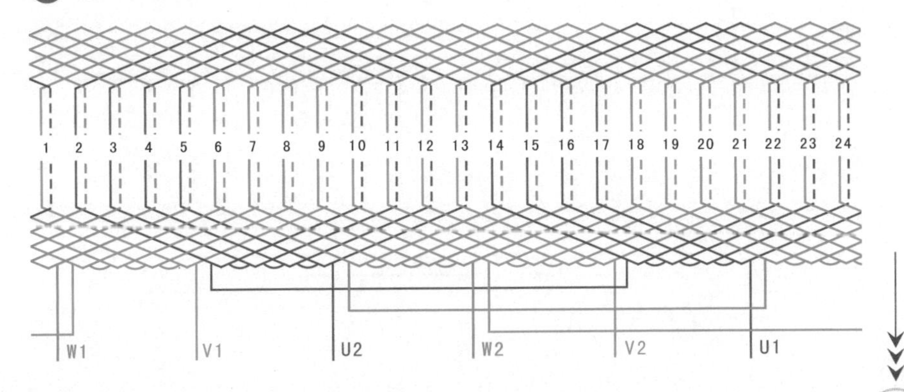

2.1.7 24槽2极双层叠式绕组（$y=9, a=1$）

① 绕组数据

定子槽数 $Z=24$

电机极数 $2p=2$

线圈极距 $\tau=12$

线圈组数 $u=6$

每组圈数 $S=4$

极相槽数 $q=4$

总线圈数 $Q=24$

并联路数 $a=1$

线圈节距 $y=9$

② 绕组端面图

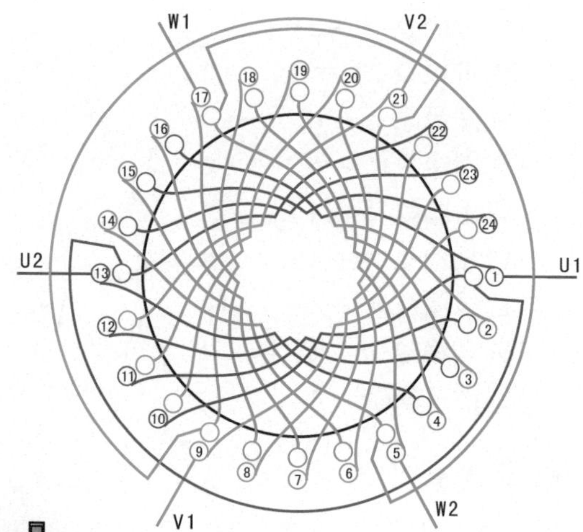

③ 接线盒

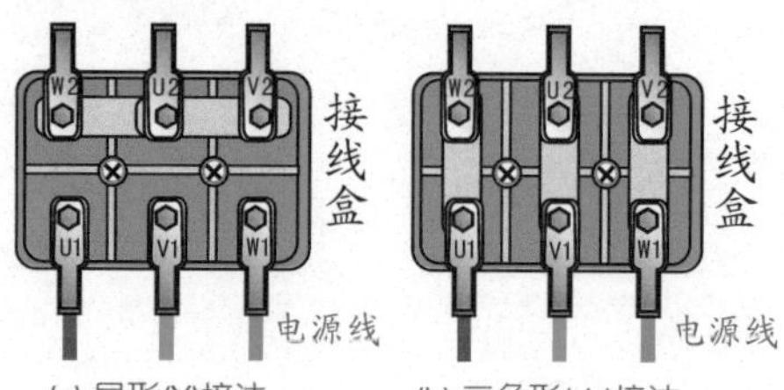

(a) 星形(Y)接法　(b) 三角形(△)接法

④ 绕组展开图

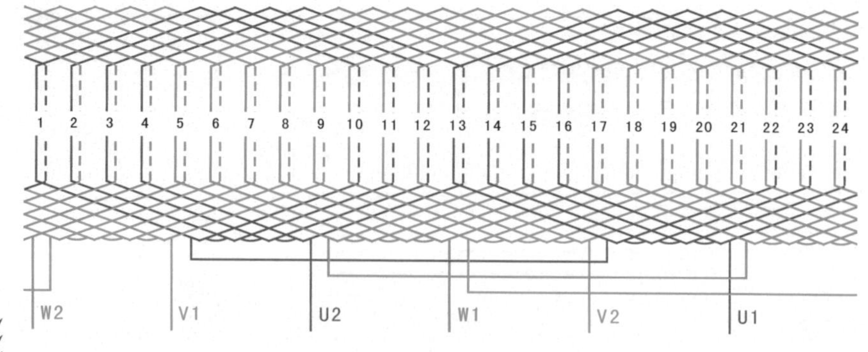

2.1.8 24槽2极双层叠式绕组（$y=10, a=1$）

1 绕组数据

定子槽数 $Z=24$

电机极数 $2p=2$

线圈极距 $\tau=12$

线圈组数 $u=6$

每组圈数 $S=4$

极相槽数 $q=4$

总线圈数 $Q=24$

并联路数 $a=1$

线圈节距 $y=10$

2 绕组端面图

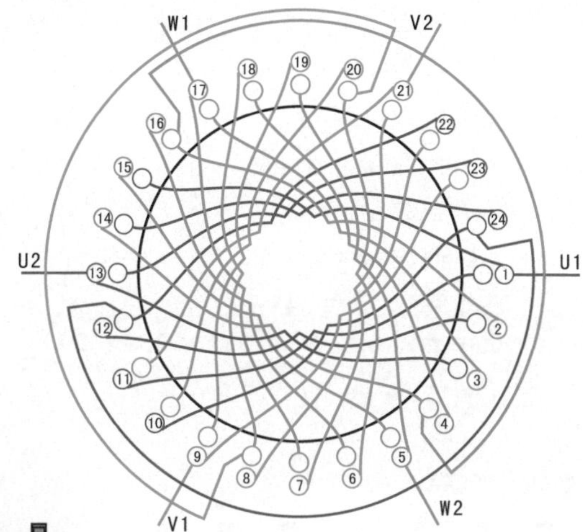

3 接线盒

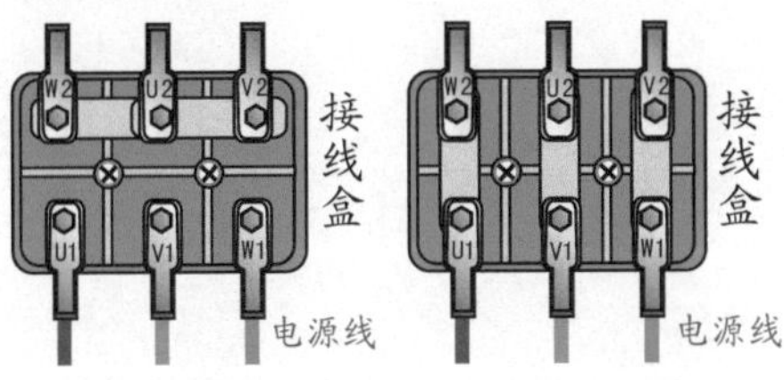

(a) 星形(Y)接法　　(b) 三角形(△)接法

4 绕组展开图

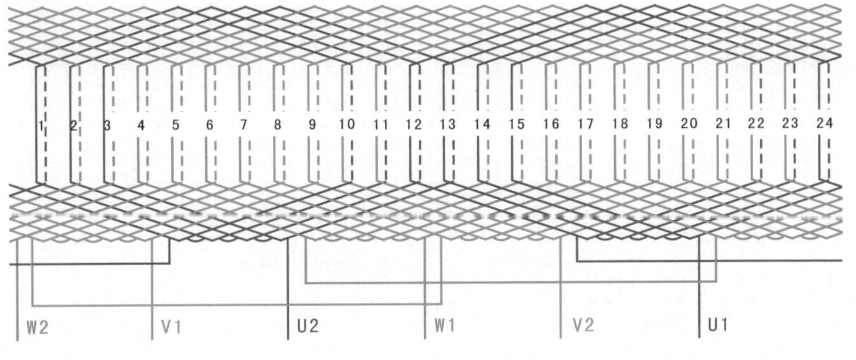

2.1.9 24槽2极双层叠式绕组（$y=10, a=2$）

① 绕组数据

定子槽数 $Z=24$

电机极数 $2p=2$

线圈极距 $\tau=12$

线圈组数 $u=6$

每组圈数 $S=4$

极相槽数 $q=4$

总线圈数 $Q=24$

并联路数 $a=2$

线圈节距 $y=10$

② 绕组端面图

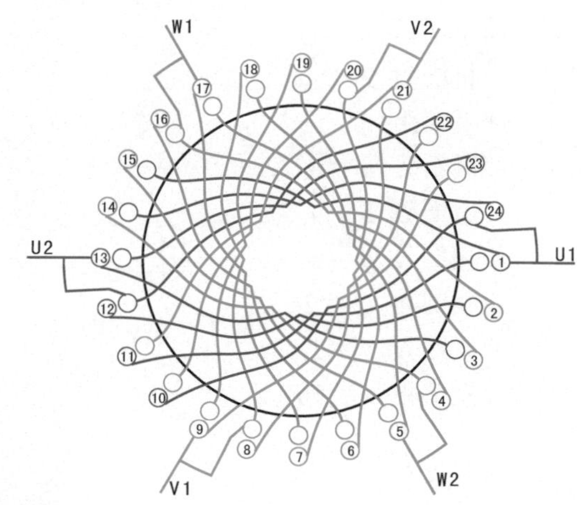

③ 接线盒

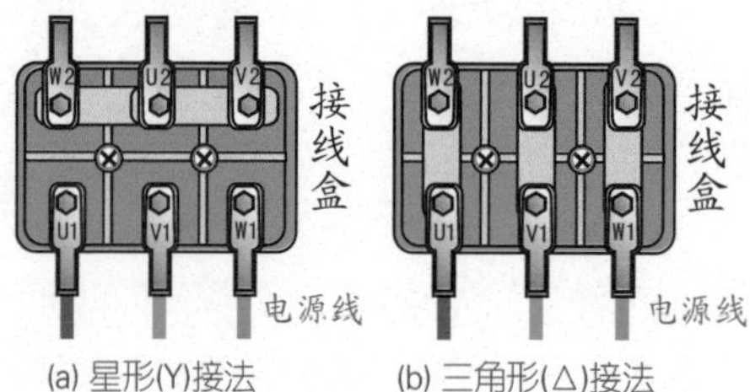

(a) 星形(Y)接法　　(b) 三角形(△)接法

④ 绕组展开图

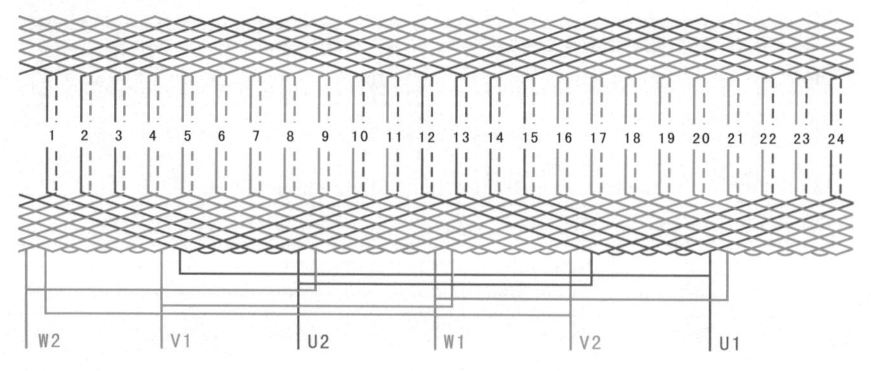

2.1.10 24槽4极双层叠式绕组（$y=5, a=1$）

① 绕组数据

定子槽数 $Z=24$

电机极数 $2p=4$

线圈极距 $\tau=6$

线圈组数 $u=12$

每组圈数 $S=2$

极相槽数 $q=2$

总线圈数 $Q=24$

并联路数 $a=1$

线圈节距 $y=5$

② 绕组端面图

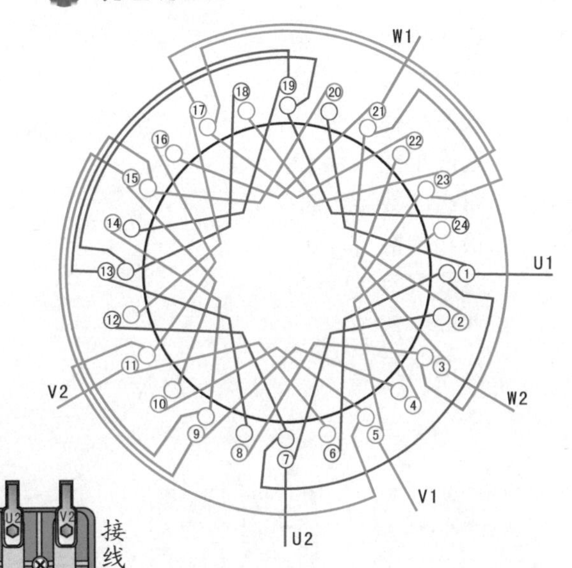

③ 接线盒

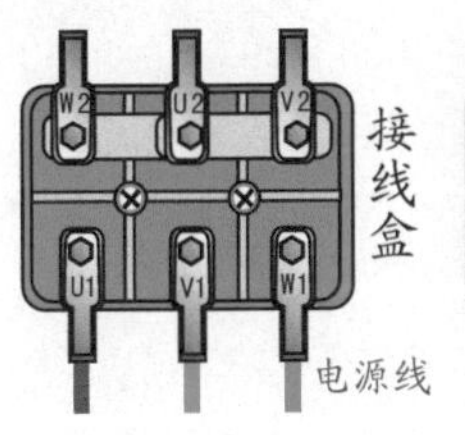

(a) 星形(Y)接法　(b) 三角形(△)接法

④ 绕组展开图

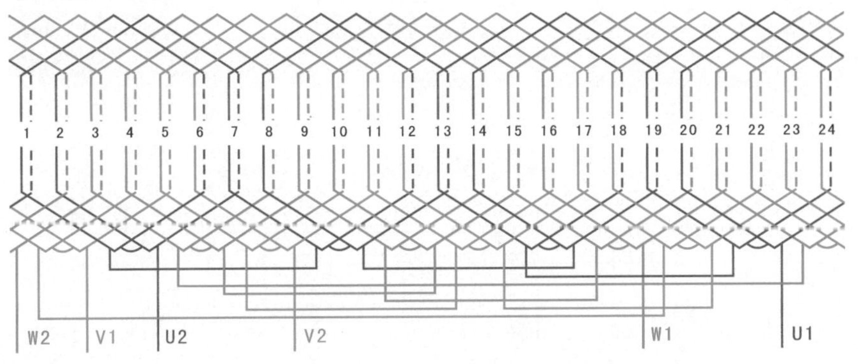

2.1.11 24槽4极双层叠式绕组（$y=5, a=2$）

1 绕组数据

定子槽数 $Z=24$

电机极数 $2p=4$

线圈极距 $\tau=6$

线圈组数 $u=12$

每组圈数 $S=2$

极相槽数 $q=2$

总线圈数 $Q=24$

并联路数 $a=2$

线圈节距 $y=5$

2 绕组端面图

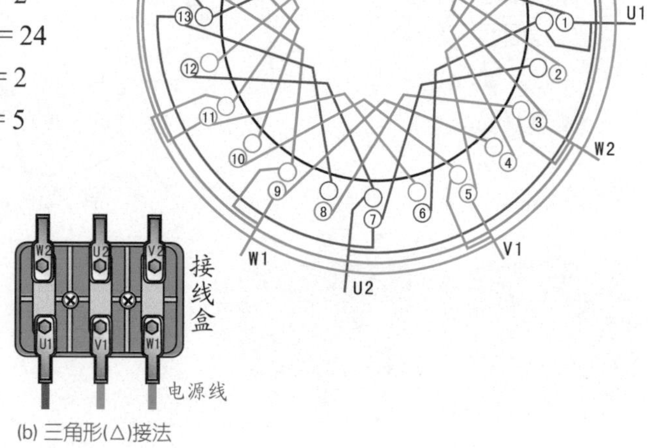

3 接线盒

(a) 星形(Y)接法　(b) 三角形(△)接法

4 绕组展开图

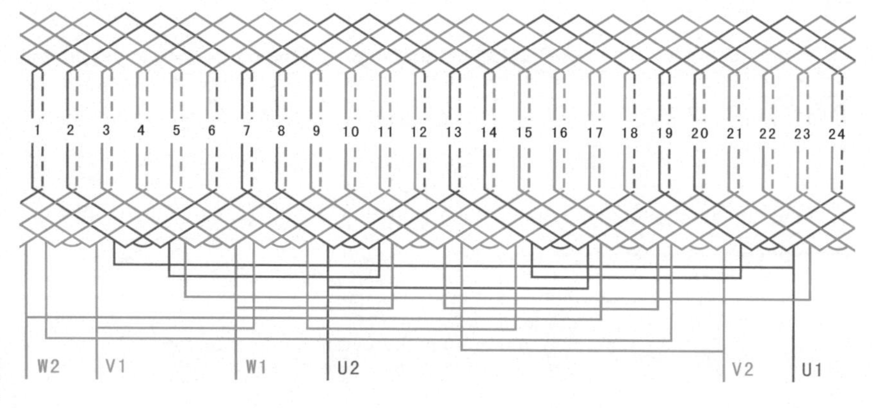

2.1.12 24槽6极双层叠式（运行型）绕组（$y=3$）

1 绕组数据

定子槽数 $Z=24$
电机极数 $2p=6$
总线圈数 $Q=24$
线圈组数 $u=12$
每组圈数 $S=2$
绕组极距 $\tau=4$
线圈节距 $y=3$

2 绕组端面图

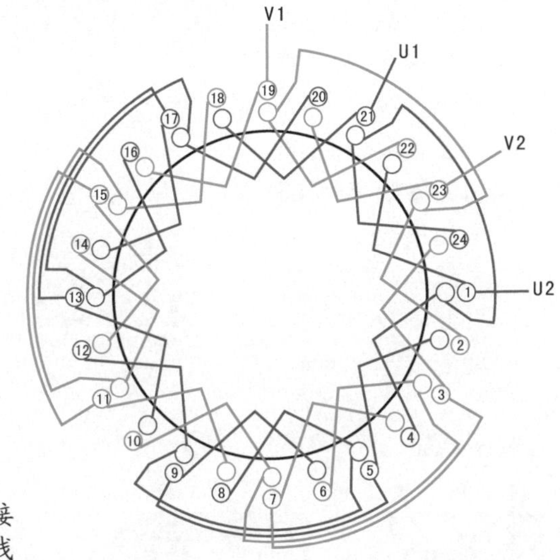

3 接线盒

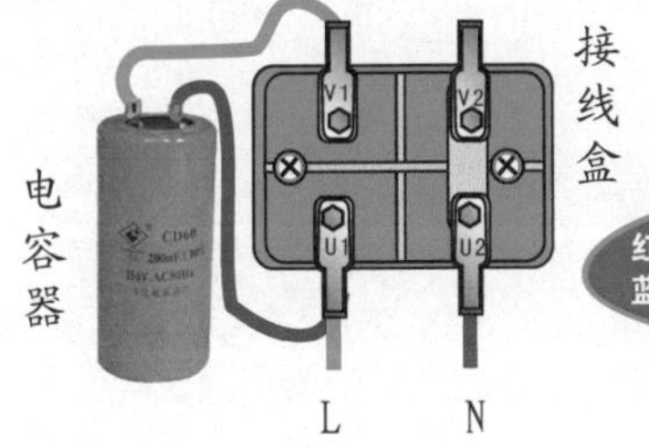

红色线为主绕组，蓝色线为副绕组

4 绕组展开图

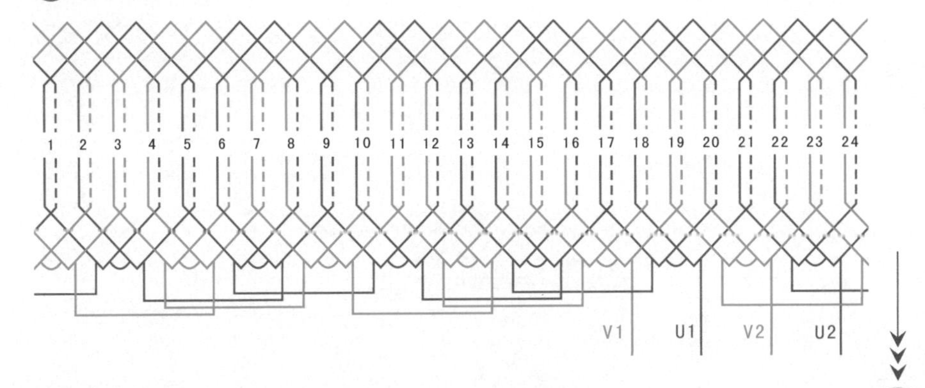

2.1.13 24槽6极双层叠式分数槽绕组（$y=4, a=1$）

① 绕组数据

定子槽数 $Z=24$

电机极数 $2p=6$

线圈极距 $\tau=4$

线圈组数 $u=18$

每组圈数 $S=4/3$

极相槽数 $q=4/3$

总线圈数 $Q=24$

并联路数 $a=1$

线圈节距 $y=4$

② 绕组端面图

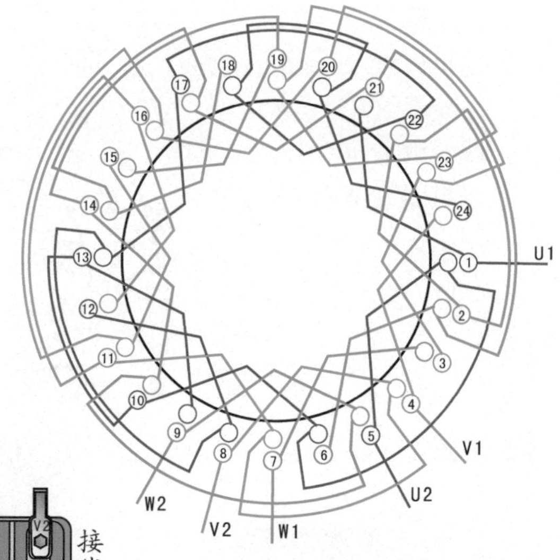

③ 接线盒

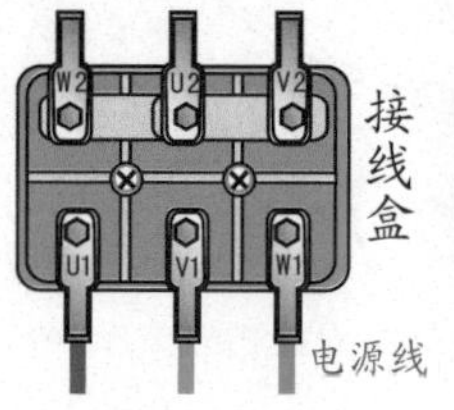

(a) 星形(Y)接法

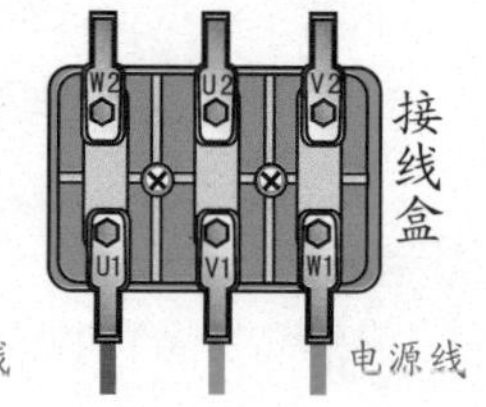

(b) 三角形(△)接法

④ 绕组展开图

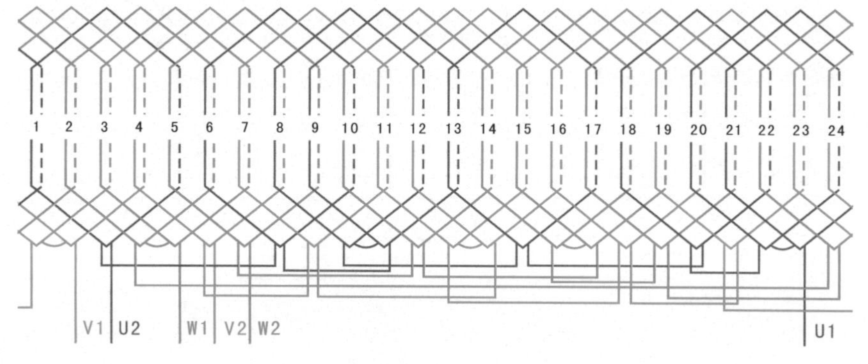

2.1.14　27槽6极双层叠式分数槽绕组（$y=4, a=1$）

① 绕组数据

定子槽数 $Z=27$

电机极数 $2p=6$

线圈极距 $\tau=9/2$

线圈组数 $u=18$

每组圈数 $S=3/2$

极相槽数 $q=3/2$

总线圈数 $Q=27$

并联路数 $a=1$

线圈节距 $y=4$

② 绕组端面图

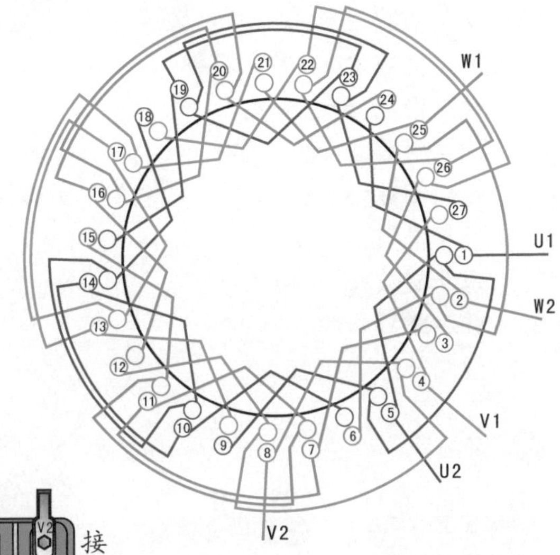

③ 接线盒

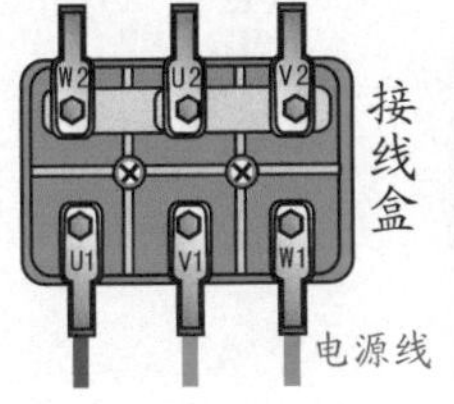

(a) 星形(Y)接法

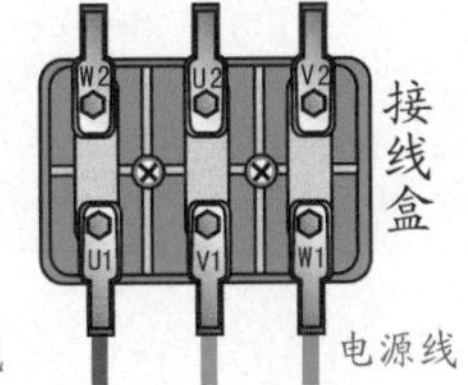

(b) 三角形(△)接法

④ 绕组展开图

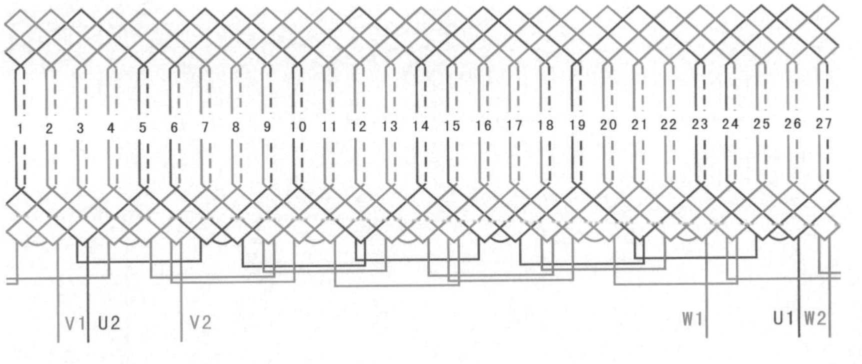

2.1.15 30槽2极双层叠式绕组（$y=10, a=1$）

① 绕组数据

定子槽数 $Z=30$

电机极数 $2p=2$

线圈极距 $\tau=15$

线圈组数 $u=6$

每组圈数 $S=5$

极相槽数 $q=5$

总线圈数 $Q=30$

并联路数 $a=1$

线圈节距 $y=10$

② 绕组端面图

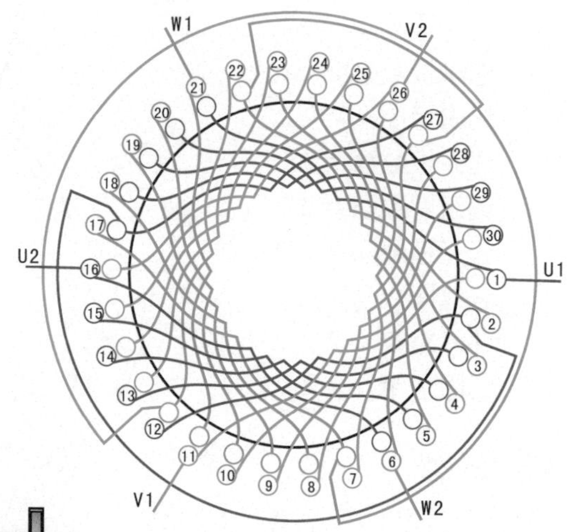

③ 接线盒

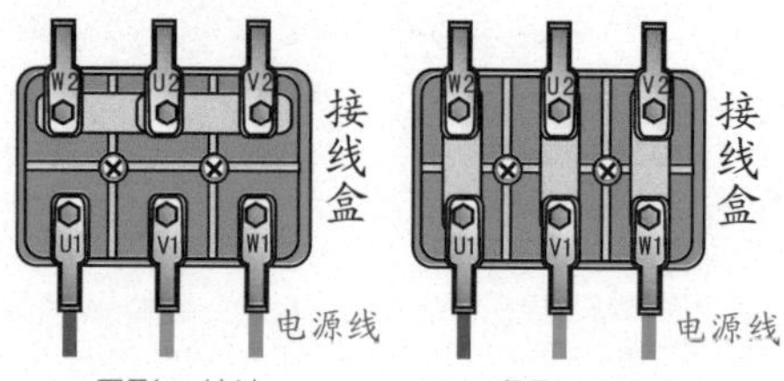

(a) 星形(Y)接法　　(b) 三角形(△)接法

④ 绕组展开图

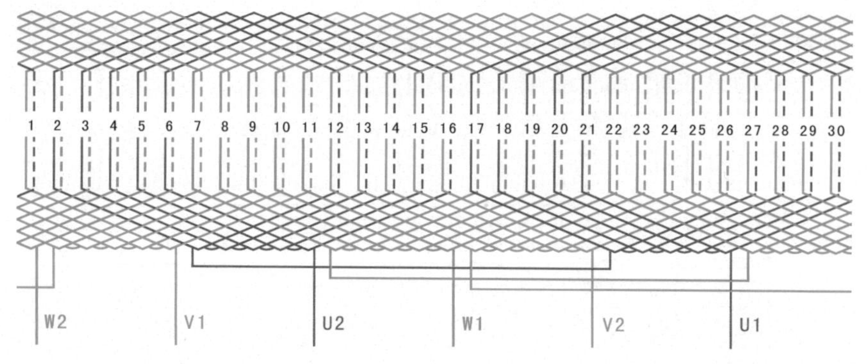

2.1.16 30槽2极双层叠式绕组（$y=10, a=2$）

1 绕组数据

定子槽数 $Z=30$
电机极数 $2p=2$
线圈极距 $\tau=15$
线圈组数 $u=6$
每组圈数 $S=5$
极相槽数 $q=5$
总线圈数 $Q=30$
并联路数 $a=2$
线圈节距 $y=10$

2 绕组端面图

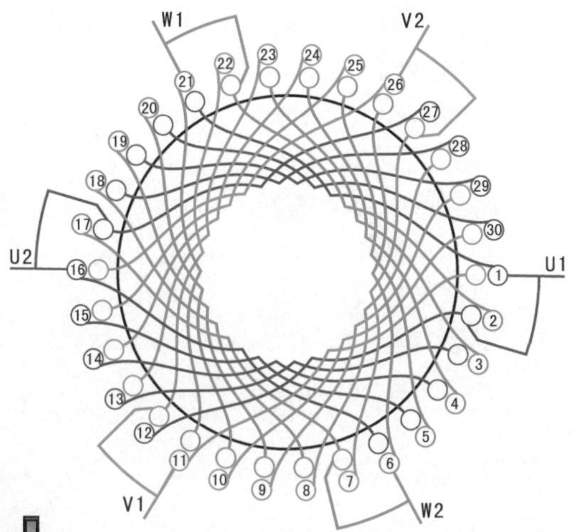

3 接线盒

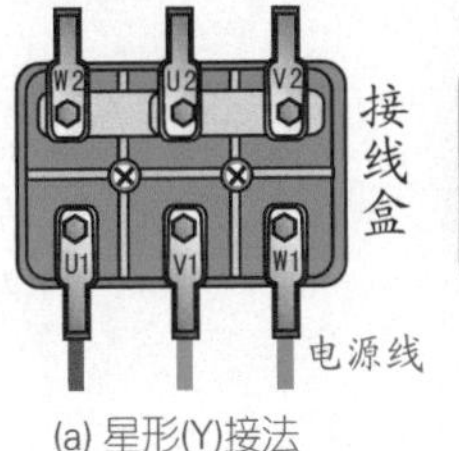

(a) 星形(Y)接法

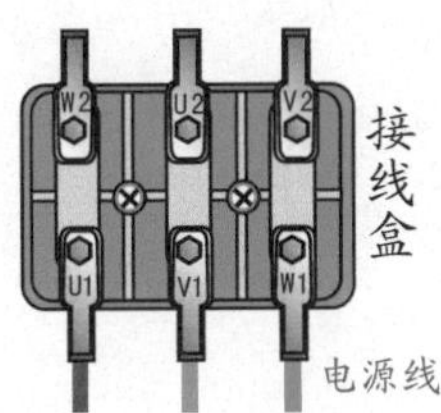

(b) 三角形(△)接法

4 绕组展开图

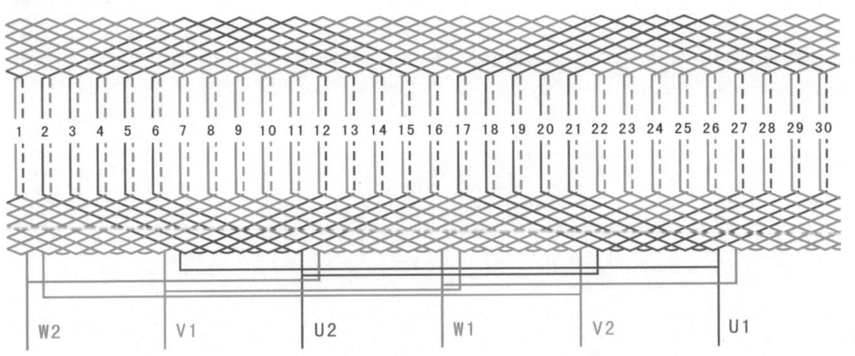

2.1.17 30槽4极双层叠式分数槽绕组（$y=6, a=1$）

① 绕组数据

定子槽数 $Z=30$

电机极数 $2p=4$

线圈极距 $\tau=15/2$

线圈组数 $u=12$

每组圈数 $S=5/2$

极相槽数 $q=5/2$

总线圈数 $Q=30$

并联路数 $a=1$

线圈节距 $y=6$

② 绕组端面图

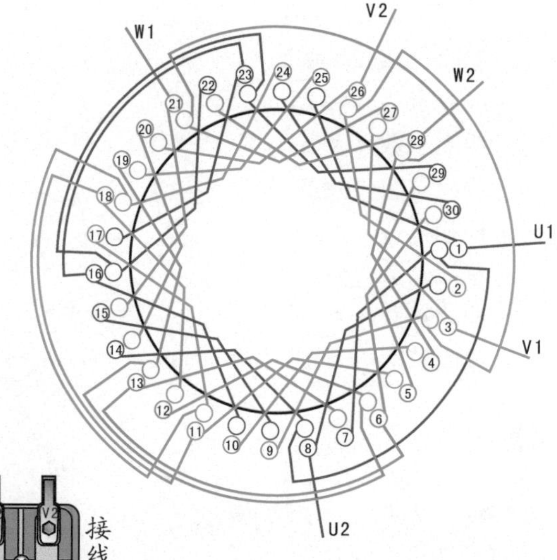

③ 接线盒

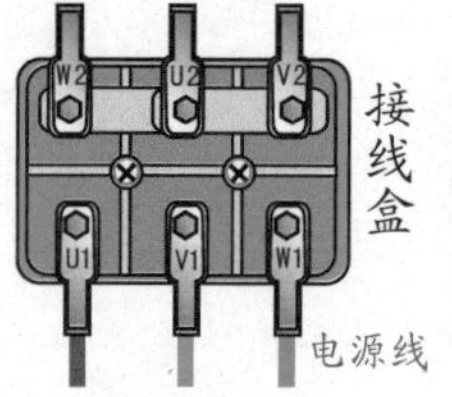

(a) 星形(Y)接法

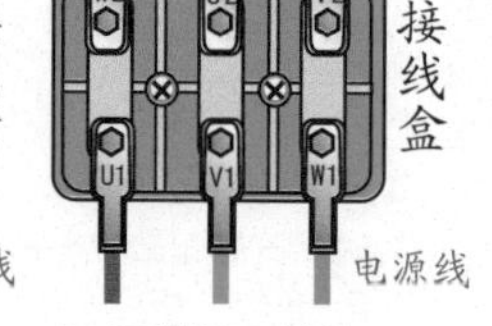

(b) 三角形(△)接法

④ 绕组展开图

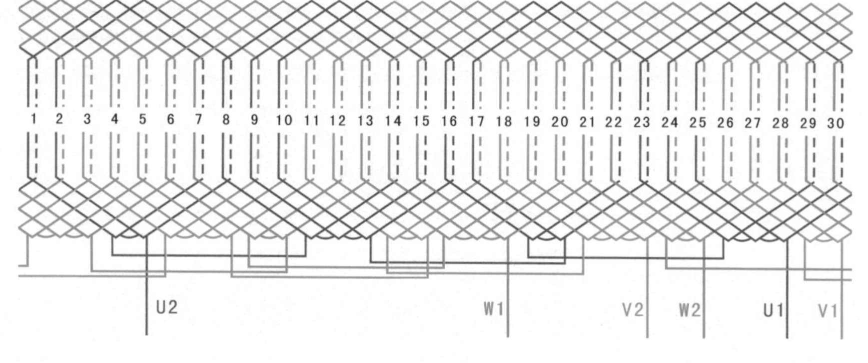

2.1.18 36槽2极双层叠式绕组（$y=10, a=1$）

1 绕组数据

定子槽数 $Z=36$

电机极数 $2p=2$

线圈极距 $\tau=18$

线圈组数 $u=6$

每组圈数 $S=6$

极相槽数 $q=6$

总线圈数 $Q=36$

并联路数 $a=1$

线圈节距 $y=10$

2 绕组端面图

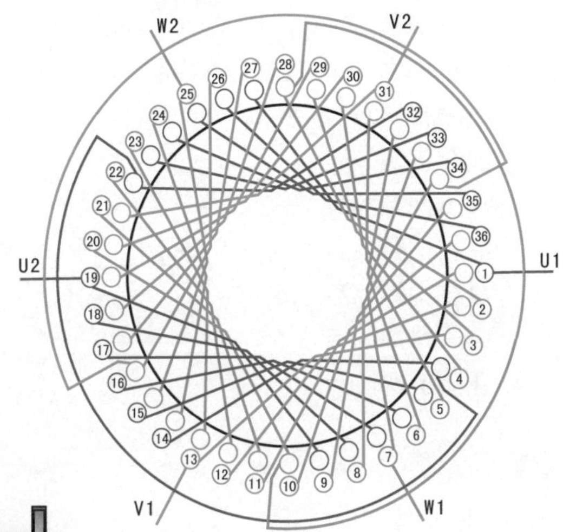

3 接线盒

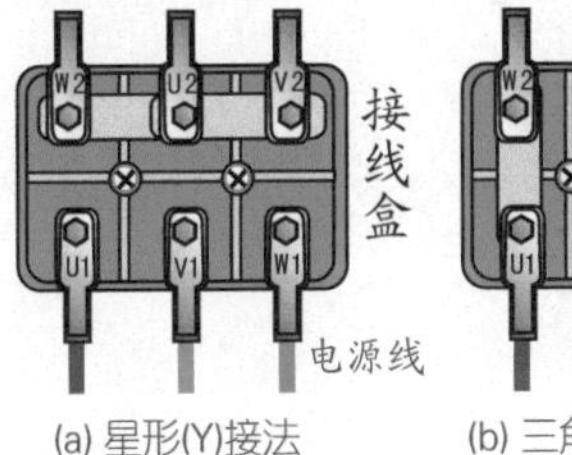

(a) 星形(Y)接法　(b) 三角形(△)接法

4 绕组展开图

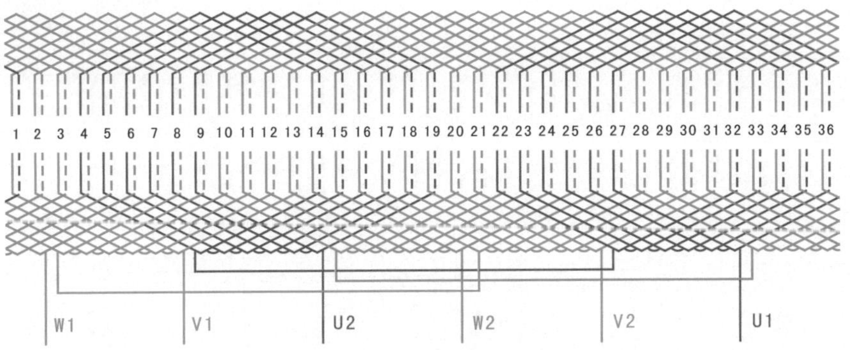

2.1.19 36槽2极双层叠式绕组（$y=10, a=2$）

① 绕组数据

定子槽数 $Z=36$

电机极数 $2p=2$

线圈极距 $\tau=18$

线圈组数 $u=6$

每组圈数 $S=6$

极相槽数 $q=6$

总线圈数 $Q=36$

并联路数 $a=2$

线圈节距 $y=10$

② 绕组端面图

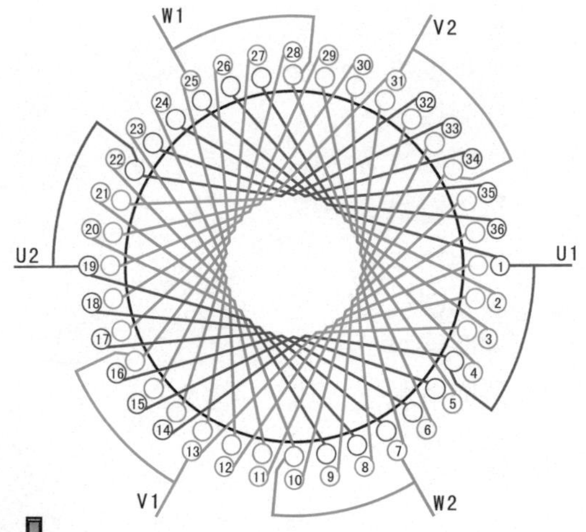

③ 接线盒

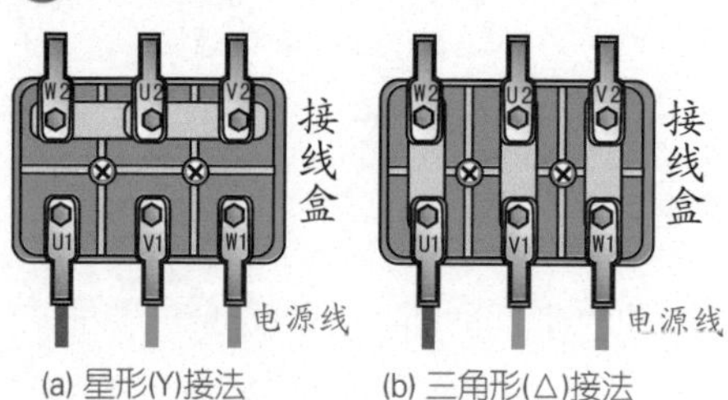

(a) 星形(Y)接法　(b) 三角形(△)接法

④ 绕组展开图

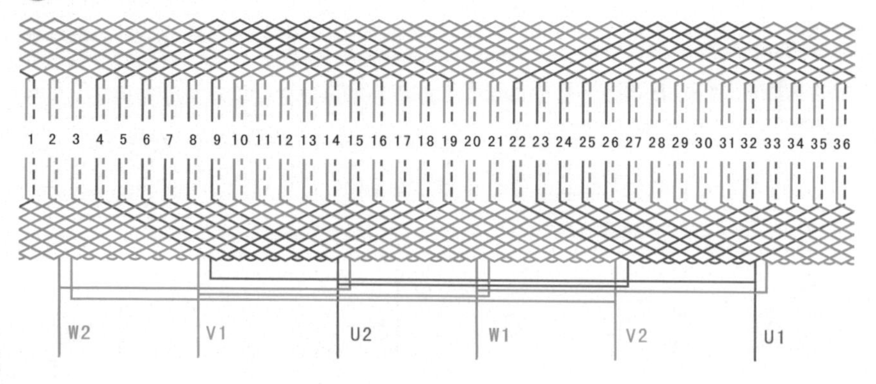

2.1.20 36槽2极双层叠式绕组（$y=11, a=1$）

① 绕组数据

定子槽数 $Z=36$

电机极数 $2p=2$

线圈极距 $\tau=18$

线圈组数 $u=6$

每组圈数 $S=6$

极相槽数 $q=6$

总线圈数 $Q=36$

并联路数 $a=1$

线圈节距 $y=11$

② 绕组端面图

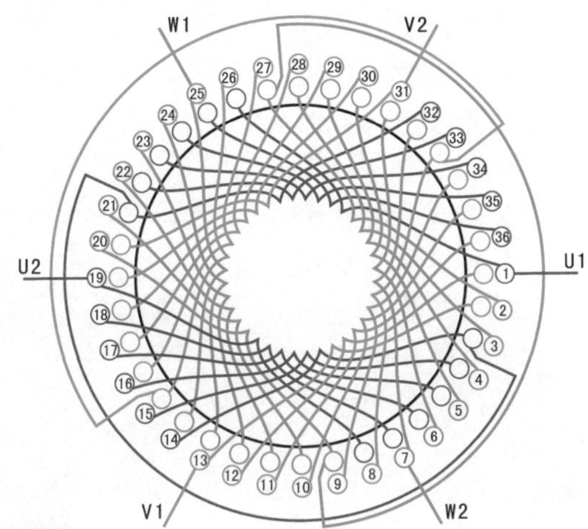

③ 接线盒

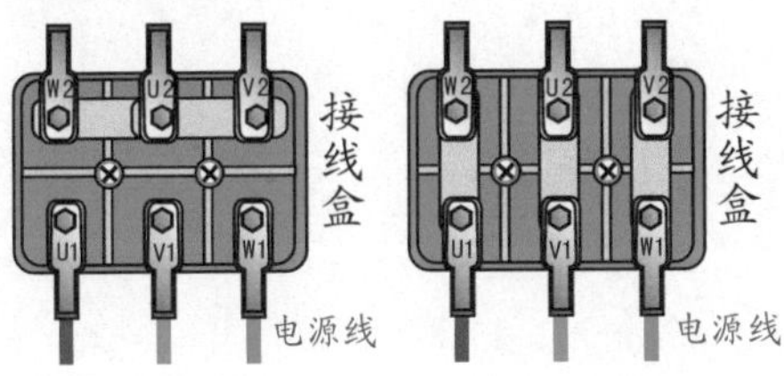

(a) 星形(Y)接法　(b) 三角形(△)接法

④ 绕组展开图

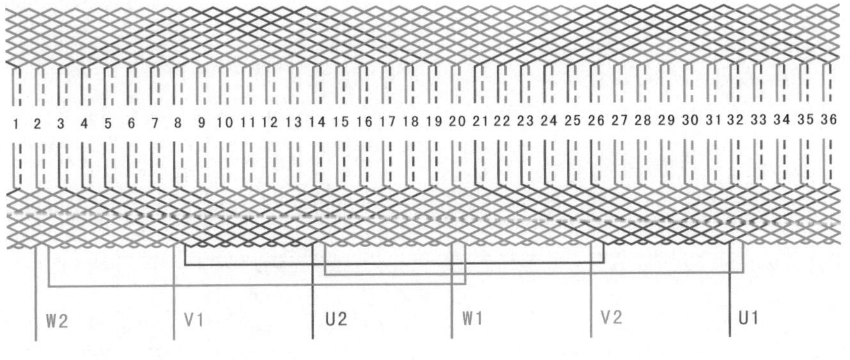

2.1.21 36槽2极双层叠式绕组（$y=11, a=2$）

1 绕组数据

定子槽数 $Z=36$

电机极数 $2p=2$

线圈极距 $\tau=18$

线圈组数 $u=6$

每组圈数 $S=6$

极相槽数 $q=6$

总线圈数 $Q=36$

并联路数 $a=2$

线圈节距 $y=11$

2 绕组端面图

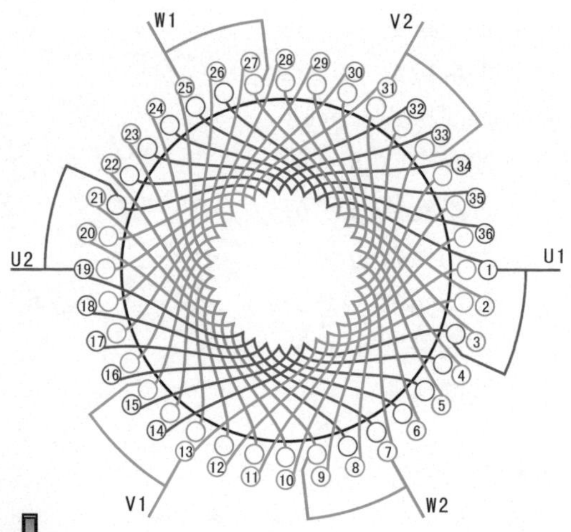

3 接线盒

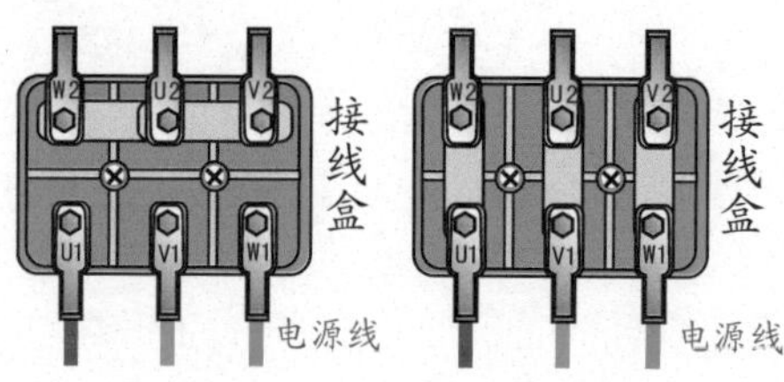

(a) 星形(Y)接法　　(b) 三角形(△)接法

4 绕组展开图

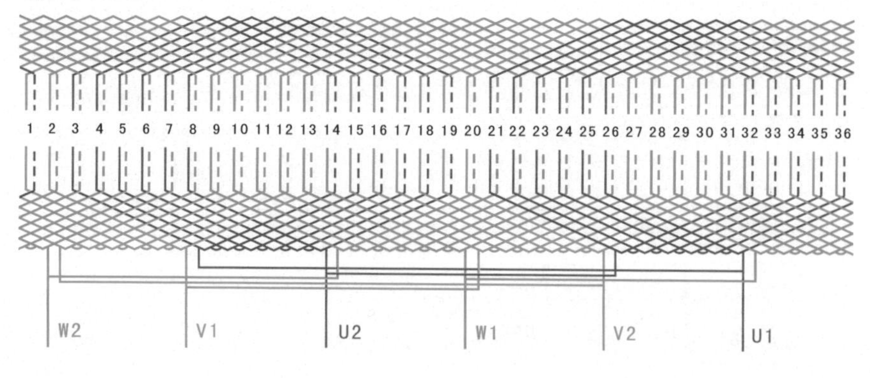

2.1.22 36槽2极双层叠式绕组（$y=12, a=1$）

① 绕组数据

定子槽数 $Z=36$

电机极数 $2p=2$

线圈极距 $\tau=18$

线圈组数 $u=6$

每组圈数 $S=6$

极相槽数 $q=6$

总线圈数 $Q=36$

并联路数 $a=1$

线圈节距 $y=12$

② 绕组端面图

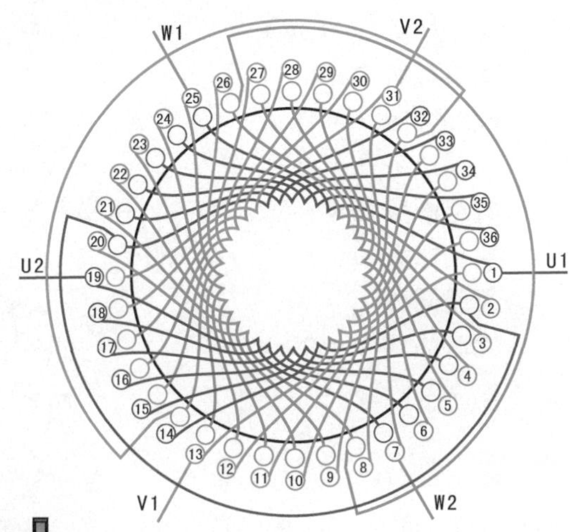

③ 接线盒

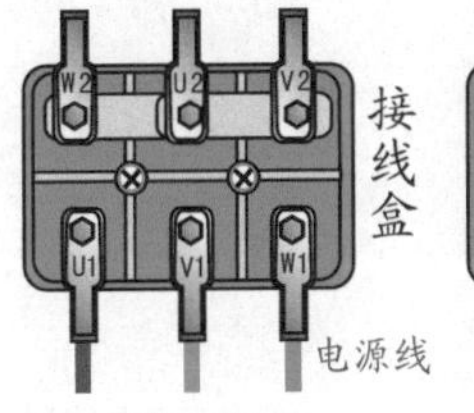

(a) 星形(Y)接法

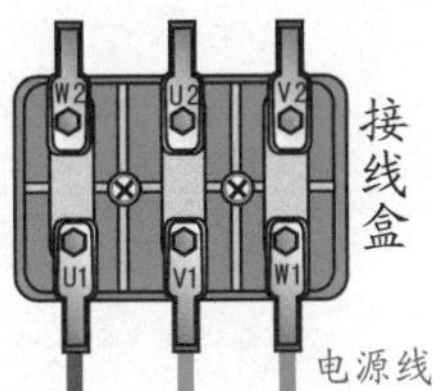

(b) 三角形(△)接法

④ 绕组展开图

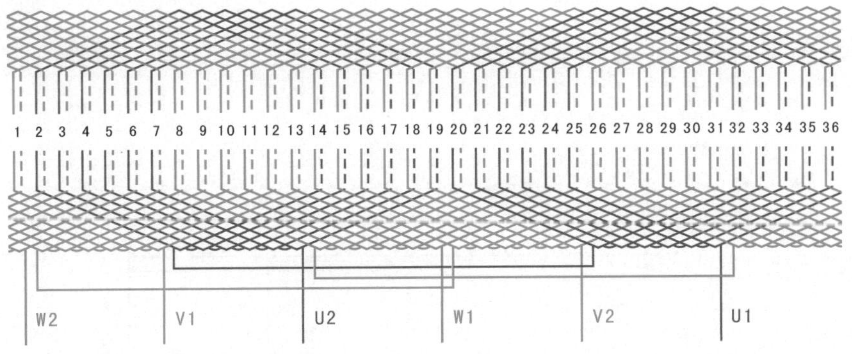

2.1.23　36槽2极双层叠式绕组（$y=12, a=2$）

① 绕组数据

定子槽数 $Z=36$

电机极数 $2p=2$

线圈极距 $\tau=18$

线圈组数 $u=6$

每组圈数 $S=6$

极相槽数 $q=6$

总线圈数 $Q=36$

并联路数 $a=2$

线圈节距 $y=12$

② 绕组端面图

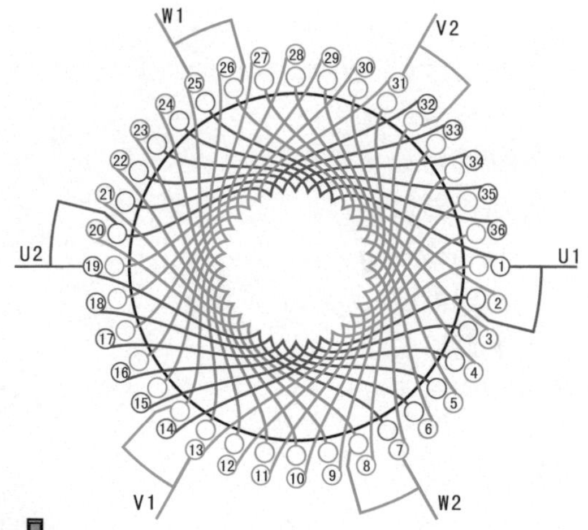

③ 接线盒

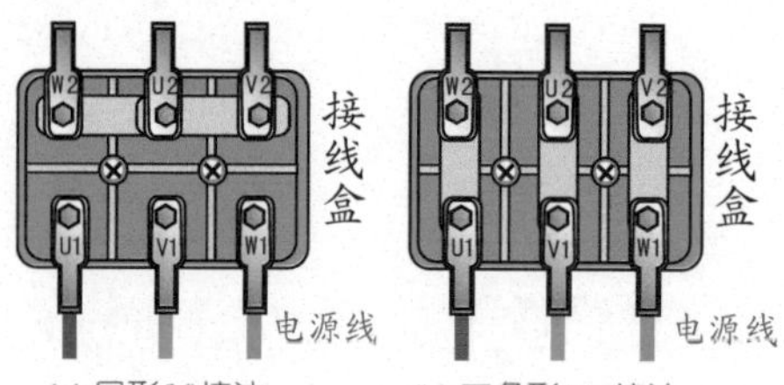

(a) 星形(Y)接法　　(b) 三角形(△)接法

④ 绕组展开图

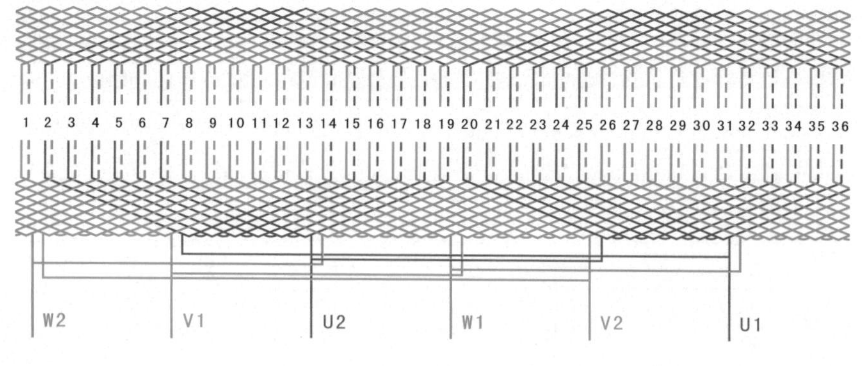

2.1.24 36槽2极双层叠式绕组（$y=13$）

① 绕组数据

定子槽数 $Z=36$

电机极数 $2p=2$

总线圈数 $Q=36$

线圈组数 $u=6$

每组圈数 $S=6$

极相槽数 $q=6$

绕组极距 $\tau=18$

并联路数 $a=1$

线圈节距 $y=13$

② 绕组端面图

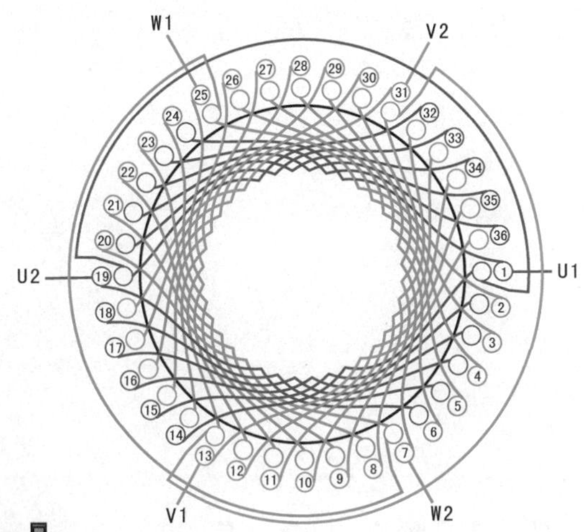

③ 接线盒

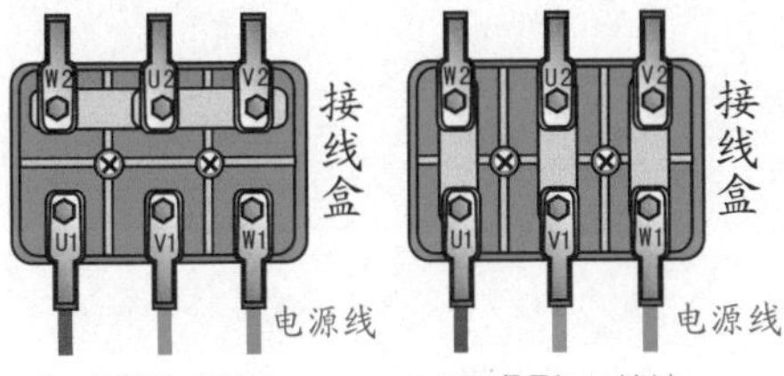

(a) 星形(Y)接法　(b) 三角形(△)接法

④ 绕组展开图

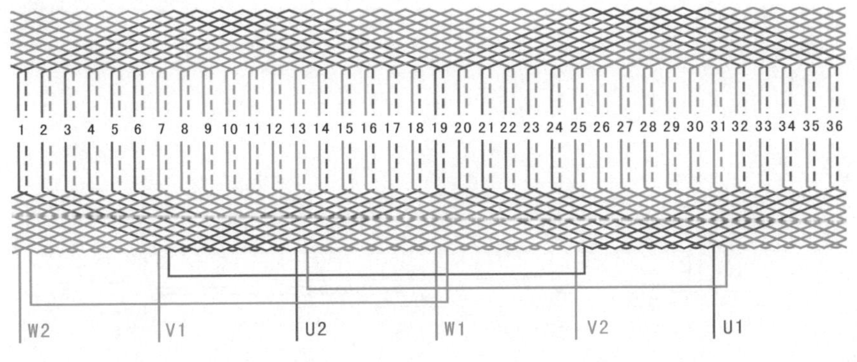

2.1.25　36槽2极双层叠式绕组（$y=13, a=2$）

① 绕组数据

定子槽数 $Z=36$

电机极数 $2p=2$

总线圈数 $Q=36$

线圈组数 $u=6$

每组圈数 $S=6$

极相槽数 $q=6$

绕组极距 $\tau=18$

并联路数 $a=2$

线圈节距 $y=13$

② 绕组端面图

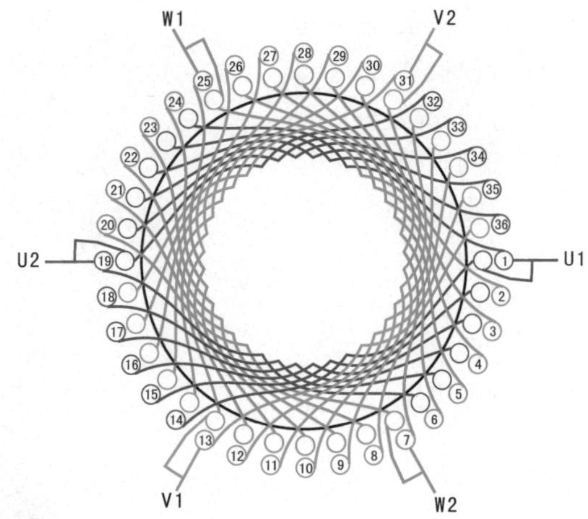

③ 接线盒

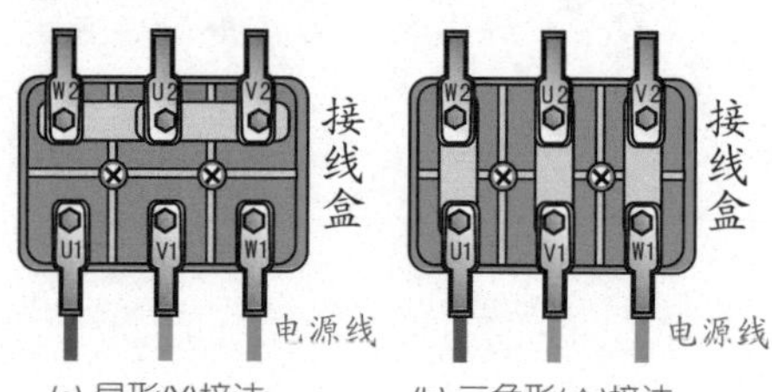

(a) 星形(Y)接法　(b) 三角形(△)接法

④ 绕组展开图

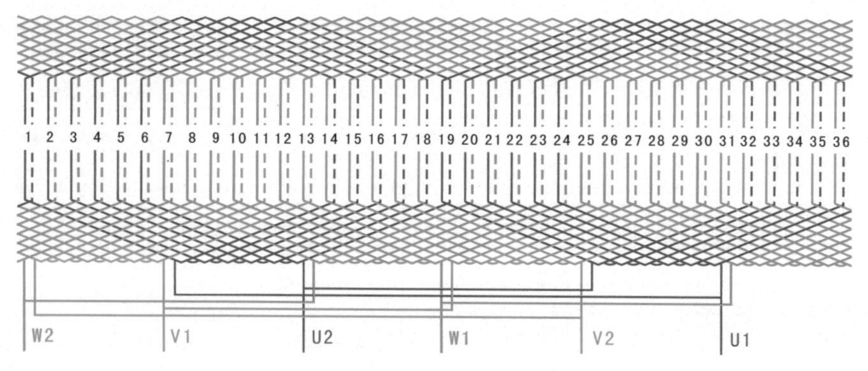

2.1.26 36槽4极双层叠式绕组（$y=7, a=1$）

① 绕组数据

定子槽数 $Z=36$

电机极数 $2p=4$

线圈极距 $\tau=9$

线圈组数 $u=12$

每组圈数 $S=3$

极相槽数 $q=3$

总线圈数 $Q=36$

并联路数 $a=1$

线圈节距 $y=7$

② 绕组端面图

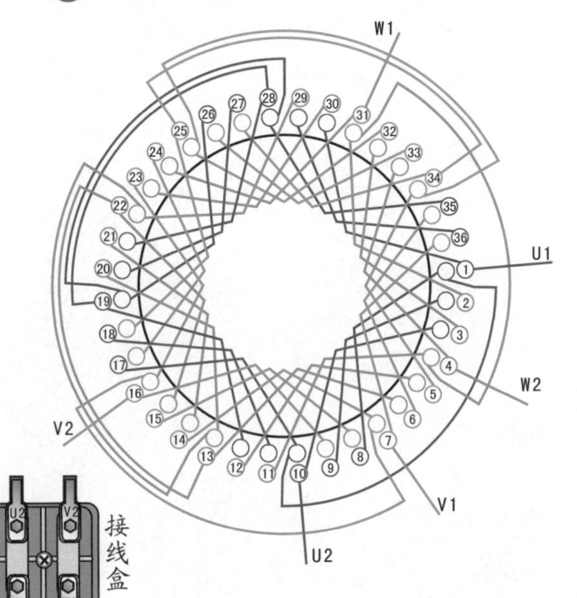

③ 接线盒

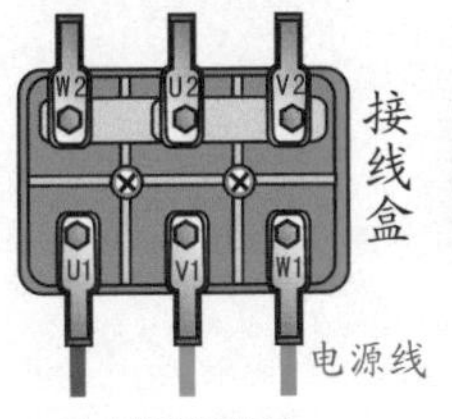

(a) 星形(Y)接法　　(b) 三角形(△)接法

④ 绕组展开图

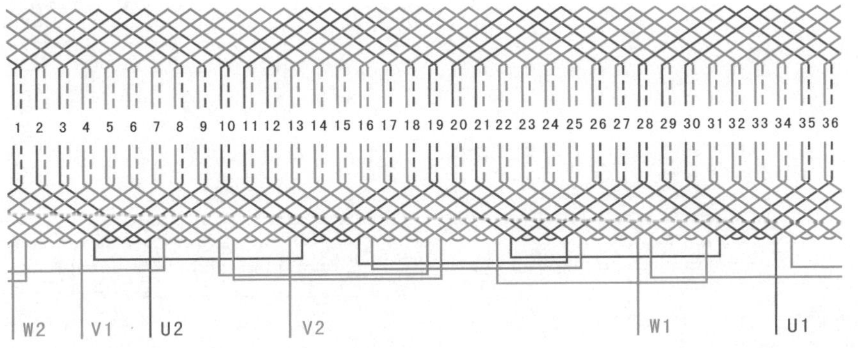

2.1.27 36槽4极双层叠式绕组（$y=7, a=2$）

1 绕组数据

定子槽数 $Z=36$
电机极数 $2p=4$
线圈极距 $\tau=9$
线圈组数 $u=12$
每组圈数 $S=3$
极相槽数 $q=3$
总线圈数 $Q=36$
并联路数 $a=2$
线圈节距 $y=7$

2 绕组端面图

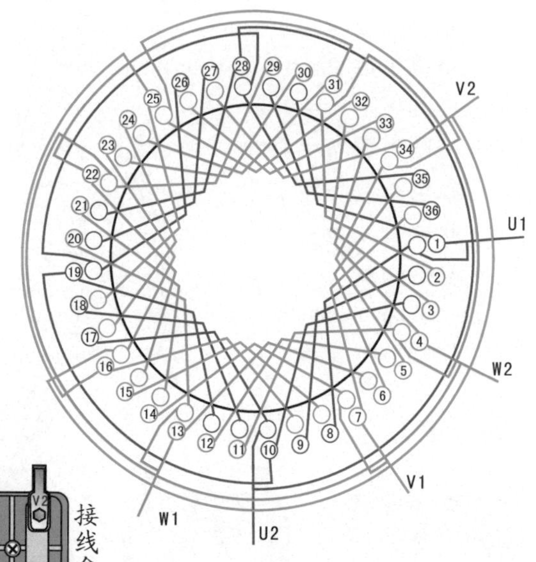

3 接线盒

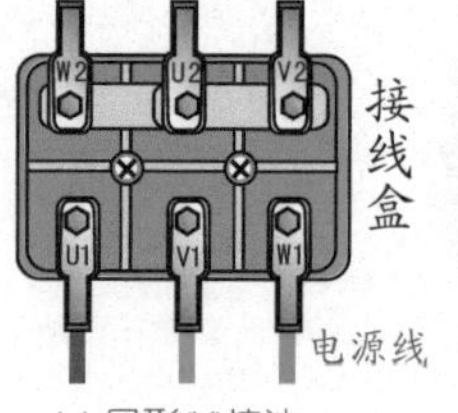

(a) 星形(Y)接法　(b) 三角形(△)接法

4 绕组展开图

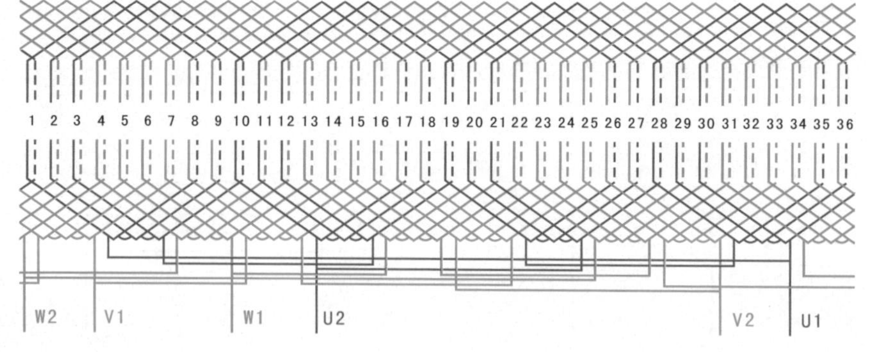

2.1.28 36槽4极双层叠式绕组（$y=7, a=4$）

1 绕组数据

定子槽数 $Z=36$

电机极数 $2p=4$

线圈极距 $\tau=9$

线圈组数 $u=12$

每组圈数 $S=3$

极相槽数 $q=3$

总线圈数 $Q=36$

并联路数 $a=4$

线圈节距 $y=7$

2 绕组端面图

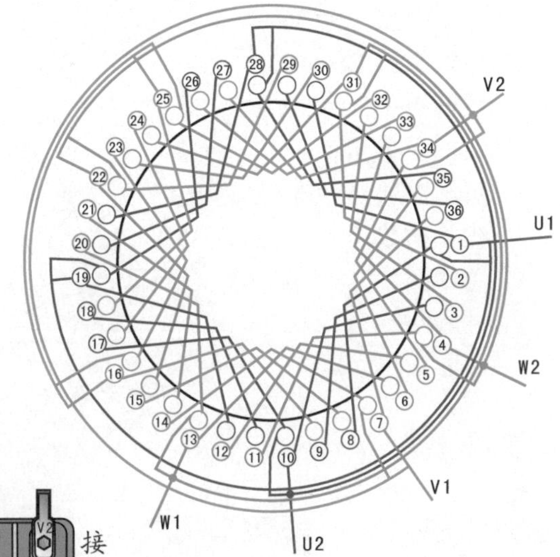

3 接线盒

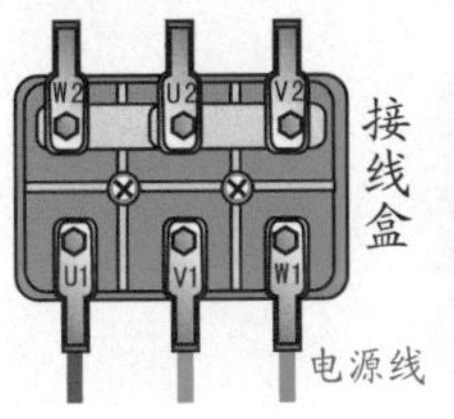

(a) 星形(Y)接法

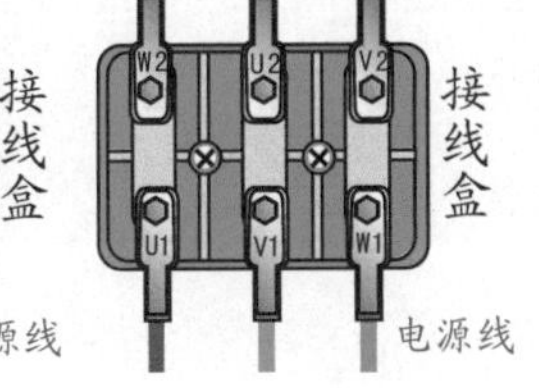

(b) 三角形(△)接法

4 绕组展开图

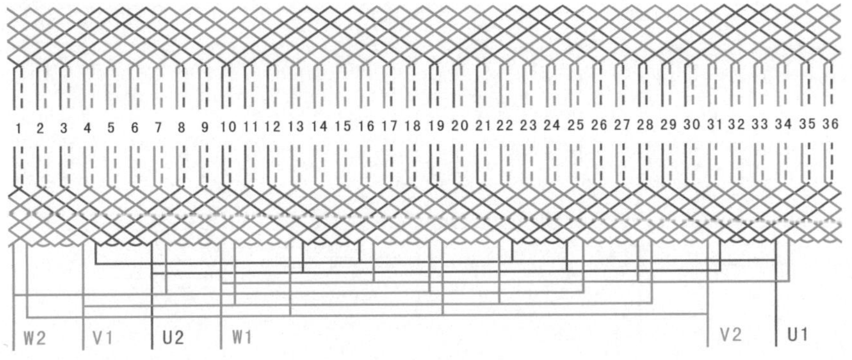

2.1.29 36槽4极双层叠式绕组（$y=8, a=1$）

① 绕组数据

定子槽数 $Z=36$

电机极数 $2p=4$

线圈极距 $\tau=9$

线圈组数 $u=12$

每组圈数 $S=3$

极相槽数 $q=3$

总线圈数 $Q=36$

并联路数 $a=1$

线圈节距 $y=8$

② 绕组端面图

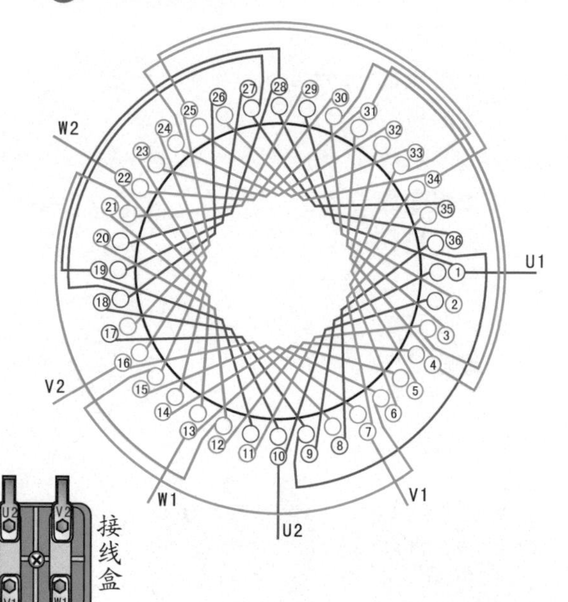

③ 接线盒

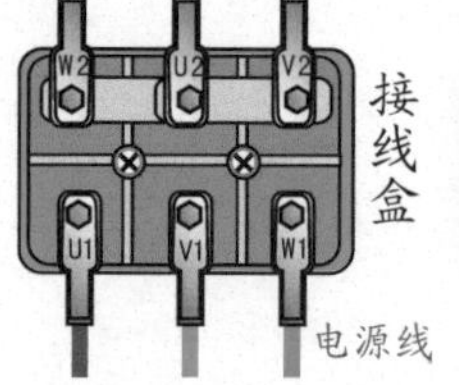

(a) 星形(Y)接法

(b) 三角形(△)接法

④ 绕组展开图

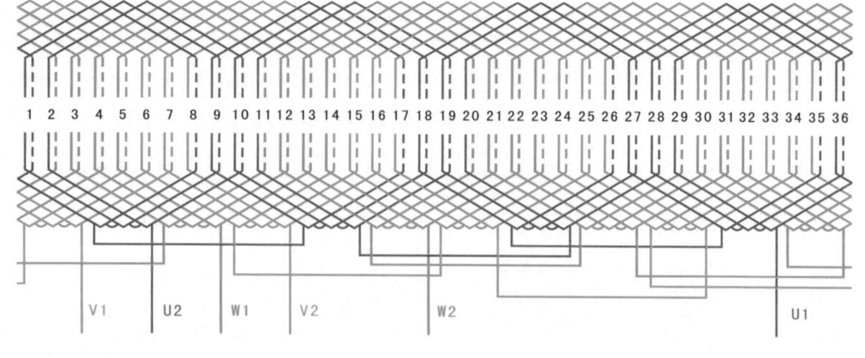

2.1.30 36槽4极双层叠式绕组（$y=8, a=2$）

① 绕组数据

定子槽数 $Z=36$

电机极数 $2p=4$

线圈极距 $\tau=9$

线圈组数 $u=12$

每组圈数 $S=3$

极相槽数 $q=3$

总线圈数 $Q=36$

并联路数 $a=2$

线圈节距 $y=8$

② 绕组端面图

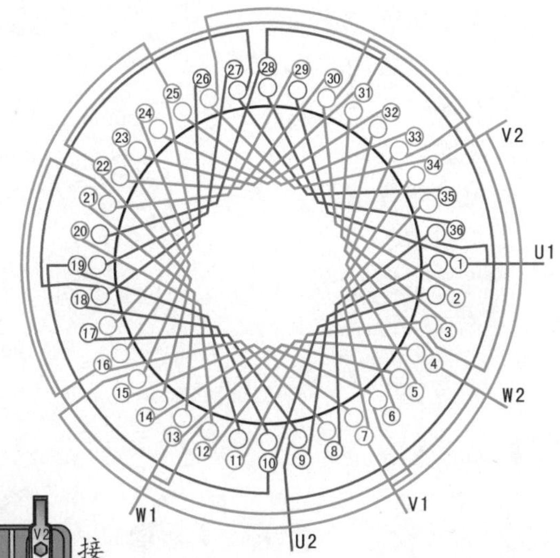

③ 接线盒

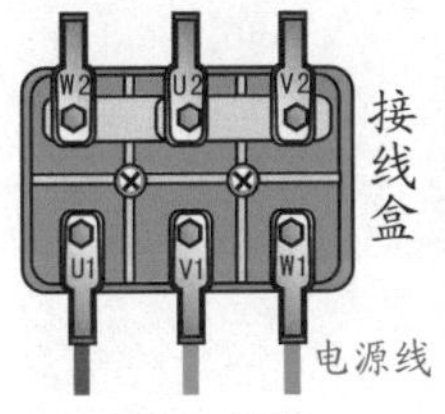

(a) 星形(Y)接法

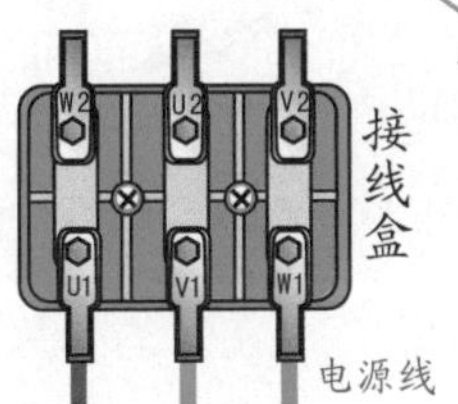

(b) 三角形(△)接法

④ 绕组展开图

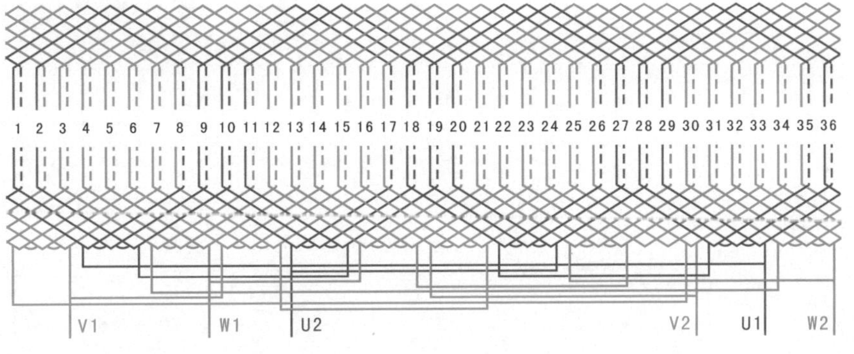

2.1.31　36槽4极双层叠式绕组（$y=8, a=4$）

① 绕组数据

定子槽数 $Z=36$

电机极数 $2p=4$

线圈极距 $\tau=9$

线圈组数 $u=12$

每组圈数 $S=3$

极相槽数 $q=3$

总线圈数 $Q=36$

并联路数 $a=4$

线圈节距 $y=8$

② 绕组端面图

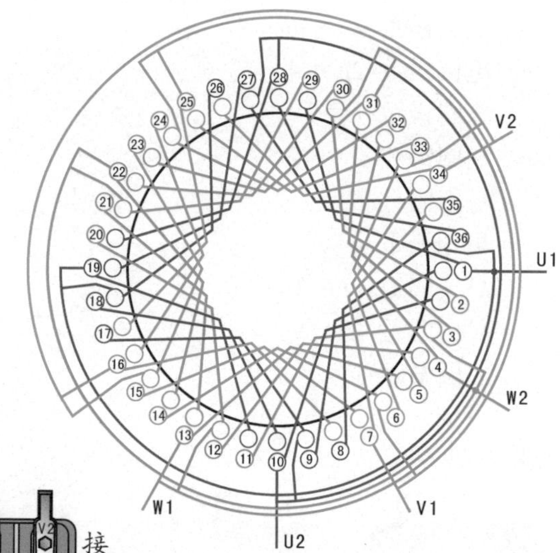

③ 接线盒

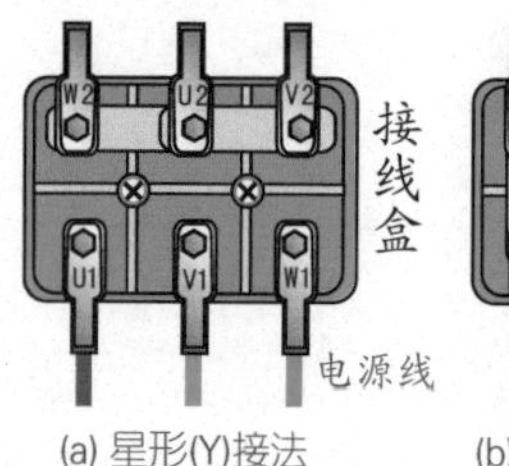

(a) 星形(Y)接法　　(b) 三角形(△)接法

④ 绕组展开图

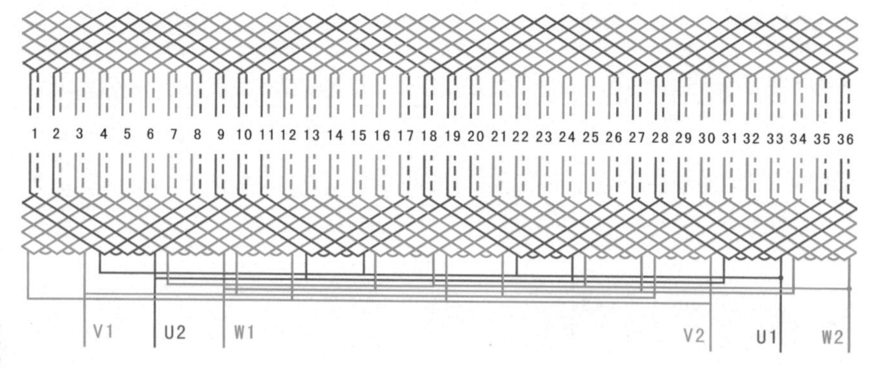

2.1.32 36槽4极双层叠式绕组（$y=9, a=1$）

1 绕组数据

定子槽数 $Z=36$

电机极数 $2p=4$

线圈极距 $\tau=9$

线圈组数 $u=12$

每组圈数 $S=3$

极相槽数 $q=3$

总线圈数 $Q=36$

并联路数 $a=1$

线圈节距 $y=9$

2 绕组端面图

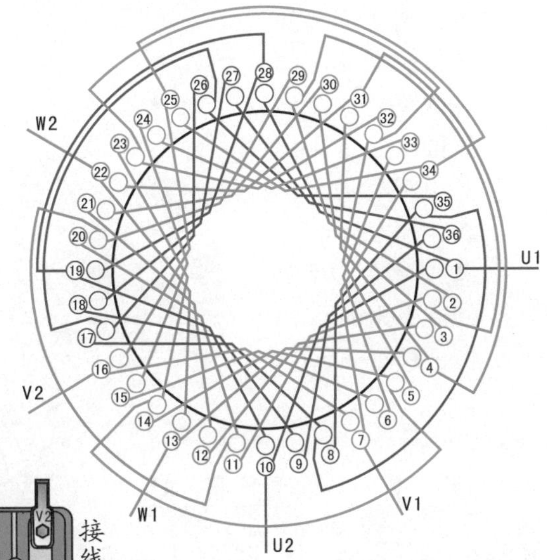

3 接线盒

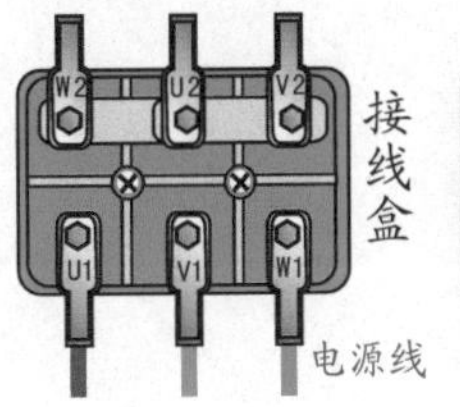

(a) 星形(Y)接法

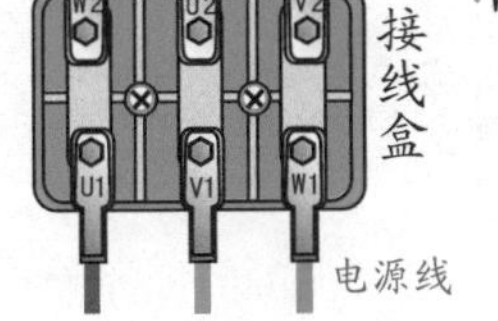

(b) 三角形(△)接法

4 绕组展开图

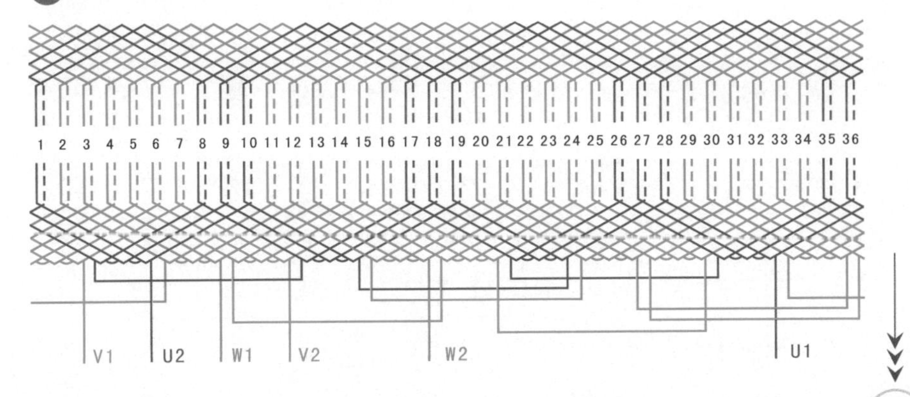

2.1.33 36槽6极双层叠式绕组（$y=5$, $a=1$）

❶ 绕组数据

定子槽数 $Z=36$

电机极数 $2p=6$

并联路数 $a=1$

线圈组数 $u=18$

每组圈数 $S=2$

极相槽数 $q=2$

总线圈数 $Q=36$

线圈节距 $y=5$

线圈极距 $\tau=6$

❷ 绕组端面图

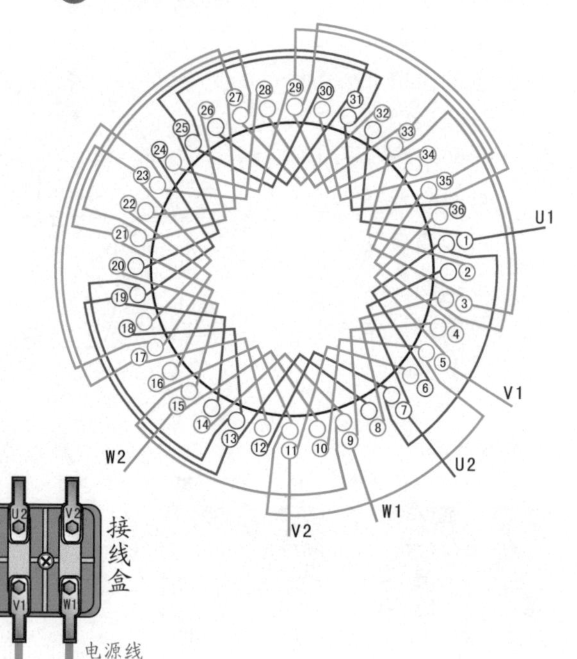

❸ 接线盒

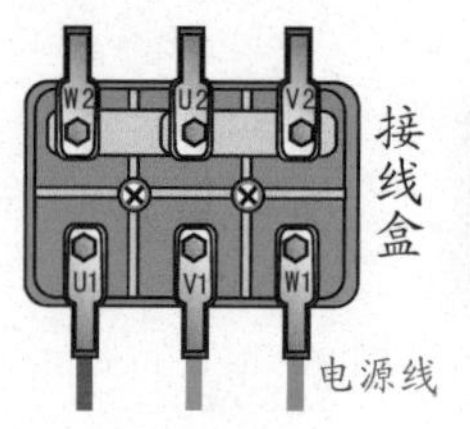

(a) 星形(Y)接法　　(b) 三角形(△)接法

❹ 绕组展开图

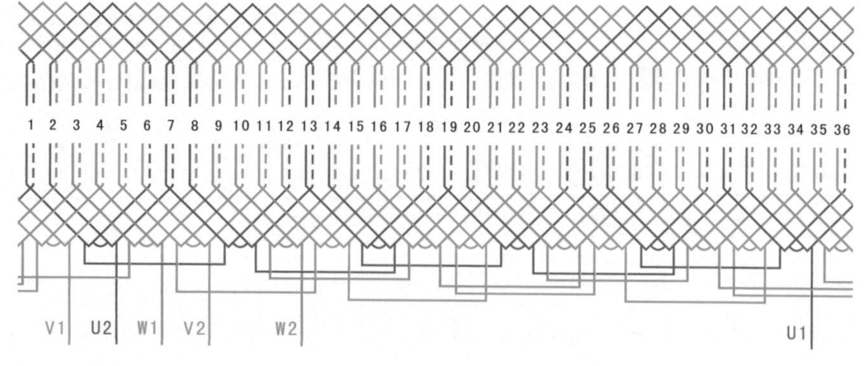

2.1.34 36槽6极双层叠式绕组（$y=5, a=2$）

1 绕组数据

定子槽数 $Z=36$

电机极数 $2p=6$

并联路数 $a=2$

线圈组数 $u=18$

每组圈数 $S=2$

极相槽数 $q=2$

总线圈数 $Q=36$

线圈节距 $y=5$

线圈极距 $\tau=6$

2 绕组端面图

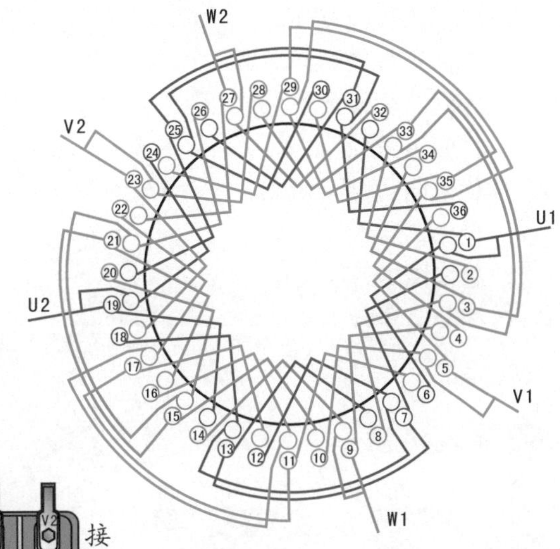

3 接线盒

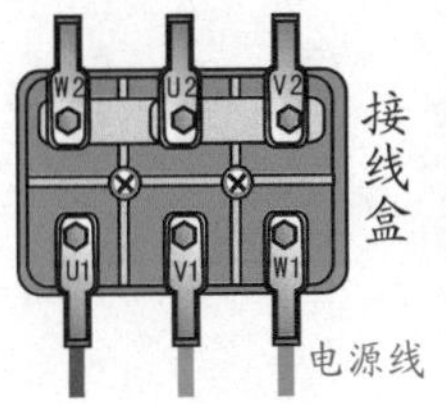

(a) 星形(Y)接法

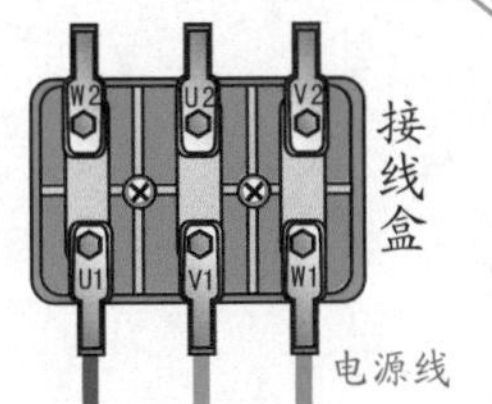

(b) 三角形(△)接法

4 绕组展开图

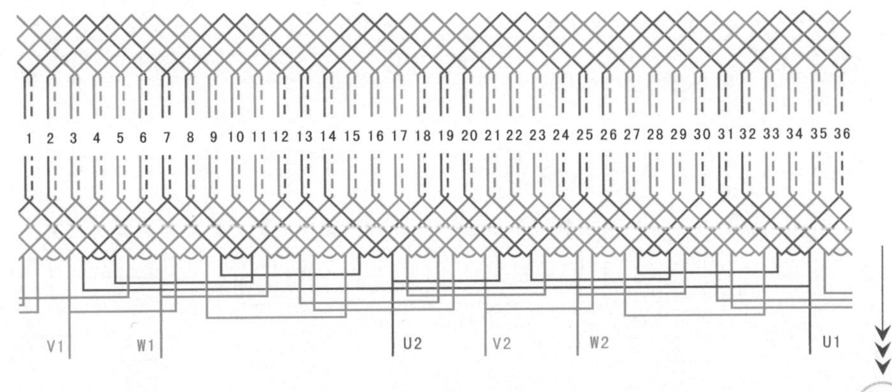

2.1.35 36槽8极双层叠式分数槽绕组（$y=4, a=1$）

① 绕组数据

定子槽数 $Z=36$

电机极数 $2p=8$

并联路数 $a=1$

线圈组数 $u=24$

每组圈数 $S=3/2$

极相槽数 $q=3/2$

总线圈数 $Q=36$

线圈节距 $y=4$

线圈极距 $\tau=9/2$

② 绕组端面图

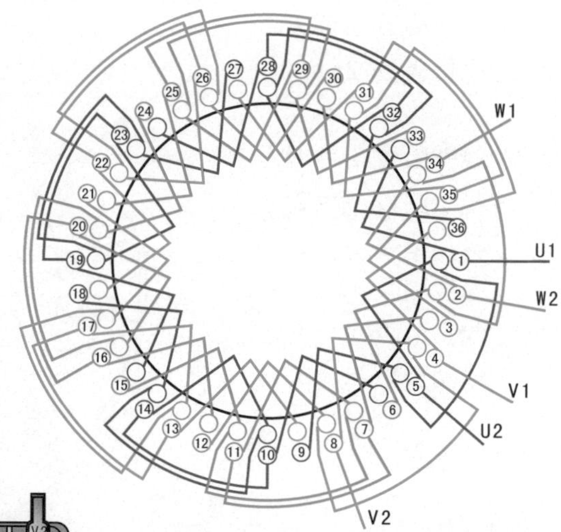

③ 接线盒

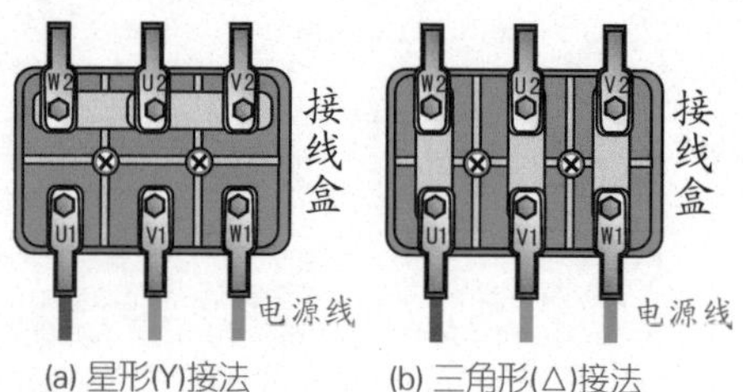

(a) 星形(Y)接法　(b) 三角形(△)接法

④ 绕组展开图

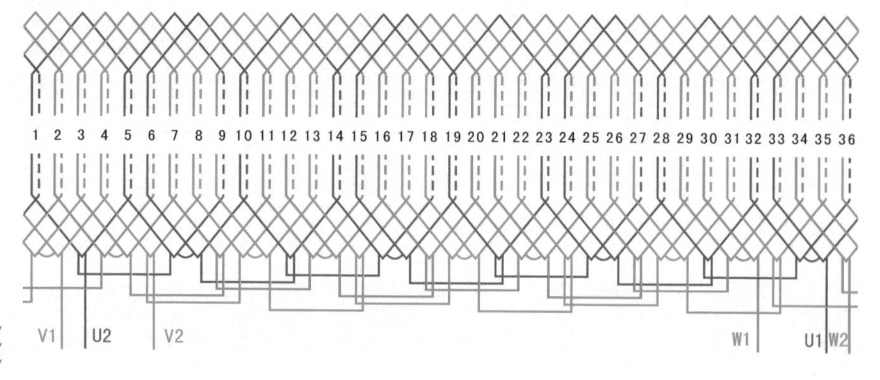

2.1.36 36槽8极双层叠式分数槽绕组（$y=4, a=2$）

1 绕组数据

定子槽数 $Z=36$

电机极数 $2p=8$

并联路数 $a=2$

线圈组数 $u=24$

每组圈数 $S=3/2$

极相槽数 $q=3/2$

总线圈数 $Q=36$

线圈节距 $y=4$

线圈极距 $\tau=9/2$

2 绕组端面图

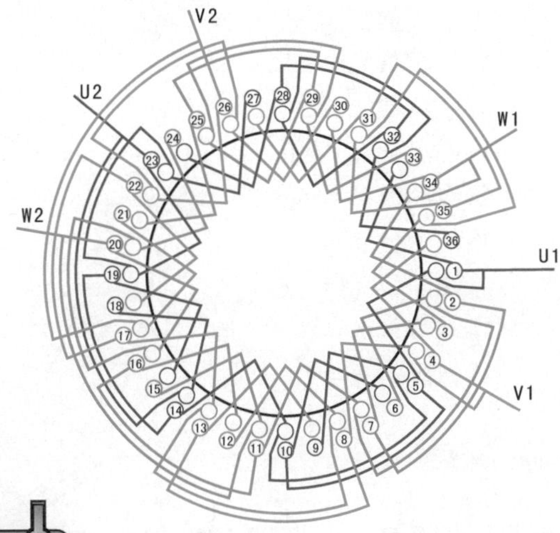

3 接线盒

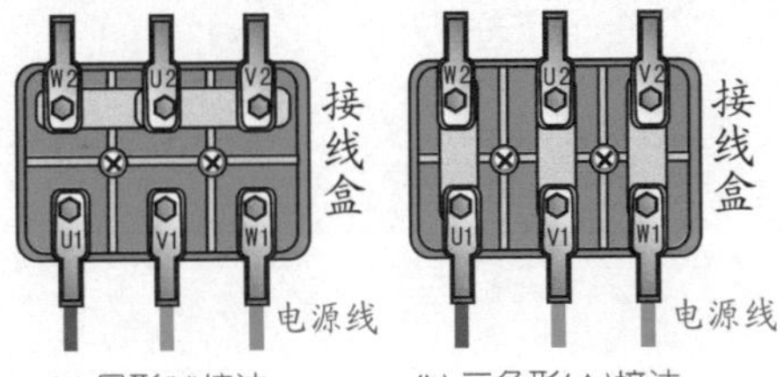

(a) 星形(Y)接法 (b) 三角形(△)接法

4 绕组展开图

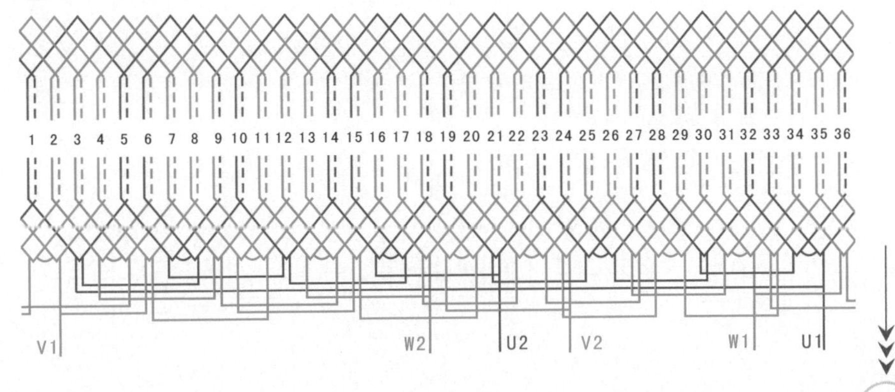

2.1.37 36槽10极双层叠式分数槽绕组（$y=3, a=1$）

① 绕组数据

定子槽数 $Z=36$

电机极数 $2p=10$

并联路数 $a=1$

线圈组数 $u=30$

每组圈数 $S=6/5$

极相槽数 $q=6/5$

总线圈数 $Q=36$

线圈节距 $y=3$

线圈极距 $\tau=18/5$

② 绕组端面图

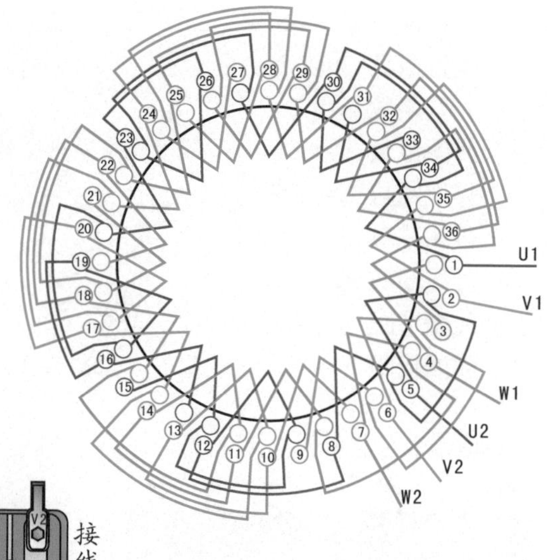

③ 接线盒

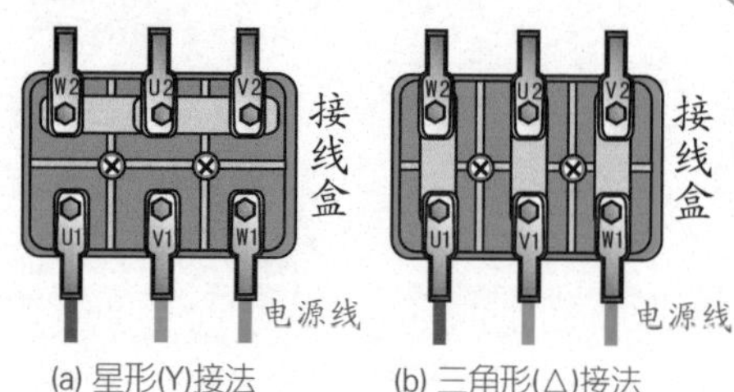

(a) 星形(Y)接法 (b) 三角形(△)接法

④ 绕组展开图

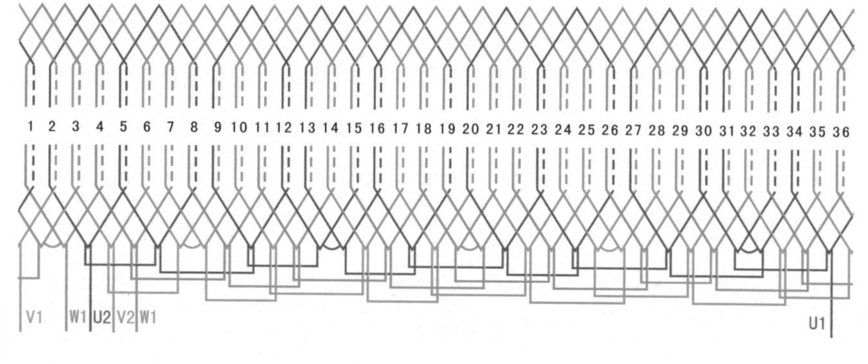

2.1.38 42槽2极双层叠式绕组（$y=14, a=2$）

① 绕组数据

定子槽数 $Z=42$
电机极数 $2p=2$
并联路数 $a=2$
线圈组数 $u=6$
每组圈数 $S=7$
极相槽数 $q=7$
总线圈数 $Q=42$
线圈节距 $y=14$
线圈极距 $\tau=21$

② 绕组端面图

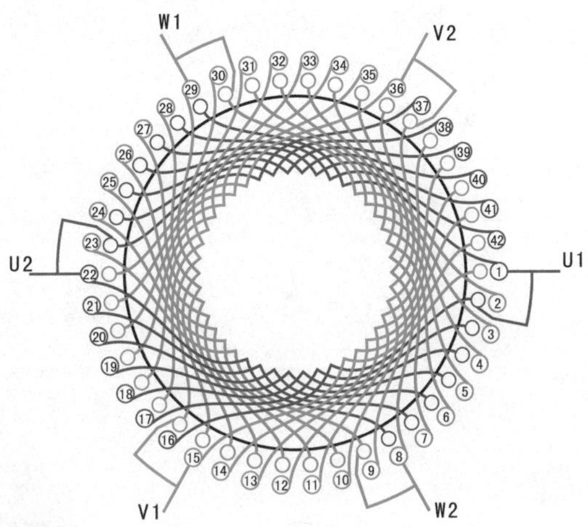

③ 接线盒

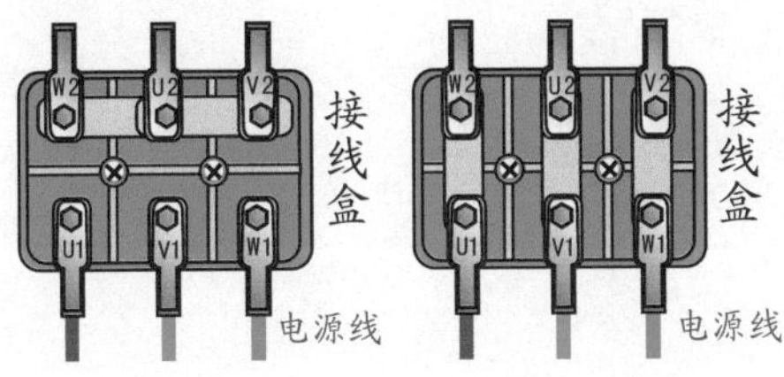

(a) 星形(Y)接法　(b) 三角形(△)接法

④ 绕组展开图

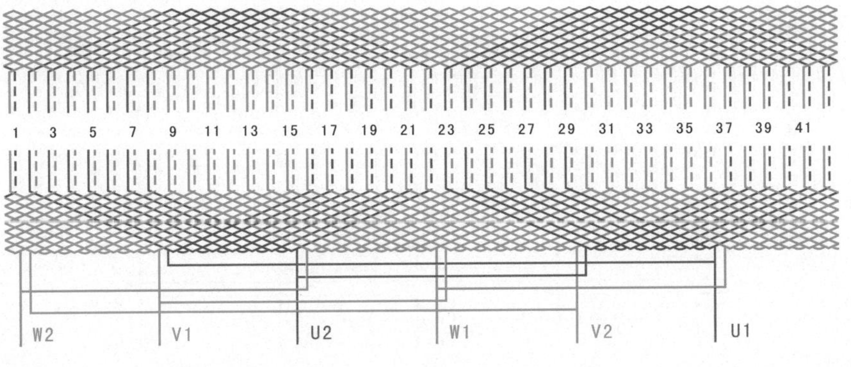

2.1.39 42槽2极双层叠式绕组（$y=15, a=2$）

① 绕组数据

定子槽数 $Z=42$

电机极数 $2p=2$

并联路数 $a=2$

线圈组数 $u=6$

每组圈数 $S=7$

极相槽数 $q=7$

总线圈数 $Q=42$

线圈节距 $y=15$

线圈极距 $\tau=21$

② 绕组端面图

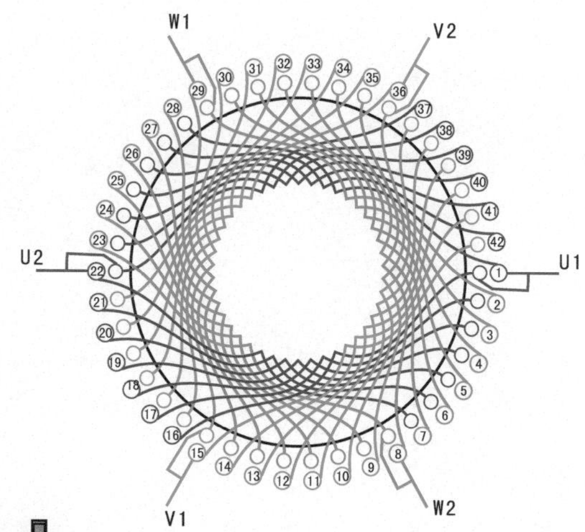

③ 接线盒

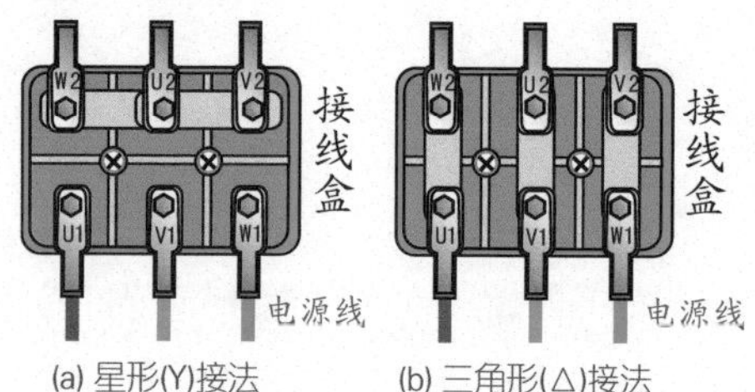

(a) 星形(Y)接法　(b) 三角形(△)接法

④ 绕组展开图

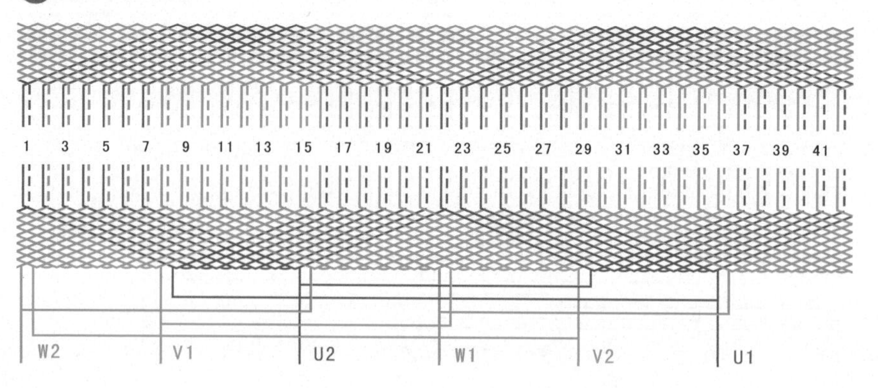

2.1.40 42槽2极双层叠式绕组（$y=16, a=2$）

1 绕组数据

定子槽数 $Z=42$

电机极数 $2p=2$

并联路数 $a=2$

线圈组数 $u=6$

每组圈数 $S=7$

极相槽数 $q=7$

总线圈数 $Q=42$

线圈节距 $y=16$

线圈极距 $\tau=21$

2 绕组端面图

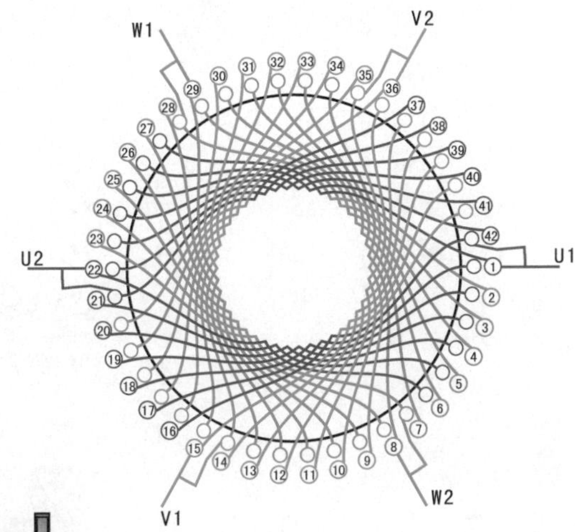

3 接线盒

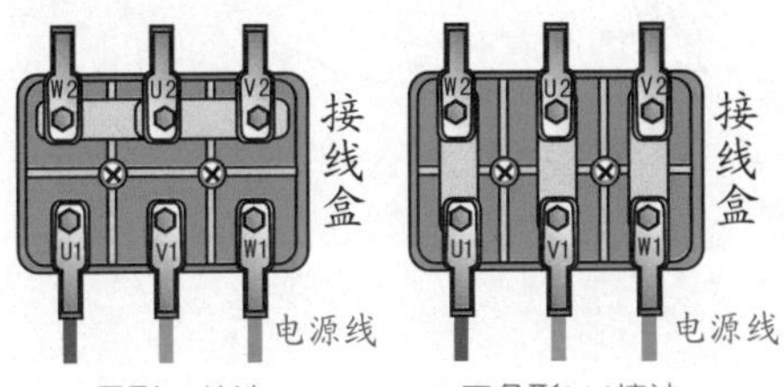

(a) 星形(Y)接法　(b) 三角形(△)接法

4 绕组展开图

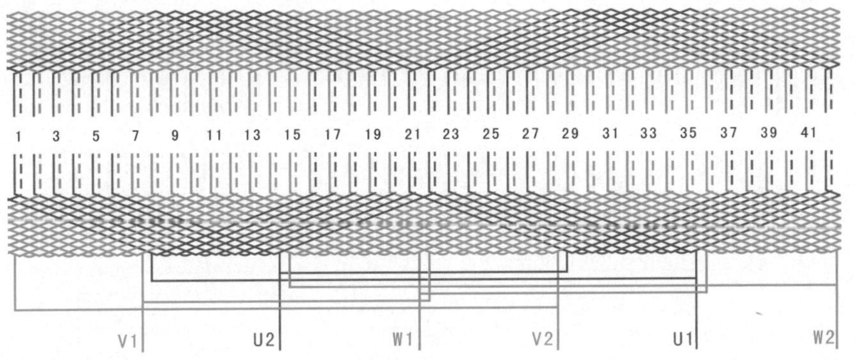

2.1.41 45槽4极双层叠式分数槽绕组（$y=9, a=1$）

① 绕组数据

定子槽数 $Z=45$

电机极数 $2p=4$

并联路数 $a=1$

线圈组数 $u=12$

每组圈数 $S=15/4$

极相槽数 $q=15/4$

总线圈数 $Q=45$

线圈节距 $y=9$

线圈极距 $\tau=45/4$

② 绕组端面图

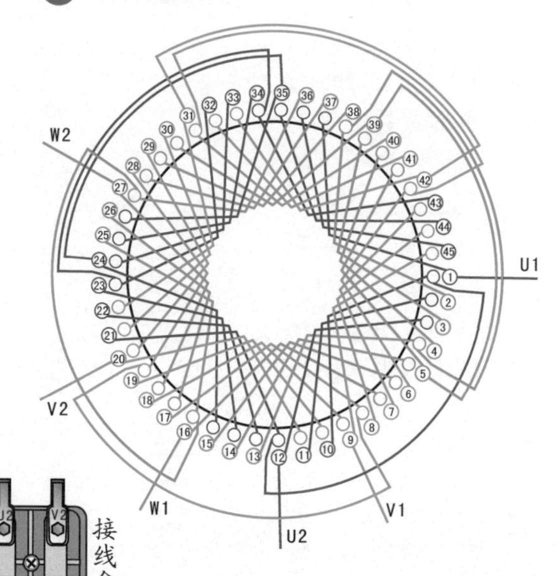

③ 接线盒

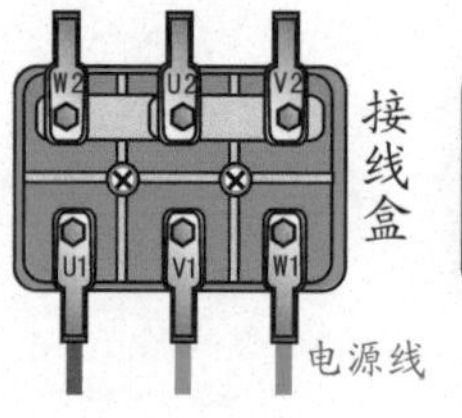

(a) 星形(Y)接法　(b) 三角形(△)接法

④ 绕组展开图

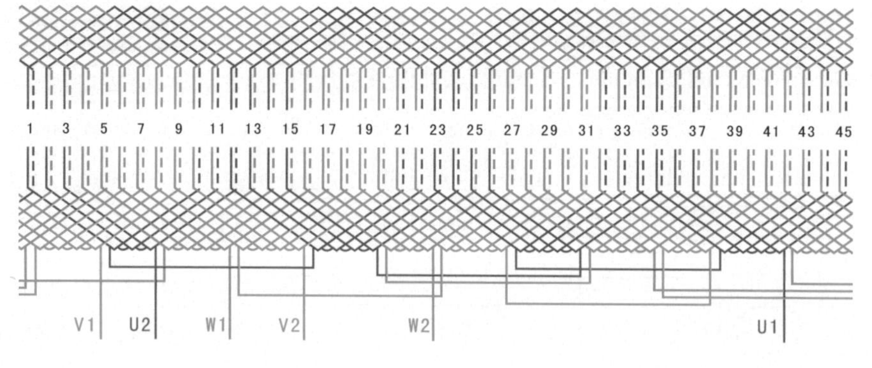

2.1.42 45槽6极双层叠式分数槽绕组（$y=6, a=1$）

① 绕组数据

定子槽数 $Z=45$

电机极数 $2p=6$

并联路数 $a=1$

线圈组数 $u=18$

每组圈数 $S=5/2$

极相槽数 $q=5/2$

总线圈数 $Q=45$

线圈节距 $y=6$

线圈极距 $\tau=15/2$

② 绕组端面图

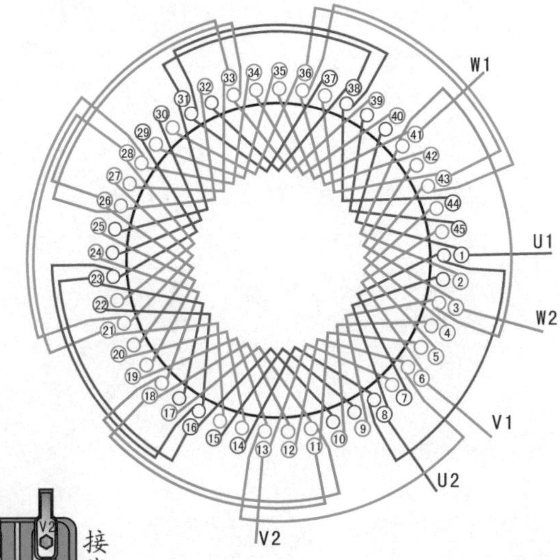

③ 接线盒

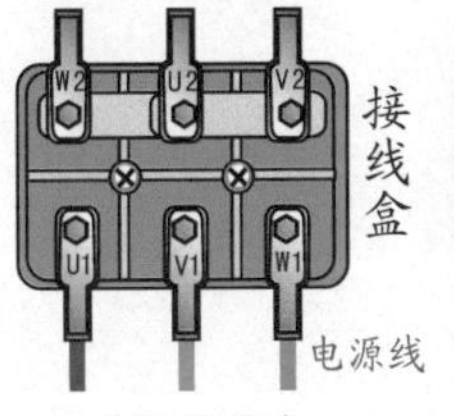

(a) 星形(Y)接法

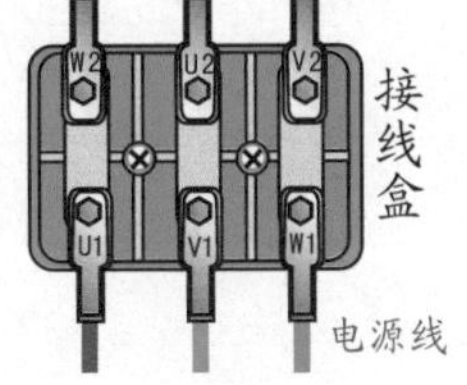

(b) 三角形(△)接法

④ 绕组展开图

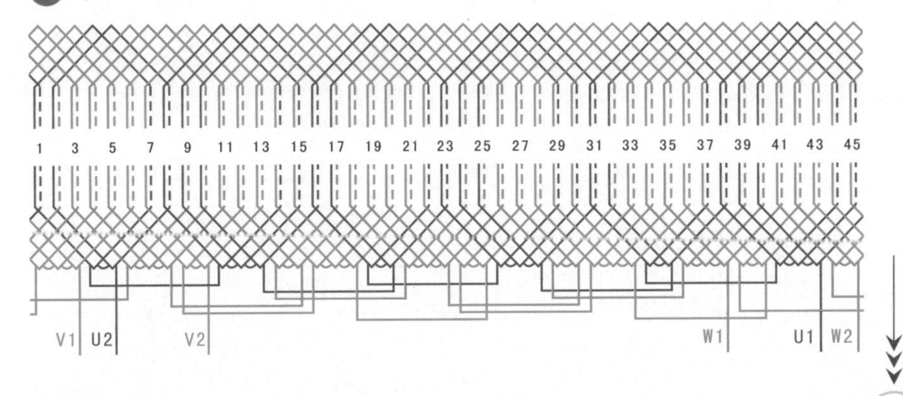

2.1.43　45槽6极双层叠式分数槽绕组（$y=7, a=1$）

① 绕组数据

定子槽数　$Z=45$

电机极数　$2p=6$

并联路数　$a=1$

线圈组数　$u=18$

每组圈数　$S=5/2$

极相槽数　$q=5/2$

总线圈数　$Q=45$

线圈节距　$y=7$

线圈极距　$\tau=15/2$

② 绕组端面图

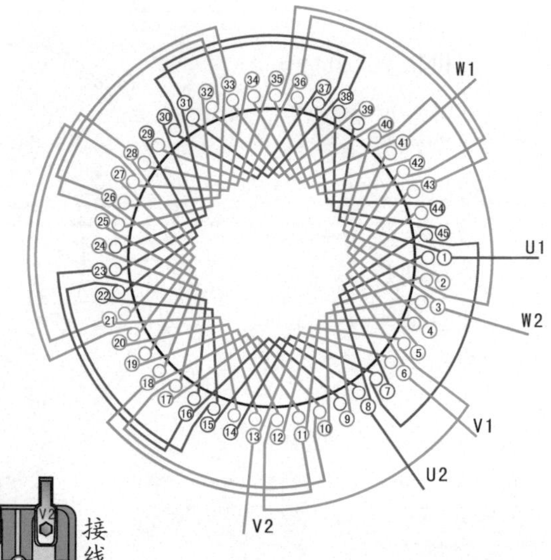

③ 接线盒

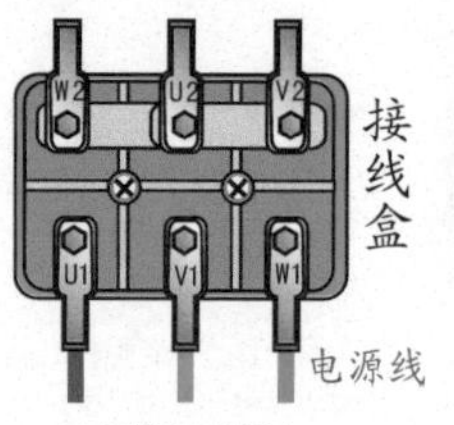

(a) 星形(Y)接法

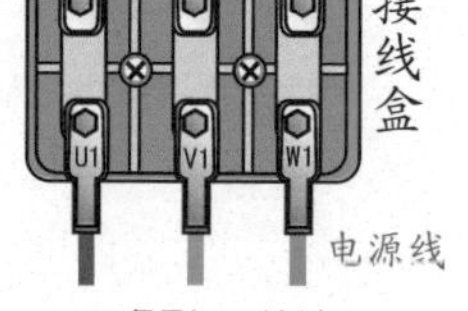

(b) 三角形(△)接法

④ 绕组展开图

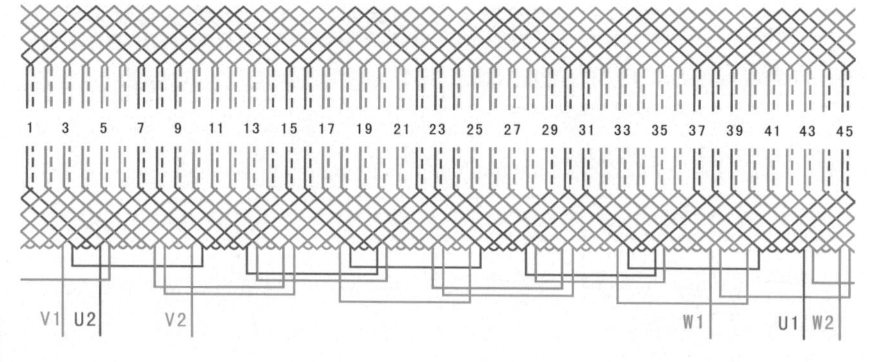

2.1.44　45槽8极双层叠式分数槽绕组（$y=5, a=1$）

1 绕组数据

定子槽数 $Z=45$

电机极数 $2p=8$

并联路数 $a=1$

线圈组数 $u=24$

每组圈数 $S=15/8$

极相槽数 $q=15/8$

总线圈数 $Q=45$

线圈节距 $y=5$

线圈极距 $\tau=45/8$

2 绕组端面图

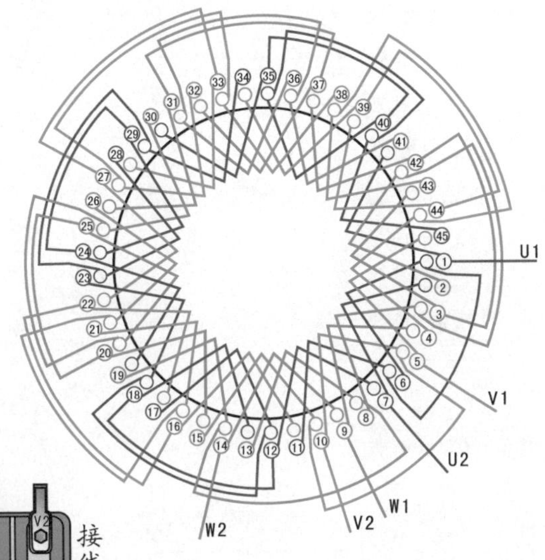

3 接线盒

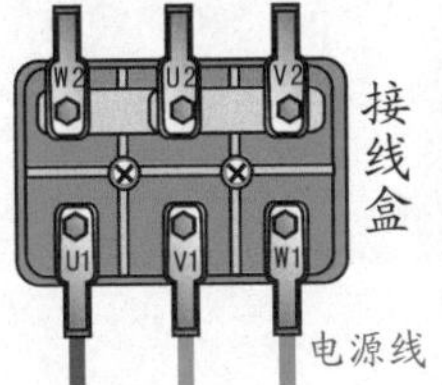

(a) 星形(Y)接法

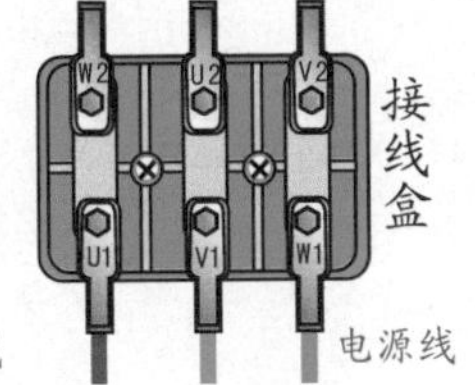

(b) 三角形(△)接法

4 绕组展开图

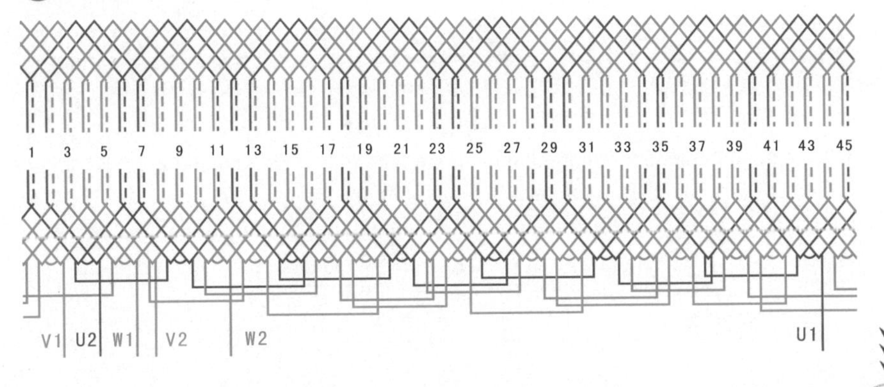

2.1.45 45槽10极双层叠式分数槽绕组（$y=4, a=1$）

① 绕组数据

定子槽数 $Z=45$

电机极数 $2p=10$

线圈组数 $u=30$

每组圈数 $S=3/2$

线圈极距 $\tau=9/2$

线圈节距 $y=4$

总线圈数 $Q=45$

极相槽数 $q=3/2$

② 绕组端面图

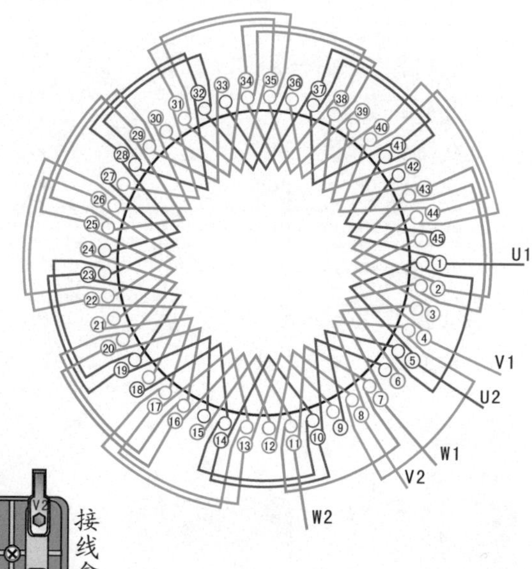

③ 接线盒

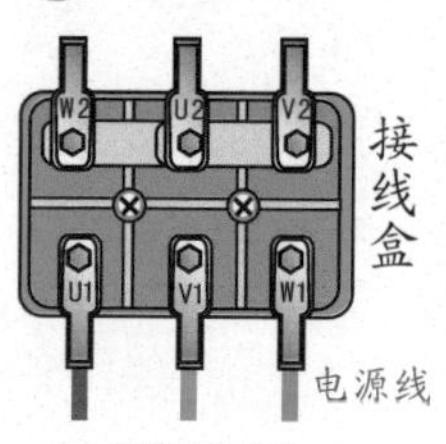

(a) 星形(Y)接法

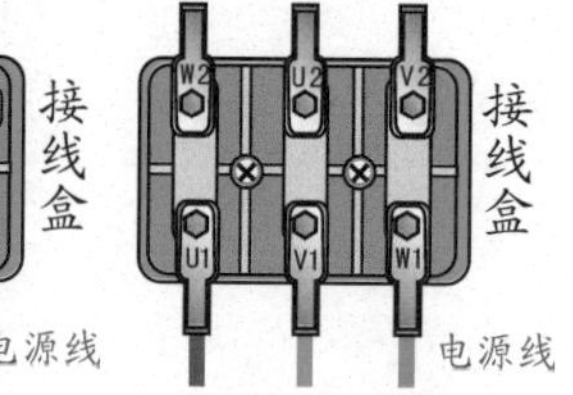

(b) 三角形(△)接法

④ 绕组展开图

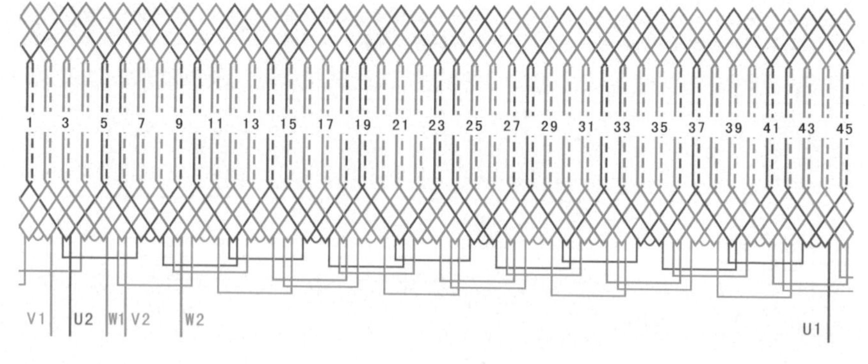

2.1.46 45槽12极双层叠式分数槽绕组（$y=3, a=1$）

1 绕组数据

定子槽数 $Z=45$

电机极数 $2p=12$

线圈组数 $u=36$

每组圈数 $S=5/4$

线圈极距 $\tau=15/4$

线圈节距 $y=3$

总线圈数 $Q=45$

极相槽数 $q=5/4$

2 绕组端面图

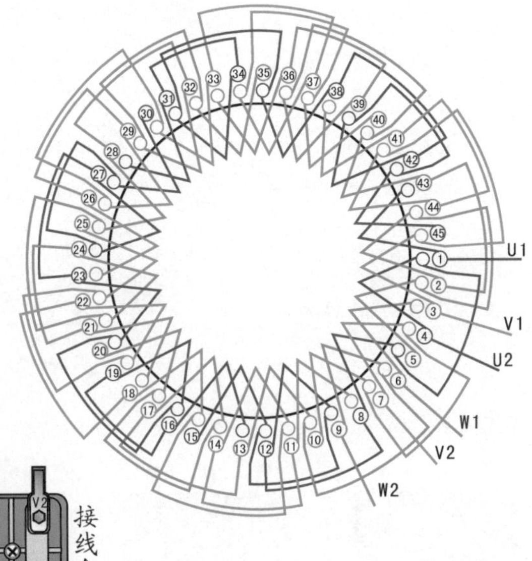

3 接线盒

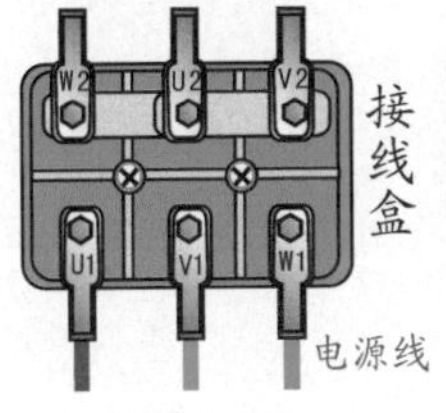

(a) 星形(Y)接法

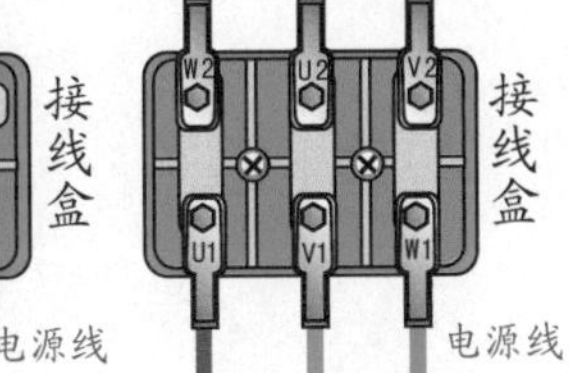

(b) 三角形(△)接法

4 绕组展开图

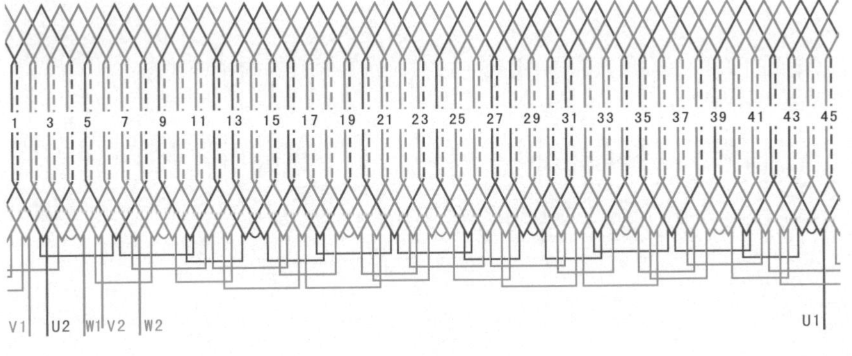

2.1.47 48槽2极双层叠式绕组（$y=13, a=1$）

① 绕组数据

定子槽数 $Z=48$

电机极数 $2p=2$

线圈组数 $u=6$

每组圈数 $S=8$

线圈极距 $\tau=24$

线圈节距 $y=13$

总线圈数 $Q=48$

极相槽数 $q=8$

② 绕组端面图

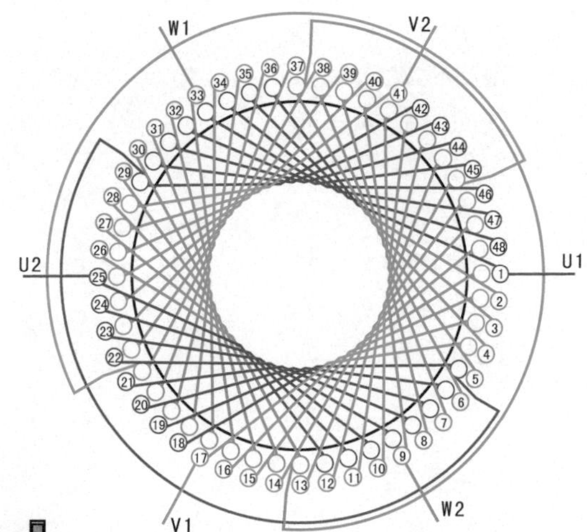

③ 接线盒

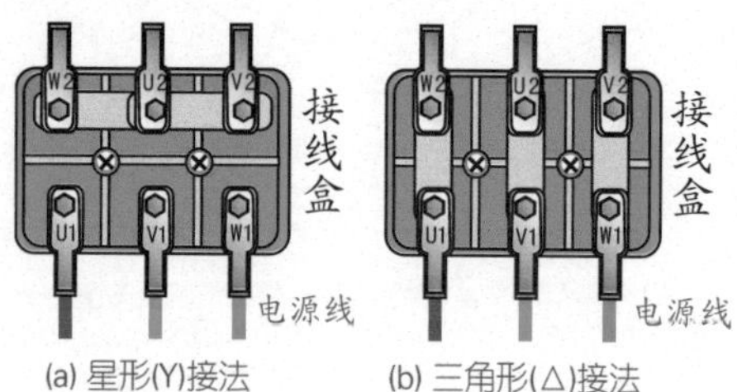

(a) 星形(Y)接法　　(b) 三角形(△)接法

④ 绕组展开图

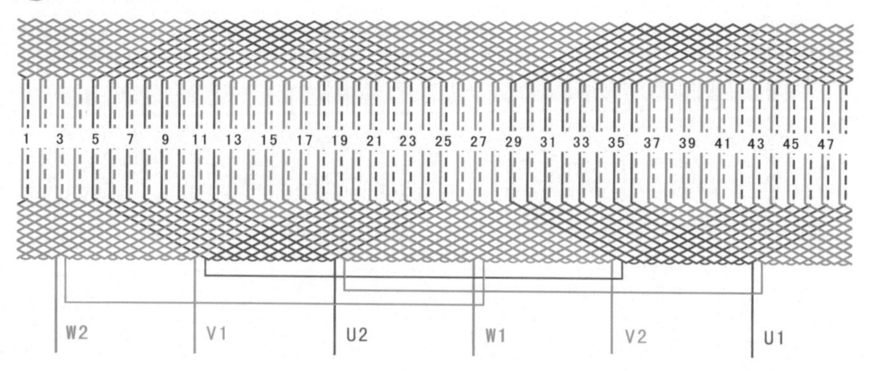

2.1.48 48槽2极双层叠式绕组（$y=13, a=2$）

① 绕组数据

定子槽数 $Z=48$

电机极数 $2p=2$

线圈组数 $u=6$

每组圈数 $S=8$

线圈极距 $\tau=24$

线圈节距 $y=13$

总线圈数 $Q=48$

极相槽数 $q=8$

② 绕组端面图

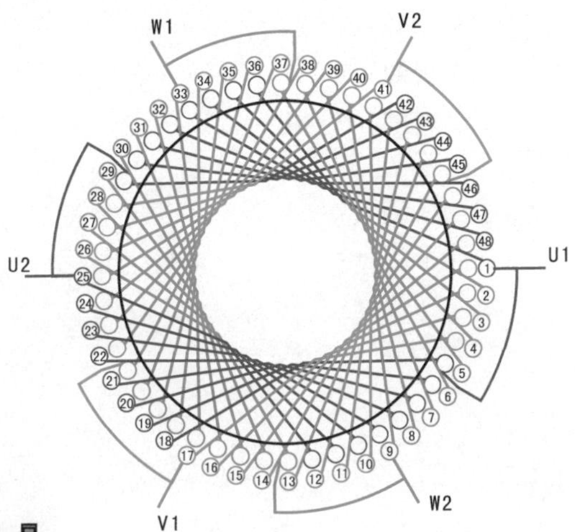

③ 接线盒

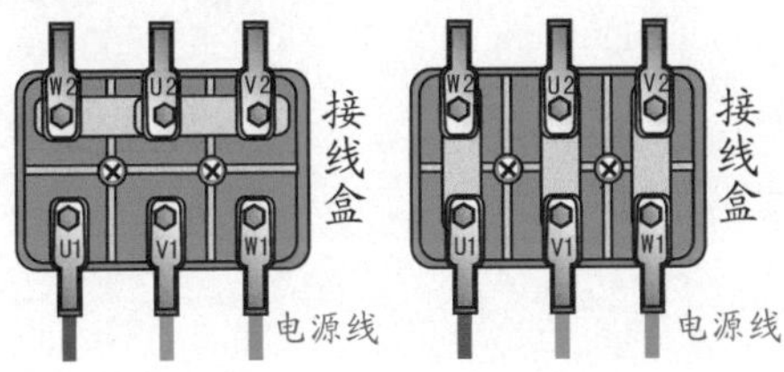

(a) 星形(Y)接法　(b) 三角形(△)接法

④ 绕组展开图

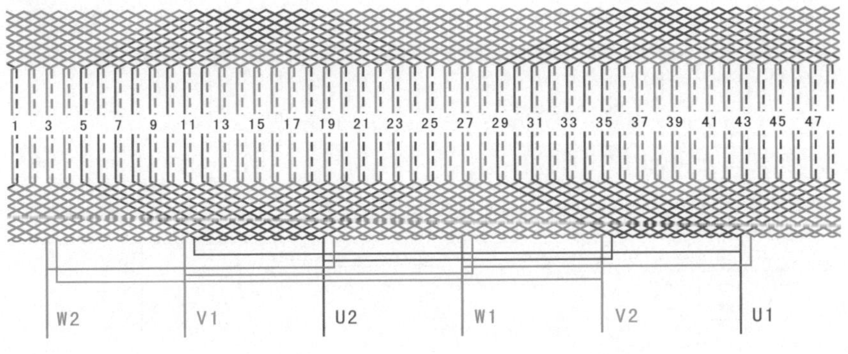

2.1.49 48槽2极双层叠式绕组（$y=17, a=2$）

1 绕组数据

定子槽数 $Z=48$

电机极数 $2p=2$

线圈组数 $u=6$

每组圈数 $S=8$

线圈极距 $\tau=24$

线圈节距 $y=17$

总线圈数 $Q=48$

极相槽数 $q=8$

2 绕组端面图

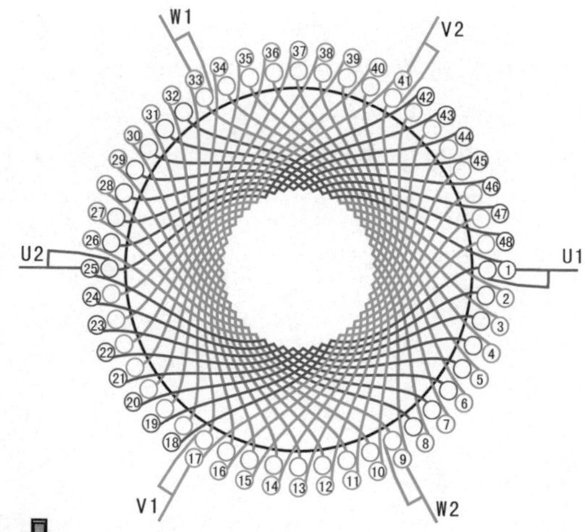

3 接线盒

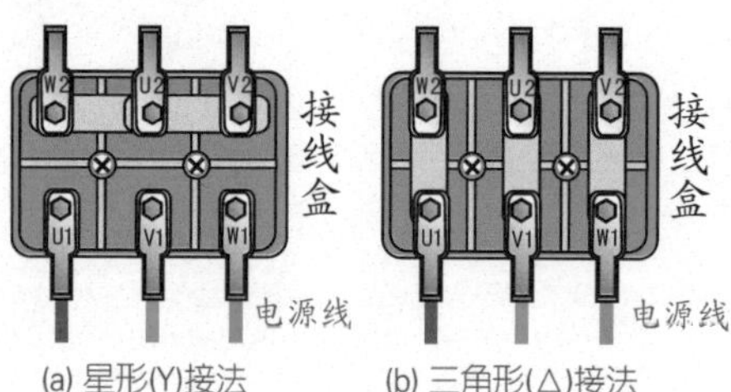

(a) 星形(Y)接法　　(b) 三角形(△)接法

4 绕组展开图

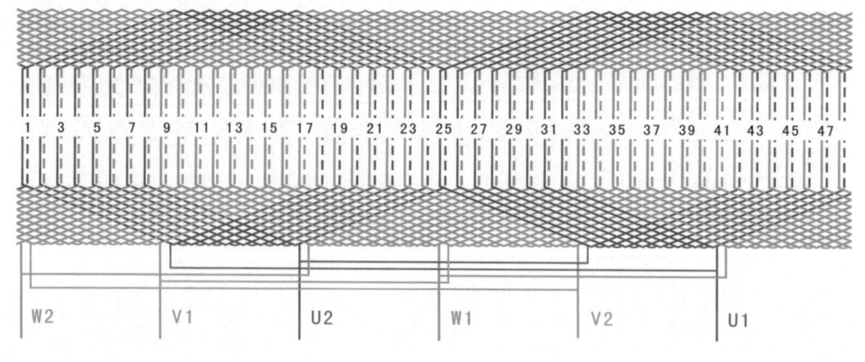

2.1.50 48槽4极双层叠式绕组（$y=9, a=2$）

1 绕组数据

定子槽数 $Z=48$

电机极数 $2p=4$

线圈组数 $u=12$

每组圈数 $S=4$

线圈极距 $\tau=12$

线圈节距 $y=9$

总线圈数 $Q=48$

极相槽数 $q=4$

2 绕组端面图

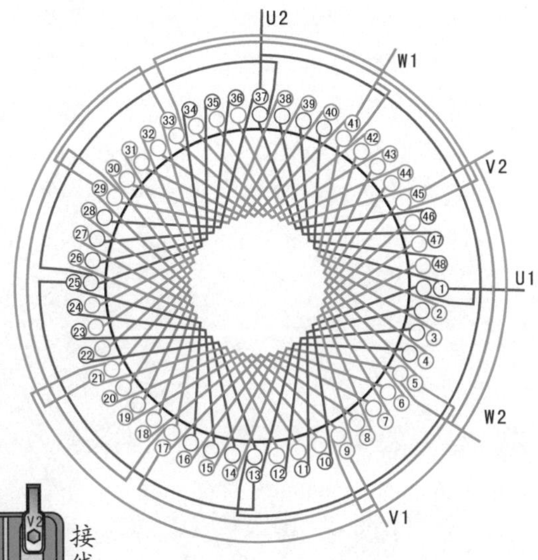

3 接线盒

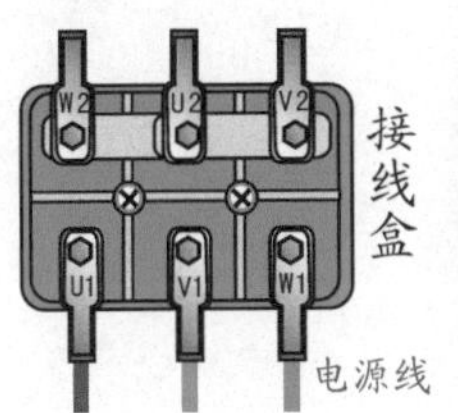

(a) 星形(Y)接法

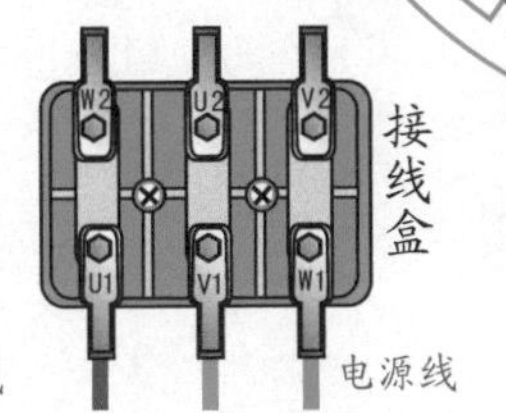

(b) 三角形(△)接法

4 绕组展开图

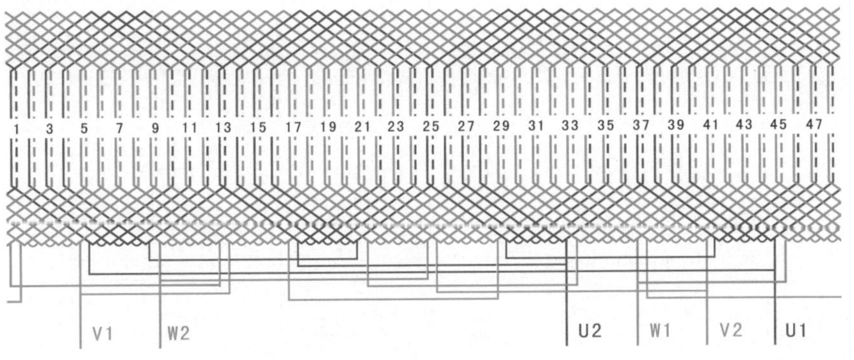

2.1.51 48槽4极双层叠式绕组（$y=9, a=4$）

① 绕组数据

定子槽数 $Z=48$

电机极数 $2p=4$

线圈组数 $u=12$

每组圈数 $S=4$

线圈极距 $\tau=12$

线圈节距 $y=9$

总线圈数 $Q=36$

极相槽数 $q=4$

② 绕组端面图

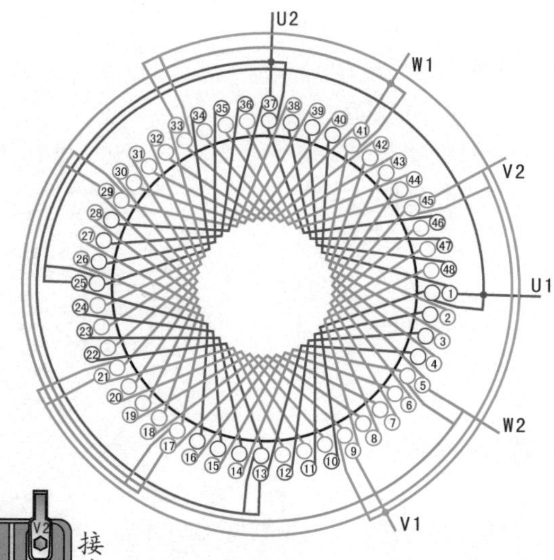

③ 接线盒

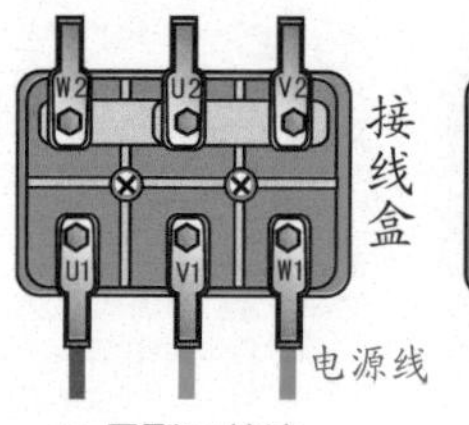

(a) 星形(Y)接法　　(b) 三角形(△)接法

④ 绕组展开图

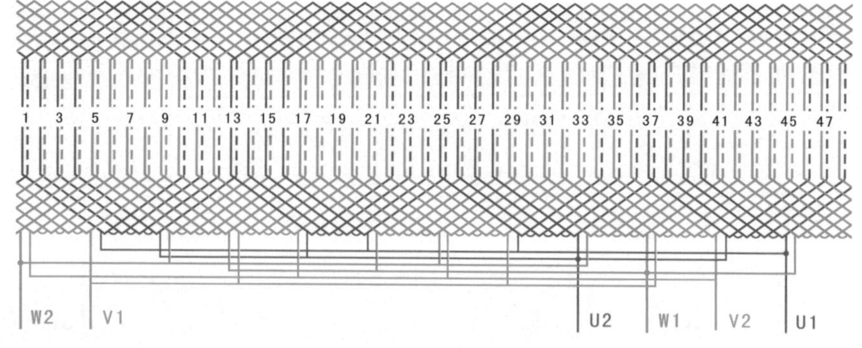

2.1.52 48槽4极双层叠式绕组（$y=10, a=1$）

1 绕组数据

定子槽数 $Z=48$

电机极数 $2p=4$

线圈组数 $u=12$

每组圈数 $S=4$

线圈极距 $\tau=12$

线圈节距 $y=10$

总线圈数 $Q=48$

极相槽数 $q=4$

2 绕组端面图

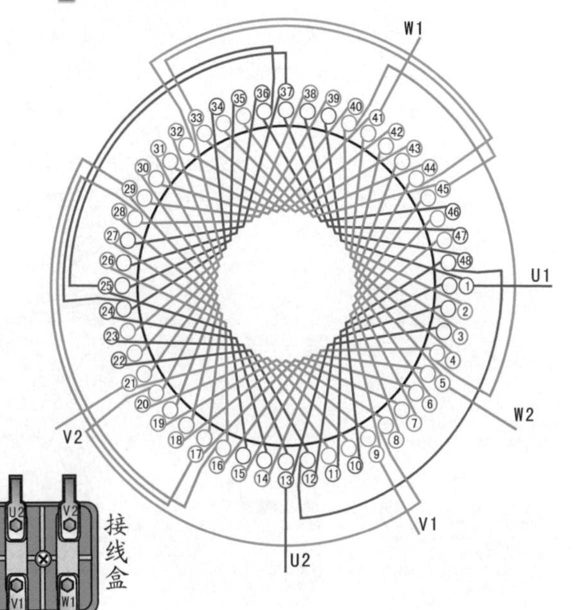

3 接线盒

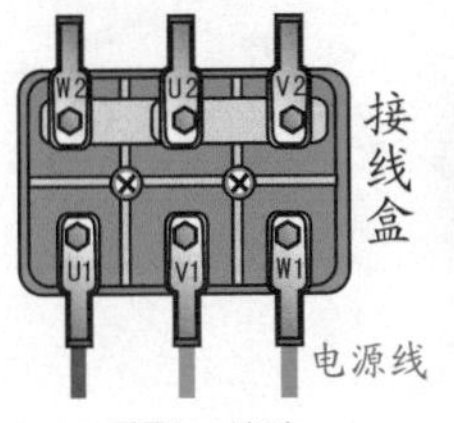

接线盒

电源线

(a) 星形(Y)接法　(b) 三角形(△)接法

4 绕组展开图

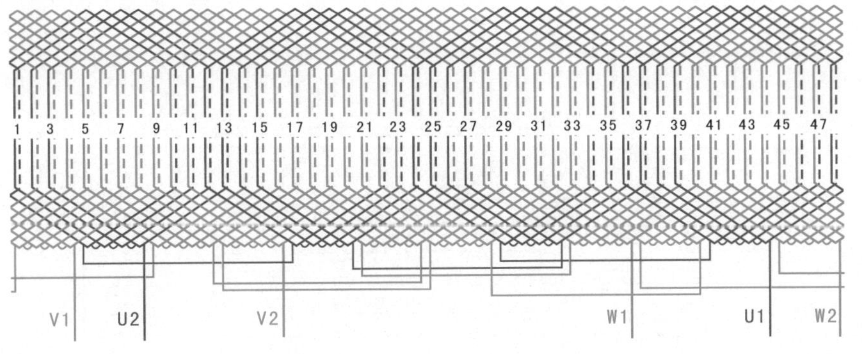

2.1.53 48槽4极双层叠式绕组（$y=10, a=2$）

① 绕组数据

定子槽数 $Z=48$

电机极数 $2p=4$

线圈组数 $u=12$

每组圈数 $S=4$

线圈极距 $\tau=12$

线圈节距 $y=10$

总线圈数 $Q=48$

极相槽数 $q=4$

② 绕组端面图

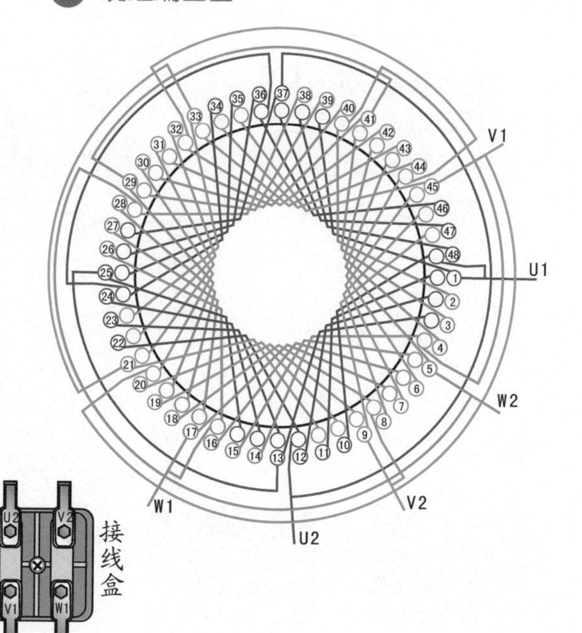

③ 接线盒

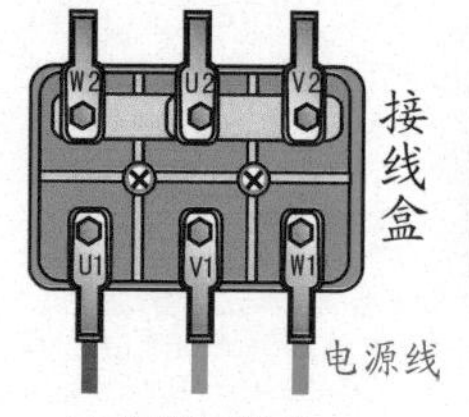

(a) 星形(Y)接法　(b) 三角形(△)接法

④ 绕组展开图

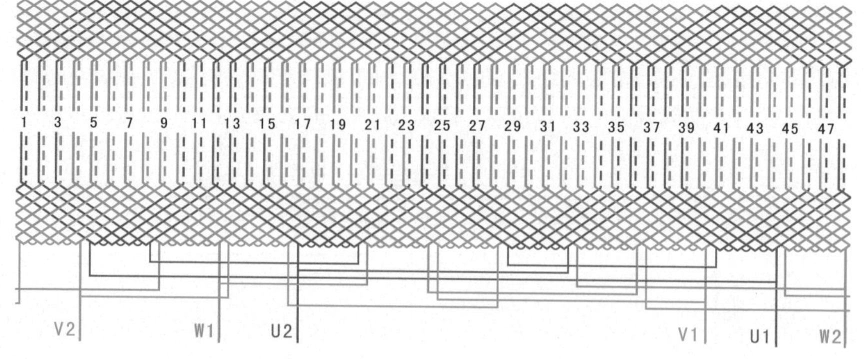

2.1.54 48槽4极双层叠式绕组（$y=10$，$a=4$）

1 绕组数据

定子槽数 $Z=48$

电机极数 $2p=4$

线圈组数 $u=12$

每组圈数 $S=4$

线圈极距 $\tau=12$

线圈节距 $y=10$

总线圈数 $Q=48$

极相槽数 $q=4$

2 绕组端面图

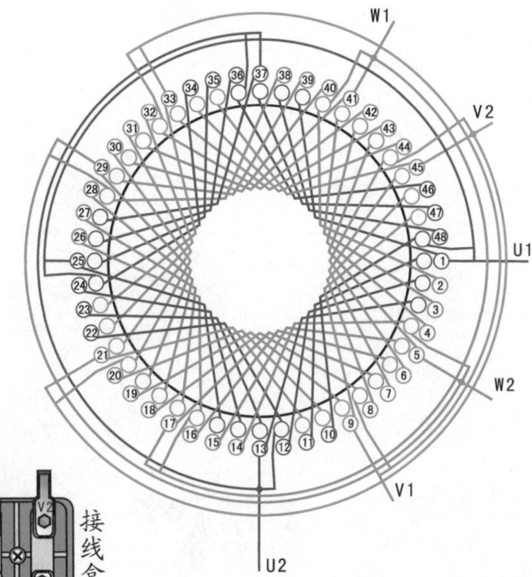

3 接线盒

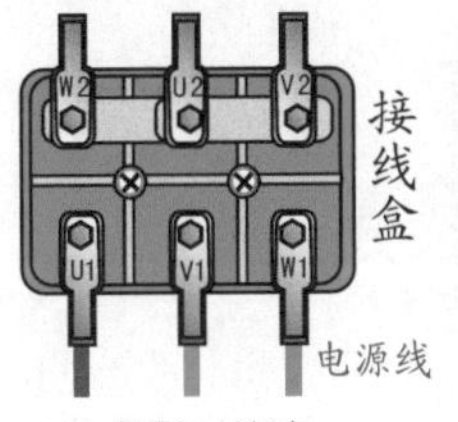

(a) 星形(Y)接法

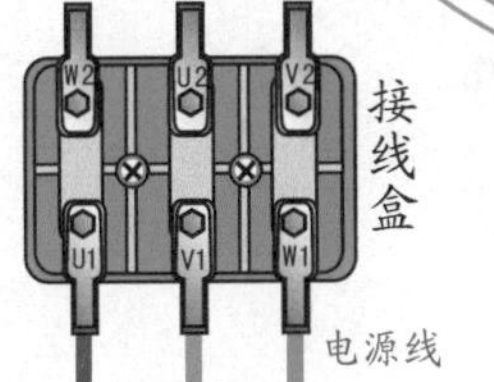

(b) 三角形(△)接法

4 绕组展开图

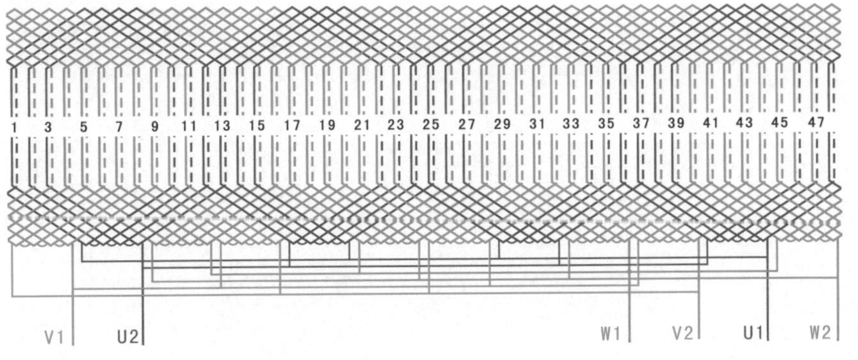

2.1.55 48槽4极双层叠式绕组（$y=11, a=4$）

① 绕组数据

定子槽数 $Z=48$
电机极数 $2p=4$
线圈组数 $u=12$
每组圈数 $S=4$
线圈极距 $\tau=12$
线圈节距 $y=11$
总线圈数 $Q=36$
极相槽数 $q=4$

② 绕组端面图

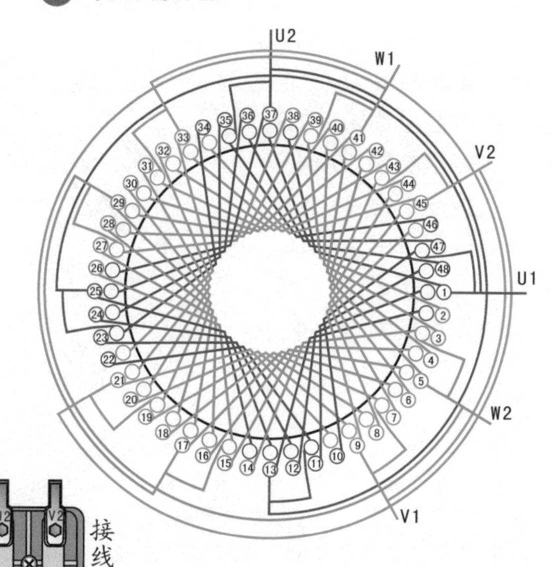

③ 接线盒

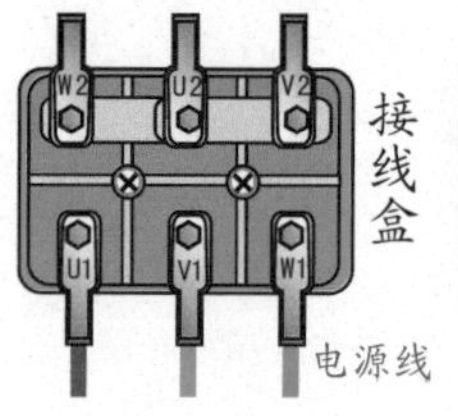

(a) 星形(Y)接法　　(b) 三角形(△)接法

④ 绕组展开图

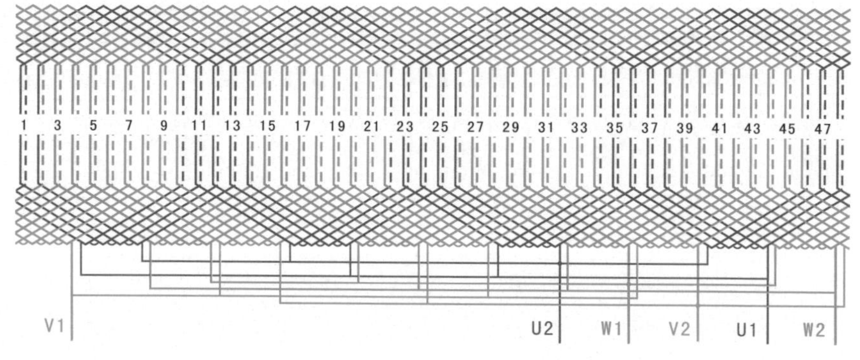

2.1.56　48槽4极双层叠式绕组（$y=12, a=1$）

① 绕组数据

定子槽数 $Z=48$

电机极数 $2p=4$

线圈组数 $u=12$

每组圈数 $S=4$

线圈极距 $\tau=12$

线圈节距 $y=12$

总线圈数 $Q=48$

极相槽数 $q=4$

② 绕组端面图

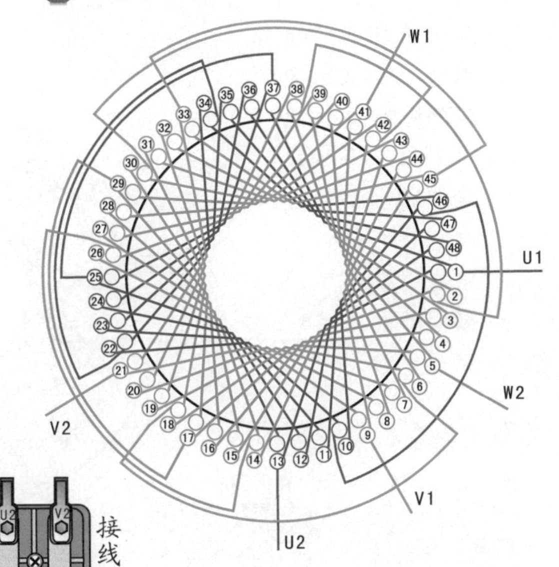

③ 接线盒

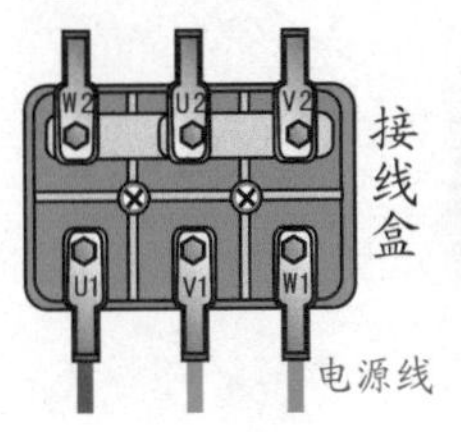

(a) 星形(Y)接法　　(b) 三角形(△)接法

④ 绕组展开图

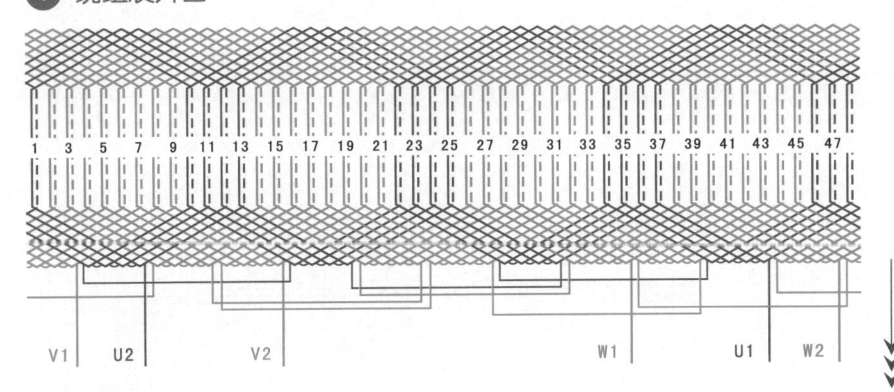

2.1.57 48槽4极双层叠式绕组（$y=12, a=2$）

① 绕组数据

定子槽数 $Z=48$

电机极数 $2p=4$

线圈组数 $u=12$

每组圈数 $S=4$

线圈极距 $\tau=12$

线圈节距 $y=12$

总线圈数 $Q=48$

极相槽数 $q=4$

② 绕组端面图

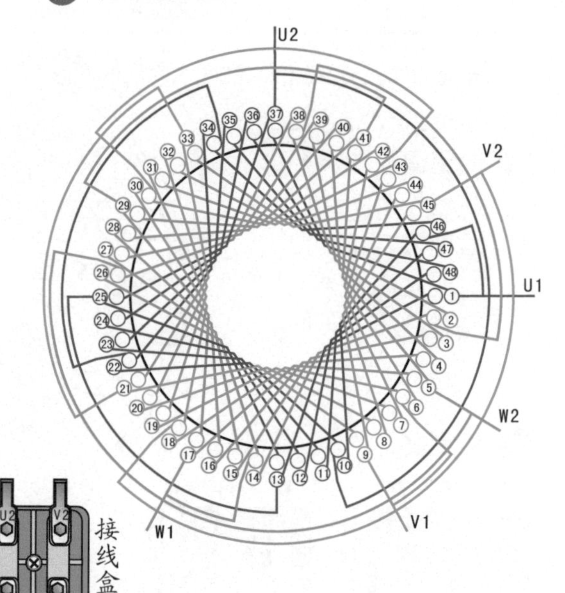

③ 接线盒

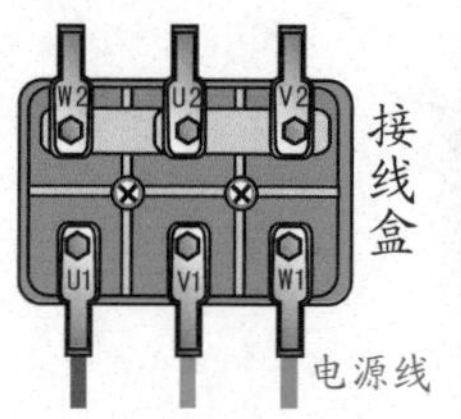

(a) 星形(Y)接法 (b) 三角形(△)接法

④ 绕组展开图

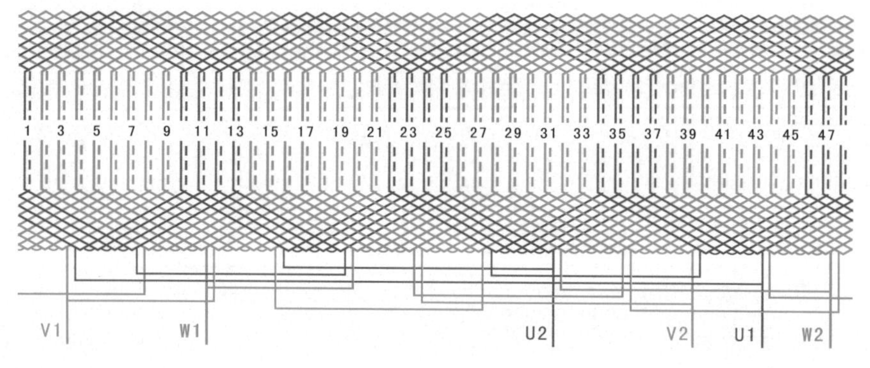

2.1.58　48槽6极双层叠式分数槽绕组（$y=6, a=1$）

1 绕组数据

定子槽数 $Z=48$

电机极数 $2p=6$

并联路数 $a=1$

线圈组数 $u=18$

每组圈数 $S=8/3$

极相槽数 $q=8/3$

总线圈数 $Q=48$

线圈节距 $y=6$

线圈极距 $\tau=8$

2 绕组端面图

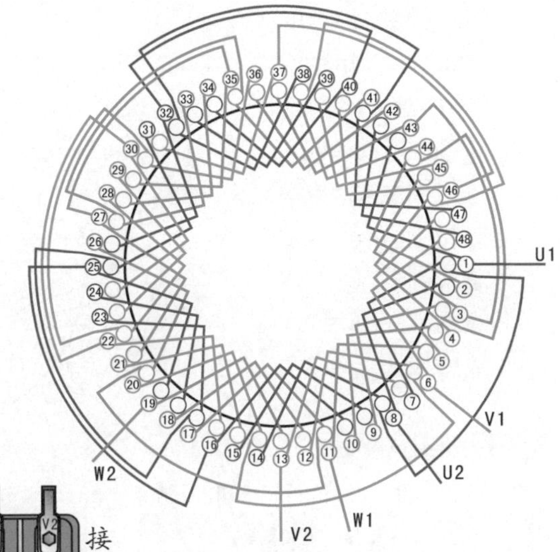

3 接线盒

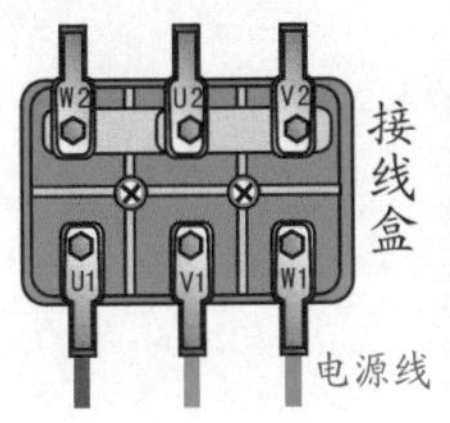

(a) 星形(Y)接法

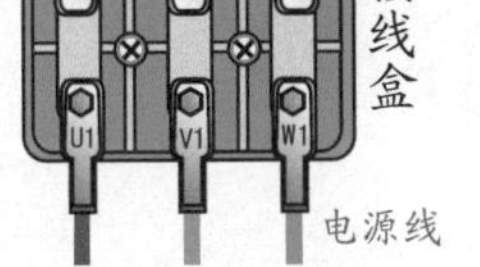

(b) 三角形(△)接法

4 绕组展开图

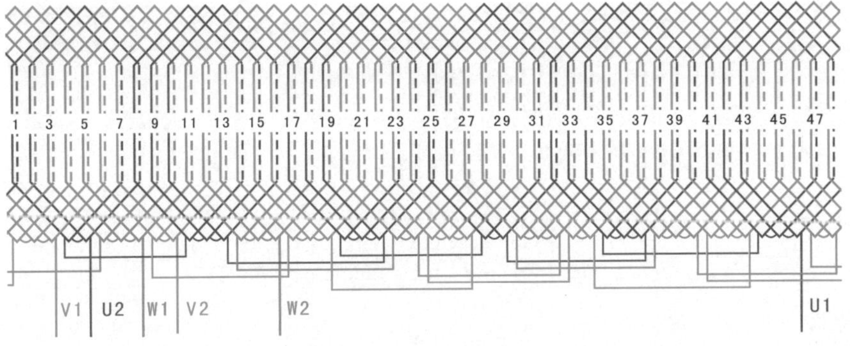

2.1.59 48槽6极双层叠式分数槽绕组（$y=7, a=1$）

1 绕组数据

定子槽数 $Z=48$

电机极数 $2p=6$

并联路数 $a=1$

线圈组数 $u=18$

每组圈数 $S=8/3$

极相槽数 $q=8/3$

总线圈数 $Q=48$

线圈节距 $y=7$

线圈极距 $\tau=8$

2 绕组端面图

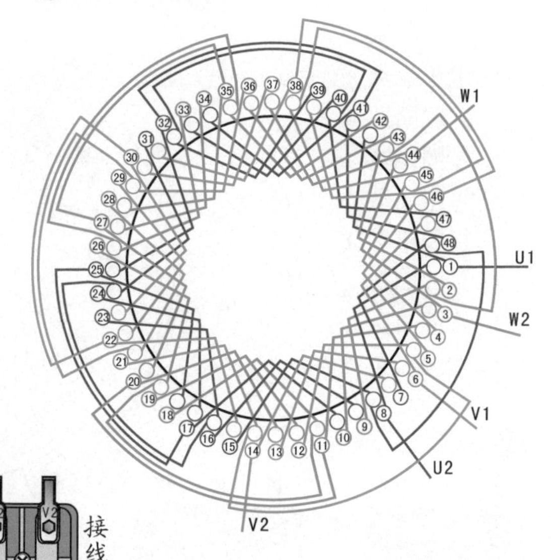

3 接线盒

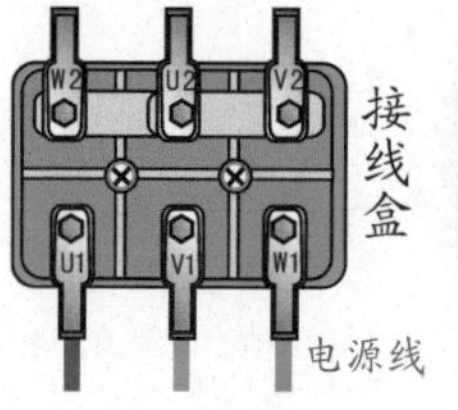

(a) 星形(Y)接法

W2 U2 V2
U1 V1 W1
接线盒
电源线

(b) 三角形(△)接法

4 绕组展开图

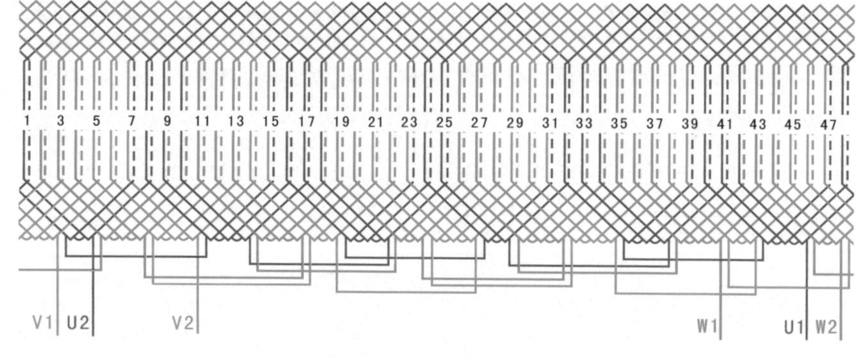

2.1.60　48槽6极双层叠式分数槽绕组（$y=7, a=2$）

1 绕组数据

定子槽数 $Z=48$

电机极数 $2p=6$

并联路数 $a=2$

线圈组数 $u=18$

每组圈数 $S=8/3$

极相槽数 $q=8/3$

总线圈数 $Q=48$

线圈节距 $y=7$

线圈极距 $\tau=8$

2 绕组端面图

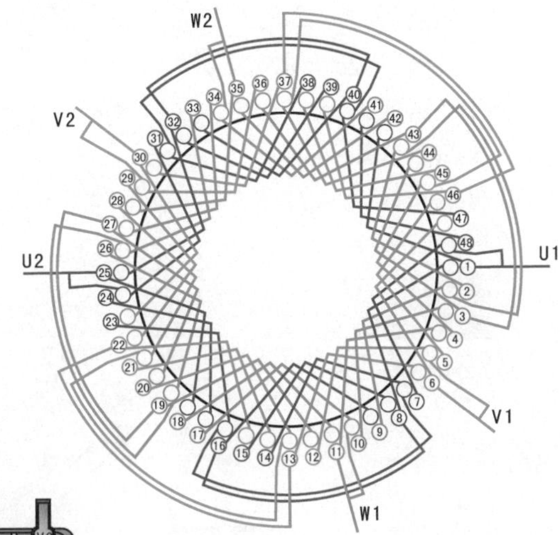

3 接线盒

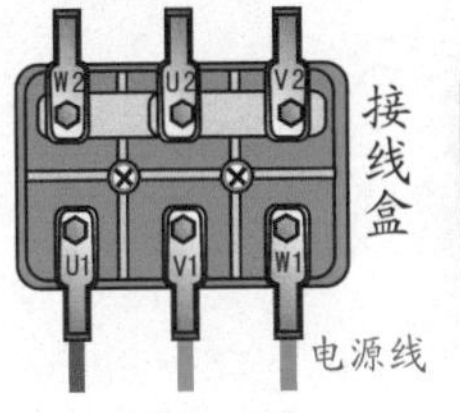

(a) 星形(Y)接法

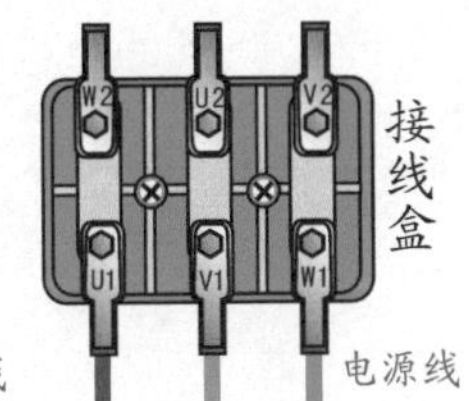

(b) 三角形(△)接法

4 绕组展开图

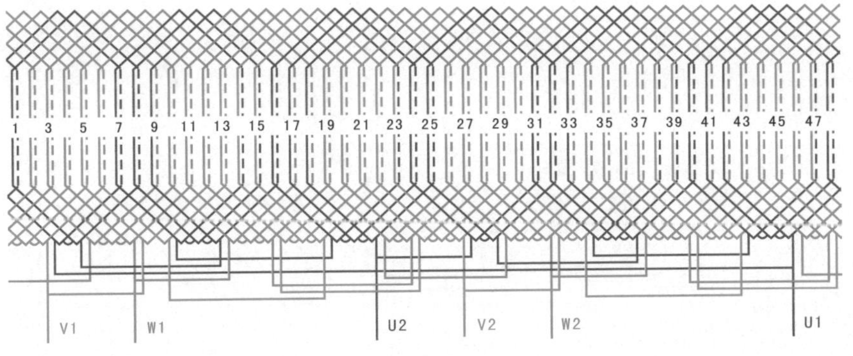

2.1.61　48槽8极双层叠式绕组（$y=5, a=1$）

① 绕组数据

定子槽数 $Z=48$

电机极数 $2p=8$

并联路数 $a=1$

线圈组数 $u=24$

每组圈数 $S=2$

极相槽数 $q=2$

总线圈数 $Q=48$

线圈节距 $y=5$

线圈极距 $\tau=6$

② 绕组端面图

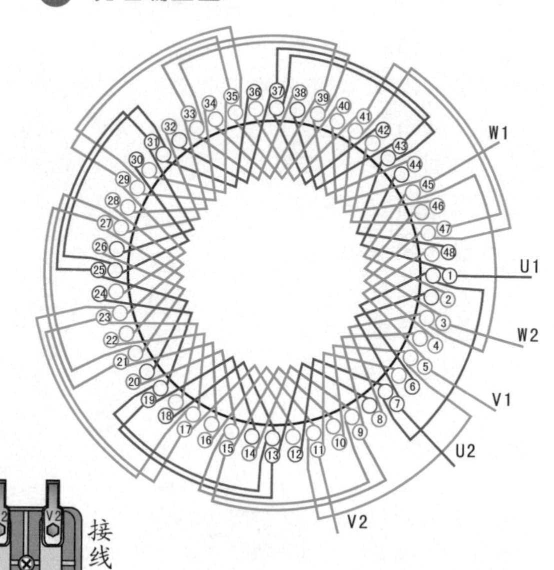

③ 接线盒

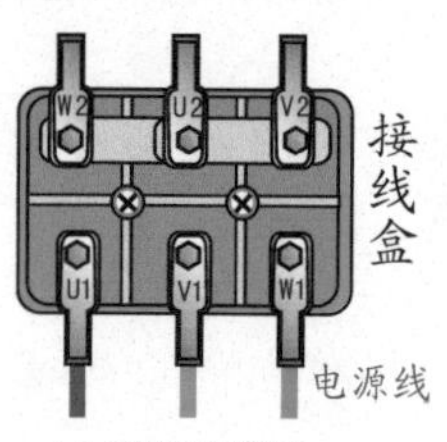

(a) 星形(Y)接法

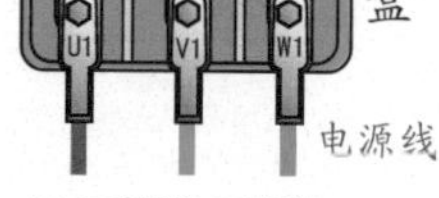

(b) 三角形(△)接法

④ 绕组展开图

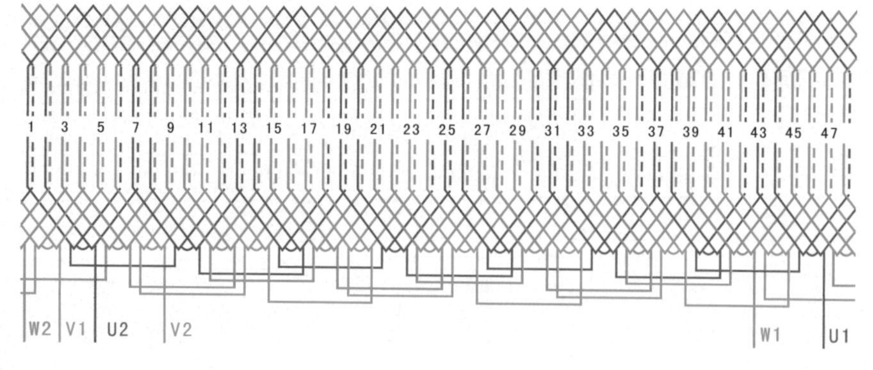

2.1.62 48槽8极双层叠式绕组（$y=5, a=2$）

1 绕组数据

定子槽数 $Z=48$

电机极数 $2p=8$

并联路数 $a=2$

线圈组数 $u=24$

每组圈数 $S=2$

极相槽数 $q=2$

总线圈数 $Q=48$

线圈节距 $y=5$

线圈极距 $\tau=6$

2 绕组端面图

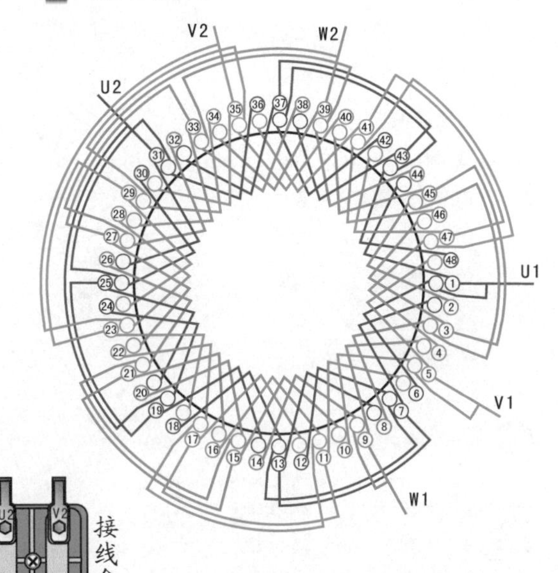

3 接线盒

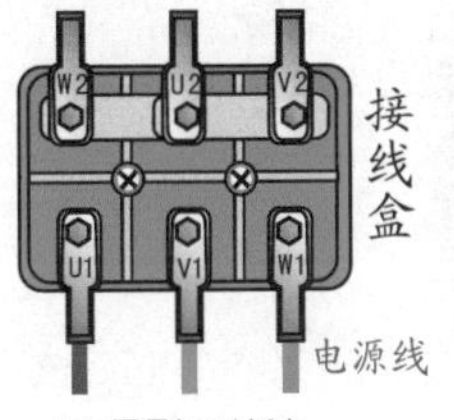

(a) 星形(Y)接法　(b) 三角形(△)接法

4 绕组展开图

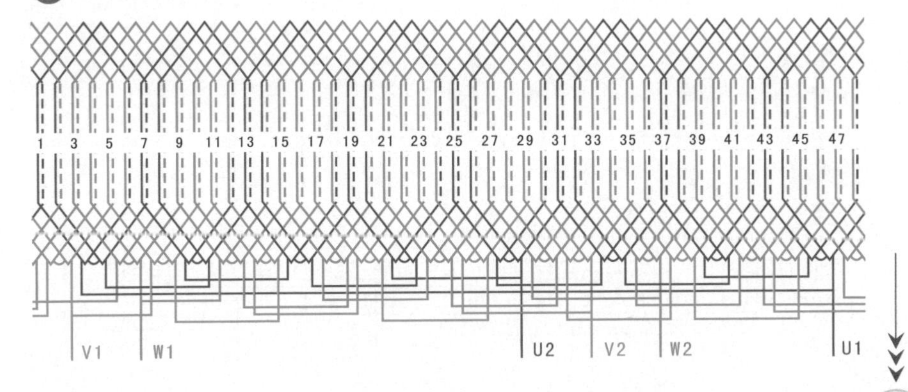

2.1.63 48槽8极双层叠式绕组（$y=5, a=4$）

1 绕组数据

定子槽数 $Z=48$

电机极数 $2p=8$

并联路数 $a=4$

线圈组数 $u=24$

每组圈数 $S=2$

极相槽数 $q=2$

总线圈数 $Q=48$

线圈节距 $y=5$

线圈极距 $\tau=6$

2 绕组端面图

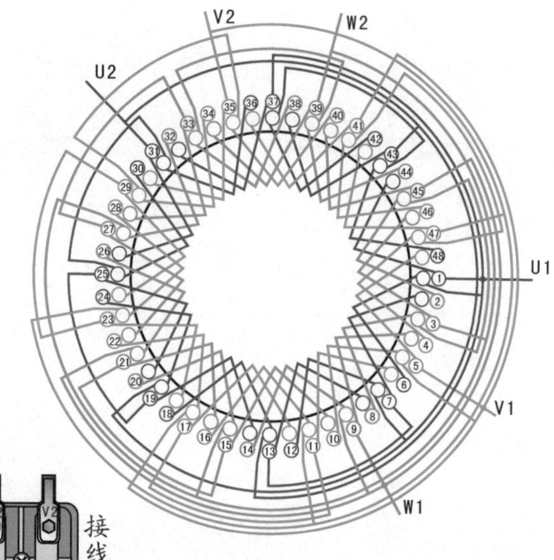

3 接线盒

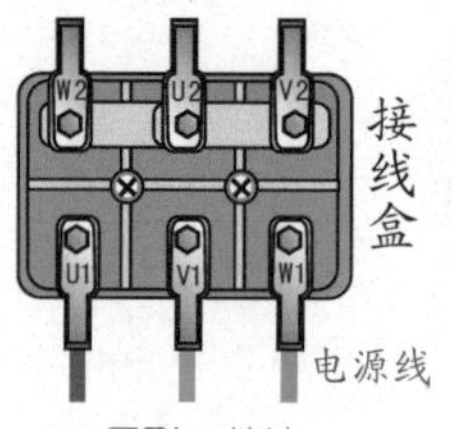

(a) 星形(Y)接法

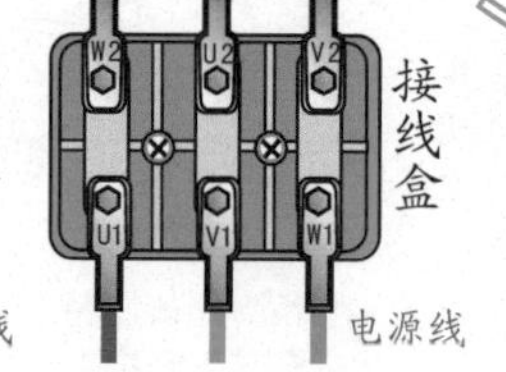

(b) 三角形(△)接法

4 绕组展开图

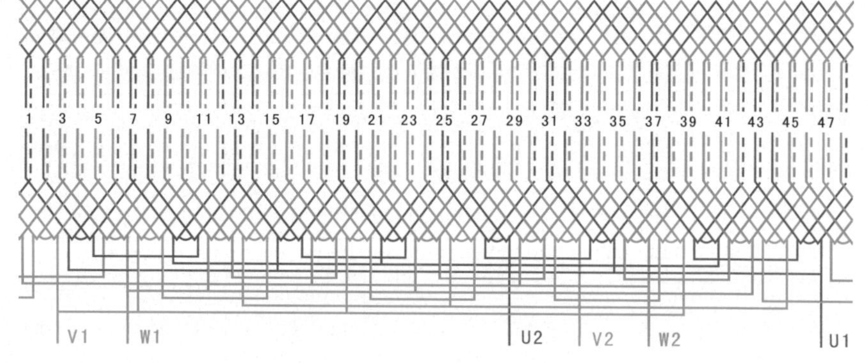

2.1.64　54槽6极双层叠式绕组（$y=7, a=1$）

❶ 绕组数据

定子槽数 $Z=54$

电机极数 $2p=6$

线圈组数 $u=18$

每组圈数 $S=3$

极相槽数 $q=3$

总线圈数 $Q=54$

线圈节距 $y=7$

线圈极距 $\tau=9$

❷ 绕组端面图

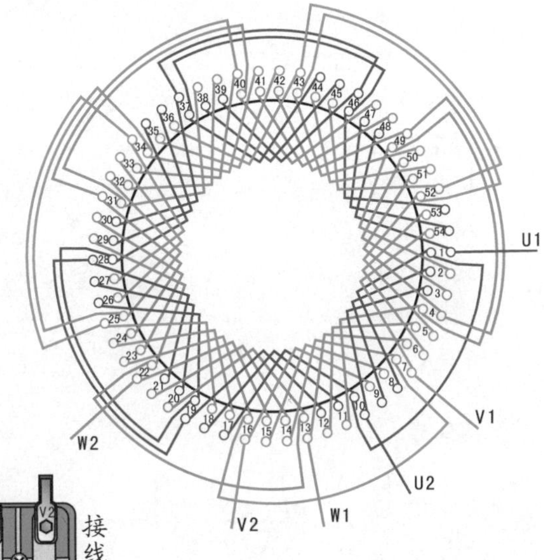

❸ 接线盒

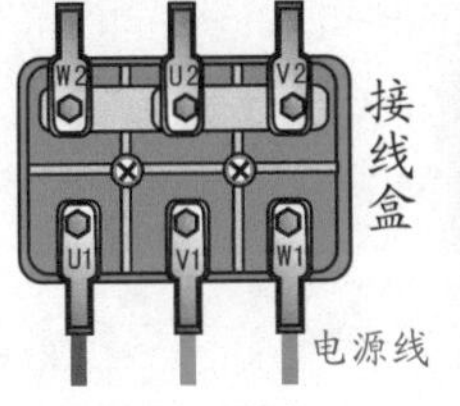

(a) 星形(Y)接法

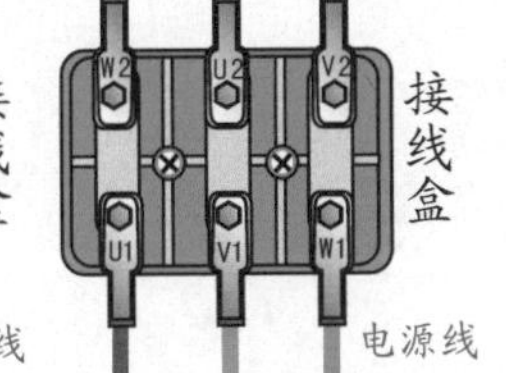

(b) 三角形(△)接法

❹ 绕组展开图

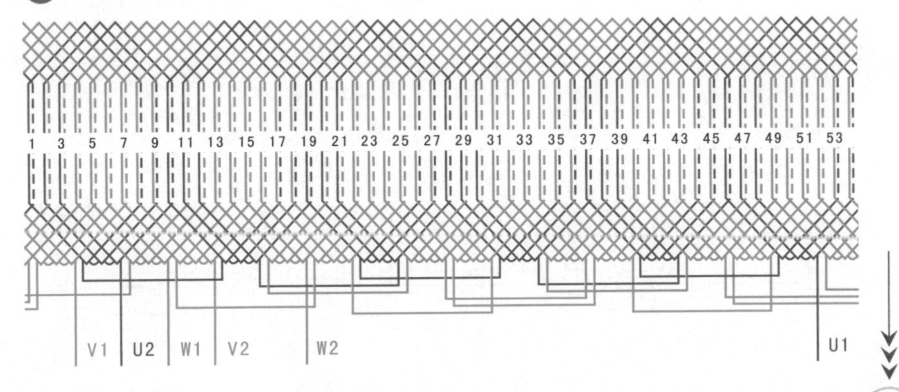

2.1.65 54槽6极双层叠式绕组（$y=7, a=2$）

① 绕组数据

定子槽数 $Z=54$

电机极数 $2p=6$

线圈组数 $u=18$

每组圈数 $S=3$

极相槽数 $q=3$

总线圈数 $Q=54$

线圈节距 $y=7$

线圈极距 $\tau=9$

② 绕组端面图

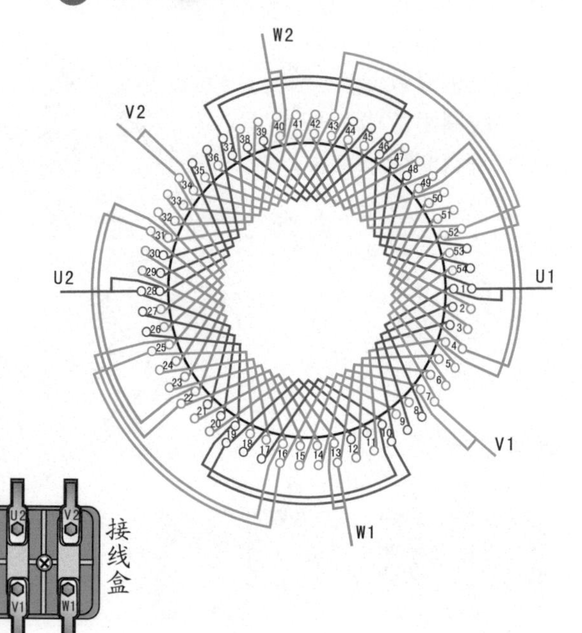

③ 接线盒

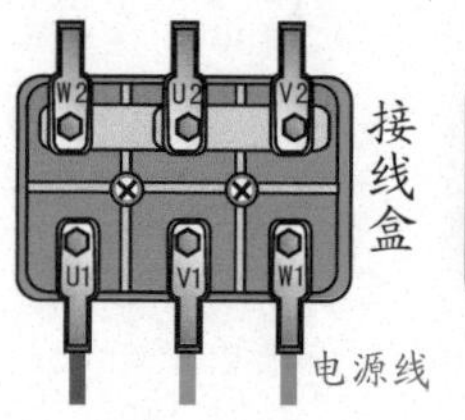

(a) 星形(Y)接法 (b) 三角形(△)接法

④ 绕组展开图

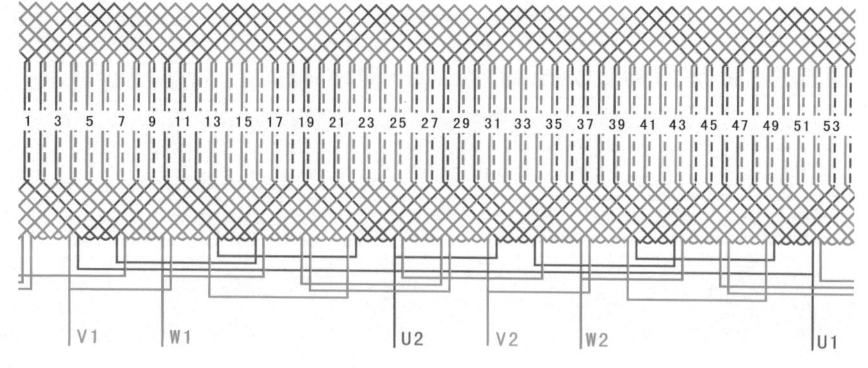

2.1.66 54槽6极双层叠式绕组（$y=7, a=3$）

① 绕组数据

定子槽数 $Z=54$

电机极数 $2p=6$

线圈组数 $u=18$

每组圈数 $S=3$

极相槽数 $q=3$

总线圈数 $Q=54$

线圈节距 $y=7$

线圈极距 $\tau=9$

② 绕组端面图

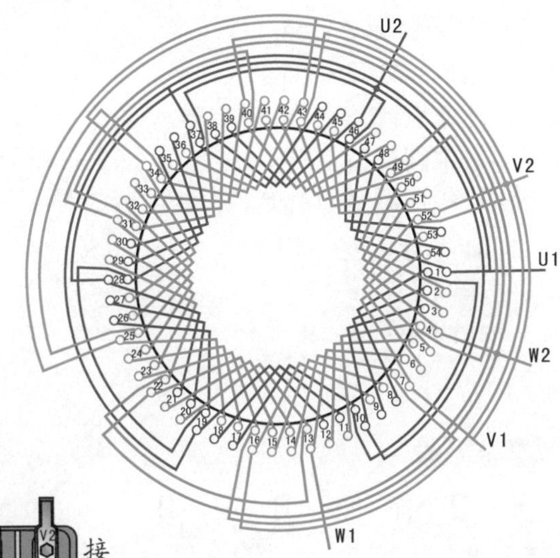

③ 接线盒

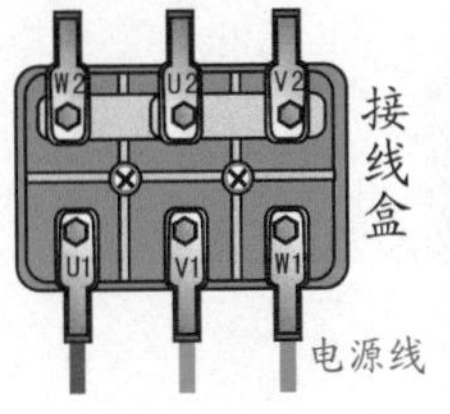

(a) 星形(Y)接法

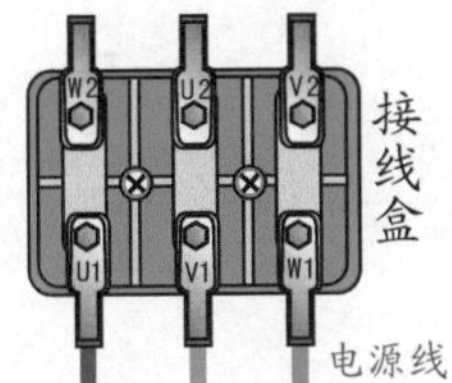

(b) 三角形(△)接法

④ 绕组展开图

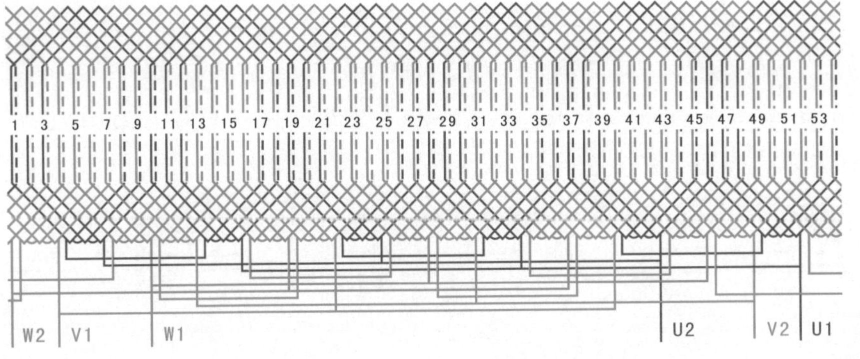

2.1.67 54槽6极双层叠式绕组（$y=8, a=1$）

1 绕组数据

定子槽数 $Z=54$

电机极数 $2p=6$

线圈组数 $u=18$

每组圈数 $S=3$

极相槽数 $q=3$

总线圈数 $Q=54$

线圈节距 $y=8$

线圈极距 $\tau=9$

2 绕组端面图

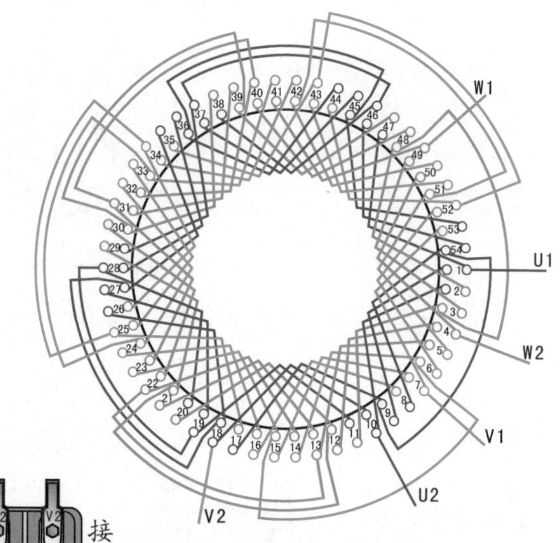

3 接线盒

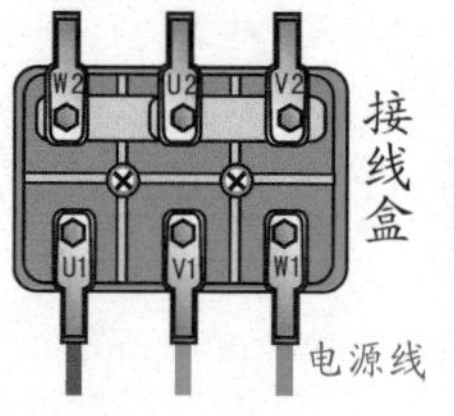

(a) 星形(Y)接法

接线盒

电源线

(b) 三角形(△)接法

4 绕组展开图

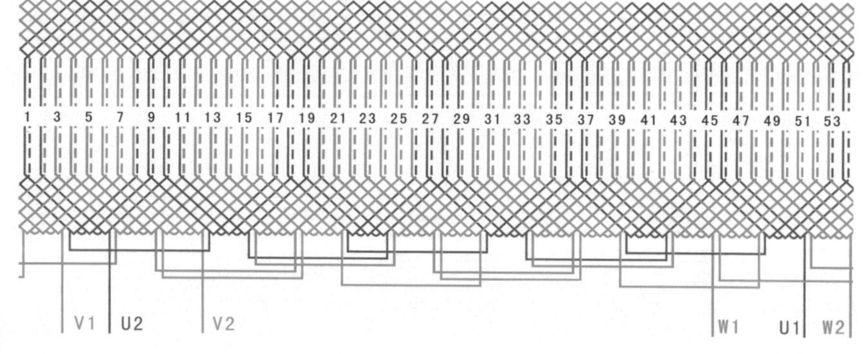

2.1.68　54槽6极双层叠式绕组（$y=8$, $a=2$）

1 绕组数据

定子槽数 $Z=54$

电机极数 $2p=6$

线圈组数 $u=18$

每组圈数 $S=3$

线圈极距 $\tau=9$

线圈节距 $y=8$

总线圈数 $Q=54$

极相槽数 $q=3$

并联路数 $a=2$

2 绕组端面图

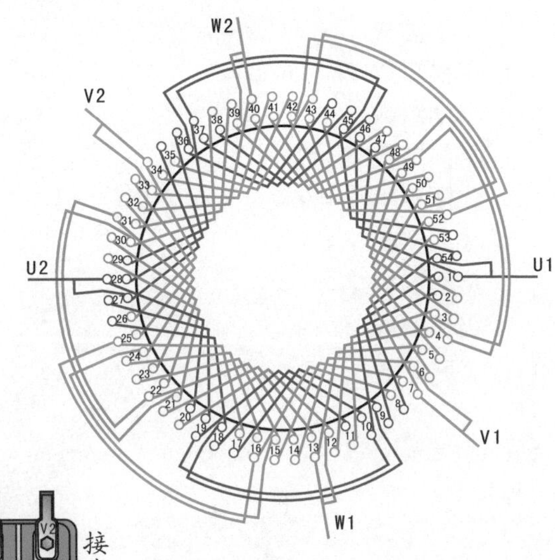

3 接线盒

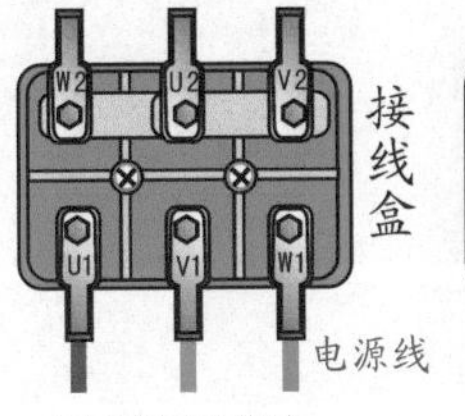

(a) 星形(Y)接法　(b) 三角形(△)接法

4 绕组展开图

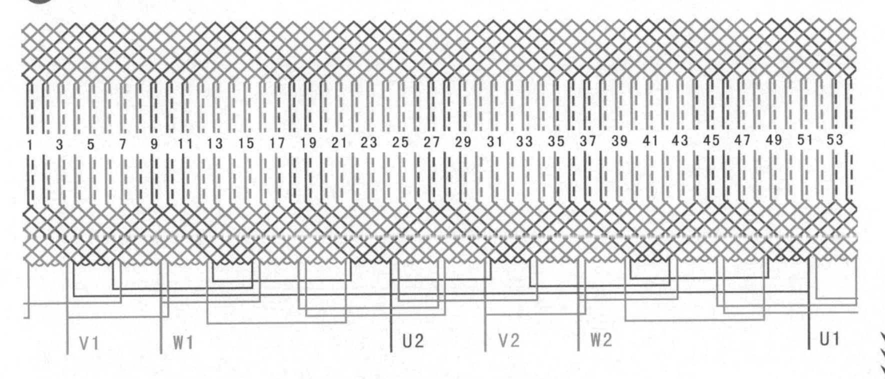

2.1.69 54槽6极双层叠式绕组（$y=8, a=3$）

① 绕组数据

定子槽数 $Z=54$

电机极数 $2p=6$

线圈组数 $u=18$

每组圈数 $S=3$

线圈极距 $\tau=9$

线圈节距 $y=8$

总线圈数 $Q=54$

极相槽数 $q=3$

并联路数 $a=3$

② 绕组端面图

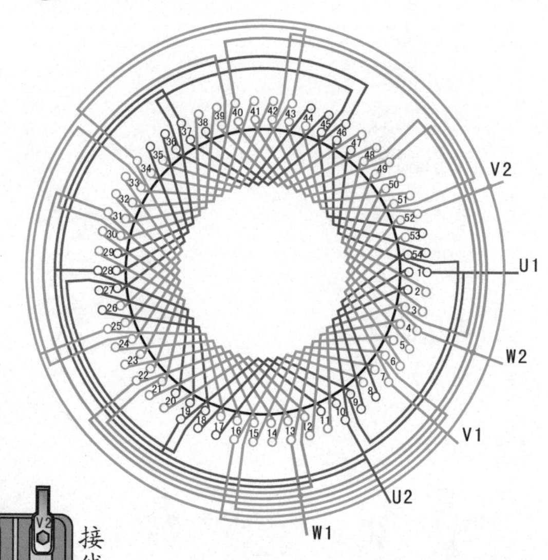

③ 接线盒

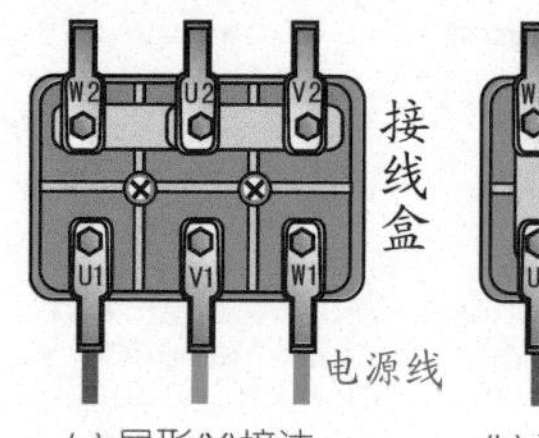

(a) 星形(Y)接法　(b) 三角形(△)接法

④ 绕组展开图

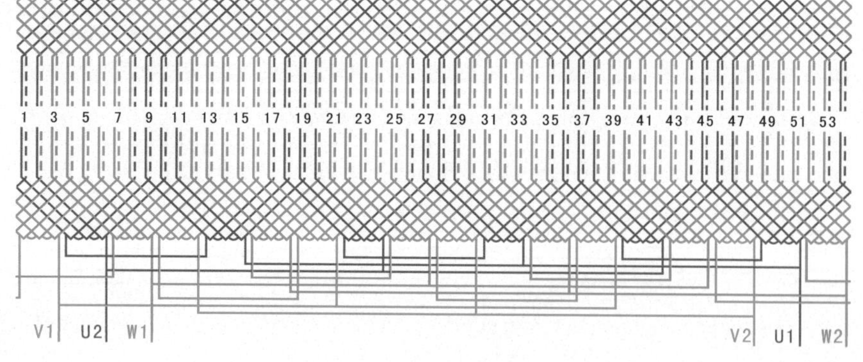

2.1.70 54槽6极双层叠式绕组（$y=8, a=6$）

① 绕组数据

定子槽数 $Z=54$

电机极数 $2p=6$

线圈组数 $u=18$

每组圈数 $S=3$

线圈极距 $\tau=9$

线圈节距 $y=8$

总线圈数 $Q=54$

极相槽数 $q=3$

并联路数 $a=6$

② 绕组端面图

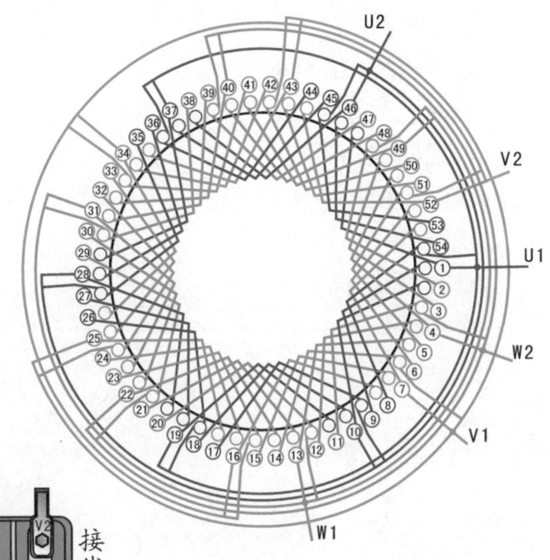

③ 接线盒

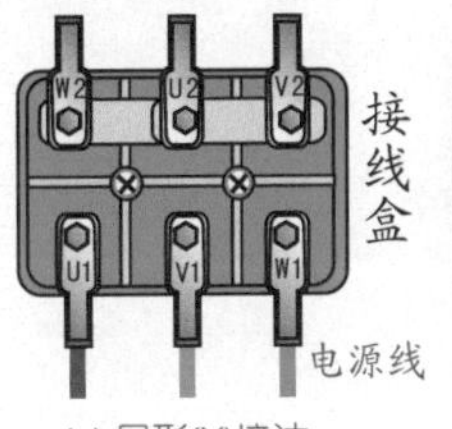

(a) 星形(Y)接法

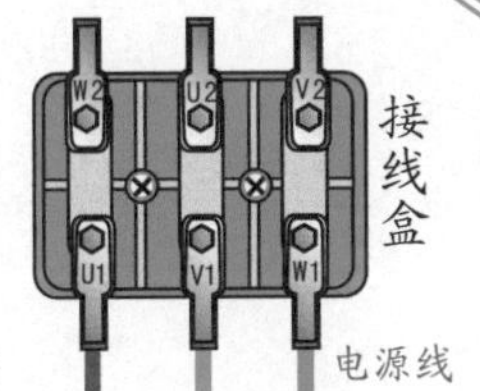

(b) 三角形(△)接法

④ 绕组展开图

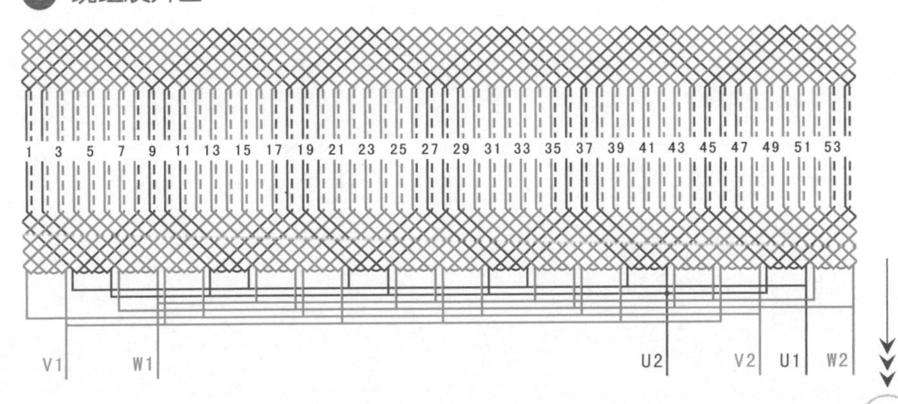

2.1.71 54槽6极双层叠式绕组（$y=9, a=1$）

① 绕组数据

定子槽数 $Z=54$

电机极数 $2p=6$

线圈组数 $u=18$

每组圈数 $S=3$

线圈极距 $\tau=9$

线圈节距 $y=9$

总线圈数 $Q=54$

极相槽数 $q=3$

并联路数 $a=1$

② 绕组端面图

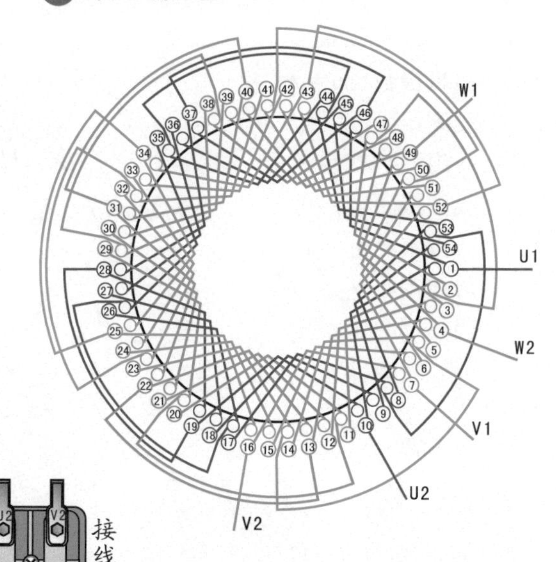

③ 接线盒

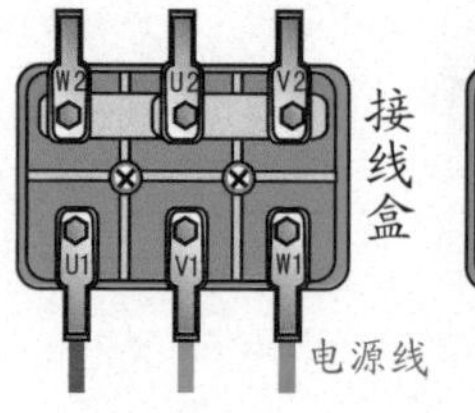

(a) 星形(Y)接法　　(b) 三角形(△)接法

④ 绕组展开图

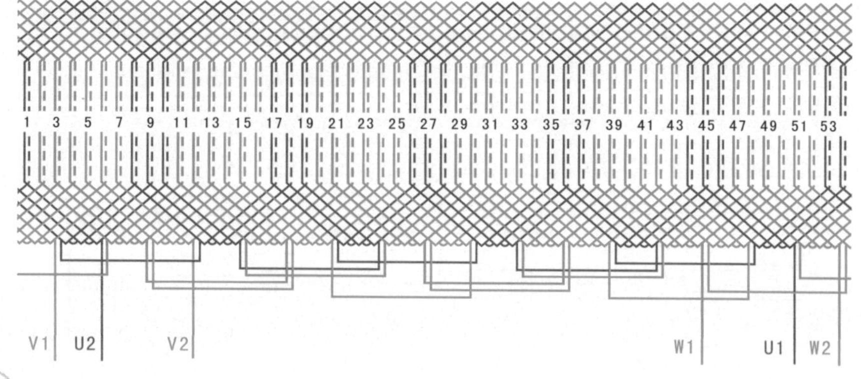

2.1.72 54槽8极双层叠式分数槽绕组（$y=5, a=2$）

① 绕组数据

定子槽数 $Z=54$

电机极数 $2p=8$

线圈组数 $u=24$

每组圈数 $S=9/4$

线圈极距 $\tau=27/4$

线圈节距 $y=5$

总线圈数 $Q=54$

极相槽数 $q=9/4$

并联路数 $a=2$

② 绕组端面图

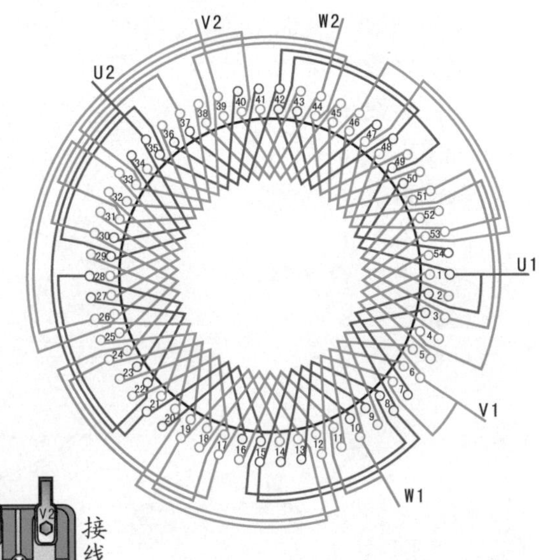

③ 接线盒

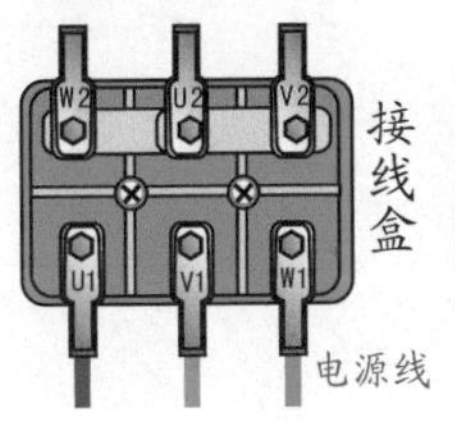

(a) 星形(Y)接法　(b) 三角形(△)接法

④ 绕组展开图

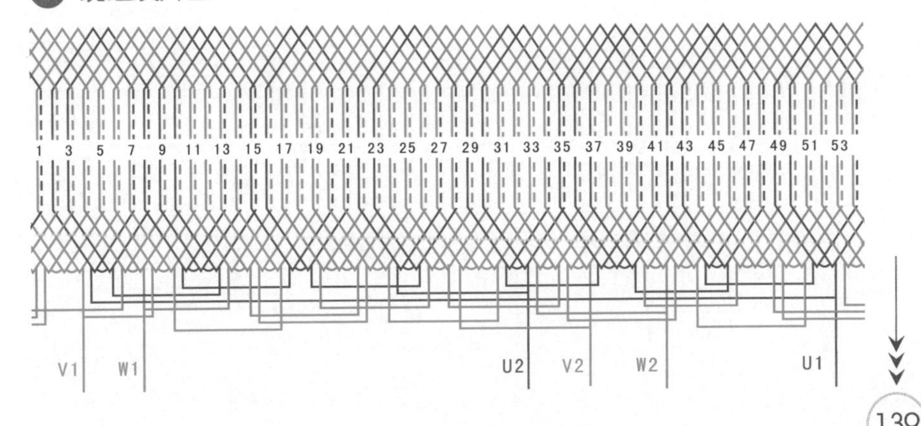

2.1.73 54槽8极双层叠式分数槽绕组（$y=6, a=1$）

1 绕组数据

定子槽数 $Z=54$

电机极数 $2p=8$

线圈组数 $u=24$

每组圈数 $S=9/4$

线圈极距 $\tau=27/4$

线圈节距 $y=6$

总线圈数 $Q=54$

极相槽数 $q=9/4$

并联路数 $a=1$

2 绕组端面图

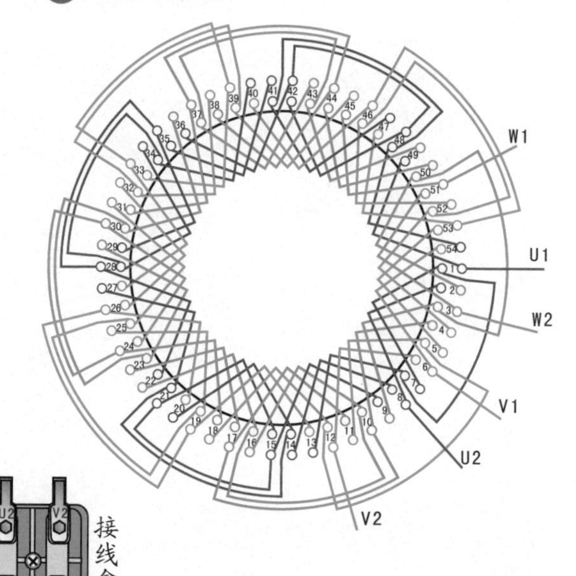

3 接线盒

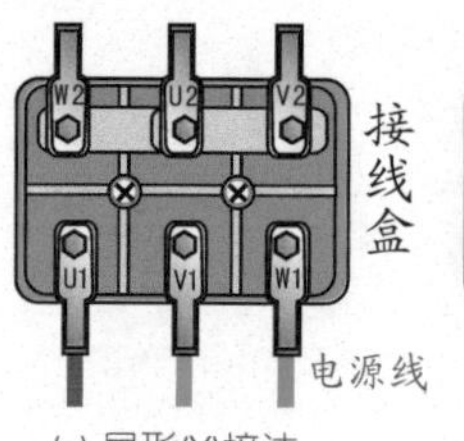

(a) 星形(Y)接法

(b) 三角形(△)接法

4 绕组展开图

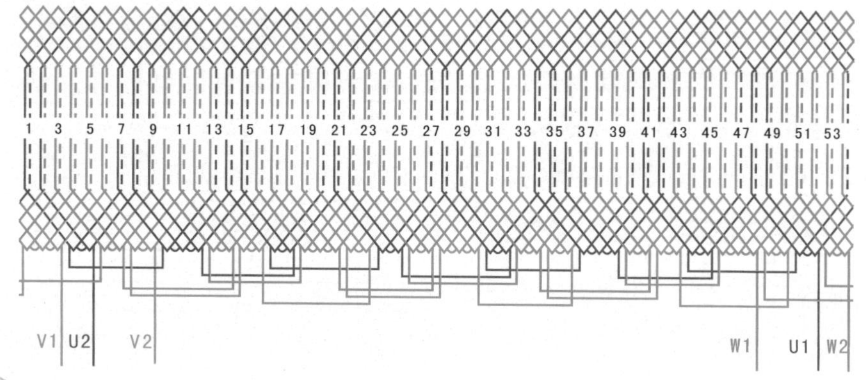

2.1.74 54槽8极双层叠式分数槽绕组（$y=6, a=2$）

① 绕组数据

定子槽数 $Z=54$

电机极数 $2p=8$

线圈组数 $u=24$

每组圈数 $S=9/4$

线圈极距 $\tau=27/4$

线圈节距 $y=6$

总线圈数 $Q=54$

极相槽数 $q=9/4$

并联路数 $a=1$

② 绕组端面图

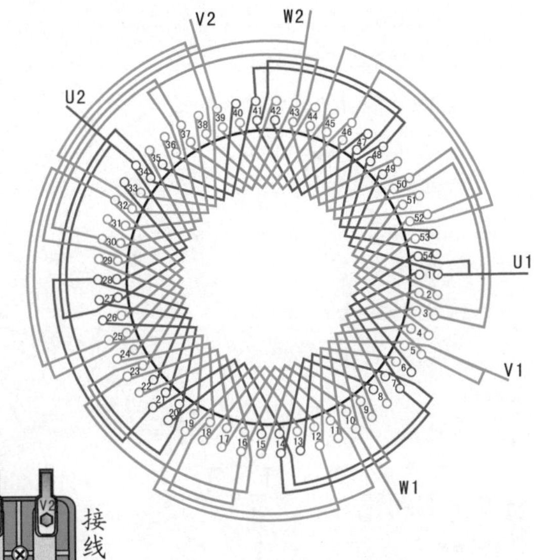

③ 接线盒

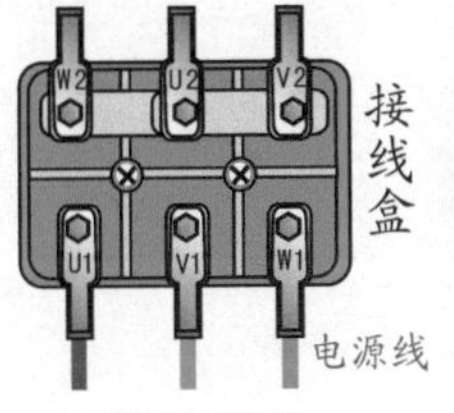

(a) 星形(Y)接法

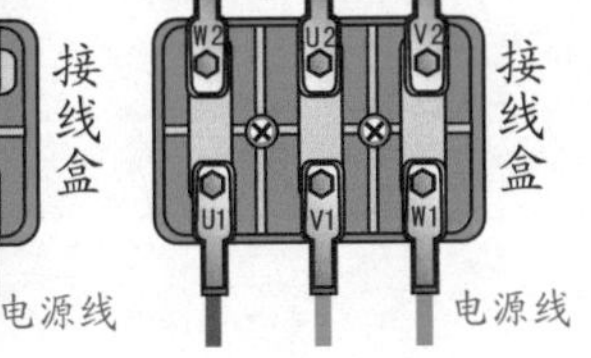

(b) 三角形(△)接法

④ 绕组展开图

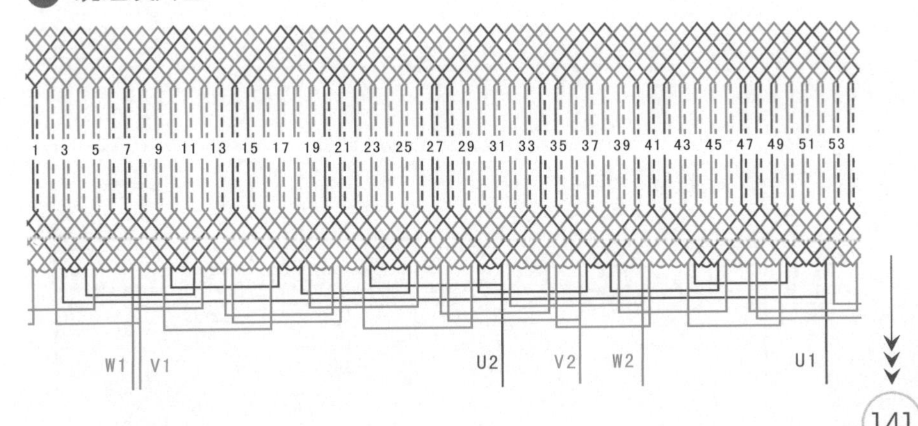

2.1.75 54槽10极双层叠式分数槽绕组（$y=5, a=2$）

① 绕组数据

定子槽数 $Z=54$
电机极数 $2p=10$
线圈组数 $u=30$
每组圈数 $S=9/5$
线圈极距 $\tau=27/5$
线圈节距 $y=5$
总线圈数 $Q=54$
极相槽数 $q=9/5$
并联路数 $a=2$

② 绕组端面图

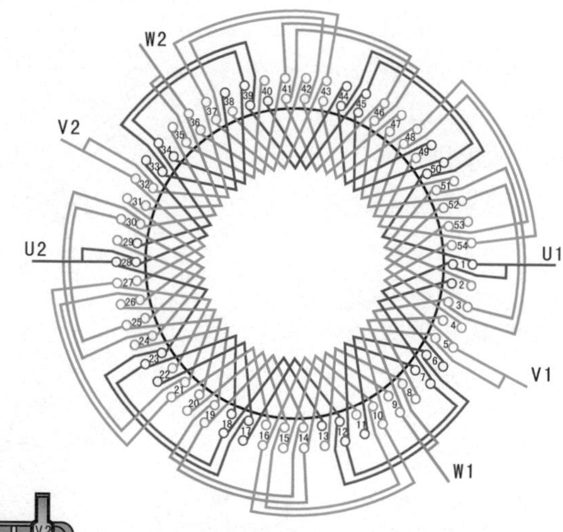

③ 接线盒

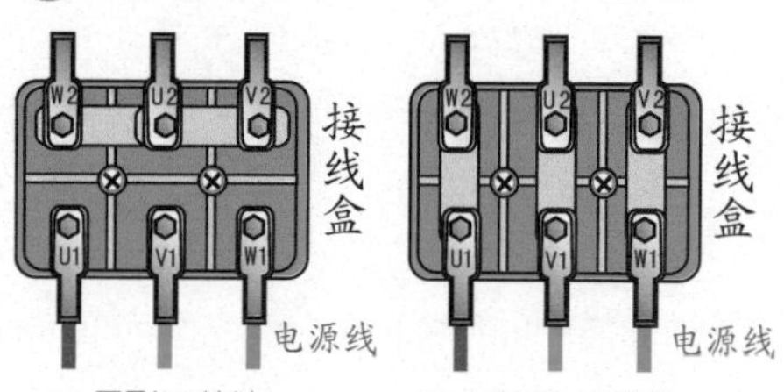

(a) 星形(Y)接法　(b) 三角形(△)接法

④ 绕组展开图

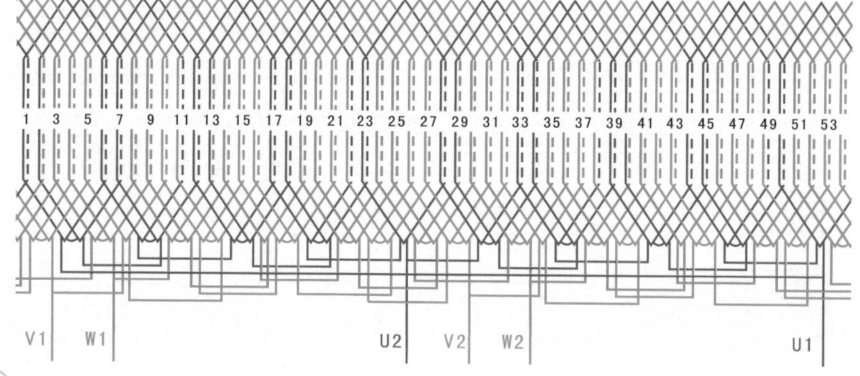

2.1.76 54槽12极双层叠式分数槽绕组（$y=4, a=1$）

① 绕组数据

定子槽数 $Z=54$

电机极数 $2p=12$

线圈组数 $u=36$

每组圈数 $S=3/2$

线圈极距 $\tau=9/2$

线圈节距 $y=4$

总线圈数 $Q=54$

极相槽数 $q=3/2$

并联路数 $a=1$

② 绕组端面图

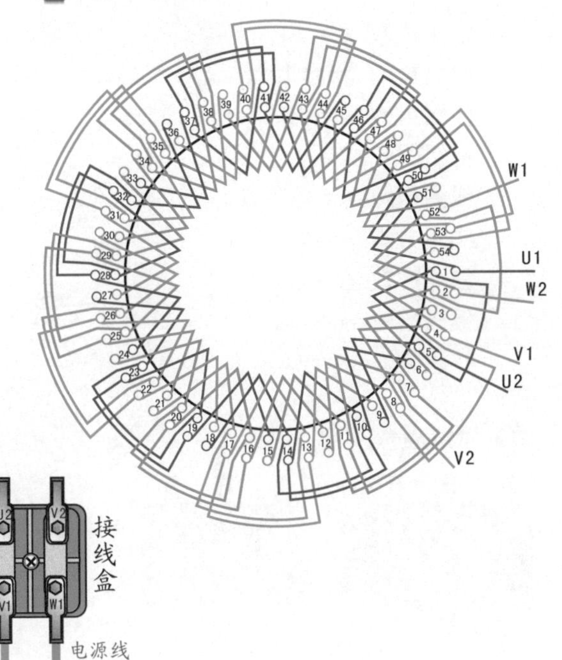

③ 接线盒

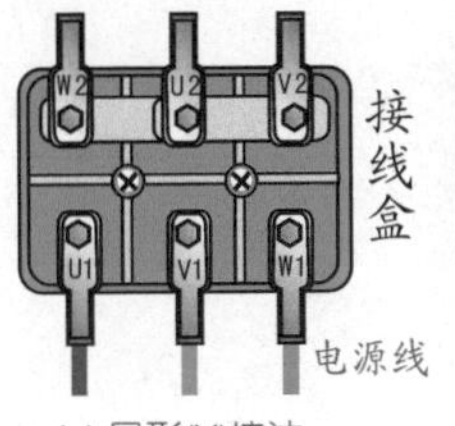

(a) 星形(Y)接法　(b) 三角形(△)接法

④ 绕组展开图

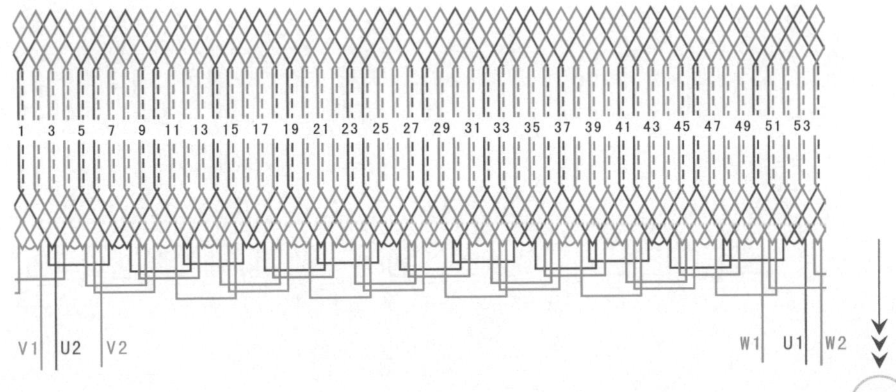

2.1.77 54槽12极双层叠式分数槽绕组（$y=4, a=2$）

① 绕组数据

定子槽数 $Z=54$

电机极数 $2p=12$

线圈组数 $u=36$

每组圈数 $S=3/2$

线圈极距 $\tau=9/2$

线圈节距 $y=4$

总线圈数 $Q=54$

极相槽数 $q=3/2$

并联路数 $a=2$

② 绕组端面图

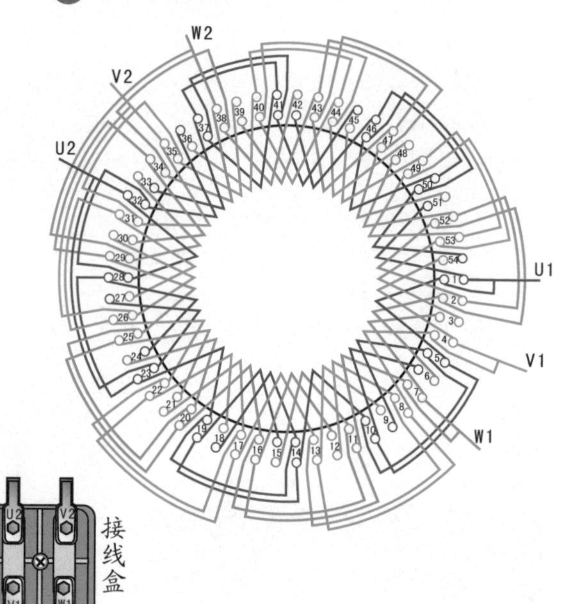

③ 接线盒

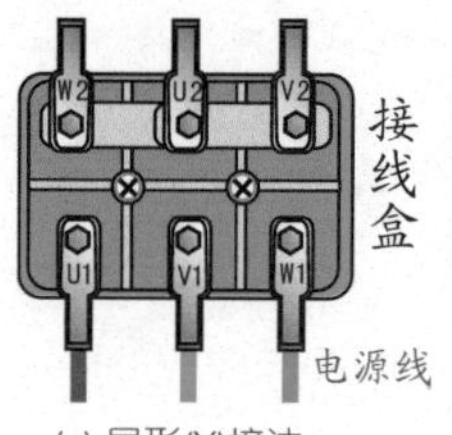

(a) 星形(Y)接法

W2 U2 V2
U1 V1 W1
接线盒
电源线

(b) 三角形(△)接法

④ 绕组展开图

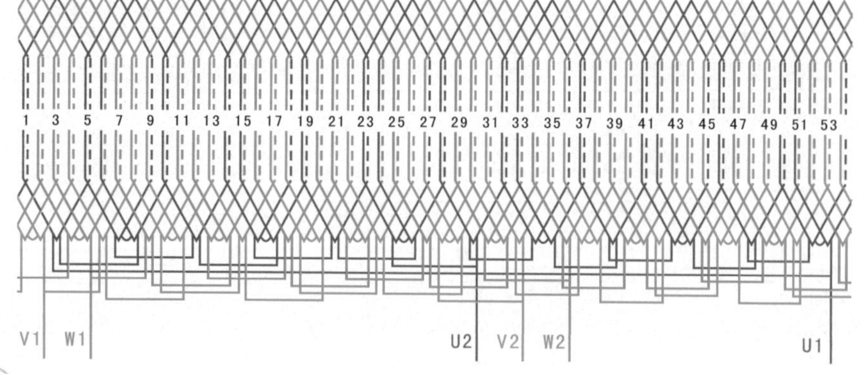

2.1.78 54槽16极双层叠式分数槽绕组（$y=3, a=1$）

① 绕组数据

定子槽数 $Z=54$

电机极数 $2p=16$

线圈组数 $u=48$

每组圈数 $S=9/8$

线圈极距 $\tau=4$

线圈节距 $y=3$

总线圈数 $Q=54$

极相槽数 $q=9/8$

并联路数 $a=1$

② 绕组端面图

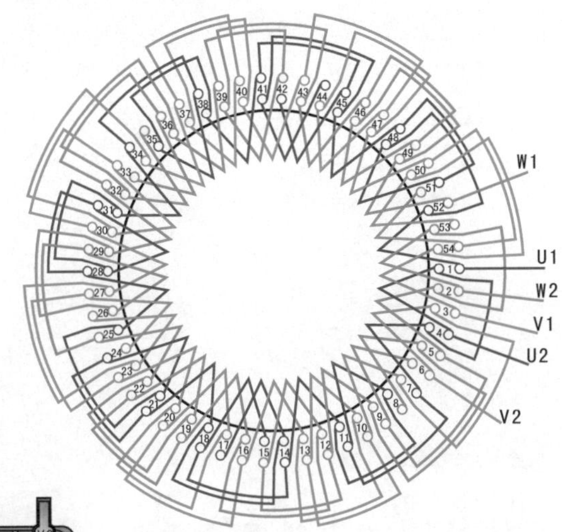

③ 接线盒

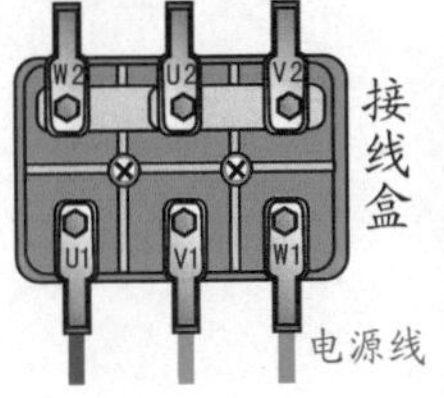

(a) 星形(Y)接法

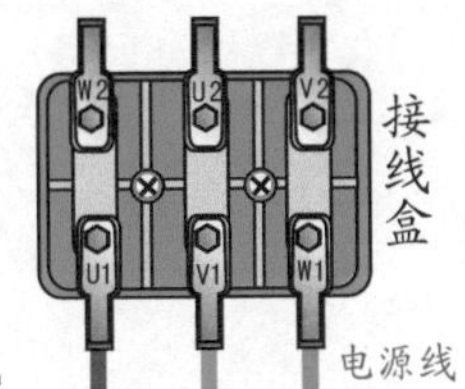

(b) 三角形(△)接法

④ 绕组展开图

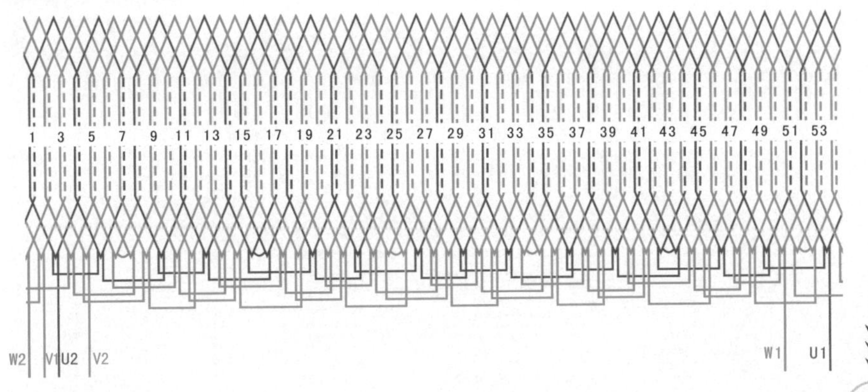

2.1.79 60槽4极双层叠式绕组（$y=11, a=2$）

① 绕组数据

定子槽数 $Z=60$

电机极数 $2p=4$

线圈组数 $u=12$

每组圈数 $S=5$

线圈极距 $\tau=15$

线圈节距 $y=11$

总线圈数 $Q=60$

极相槽数 $q=5$

并联路数 $a=2$

② 绕组端面图

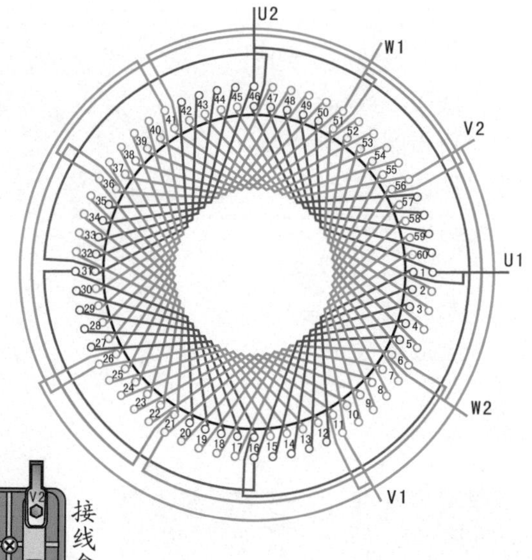

③ 接线盒

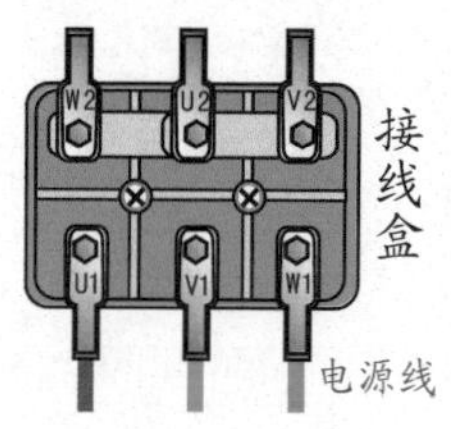

(a) 星形(Y)接法

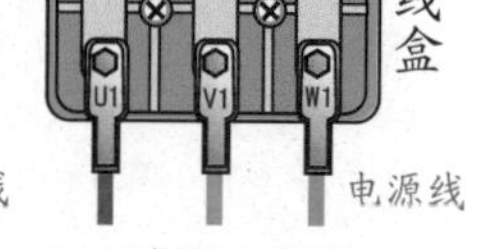

(b) 三角形(△)接法

④ 绕组展开图

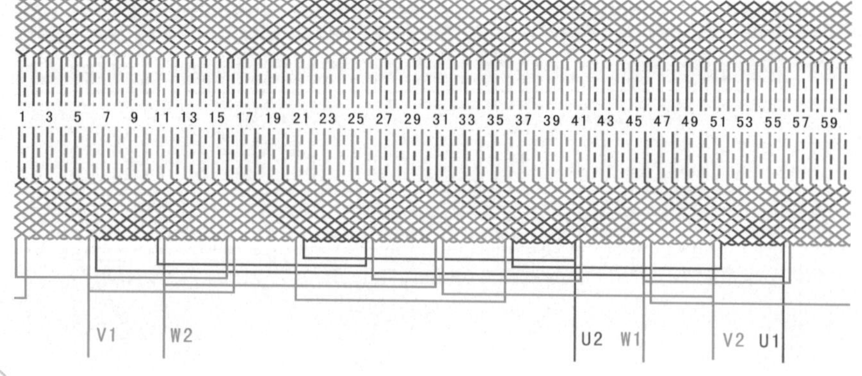

2.1.80 60槽4极双层叠式绕组（$y=11, a=4$）

1 绕组数据

定子槽数 $Z=60$

电机极数 $2p=4$

线圈组数 $u=12$

每组圈数 $S=5$

线圈极距 $\tau=15$

线圈节距 $y=11$

总线圈数 $Q=60$

极相槽数 $q=5$

并联路数 $a=4$

2 绕组端面图

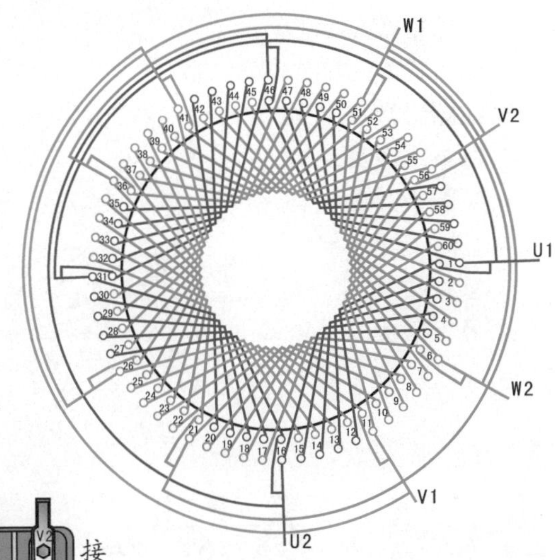

3 接线盒

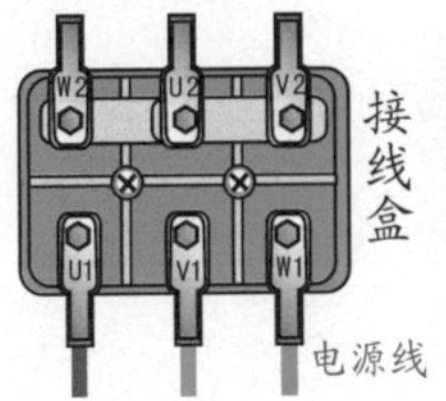

(a) 星形(Y)接法

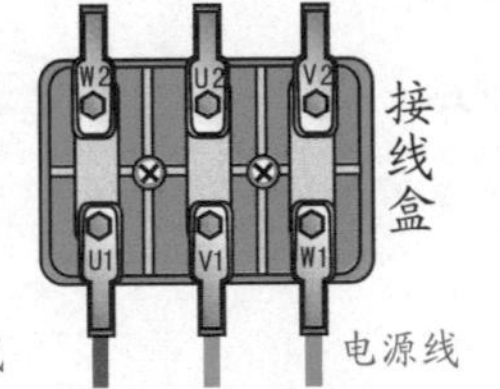

(b) 三角形(△)接法

4 绕组展开图

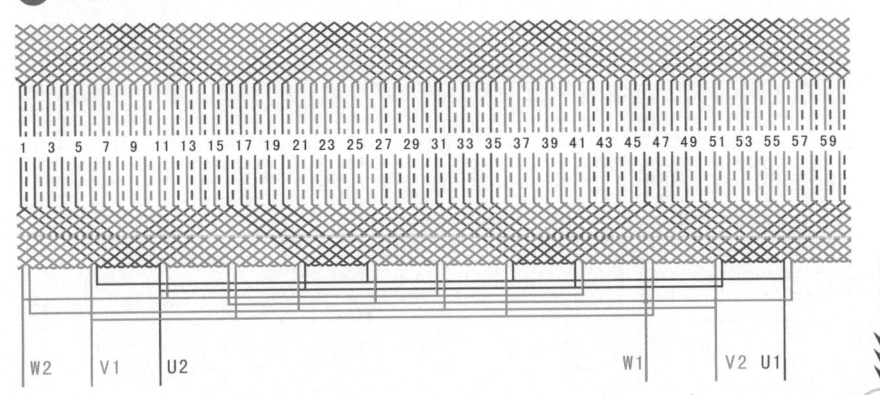

2.1.81 60槽4极双层叠式绕组（$y=12, a=1$）

① 绕组数据

定子槽数 $Z=60$

电机极数 $2p=4$

线圈组数 $u=12$

每组圈数 $S=4$

线圈极距 $\tau=15$

线圈节距 $y=12$

总线圈数 $Q=60$

极相槽数 $q=4$

并联路数 $a=1$

② 绕组端面图

W2 V2 W1 U2 V1 U1

③ 接线盒

接线盒 电源线

(a) 星形(Y)接法

接线盒 电源线

(b) 三角形(△)接法

④ 绕组展开图

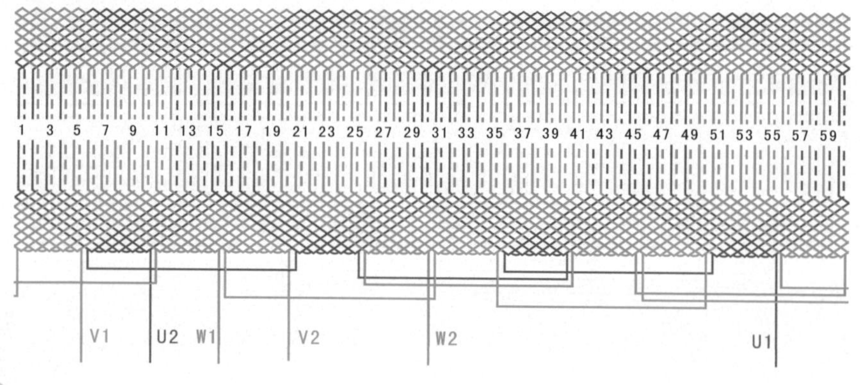

2.1.82 60槽4极双层叠式绕组（$y=12, a=4$）

1 绕组数据

定子槽数 $Z=60$

电机极数 $2p=4$

线圈组数 $u=12$

每组圈数 $S=5$

线圈极距 $\tau=15$

线圈节距 $y=12$

总线圈数 $Q=60$

极相槽数 $q=5$

并联路数 $a=4$

2 绕组端面图

3 接线盒

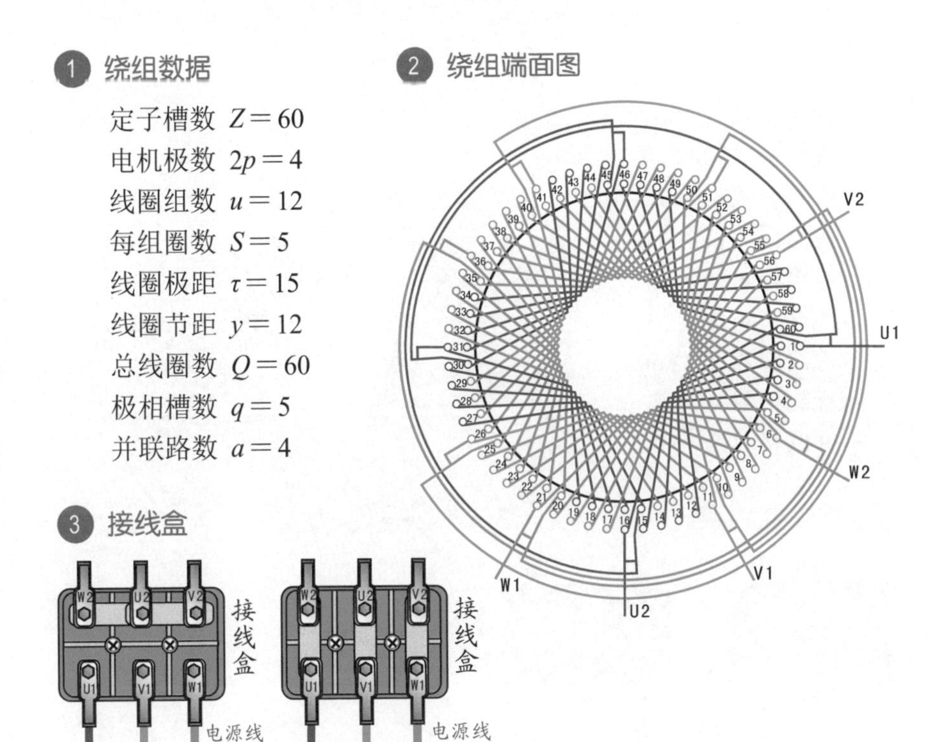

(a) 星形(Y)接法　(b) 三角形(△)接法

4 绕组展开图

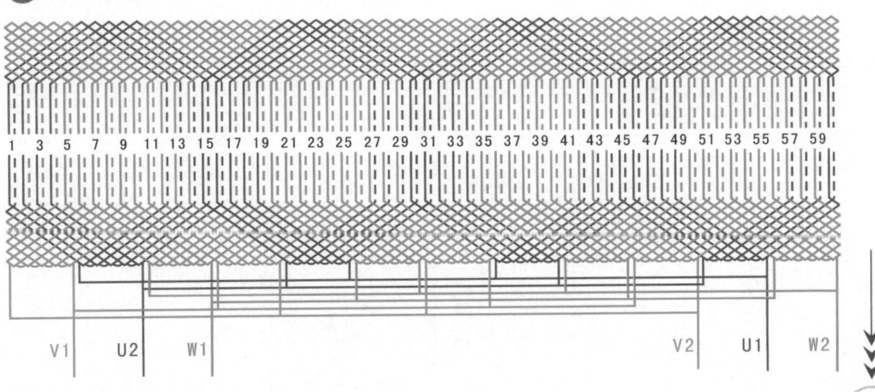

2.1.83 60槽4极双层叠式绕组（$y=13, a=1$）

① 绕组数据

定子槽数 $Z=60$

电机极数 $2p=4$

线圈组数 $u=12$

每组圈数 $S=4$

线圈极距 $\tau=15$

线圈节距 $y=13$

总线圈数 $Q=60$

极相槽数 $q=4$

并联路数 $a=1$

② 绕组端面图

③ 接线盒

(a) 星形(Y)接法 (b) 三角形(△)接法

④ 绕组展开图

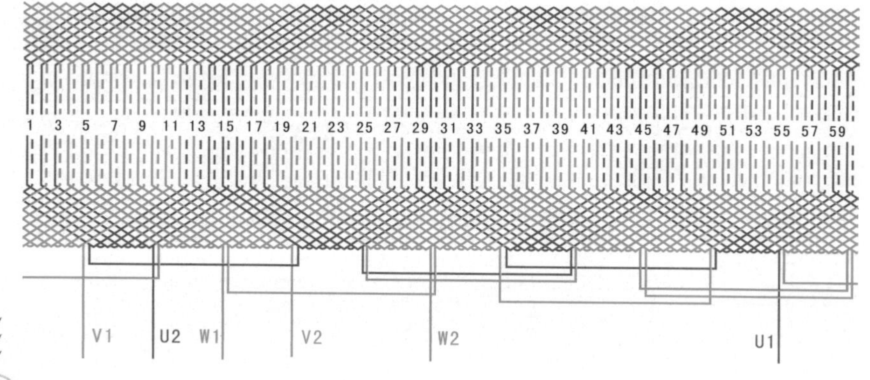

2.1.84 60槽4极双层叠式绕组（$y=13, a=2$）

① 绕组数据

定子槽数 $Z=60$

电机极数 $2p=4$

线圈组数 $u=12$

每组圈数 $S=5$

线圈极距 $\tau=15$

线圈节距 $y=13$

总线圈数 $Q=60$

极相槽数 $q=5$

并联路数 $a=2$

② 绕组端面图

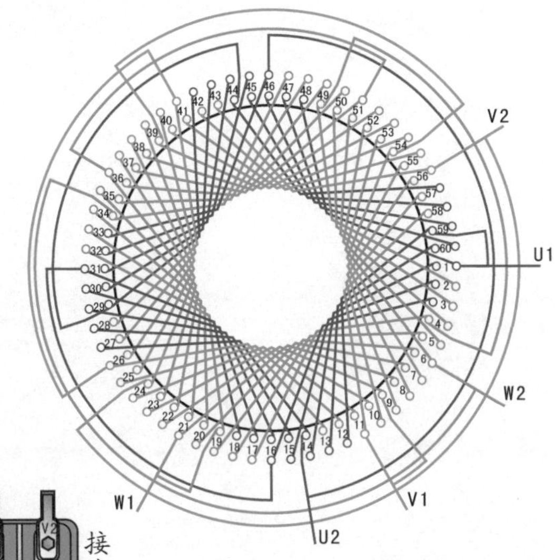

③ 接线盒

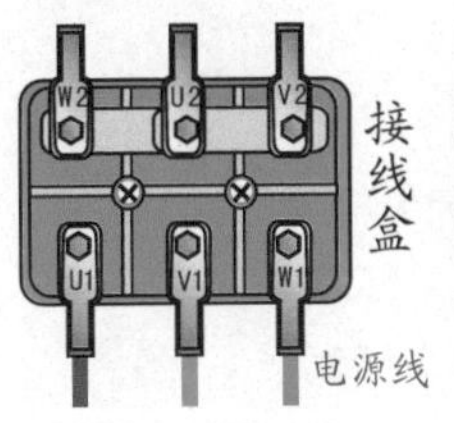

(a) 星形(Y)接法　(b) 三角形(△)接法

④ 绕组展开图

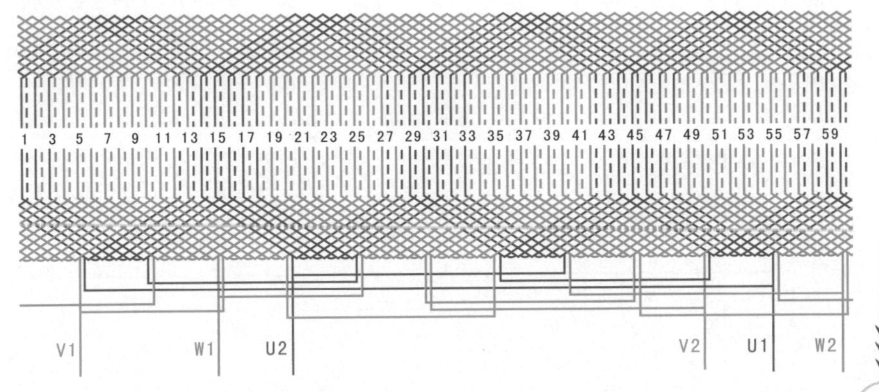

2.1.85 60槽4极双层叠式绕组（$y=13, a=4$）

1 绕组数据

定子槽数 $Z=60$

电机极数 $2p=4$

线圈组数 $u=12$

每组圈数 $S=5$

线圈极距 $\tau=15$

线圈节距 $y=13$

总线圈数 $Q=60$

极相槽数 $q=5$

并联路数 $a=4$

2 绕组端面图

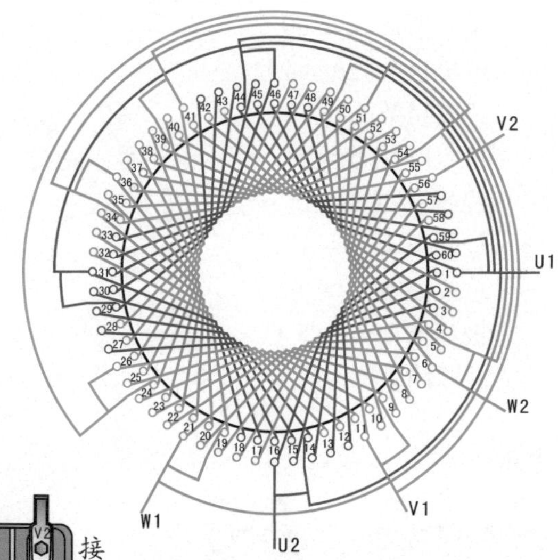

3 接线盒

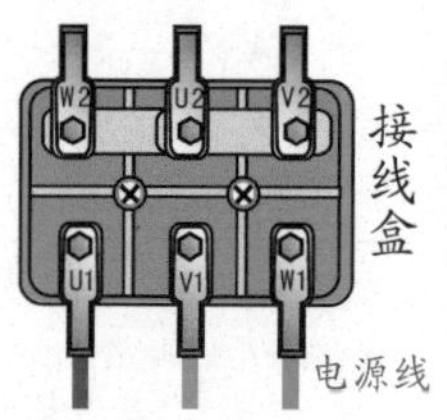

(a) 星形(Y)接法

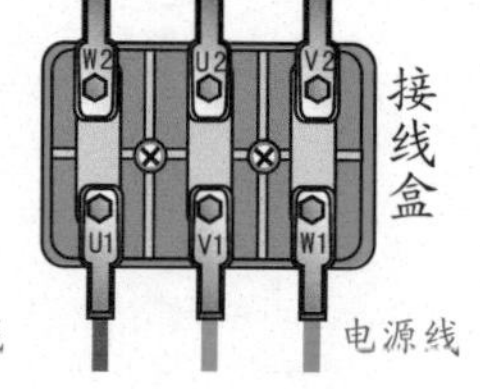

(b) 三角形(△)接法

4 绕组展开图

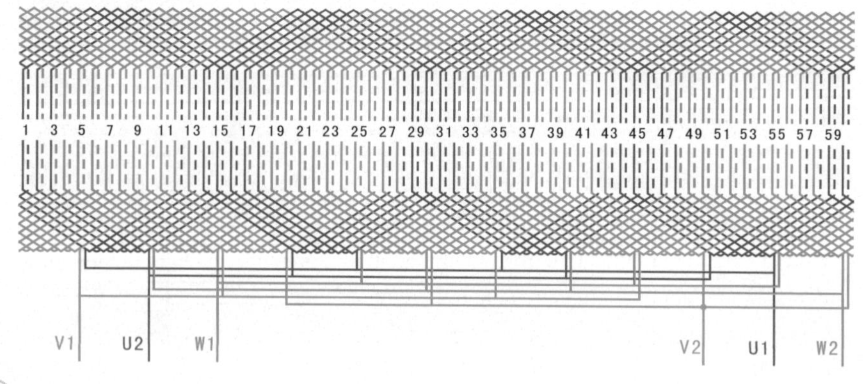

2.1.86 60槽4极双层叠式绕组（$y=14$, $a=4$）

① 绕组数据

定子槽数 $Z=60$

电机极数 $2p=4$

线圈组数 $u=12$

每组圈数 $S=5$

线圈极距 $\tau=15$

线圈节距 $y=14$

总线圈数 $Q=60$

极相槽数 $q=5$

并联路数 $a=4$

② 绕组端面图

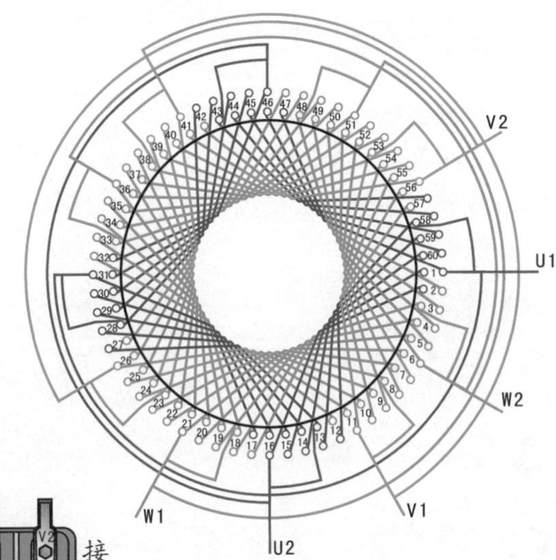

③ 接线盒

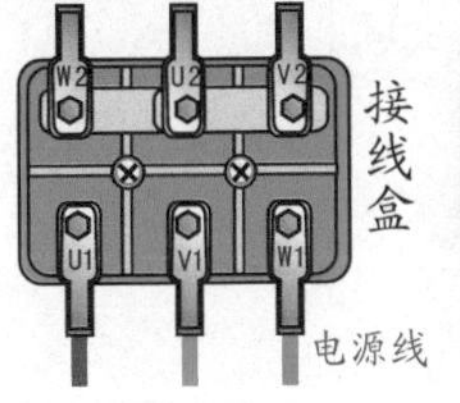

(a) 星形(Y)接法

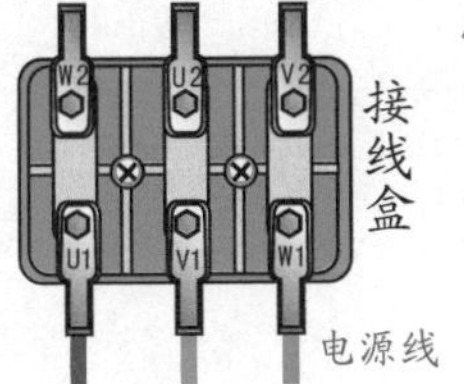

(b) 三角形(△)接法

④ 绕组展开图

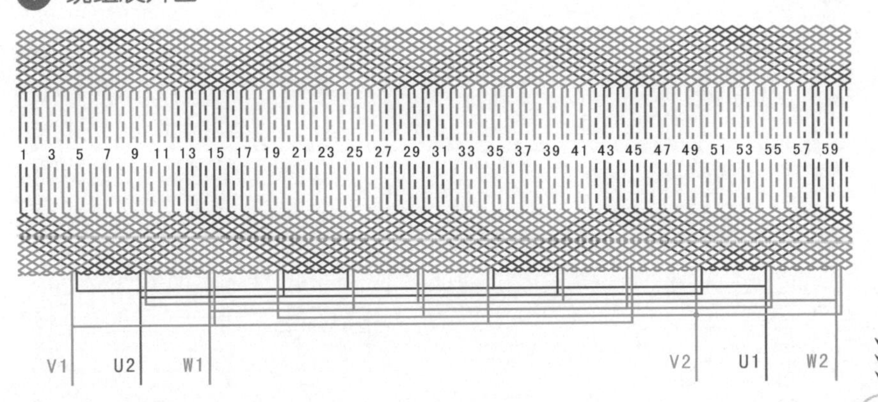

2.1.87 60槽8极双层叠式分数槽绕组（$y=6, a=2$）

① 绕组数据

定子槽数 $Z=60$

电机极数 $2p=8$

线圈组数 $u=24$

每组圈数 $S=5/2$

线圈极距 $\tau=15/2$

线圈节距 $y=6$

总线圈数 $Q=60$

极相槽数 $q=5/2$

并联路数 $a=2$

② 绕组端面图

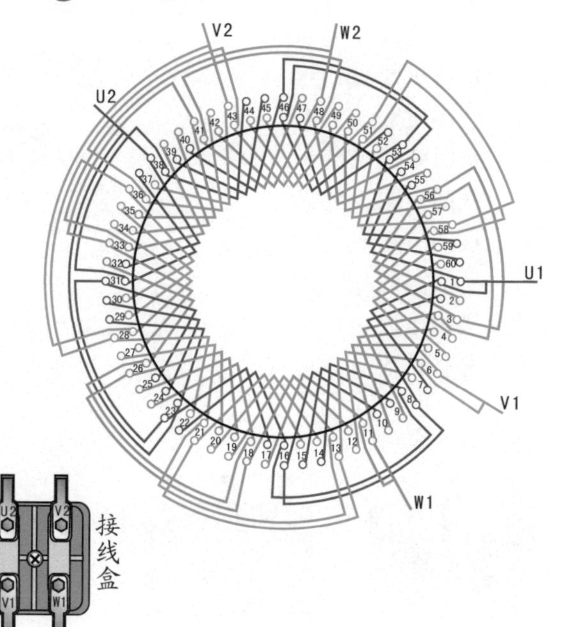

③ 接线盒

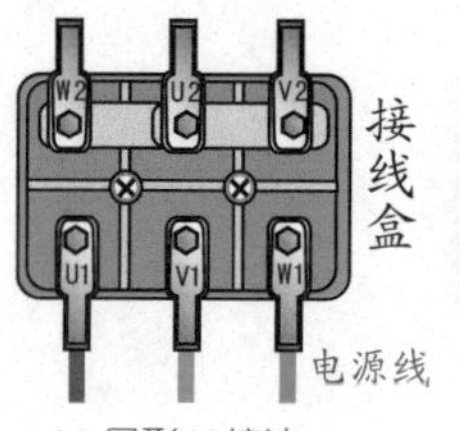

(a) 星形(Y)接法　(b) 三角形(△)接法

④ 绕组展开图

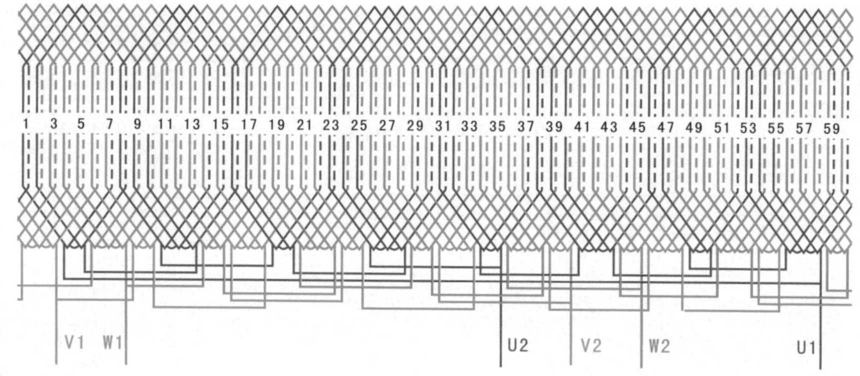

2.1.88　60槽8极双层叠式分数槽绕组（$y=7, a=2$）

❶ 绕组数据

定子槽数 $Z=60$

电机极数 $2p=8$

线圈组数 $u=24$

每组圈数 $S=5/2$

线圈极距 $\tau=15/2$

线圈节距 $y=7$

总线圈数 $Q=60$

极相槽数 $q=5/2$

并联路数 $a=2$

❷ 绕组端面图

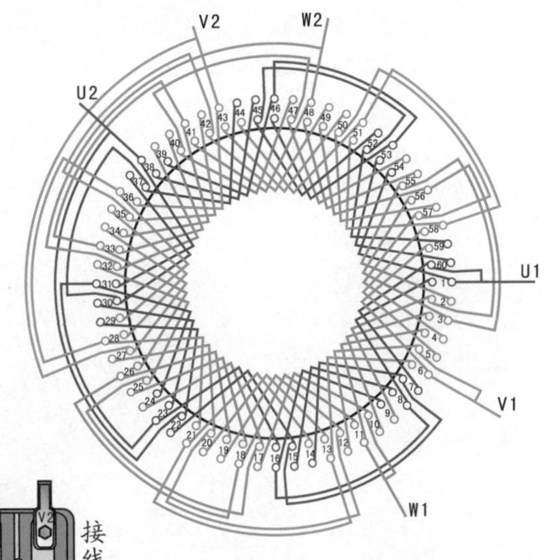

❸ 接线盒

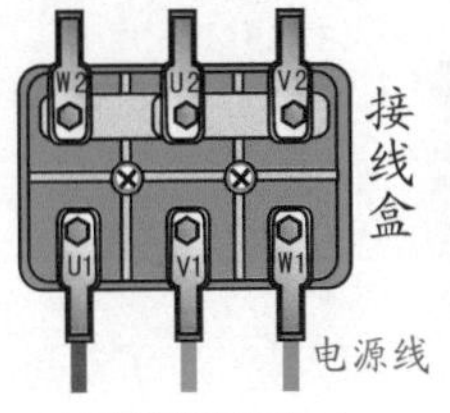

(a) 星形(Y)接法

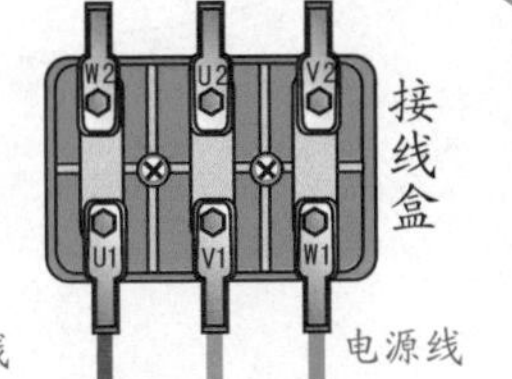

(b) 三角形(△)接法

❹ 绕组展开图

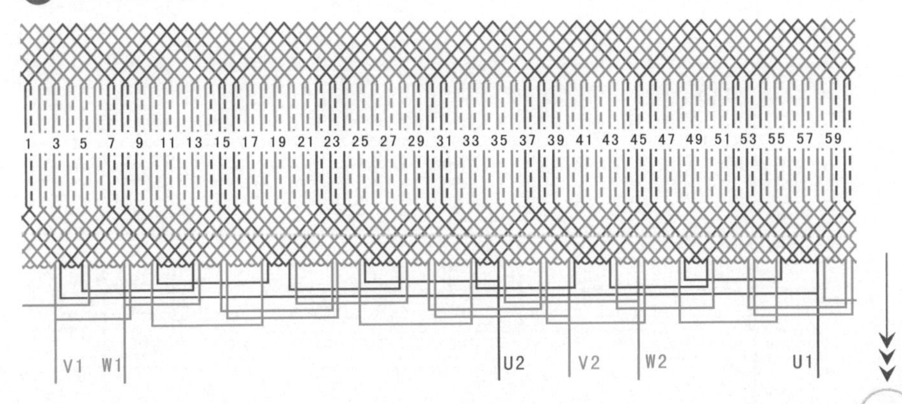

2.1.89 60槽8极双层叠式分数槽绕组（$y=7, a=4$）

① 绕组数据

定子槽数 $Z=60$

电机极数 $2p=8$

线圈组数 $u=24$

每组圈数 $S=5/2$

线圈极距 $\tau=15/2$

线圈节距 $y=7$

总线圈数 $Q=60$

极相槽数 $q=5/2$

并联路数 $a=4$

② 绕组端面图

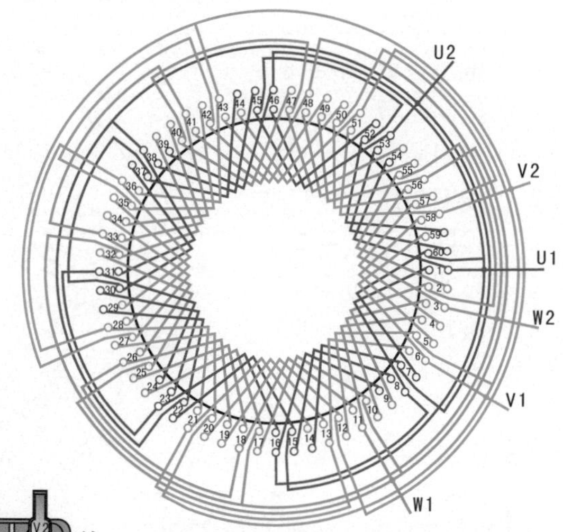

③ 接线盒

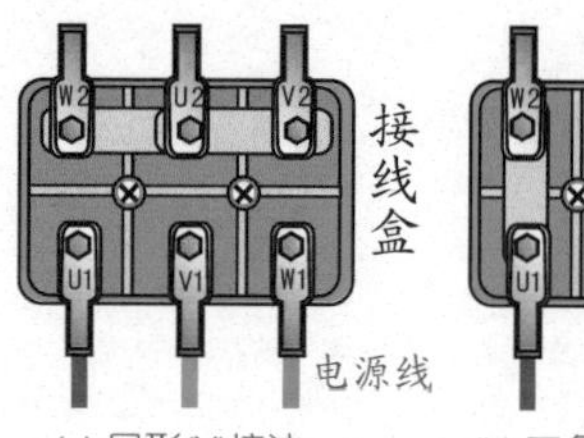

(a) 星形(Y)接法

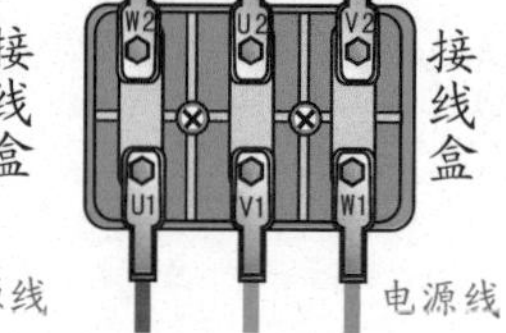

(b) 三角形(△)接法

④ 绕组展开图

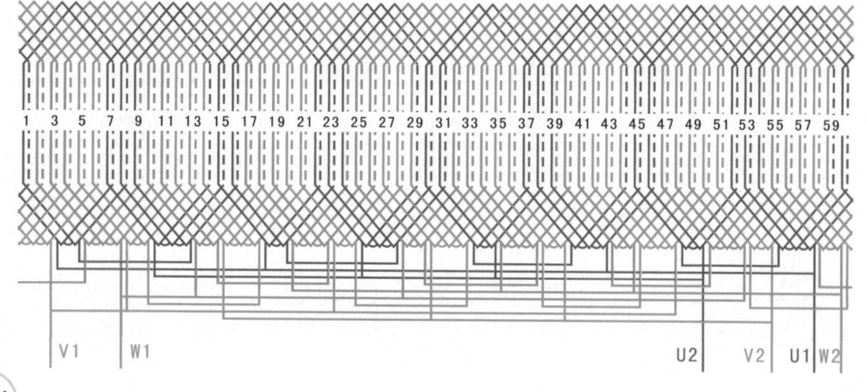

2.1.90 60槽10极双层叠式绕组（$y=5, a=1$）

① 绕组数据

定子槽数 $Z=60$

电机极数 $2p=10$

线圈组数 $u=30$

每组圈数 $S=2$

线圈极距 $\tau=6$

线圈节距 $y=5$

总线圈数 $Q=60$

极相槽数 $q=2$

并联路数 $a=1$

② 绕组端面图

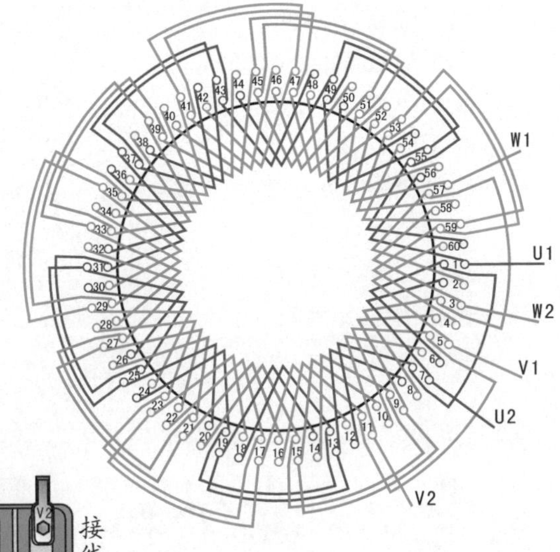

③ 接线盒

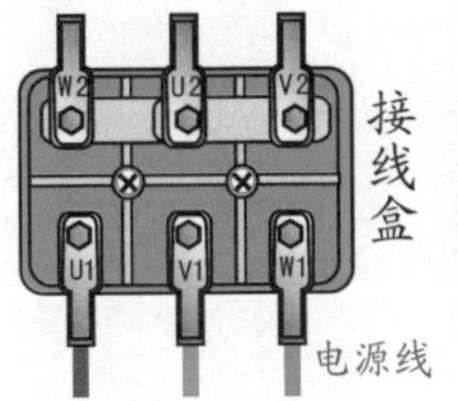

(a) 星形(Y)接法

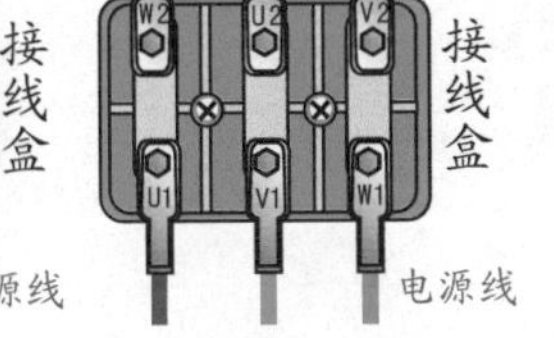

(b) 三角形(△)接法

④ 绕组展开图

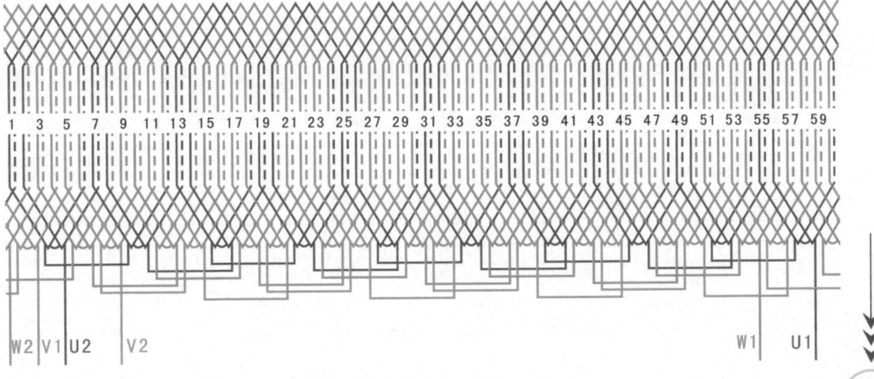

2.1.91 60槽10极双层叠式绕组（$y=5, a=2$）

① 绕组数据

定子槽数 $Z=60$

电机极数 $2p=10$

线圈组数 $u=30$

每组圈数 $S=2$

线圈极距 $\tau=6$

线圈节距 $y=5$

总线圈数 $Q=60$

极相槽数 $q=2$

并联路数 $a=2$

② 绕组端面图

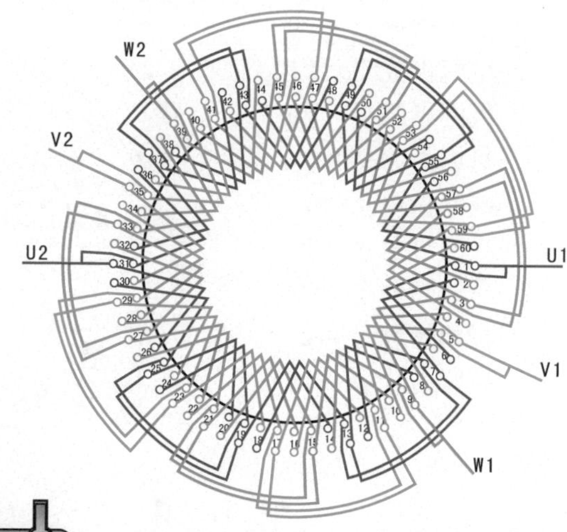

③ 接线盒

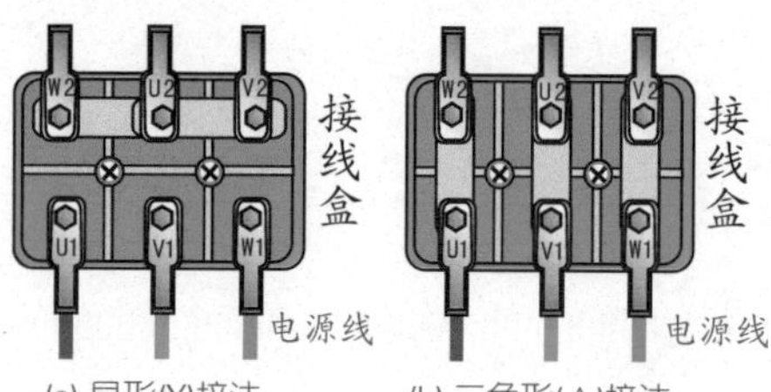

(a) 星形(Y)接法　(b) 三角形(△)接法

④ 绕组展开图

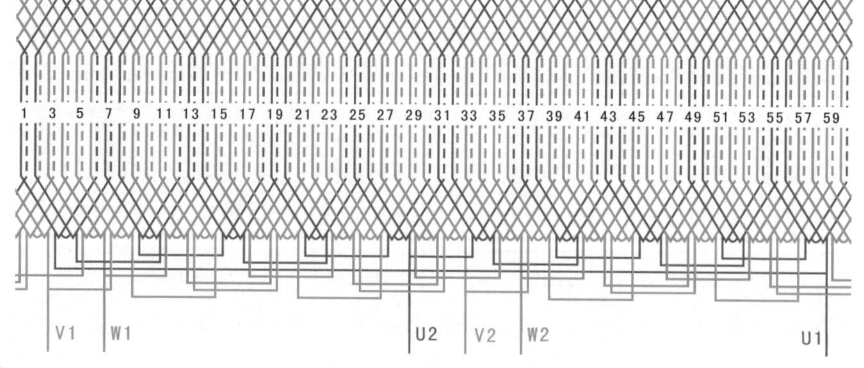

2.1.92　60槽10极双层叠式绕组（$y=5, a=5$）

❶ 绕组数据

定子槽数 $Z=60$
电机极数 $2p=10$
线圈组数 $u=30$
每组圈数 $S=2$
线圈极距 $\tau=6$
线圈节距 $y=5$
总线圈数 $Q=60$
极相槽数 $q=2$
并联路数 $a=5$

❷ 绕组端面图

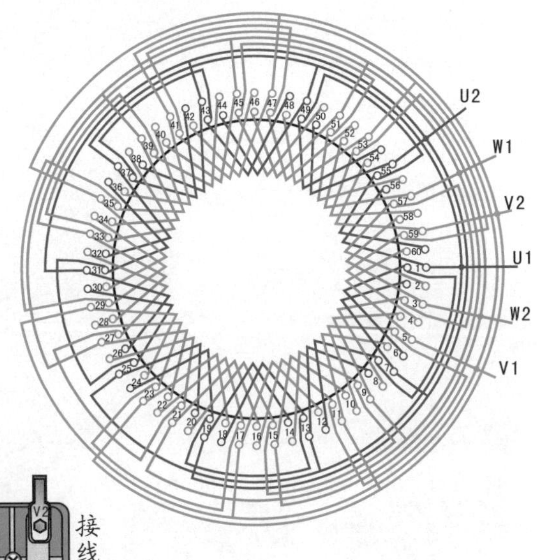

❸ 接线盒

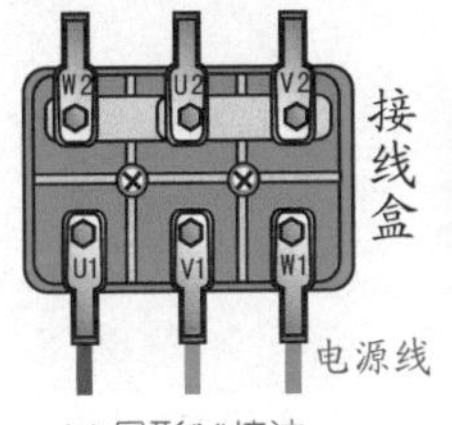

(a) 星形(Y)接法

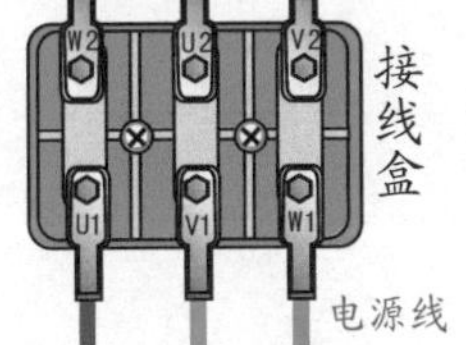

(b) 三角形(△)接法

❹ 绕组展开图

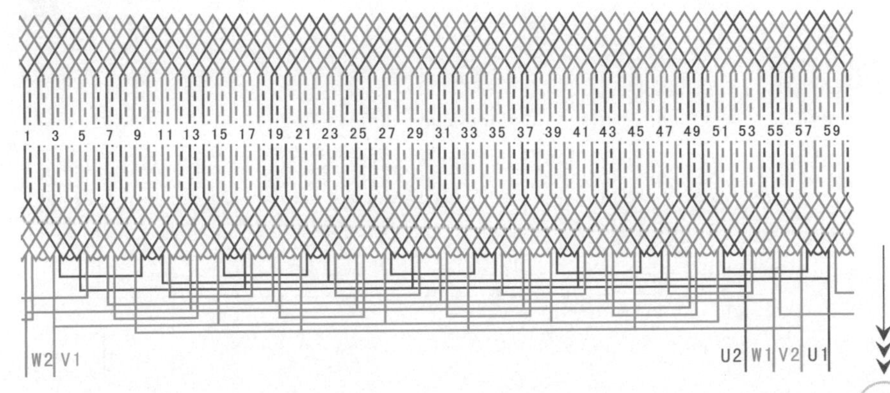

2.1.93 72槽4极双层叠式绕组（$y=16, a=4$）

① 绕组数据

定子槽数 $Z=72$

电机极数 $2p=4$

线圈组数 $u=12$

每组圈数 $S=6$

线圈极距 $\tau=18$

线圈节距 $y=16$

总线圈数 $Q=72$

极相槽数 $q=6$

并联路数 $a=4$

② 绕组端面图

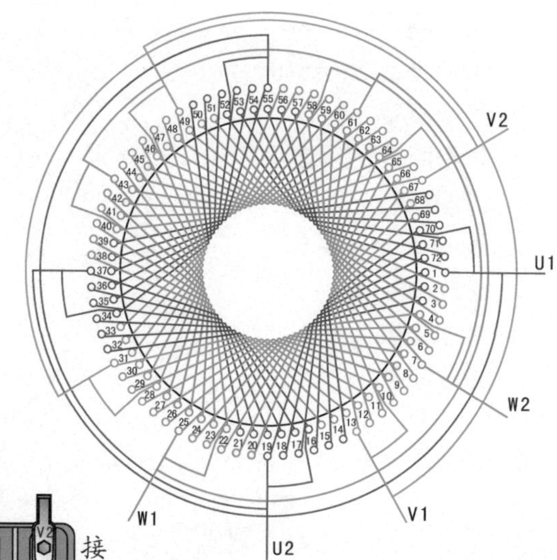

③ 接线盒

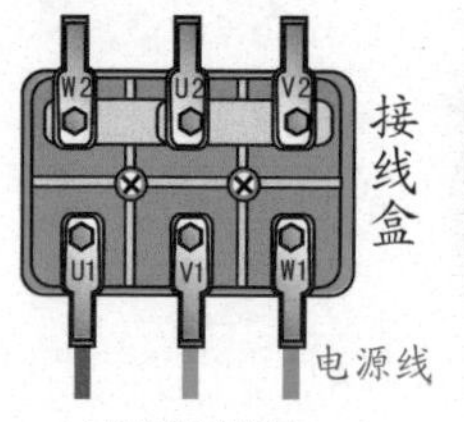

(a) 星形(Y)接法

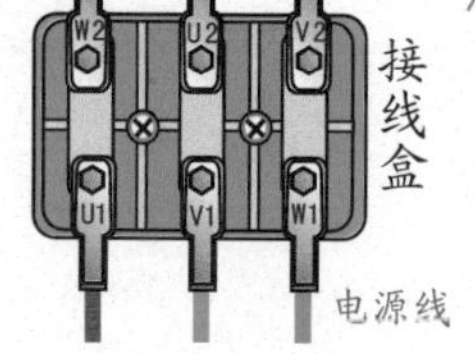

(b) 三角形(△)接法

④ 绕组展开图

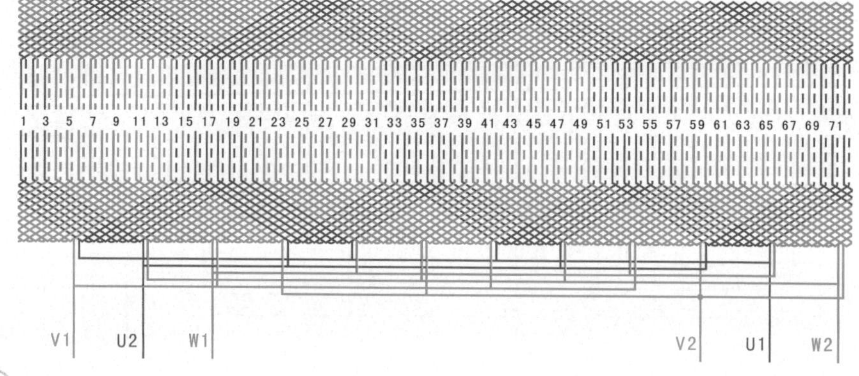

2.1.94 72槽6极双层叠式绕组（$y=9, a=6$）

① 绕组数据

定子槽数 $Z=72$
电机极数 $2p=6$
线圈组数 $u=18$
每组圈数 $S=4$
线圈极距 $\tau=12$
线圈节距 $y=9$
总线圈数 $Q=72$
极相槽数 $q=4$
并联路数 $a=6$

② 绕组端面图

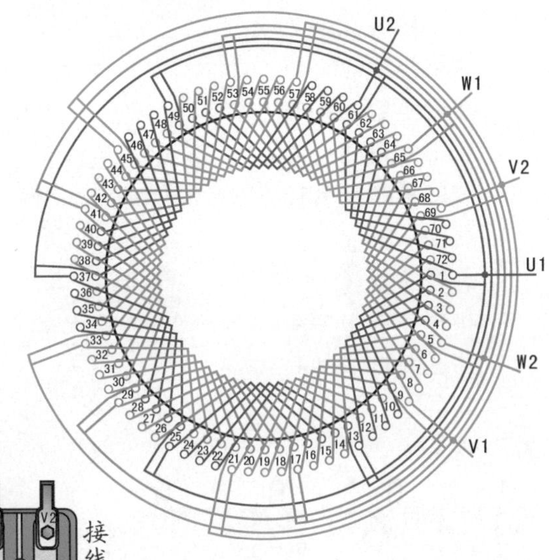

③ 接线盒

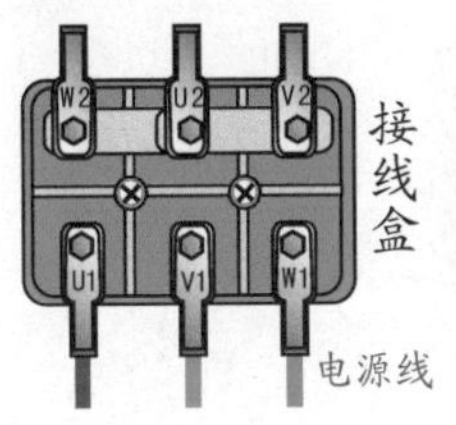

(a) 星形(Y)接法　(b) 三角形(△)接法

④ 绕组展开图

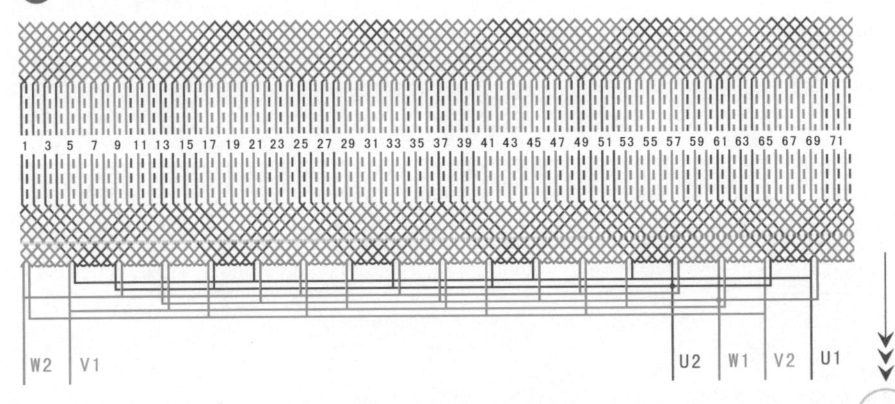

2.1.95 72槽6极双层叠式绕组（y=10, a=1）

① 绕组数据

定子槽数 $Z=72$

电机极数 $2p=6$

线圈组数 $u=18$

每组圈数 $S=4$

线圈极距 $\tau=12$

线圈节距 $y=10$

总线圈数 $Q=72$

极相槽数 $q=4$

并联路数 $a=1$

② 绕组端面图

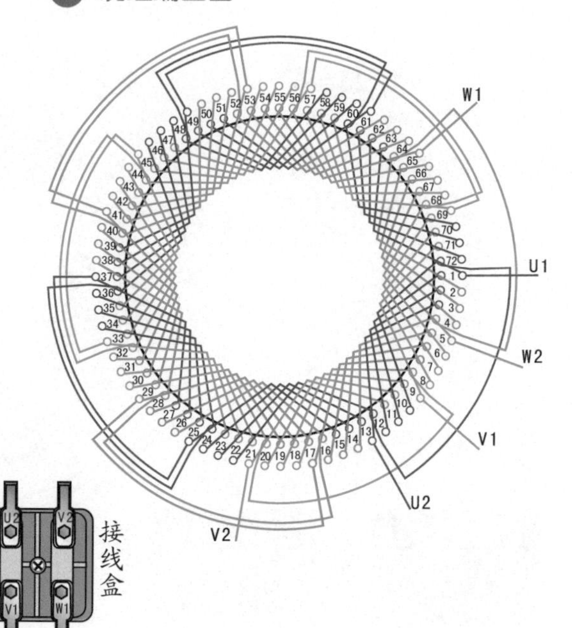

③ 接线盒

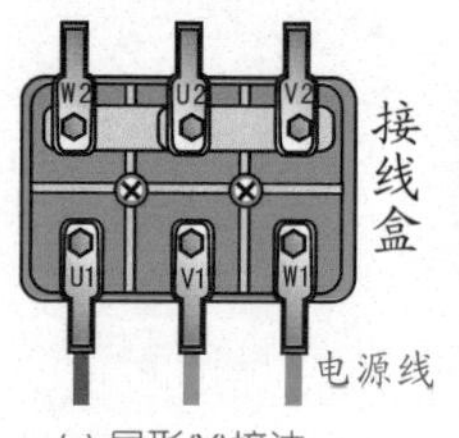

(a) 星形(Y)接法　(b) 三角形(△)接法

④ 绕组展开图

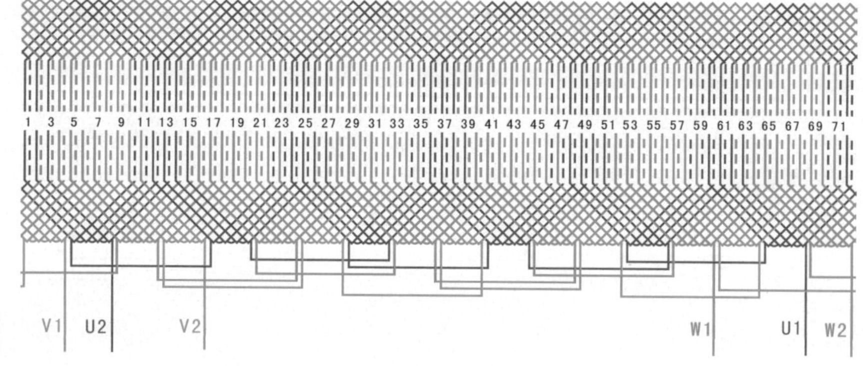

2.1.96 72槽6极双层叠式绕组（$y=10, a=2$）

1 绕组数据

定子槽数 $Z=72$

电机极数 $2p=6$

线圈组数 $u=18$

每组圈数 $S=4$

线圈极距 $\tau=12$

线圈节距 $y=10$

总线圈数 $Q=72$

极相槽数 $q=4$

并联路数 $a=2$

2 绕组端面图

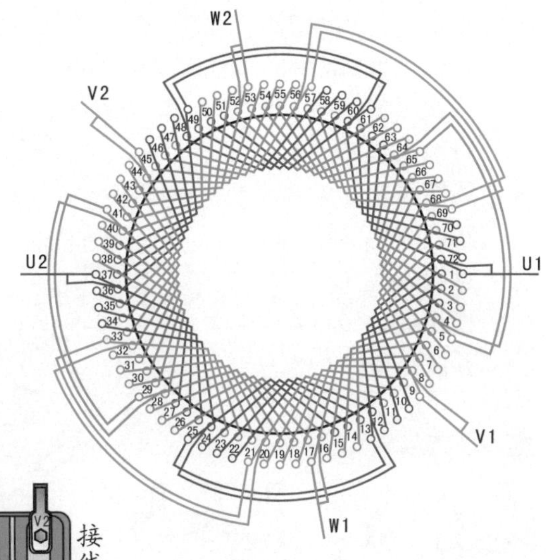

3 接线盒

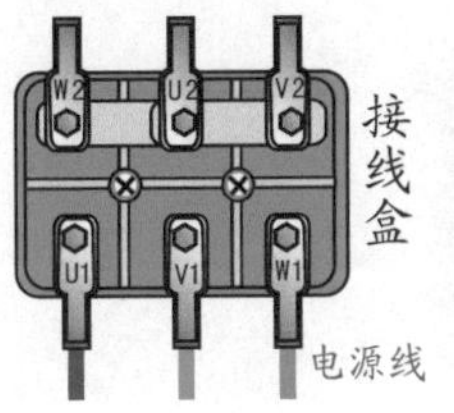

(a) 星形(Y)接法

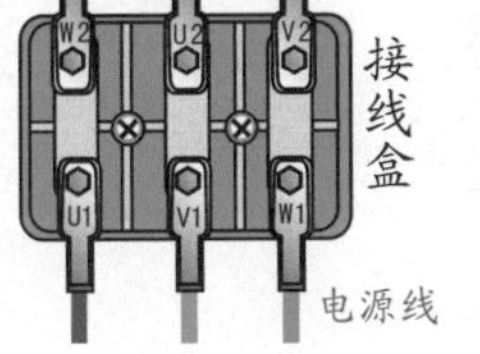

(b) 三角形(△)接法

4 绕组展开图

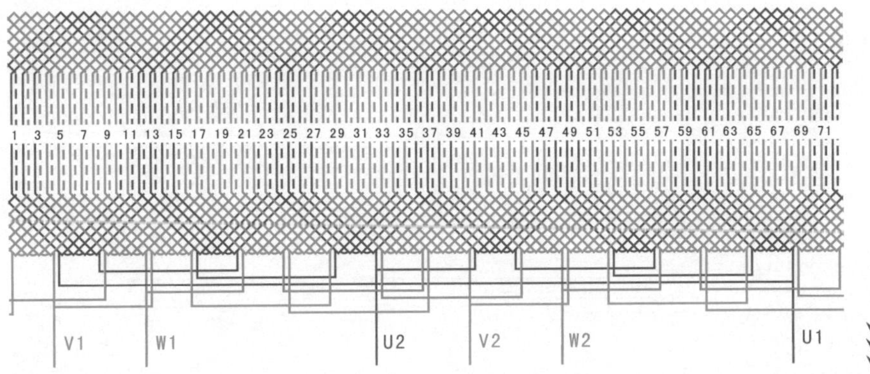

2.1.97 72槽6极双层叠式绕组（$y=10, a=3$）

① 绕组数据

定子槽数 $Z=72$
电机极数 $2p=6$
线圈组数 $u=18$
每组圈数 $S=4$
线圈极距 $\tau=12$
线圈节距 $y=10$
总线圈数 $Q=72$
极相槽数 $q=4$
并联路数 $a=3$

② 绕组端面图

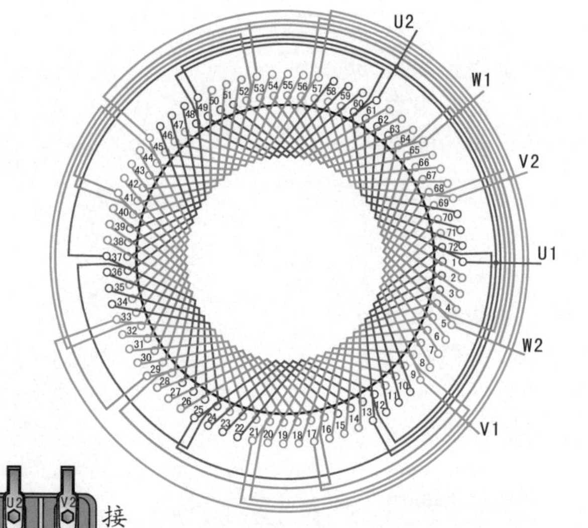

③ 接线盒

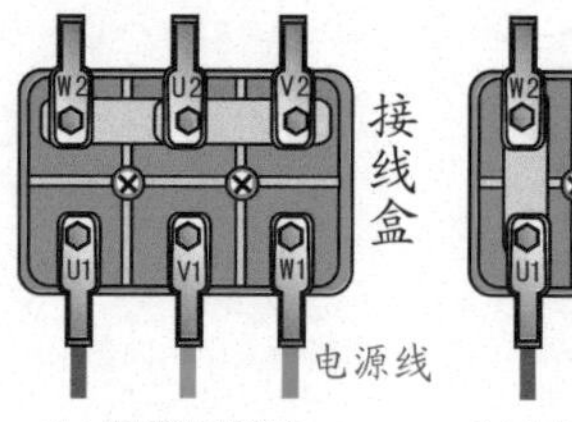

(a) 星形(Y)接法　(b) 三角形(△)接法

④ 绕组展开图

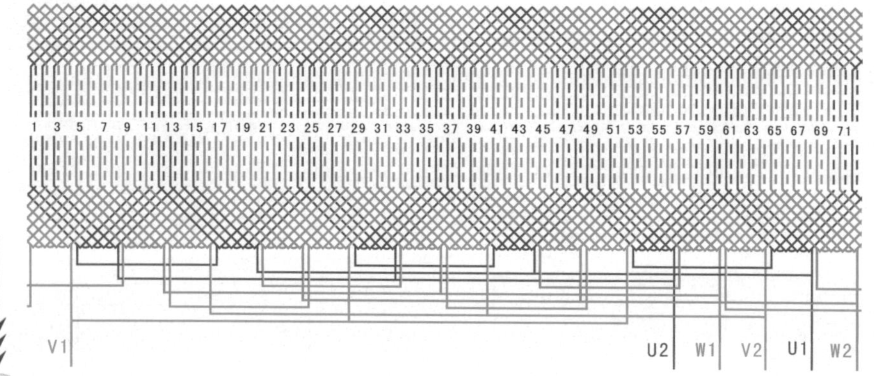

2.1.98 72槽6极双层叠式绕组（$y=10, a=6$）

1 绕组数据

定子槽数 $Z=72$

电机极数 $2p=6$

线圈组数 $u=18$

每组圈数 $S=4$

线圈极距 $\tau=12$

线圈节距 $y=10$

总线圈数 $Q=72$

极相槽数 $q=4$

并联路数 $a=6$

2 绕组端面图

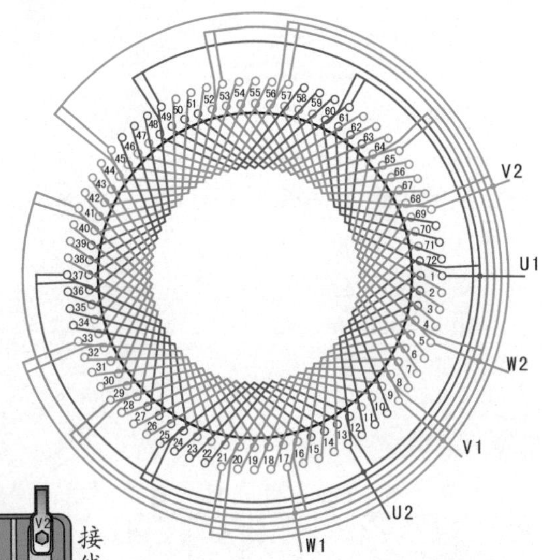

3 接线盒

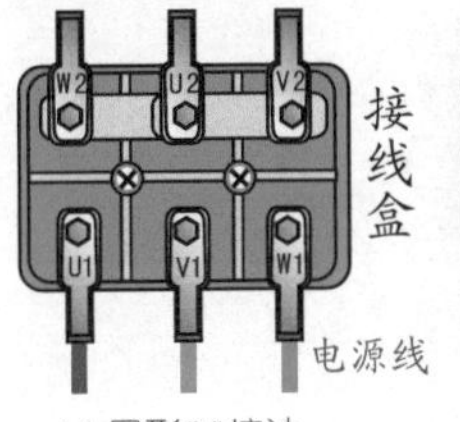

(a) 星形(Y)接法　　(b) 三角形(△)接法

4 绕组展开图

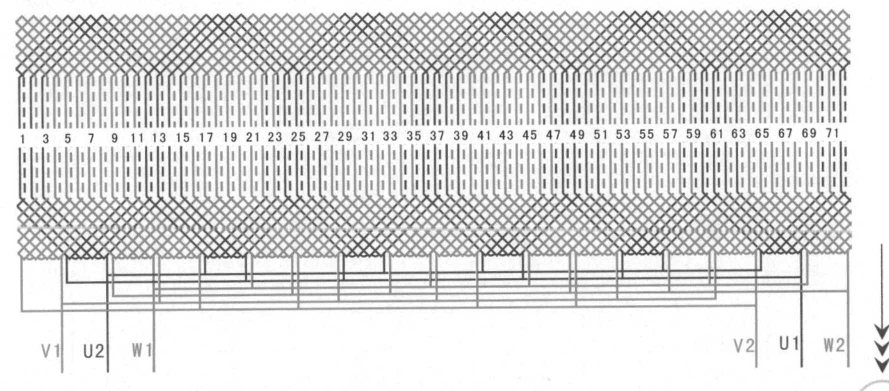

2.1.99 72槽6极双层叠式绕组（$y=11, a=1$）

① 绕组数据

定子槽数 $Z=72$

电机极数 $2p=6$

线圈组数 $u=18$

每组圈数 $S=4$

线圈极距 $\tau=12$

线圈节距 $y=11$

总线圈数 $Q=72$

极相槽数 $q=4$

并联路数 $a=1$

② 绕组端面图

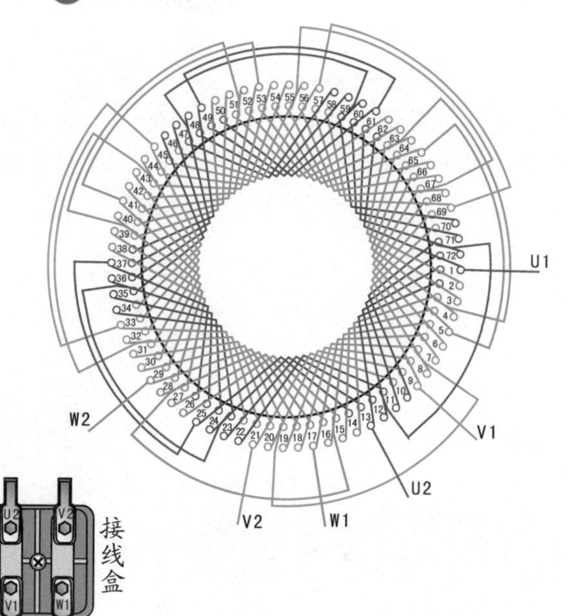

③ 接线盒

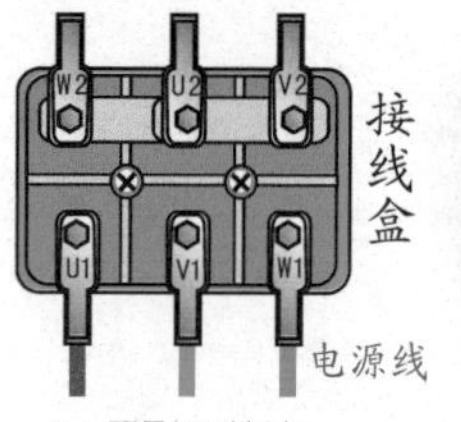

(a) 星形(Y)接法　(b) 三角形(△)接法

④ 绕组展开图

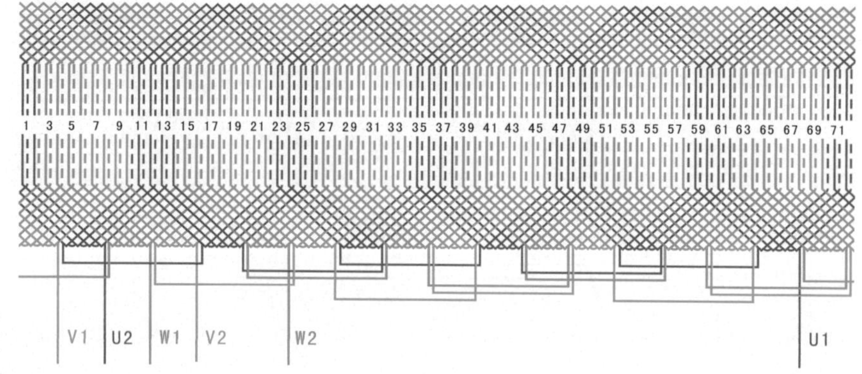

2.1.100 72槽6极双层叠式绕组（$y=11, a=2$）

① 绕组数据

定子槽数 $Z=72$

电机极数 $2p=6$

线圈组数 $u=18$

每组圈数 $S=4$

线圈极距 $\tau=12$

线圈节距 $y=11$

总线圈数 $Q=72$

极相槽数 $q=4$

并联路数 $a=2$

② 绕组端面图

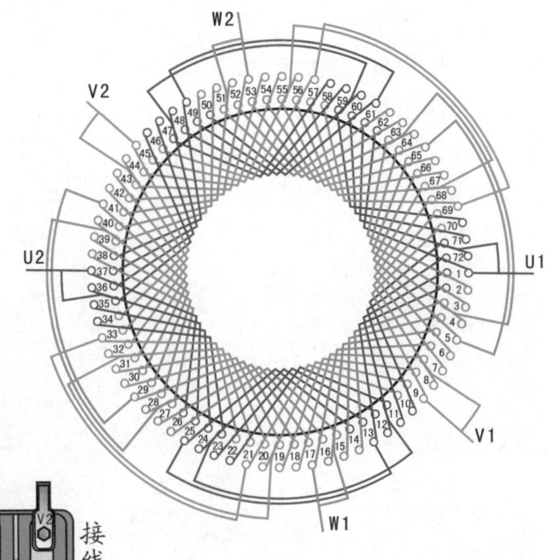

③ 接线盒

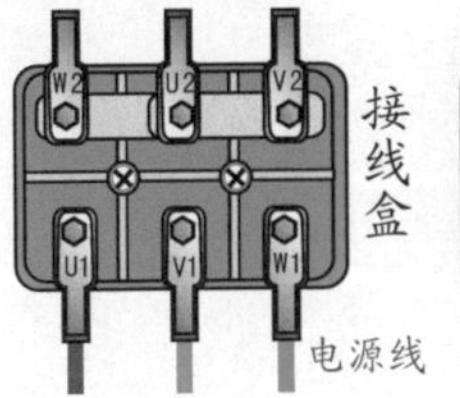

(a) 星形(Y)接法

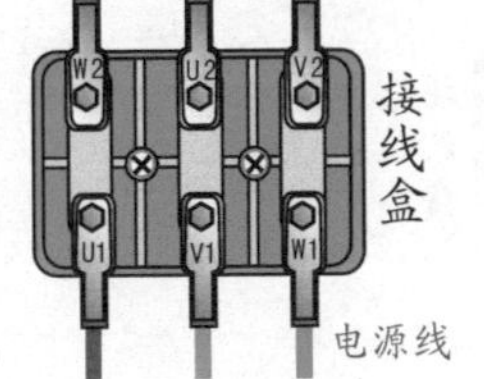

(b) 三角形(△)接法

④ 绕组展开图

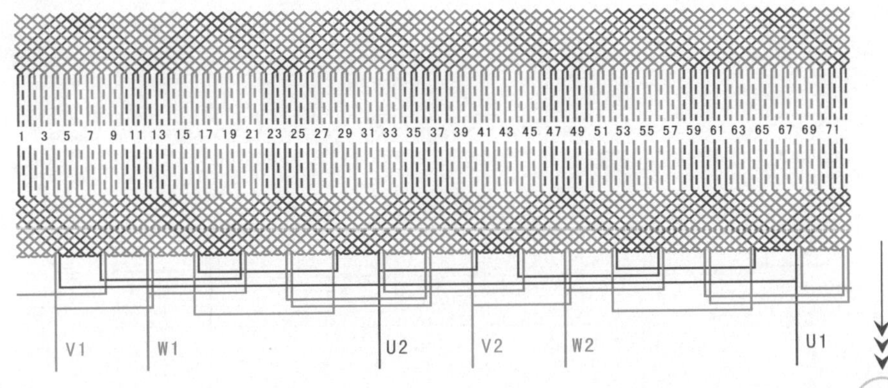

2.1.101 72槽6极双层叠式绕组（$y=11, a=3$）

① 绕组数据

定子槽数 $Z=72$

电机极数 $2p=6$

线圈组数 $u=18$

每组圈数 $S=4$

线圈极距 $\tau=12$

线圈节距 $y=11$

总线圈数 $Q=72$

极相槽数 $q=4$

并联路数 $a=3$

② 绕组端面图

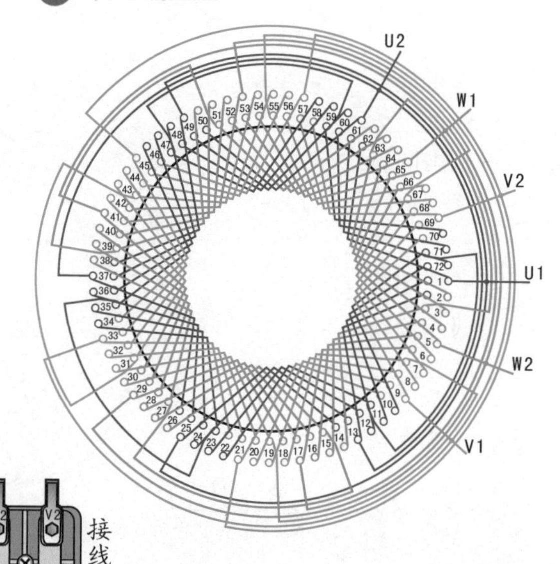

③ 接线盒

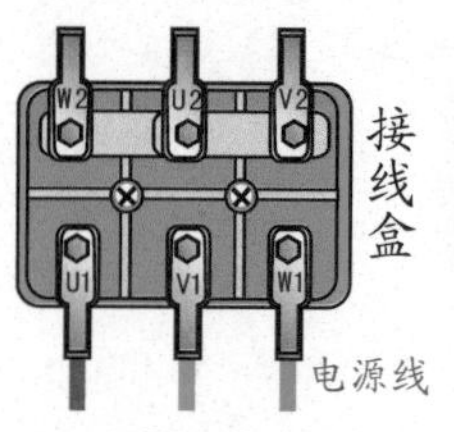

(a) 星形(Y)接法　　(b) 三角形(△)接法

④ 绕组展开图

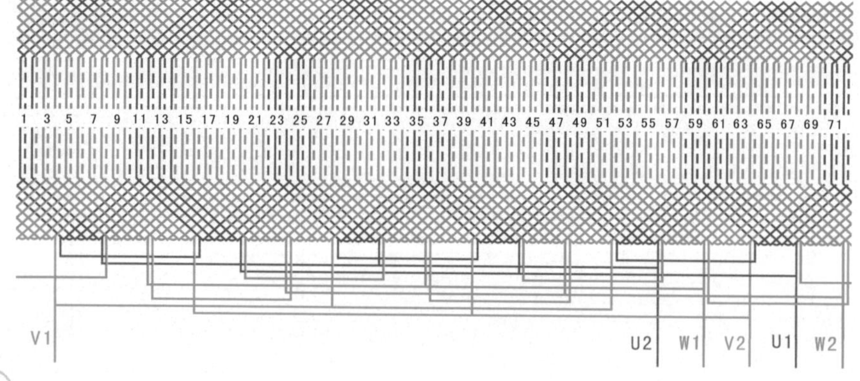

2.1.102 72槽6极双层叠式绕组（$y=11, a=6$）

1 绕组数据

定子槽数 $Z=72$
电机极数 $2p=6$
线圈组数 $u=18$
每组圈数 $S=4$
线圈极距 $\tau=12$
线圈节距 $y=11$
总线圈数 $Q=72$
极相槽数 $q=4$
并联路数 $a=6$

2 绕组端面图

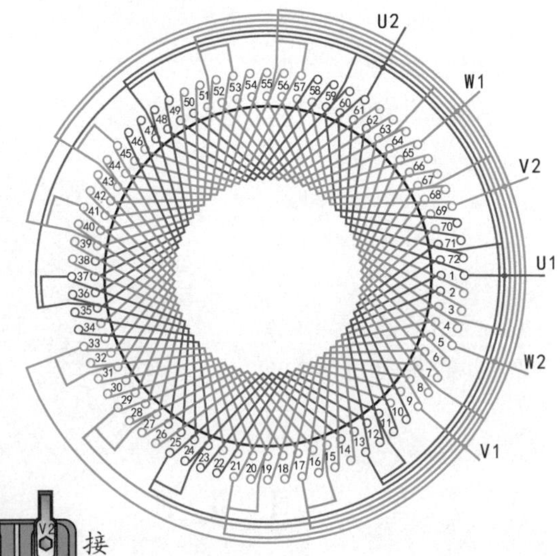

3 接线盒

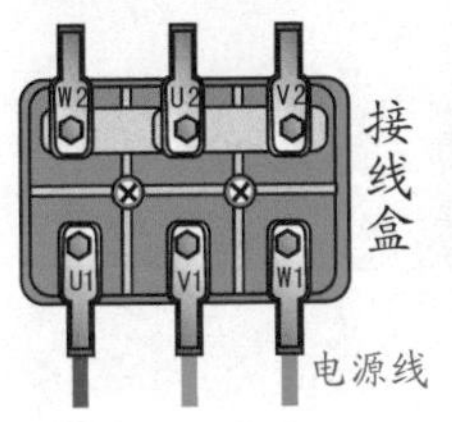

(a) 星形(Y)接法　(b) 三角形(△)接法

4 绕组展开图

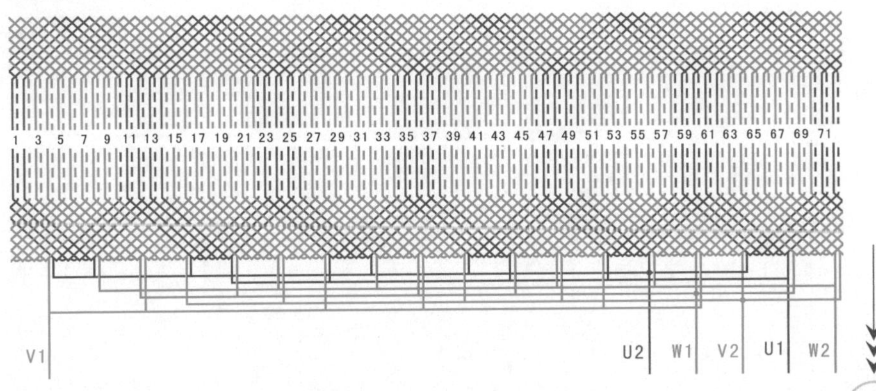

2.1.103 72槽6极双层叠式绕组（$y=12, a=2$）

① 绕组数据

定子槽数 $Z=72$

电机极数 $2p=6$

线圈组数 $u=18$

每组圈数 $S=4$

线圈极距 $\tau=12$

线圈节距 $y=12$

总线圈数 $Q=72$

极相槽数 $q=4$

并联路数 $a=2$

② 绕组端面图

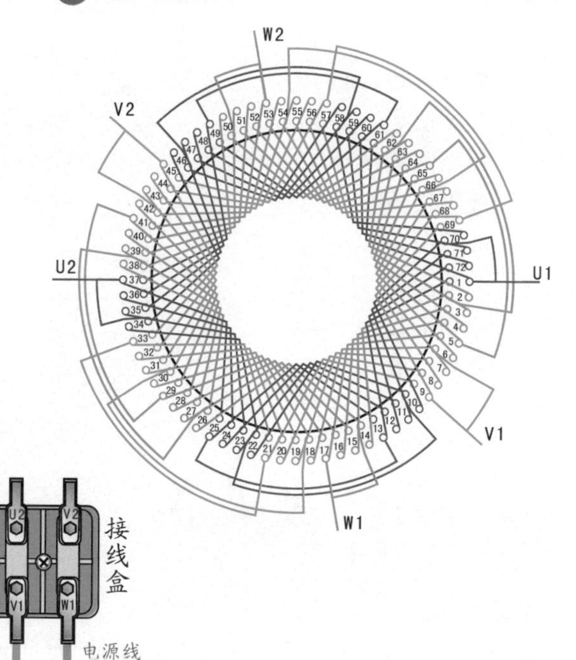

③ 接线盒

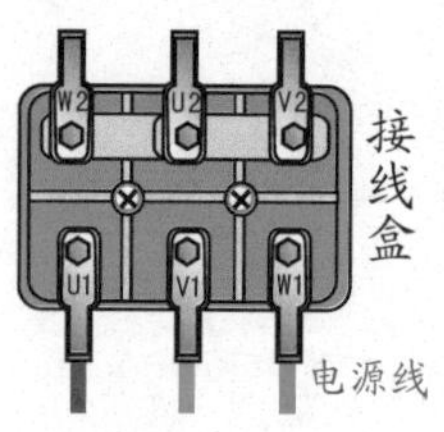

(a) 星形(Y)接法 (b) 三角形(△)接法

④ 绕组展开图

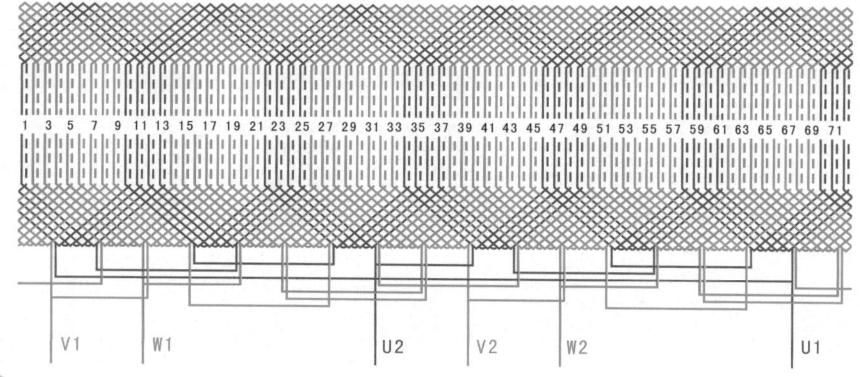

2.1.104 72槽6极双层叠式绕组（$y=12, a=3$）

① 绕组数据

定子槽数 $Z=72$

电机极数 $2p=6$

线圈组数 $u=18$

每组圈数 $S=4$

线圈极距 $\tau=12$

线圈节距 $y=12$

总线圈数 $Q=72$

极相槽数 $q=4$

并联路数 $a=3$

② 绕组端面图

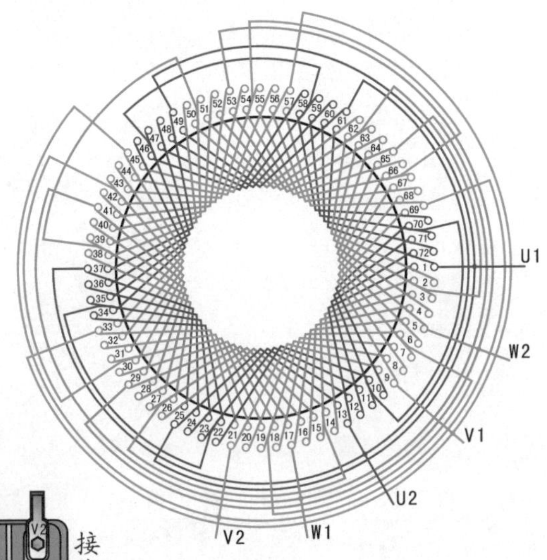

③ 接线盒

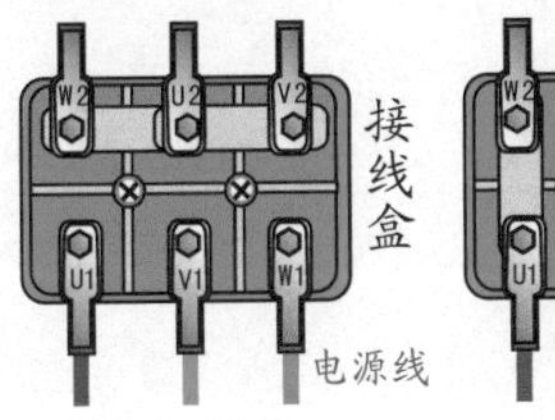

(a) 星形(Y)接法

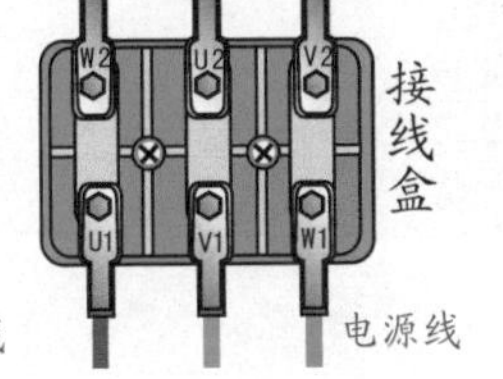

(b) 三角形(△)接法

④ 绕组展开图

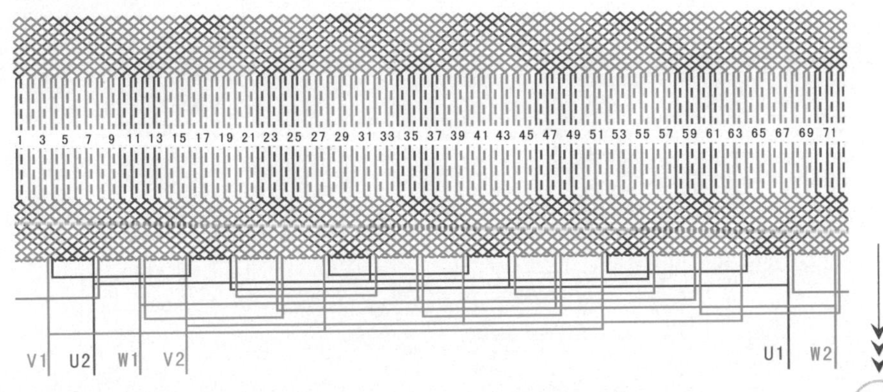

2.1.105 72槽8极双层叠式绕组（$y=7, a=1$）

① 绕组数据

定子槽数 $Z=72$

电机极数 $2p=8$

线圈组数 $u=24$

每组圈数 $S=3$

线圈极距 $\tau=9$

线圈节距 $y=7$

总线圈数 $Q=72$

极相槽数 $q=3$

并联路数 $a=1$

② 绕组端面图

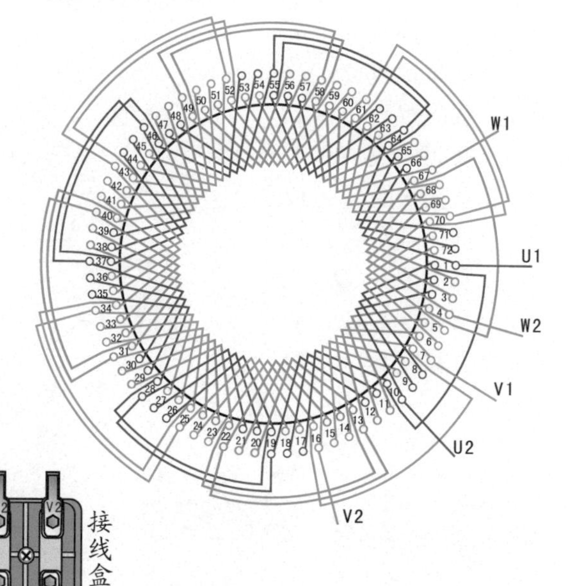

③ 接线盒

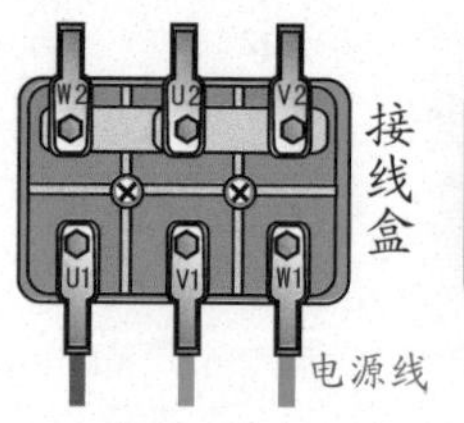

(a) 星形(Y)接法

W2 U2 V2
U1 V1 W1
接线盒
电源线

(b) 三角形(△)接法

④ 绕组展开图

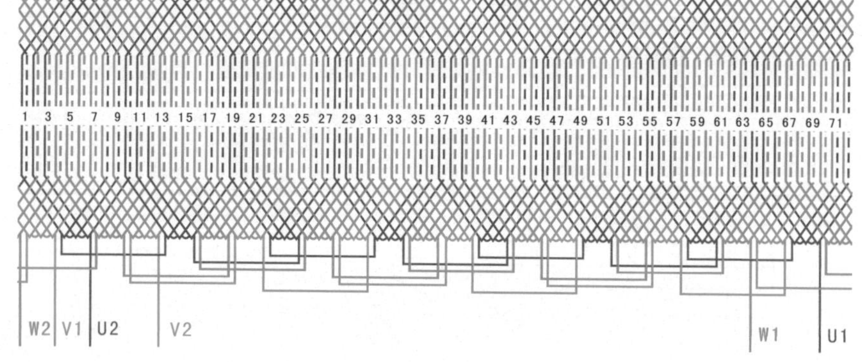

2.1.106 72槽8极双层叠式绕组（$y=8, a=1$）

① 绕组数据

定子槽数 $Z=72$

电机极数 $2p=8$

线圈组数 $u=24$

每组圈数 $S=3$

线圈极距 $\tau=9$

线圈节距 $y=8$

总线圈数 $Q=72$

极相槽数 $q=3$

并联路数 $a=1$

② 绕组端面图

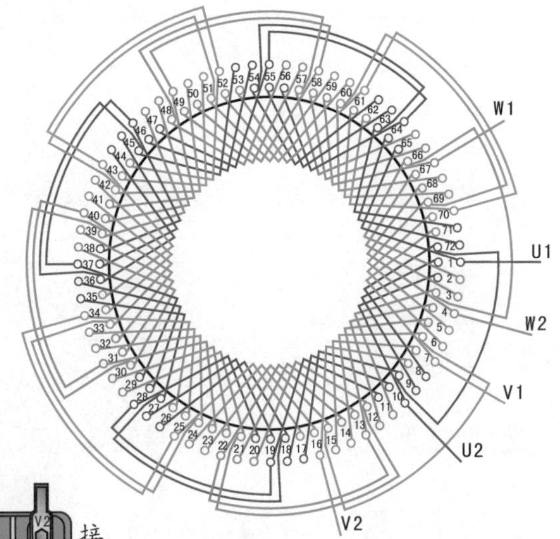

③ 接线盒

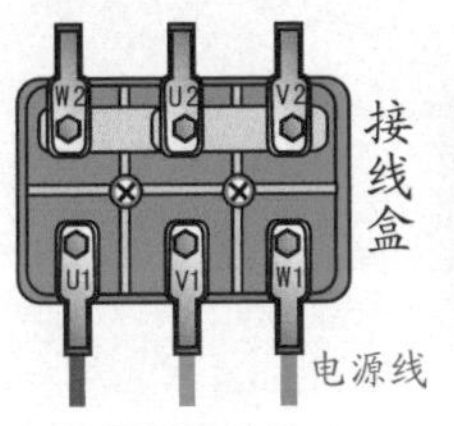

(a) 星形(Y)接法

W2 U2 V2

U1 V1 W1

接线盒

电源线

(b) 三角形(△)接法

④ 绕组展开图

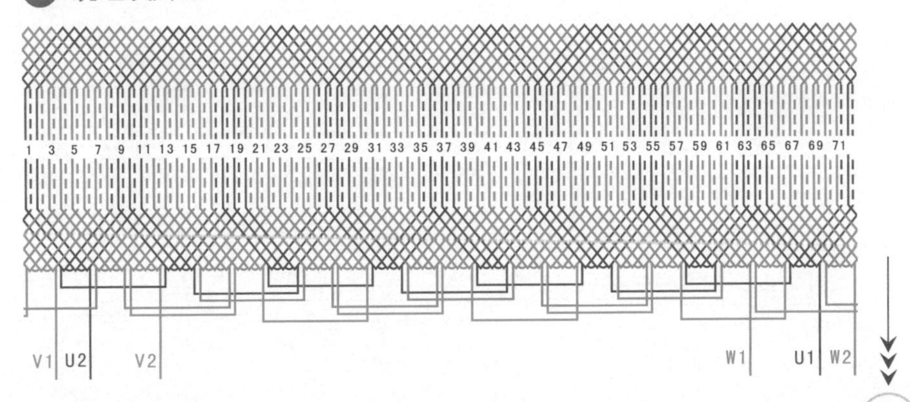

2.1.107　72槽8极双层叠式绕组（$y=8, a=2$）

① 绕组数据

定子槽数 $Z=72$

电机极数 $2p=8$

线圈组数 $u=24$

每组圈数 $S=3$

线圈极距 $\tau=9$

线圈节距 $y=8$

总线圈数 $Q=72$

极相槽数 $q=3$

并联路数 $a=2$

② 绕组端面图

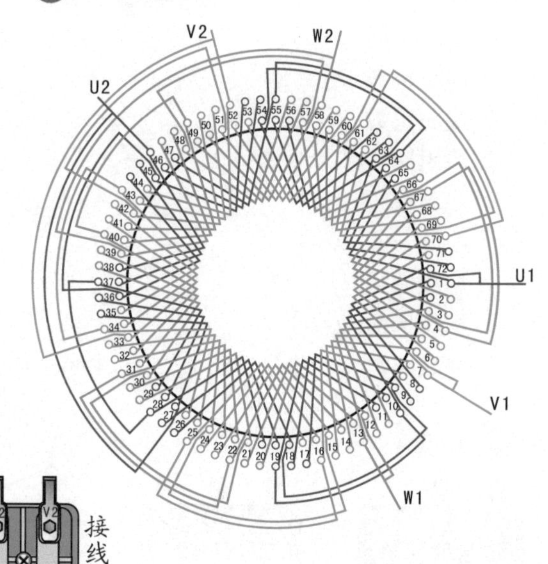

③ 接线盒

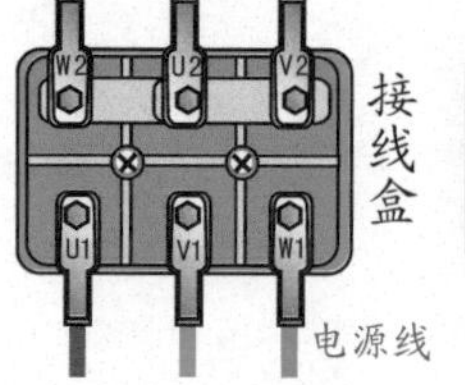

(a) 星形(Y)接法　　(b) 三角形(△)接法

④ 绕组展开图

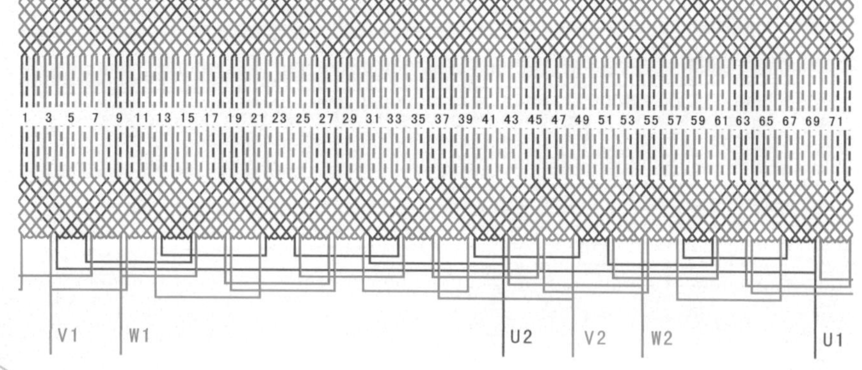

2.1.108 72槽8极双层叠式绕组（$y=8, a=4$）

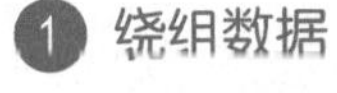

① 绕组数据

定子槽数 $Z=72$

电机极数 $2p=8$

线圈组数 $u=24$

每组圈数 $S=3$

线圈极距 $\tau=9$

线圈节距 $y=8$

总线圈数 $Q=72$

极相槽数 $q=3$

并联路数 $a=4$

② 绕组端面图

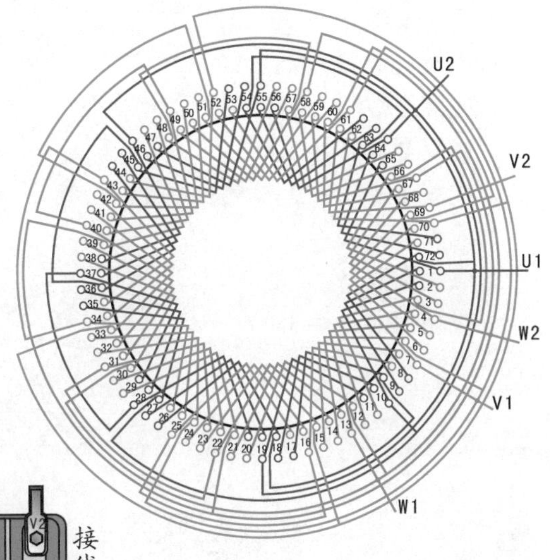

③ 接线盒

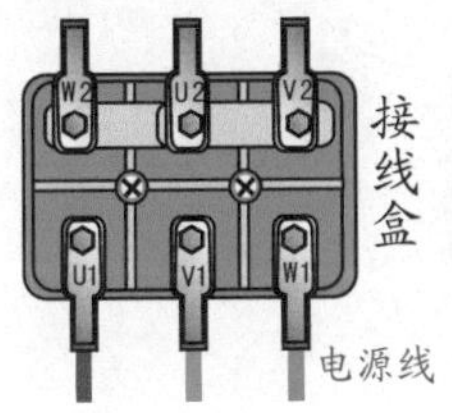

(a) 星形(Y)接法

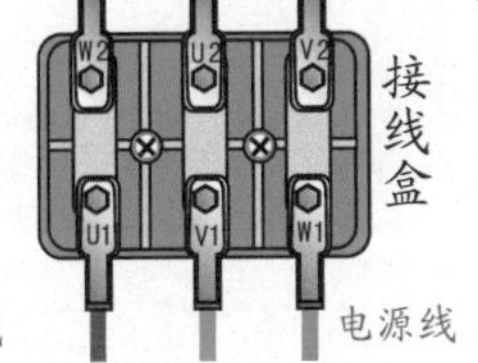

(b) 三角形(△)接法

④ 绕组展开图

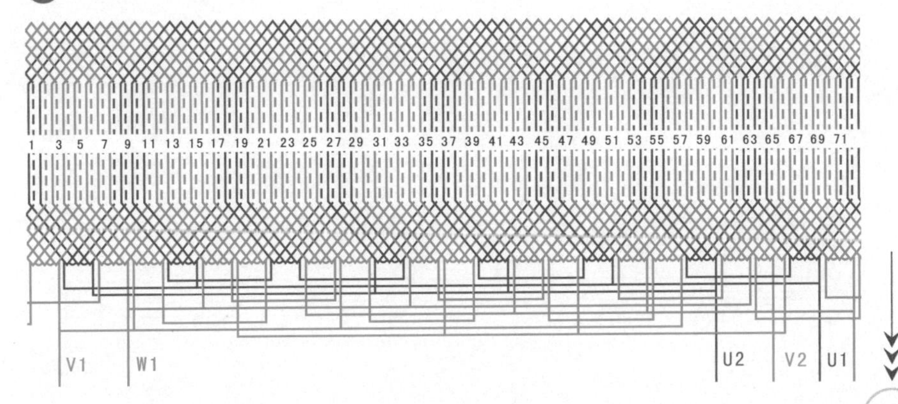

2.1.109 72槽8极双层叠式绕组（$y=8$, $a=8$）

① 绕组数据

定子槽数 $Z=72$

电机极数 $2p=8$

线圈组数 $u=24$

每组圈数 $S=3$

线圈极距 $\tau=9$

线圈节距 $y=8$

总线圈数 $Q=72$

极相槽数 $q=3$

并联路数 $a=8$

② 绕组端面图

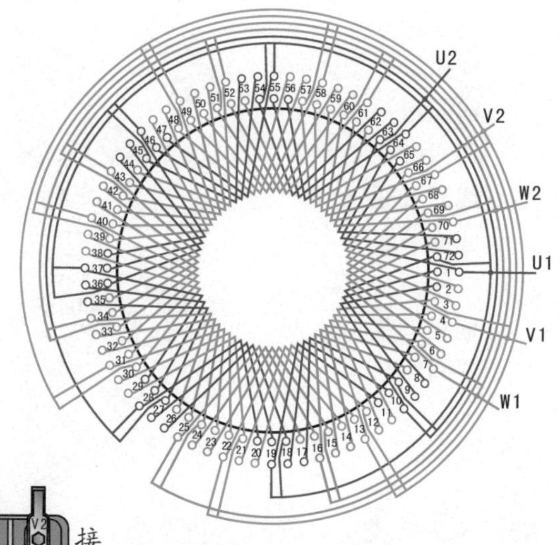

③ 接线盒

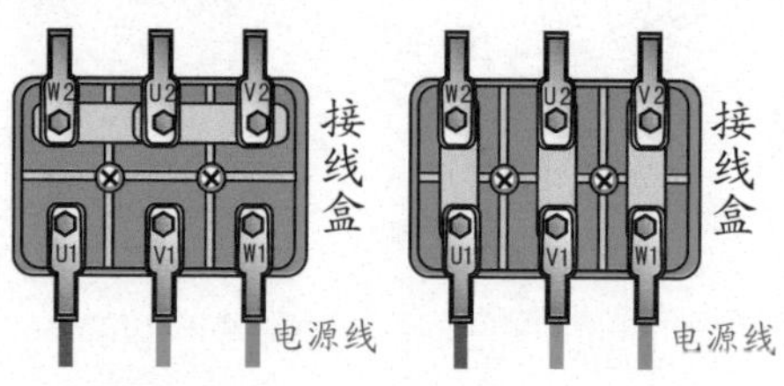

(a) 星形(Y)接法 (b) 三角形(△)接法

④ 绕组展开图

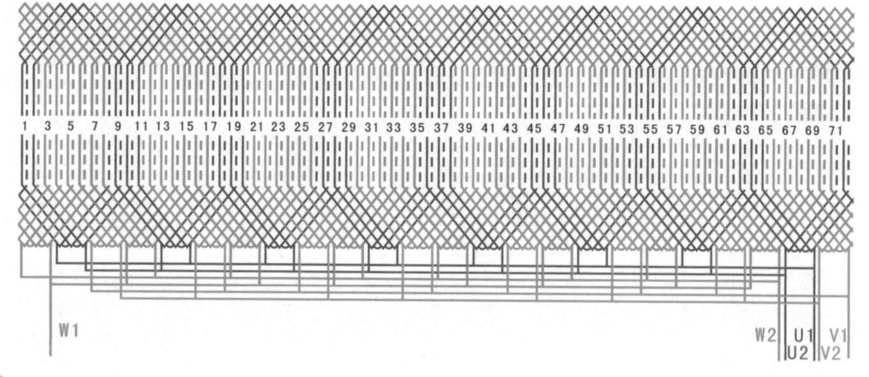

2.1.110 84槽8极双层叠式分数槽绕组（$y=9, a=1$）

① 绕组数据

定子槽数 $Z=84$
电机极数 $2p=8$
线圈组数 $u=24$
每组圈数 $S=7/2$
线圈极距 $\tau=21/2$
线圈节距 $y=9$
总线圈数 $Q=84$
极相槽数 $q=7/2$
并联路数 $a=1$

② 绕组端面图

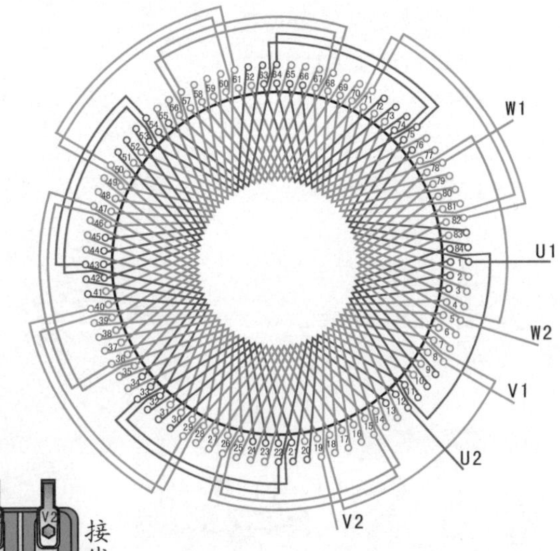

③ 接线盒

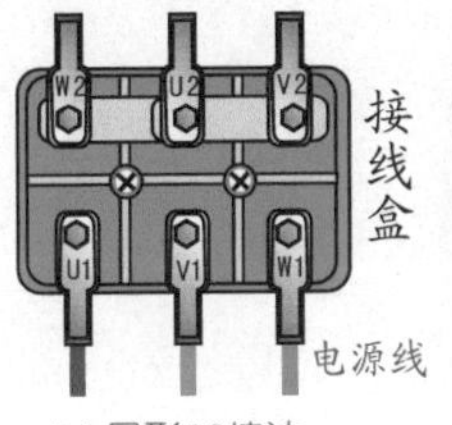

(a) 星形(Y)接法

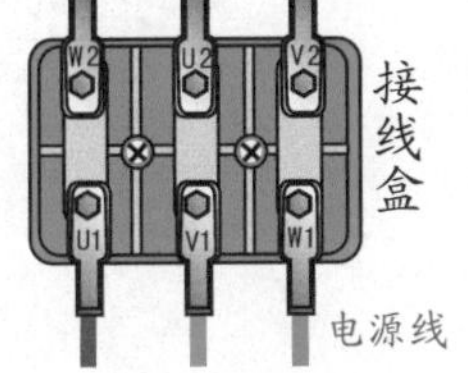

(b) 三角形(△)接法

④ 绕组展开图

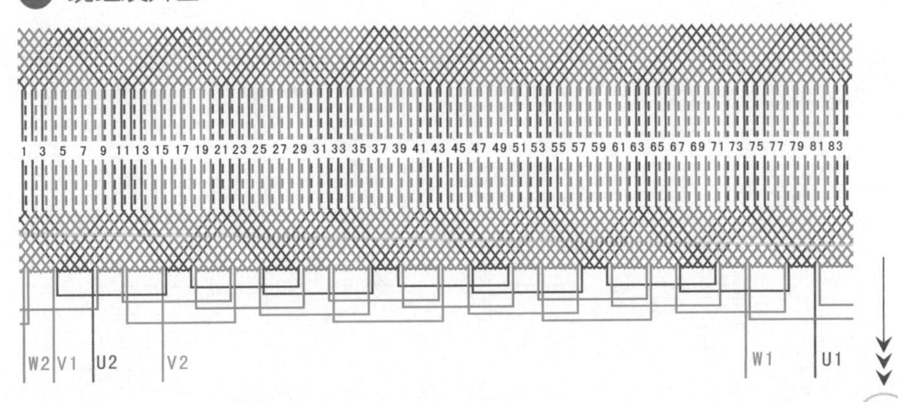

2.1.111 90槽10极双层叠式绕组（$y=7, a=1$）

① 绕组数据

定子槽数 $Z=90$

电机极数 $2p=10$

线圈组数 $u=30$

每组圈数 $S=3$

线圈极距 $\tau=6$

线圈节距 $y=7$

总线圈数 $Q=90$

极相槽数 $q=3$

并联路数 $a=1$

② 绕组端面图

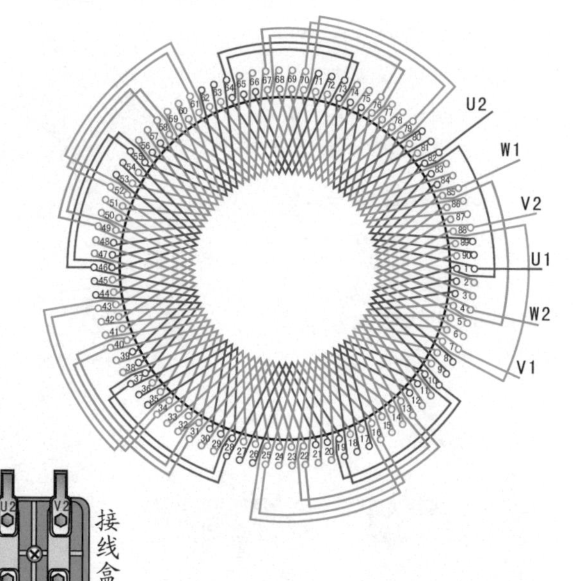

③ 接线盒

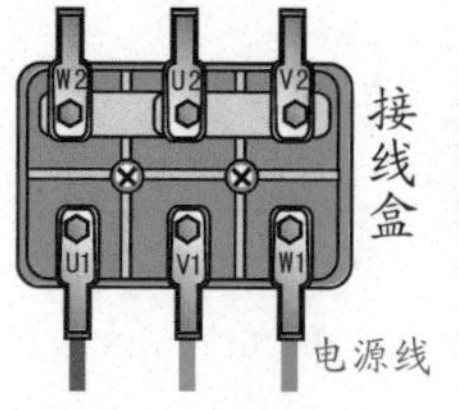

(a) 星形(Y)接法

(b) 三角形(△)接法

④ 绕组展开图

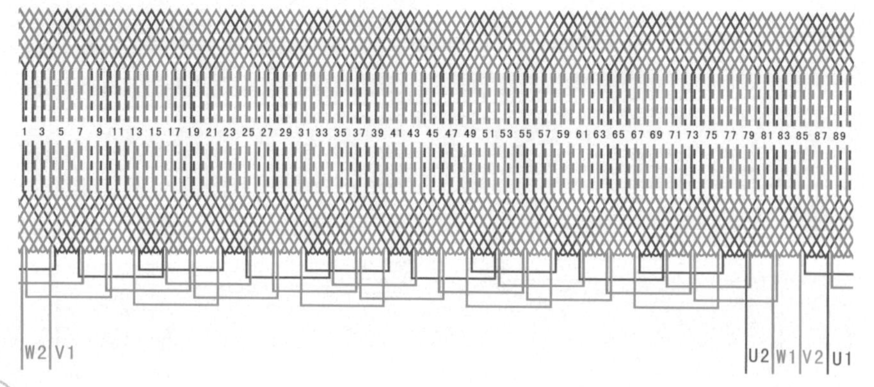

2.1.112 90槽10极双层叠式绕组（$y=8, a=5$）

1 绕组数据

定子槽数 $Z=90$

电机极数 $2p=10$

线圈组数 $u=30$

每组圈数 $S=3$

线圈极距 $\tau=6$

线圈节距 $y=8$

总线圈数 $Q=90$

极相槽数 $q=3$

并联路数 $a=5$

2 绕组端面图

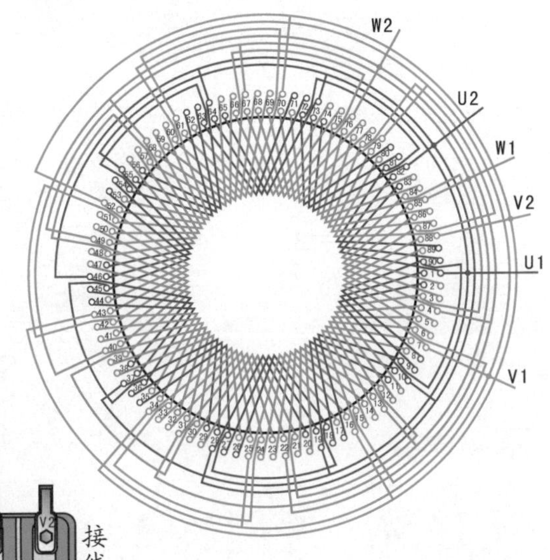

3 接线盒

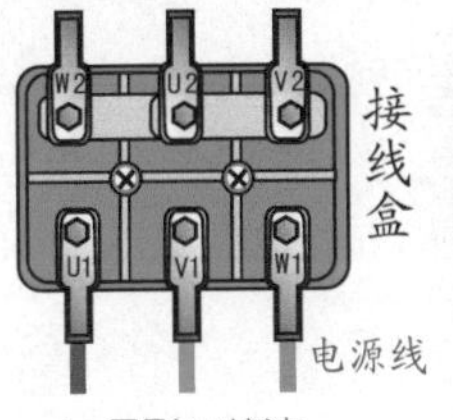

(a) 星形(Y)接法

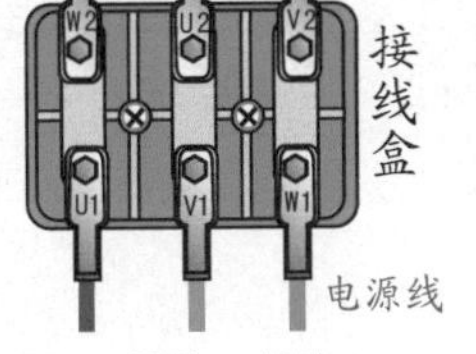

(b) 三角形(△)接法

4 绕组展开图

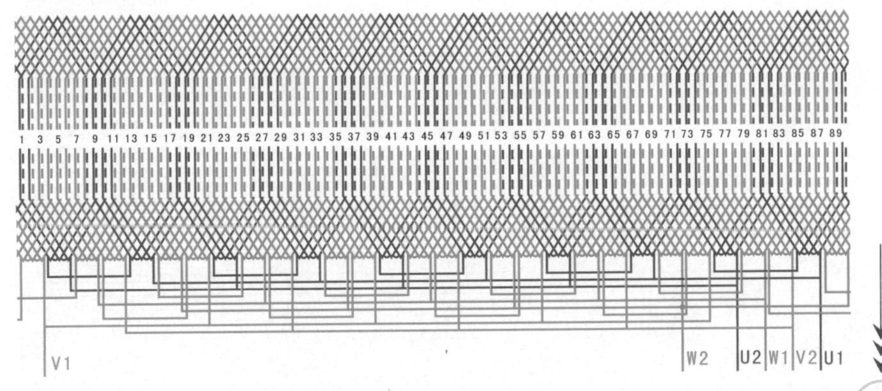

2.1.113 90槽10极双层叠式绕组（$y=8, a=10$）

① 绕组数据

定子槽数 $Z=90$

电机极数 $2p=10$

线圈组数 $u=30$

每组圈数 $S=3$

线圈极距 $\tau=6$

线圈节距 $y=8$

总线圈数 $Q=90$

极相槽数 $q=3$

并联路数 $a=10$

② 绕组端面图

③ 接线盒

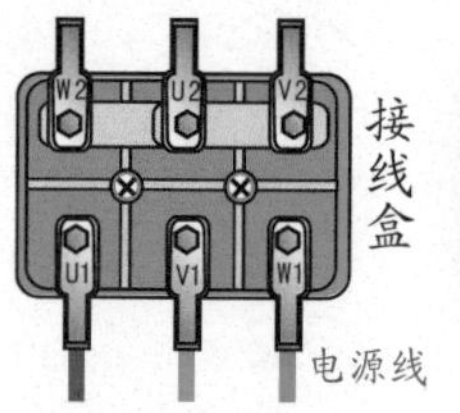

(a) 星形(Y)接法

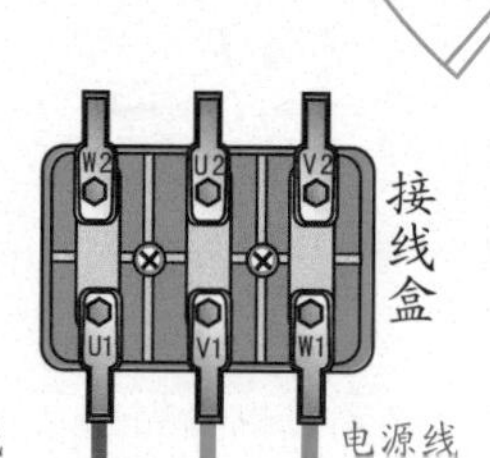

(b) 三角形(△)接法

④ 绕组展开图

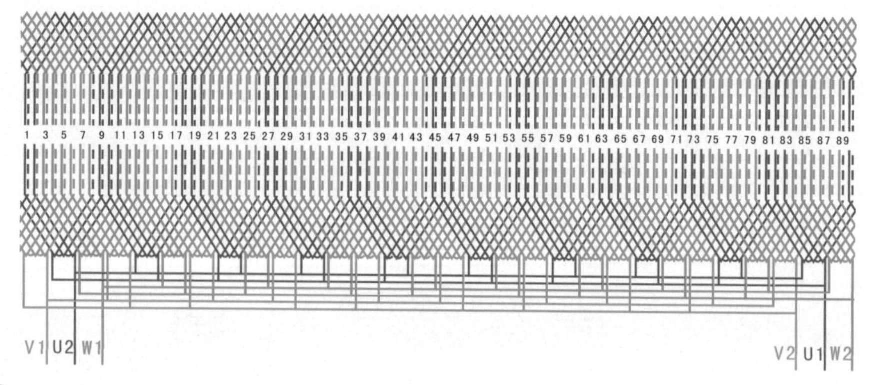

2.1.114 90槽12极双层叠式绕组（$y=7, a=1$）

1 绕组数据

定子槽数 $Z=90$

电机极数 $2p=12$

线圈组数 $u=36$

每组圈数 $S=5/2$

线圈极距 $\tau=15/2$

线圈节距 $y=7$

总线圈数 $Q=90$

极相槽数 $q=5/2$

并联路数 $a=1$

2 绕组端面图

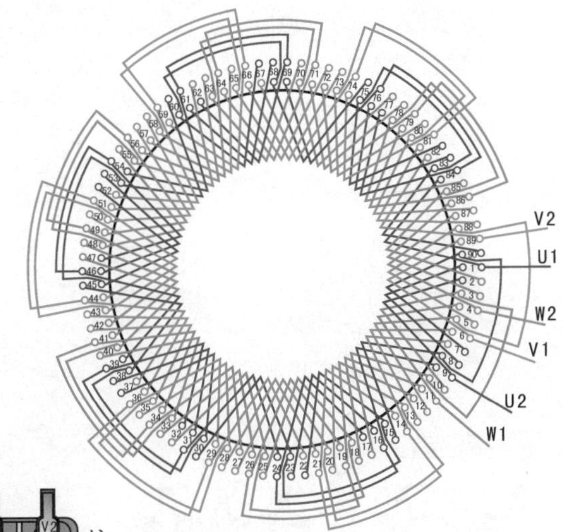

3 接线盒

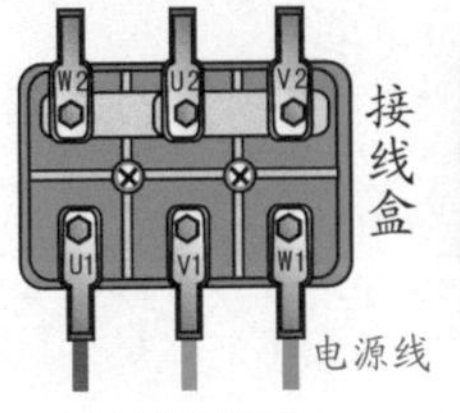

(a) 星形(Y)接法

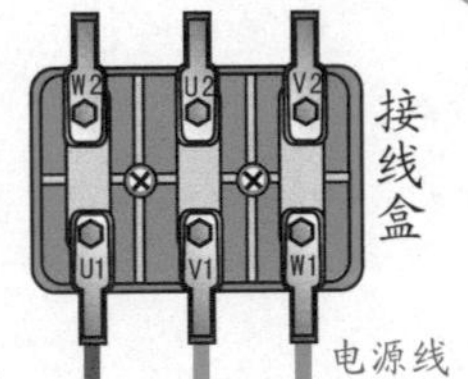

(b) 三角形(△)接法

4 绕组展开图

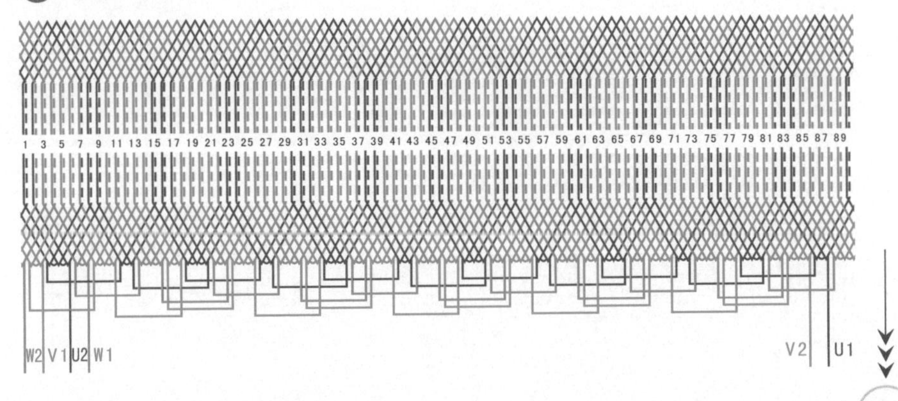

2.1.115 90槽12极双层叠式绕组（$y=8, a=1$）

① 绕组数据

定子槽数 $Z=90$

电机极数 $2p=12$

线圈组数 $u=36$

每组圈数 $S=5/2$

线圈极距 $\tau=15/2$

线圈节距 $y=8$

总线圈数 $Q=90$

极相槽数 $q=5/2$

并联路数 $a=1$

② 绕组端面图

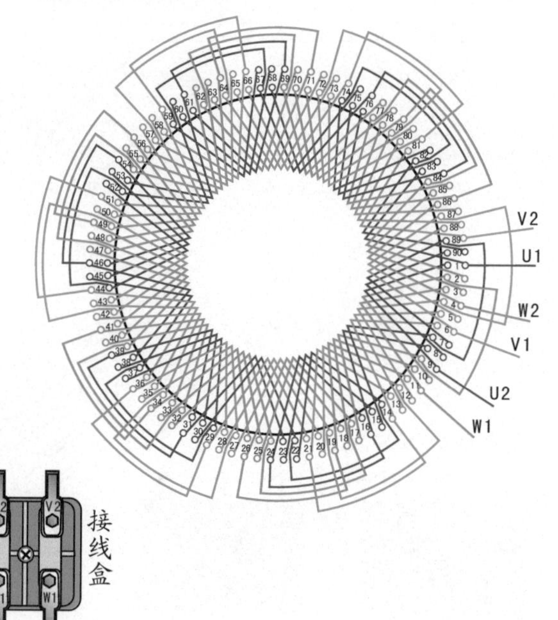

③ 接线盒

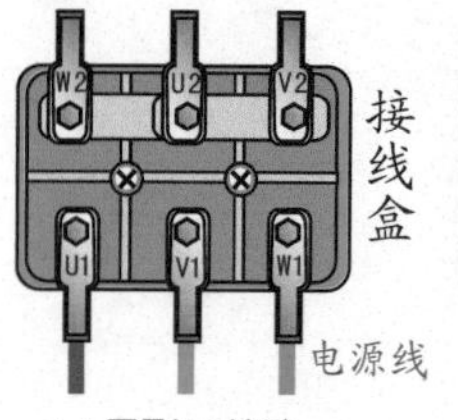

(a) 星形(Y)接法　(b) 三角形(△)接法

④ 绕组展开图

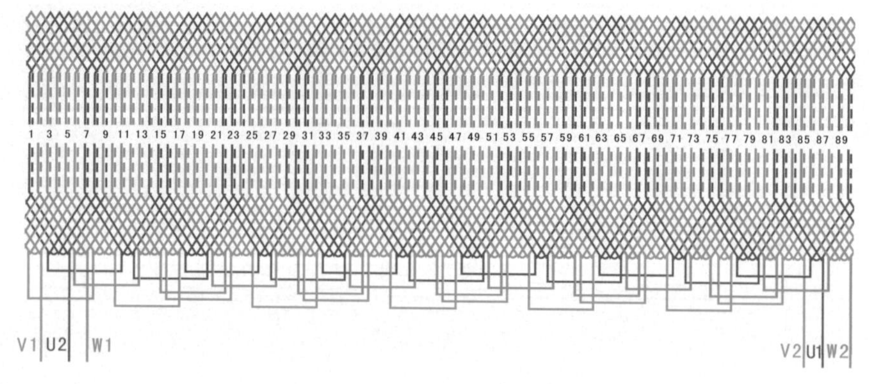

2.2 三相双层链式绕组

2.2.1 24槽8极双层链式绕组（$y=3, a=1$）

① 绕组数据

定子槽数 $Z=24$

电机极数 $2p=8$

线圈极距 $\tau=3$

线圈组数 $u=24$

每组圈数 $S=1$

极相槽数 $q=1$

总线圈数 $Q=24$

并联路数 $a=1$

线圈节距 $y=3$

② 绕组端面图

③ 接线盒

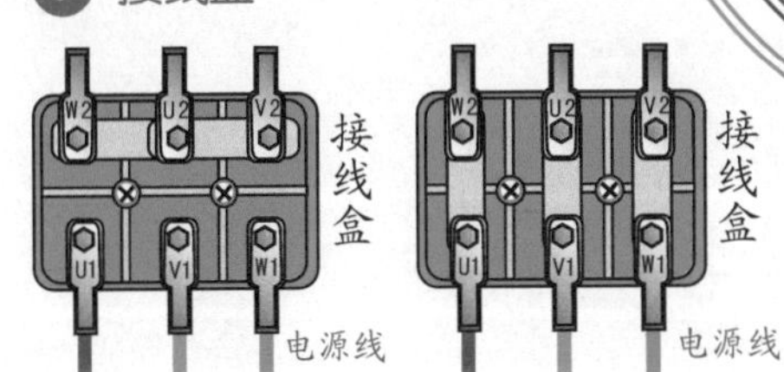

(a) 星形(Y)接法　(b) 三角形(△)接法

④ 绕组展开图

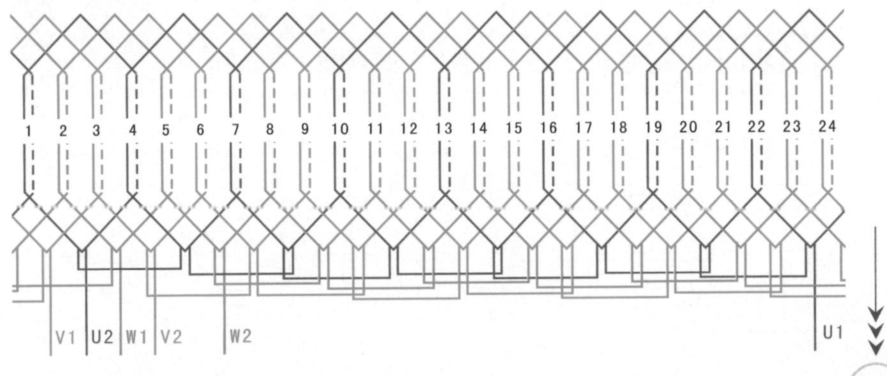

2.2.2 36槽12极双层链式绕组（$y=2, a=1$）

① 绕组数据

定子槽数 $Z=36$

电机极数 $2p=12$

并联路数 $a=1$

线圈组数 $u=36$

每组圈数 $S=1$

极相槽数 $q=1$

总线圈数 $Q=36$

线圈节距 $y=2$

线圈极距 $\tau=3$

② 绕组端面图

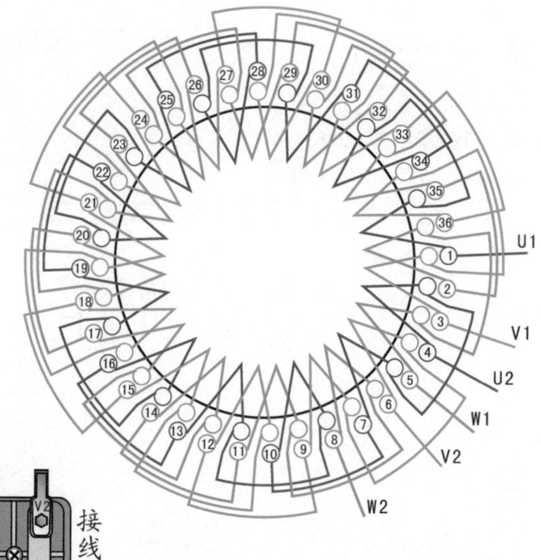

③ 接线盒

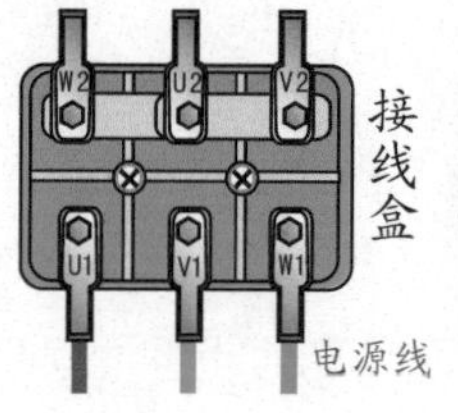

(a) 星形(Y)接法

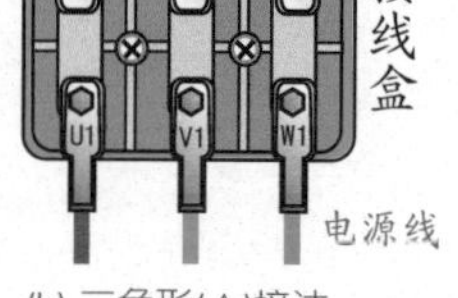

(b) 三角形(△)接法

④ 绕组展开图

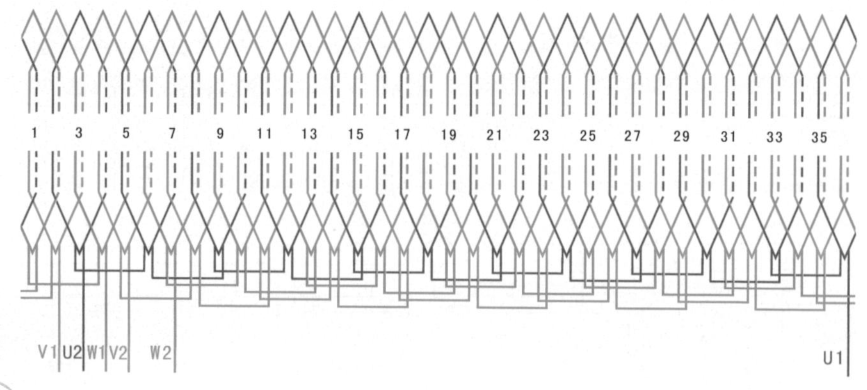

2.3 三相双层同心式绕组

2.3.1 24槽4极双层同心式绕组（y=6、4, a=1）

1 绕组数据

定子槽数 $Z=24$

电机极数 $2p=4$

线圈极距 $\tau=6$

线圈组数 $u=12$

每组圈数 $S=2$

极相槽数 $q=2$

总线圈数 $Q=24$

并联路数 $a=1$

线圈节距 $y=6、4$

2 绕组端面图

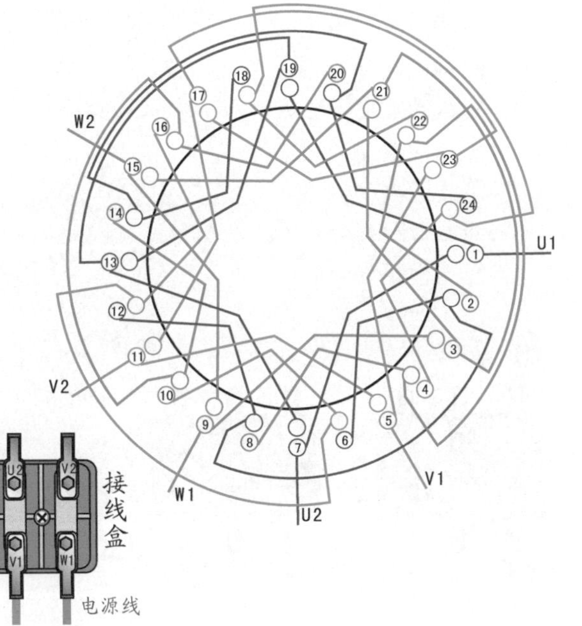

3 接线盒

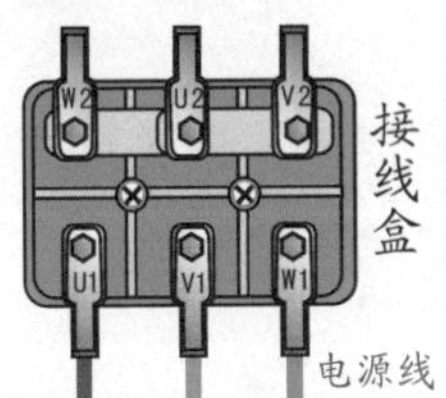

(a) 星形(Y)接法　(b) 三角形(△)接法

4 绕组展开图

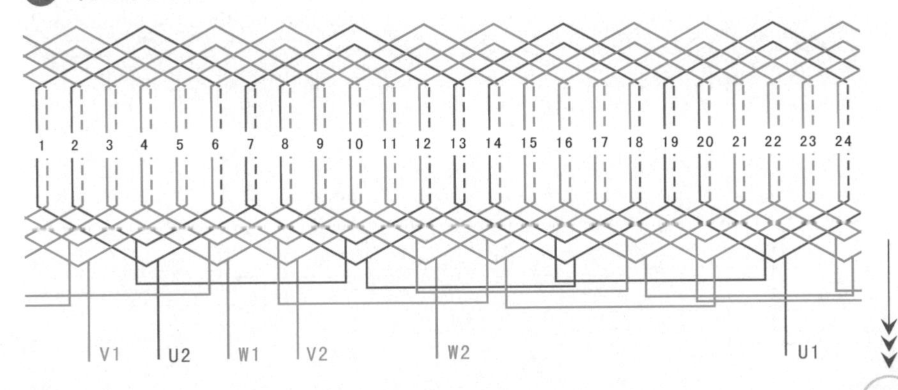

2.3.2 36槽6极双层同心式绕组（$y=6$、4，$a=1$）

1 绕组数据

定子槽数 $Z=36$

电机极数 $2p=6$

并联路数 $a=1$

线圈组数 $u=18$

每组圈数 $S=2$

极相槽数 $q=2$

总线圈数 $Q=36$

线圈节距 $y=6$、4

线圈极距 $\tau=6$

2 绕组端面图

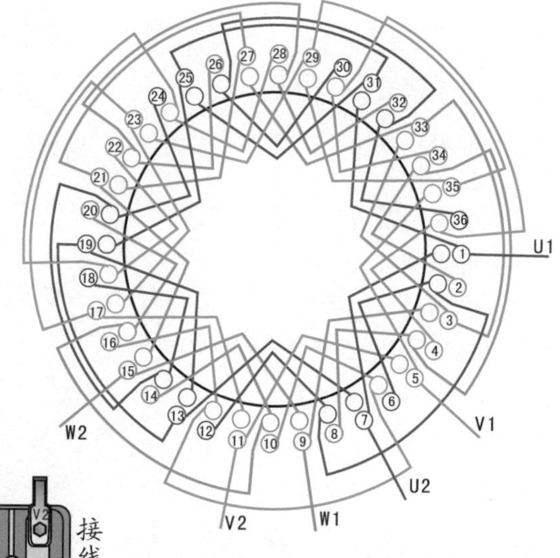

3 接线盒

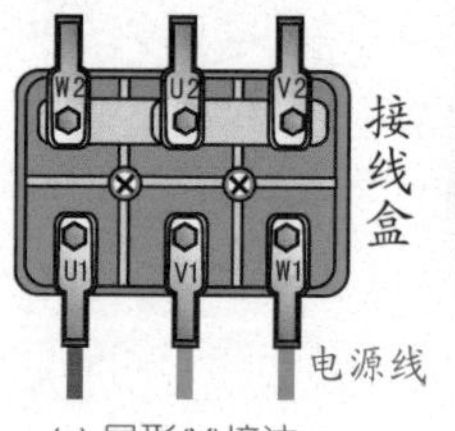

(a) 星形(Y)接法

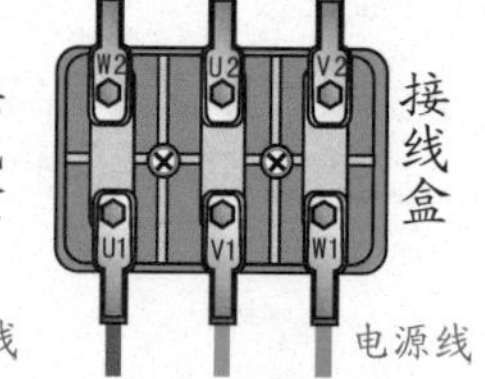

(b) 三角形(△)接法

4 绕组展开图

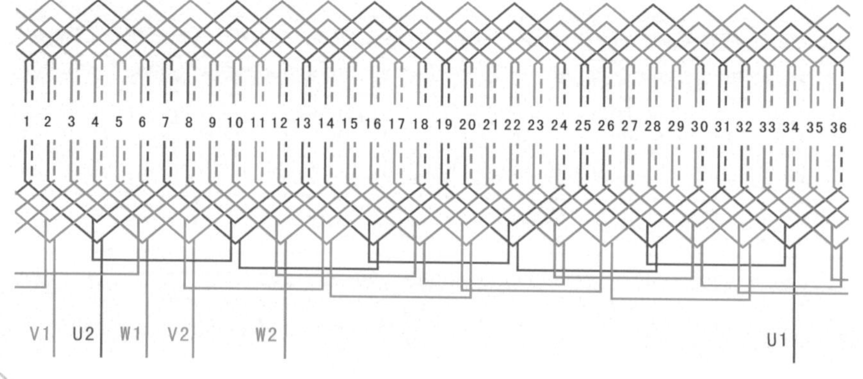

2.3.3 36槽4极双层同心式绕组（$y=9$、7、5，$a=1$）

1 绕组数据

定子槽数 $Z=36$

电机极数 $2p=4$

线圈极距 $\tau=9$

线圈组数 $u=12$

每组圈数 $S=3$

极相槽数 $q=3$

总线圈数 $Q=36$

并联路数 $a=1$

线圈节距 $y=9$、7、5

2 绕组端面图

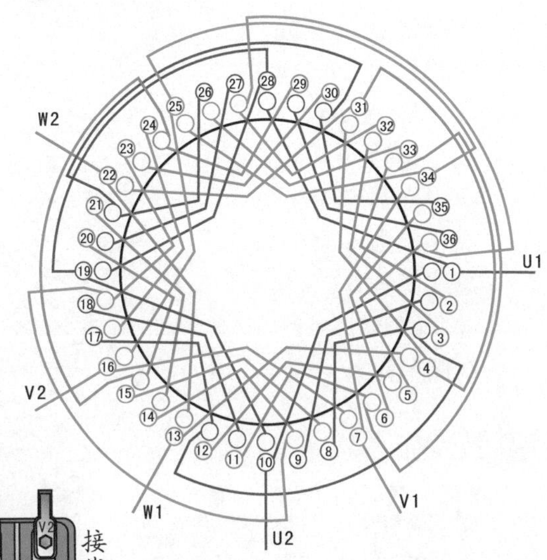

3 接线盒

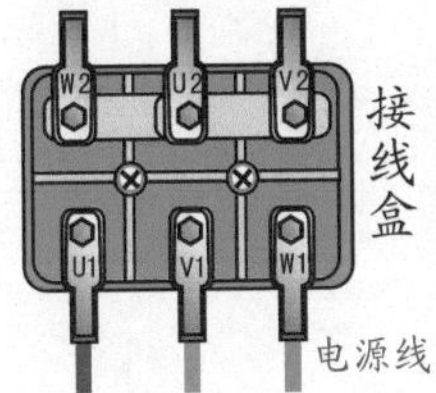

(a) 星形(Y)接法

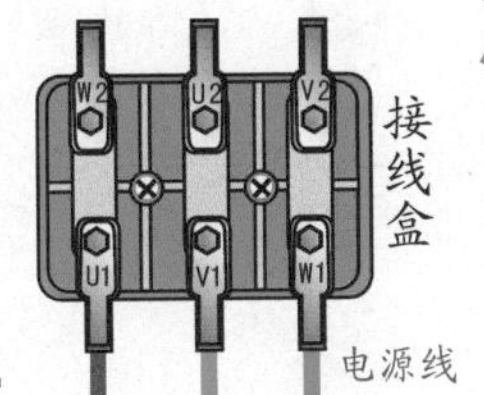

(b) 三角形(△)接法

4 绕组展开图

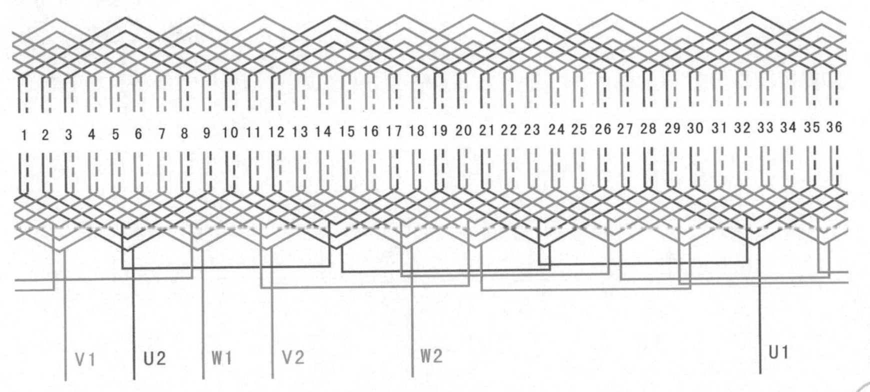

2.3.4 36槽4极双层同心式绕组（$y=9$、7、5, $a=2$）

① 绕组数据

定子槽数 $Z=36$

电机极数 $2p=4$

线圈极距 $\tau=9$

线圈组数 $u=12$

每组圈数 $S=3$

极相槽数 $q=3$

总线圈数 $Q=36$

并联路数 $a=2$

线圈节距 $y=9$、7、5

② 绕组端面图

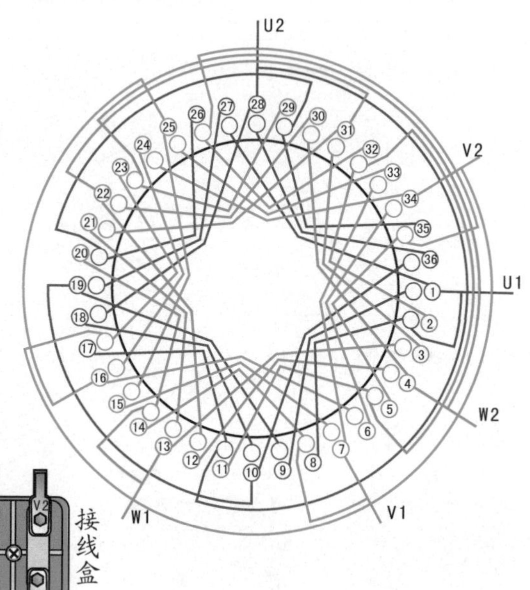

③ 接线盒

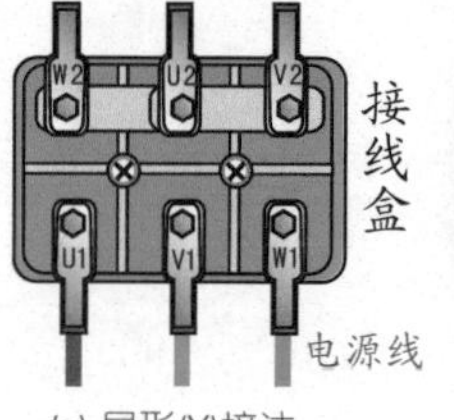

(a) 星形(Y)接法

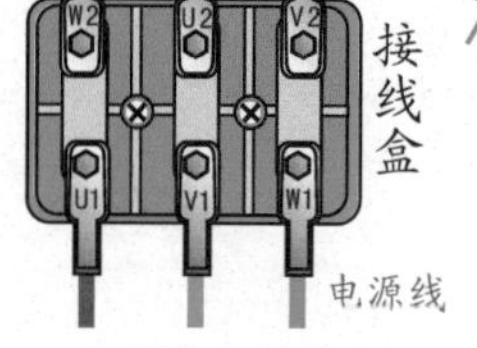

(b) 三角形(△)接法

④ 绕组展开图

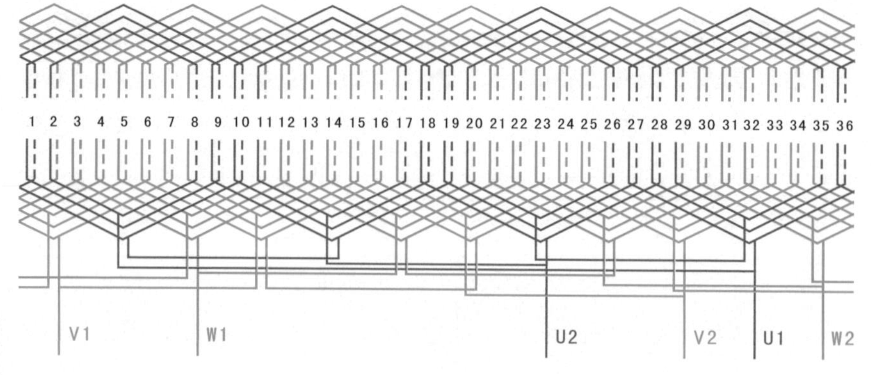

2.3.5 48槽4极双层同心式绕组（y=13、11、9、7，a=4）

1 绕组数据

定子槽数 $Z=48$

电机极数 $2p=4$

线圈组数 $u=12$

每组圈数 $S=4$

线圈极距 $\tau=12$

线圈节距 $y=13$、11、9、7

总线圈数 $Q=48$

极相槽数 $q=4$

2 绕组端面图

3 接线盒

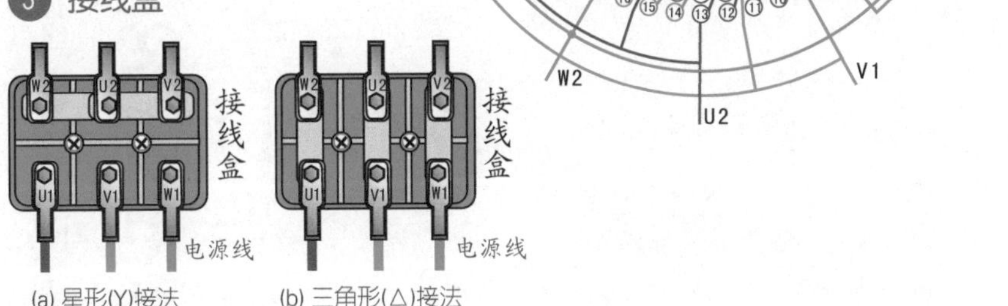

(a) 星形(Y)接法　(b) 三角形(△)接法

4 绕组展开图

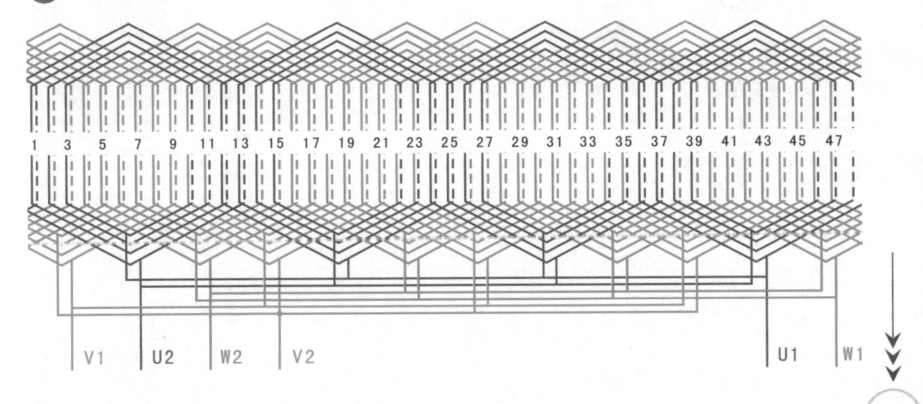

PART3

第3章

三相交流电动机单双层混合绕组和延边三角形绕组

3.1 三相单双层混合绕组

3.1.1 18槽2极单双层混合式绕组（$y=8$、6, $a=1$）

① 绕组数据

定子槽数 $Z=18$

电机极数 $2p=2$

线圈组数 $u=6$

极相槽数 $q=3$

线圈极距 $\tau=9$

线圈节距 $y=8$、6

总线圈数 $Q=12$

并联路数 $a=1$

② 绕组端面图

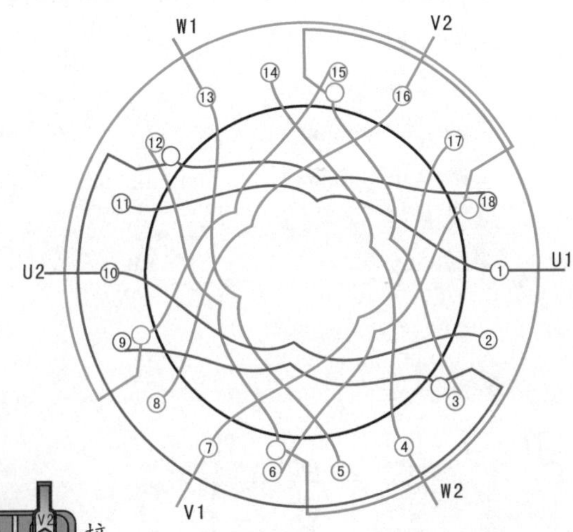

③ 接线盒

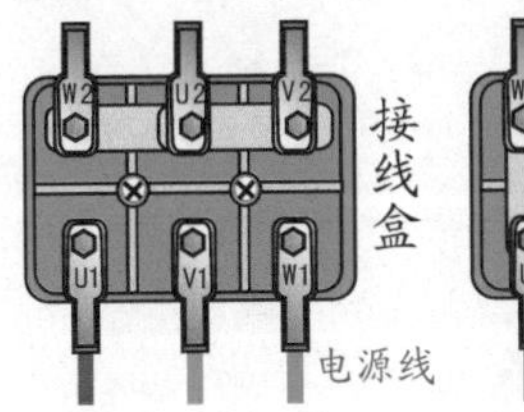

(a) 星形(Y)接法

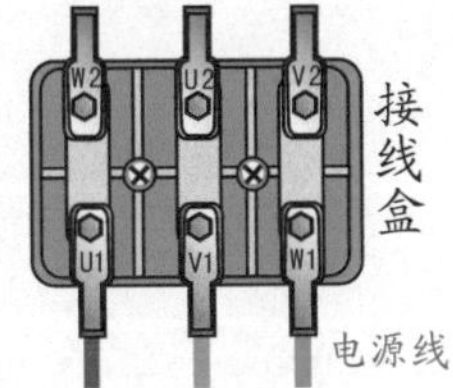

(b) 三角形(△)接法

④ 绕组展开图

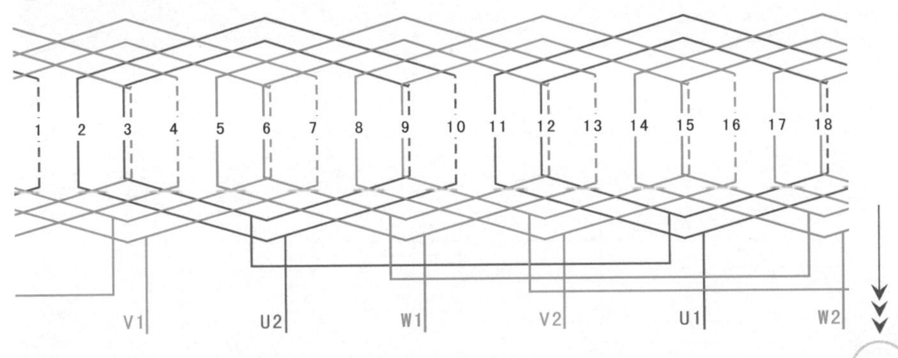

3.1.2 18槽2极单双层混合式绕组（$y=9$、$7, a=1$）

① 绕组数据

定子槽数 $Z=18$

电机极数 $2p=2$

线圈组数 $u=6$

极相槽数 $q=3$

线圈极距 $\tau=9$

线圈节距 $y=9$、7

总线圈数 $Q=12$

并联路数 $a=1$

② 绕组端面图

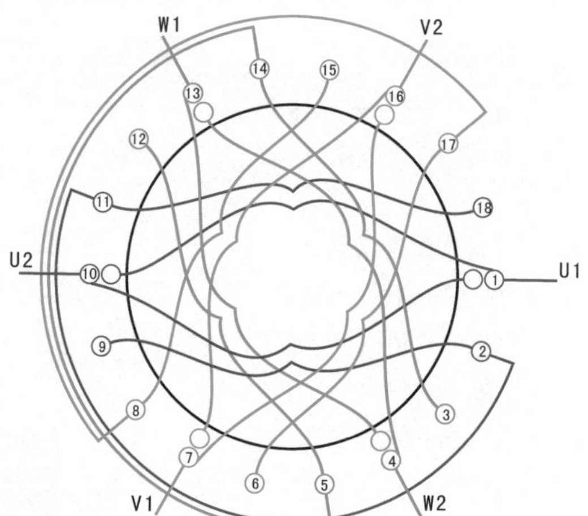

③ 接线盒

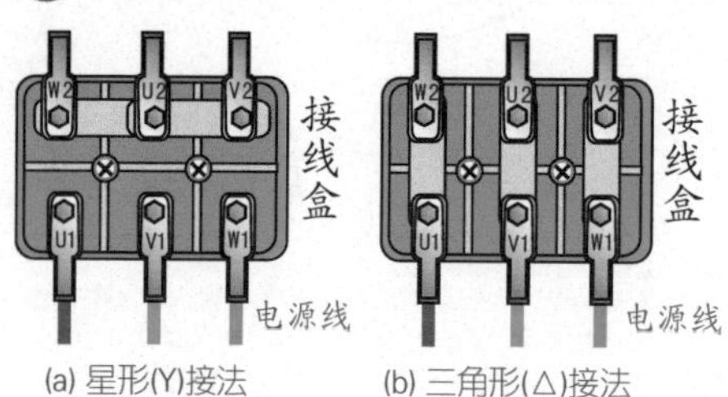

(a) 星形(Y)接法 (b) 三角形(△)接法

④ 绕组展开图

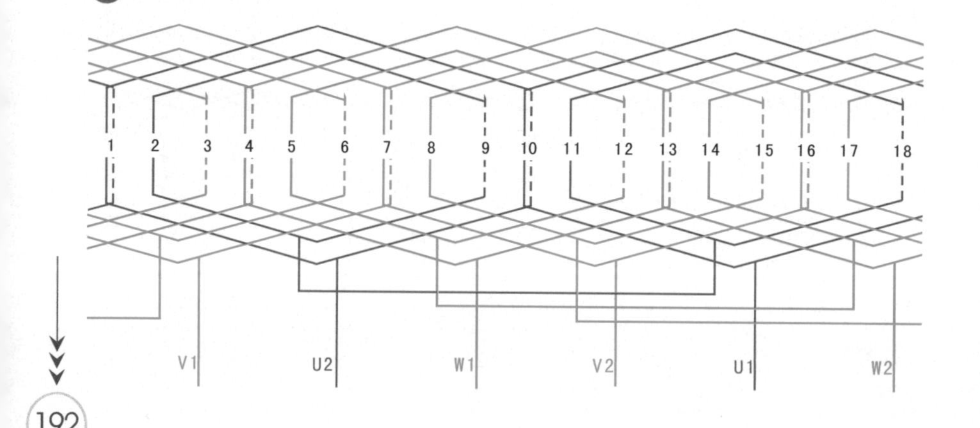

3.1.3 24槽2极单双层混合式绕组（y=11、9、7,a=1）

1 绕组数据

定子槽数 $Z=24$

电机极数 $2p=2$

线圈组数 $u=6$

极相槽数 $q=4$

线圈极距 $\tau=12$

线圈节距 $y=11$、9、7

总线圈数 $Q=18$

并联路数 $a=1$

2 绕组端面图

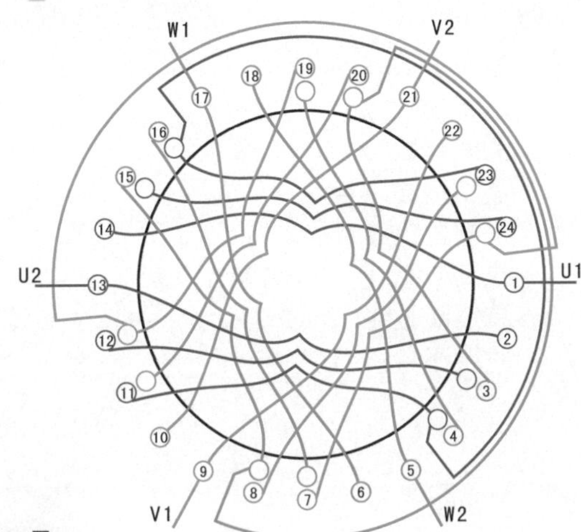

3 接线盒

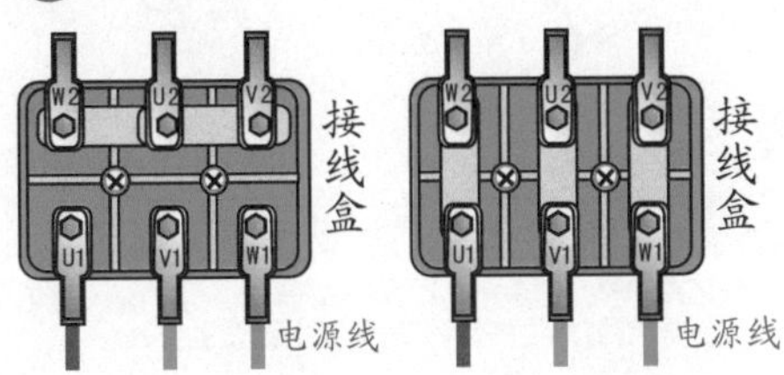

(a) 星形(Y)接法 (b) 三角形(△)接法

4 绕组展开图

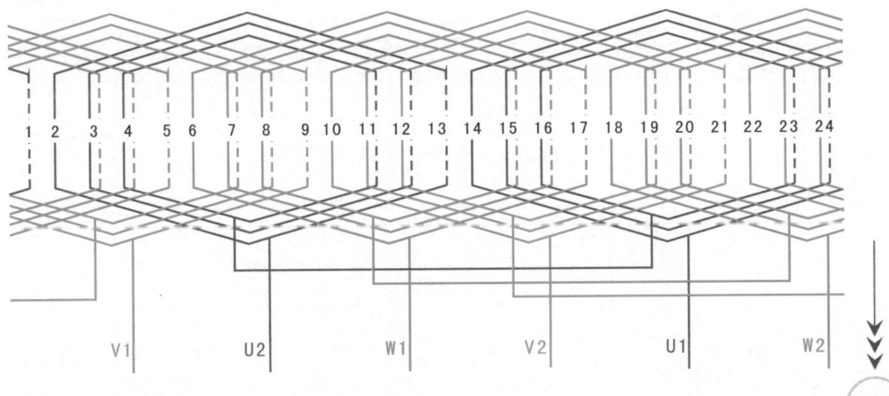

3.1.4 30槽2极单双层混合式绕组（$y=15$、13、11, $a=1$）

① 绕组数据

定子槽数 $Z=30$
电机极数 $2p=2$
线圈组数 $u=6$
极相槽数 $q=5$
线圈极距 $\tau=15$
线圈节距 $y=15$、13、11
总线圈数 $Q=18$
并联路数 $a=1$

② 绕组端面图

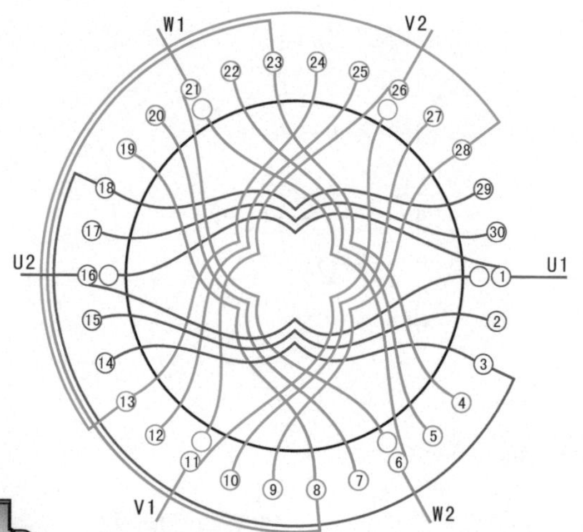

③ 接线盒

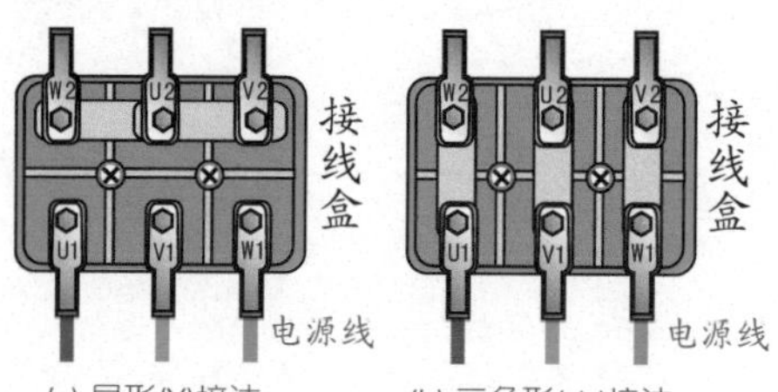

(a) 星形(Y)接法 (b) 三角形(△)接法

④ 绕组展开图

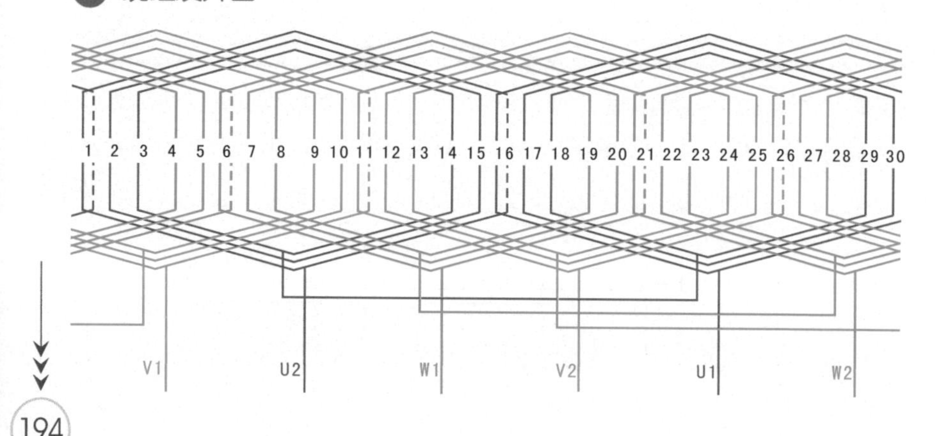

3.1.5 36槽2极单双层混合式绕组（y=17、15、13、11, a=1）

① 绕组数据

定子槽数 $Z=36$
电机极数 $2p=2$
线圈组数 $u=6$
极相槽数 $q=6$
线圈极距 $\tau=18$
线圈节距 $y=17$、15、13、11
总线圈数 $Q=24$
并联路数 $a=1$
每组圈数 $S=4$

② 绕组端面图

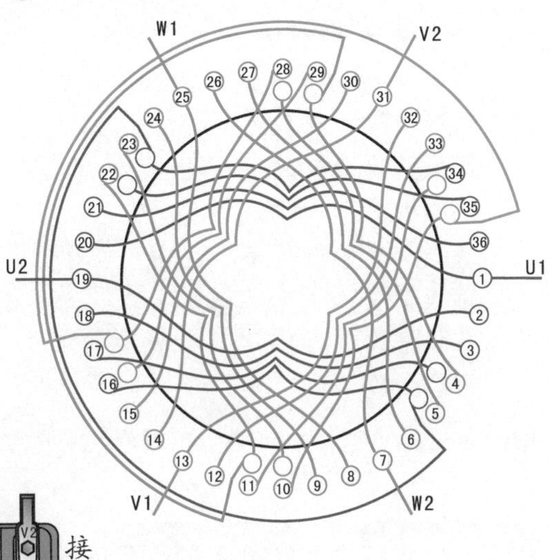

③ 接线盒

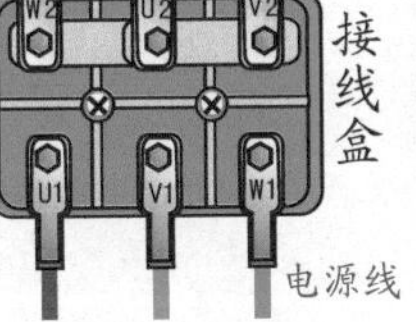

(a) 星形(Y)接法

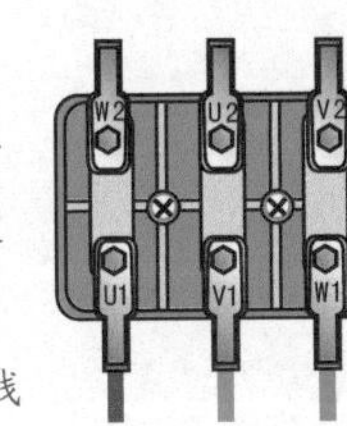

(b) 三角形(△)接法

④ 绕组展开图

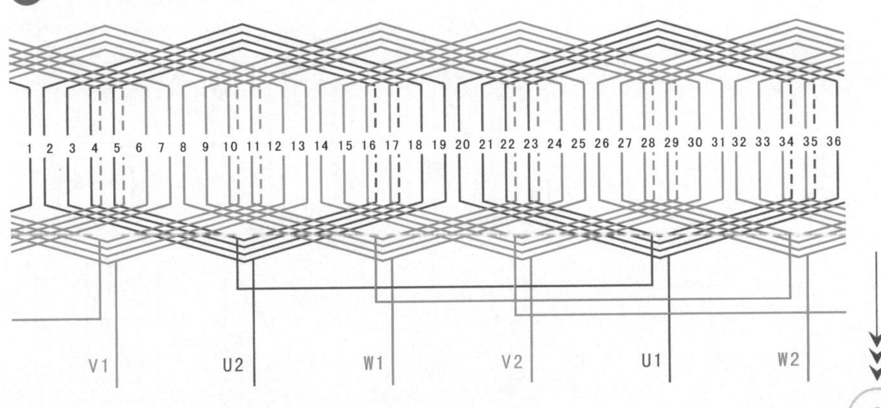

3.1.6　30槽4极单双层混合式绕组（$y=7、6、5, a=1$）

① 绕组数据

定子槽数 $Z=30$

电机极数 $2p=4$

线圈组数 $u=12$

极相槽数 $q=5/2$

线圈极距 $\tau=15/2$

线圈节距 $y=7、6、5$

总线圈数 $Q=18$

并联路数 $a=1$

每组圈数 $S=3/2$

② 绕组端面图

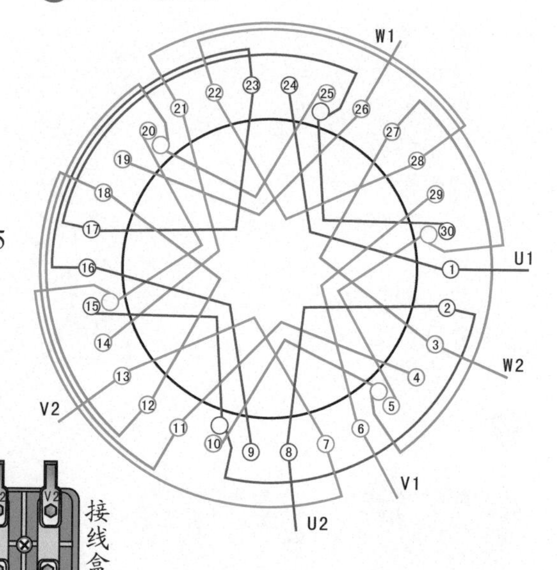

③ 接线盒

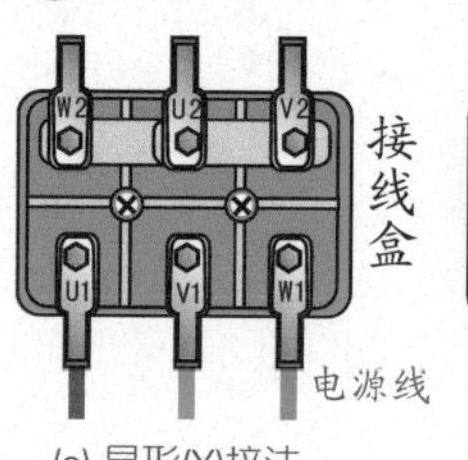

(a) 星形(Y)接法　(b) 三角形(△)接法

④ 绕组展开图

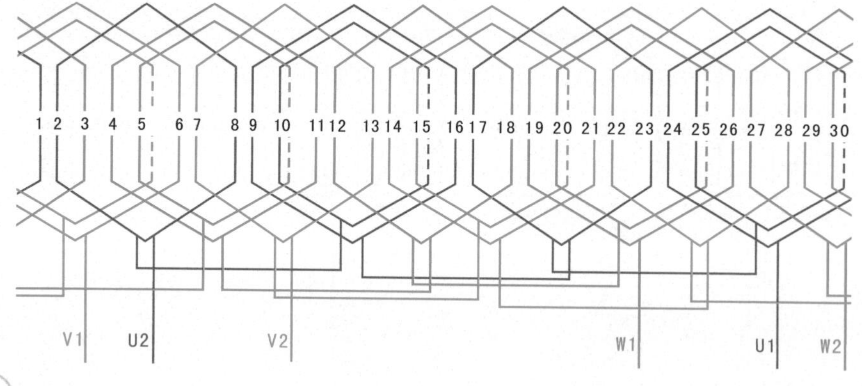

3.1.7 36槽2极单双层混合式绕组（y=17、15、13、11, a=2）

1 绕组数据

定子槽数 $Z=36$

电机极数 $2p=2$

线圈组数 $u=6$

极相槽数 $q=6$

线圈极距 $\tau=18$

线圈节距 $y=17$、15、13、11

总线圈数 $Q=24$

并联路数 $a=2$

2 绕组端面图

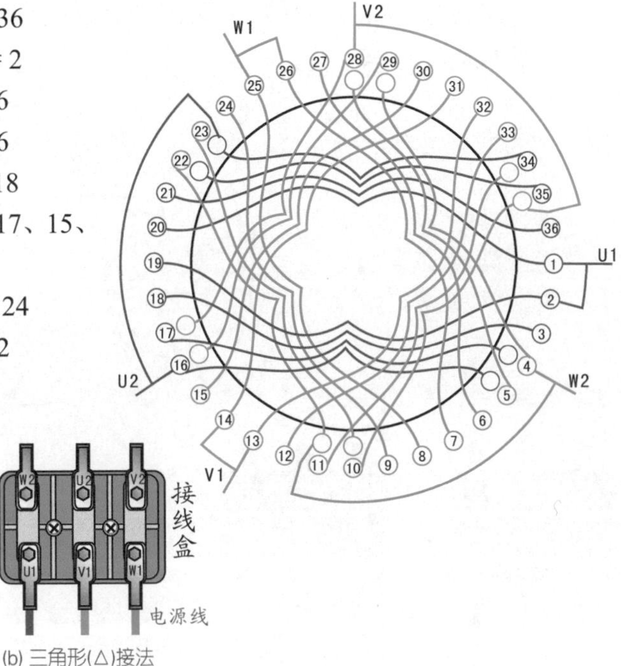

3 接线盒

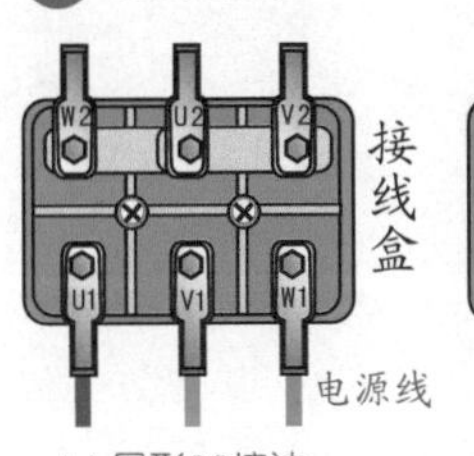

(a) 星形(Y)接法　(b) 三角形(△)接法

4 绕组展开图

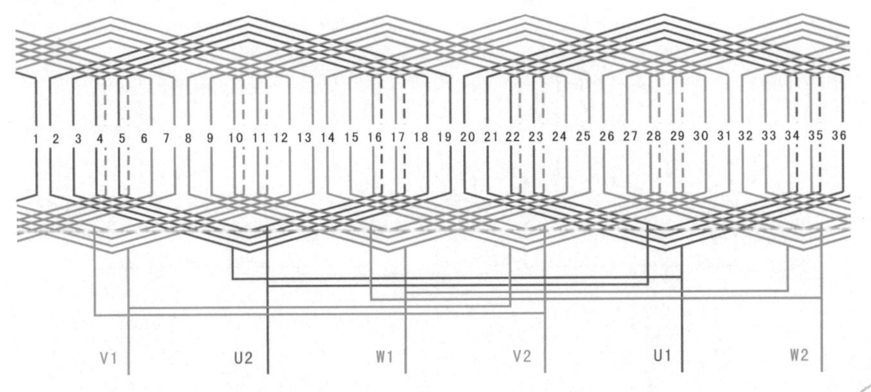

3.1.8 36槽4极单双层混合式绕组（$y=8$、6, $a=1$）

① 绕组数据

定子槽数 $Z=36$

电机极数 $2p=4$

线圈组数 $u=12$

极相槽数 $q=3$

线圈极距 $\tau=9$

线圈节距 $y=8$、6

总线圈数 $Q=24$

并联路数 $a=1$

② 绕组端面图

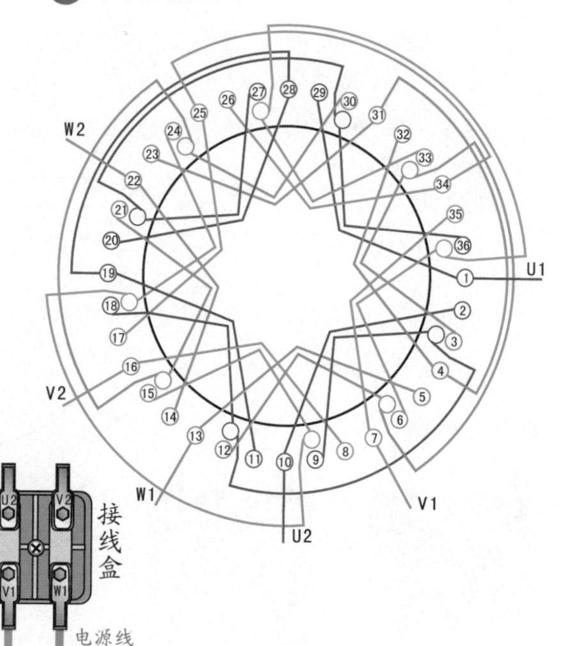

③ 接线盒

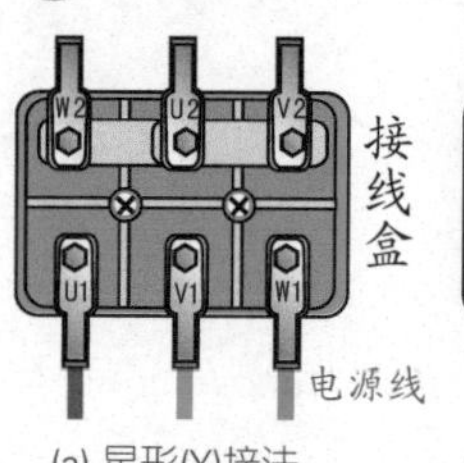

(a) 星形(Y)接法　(b) 三角形(△)接法

④ 绕组展开图

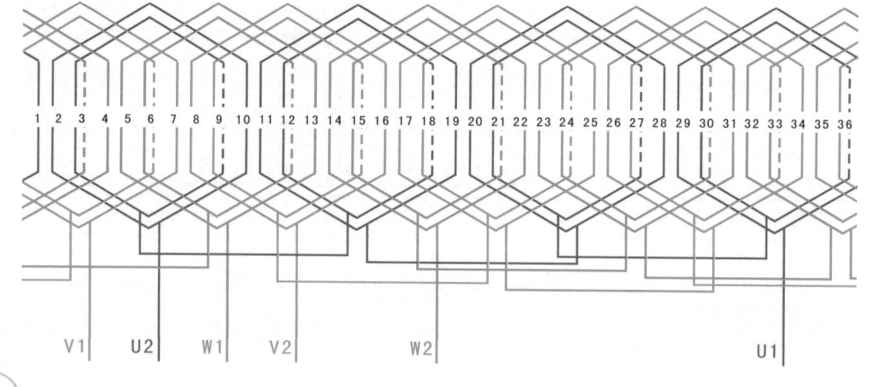

3.1.9 42槽2极单双层混合式绕组（y=20、18、16、14、12, a=2）

① 绕组数据

定子槽数 $Z=42$

电机极数 $2p=2$

线圈组数 $u=6$

极相槽数 $q=7$

线圈极距 $\tau=21$

线圈节距 $y=20$、18、16、14、12

总线圈数 $Q=30$

并联路数 $a=2$

② 绕组端面图

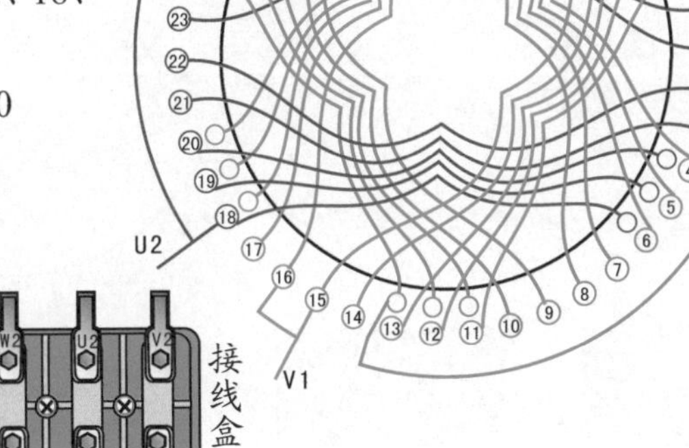

③ 接线盒

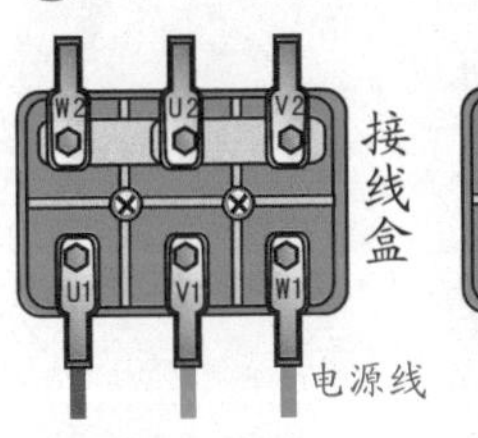

(a) 星形(Y)接法　　(b) 三角形(△)接法

④ 绕组展开图

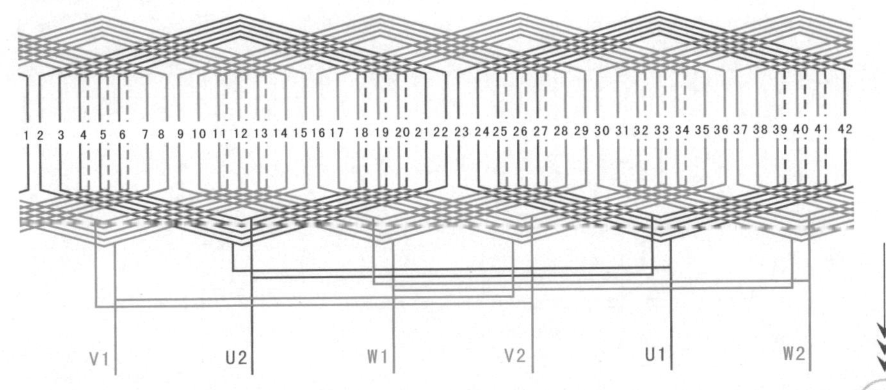

3.1.10 48槽2极单双层混合式绕组（$y=23、21、19、17、15, a=2$）

① 绕组数据

定子槽数 $Z=48$

电机极数 $2p=2$

线圈组数 $u=6$

极相槽数 $q=8$

线圈极距 $\tau=24$

线圈节距 $y=23、21、19、17、15$

总线圈数 $Q=30$

并联路数 $a=2$

② 绕组端面图

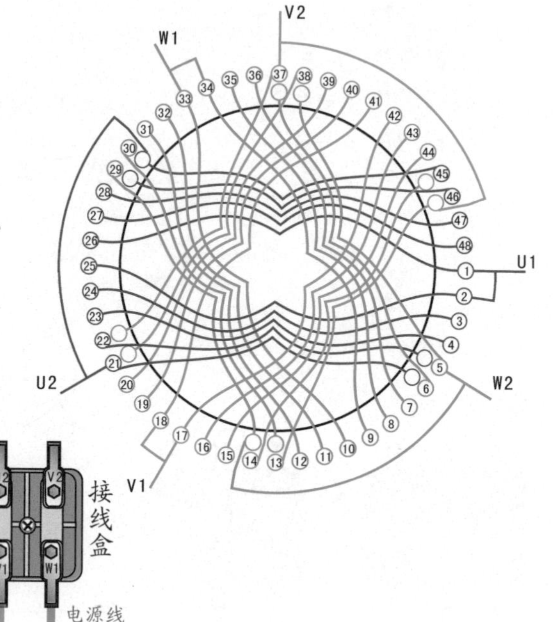

③ 接线盒

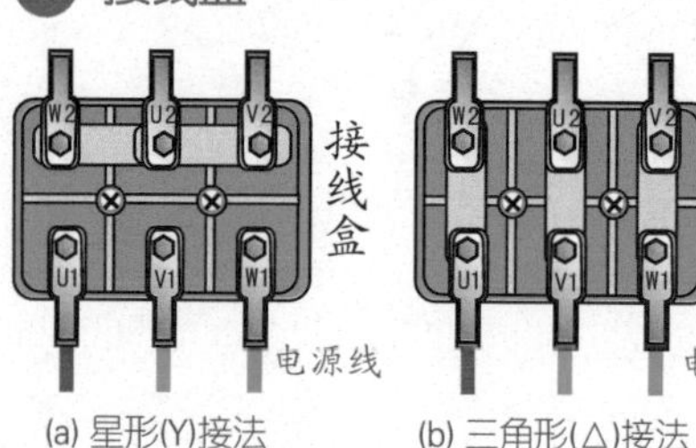

(a) 星形(Y)接法　(b) 三角形(△)接法

④ 绕组展开图

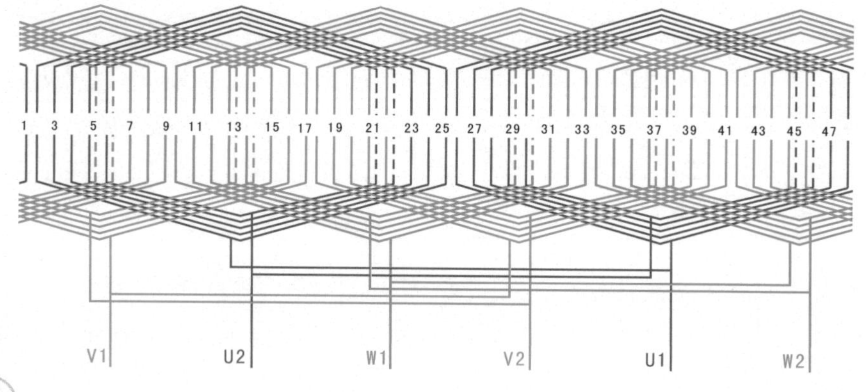

3.1.11 60槽4极单双层混合式绕组（$y=14$、12、10, $a=4$）

① 绕组数据

定子槽数 $Z=60$
电机极数 $2p=4$
线圈组数 $u=12$
极相槽数 $q=5$
线圈极距 $\tau=15$
线圈节距 $y=14$、12、10
总线圈数 $Q=36$
并联路数 $a=4$

② 绕组端面图

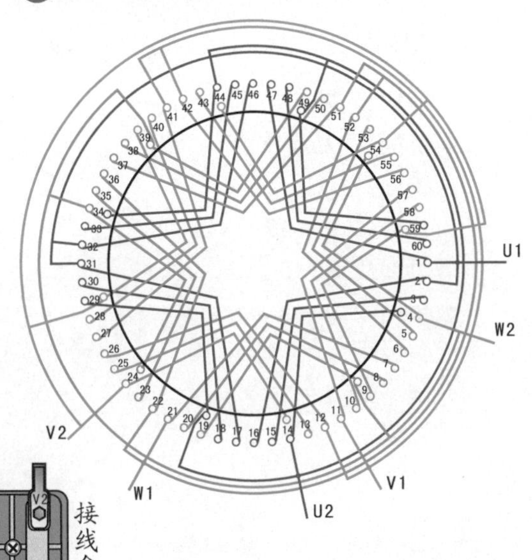

③ 接线盒

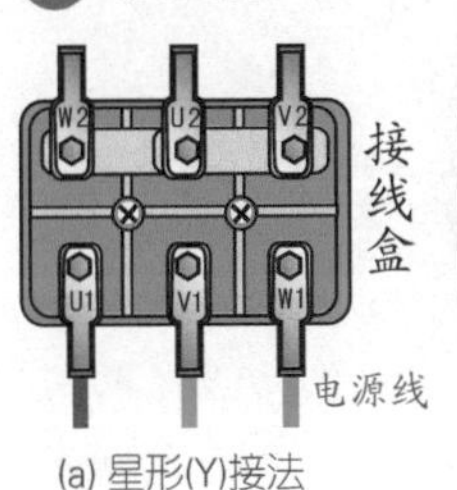

(a) 星形(Y)接法 (b) 三角形(Δ)接法

④ 绕组展开图

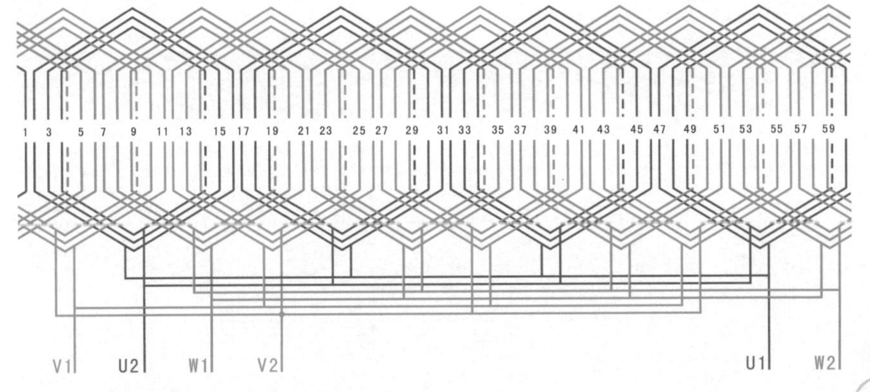

3.2 三相延边三角形绕组

3.2.1 30槽2极双层同心交叉式改绕双层1∶1抽头延边三角形绕组（$y=11, a=1$）

1 绕组数据

定子槽数 $Z=30$

电机极数 $2p=2$

总线圈数 $Q=30$

线圈组数 $u=12$

每组圈数 $S=3$、2

极相槽数 $q=5$

线圈极距 $\tau=15$

并联路数 $a=1$

线圈节距 $y=11$

2 绕组端面图

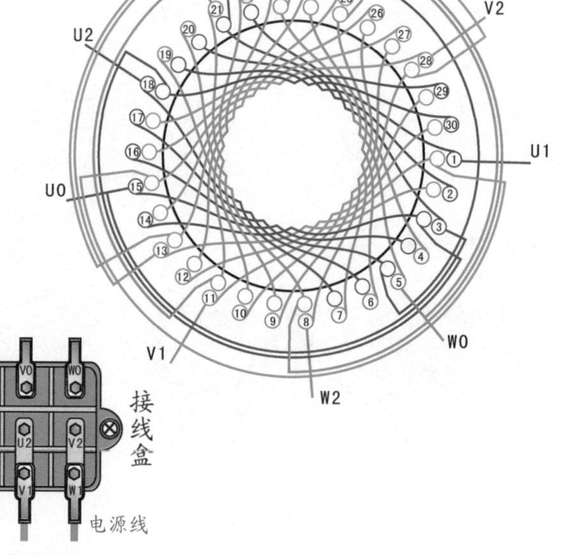

3 接线盒

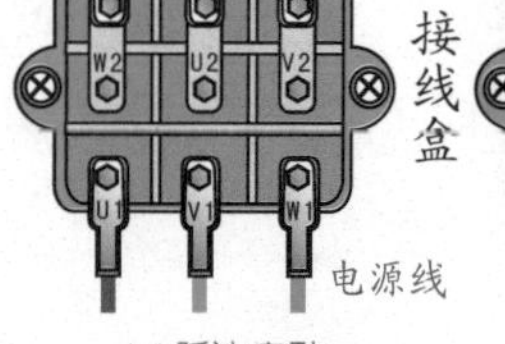

(a) 延边启动　(b) 角形运转

4 绕组展开图

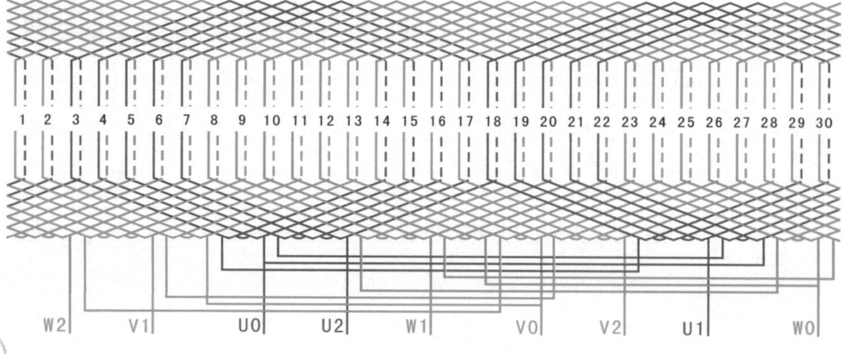

3.2.2 30槽2极单层同心交叉式改绕单双层延边三角形绕组（y=15、13、11, a=1）

❶ 绕组数据

定子槽数 $Z=30$

电机极数 $2p=2$

总线圈数 $Q=15$

线圈组数 $u=12$

每组圈数 $S=1$、2

极相槽数 $q=5$

线圈极距 $\tau=15$

并联路数 $a=1$

线圈节距 $y=15$、13、11

❷ 绕组端面图

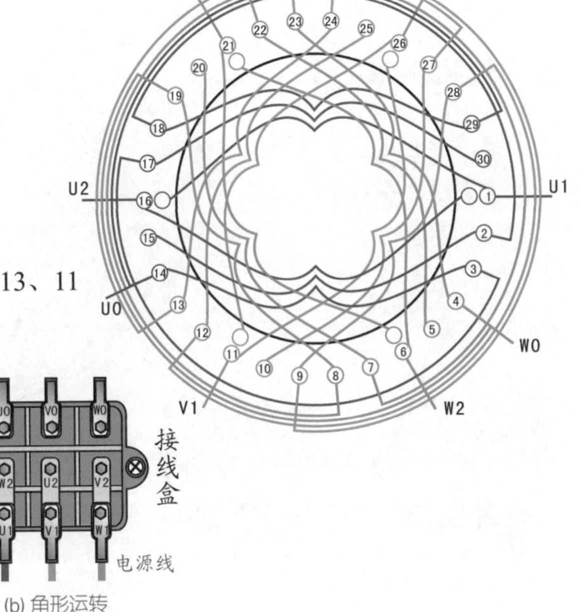

❸ 接线盒

(a) 延边启动

(b) 角形运转

❹ 绕组展开图

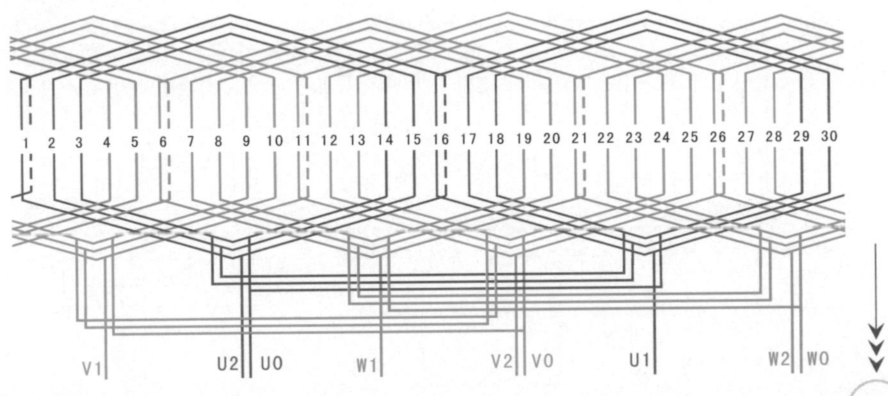

3.2.3 36槽2极1∶1抽头延边三角形绕组（$y=13, a=1$）

① 绕组数据

定子槽数 $Z=36$

电机极数 $2p=2$

总线圈数 $Q=36$

线圈组数 $u=12$

每组圈数 $S=3$

极相槽数 $q=6$

线圈极距 $\tau=18$

并联路数 $a=1$

线圈节距 $y=13$

② 绕组端面图

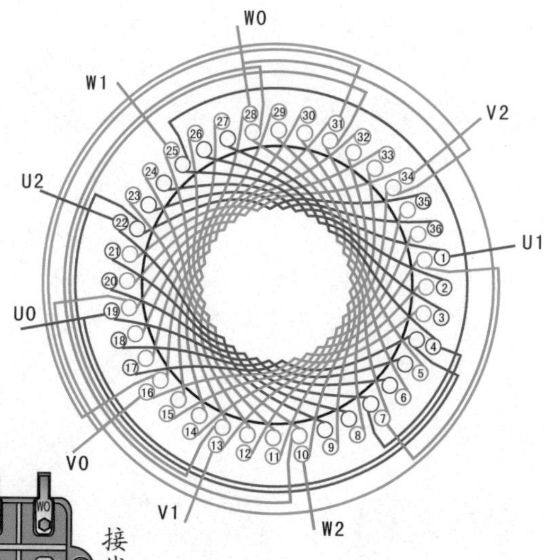

③ 接线盒

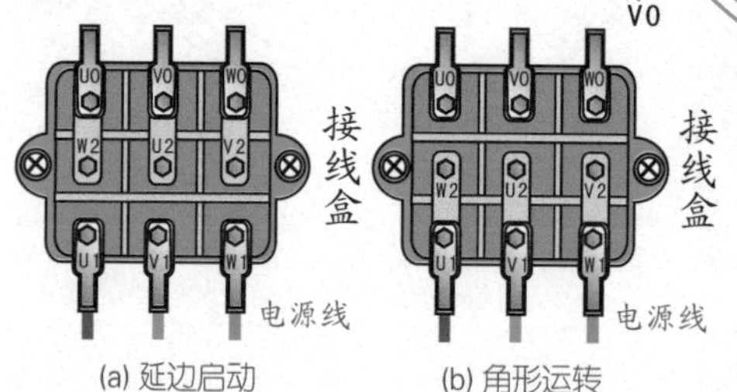

(a) 延边启动　　(b) 角形运转

④ 绕组展开图

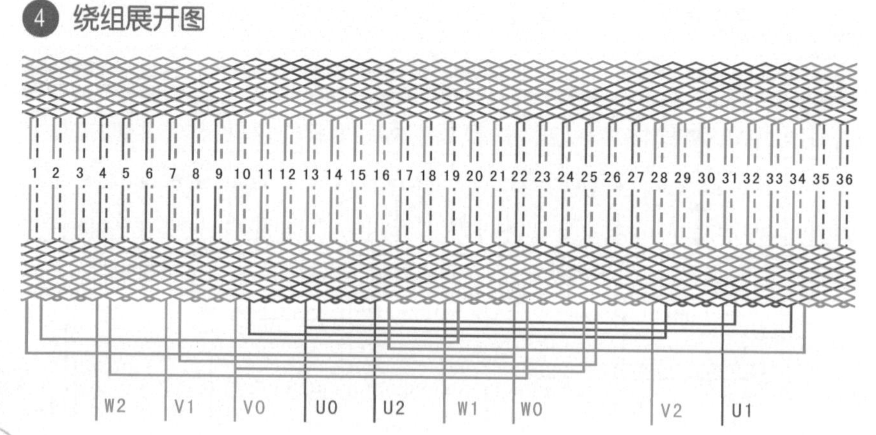

3.2.4 36槽2极1∶1抽头延边三角形绕组（$y=13, a=2$）

❶ 绕组数据

定子槽数 $Z=36$

电机极数 $2p=2$

总线圈数 $Q=36$

线圈组数 $u=12$

每组圈数 $S=3$

极相槽数 $q=6$

线圈极距 $\tau=18$

并联路数 $a=2$

线圈节距 $y=13$

❷ 绕组端面图

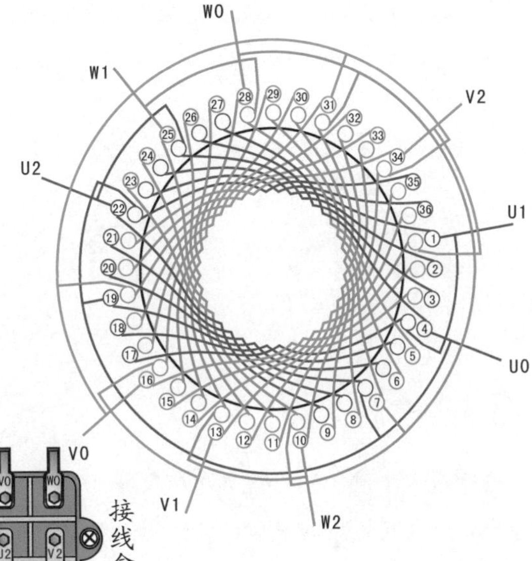

❸ 接线盒

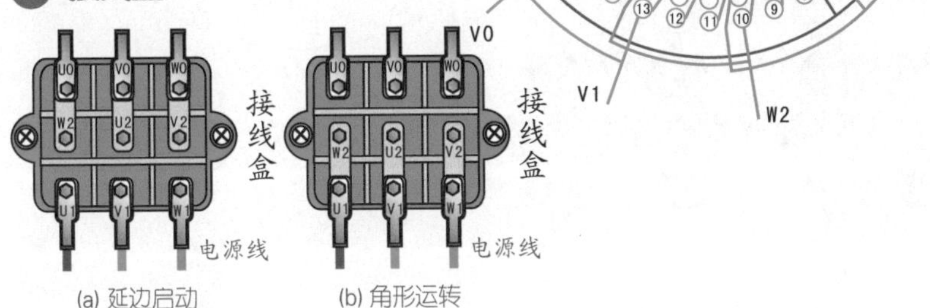

(a) 延边启动　　(b) 角形运转

❹ 绕组展开图

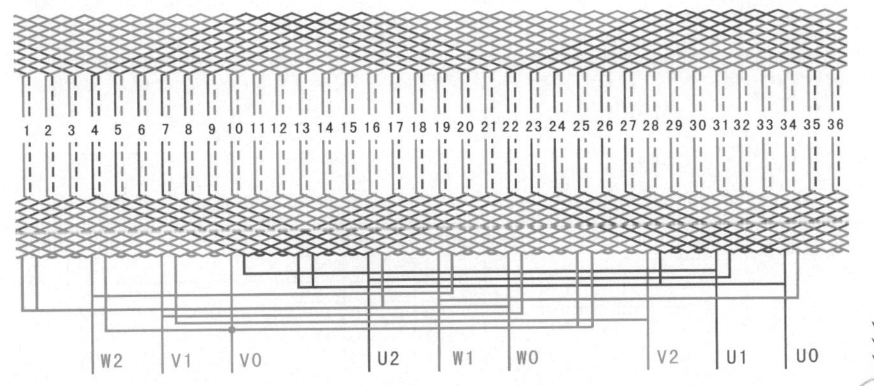

3.2.5 36槽4极单层交叉式改绕双层1∶1抽头延边三角形绕组（$y=7, a=1$）

① 绕组数据

定子槽数 $Z=36$
电机极数 $2p=4$
总线圈数 $Q=36$
线圈组数 $u=12$
每组圈数 $S=3$
极相槽数 $q=3$
线圈极距 $\tau=9$
并联路数 $a=1$
线圈节距 $y=7$

② 绕组端面图

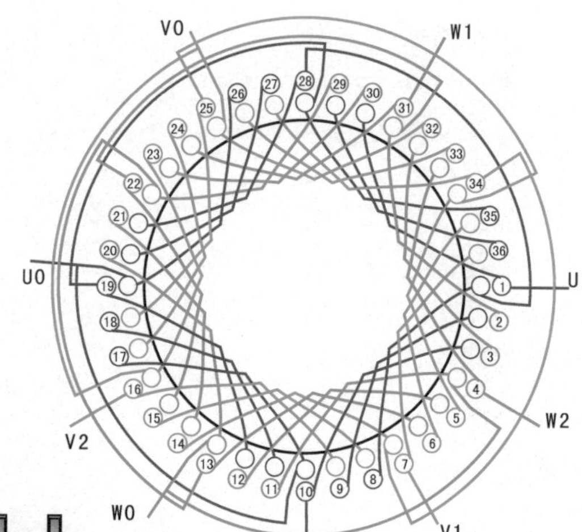

③ 接线盒

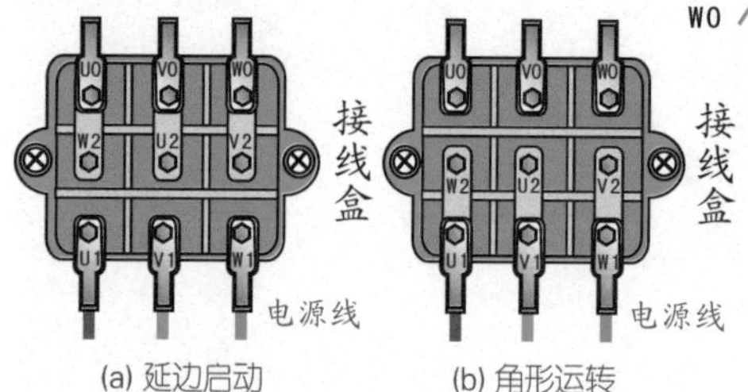

(a) 延边启动　(b) 角形运转

④ 绕组展开图

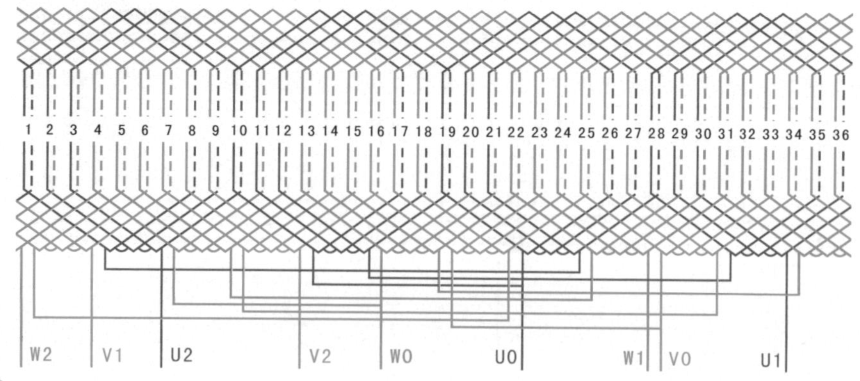

3.2.6 36槽4极单层交叉式改绕2：1抽头延边三角形绕组（y=8、7，a=1）

① 绕组数据

定子槽数 $Z=36$
电机极数 $2p=4$
总线圈数 $Q=18$
线圈组数 $u=12$
每组圈数 $S=2$、1
极相槽数 $q=3$
线圈极距 $\tau=9$
并联路数 $a=1$
线圈节距 $y=8$、7

② 绕组端面图

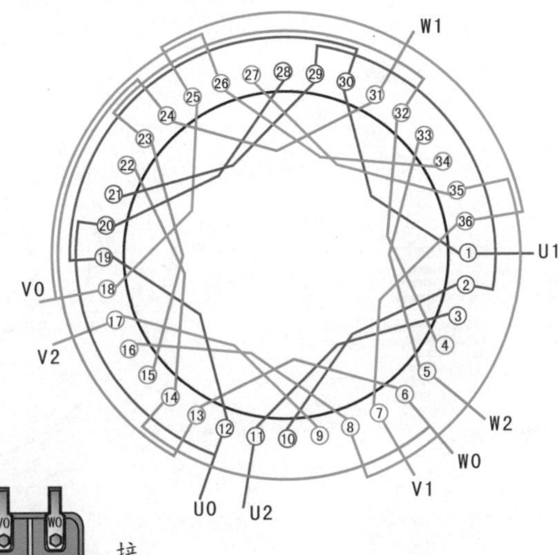

③ 接线盒

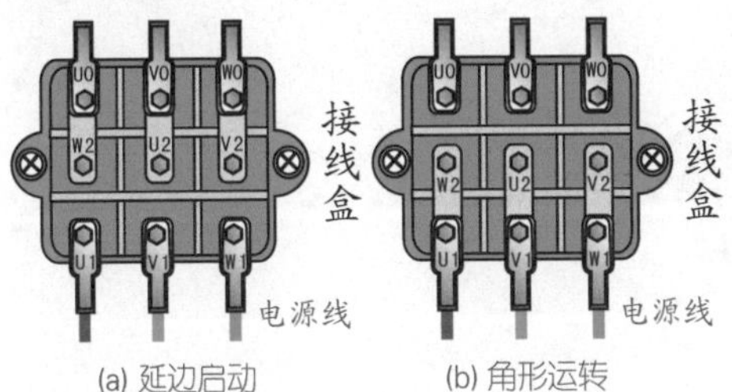

(a) 延边启动　(b) 角形运转

④ 绕组展开图

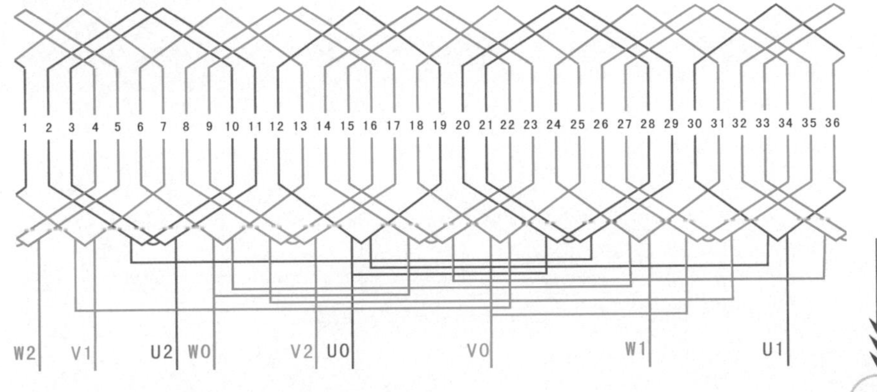

3.2.7 36槽4极单层交叉式改绕1∶2抽头延边三角形绕组（$y=7$、$8, a=1$）

① 绕组数据

定子槽数 $Z=36$
电机极数 $2p=4$
总线圈数 $Q=18$
线圈组数 $u=12$
每组圈数 $S=1$、2
极相槽数 $q=3$
线圈极距 $\tau=9$
并联路数 $a=2$
线圈节距 $y=7$、8

② 绕组端面图

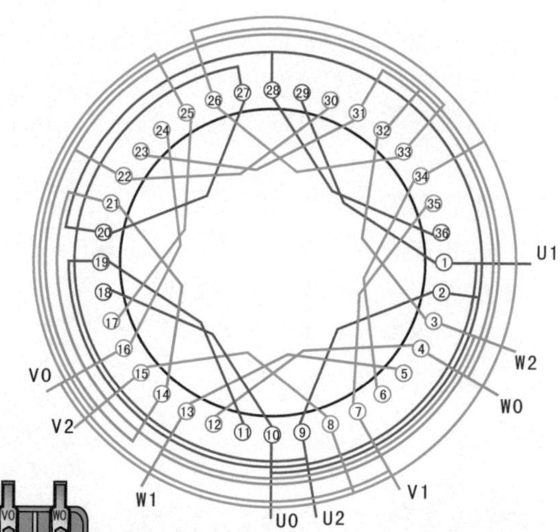

③ 接线盒

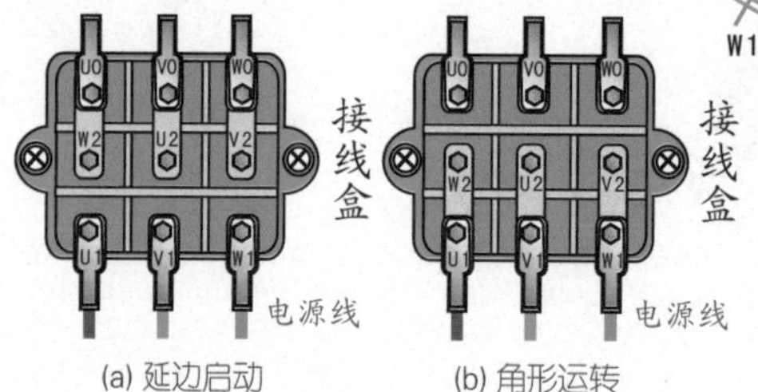

(a) 延边启动　(b) 角形运转

④ 绕组展开图

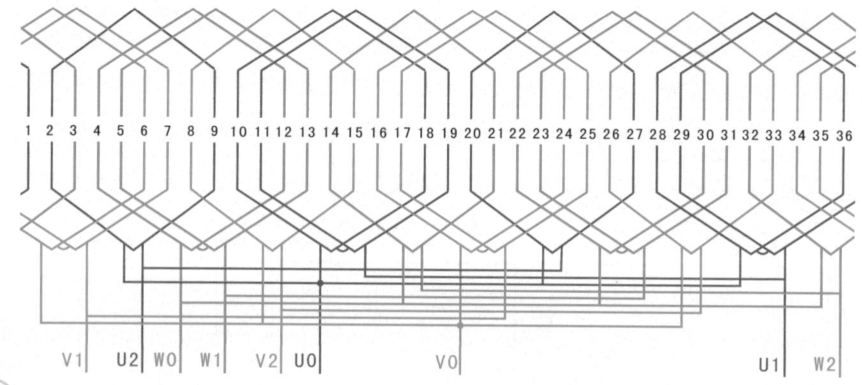

3.2.8　36槽6极单层链式改绕双层1：1抽头延边三角形绕组（$y=7$、8, $a=1$）

① 绕组数据

定子槽数 $Z=36$

电机极数 $2p=6$

总线圈数 $Q=36$

线圈组数 $u=18$

每组圈数 $S=2$

极相槽数 $q=2$

线圈极距 $\tau=6$

并联路数 $a=1$

线圈节距 $y=5$

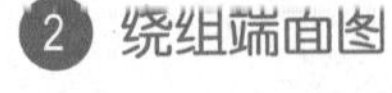

② 绕组端面图

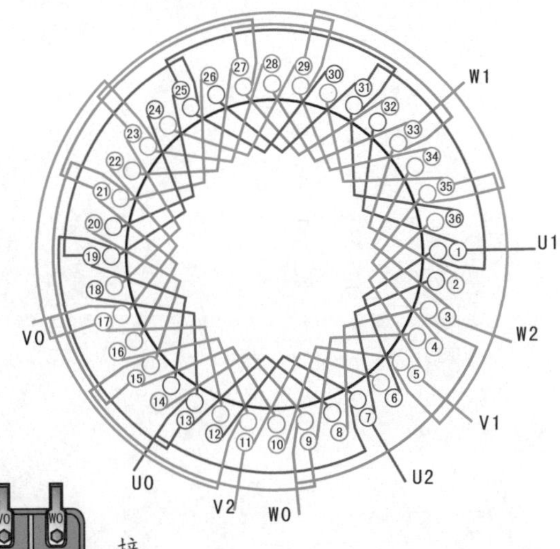

③ 接线盒

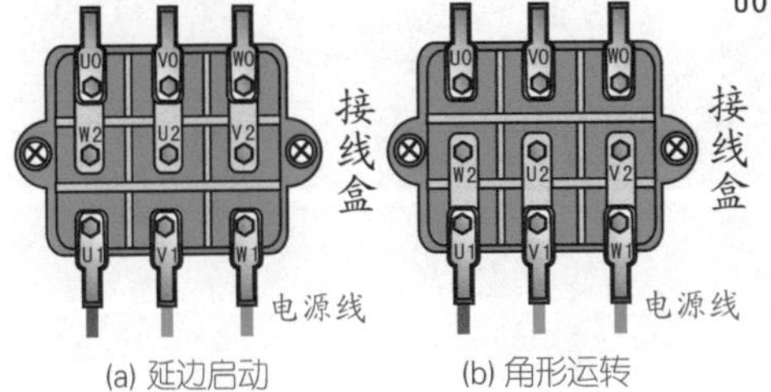

(a) 延边启动　(b) 角形运转

④ 绕组展开图

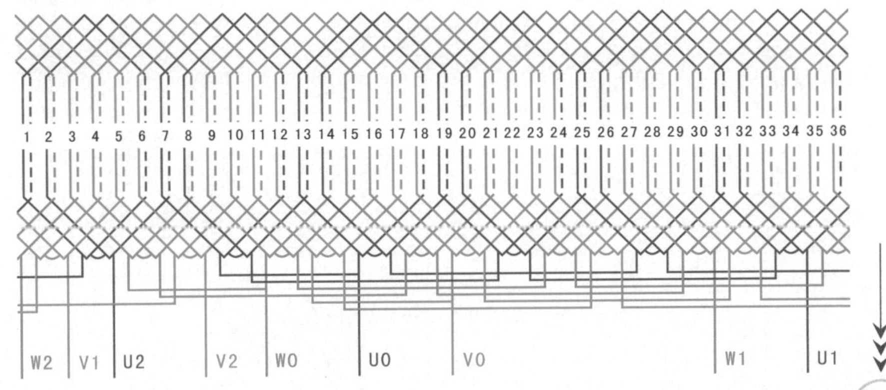

3.2.9 42槽2极延边启动型双层绕组（$y=15, a=2$）

❶ 绕组数据

定子槽数 $Z=42$

电机极数 $2p=2$

并联路数 $a=2$

线圈组数 $u=12$

每组圈数 $S=3、4$

极相槽数 $q=7$

总线圈数 $Q=42$

线圈节距 $y=15$

线圈极距 $\tau=21$

❷ 绕组端面图

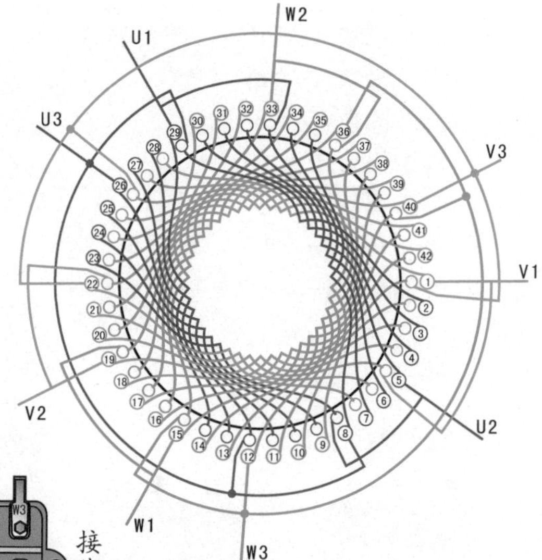

❸ 接线盒

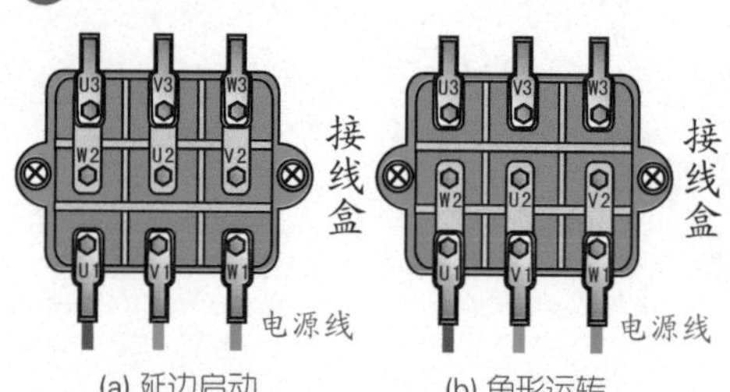

(a) 延边启动　　(b) 角形运转

❹ 绕组展开图

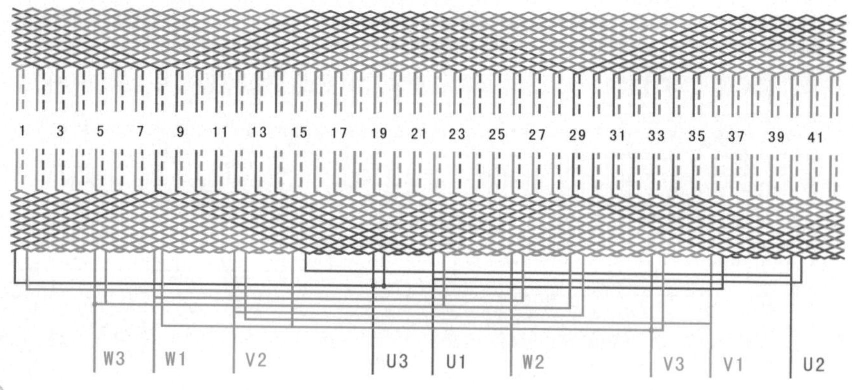

3.2.10 48槽2极1:1抽头延边三角形绕组（$y=17, a=2$）

① 绕组数据

定子槽数 $Z=48$

电机极数 $2p=2$

总线圈数 $Q=48$

线圈组数 $u=12$

每组圈数 $S=4$

极相槽数 $q=8$

线圈极距 $\tau=24$

并联路数 $a=2$

线圈节距 $y=17$

② 绕组端面图

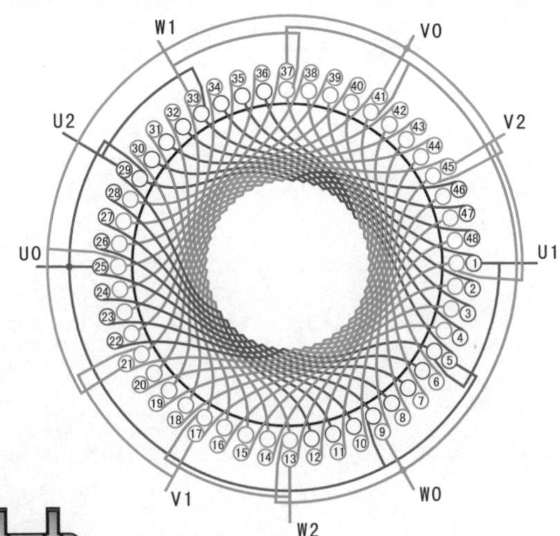

③ 接线盒

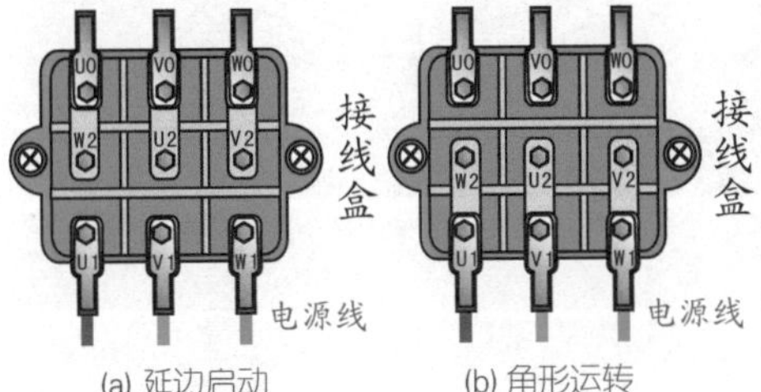

(a) 延边启动　(b) 角形运转

④ 绕组展开图

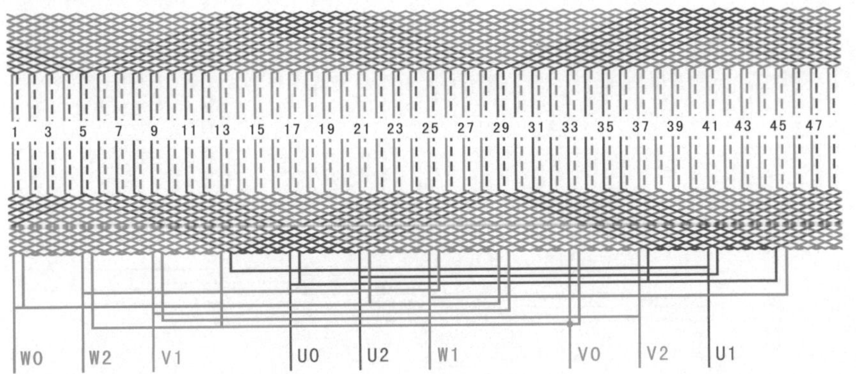

3.2.11 48槽4极1:1抽头延边三角形绕组（$y=10, a=2$）

① 绕组数据

定子槽数 $Z=48$

电机极数 $2p=4$

总线圈数 $Q=48$

线圈组数 $u=12$

每组圈数 $S=4$

极相槽数 $q=4$

线圈极距 $\tau=12$

并联路数 $a=2$

线圈节距 $y=10$

② 绕组端面图

③ 接线盒

(a) 延边启动

(b) 角形运转

④ 绕组展开图

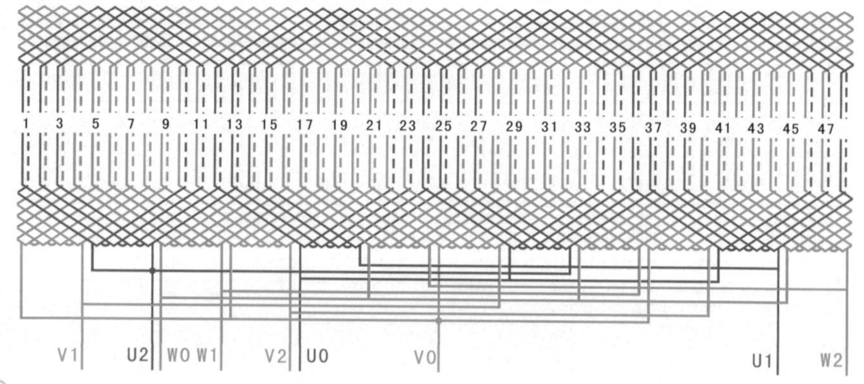

3.2.12 48槽8极单层链式改绕1：1抽头延边三角形绕组（$y=5, a=1$）

① 绕组数据

定子槽数 $Z=48$
电机极数 $2p=8$
总线圈数 $Q=24$
线圈组数 $u=24$
每组圈数 $S=1$
极相槽数 $q=2$
线圈极距 $\tau=6$
并联路数 $a=1$
线圈节距 $y=5$

② 绕组端面图

W1 U1 W2 W0 V1 U2 U0 V2 V0

③ 接线盒

接线盒 电源线

(a) 延边启动

(b) 角形运转

④ 绕组展开图

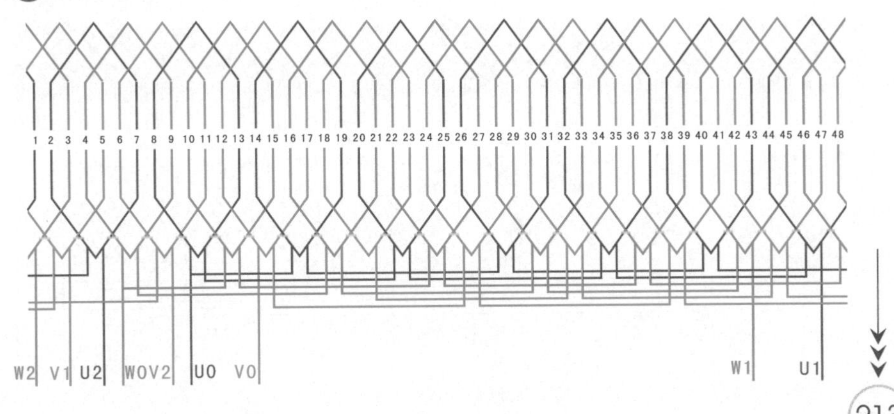

3.2.13 54槽6极延边启动型双层绕组（$y=8, a=3$）

① 绕组数据

定子槽数 $Z=54$

电机极数 $2p=6$

线圈组数 $u=18$

每组圈数 $S=3$

线圈极距 $\tau=9$

线圈节距 $y=8$

总线圈数 $Q=54$

极相槽数 $q=3$

并联路数 $a=3$

② 绕组端面图

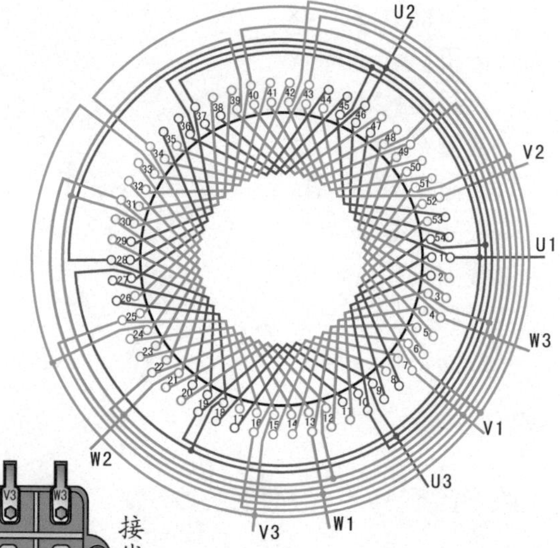

③ 接线盒

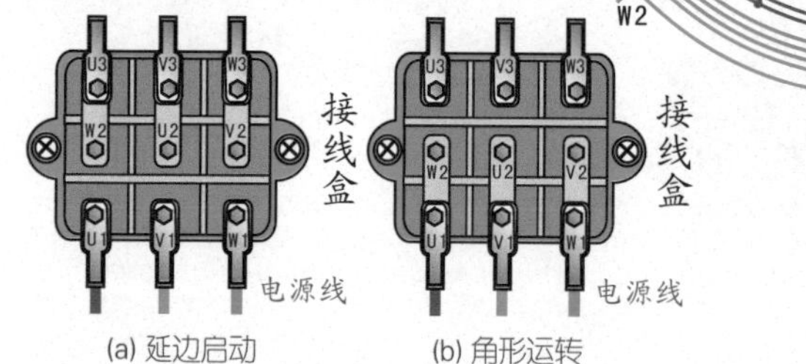

(a) 延边启动　　(b) 角形运转

④ 绕组展开图

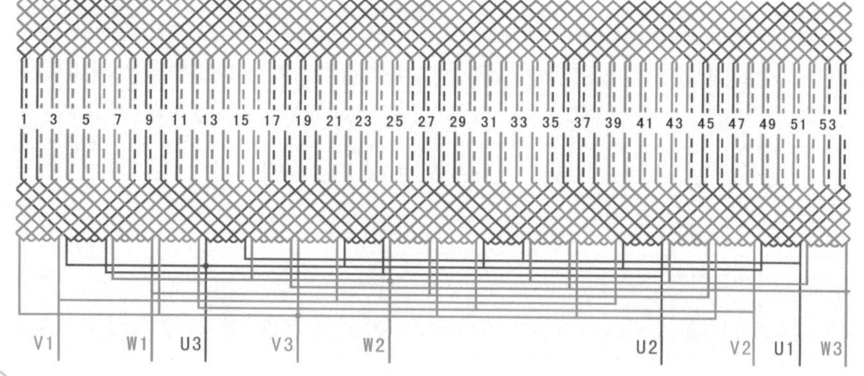

3.2.14 72槽8极1∶1抽头延边三角形绕组（$y=8, a=1$）

❶ 绕组数据

定子槽数 $Z=72$

电机极数 $2p=8$

总线圈数 $Q=72$

线圈组数 $u=24$

每组圈数 $S=3$

极相槽数 $q=3$

线圈极距 $\tau=9$

并联路数 $a=1$

线圈节距 $y=8$

❷ 绕组端面图

W1 U1 W2 V1 U2 W0 V2 U0 V0

❸ 接线盒

接线盒 电源线

(a) 延边启动

接线盒 电源线

(b) 角形运转

❹ 绕组展开图

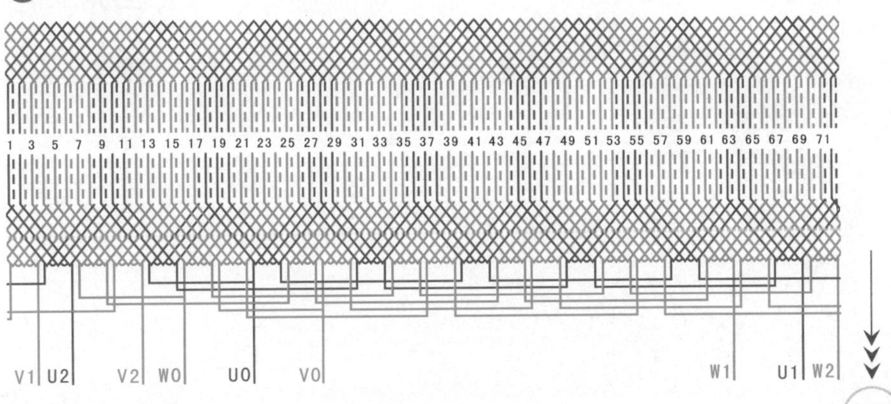

电动机绕组全彩色图集——嵌线·布线·接线展开图

PART4

第4章 三相变极双速绕组

4.1 4/2极双速速查

4.1.1 24槽4/2极双层叠式双速绕组（Δ/2Y，$y=6$）

① 绕组数据

定子槽数 $Z=24$

电机极数 $2p=4/2$

线圈极距 $\tau=12$

线圈组数 $u=6$

每组圈数 $S=4$

极相槽数 $q=4$

总线圈数 $Q=24$

线圈节距 $y=6$

② 绕组端面图

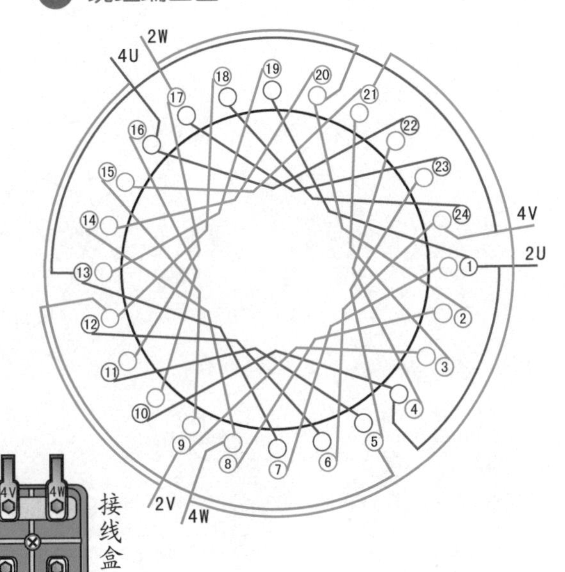

③ 接线盒

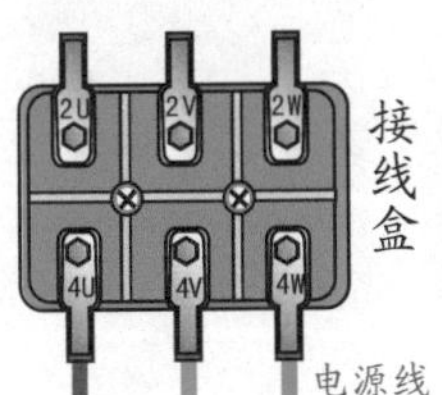

(a) 4极△形接法　(b) 2极2Y形接法

④ 绕组展开图

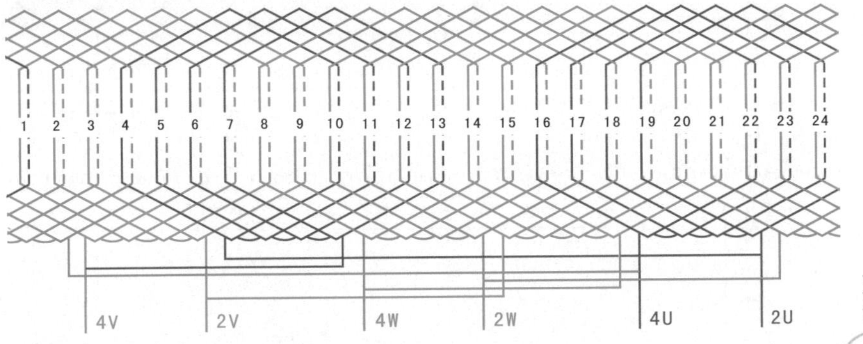

4.1.2 24槽4/2极双层双速绕组（2Y/2Y，$y=6$）

① 绕组数据

定子槽数 $Z=24$

电机极数 $2p=4/2$

线圈组数 $u=6$

每组圈数 $S=4$

总线圈数 $Q=24$

线圈节距 $y=6$

② 绕组端面图

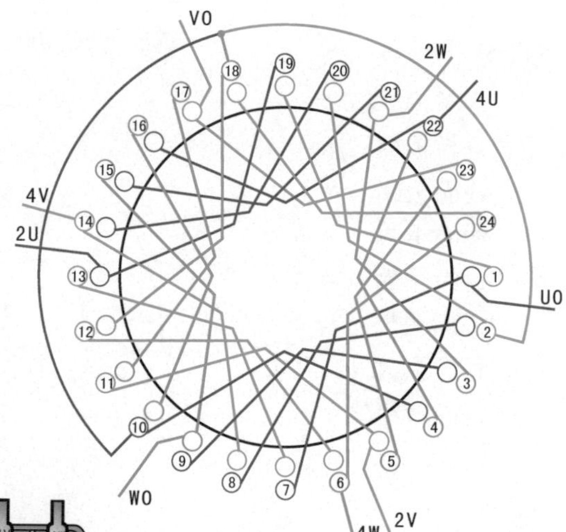

③ 接线盒

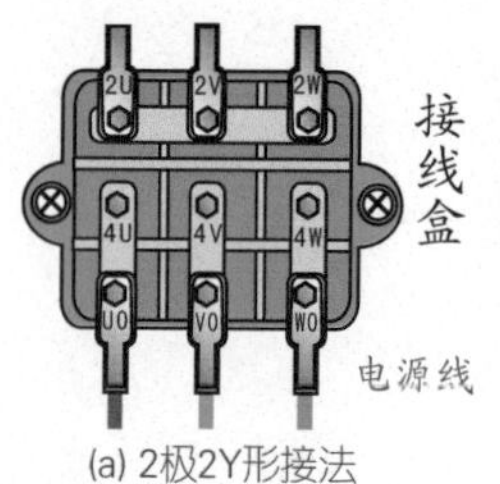

(a) 2极2Y形接法

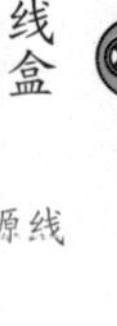

(b) 4极2Y形接法

④ 绕组展开图

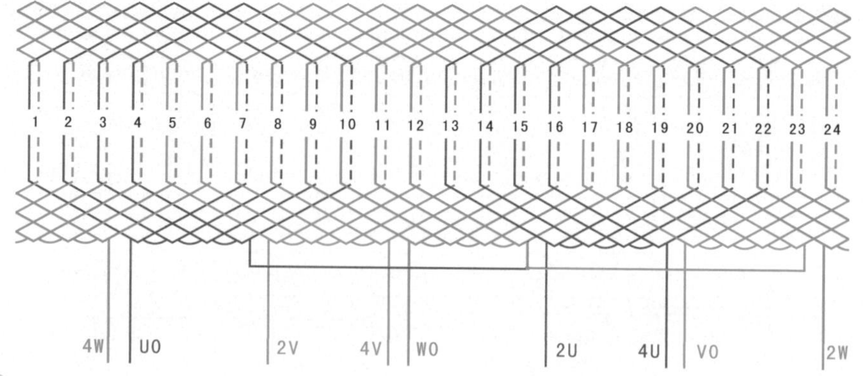

4.1.3 24槽4/2极双层叠式双速绕组（Δ/2Y, $y=7$）

① 绕组数据

定子槽数 $Z=24$

电机极数 $2p=4/2$

线圈组数 $u=6$

每组圈数 $S=4$

总线圈数 $Q=24$

线圈节距 $y=7$

② 绕组端面图

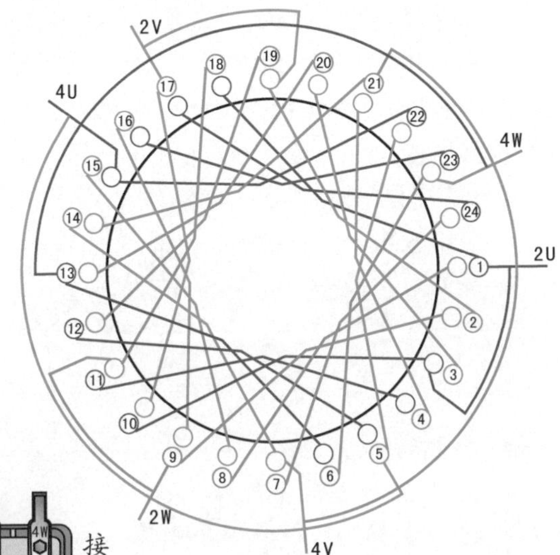

③ 接线盒

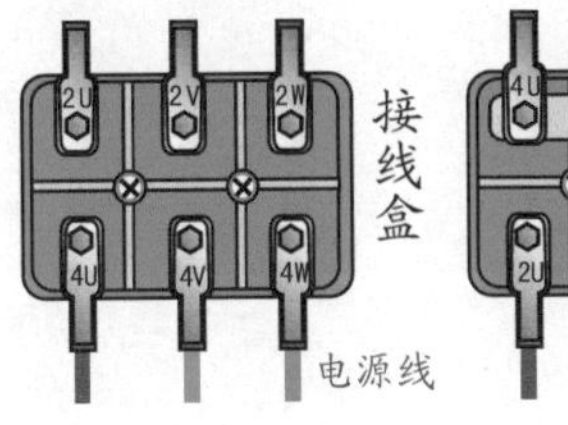

(a) 4极△形接法

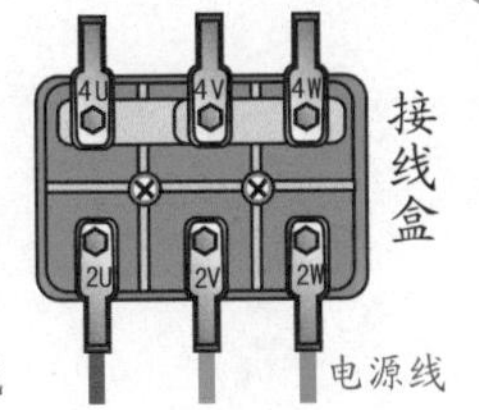

(b) 2极2Y形接法

④ 绕组展开图

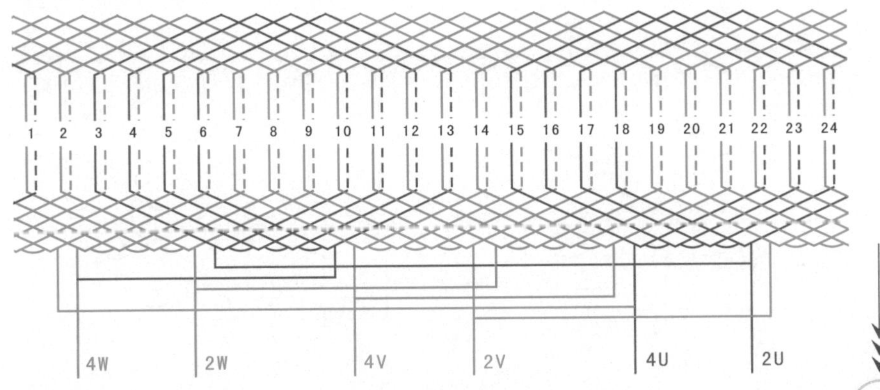

4.1.4 24槽4/2极Δ/2Y单层叠式双速绕组（$y=7$）

1 绕组数据

定子槽数 $Z=24$

电机极数 $2p=4/2$

总线圈数 $Q=12$

线圈组数 $u=6$

每组圈数 $S=2$

绕组极距 $\tau=6/12$

线圈节距 $y=7$

2 绕组端面图

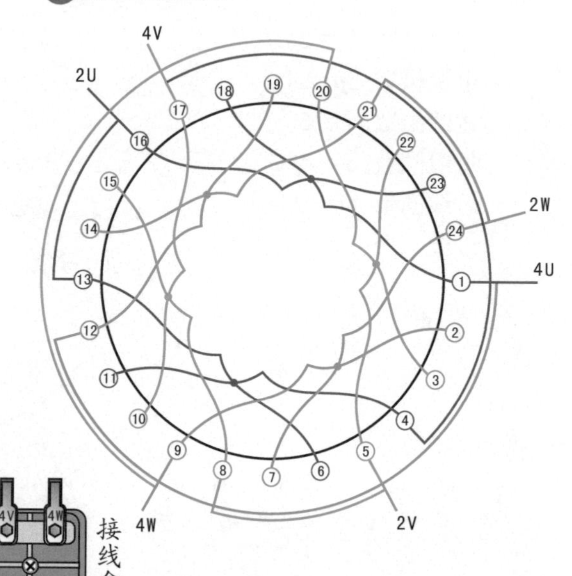

3 接线盒

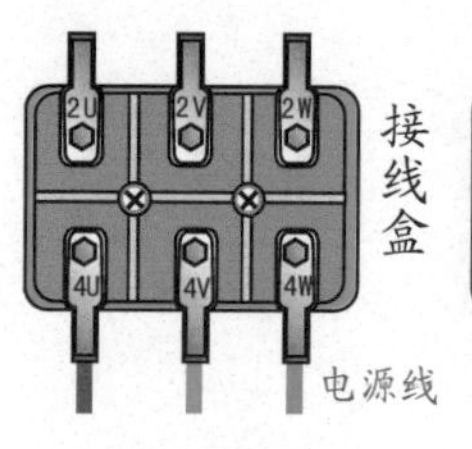

(a) 4极Δ形接法　　(b) 2极2Y形接法

4 绕组展开图

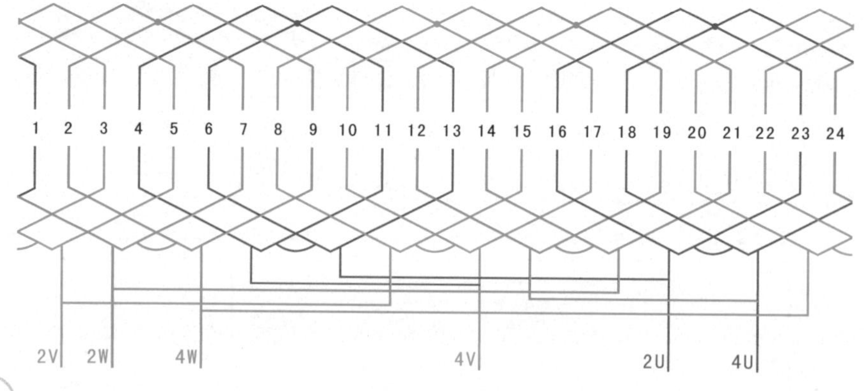

4.1.5 36槽4/2极△/2Y双速绕组（$y=9$）

① 绕组数据

定子槽数 $Z=36$

电机极数 $2p=4/2$

总线圈数 $Q=36$

线圈组数 $u=6$

每组圈数 $S=6$

线圈节距 $y=9$

② 绕组端面图

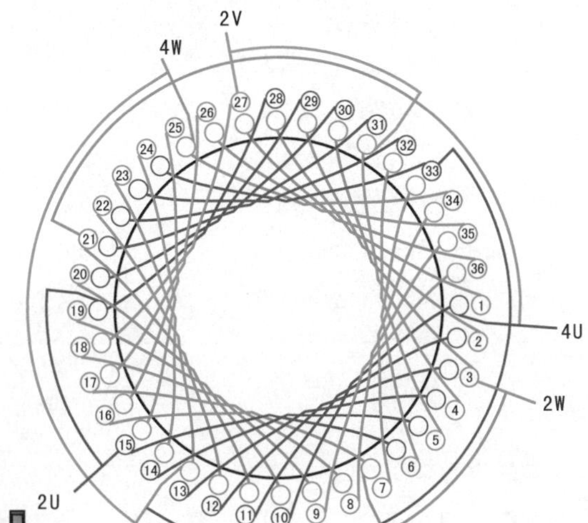

③ 接线盒

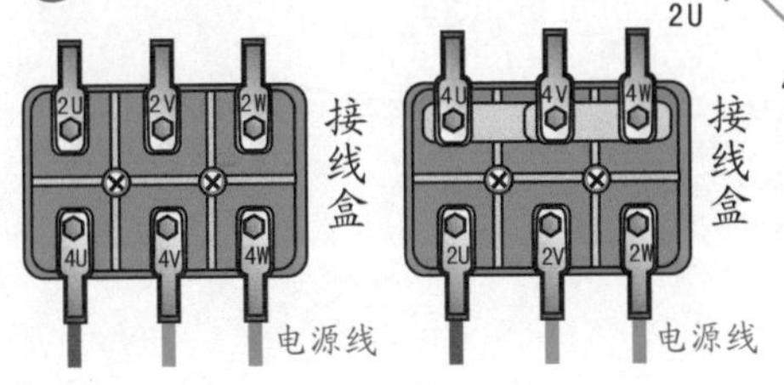

(a) 4极△形接法　　(b) 2极2Y形接法

④ 绕组展开图

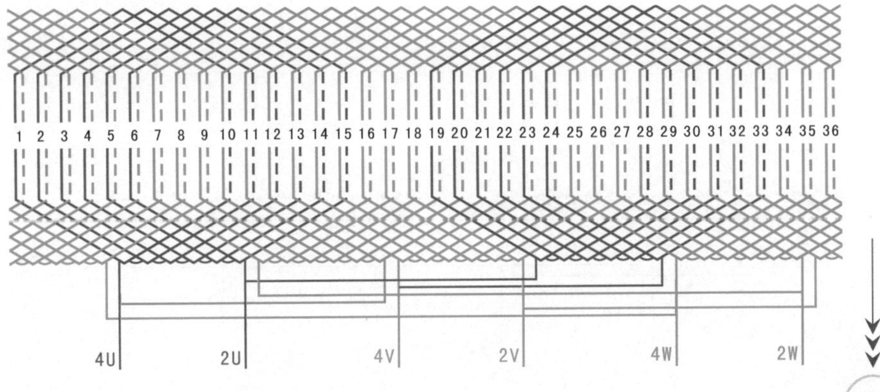

4.1.6 36槽4/2极双层叠式双速绕组（△/2Y, $y=9, a=2$）

① 绕组数据

定子槽数 $Z=36$

电机极数 $2p=4/2$

线圈极距 $\tau=18$

线圈组数 $u=6$

每组圈数 $S=6$

极相槽数 $q=6$

总线圈数 $Q=36$

并联路数 $a=2$

线圈节距 $y=9$

② 绕组端面图

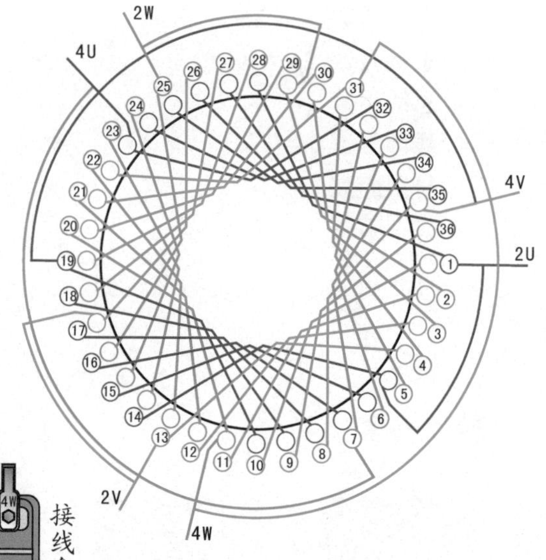

③ 接线盒

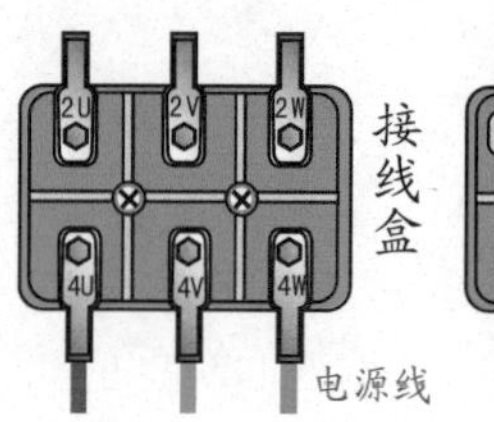

(a) 4极△形接法

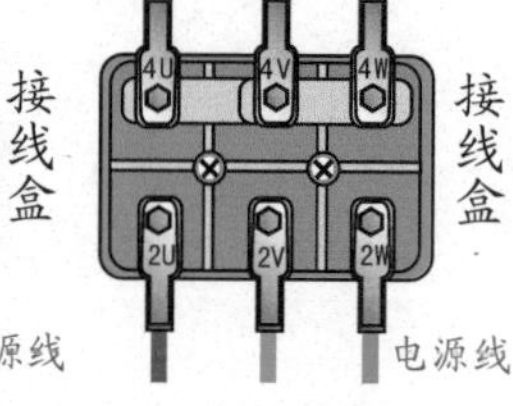

(b) 2极2Y形接法

④ 绕组展开图

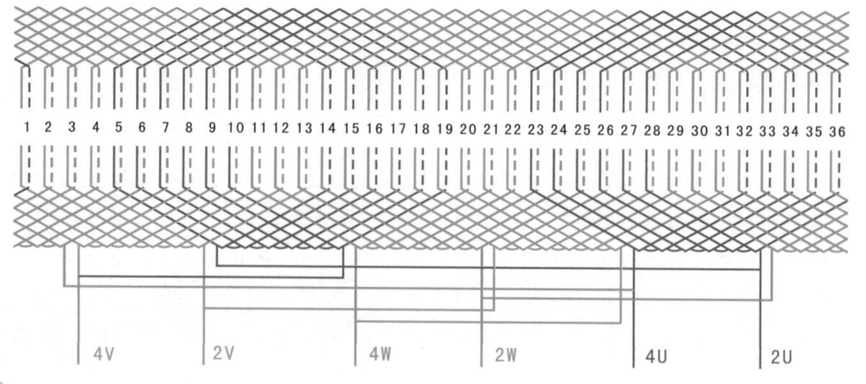

4.1.7 36槽4/2极△/2Y双速绕组（$y=10$）

① 绕组数据

定子槽数 $Z=36$

电机极数 $2p=4/2$

总线圈数 $Q=36$

线圈组数 $u=6$

每组圈数 $S=6$

线圈节距 $y=10$

② 绕组端面图

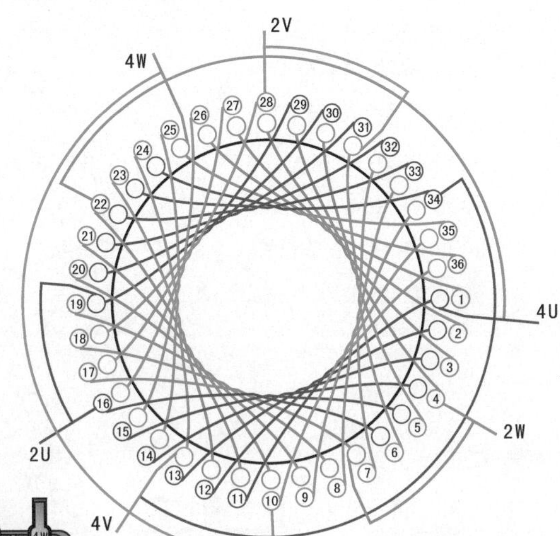

③ 接线盒

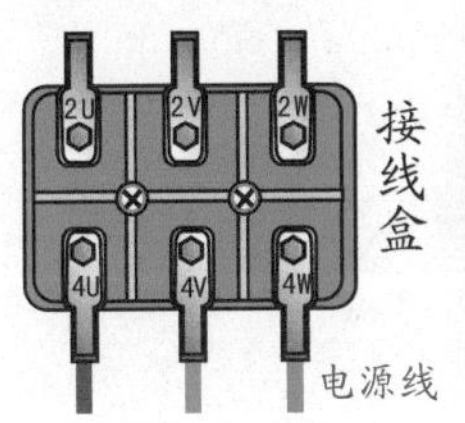

(a) 4极△形接法　　(b) 2极2Y形接法

④ 绕组展开图

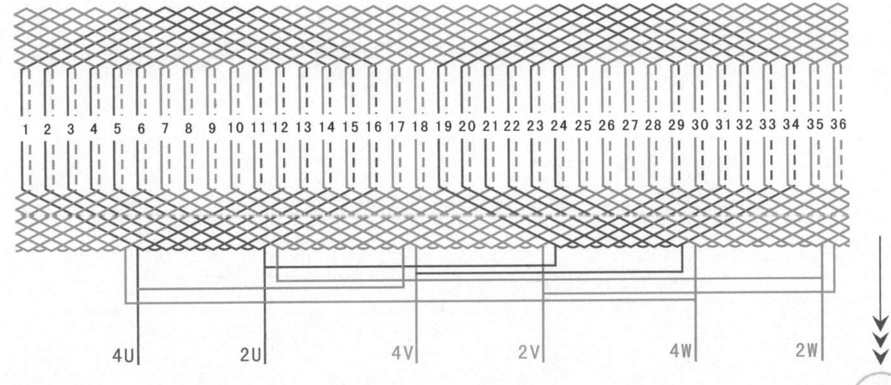

4.1.8 36槽4/2极△/2Y单层同心式双速绕组

1 绕组数据

定子槽数 $Z=36$

电机极数 $2p=4/2$

总线圈数 $Q=18$

线圈组数 $u=6$

每组圈数 $S=3$

绕组极距 $\tau=9/18$

线圈节距 $y=13、9、5$

2 绕组端面图

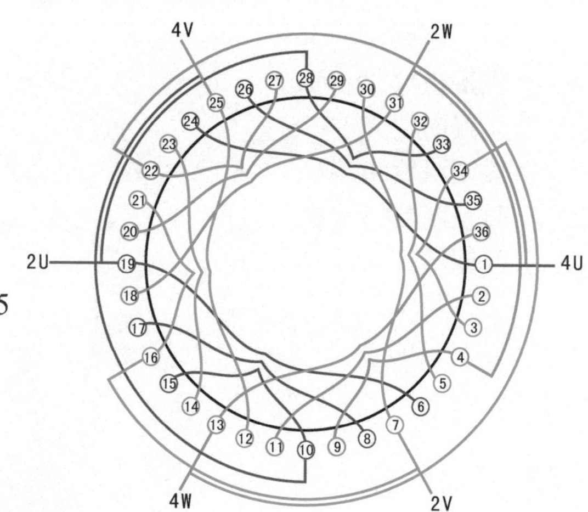

3 接线盒

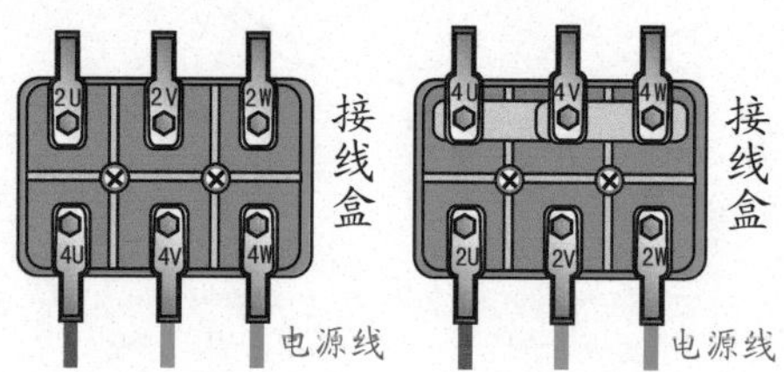

(a) 4极△形接法　(b) 2极2Y形接法

4 绕组展开图

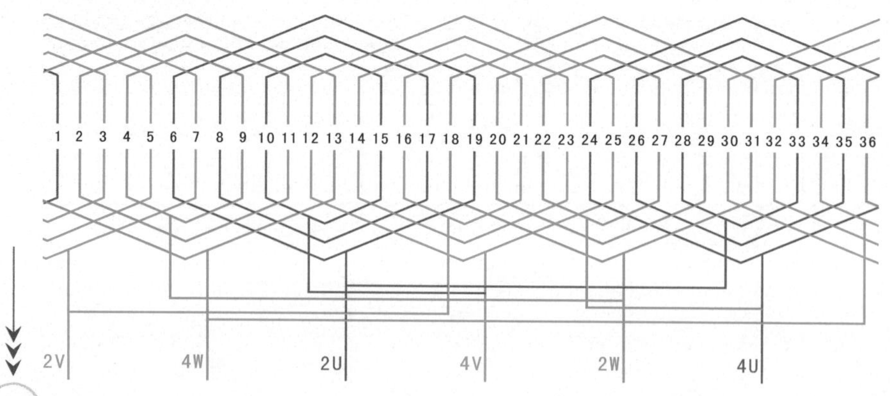

4.1.9 48槽4/2极△/2Y双速绕组（$y=12$）

① 绕组数据

定子槽数 $Z=48$

电机极数 $2p=4/2$

总线圈数 $Q=48$

线圈组数 $u=6$

每组圈数 $S=8$

线圈节距 $y=12$

② 绕组端面图

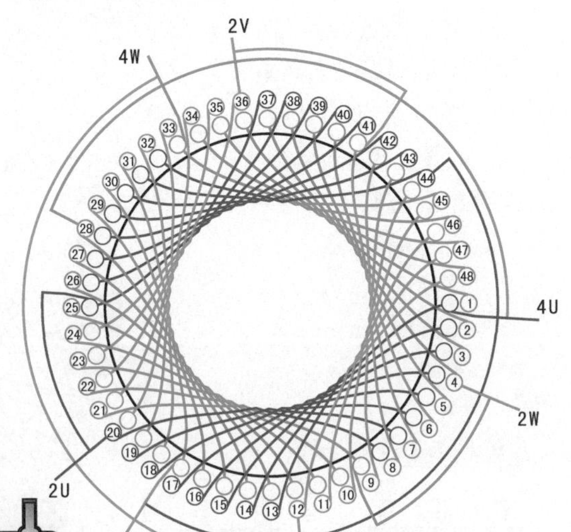

③ 接线盒

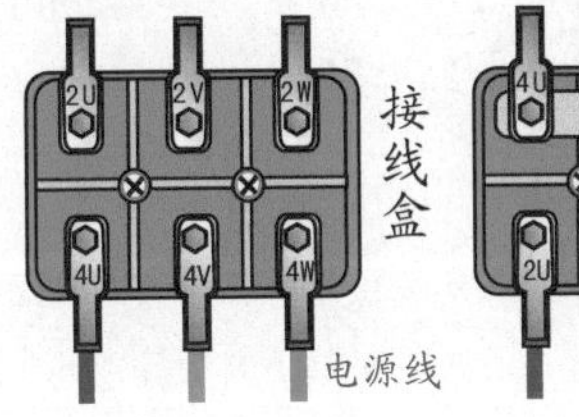

(a) 4极△形接法

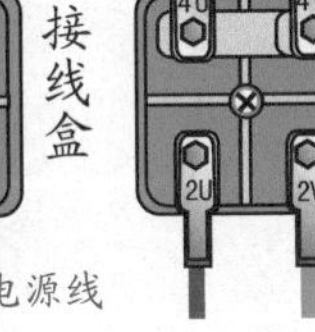

(b) 2极2Y形接法

④ 绕组展开图

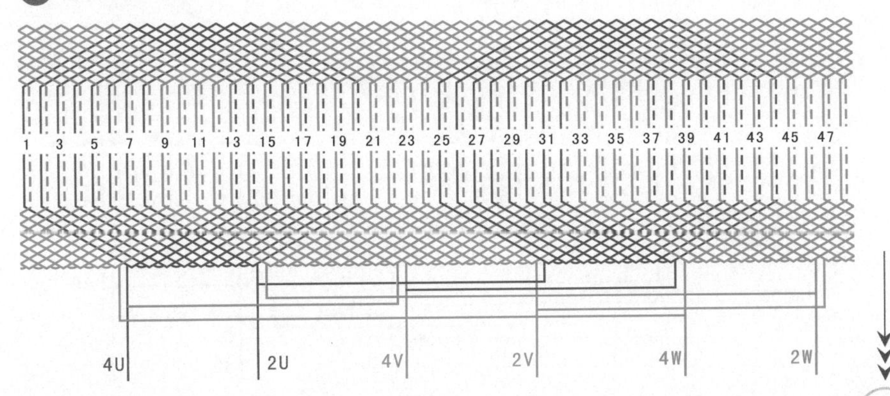

4.1.10 48槽4/2极双层叠式双速绕组（△/2Y, $y=12$, $a=2$）

① 绕组数据

定子槽数 $Z=48$

电机极数 $2p=4/2$

线圈极距 $\tau=12$

线圈组数 $u=6$

每组圈数 $S=8$

极相槽数 $q=8$

总线圈数 $Q=48$

并联路数 $a=2$

线圈节距 $y=12$

② 绕组端面图

③ 接线盒

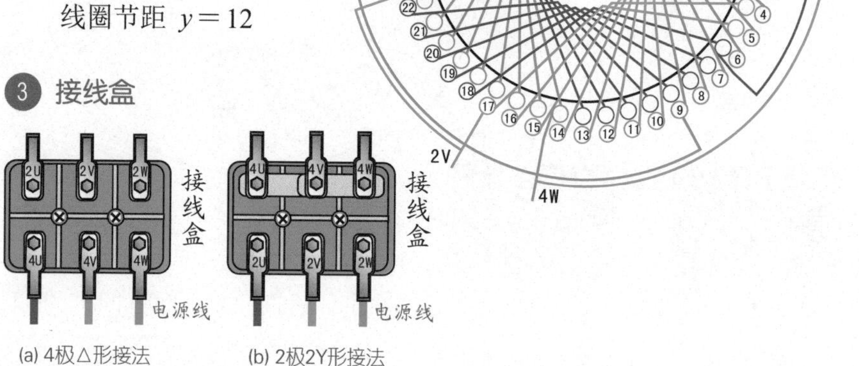

(a) 4极△形接法　　(b) 2极2Y形接法

④ 绕组展开图

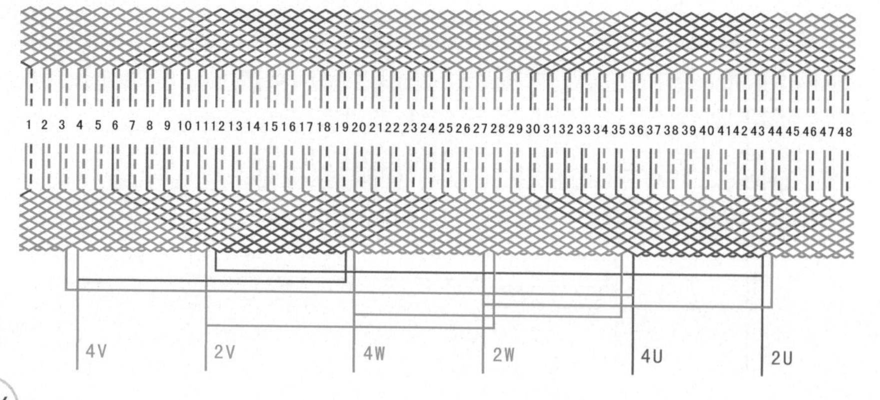

4.1.11 48槽4/2极△/2Y单层同心式双速绕组

1 绕组数据

定子槽数 $Z=48$

电机极数 $2p=4/2$

总线圈数 $Q=24$

线圈组数 $u=6$

每组圈数 $S=4$

绕组极距 $\tau=12/24$

线圈节距 $y=17$、13、9、5

2 绕组端面图

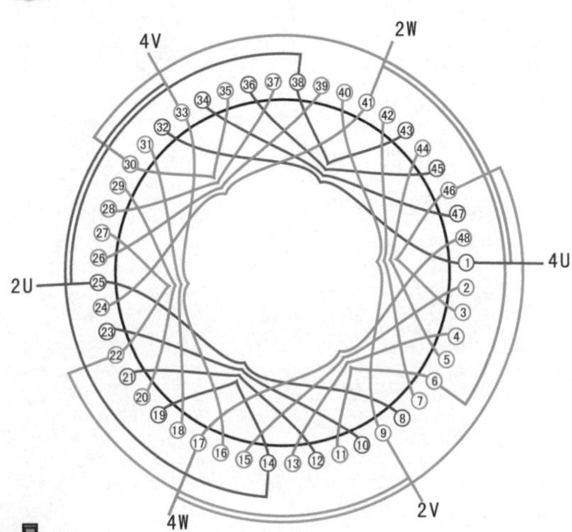

3 接线盒

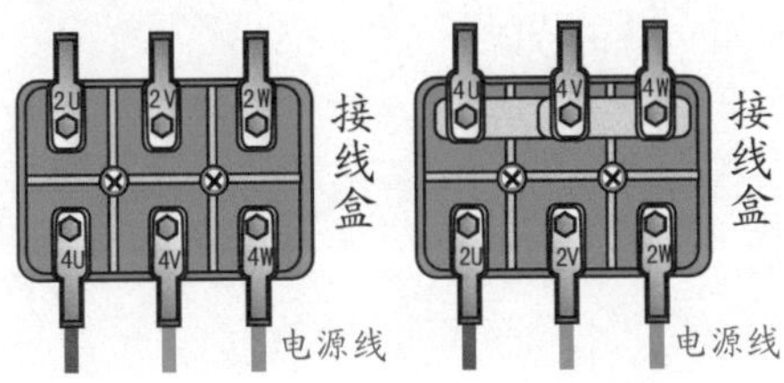

(a) 4极△形接法 (b) 2极2Y形接法

4 绕组展开图

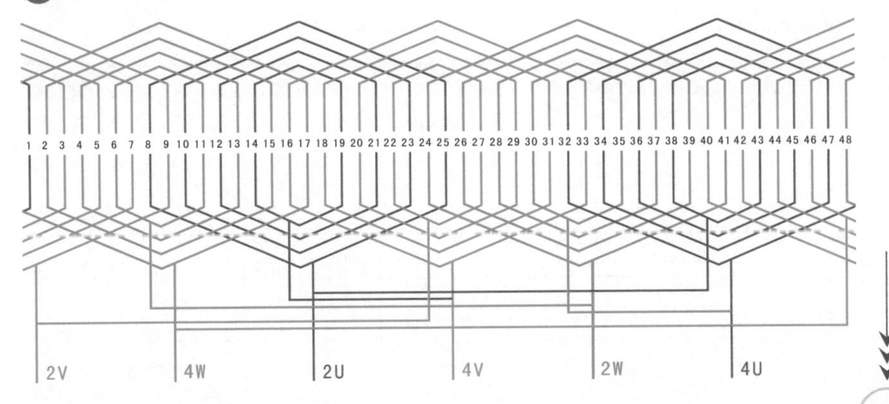

4.2 6/4极双速绕组

4.2.1 24槽6/4极双层交叉式双速绕组（Δ/2Y, $y=4$）

1 绕组数据

定子槽数 $Z=24$

电机极数 $2p=6/4$

线圈极距 $\tau=4$

线圈组数 $u=14$

每组圈数 $S=3$

极相槽数 $q=3$

总线圈数 $Q=24$

线圈节距 $y=4$

2 绕组端面图

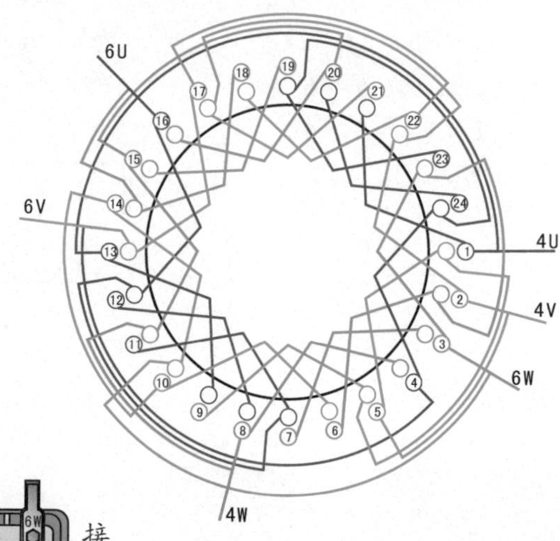

3 接线盒

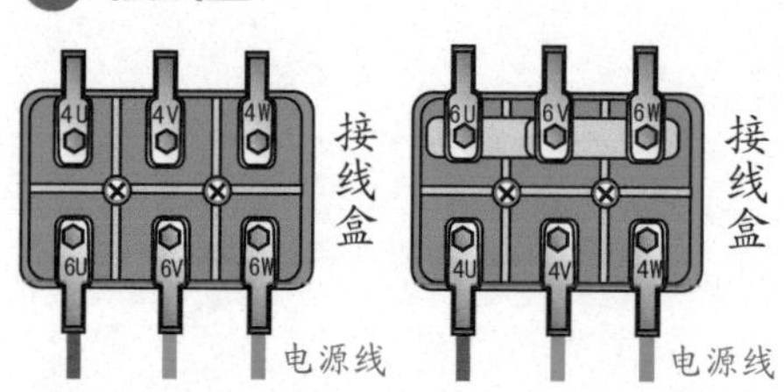

(a) 6极Δ形接法　　(b) 4极2Y形接法

4 绕组展开图

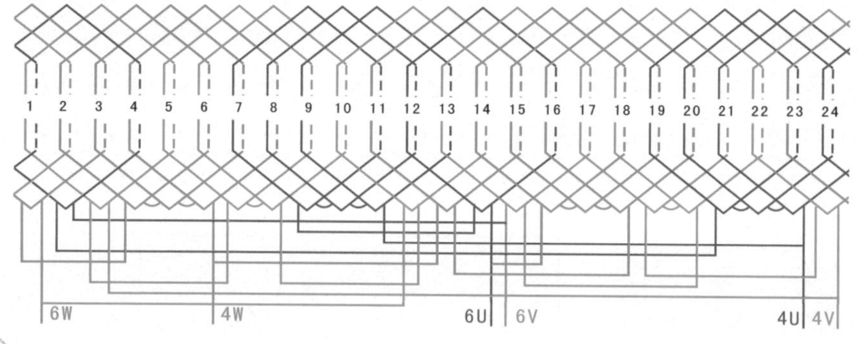

4.2.2　24槽6/4极△/2Y双速绕组（$y=4$）

① 绕组数据

定子槽数 $Z=24$

电机极数 $2p=6/4$

总线圈数 $Q=24$

线圈组数 $u=14$

每组圈数 S不等

线圈节距 $y=4$

② 绕组端面图

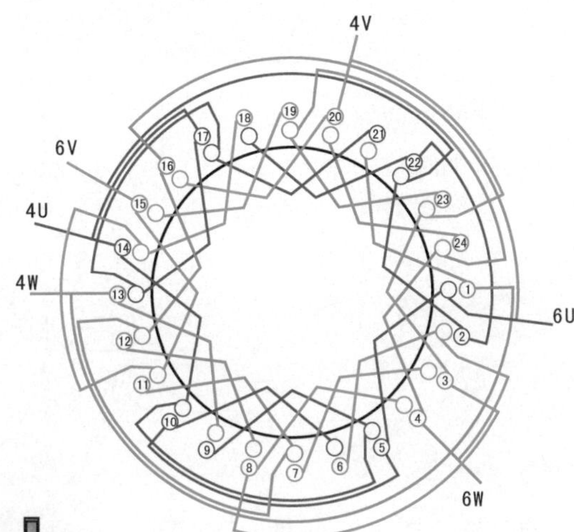

③ 接线盒

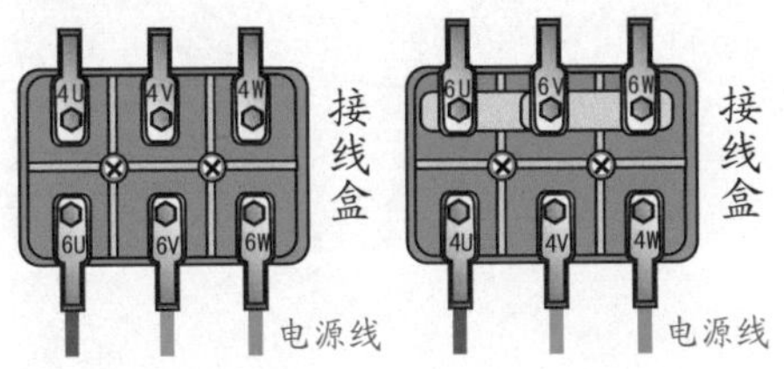

(a) 6极△形接法　　(b) 4极2Y形接法

④ 绕组展开图

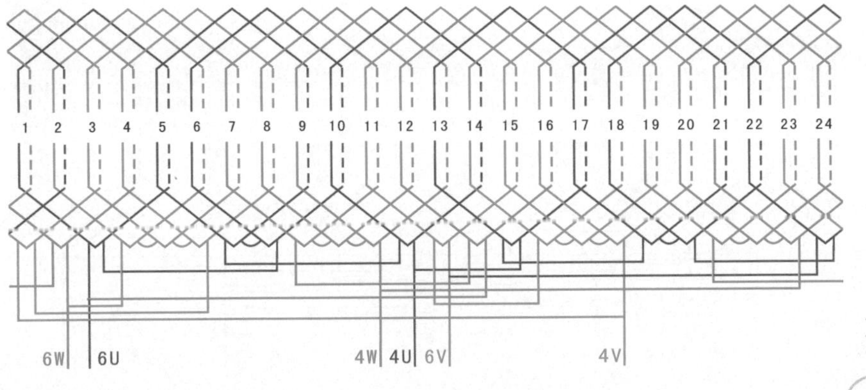

4.2.3 36槽6/4极双层交叉式双速绕组（Δ/2Y，$y=6$）

1 绕组数据

定子槽数 $Z=36$

电机极数 $2p=6/4$

线圈组数 $u=18$

每组圈数 $S=1、2、3$

总线圈数 $Q=36$

线圈节距 $y=6$

2 绕组端面图

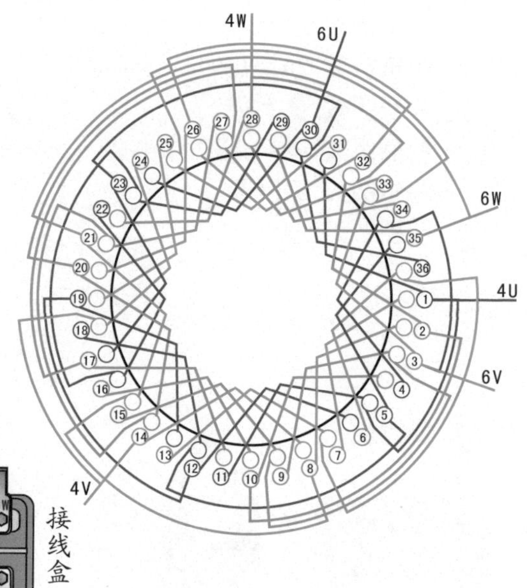

3 接线盒

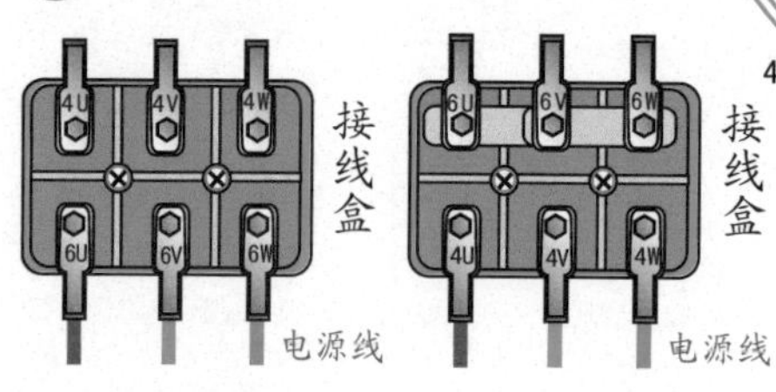

(a) 6极Δ形接法　(b) 4极2Y形接法

4 绕组展开图

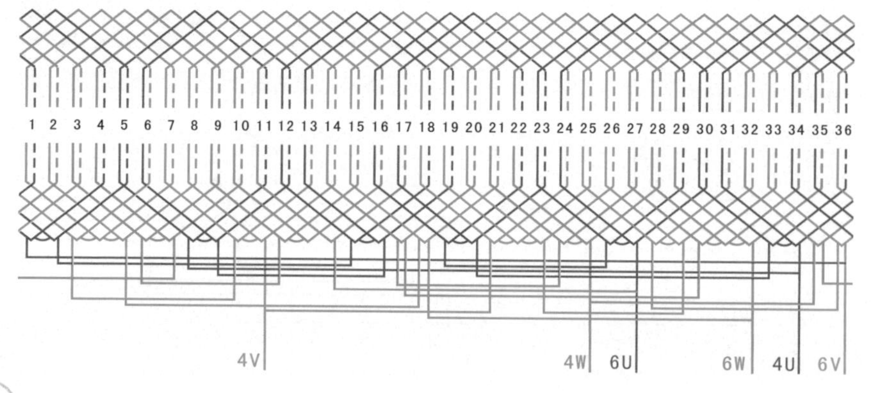

4.2.4 36槽6/4极双层交叉式双速绕组（Δ/2Y，$y=7$）

1 绕组数据

定子槽数 $Z=36$

电机极数 $2p=6/4$

线圈组数 $u=14$

每组圈数 $S=1$、2、4

总线圈数 $Q=36$

线圈节距 $y=7$

2 绕组端面图

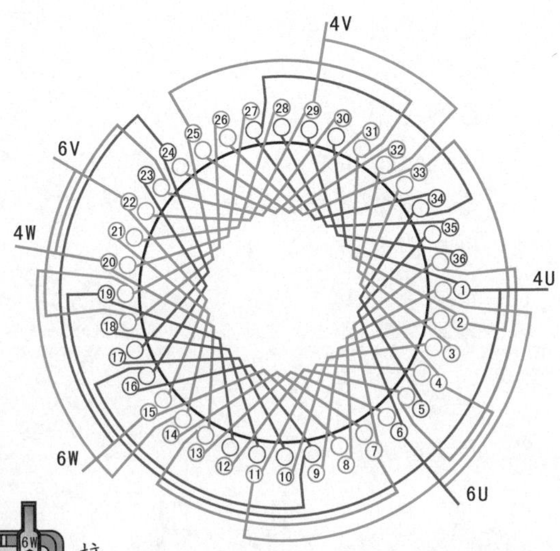

3 接线盒

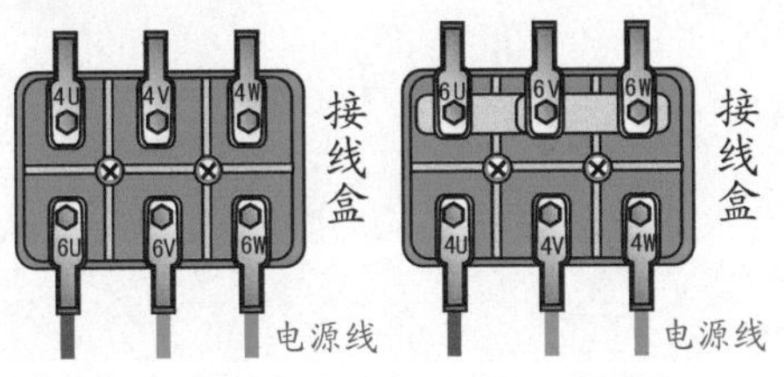

(a) 6极Δ形接法　　(b) 4极2Y形接法

4 绕组展开图

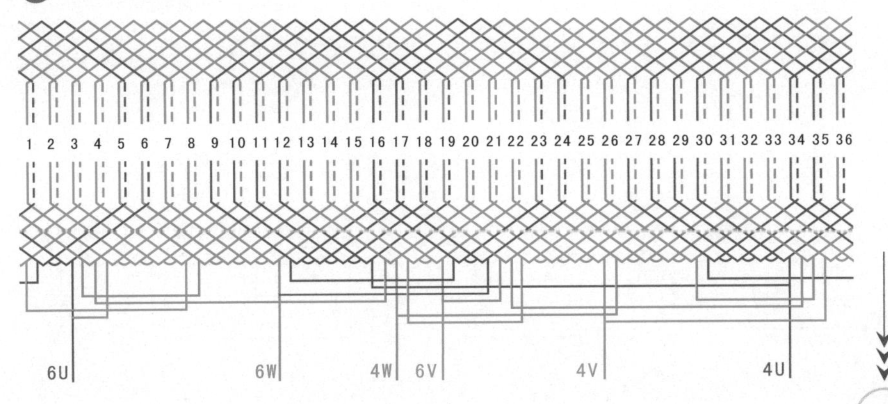

4.2.5 36槽6/4极双层交叉式双速绕组（Δ/2Y, $y=6$）

1 绕组数据

定子槽数 $Z=36$
电机极数 $2p=6/4$
线圈极距 $\tau=9$
线圈组数 $u=14$
每组圈数 $S=2、4$
极相槽数 $q=2、4$
总线圈数 $Q=36$
线圈节距 $y=6$

2 绕组端面图

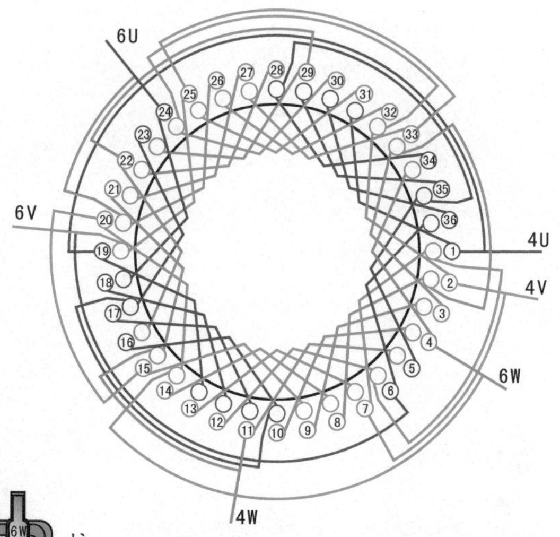

3 接线盒

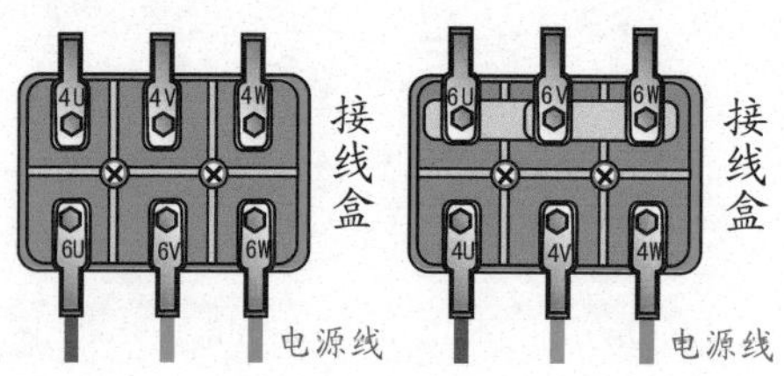

(a) 6极Δ形接法　(b) 4极2Y形接法

4 绕组展开图

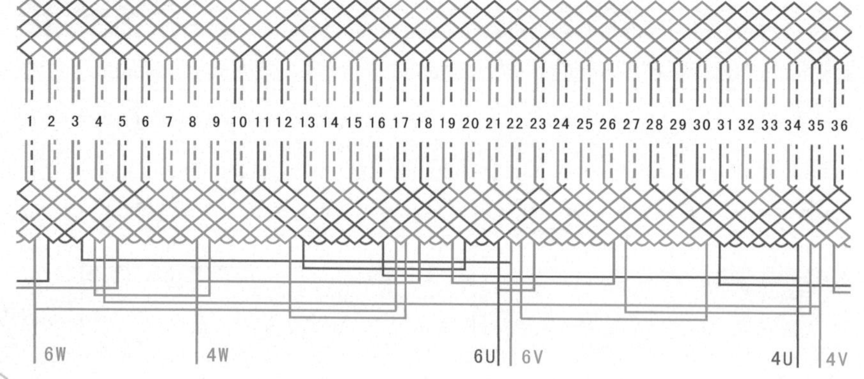

4.2.6 36槽6/4极双层交叉式双速绕组（Δ/2Y, $y=7$）

1 绕组数据

定子槽数 $Z=36$

电机极数 $2p=6/4$

线圈组数 $u=14$

每组圈数 $S=2、4$

线圈极距 $\tau=9$

线圈节距 $y=7$

总线圈数 $Q=36$

极相槽数 $q=2、4$

2 绕组端面图

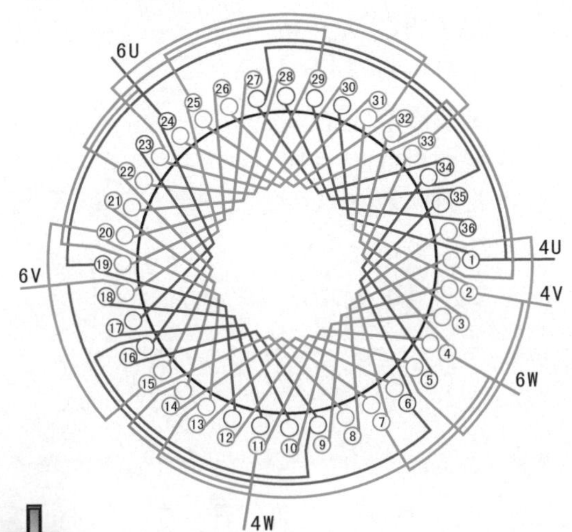

3 接线盒

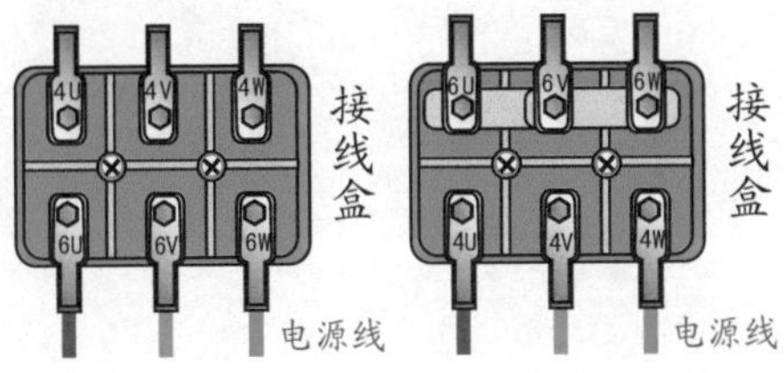

(a) 6极△形接法　　(b) 4极2Y形接法

4 绕组展开图

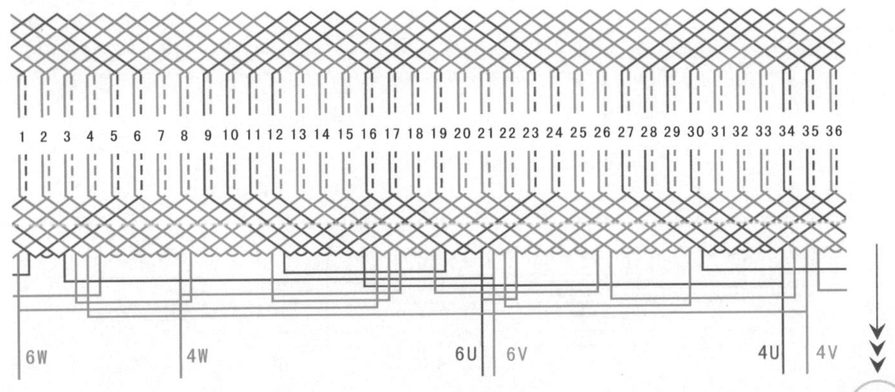

4.2.7　36槽6/4极△/2Y单层双速绕组（$y=7$）

1　绕组数据

定子槽数 $Z=36$

电机极数 $2p=6/4$

总线圈数 $Q=18$

线圈组数 $u=16$

每组圈数 $S=6/5$

绕组极距 $\tau=6/9$

线圈节距 $y=7$

2　绕组端面图

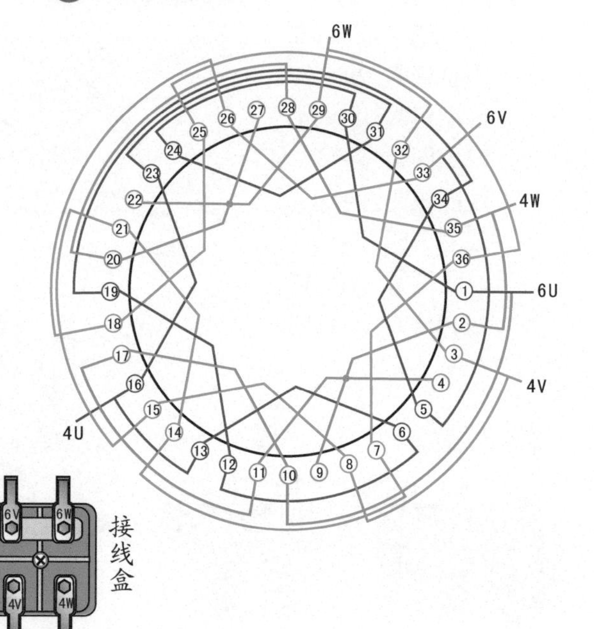

3　接线盒

4U 4V 4W
6U 6V 6W
接线盒
电源线

(a) 6极△形接法

6U 6V 6W
4U 4V 4W
接线盒
电源线

(b) 4极2Y形接法

4　绕组展开图

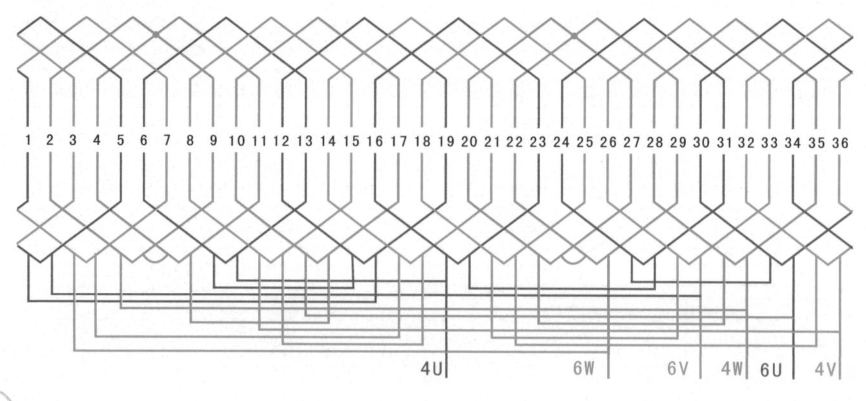

4.2.8 36槽6/4极Y/2Y双速绕组（$y=4$）

1 绕组数据

定子槽数 $Z=36$

电机极数 $2p=6/4$

总线圈数 $Q=36$

线圈组数 $u=18$

每组圈数 $S\neq$

线圈节距 $y=7$

2 绕组端面图

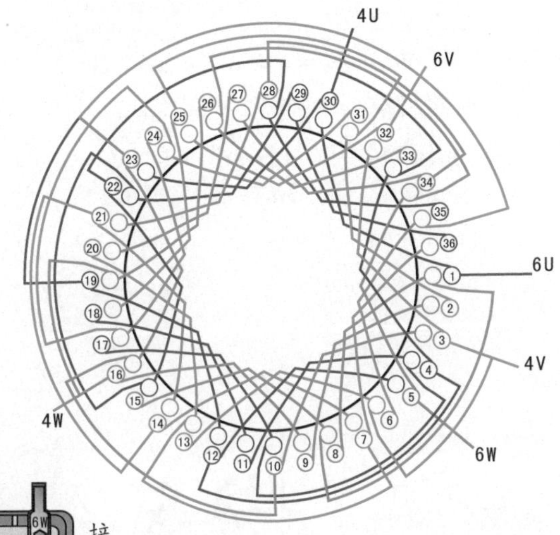

3 接线盒

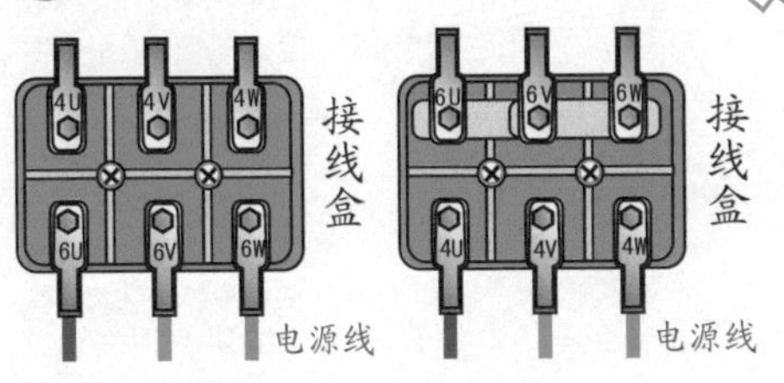

(a) 6极Y形接法　　(b) 4极2Y形接法

4 绕组展开图

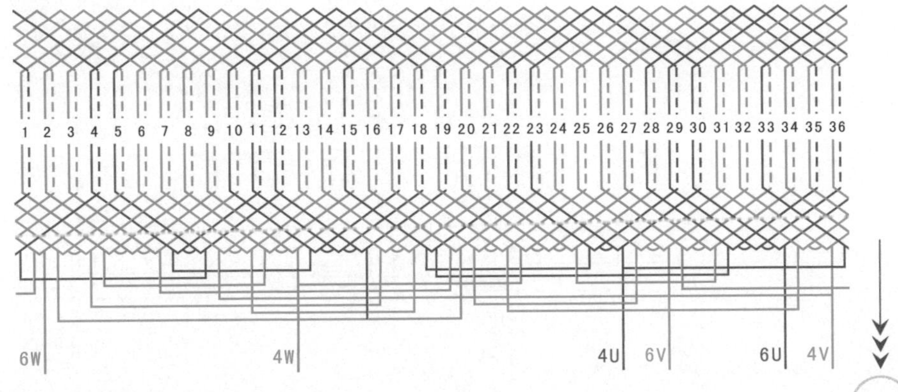

4.2.9 36槽6/4极双速双层双速绕组（Y/2Y，$y=6$）

1 绕组数据

定子槽数 $Z=36$

电机极数 $2p=6/4$

线圈组数 $u=14$

每组圈数 $S=1、2、4$

总线圈数 $Q=36$

线圈节距 $y=6$

2 绕组端面图

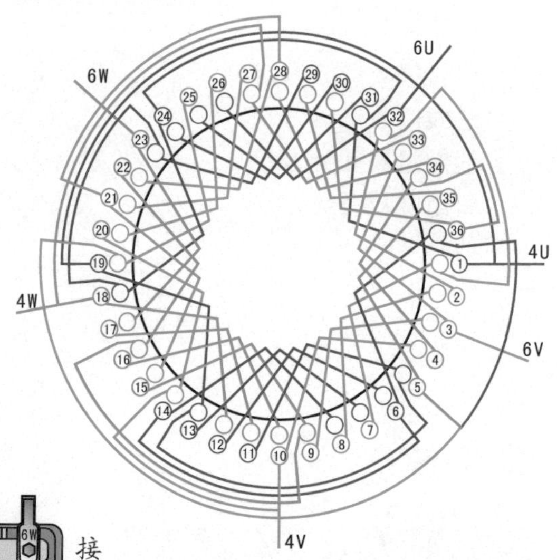

3 接线盒

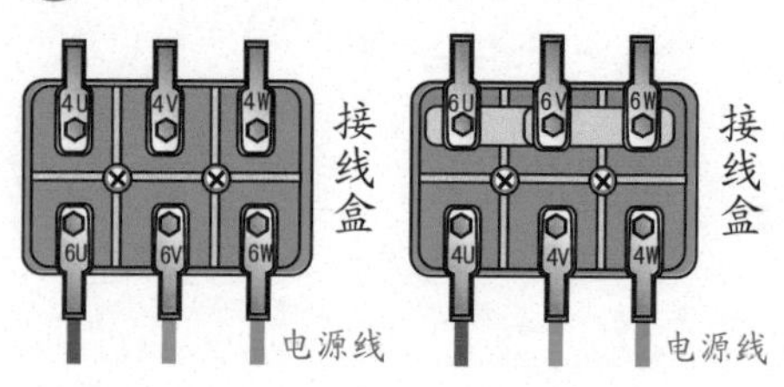

(a) 6极Y形接法 (b) 4极2Y形接法

4 绕组展开图

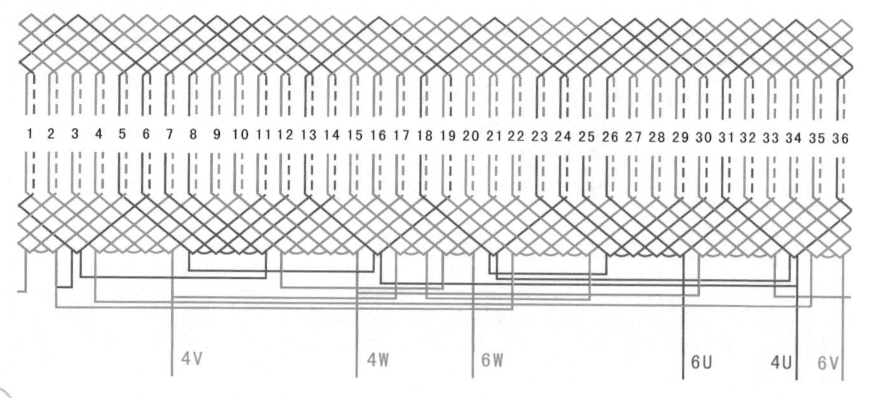

4.2.10 36槽6/4极双层叠式双速绕组（Y/2Y, $y=7$）

① 绕组数据

定子槽数 $Z=36$

电机极数 $2p=6/4$

线圈组数 $u=16$

每组圈数 $S=3、2、1$

总线圈数 $Q=36$

线圈节距 $y=7$

② 绕组端面图

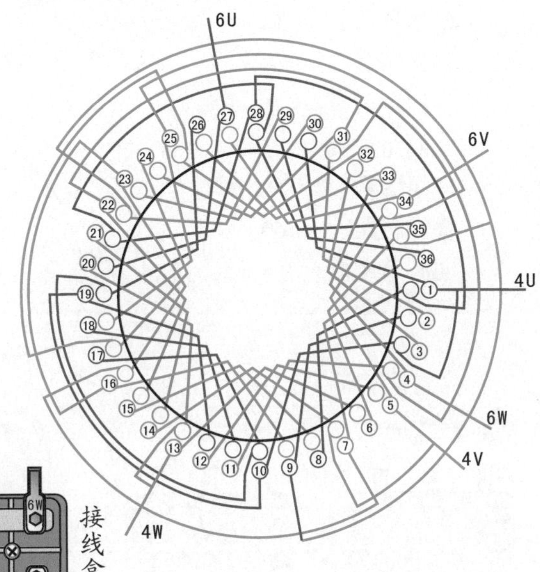

③ 接线盒

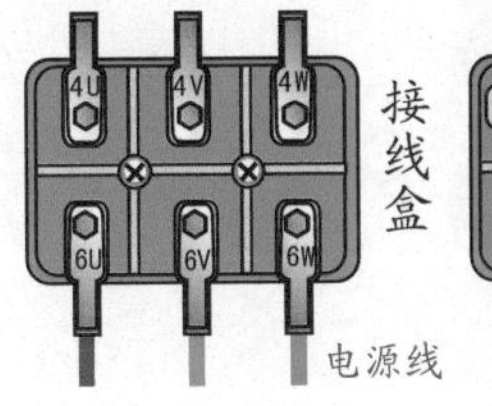

(a) 6极Y形接法　　(b) 4极2Y形接法

④ 绕组展开图

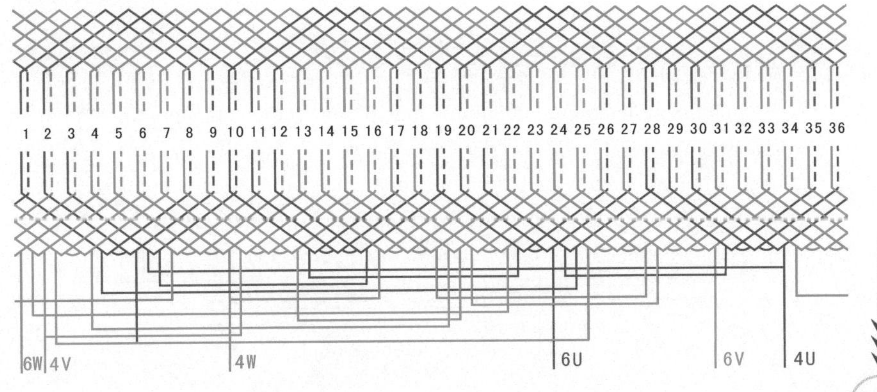

4.2.11 36槽6/4极Y/2Y单层同心交叉式双速绕组

① 绕组数据

定子槽数 $Z=36$

电机极数 $2p=6/4$

总线圈数 $Q=18$

线圈组数 $u=12$

每组圈数 $S=21/10$

绕组极距 $\tau=6/9$

同心节距 $y=9$、5

单圈节距 $y=7$

② 绕组端面图

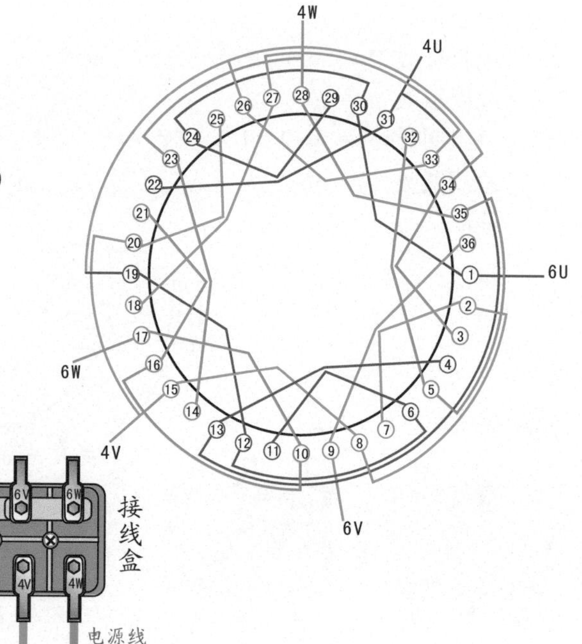

③ 接线盒

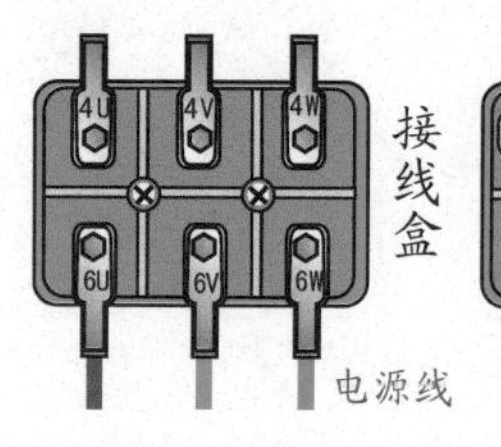

(a) 6极Y形接法　　(b) 4极2Y形接法

④ 绕组展开图

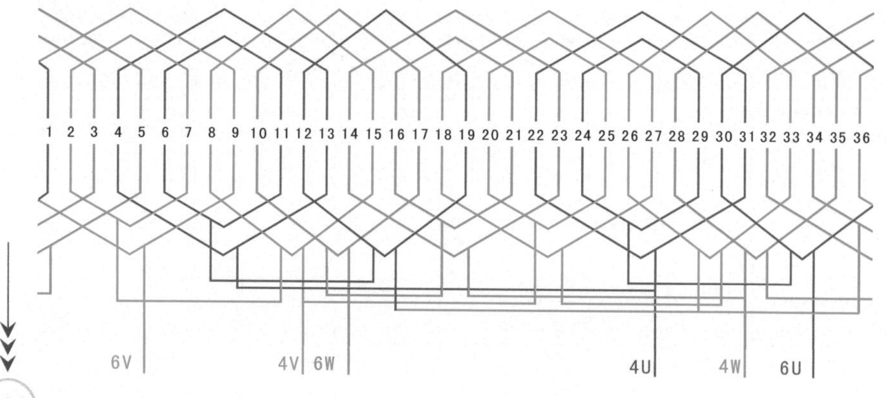

4.2.12 36槽6/4极双层叠式双速绕组（3Y/3Y，$y=7$）

1 绕组数据

定子槽数 $Z=36$
电机极数 $2p=6/4$
线圈组数 $u=24$
每组圈数 $S=3、2、1$
总线圈数 $Q=36$
线圈节距 $y=7$

2 绕组端面图

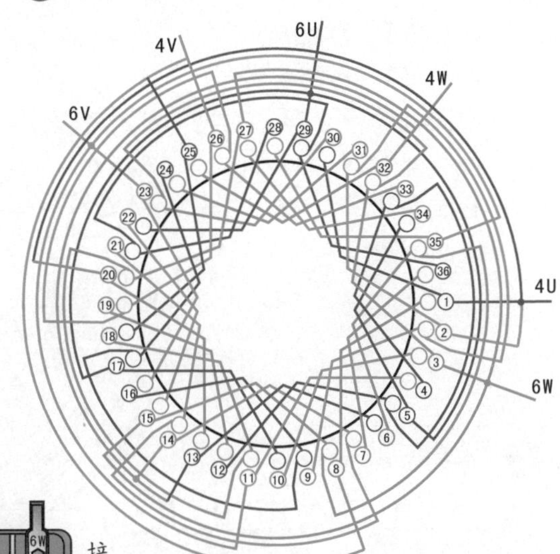

3 接线盒

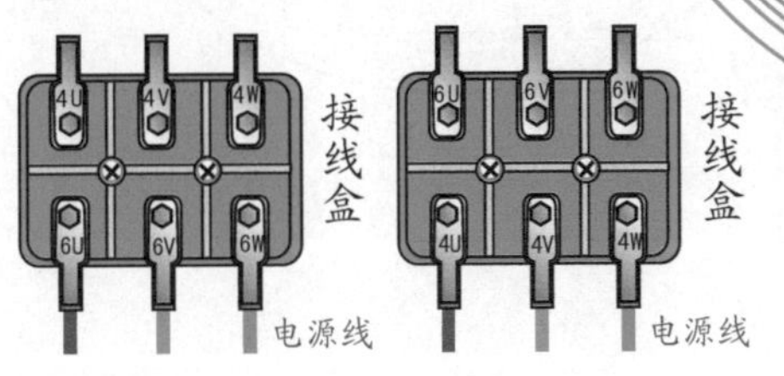

(a) 6极3Y形接法　　(b) 4极3Y形接法

4 绕组展开图

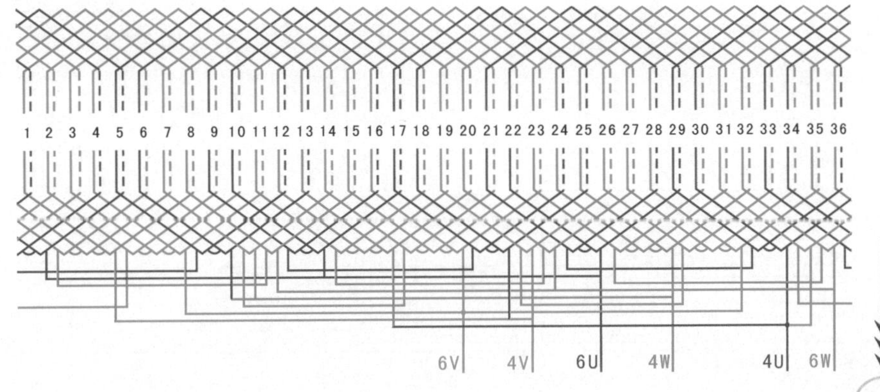

4.2.13 36槽6/4极3Y/4Y双层叠式双速绕组（$y=6$）

① 绕组数据

定子槽数 $Z=36$

电机极数 $2p=6/4$

线圈组数 $u=24$

每组圈数 $S=3、2、1$

总线圈数 $Q=36$

线圈节距 $y=6$

② 绕组端面图

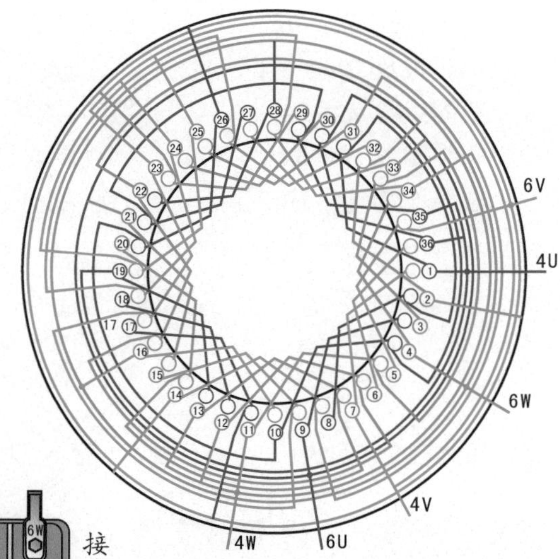

③ 接线盒

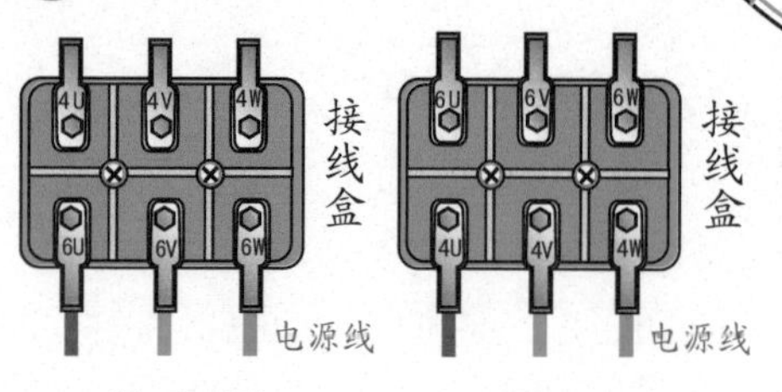

(a) 6极3Y形接法 (b) 4极4Y形接法

④ 绕组展开图

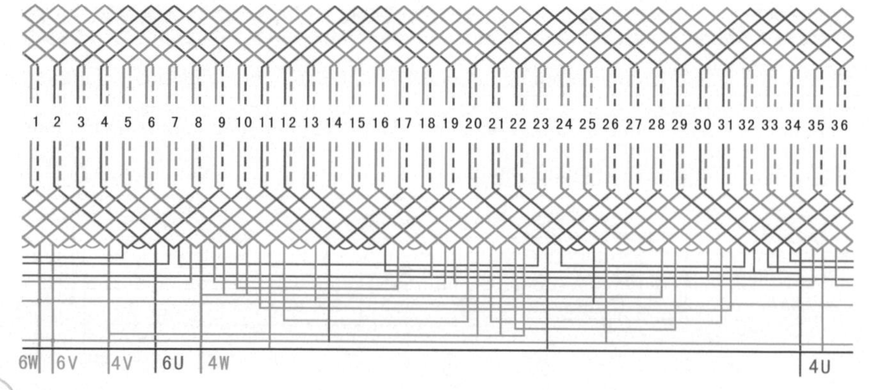

4.2.14 72槽6/4极双层交叉式双速绕组（Δ/2Y, $y=15$）

① 绕组数据

定子槽数 $Z=72$

电机极数 $2p=6/4$

线圈组数 $u=14$

每组圈数 $S=8、4、2$

线圈极距 $\tau=18$

线圈节距 $y=15$

总线圈数 $Q=72$

极相槽数 $q=8、4、2$

② 绕组端面图

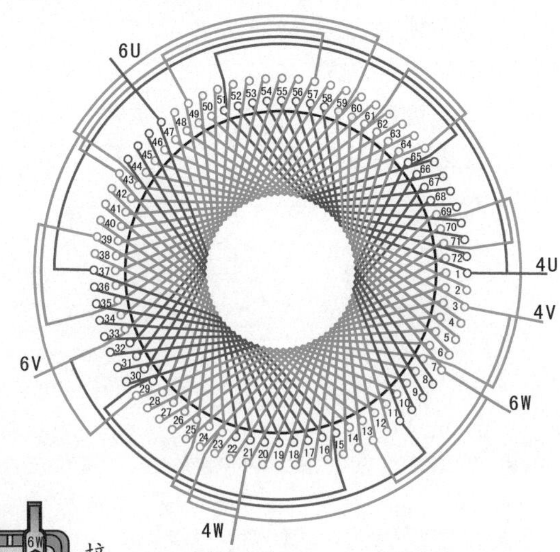

③ 接线盒

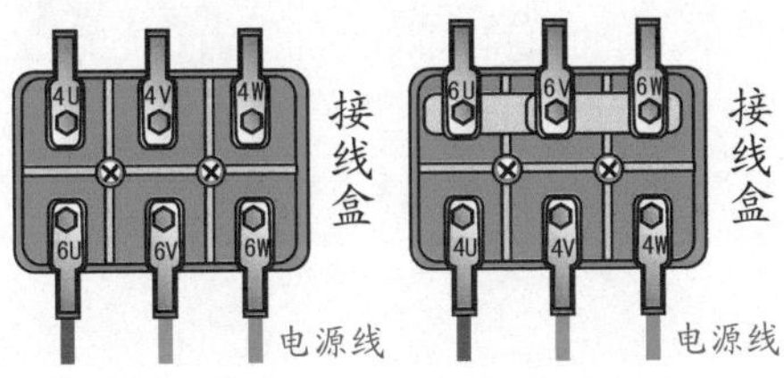

(a) 6极△形接法　　(b) 4极2Y形接法

④ 绕组展开图

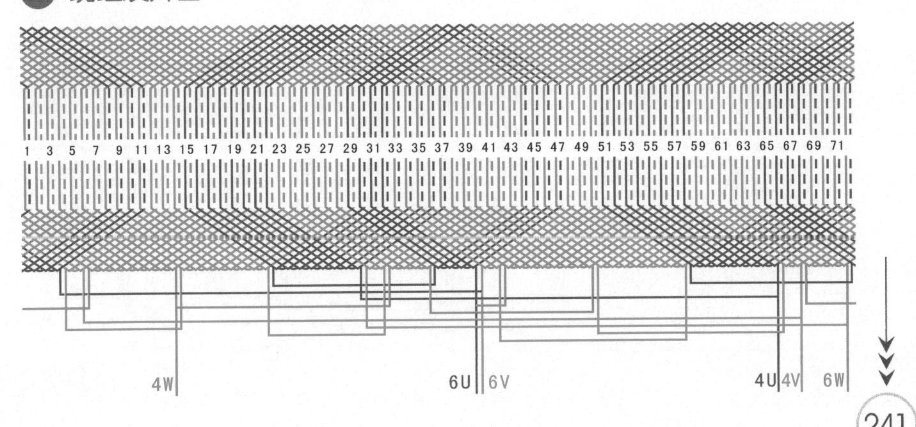

4.2.15 72槽6/4极3Y/3Y换相变极双速绕组（$y=12$）

① 绕组数据

定子槽数 $Z=72$

电机极数 $2p=6/4$

总线圈数 $Q=72$

线圈组数 $u=18$

每组圈数 S不等

线圈节距 $y=12$

② 绕组端面图

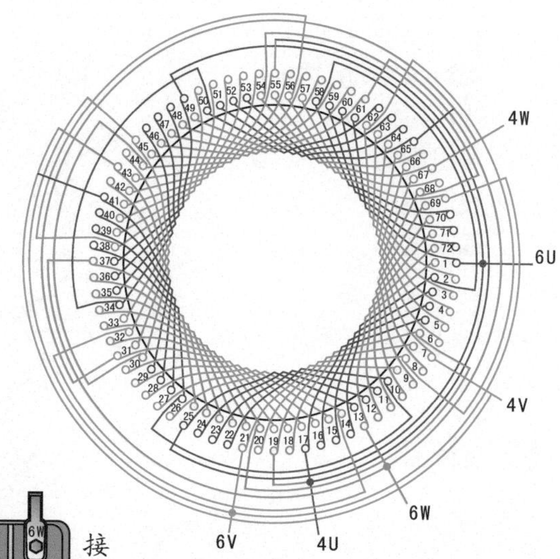

③ 接线盒

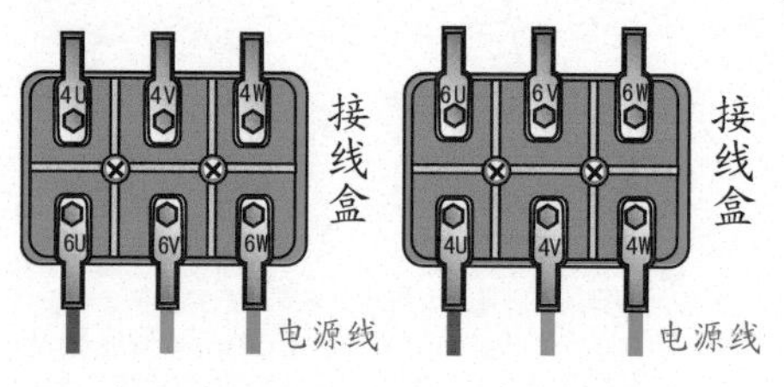

(a) 6极3Y形接法　(b) 4极3Y形接法

④ 绕组展开图

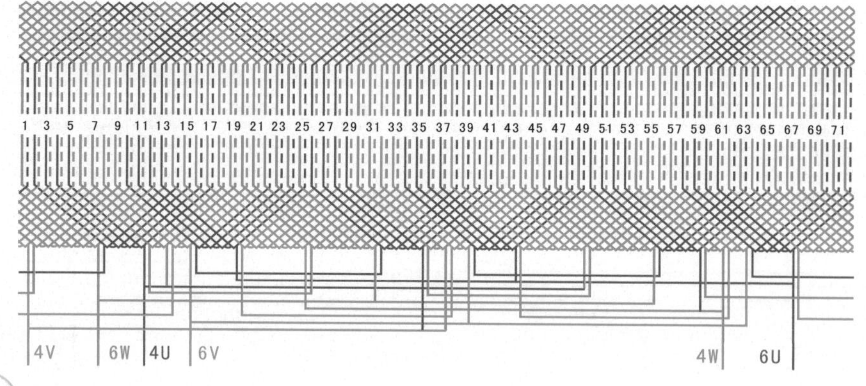

4.3 8/2和8/4极双速绕组

4.3.1 24槽8/2极△/2Y单层双距双速绕组

① 绕组数据

定子槽数 $Z=24$

电机极数 $2p=8/2$

总线圈数 $Q=12$

线圈组数 $u=12$

每组圈数 $S=1$

绕组极距 $\tau=3/12$

线圈节距 $y=9、3$

② 绕组端面图

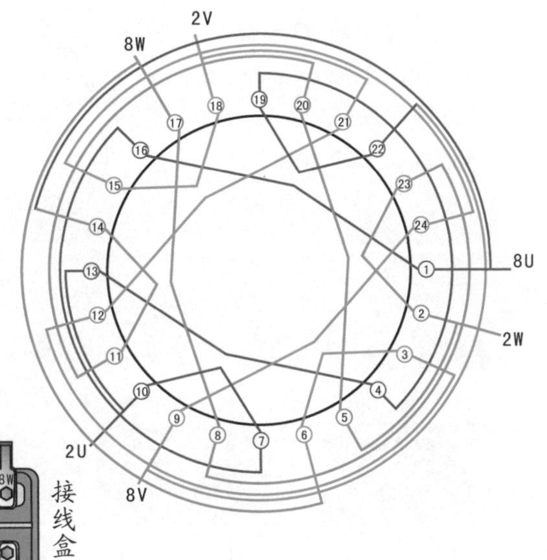

③ 接线盒

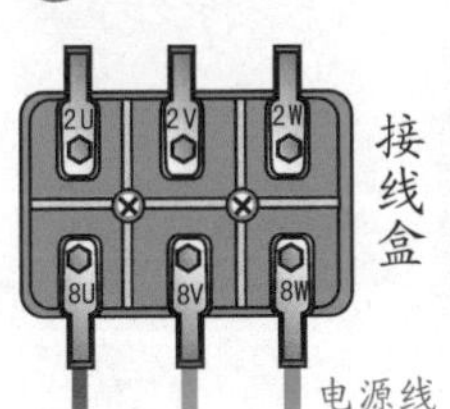

(a) 8极△形接法

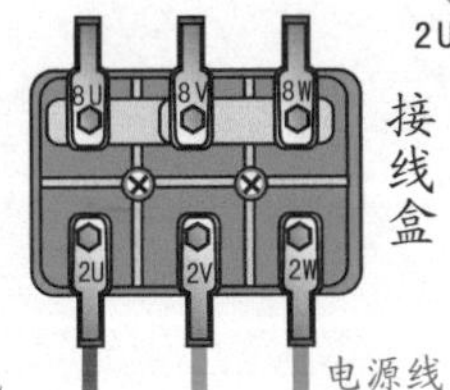

(b) 2极2Y形接法

④ 绕组展开图

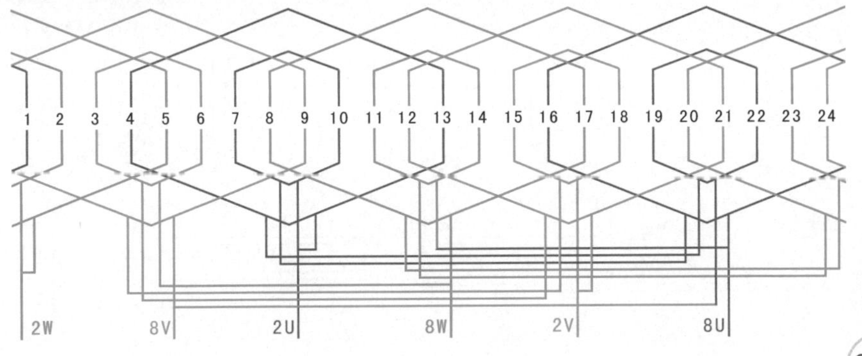

4.3.2 36槽8/2极Y/2Y双速绕组（$y=5$）

① 绕组数据

定子槽数 $Z=36$

电机极数 $2p=8/2$

总线圈数 $Q=36$

线圈组数 $u=18$

每组圈数 $S=2$

线圈节距 $y=5$

② 绕组端面图

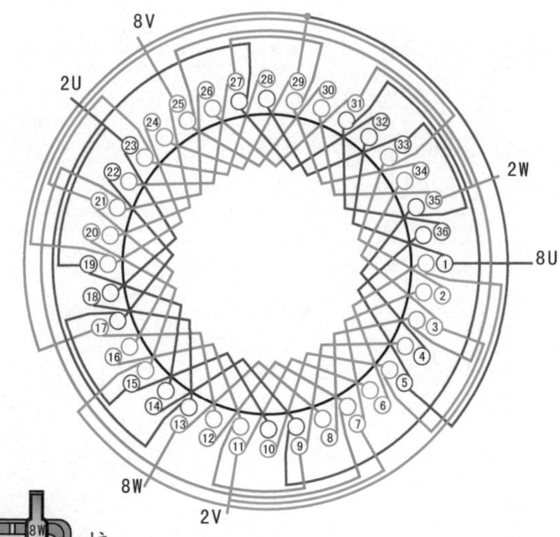

③ 接线盒

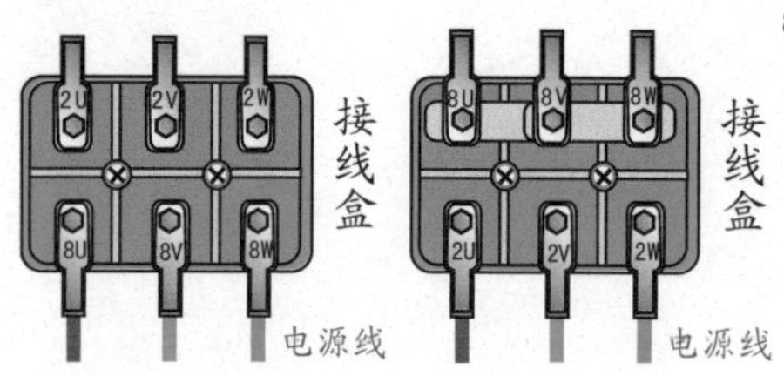

(a) 8极Y形接法　(b) 2极2Y形接法

④ 绕组展开图

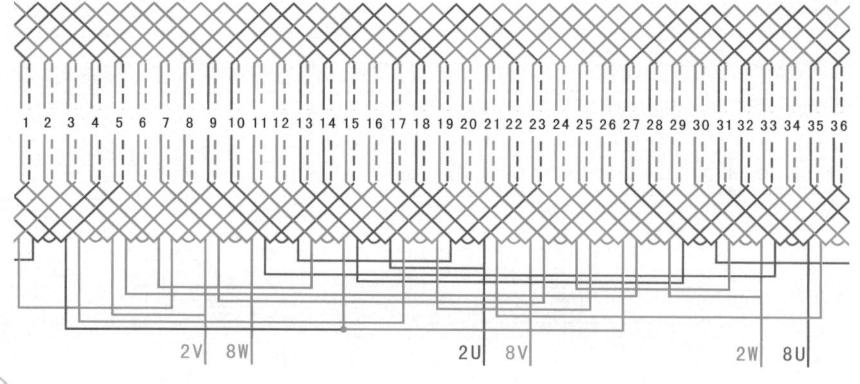

4.3.3 24槽8/4极△/2Y双速绕组（$y=3$）

① 绕组数据

定子槽数 $Z=24$
电机极数 $2p=8/4$
总线圈数 $Q=24$
线圈组数 $u=12$
每组圈数 $S=2$
线圈节距 $y=3$

② 绕组端面图

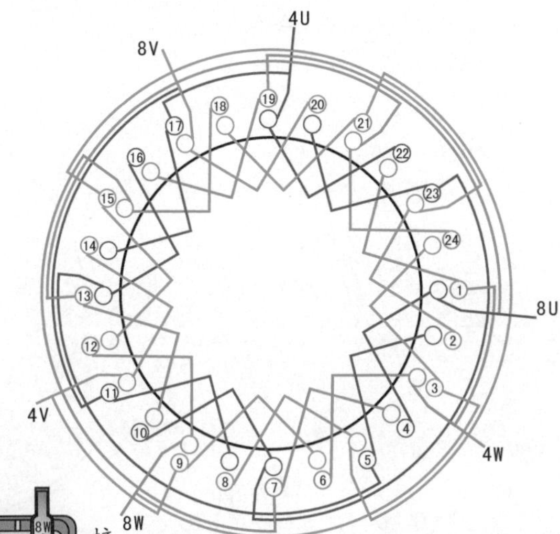

③ 接线盒

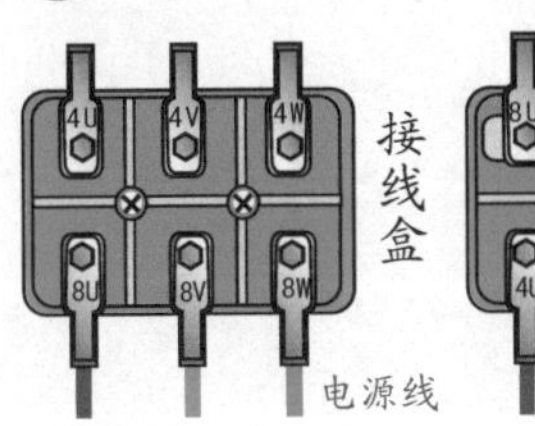

(a) 8极△形接法

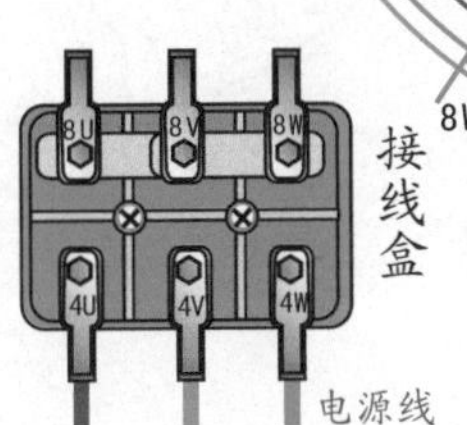

(b) 4极2Y形接法

④ 绕组展开图

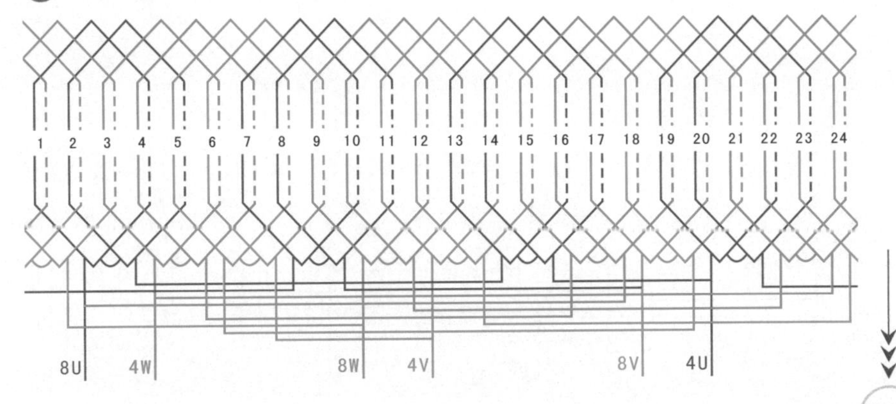

4.3.4 24槽8/4极双层双速绕组（Δ/2Y，$y=3$）

1 绕组数据

定子槽数 $Z=24$

电机极数 $2p=8/4$

线圈极距 $\tau=6$

线圈组数 $u=12$

每组圈数 $S=2$

极相槽数 $q=2$

总线圈数 $Q=24$

线圈节距 $y=3$

2 绕组端面图

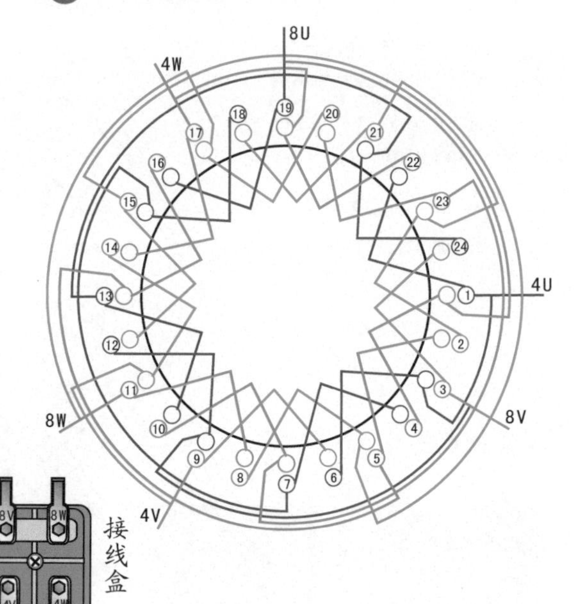

3 接线盒

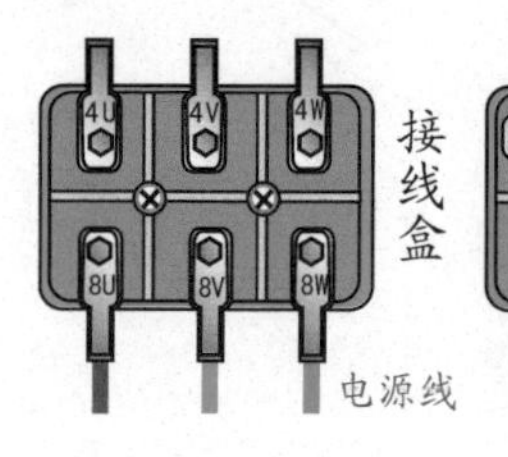

(a) 8极Δ形接法　(b) 4极2Y形接法

4 绕组展开图

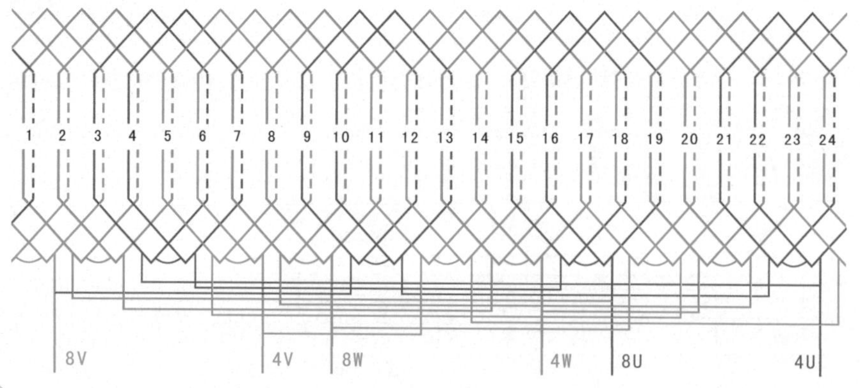

4.3.5 36槽8/4极双层叠式双速绕组（Δ/2Y, $y=5$）

① 绕组数据

定子槽数 $Z=36$

电机极数 $2p=8/4$

总线圈数 $Q=36$

线圈组数 $u=12$

每组圈数 $S=3$

线圈节距 $y=5$

② 绕组端面图

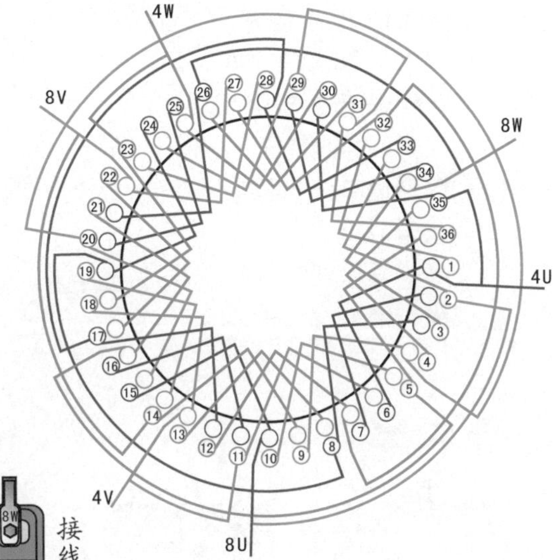

③ 接线盒

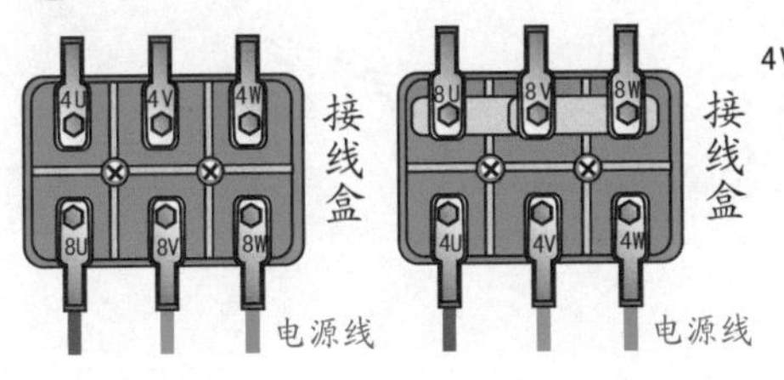

(a) 8极Δ形接法　　(b) 4极2Y形接法

④ 绕组展开图

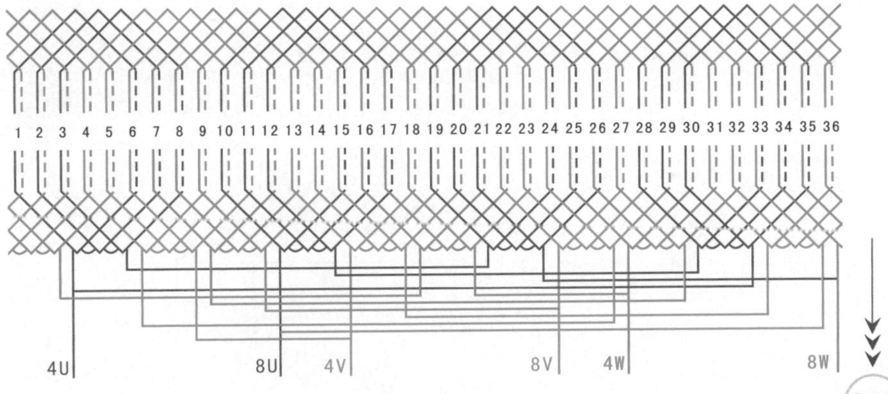

4.3.6 48槽8/4极双层叠式双速绕组（Δ/2Y，$y=5$）

① 绕组数据

定子槽数 $Z=48$

电机极数 $2p=8/4$

线圈组数 $u=12$

每组圈数 $S=4$

线圈极距 $\tau=12、6$

线圈节距 $y=5$

总线圈数 $Q=48$

极相槽数 $q=4$

② 绕组端面图

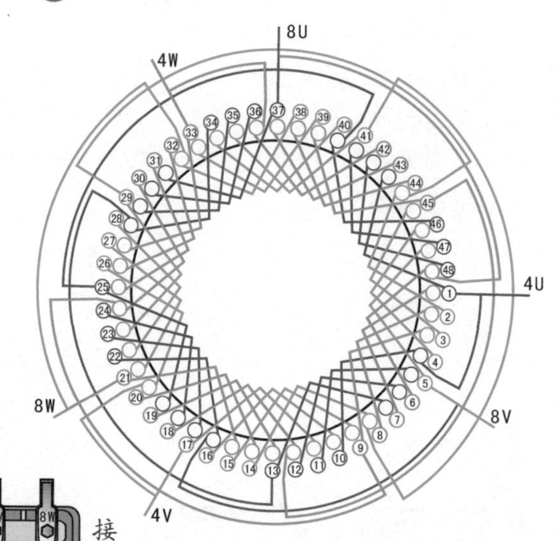

③ 接线盒

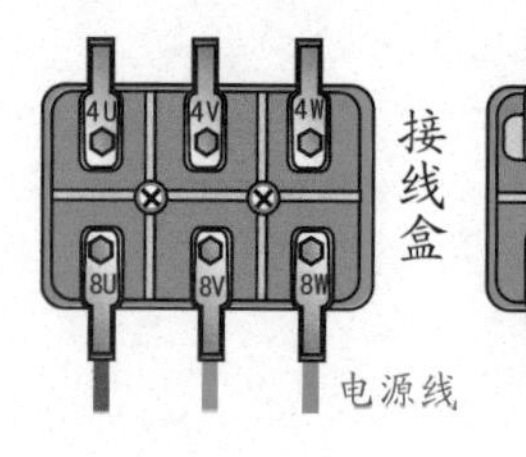

(a) 8极△形接法　(b) 4极2Y形接法

④ 绕组展开图

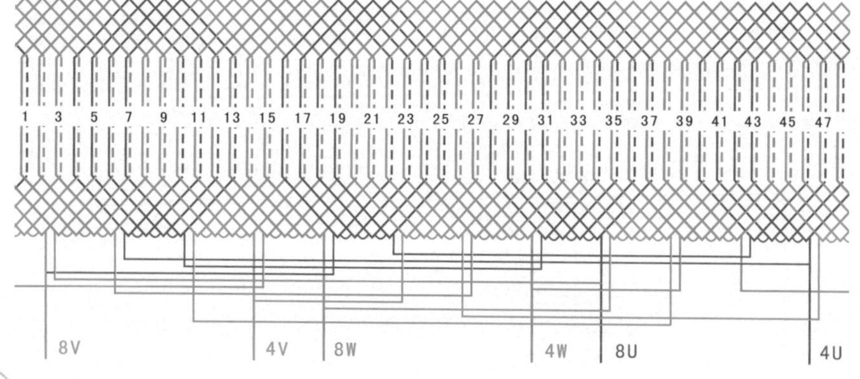

4.3.7　48槽8/4极双层叠式双速绕组（Δ/2Y, y=6）

1 绕组数据

定子槽数 $Z=48$

电机极数 $2p=8/4$

线圈组数 $u=12$

每组圈数 $S=4$

线圈节距 $y=6$

总线圈数 $Q=48$

2 绕组端面图

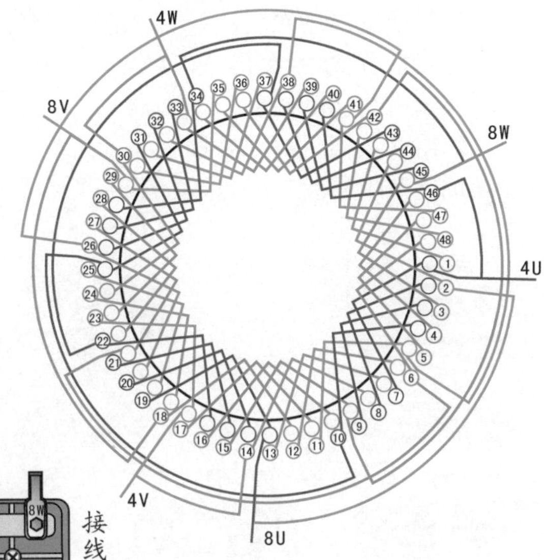

3 接线盒

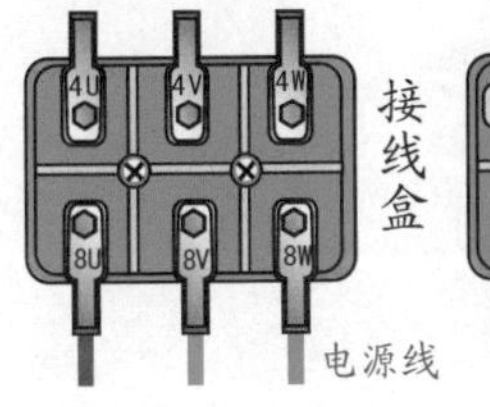

(a) 8极Δ形接法

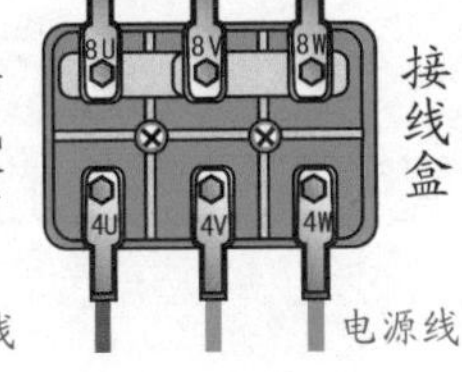

(b) 4极2Y形接法

4 绕组展开图

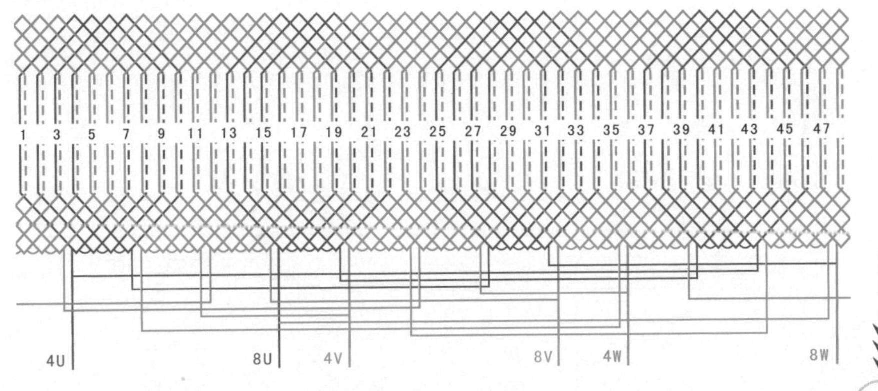

4.3.8 48槽8/4极双层叠式双速绕组（Δ/2Y, $y=7$）

① 绕组数据

定子槽数 $Z=48$

电机极数 $2p=8/4$

线圈组数 $u=12$

每组圈数 $S=4$

线圈节距 $y=7$

总线圈数 $Q=48$

② 绕组端面图

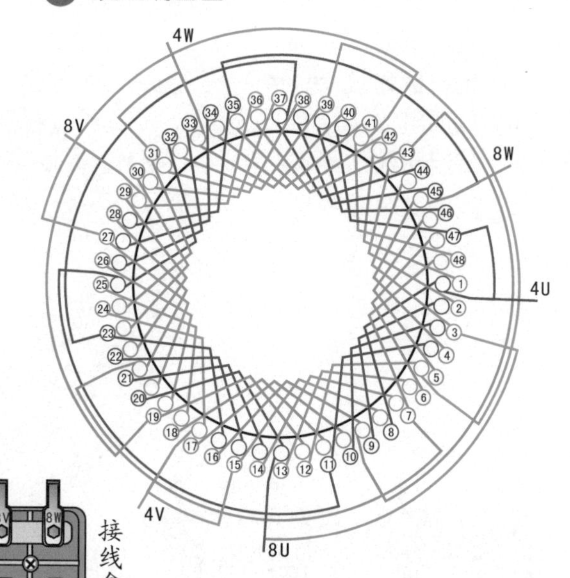

③ 接线盒

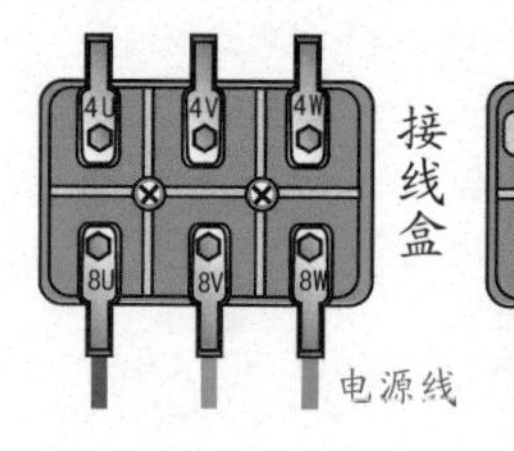

8U 8V 8W
4U 4V 4W
接线盒
电源线

(a) 8极Δ形接法　　(b) 4极2Y形接法

④ 绕组展开图

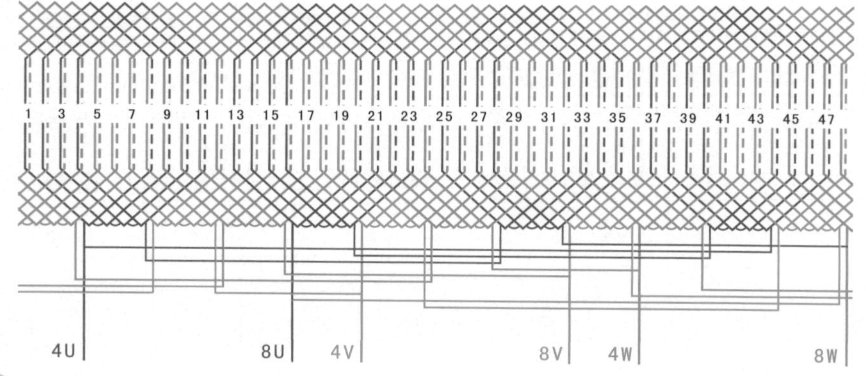

4.3.9 48槽8/4极△/2Y单层同心式双速绕组

1 绕组数据

定子槽数 $Z=48$

电机极数 $2p=8/4$

总线圈数 $Q=24$

线圈组数 $u=12$

每组圈数 $S=2$

绕组极距 $\tau=6/12$

线圈节距 $y=9、5$

2 绕组端面图

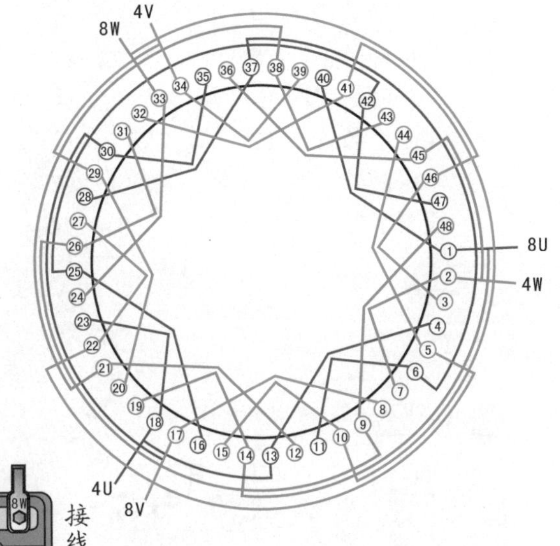

3 接线盒

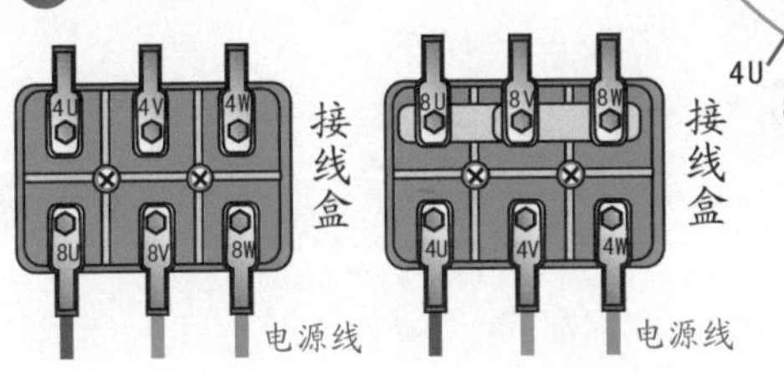

(a) 8极△形接法　(b) 4极2Y形接法

4 绕组展开图

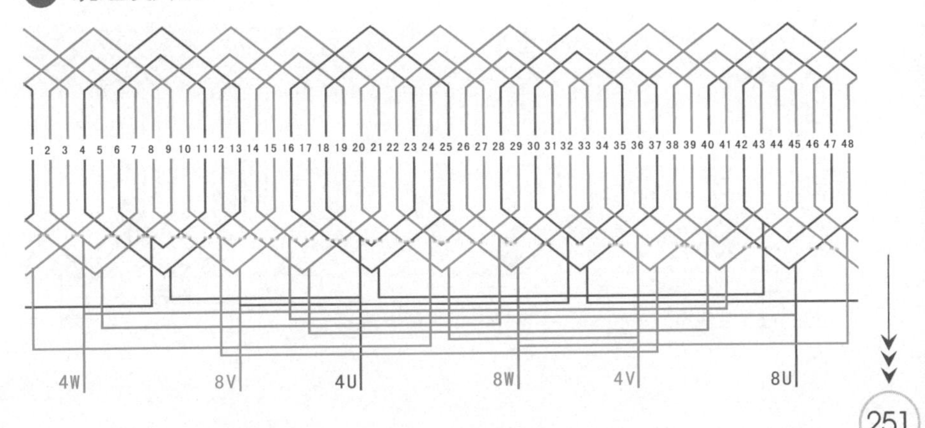

4.3.10 54槽8/4极△/2Y双速绕组（$y=7$）

① 绕组数据

定子槽数 $Z=54$

电机极数 $2p=8/4$

总线圈数 $Q=54$

线圈组数 $u=12$

每组圈数 $S=5$、4

线圈节距 $y=7$

② 绕组端面图

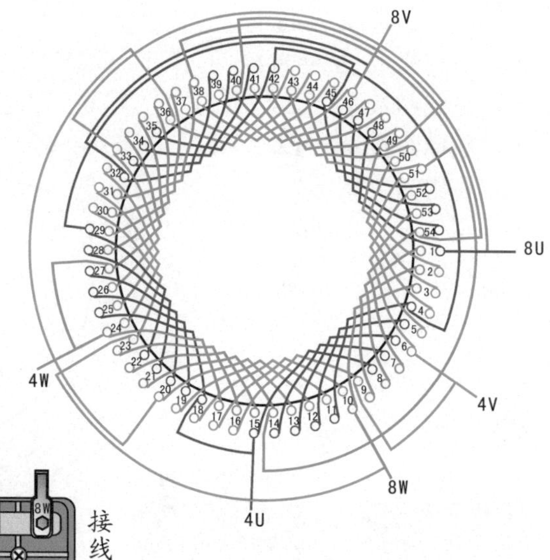

③ 接线盒

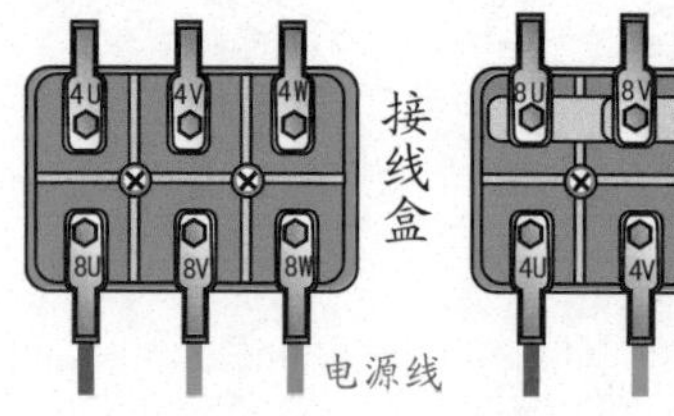

(a) 8极△形接法　　(b) 4极2Y形接法

④ 绕组展开图

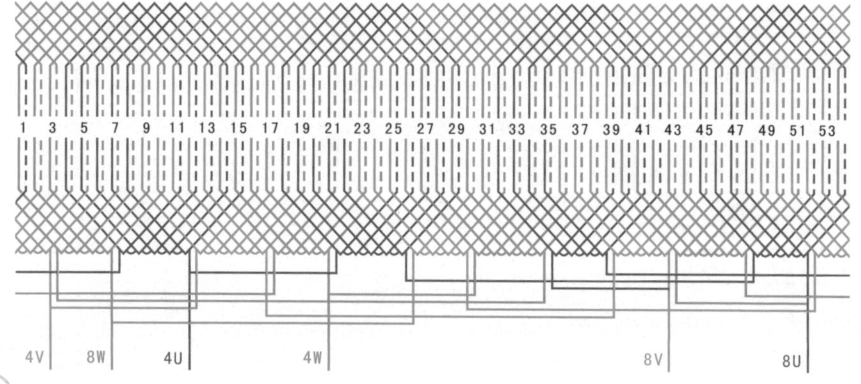

4.3.11 54槽8/4极双层叠式双速绕组（Δ/2Y, $y=7$）

① 绕组数据

定子槽数 $Z=54$

电机极数 $2p=8/4$

线圈组数 $u=12$

每组圈数 $S=5$

极相槽数 $q=5$

总线圈数 $Q=54$

线圈节距 $y=7$

线圈极距 $\tau=27/4$

② 绕组端面图

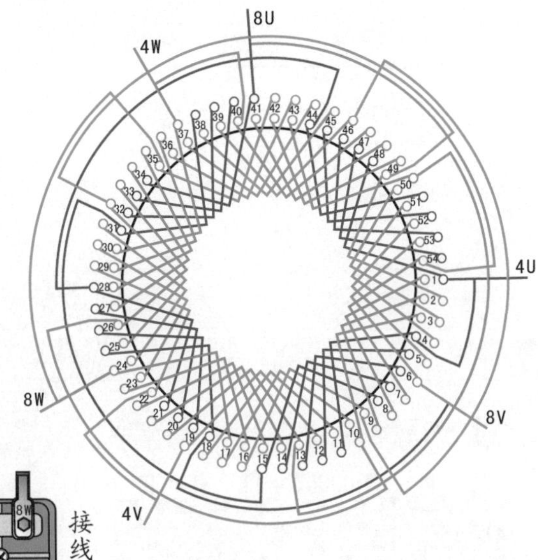

③ 接线盒

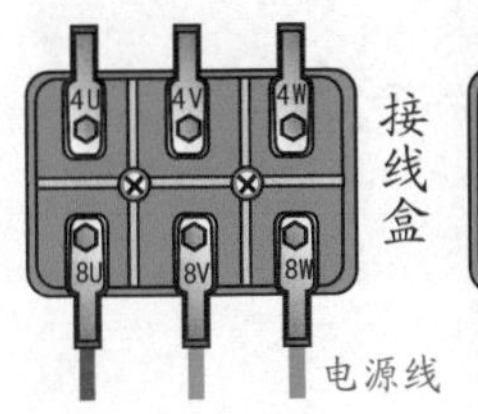

(a) 8极Δ形接法　　(b) 4极2Y形接法

④ 绕组展开图

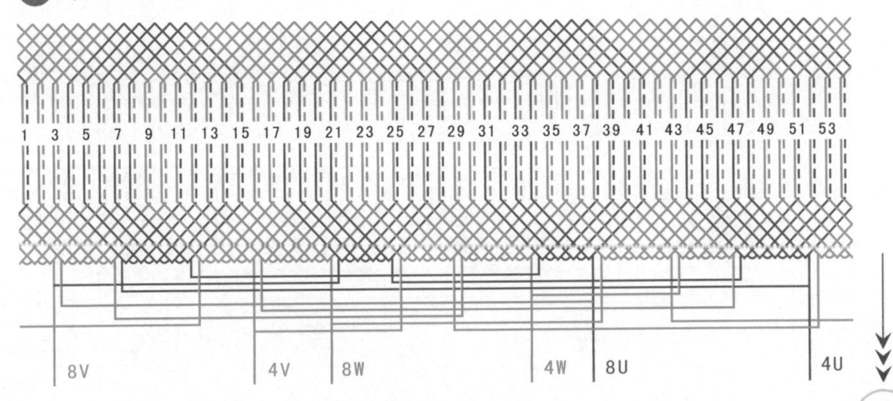

4.3.12 60槽8/4极△/2Y双速绕组（$y=8$）

1 绕组数据

定子槽数 $Z=60$

电机极数 $2p=8/4$

总线圈数 $Q=60$

线圈组数 $u=12$

每组圈数 $S=5$

线圈节距 $y=8$

2 绕组端面图

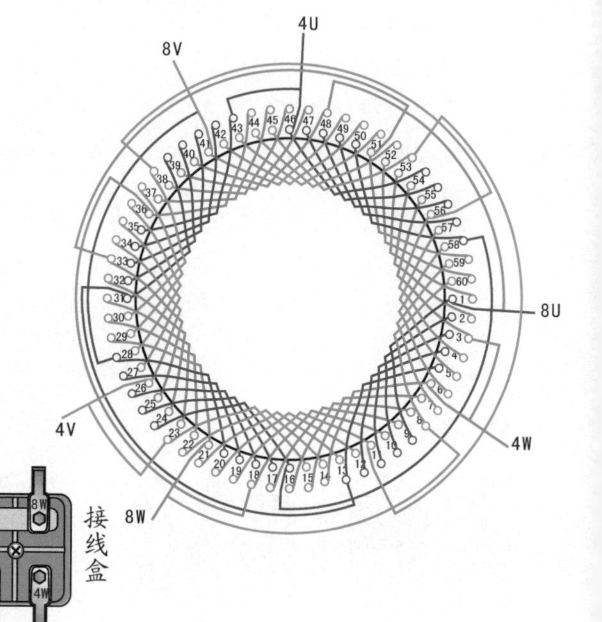

3 接线盒

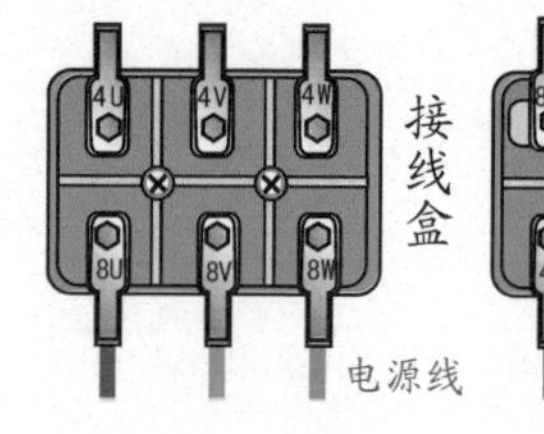

(a) 8极△形接法

(b) 4极2Y形接法

4 绕组展开图

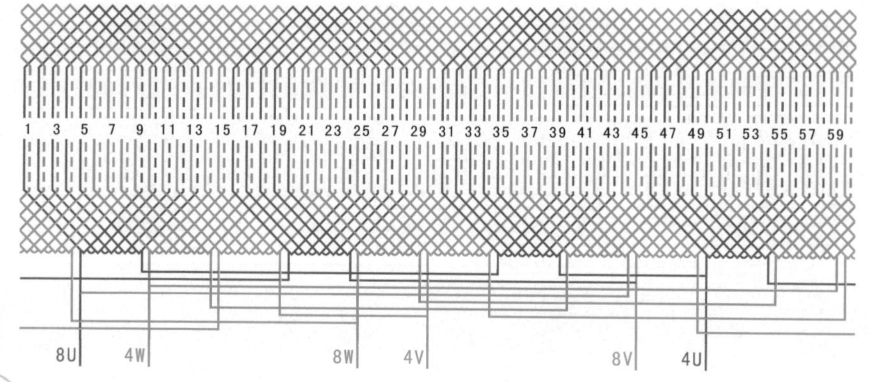

4.3.13 72槽8/4极△/2Y双速绕组（$y=10$）

① 绕组数据

定子槽数 $Z=72$

电机极数 $2p=8/4$

总线圈数 $Q=72$

线圈组数 $u=12$

每组圈数 $S=6$

线圈节距 $y=10$

② 绕组端面图

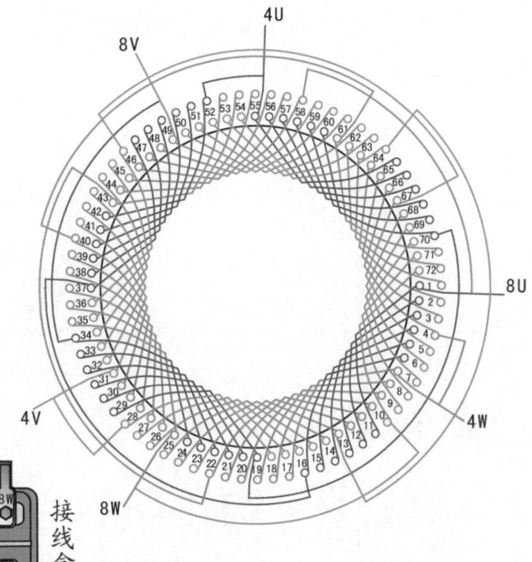

③ 接线盒

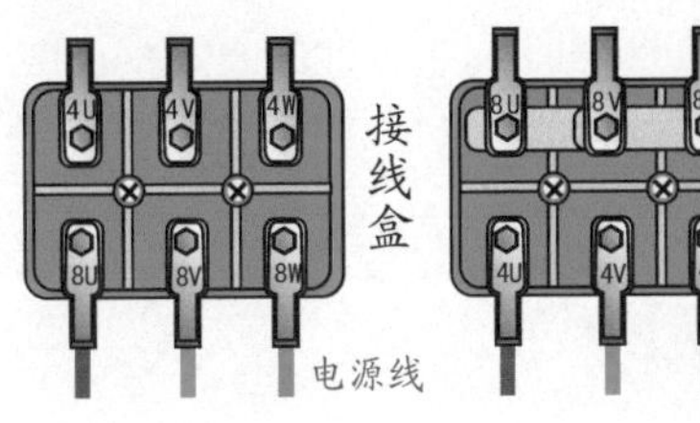

(a) 8极△形接法 (b) 4极2Y形接法

④ 绕组展开图

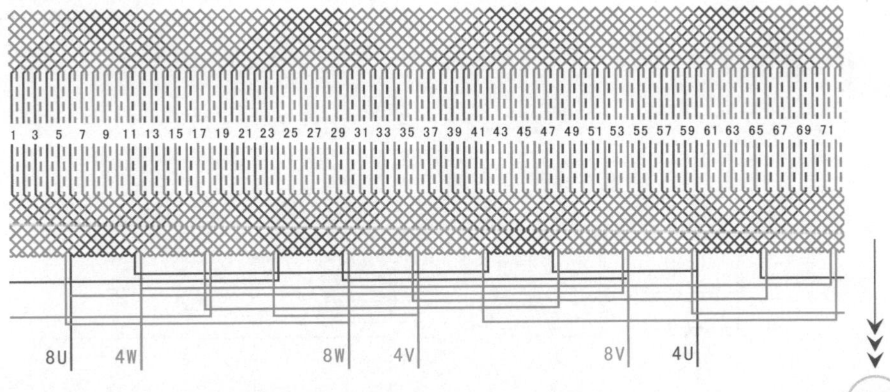

4.3.14 96槽8/4极2Y/△双速绕组（$y=12$）

① 绕组数据

定子槽数 $Z=96$

电机极数 $2p=8/4$

总线圈数 $Q=96$

线圈组数 $u=12$

每组圈数 $S=8$

线圈节距 $y=12$

② 绕组端面图

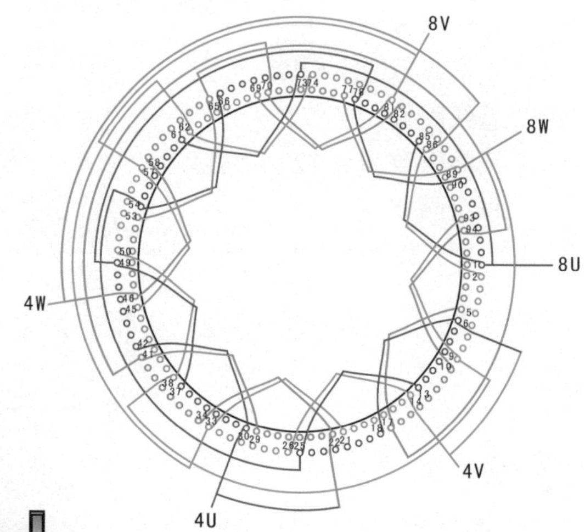

③ 接线盒

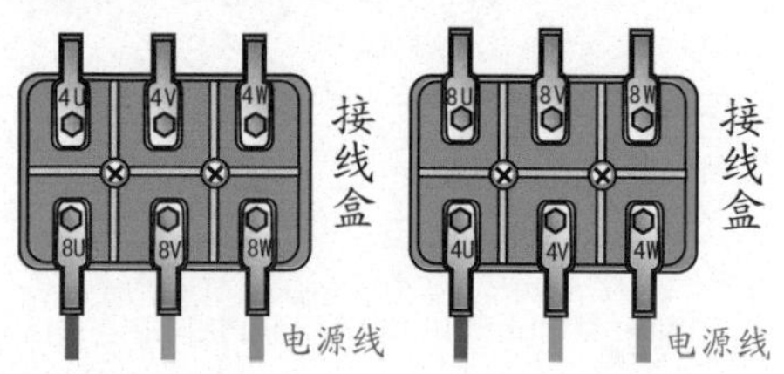

(a) 8极2Y形接法　(b) 4极△形接法

④ 绕组展开图

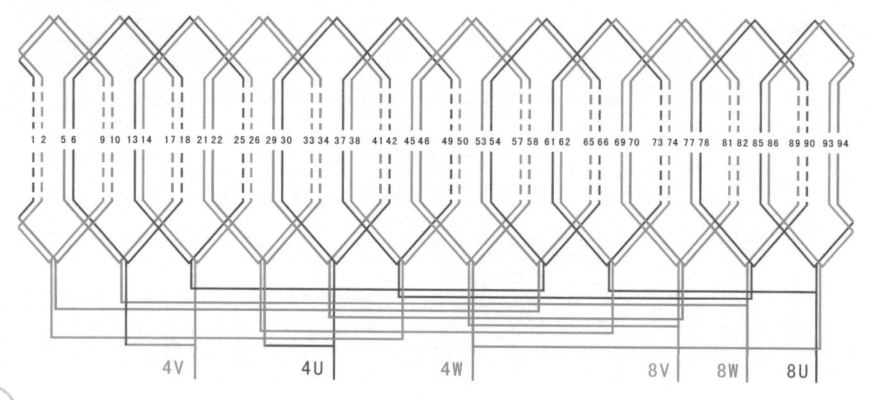

4.4 8/4和8/6极双速绕组

4.4.1 60槽8/4极双层叠式双速绕组（Δ/2Y, $y=8$）

1 绕组数据

定子槽数 $Z=60$

电机极数 $2p=8/4$

线圈组数 $u=12$

每组圈数 $S=5$

线圈极距 $\tau=15$

线圈节距 $y=8$

总线圈数 $Q=60$

极相槽数 $q=5$

2 绕组端面图

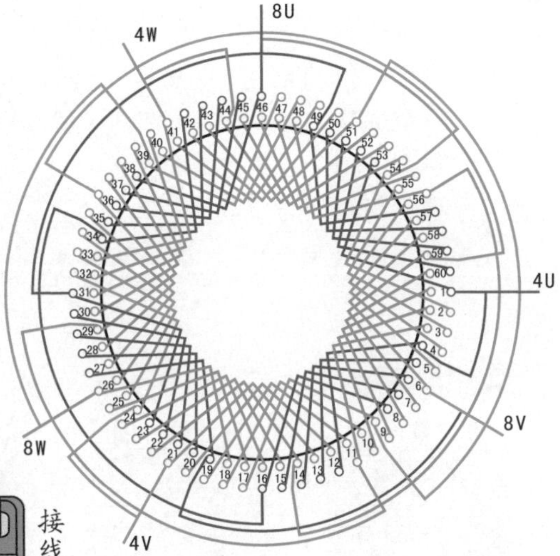

3 接线盒

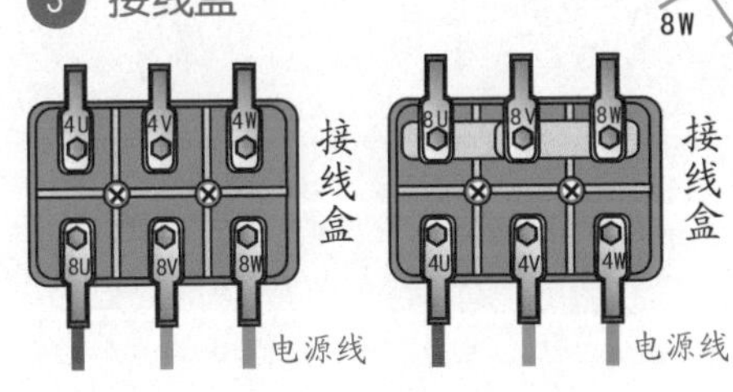

(a) 8极Δ形接法　　(b) 4极2Y形接法

4 绕组展开图

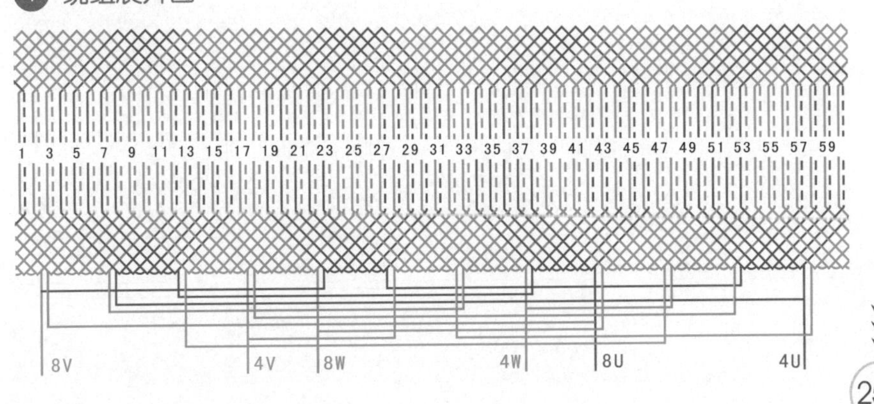

4.4.2 72槽8/4极双层叠式双速绕组（Δ/2Y, $y=9$）

1 绕组数据

定子槽数 $Z=72$

电机极数 $2p=8/4$

线圈组数 $u=12$

每组圈数 $S=6$

线圈极距 $\tau=12$

线圈节距 $y=9$

总线圈数 $Q=72$

极相槽数 $q=6$

2 绕组端面图

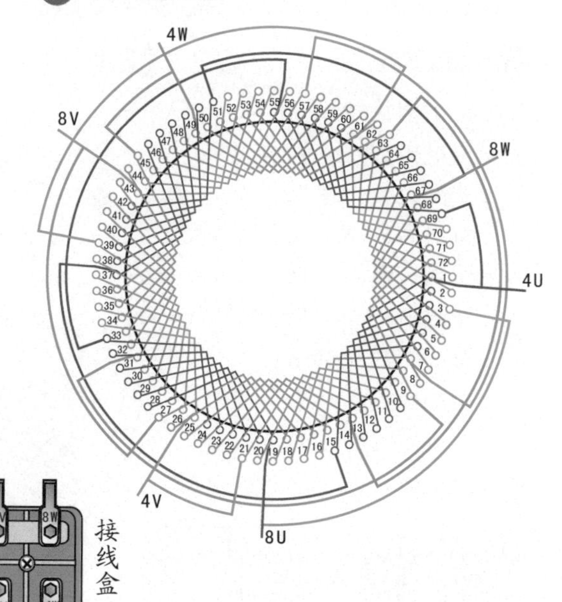

3 接线盒

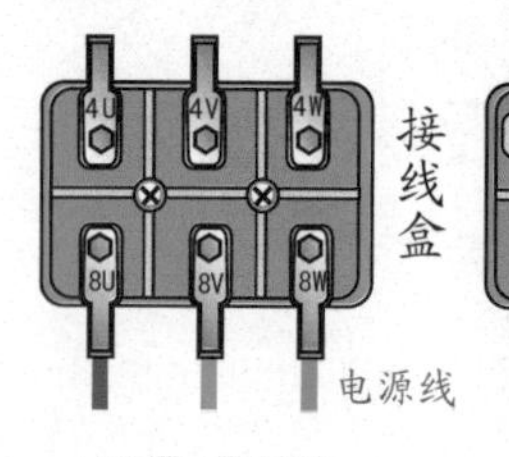

(a) 8极Δ形接法　　(b) 4极2Y形接法

4 绕组展开图

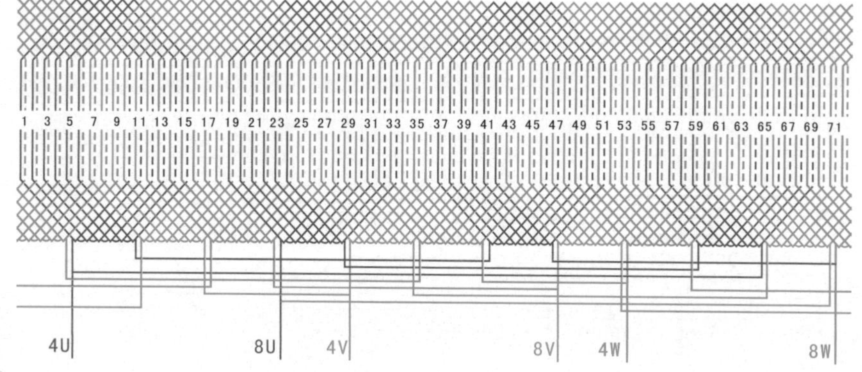

4.4.3 72槽8/4极△/2Y单层同心式双速绕组

① 绕组数据

定子槽数 $Z=72$

电机极数 $2p=8/4$

总线圈数 $Q=36$

线圈组数 $u=12$

绕组极距 $\tau=9/18$

线圈节距 $y=12、9、5$

② 绕组端面图

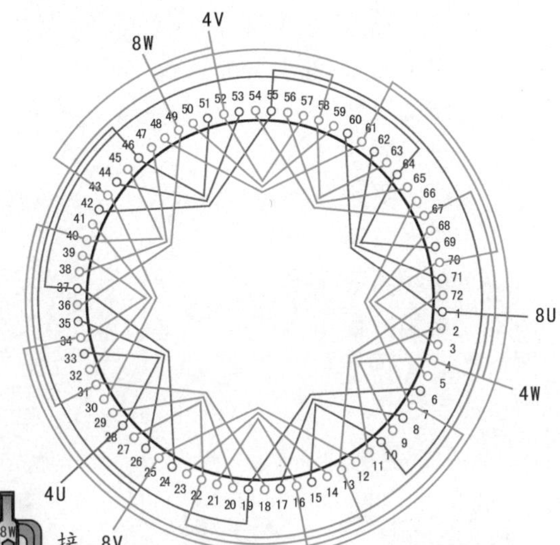

③ 接线盒

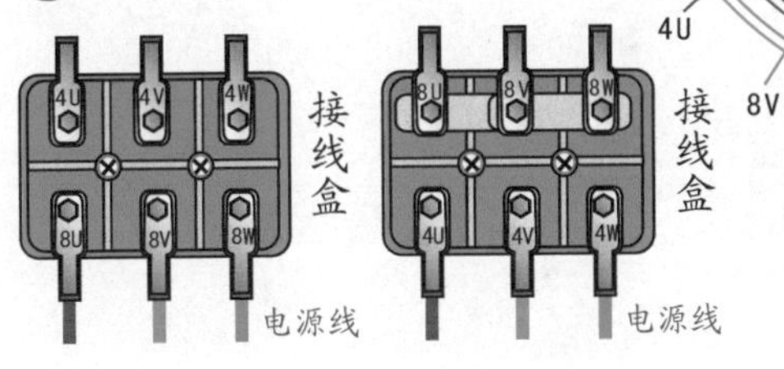

(a) 8极△形接法　　(b) 4极2Y形接法

④ 绕组展开图

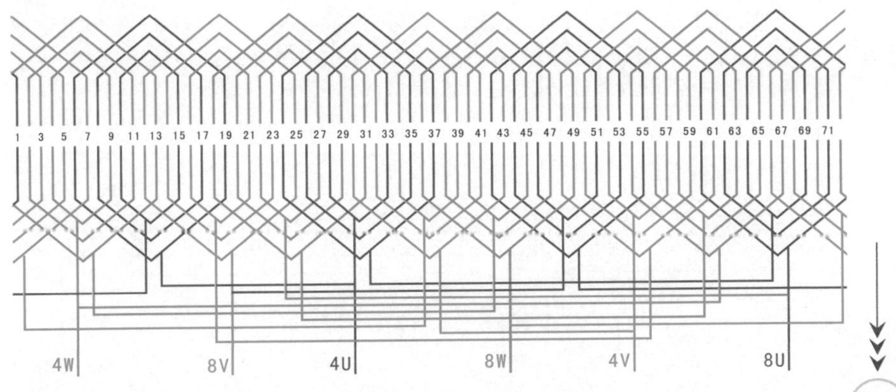

4.4.4 72槽8/4极双层叠式双速绕组（Δ/2Y, $y=10$）

① 绕组数据

定子槽数 $Z=72$

电机极数 $2p=8/4$

线圈组数 $u=12$

每组圈数 $S=6$

线圈极距 $\tau=18$

线圈节距 $y=10$

总线圈数 $Q=72$

极相槽数 $q=6$

② 绕组端面图

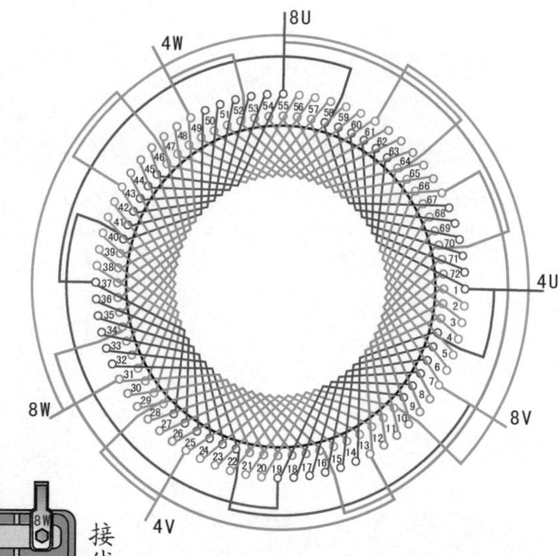

③ 接线盒

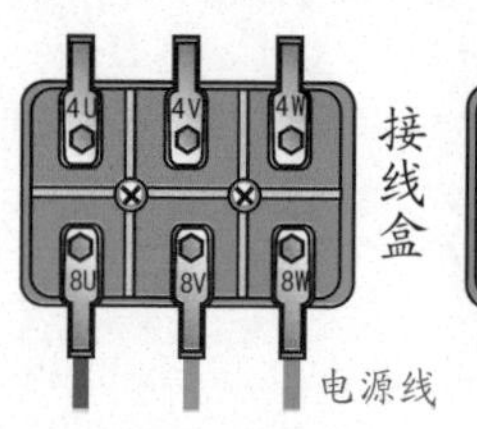

(a) 8极Δ形接法

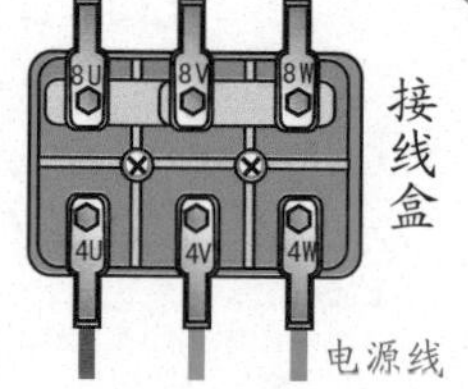

(b) 4极2Y形接法

④ 绕组展开图

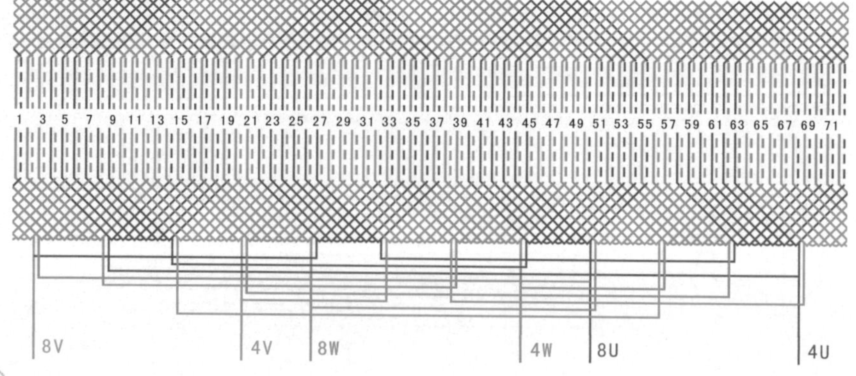

4.4.5　36槽8/6极双层叠式双速绕组（Δ/2Y, $y=4$）

① 绕组数据

定子槽数 $Z=36$

电机极数 $2p=8/6$

总线圈数 $Q=36$

线圈组数 $u=24$

每组圈数 $S=2$

极相槽数 $q=2$

线圈极距 $\tau=9/2$

线圈节距 $y=4$

② 绕组端面图

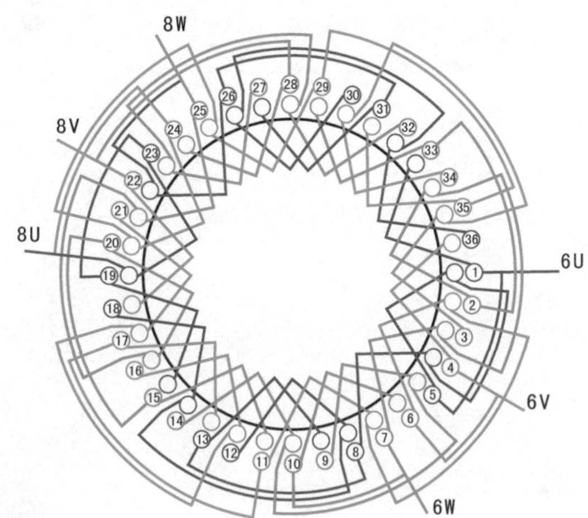

③ 接线盒

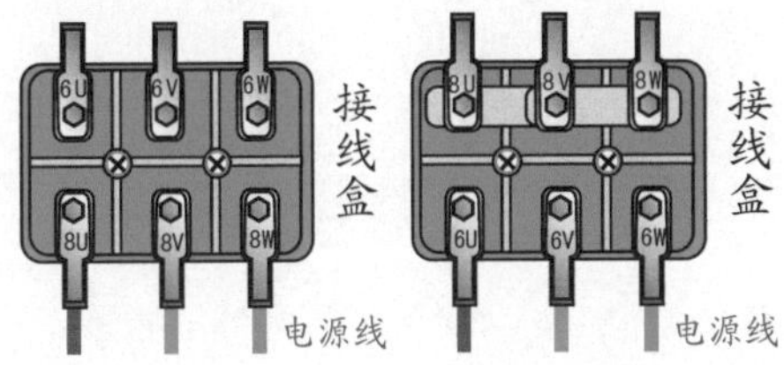

(a) 8极△形接法　　(b) 6极2Y形接法

④ 绕组展开图

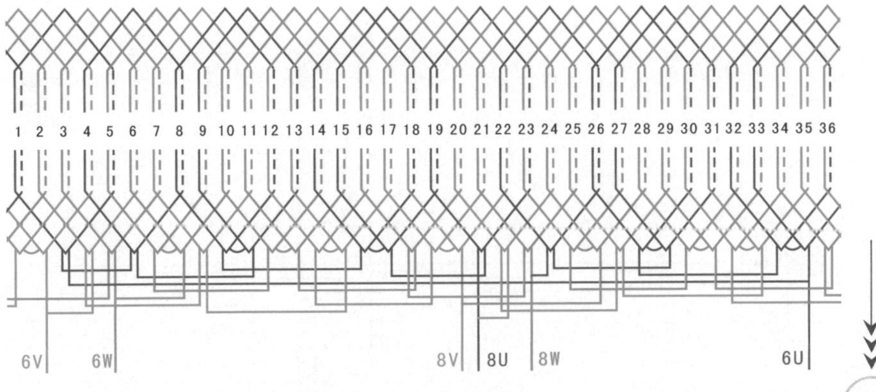

4.4.6 36槽8/6极△/2Y双速绕组（$y=4$）

1 绕组数据

定子槽数 $Z=36$

电机极数 $2p=8/6$

总线圈数 $Q=36$

线圈组数 $u=24$

每组圈数 $S=1、2$

线圈节距 $y=4$

2 绕组端面图

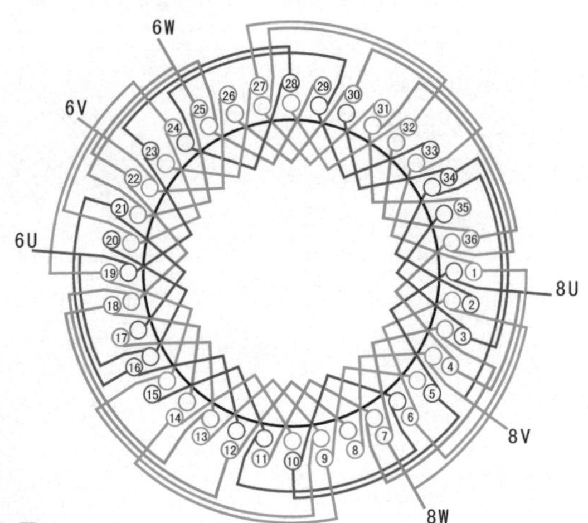

3 接线盒

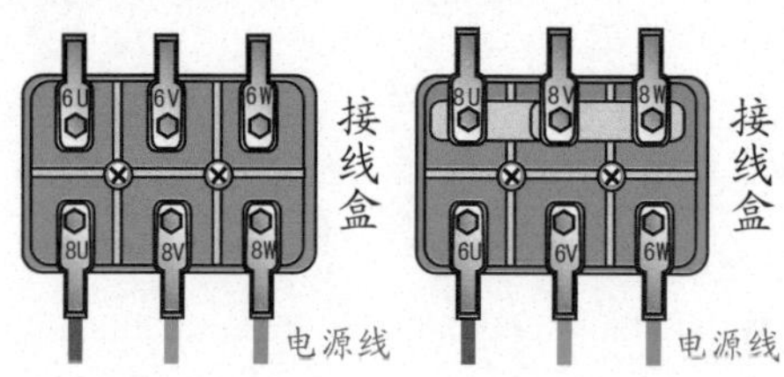

(a) 8极△形接法 (b) 6极2Y形接法

4 绕组展开图

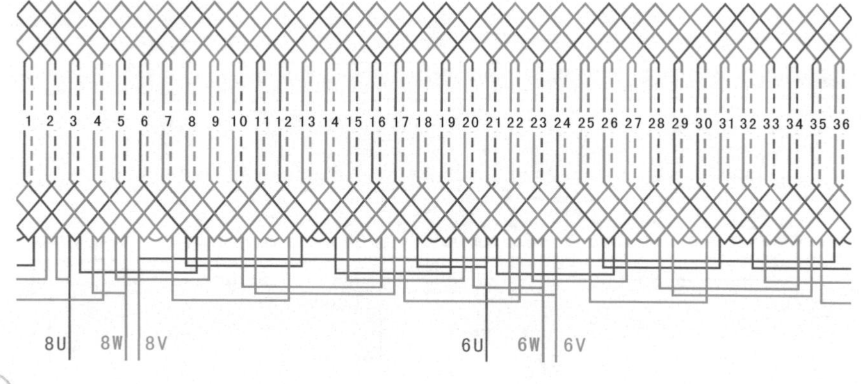

4.4.7 36槽8/6极双层交叉式双速绕组（Δ/2Y, $y=4$）

① 绕组数据

定子槽数 $Z=36$

电机极数 $2p=8/6$

线圈组数 $u=24$

每组圈数 S不等

总线圈数 $Q=36$

线圈节距 $y=4$

② 绕组端面图

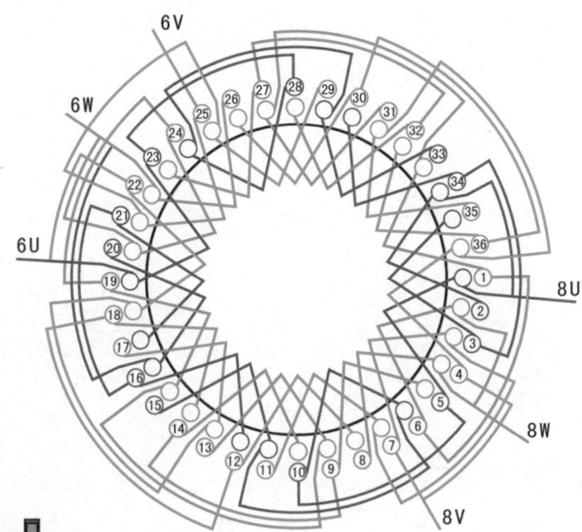

③ 接线盒

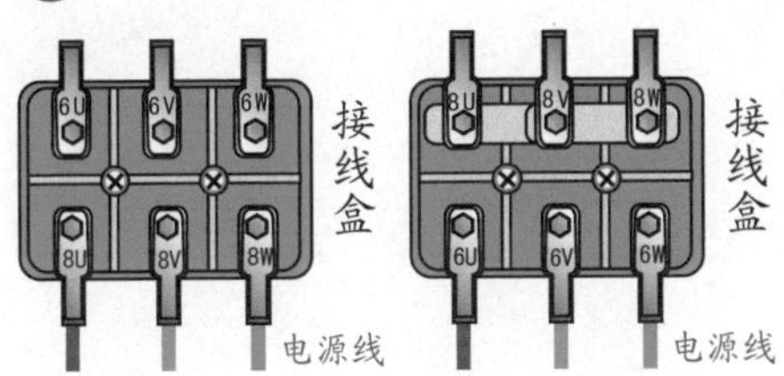

(a) 8极Δ形接法　　(b) 6极2Y形接法

④ 绕组展开图

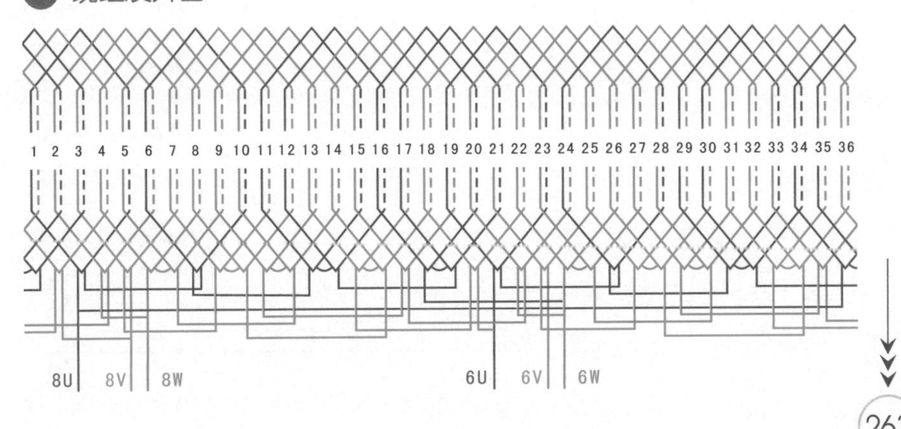

4.4.8 36槽8/6极双层交叉式双速绕组（Δ/2Y, $y=5$）

1 绕组数据

定子槽数 $Z=36$

电机极数 $2p=8/6$

线圈组数 $u=24$

每组圈数 S不等

总线圈数 $Q=36$

线圈节距 $y=5$

2 绕组端面图

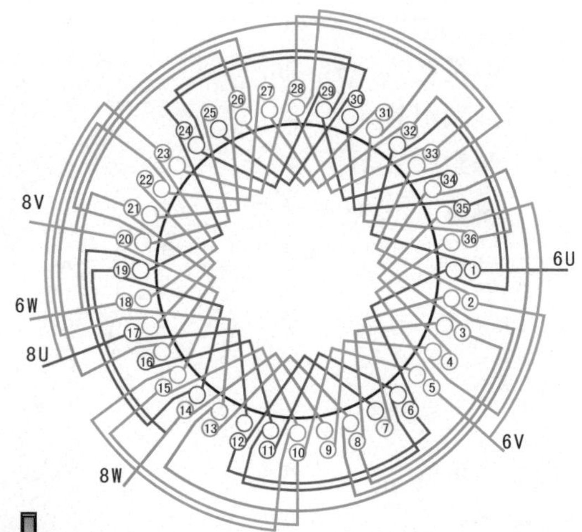

3 接线盒

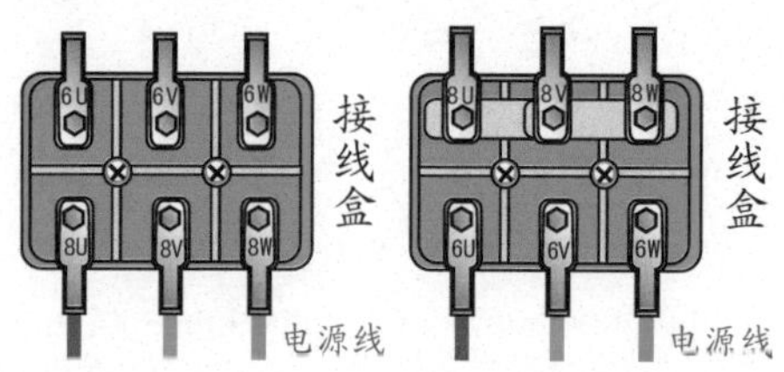

(a) 8极△形接法　(b) 6极2Y形接法

4 绕组展开图

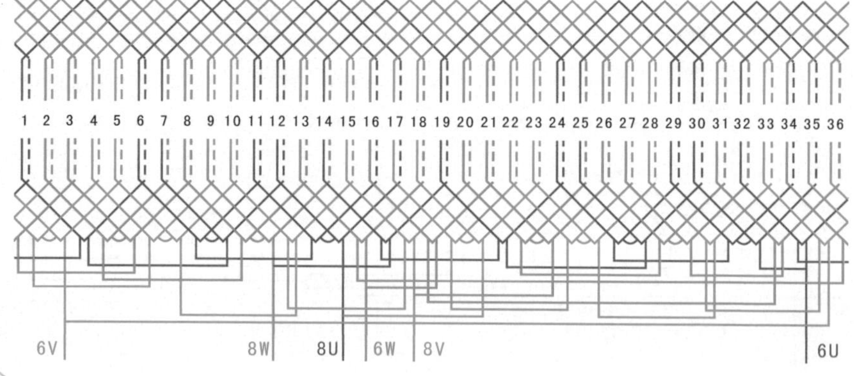

4.4.9 54槽8/6极双层叠式双速绕组（Δ/2Y, $y=6$）

① 绕组数据

定子槽数 $Z=54$
电机极数 $2p=8/6$
线圈组数 $u=22$
每组圈数 S不等
线圈节距 $y=6$
总线圈数 $Q=54$

② 绕组端面图

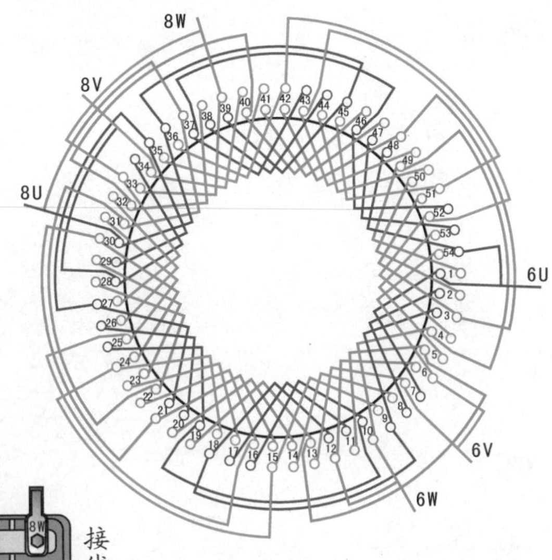

③ 接线盒

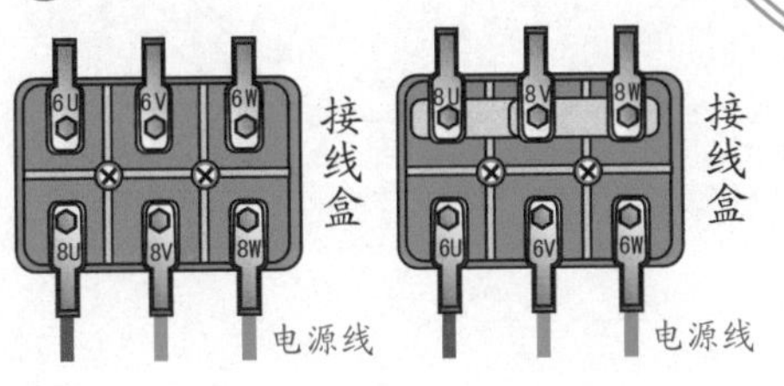

(a) 8极Δ形接法　　(b) 6极2Y形接法

④ 绕组展开图

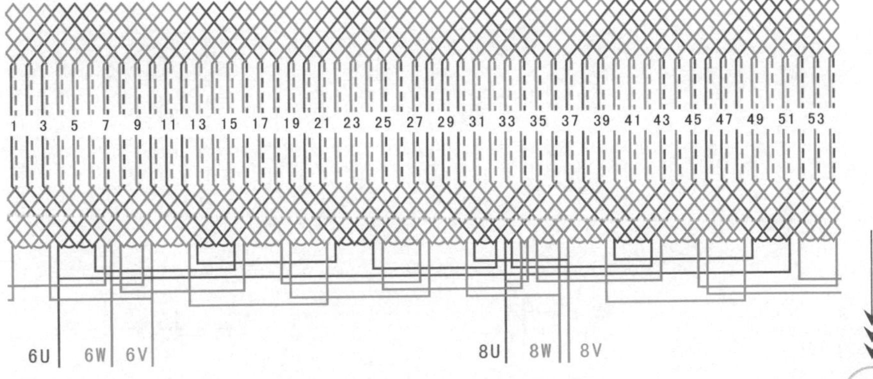

4.5 10/2、10/8和16/4极双速绕组

4.5.1 36槽10/2极Y/△换相变极双速绕组（$y=10$）

① 绕组数据

定子槽数 $Z=36$

电机极数 $2p=10/2$

总线圈数 $Q=36$

线圈组数 $u=12$

每组圈数 $S=3$

线圈节距 $y=10$

② 绕组端面图

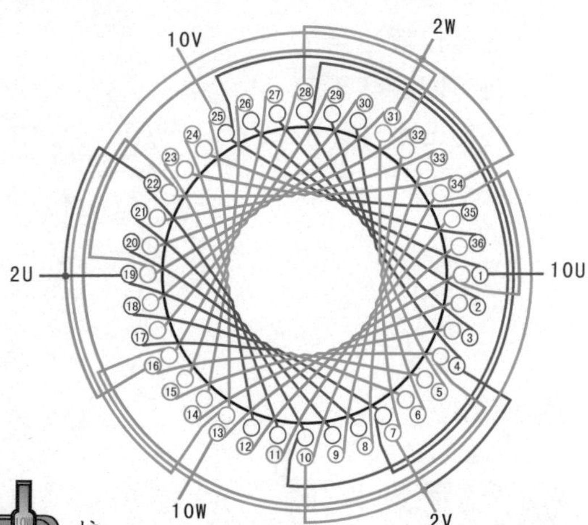

③ 接线盒

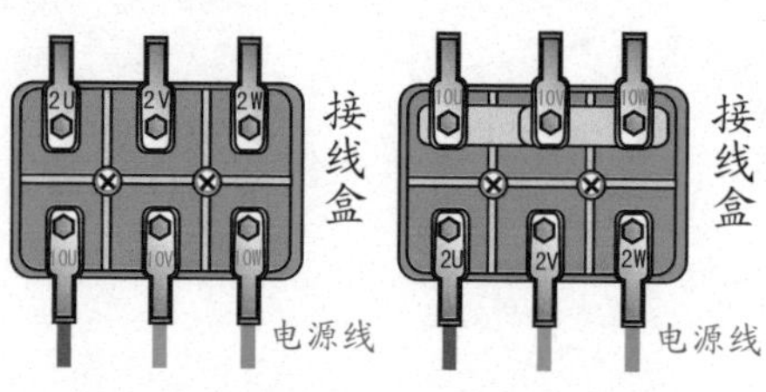

(a) 10极Y形接法　　(b) 2极△形接法

④ 绕组展开图

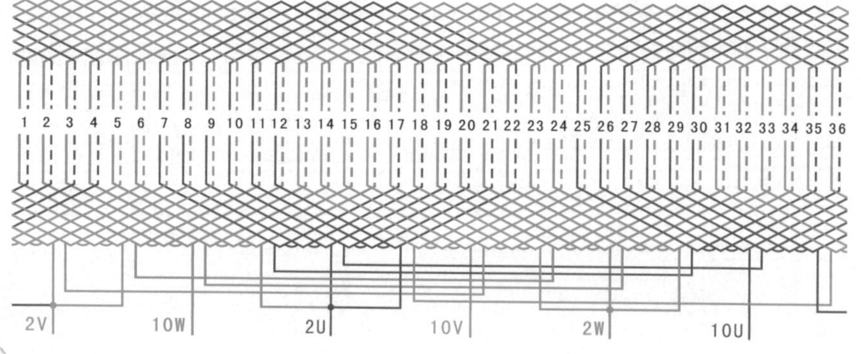

4.5.2 48槽10/8极△/2Y双速绕组（$y=5$）

❶ 绕组数据

定子槽数 $Z=48$

电机极数 $2p=10/8$

总线圈数 $Q=48$

线圈组数 $u=24$

每组圈数 $S=2$

线圈节距 $y=5$

❷ 绕组端面图

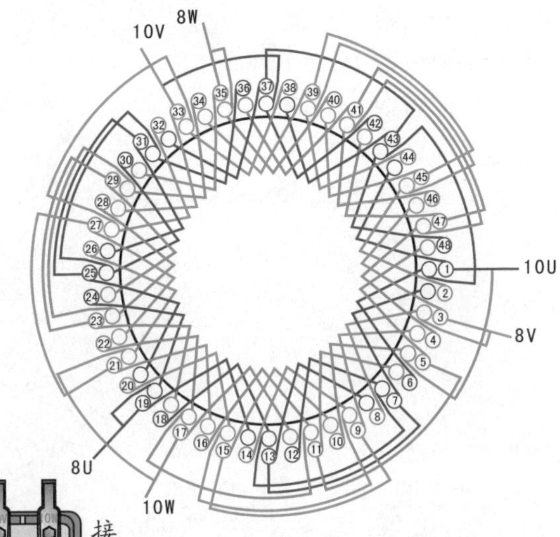

❸ 接线盒

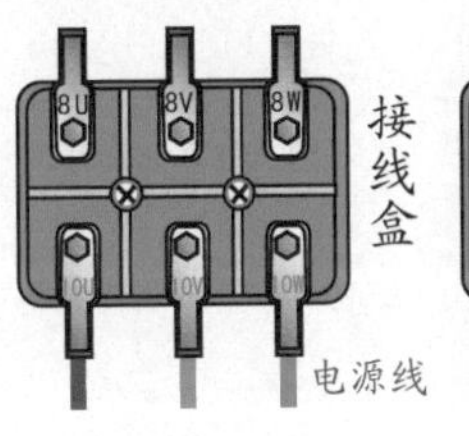

(a) 10极△形接法　　(b) 8极2Y形接法

❹ 绕组展开图

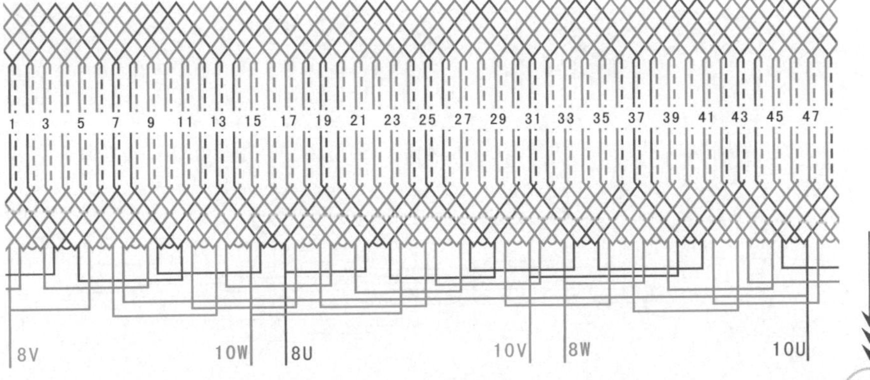

4.5.3 36槽16/4极双层交叉式双速绕组（Δ/2Y，$y=7$）

1 绕组数据

定子槽数 $Z=36$

电机极数 $2p=16/4$

线圈组数 $u=24$

每组圈数 $S=1$、2

总线圈数 $Q=36$

线圈节距 $y=7$

2 绕组端面图

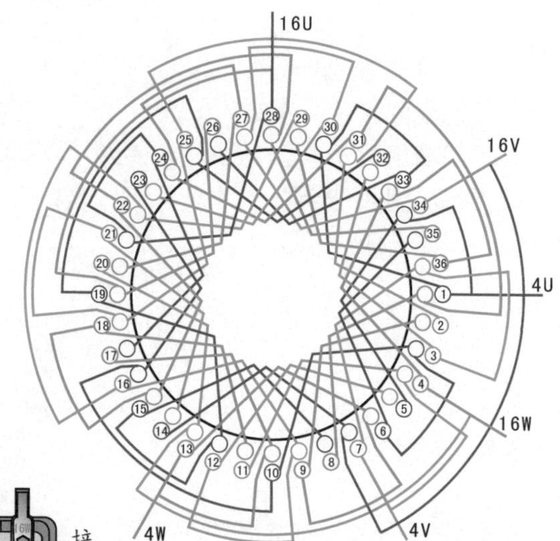

3 接线盒

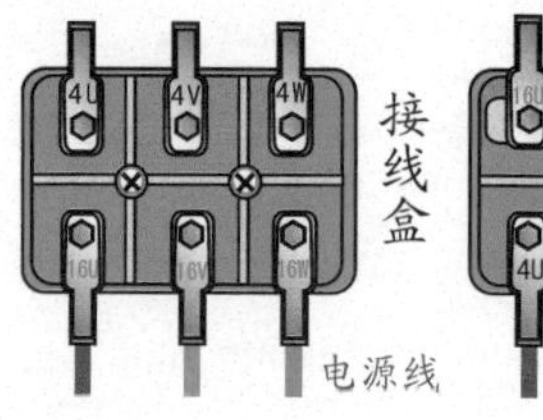

(a) 16极Δ形接法

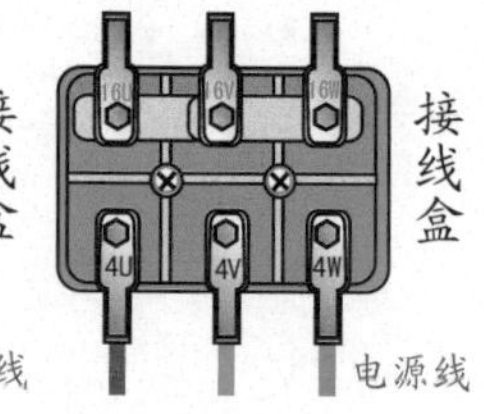

(b) 4极2Y形接法

4 绕组展开图

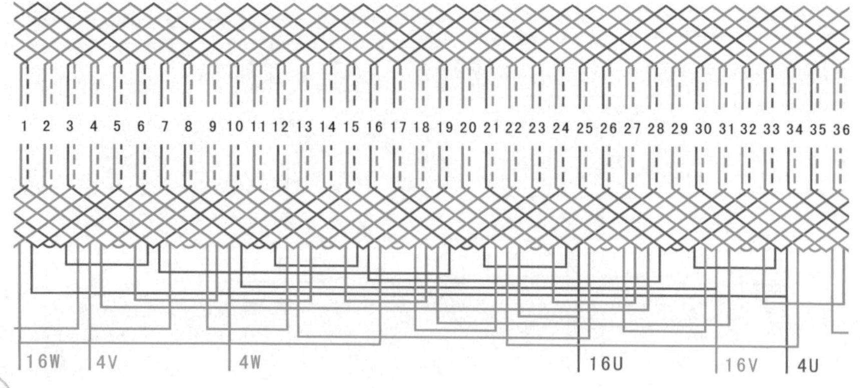

4.5.4 36槽16/4极Y/2Y双速绕组（$y=7$）

1 绕组数据

定子槽数 $Z=36$

电机极数 $2p=16/4$

总线圈数 $Q=36$

线圈组数 $u=24$

每组圈数 $S=1、2$

线圈节距 $y=7$

2 绕组端面图

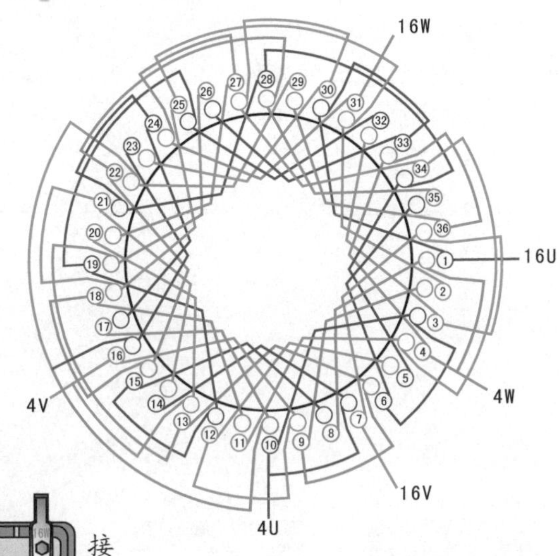

3 接线盒

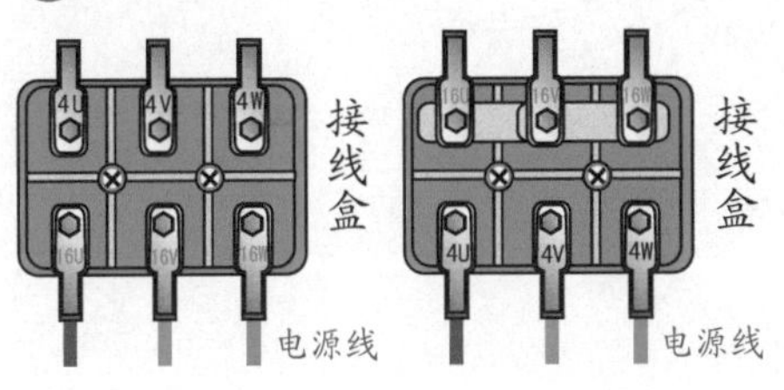

(a) 16极Y形接法　(b) 4极2Y形接法

4 绕组展开图

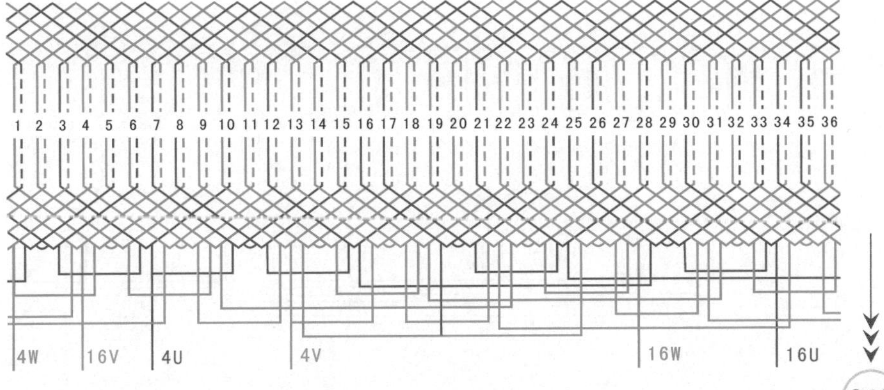

4.5.5 48槽16/4极Y/2Y单层双距双速绕组

1 绕组数据

定子槽数 $Z=48$

电机极数 $2p=16/4$

总线圈数 $Q=24$

线圈组数 $u=24$

每组圈数 $S=1$

线圈节距 $y=9、3$

2 绕组端面图

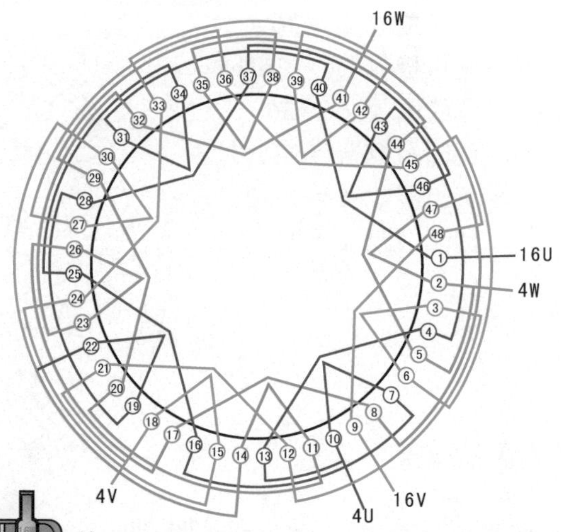

3 接线盒

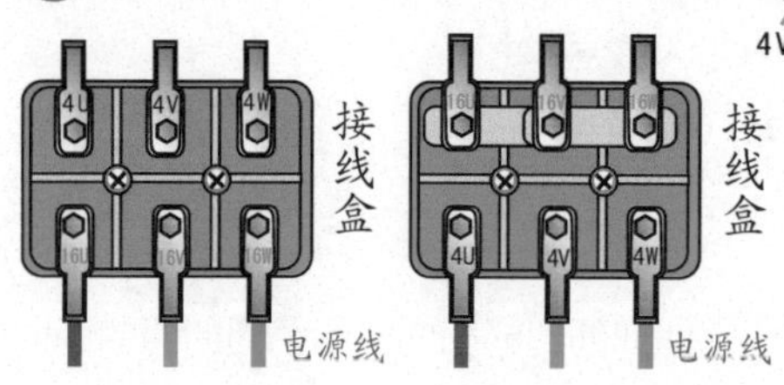

(a) 16极Y形接法 (b) 4极2Y形接法

4 绕组展开图

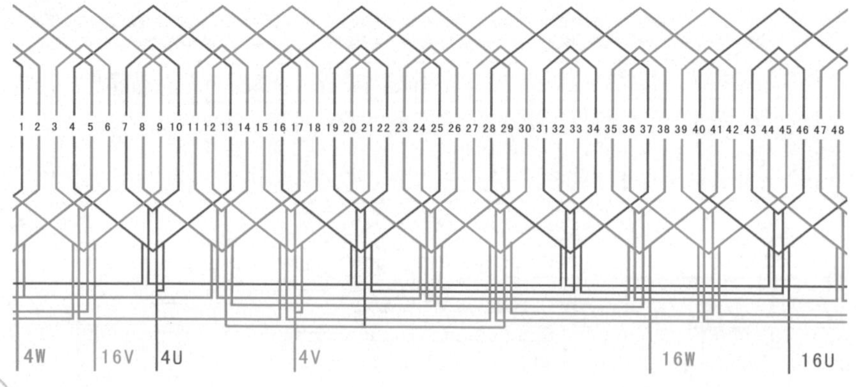

4.6 12/6、24/6和32/8极双速绕组

4.6.1 36槽12/6极Δ/2Y单层链式双速绕组

1 绕组数据

定子槽数 $Z=36$

电机极数 $2p=12/6$

总线圈数 $Q=18$

线圈组数 $u=18$

每组圈数 $S=1$

绕组极距 $\tau=3/6$

线圈节距 $y=3$

2 绕组端面图

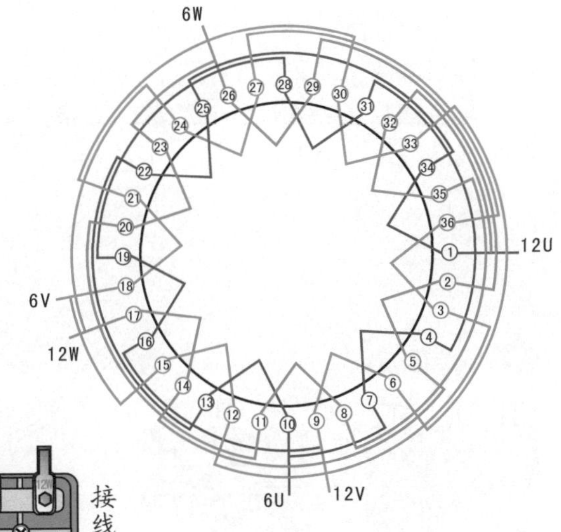

3 接线盒

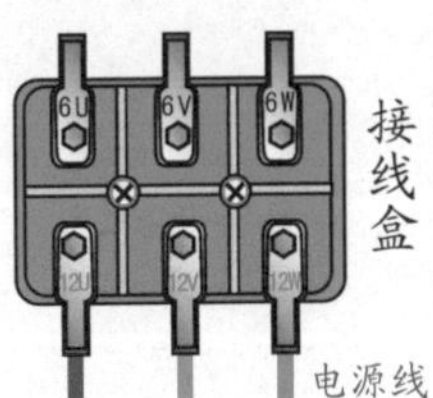

(a) 12极Δ形接法

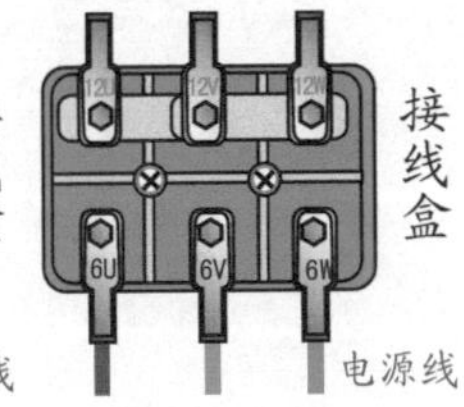

(b) 6极2Y形接法

4 绕组展开图

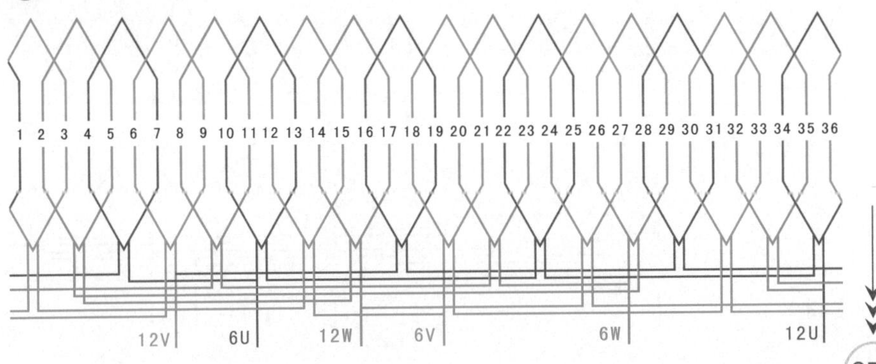

4.6.2 36槽12/6极双层叠式双速绕组（Δ/2Y, $y=3$）

① 绕组数据

定子槽数 $Z=36$

电机极数 $2p=12/6$

线圈组数 $u=18$

每组圈数 $S=2$

总线圈数 $Q=18$

线圈节距 $y=3$

② 绕组端面图

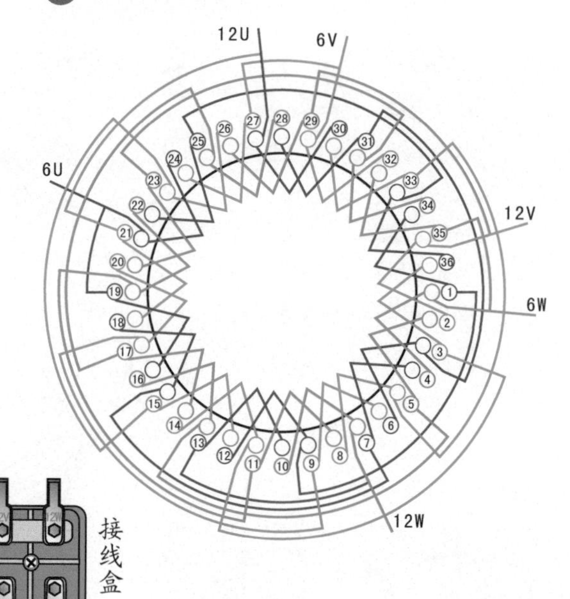

③ 接线盒

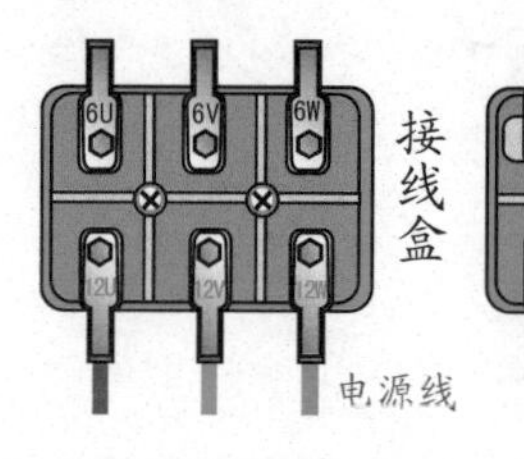

(a) 12极Δ形接法　　(b) 6极2Y形接法

④ 绕组展开图

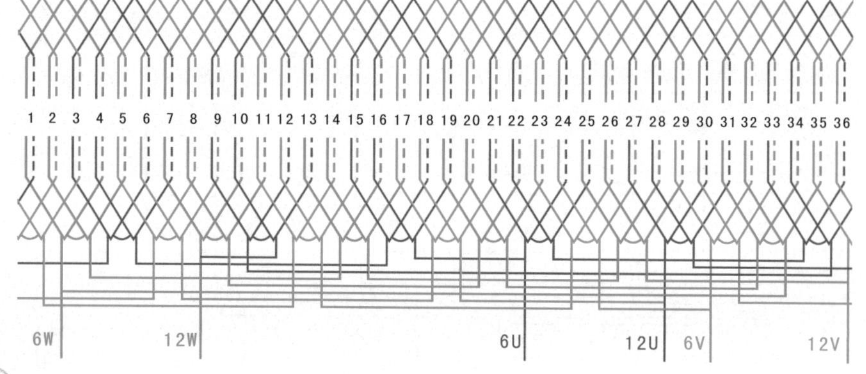

4.6.3 54槽12/6极△/2Y双速绕组（$y=5$）

① 绕组数据

定子槽数 $Z=54$

电机极数 $2p=12/6$

总线圈数 $Q=54$

线圈组数 $u=18$

每组圈数 $S=3$

线圈节距 $y=5$

② 绕组端面图

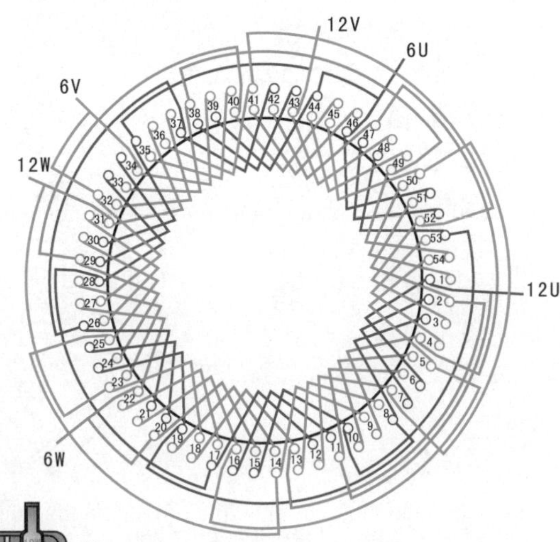

③ 接线盒

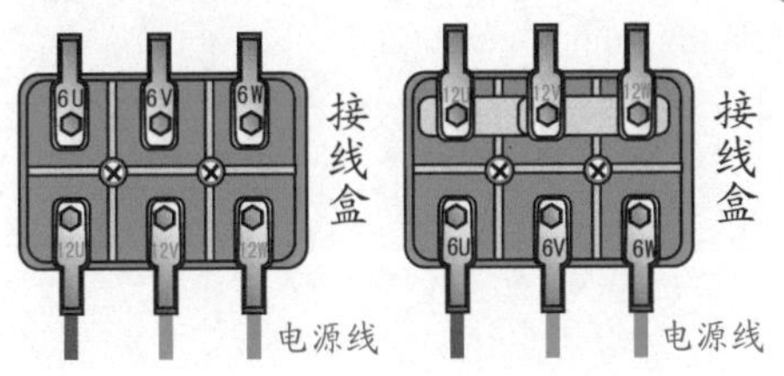

(a) 12极△形接法 (b) 6极2Y形接法

④ 绕组展开图

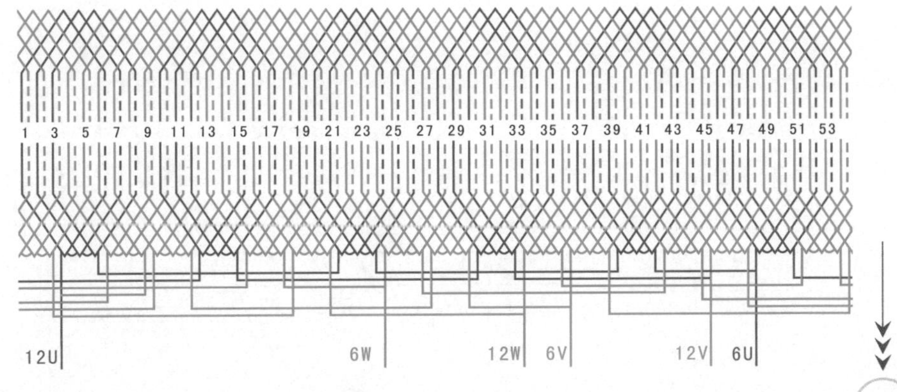

4.6.4 54槽12/6极双层叠式双速绕组（Δ/2Y, $y=5$）

① 绕组数据

定子槽数 $Z=54$

电机极数 $2p=12/6$

线圈组数 $u=18$

每组圈数 $S=3$

线圈极距 $\tau=9$

线圈节距 $y=5$

总线圈数 $Q=54$

极相槽数 $q=3$

② 绕组端面图

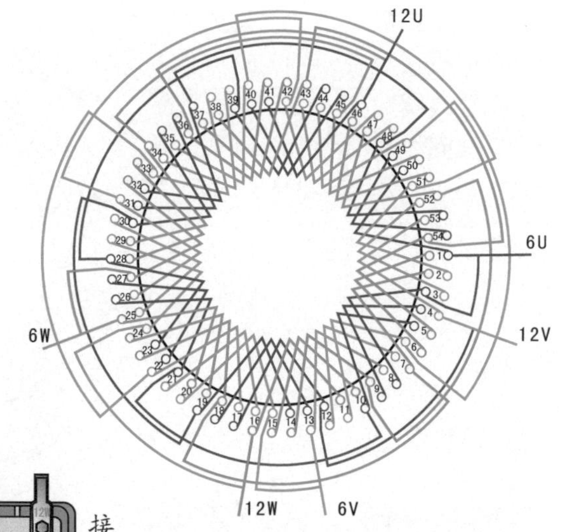

③ 接线盒

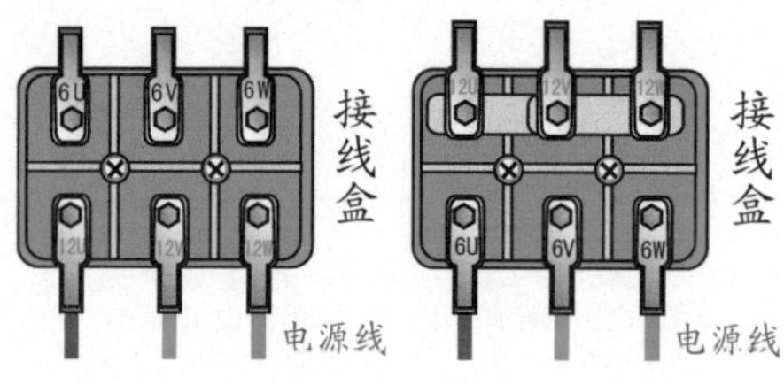

(a) 12极Δ形接法　(b) 6极2Y形接法

④ 绕组展开图

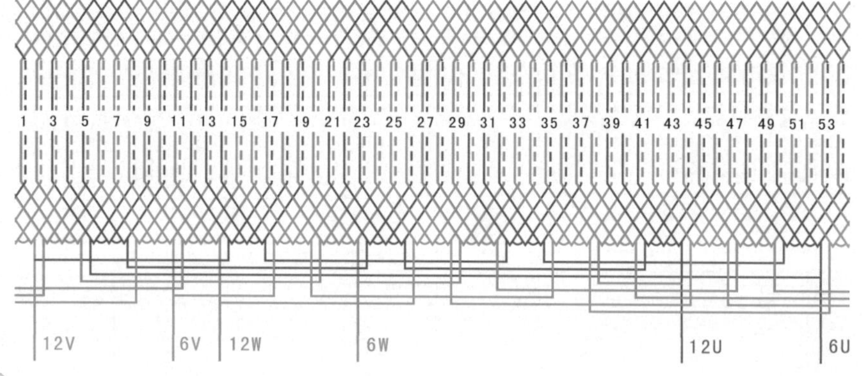

4.6.5 72槽12/6极双层叠式双速绕组（3Δ/6Y, $y=6$）

1 绕组数据

定子槽数 $Z=72$

电机极数 $2p=12/6$

线圈组数 $u=18$

每组圈数 $S=4$

线圈节距 $y=6$

总线圈数 $Q=72$

2 绕组端面图

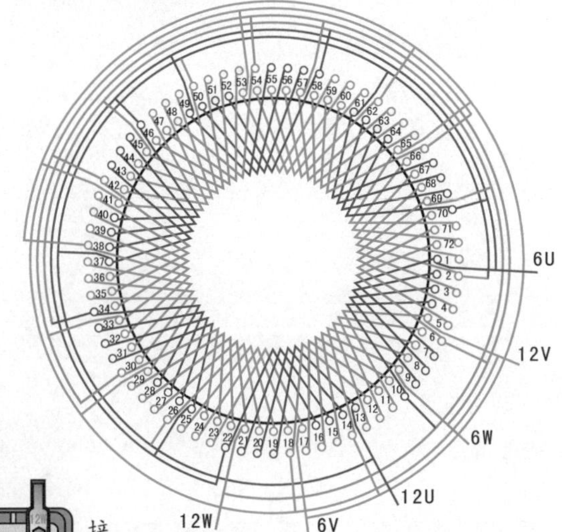

3 接线盒

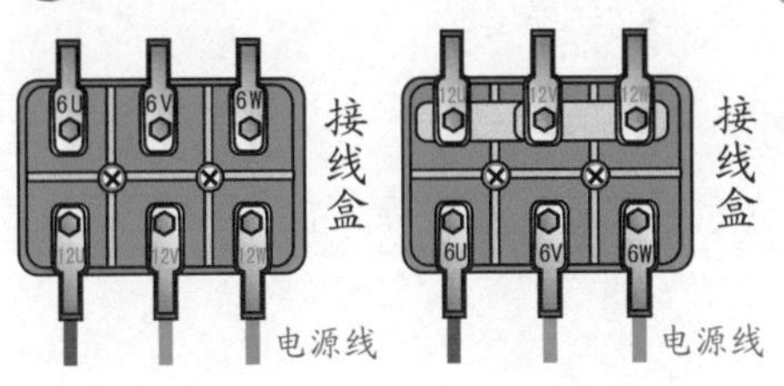

(a) 12极3△形接法　　(b) 6极6Y形接法

4 绕组展开图

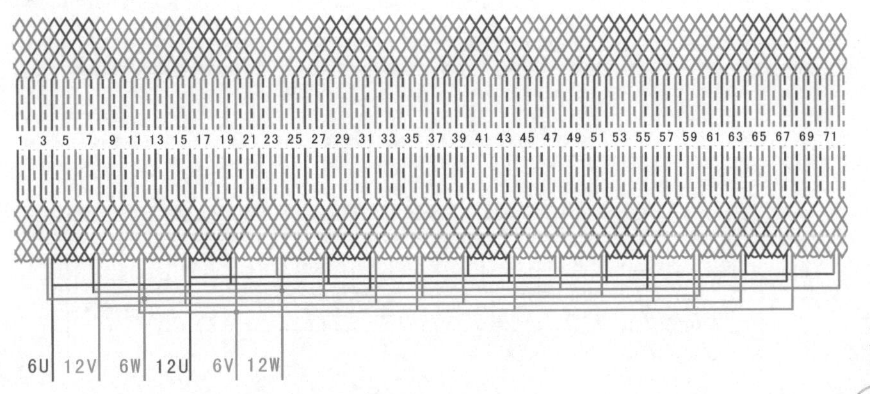

4.6.6 72槽12/6极Y/2Y（双层同心式）双速绕组（y=11、9、7、5）

① 绕组数据

定子槽数 $Z=72$

电机极数 $2p=12/6$

总线圈数 $Q=72$

线圈组数 $u=18$

每组圈数 $S=4$

线圈节距 $y=11$、9、7、5

② 绕组端面图

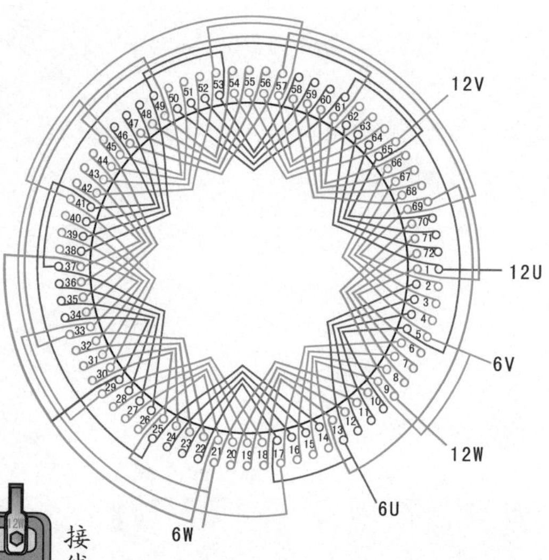

③ 接线盒

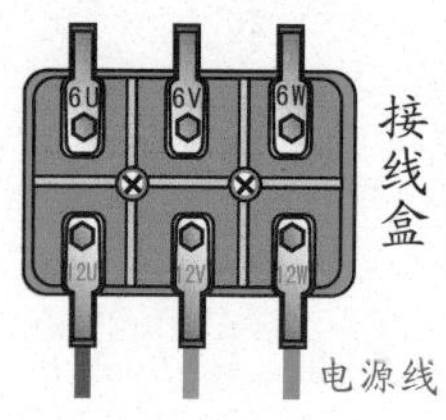

(a) 12极Y形接法

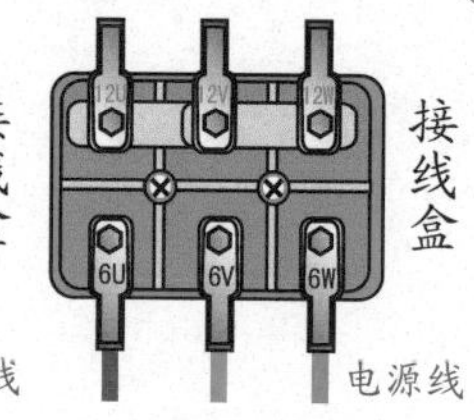

(b) 6极2Y形接法

④ 绕组展开图

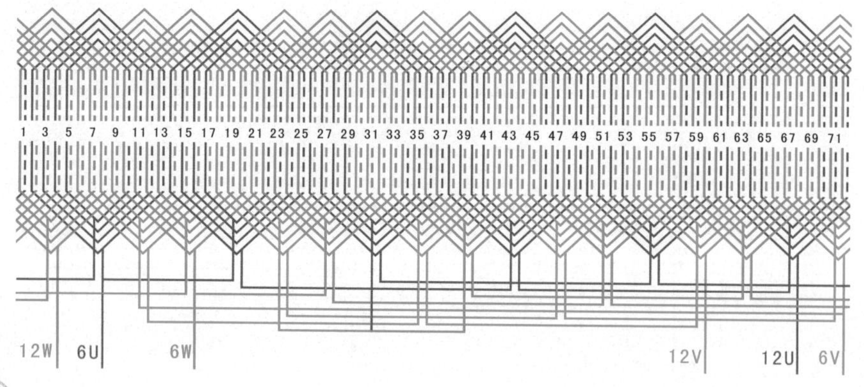

4.6.7 72槽12/6极双速双层叠式绕组（Y/2Y, $y=8$）

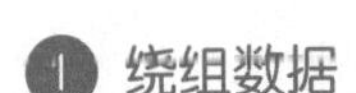

❶ 绕组数据

定子槽数 $Z=72$

电机极数 $2p=12/6$

线圈组数 $u=18$

每组圈数 $S=4$

线圈节距 $y=8$

总线圈数 $Q=72$

❷ 绕组端面图

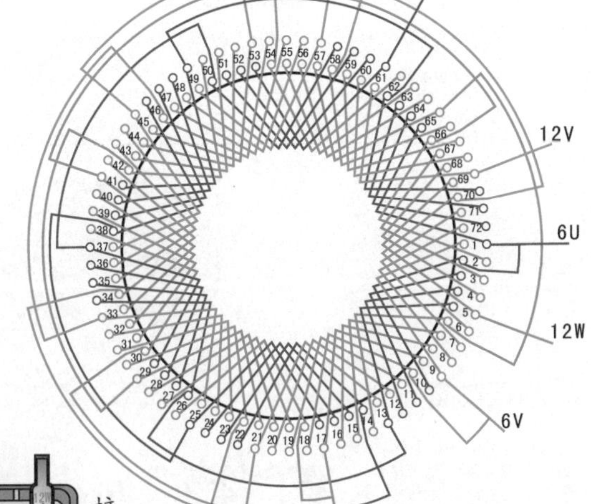

❸ 接线盒

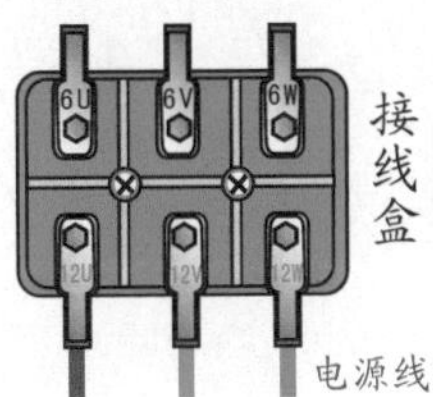

(a) 12极Y形接法

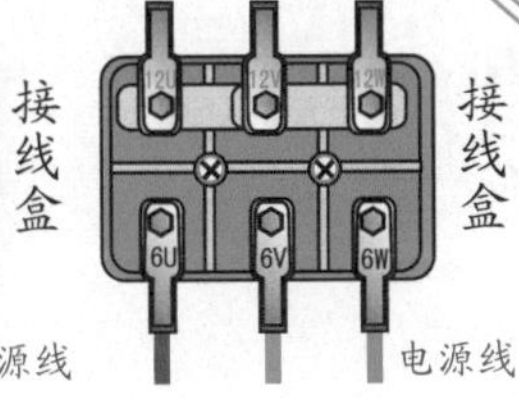

(b) 6极2Y形接法

❹ 绕组展开图

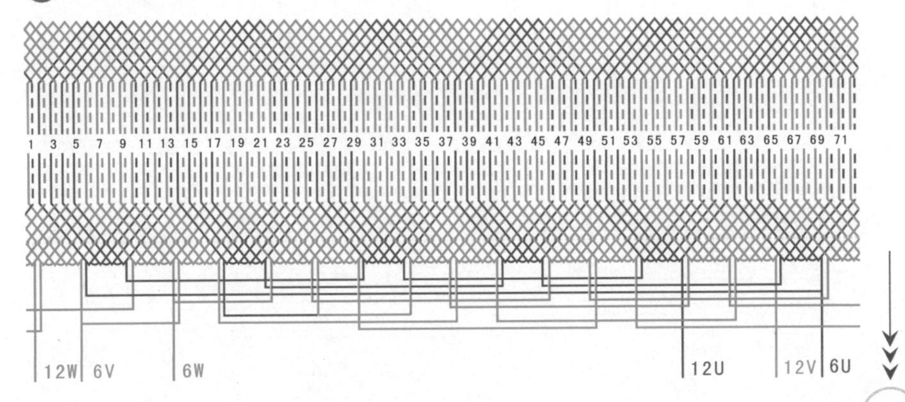

4.6.8 72槽12/6极双层叠式双速绕组（△/2Y, $y=6$）

① 绕组数据

定子槽数 $Z=72$

电机极数 $2p=12/6$

线圈组数 $u=18$

每组圈数 $S=4$

线圈节距 $y=8$

总线圈数 $Q=72$

② 绕组端面图

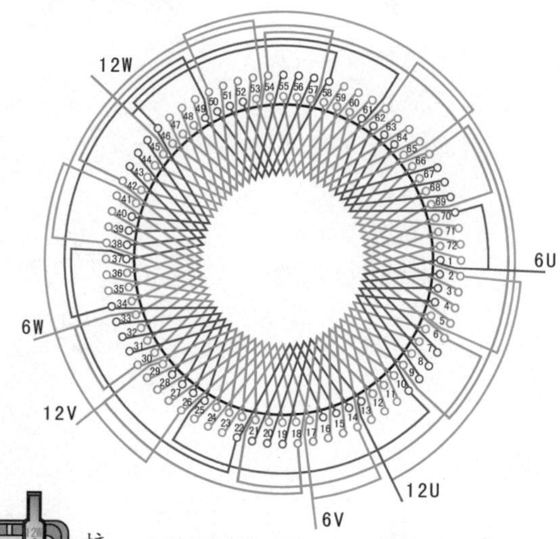

③ 接线盒

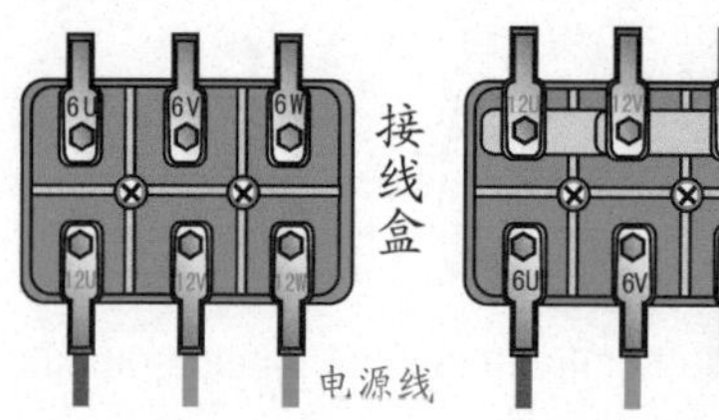

(a) 12极△形接法　　(b) 6极2Y形接法

④ 绕组展开图

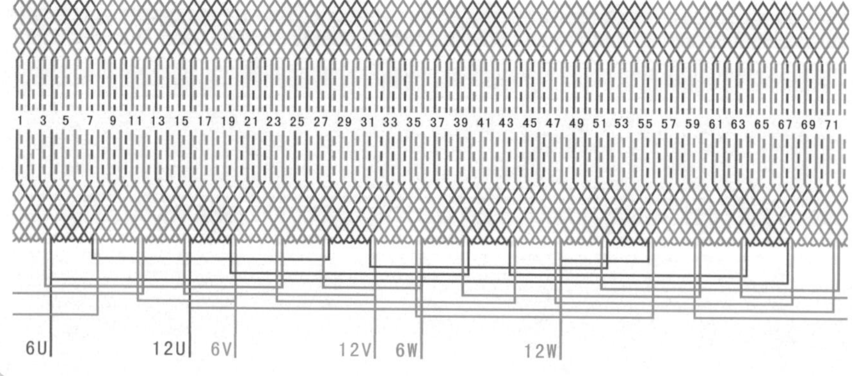

4.6.9 72槽12/6极△/2Y单层同心式双速绕组

① 绕组数据

定子槽数 $Z=72$

电机极数 $2p=12/6$

总线圈数 $Q=36$

线圈组数 $u=18$

每组圈数 $S=2$

绕组极距 $\tau=6/12$

线圈节距 $y=9$、5

② 绕组端面图

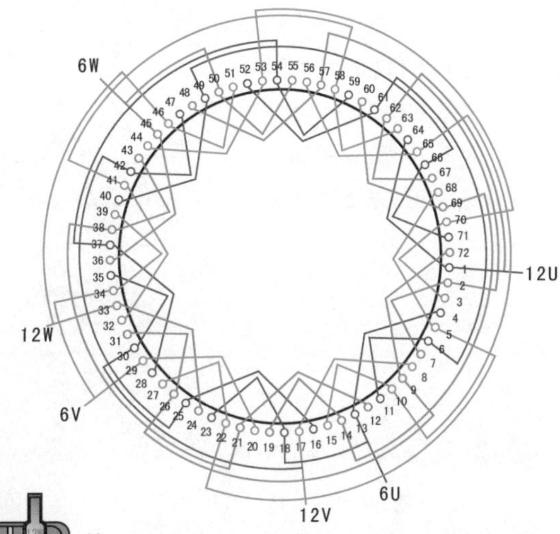

③ 接线盒

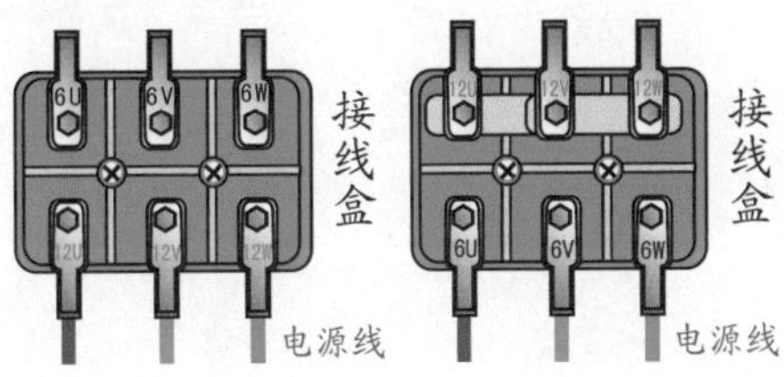

(a) 12极△形接法　　(b) 6极2Y形接法

④ 绕组展开图

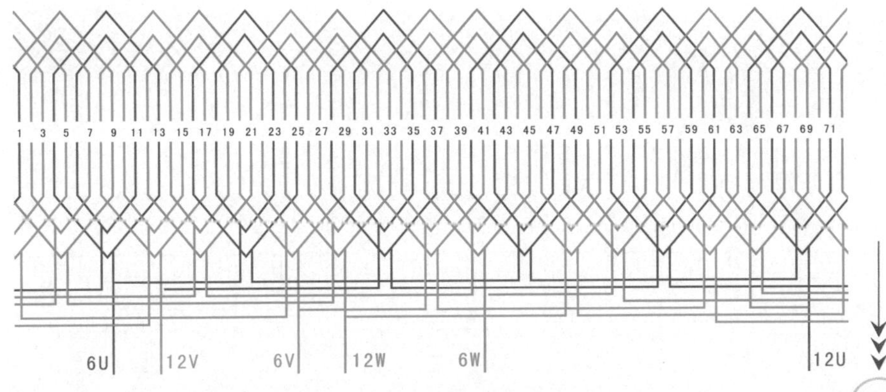

4.6.10 54槽24/6极Y/2Y双速绕组（$y=7$）

① 绕组数据

定子槽数 $Z=54$

电机极数 $2p=24/6$

总线圈数 $Q=54$

线圈组数 $u=36$

每组圈数 $S=2、1$

线圈节距 $y=7$

② 绕组端面图

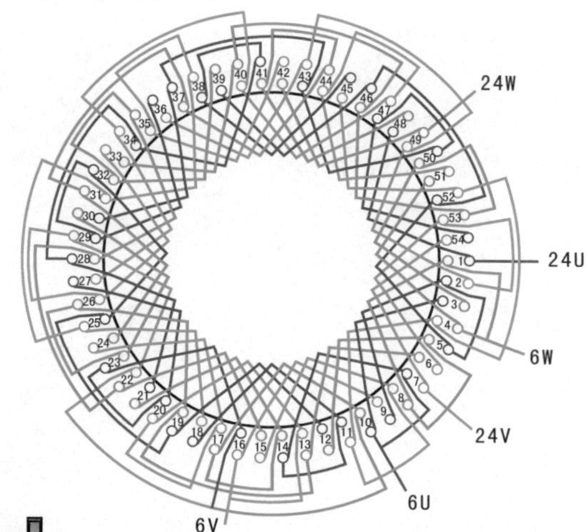

③ 接线盒

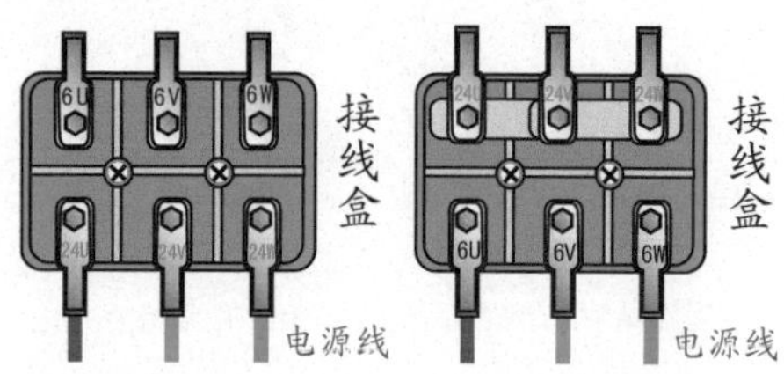

(a) 24极Y形接法　　(b) 6极2Y形接法

④ 绕组展开图

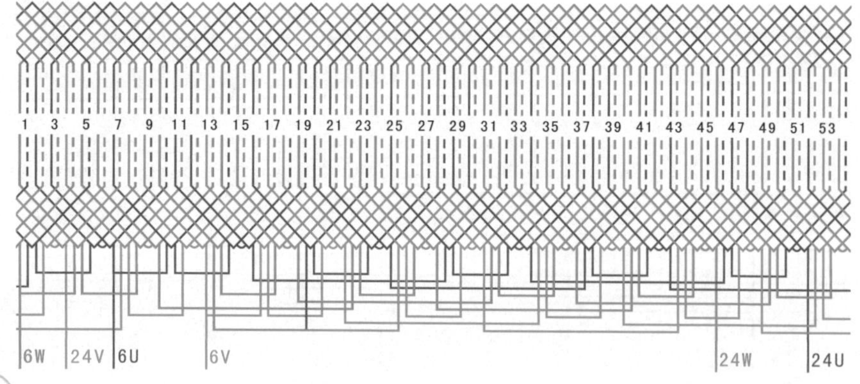

4.6.11 72槽24/6极Y/2Y双速绕组（$y=9$, $S=2$）

① 绕组数据

定子槽数 $Z=72$

电机极数 $2p=24/6$

总线圈数 $Q=72$

线圈组数 $u=36$

每组圈数 $S=2$

线圈节距 $y=9$

② 绕组端面图

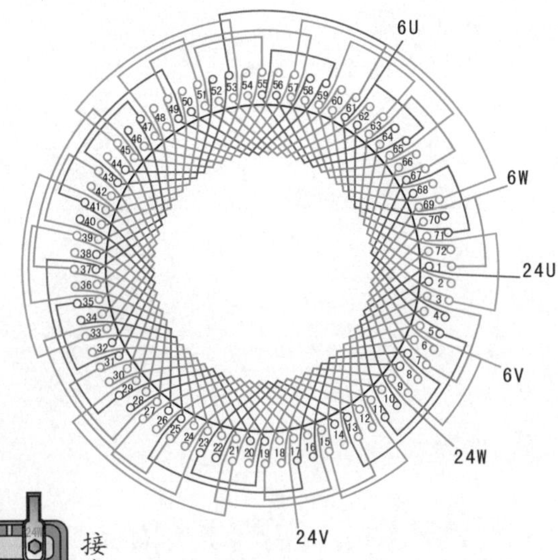

③ 接线盒

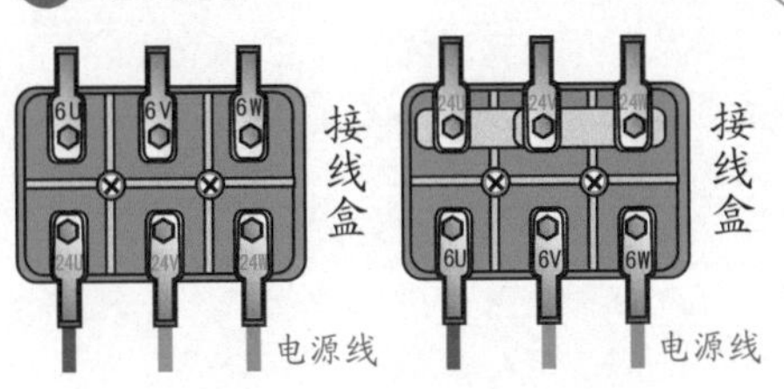

(a) 24极Y形接法 (b) 6极2Y形接法

④ 绕组展开图

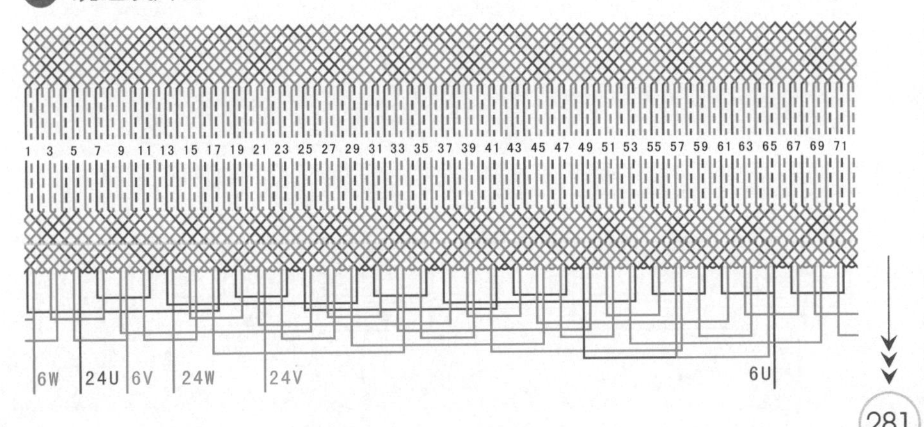

4.6.12 72槽24/6极Y/2Y双速绕组（$y=10$, $S=2$）

① 绕组数据

定子槽数 $Z=72$

电机极数 $2p=24/6$

总线圈数 $Q=72$

线圈组数 $u=36$

每组圈数 $S=2$

线圈节距 $y=10$

② 绕组端面图

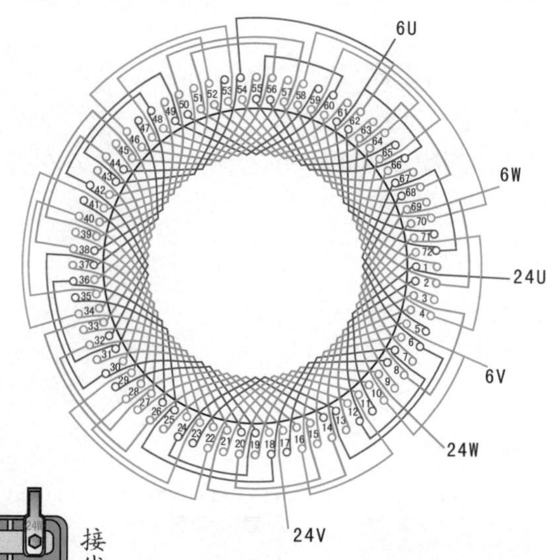

③ 接线盒

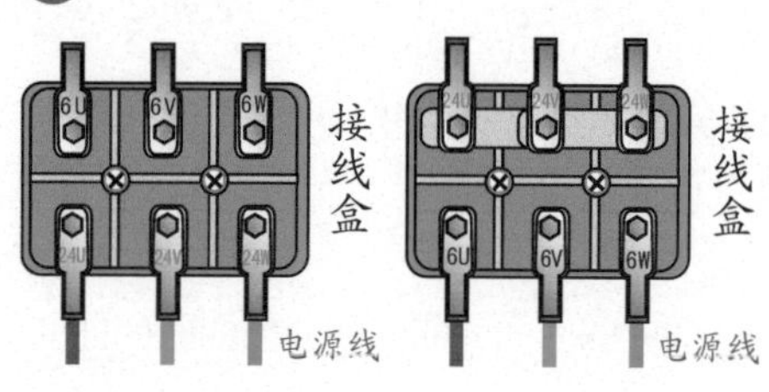

(a) 24极Y形接法　　(b) 6极2Y形接法

④ 绕组展开图

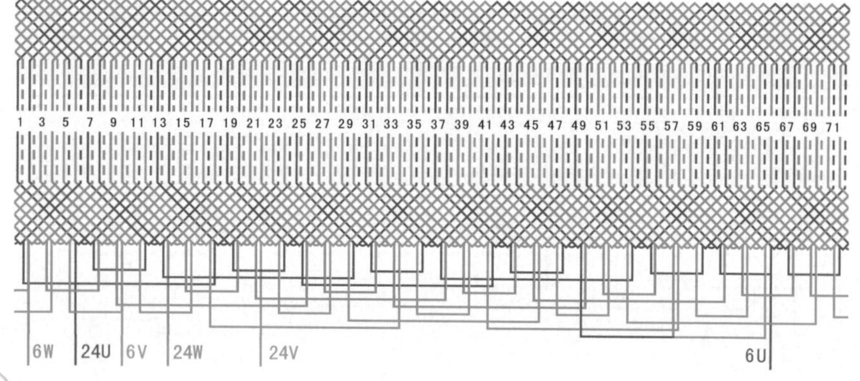

4.6.13 72槽32/8极Y/2Y双速绕组（$y=7$）

① 绕组数据

定子槽数 $Z=72$

电机极数 $2p=32/8$

总线圈数 $Q=72$

线圈组数 $u=48$

每组圈数 $S=1、2$

线圈节距 $y=7$

② 绕组端面图

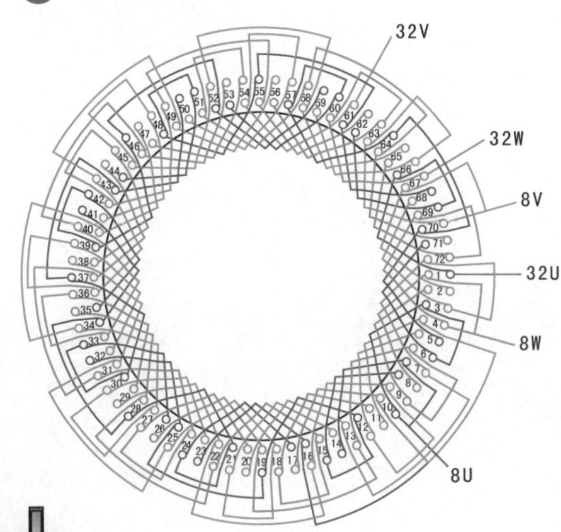

③ 接线盒

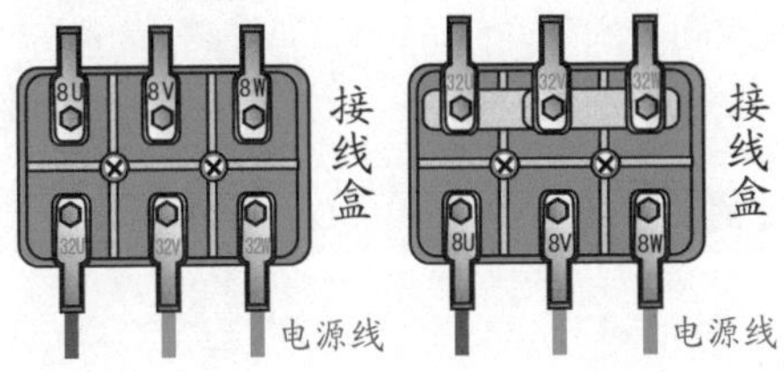

(a) 32极Y形接法　(b) 8极2Y形接法

④ 绕组展开图

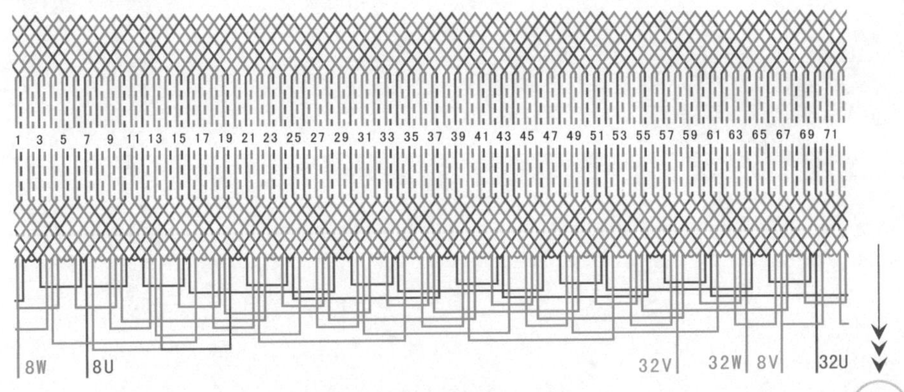

PART5

第5章

三相交流电动机转子绕组

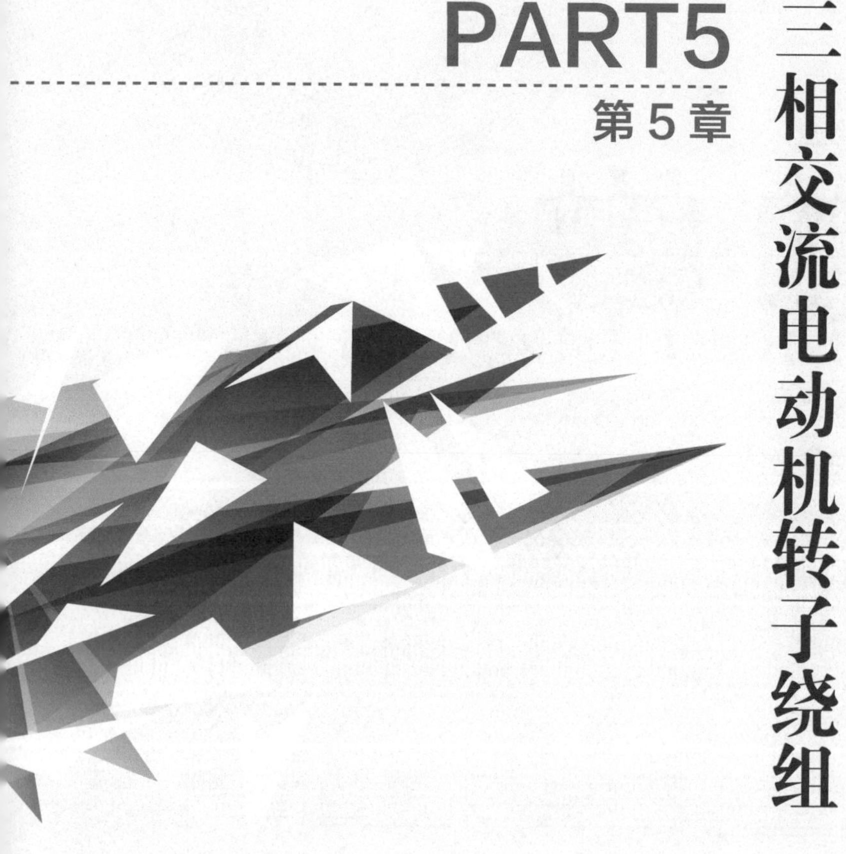

5.1 三相转子单层绕组

5.1.1 36槽6极单层链式绕组（$y=5, a=3$）

1 绕组数据

转子槽数 $Z=36$

电机极数 $2p=6$

线圈极距 $\tau=6$

线圈组数 $u=18$

每组圈数 $S=1$

极相槽数 $q=2$

总线圈数 $Q=18$

并联路数 $a=3$

线圈节距 $y=5$

2 绕组端面图

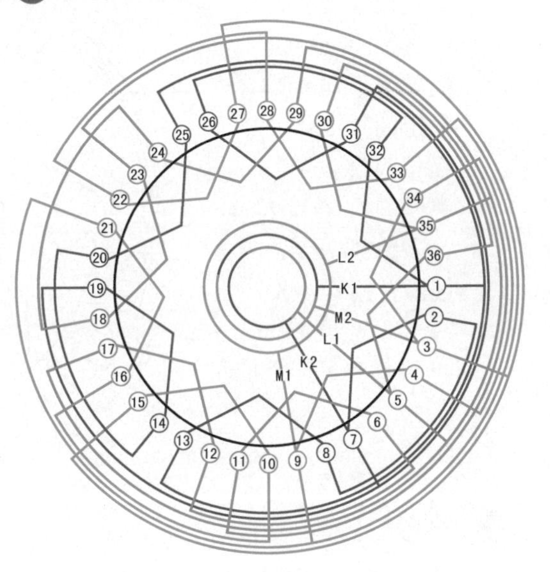

3 绕组展开图

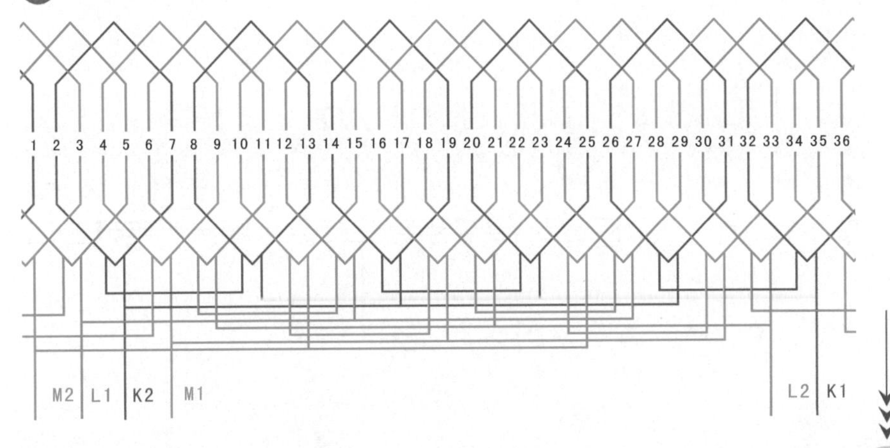

5.1.2 48槽8极单层链式绕组（$y=5, a=2$）

① 绕组数据

转子槽数 $Z=48$
电机极数 $2p=8$
线圈极距 $\tau=6$
线圈组数 $u=24$
每组圈数 $S=1$
极相槽数 $q=2$
总线圈数 $Q=24$
并联路数 $a=2$
线圈节距 $y=5$

② 绕组端面图

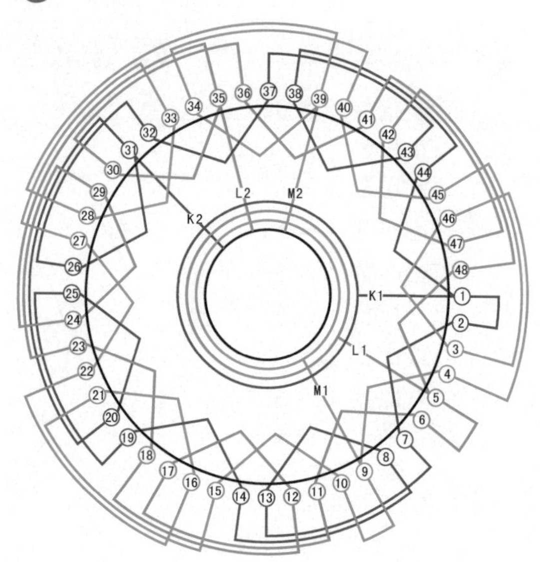

③ 绕组展开图

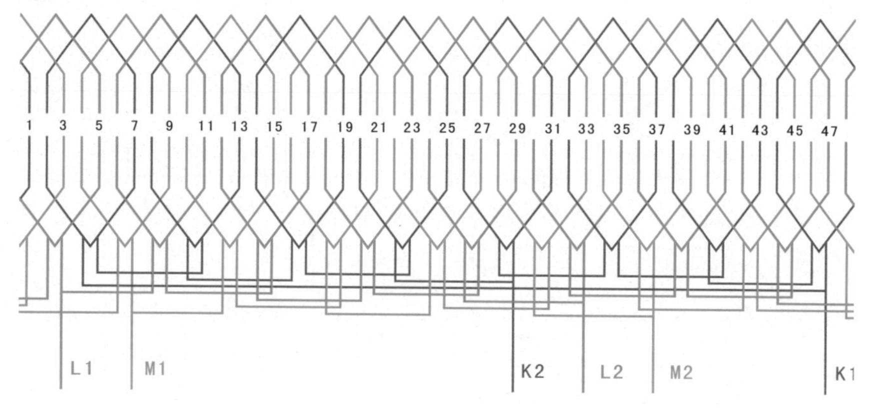

5.1.3 48槽8极单层链式绕组（$y=5, a=4$）

❶ 绕组数据

转子槽数 $Z=48$

电机极数 $2p=8$

线圈极距 $\tau=6$

线圈组数 $u=24$

每组圈数 $S=1$

极相槽数 $q=2$

总线圈数 $Q=24$

并联路数 $a=4$

线圈节距 $y=5$

❷ 绕组端面图

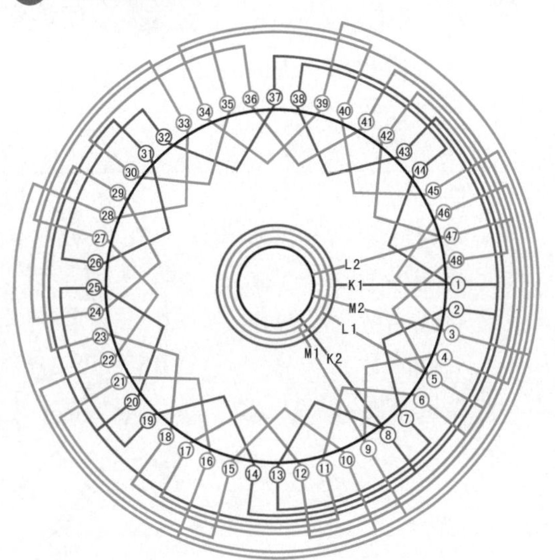

❸ 绕组展开图

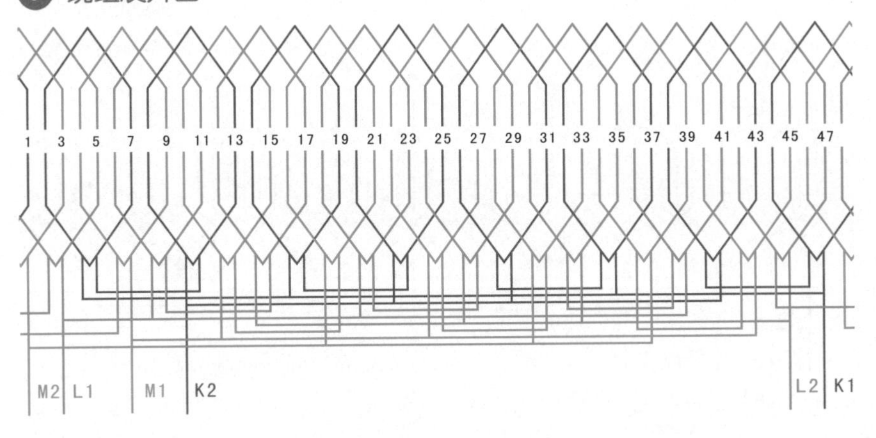

5.1.4 54槽6极单层交叉式绕组（$y=7、8, a=1$）

① 绕组数据

转子槽数 $Z=54$
电机极数 $2p=6$
线圈极距 $\tau=9$
线圈组数 $u=18$
每组圈数 $S=3/2$
极相槽数 $q=3$
总线圈数 $Q=27$
并联路数 $a=1$
线圈节距 $y=7、8$

② 绕组端面图

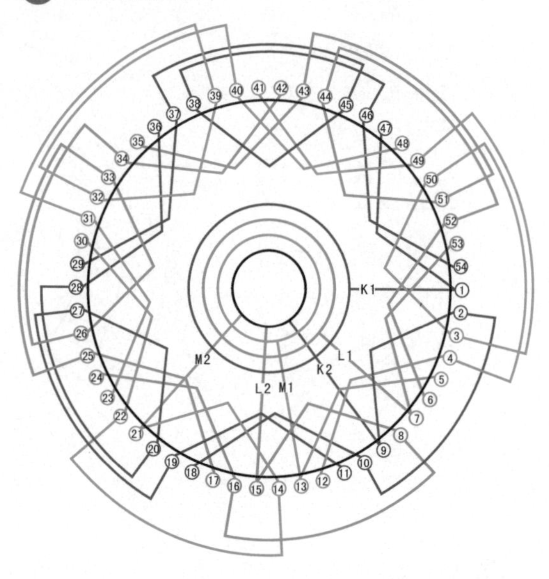

③ 绕组展开图

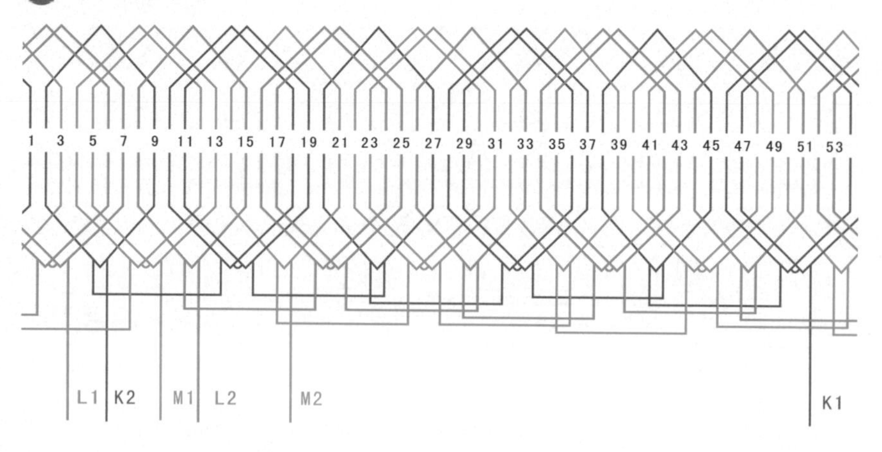

5.1.5 54槽6极单层交叉式绕组（y=7、8, a=3）

① 绕组数据

转子槽数 $Z=54$

电机极数 $2p=6$

线圈极距 $\tau=9$

线圈组数 $u=18$

每组圈数 $S=3/2$

极相槽数 $q=3$

总线圈数 $Q=27$

并联路数 $a=3$

线圈节距 $y=7$、8

② 绕组端面图

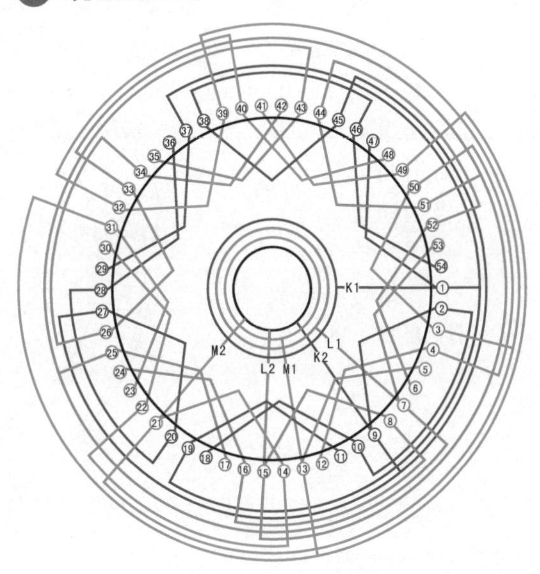

③ 绕组展开图

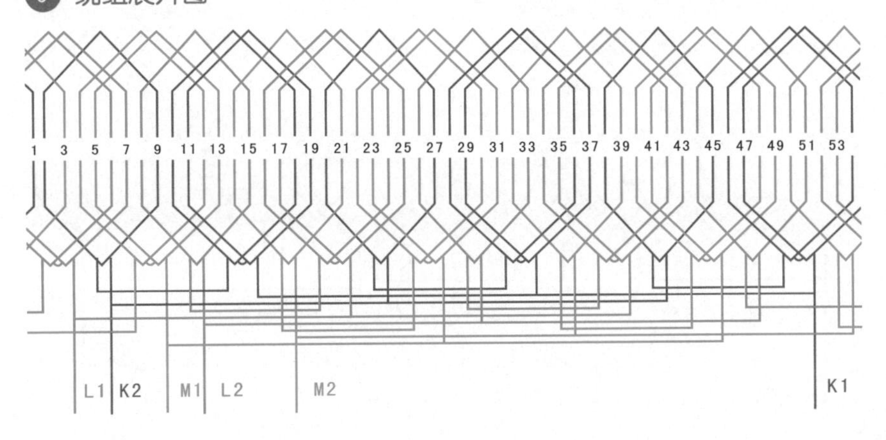

5.1.6 54槽6极单层同心交叉式绕组（y=9、7, a=1）

① 绕组数据

转子槽数 $Z=54$

电机极数 $2p=6$

线圈极距 $\tau=9$

线圈组数 $u=18$

每组圈数 $S=3/2$

极相槽数 $q=3$

总线圈数 $Q=27$

并联路数 $a=1$

线圈节距 $y=9$、7

② 绕组端面图

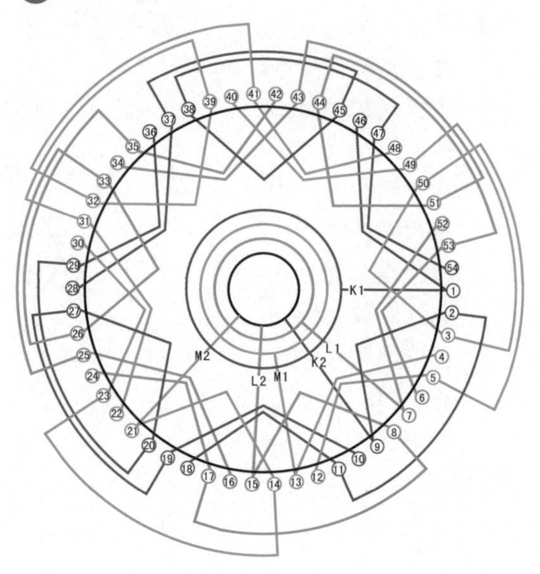

③ 绕组展开图

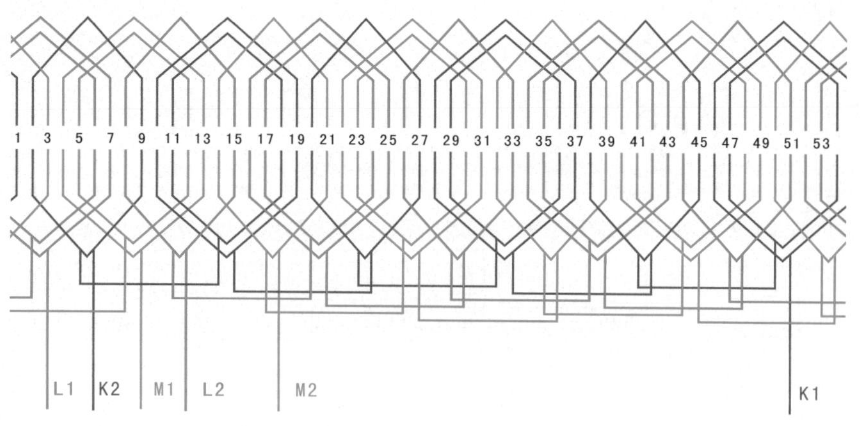

5.1.7 60槽8极单层交叉式绕组（y=7、8, a=2）

① 绕组数据

转子槽数 $Z=60$

电机极数 $2p=8$

线圈极距 $\tau=15/2$

线圈组数 $u=12$

每组圈数 $S=5/2$

极相槽数 $q=5/2$

总线圈数 $Q=30$

并联路数 $a=2$

线圈节距 $y=7、8$

② 绕组端面图

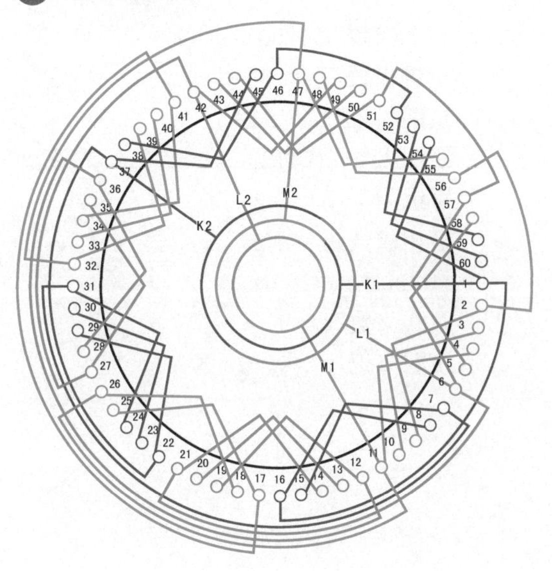

③ 绕组展开图

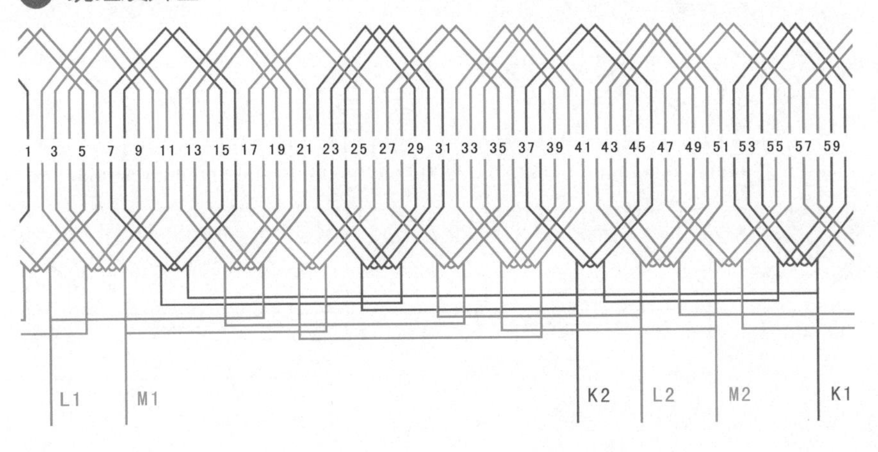

5.1.8 60槽8极单层同心交叉式绕组（y=9、7、5，a=1）

① 绕组数据

转子槽数 $Z=60$

电机极数 $2p=8$

线圈极距 $\tau=15/2$

线圈组数 $u=12$

每组圈数 $S=5/2$

极相槽数 $q=5/2$

总线圈数 $Q=30$

并联路数 $a=1$

线圈节距 $y=9$、7、5

② 绕组端面图

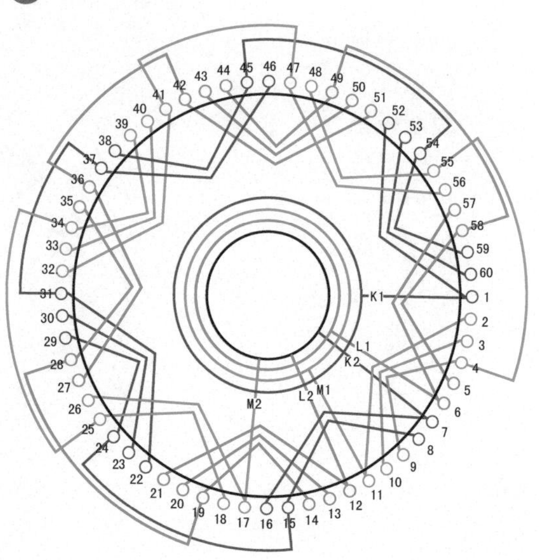

③ 绕组展开图

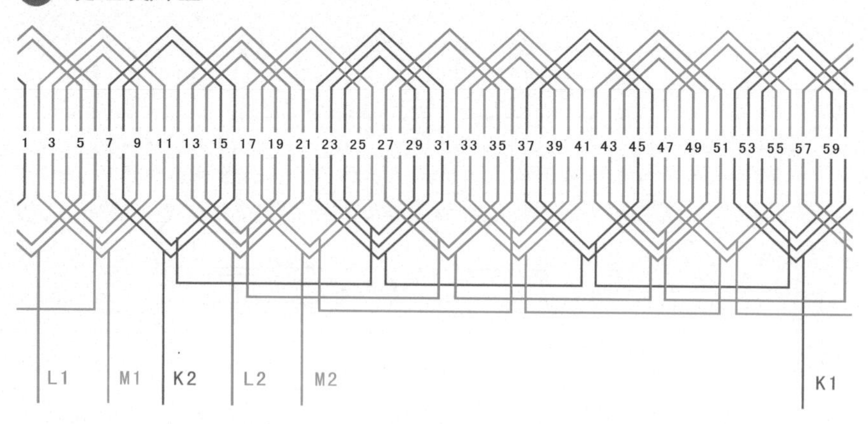

5.1.9　72槽8极单层交叉式绕组（$y=7$、8, $a=2$）

① 绕组数据

转子槽数 $Z=72$

电机极数 $2p=8$

线圈极距 $\tau=9$

线圈组数 $u=24$

每组圈数 $S=3/2$

极相槽数 $q=3$

总线圈数 $Q=36$

并联路数 $a=2$

线圈节距 $y=7$、8

② 绕组端面图

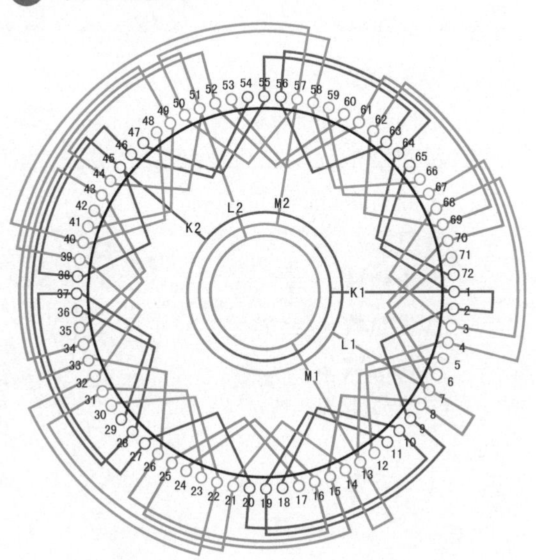

③ 绕组展开图

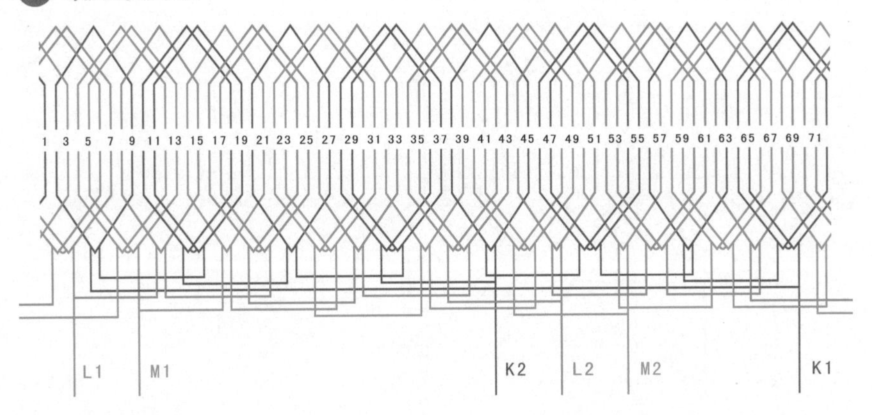

5.2 三相转子双层绕组

5.2.1 24槽4极双层叠式绕组（$y=5, a=1$）

1 绕组数据

转子槽数 $Z=24$
电机极数 $2p=4$
线圈极距 $\tau=6$
线圈组数 $u=12$
每组圈数 $S=2$
极相槽数 $q=2$
总线圈数 $Q=24$
并联路数 $a=1$
线圈节距 $y=5$

2 绕组端面图

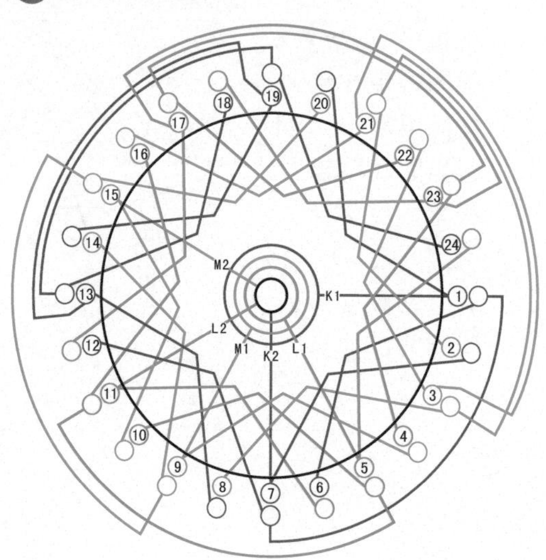

3 绕组展开图

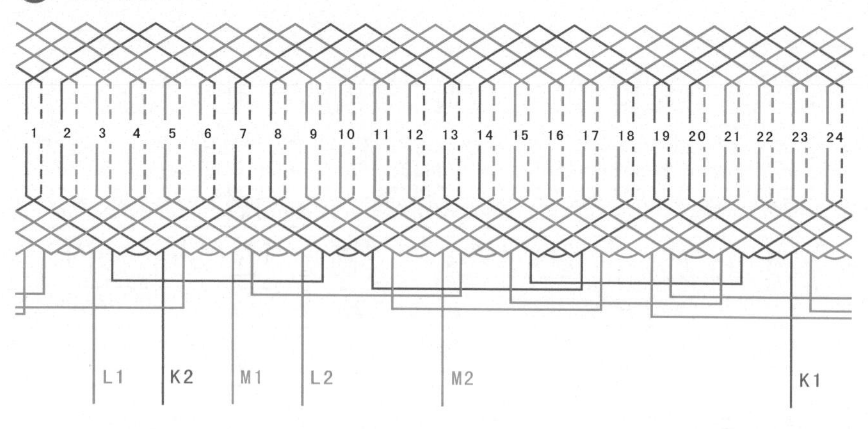

5.2.2 36槽6极双层叠式绕组（$y=6, a=1$）

1 绕组数据

转子槽数 $Z=36$
电机极数 $2p=6$
线圈极距 $\tau=6$
线圈组数 $u=18$
每组圈数 $S=2$
极相槽数 $q=2$
总线圈数 $Q=36$
并联路数 $a=1$
线圈节距 $y=6$

2 绕组端面图

3 绕组展开图

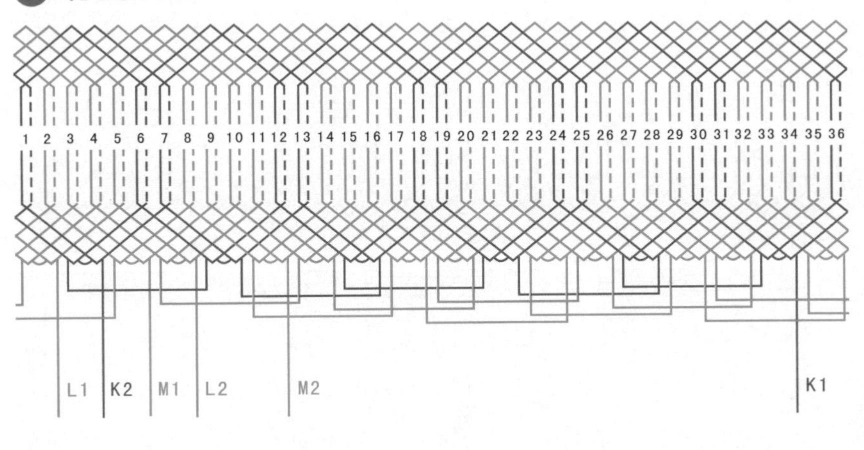

5.2.3 36槽8极双层叠式绕组（$y=4, a=2$）

① 绕组数据

定子槽数 $Z=36$

电机极数 $2p=8$

线圈极距 $\tau=9/2$

线圈组数 $u=24$

极线圈数 $S=3/2$

极相槽数 $q=3/2$

总线圈数 $Q=36$

并联路数 $a=2$

线圈节距 $y=4$

② 绕组端面图

③ 绕组展开图

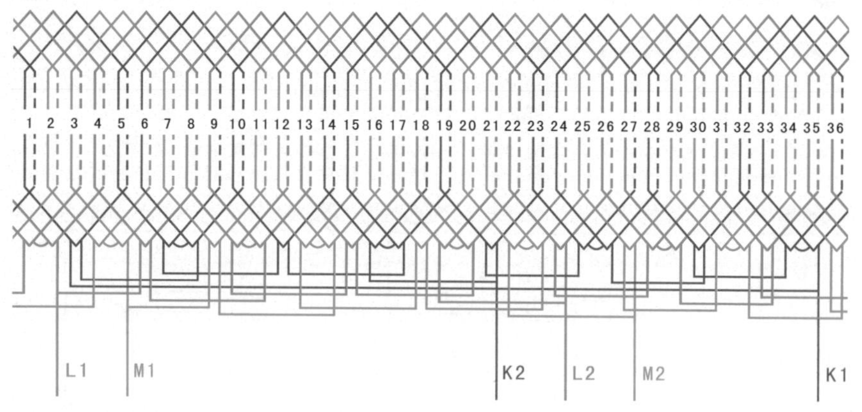

5.2.4 48槽4极双层叠式绕组（$y=11, a=2$）

❶ 绕组数据

转子槽数 $Z=48$

电机极数 $2p=4$

线圈极距 $\tau=12$

线圈组数 $u=12$

每组圈数 $S=4$

极相槽数 $q=4$

总线圈数 $Q=48$

并联路数 $a=2$

线圈节距 $y=11$

❷ 绕组端面图

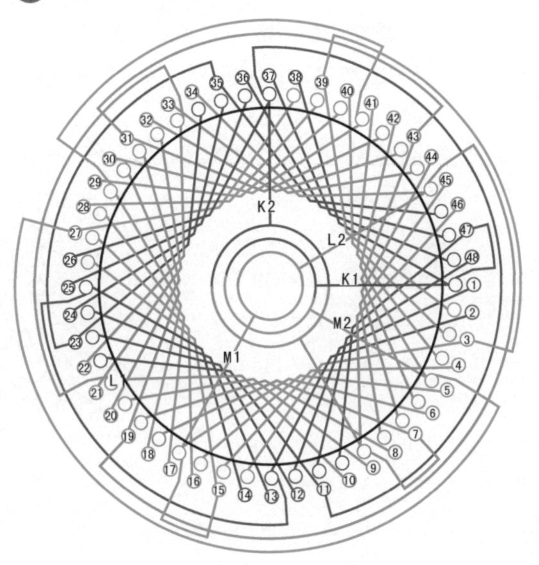

❸ 绕组展开图

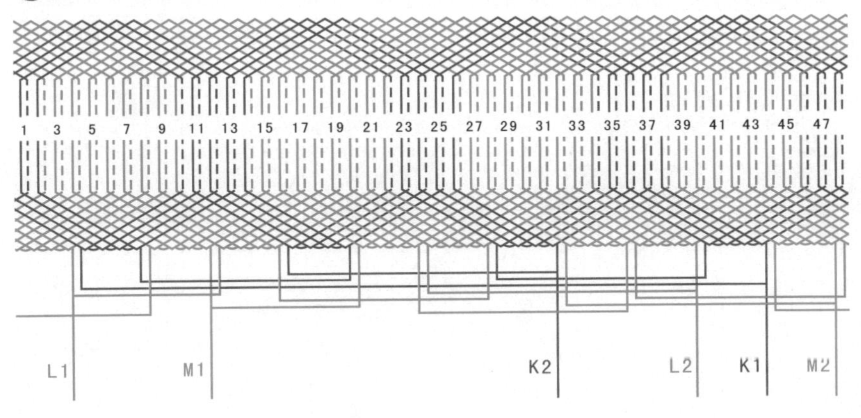

5.2.5 48槽4极双层叠式绕组（$y=11, a=4$）

① 绕组数据

转子槽数 $Z=48$

电机极数 $2p=4$

线圈极距 $\tau=12$

线圈组数 $u=12$

每组圈数 $S=4$

极相槽数 $q=4$

总线圈数 $Q=48$

并联路数 $a=4$

线圈节距 $y=11$

② 绕组端面图

③ 绕组展开图

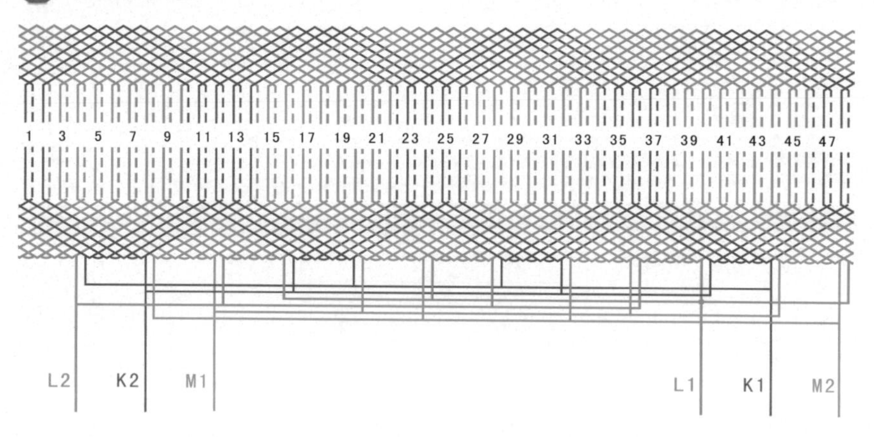

5.2.6 48槽4极双层叠式绕组（$y=13, a=1$）

① 绕组数据

转子槽数 $Z=48$

电机极数 $2p=4$

线圈极距 $\tau=12$

线圈组数 $u=12$

每组圈数 $S=4$

极相槽数 $q=4$

总线圈数 $Q=48$

并联路数 $a=1$

线圈节距 $y=13$

② 绕组端面图

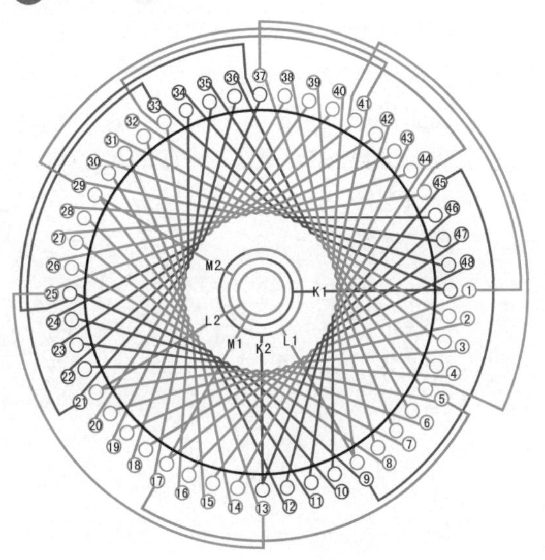

③ 绕组展开图

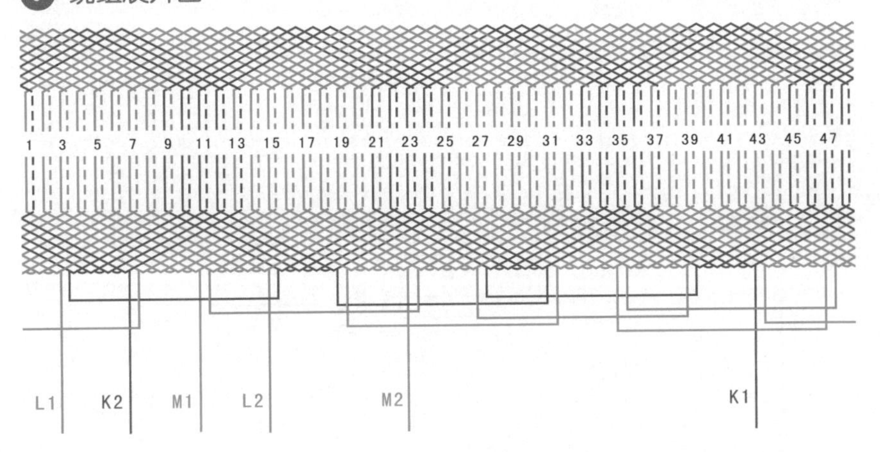

5.2.7 48槽6极双层叠式绕组（$y=7, a=1$）

① 绕组数据

转子槽数 $Z=48$

电机极数 $2p=6$

线圈极距 $\tau=8$

线圈组数 $u=18$

每组圈数 $S=8/3$

极相槽数 $q=8/3$

总线圈数 $Q=48$

并联路数 $a=1$

线圈节距 $y=7$

② 绕组端面图

③ 绕组展开图

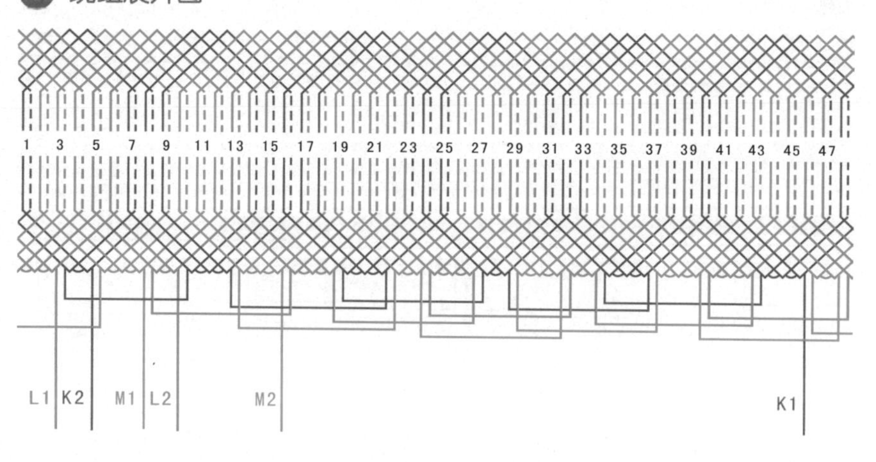

5.2.8 60槽10极双层波绕组（$y=6、5, a=1$）

1 绕组数据

转子槽数 $Z=60$

电机极数 $2p=10$

线圈极距 $\tau=6$

线圈组数 $u=30$

每组圈数 $S=2$

极相槽数 $q=2$

总线圈数 $Q=60$

并联路数 $a=1$

线圈节距 $y=6、5$

2 绕组端面图

3 绕组展开图

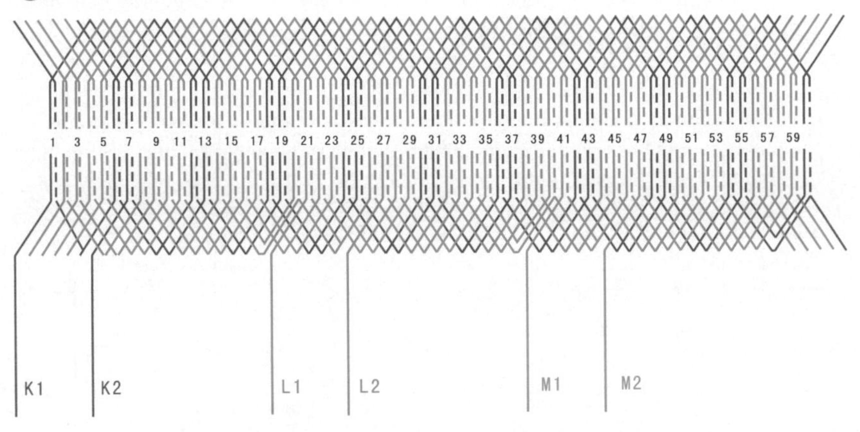

5.2.9　72槽6极双层叠式绕组（$y=12, a=1$）

① 绕组数据

转子槽数 $Z=72$

电机极数 $2p=6$

线圈极距 $\tau=12$

线圈组数 $u=18$

每组圈数 $S=4$

极相槽数 $q=4$

总线圈数 $Q=48$

并联路数 $a=1$

线圈节距 $y=12$

② 绕组端面图

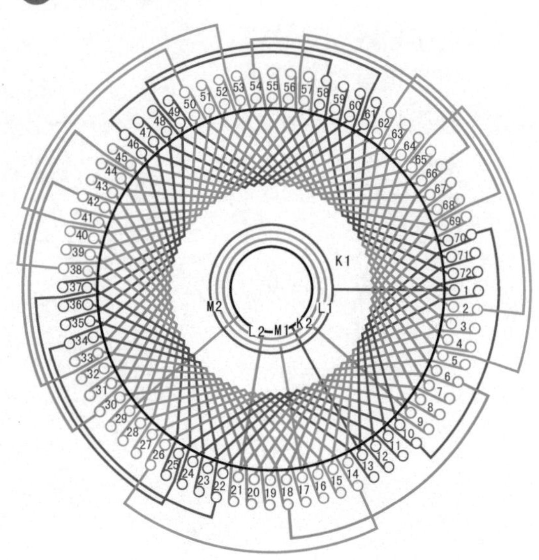

③ 绕组展开图

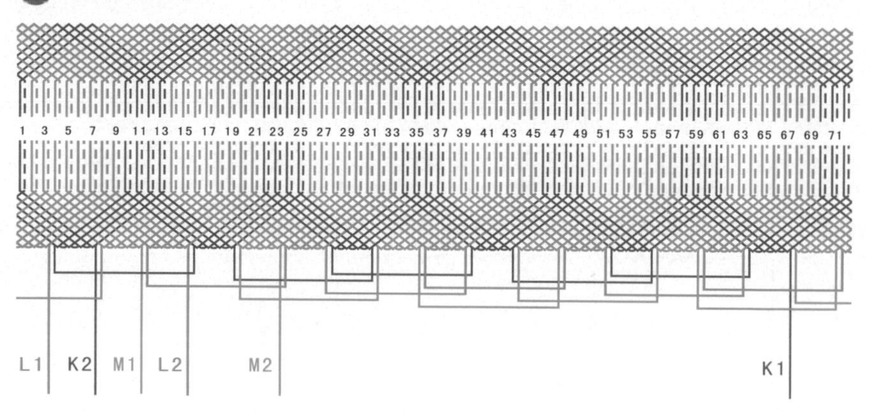

5.2.10 75槽10极双层叠式绕组（$y=5, a=10$）

1 绕组数据

转子槽数 $Z=75$

电机极数 $2p=10$

线圈极距 $\tau=15/2$

线圈组数 $u=30$

每组圈数 $S=5/2$

极相槽数 $q=5/2$

总线圈数 $Q=75$

并联路数 $a=10$

线圈节距 $y=5$

2 绕组端面图

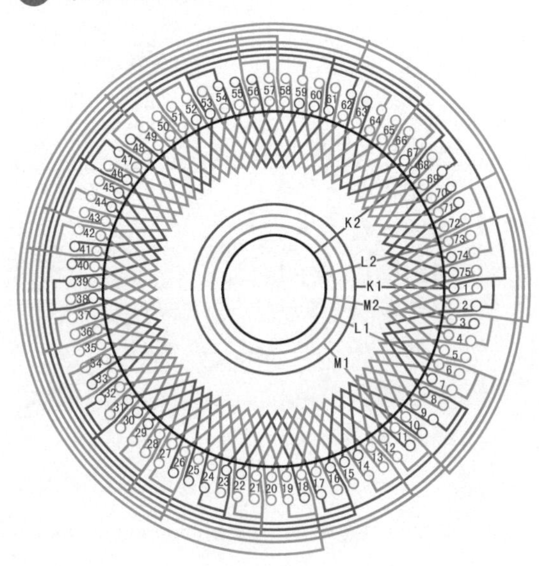

3 绕组展开图

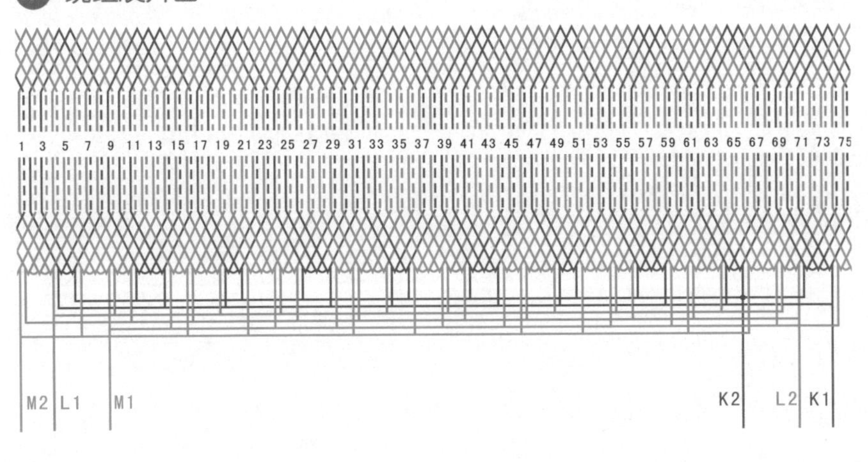

5.3 三相转子单双混合绕组

36槽8极单双层混合绕组（$y=5$、3, $a=1$）

① 绕组数据

转子槽数 $Z=36$

电机极数 $2p=8$

线圈极距 $\tau=9/2$

线圈组数 $u=12$

每组圈数 $S=1$

极相槽数 $q=3/2$

总线圈数 $Q=36$

并联路数 $a=1$

线圈节距 $y=5$、3

② 绕组端面图

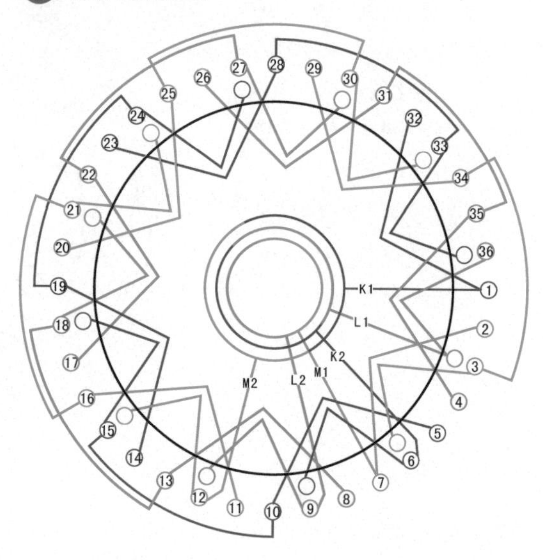

③ 绕组展开图

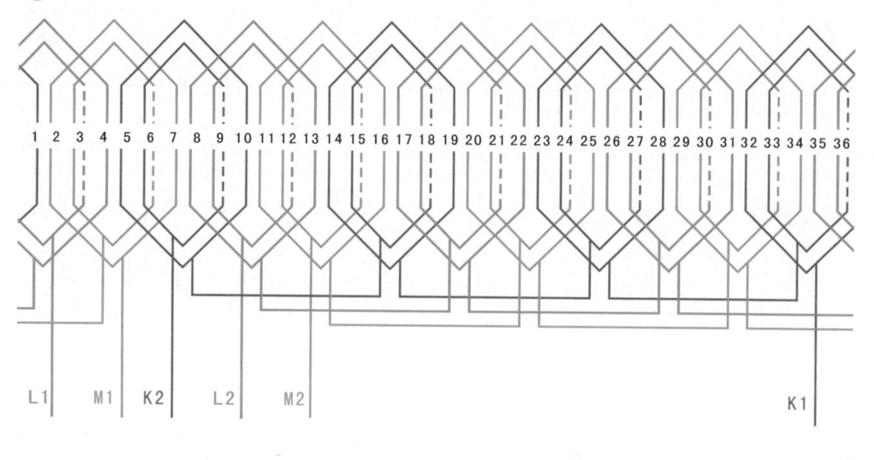

电动机绕组全彩色图集——嵌线·布线·接线展开图

PART6

第6章 常见单相电动机绕组

6.1 单相单层链式绕组

6.1.1 16槽4极单层链式绕组（$y=3$）

① 绕组数据

定子槽数 $Z=16$

电机极数 $2p=4$

线圈极距 $\tau=4$

线圈组数 $u=8$

每组圈数 $S=1$

极相槽数 $q=2$

总线圈数 $Q=8$

线圈节距 $y=3$

② 绕组端面图

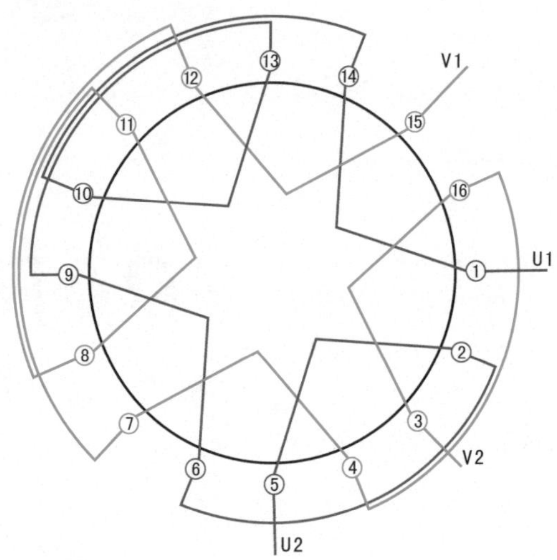

③ 接线盒

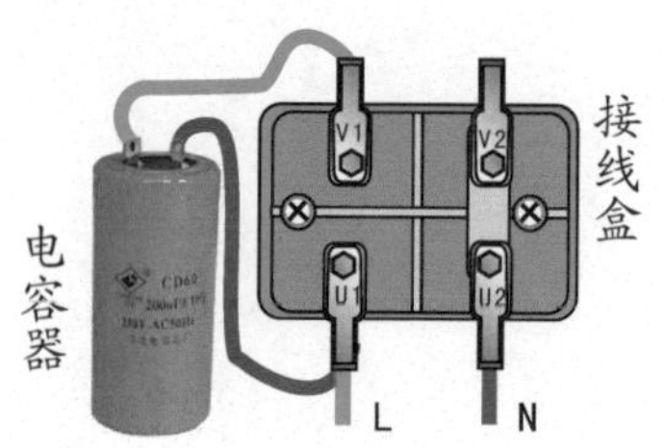

④ 绕组展开图

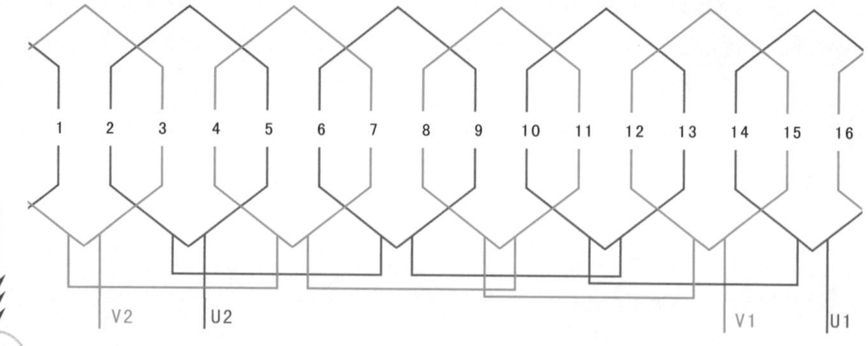

6.1.2 24槽4极单层链式绕组（$y=5$）

1 绕组数据

定子槽数 $Z=24$

电机极数 $2p=4$

线圈极距 $\tau=6$

线圈组数 $u=8$

每组圈数 $S=1$、2

极相槽数 $q=2$、4

总线圈数 $Q=12$

线圈节距 $y=5$

2 绕组端面图

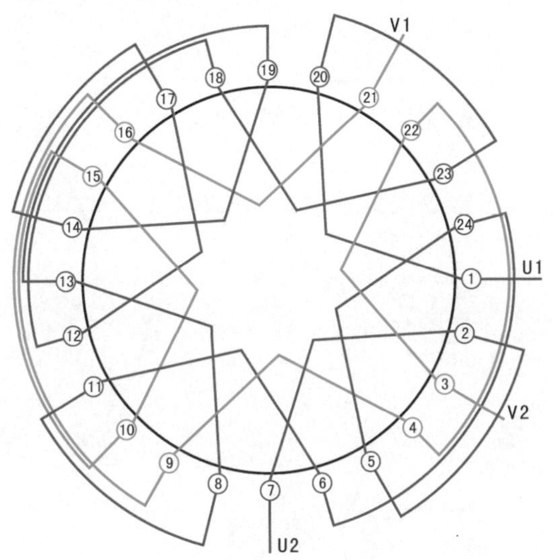

3 接线盒

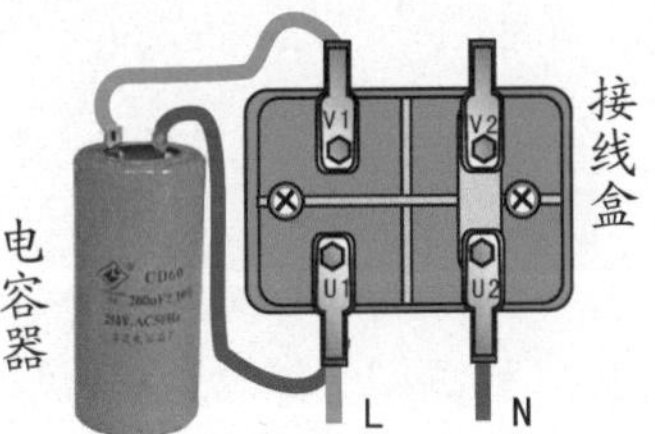

4 绕组展开图

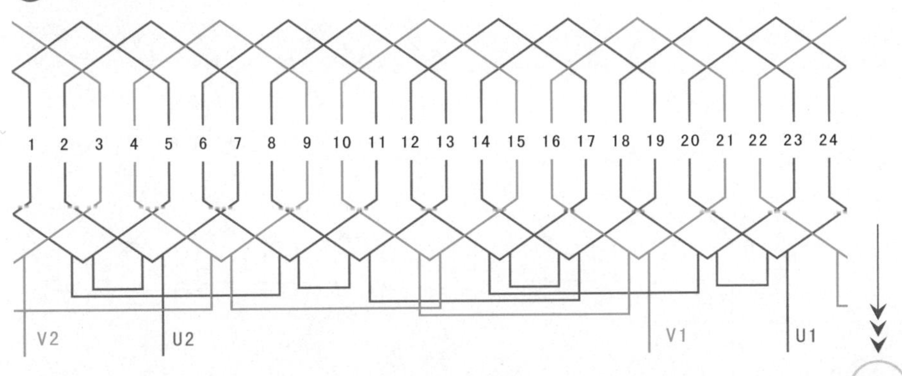

6.1.3 24槽6极单层链式绕组（$y=3$）

① 绕组数据

定子槽数 $Z=24$

电机极数 $2p=6$

线圈极距 $\tau=4$

线圈组数 $u=12$

每组圈数 $S=1$

极相槽数 $q=2$

总线圈数 $Q=12$

线圈节距 $y=3$

② 绕组端面图

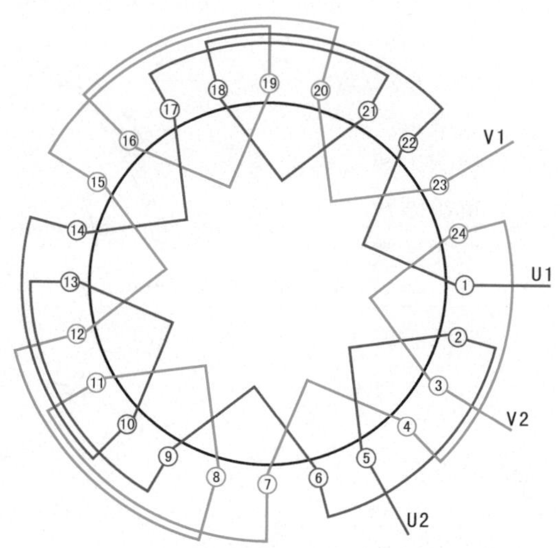

③ 接线盒

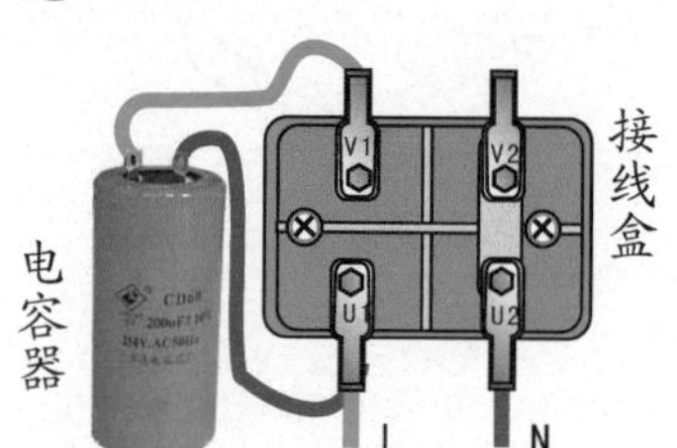

④ 绕组展开图

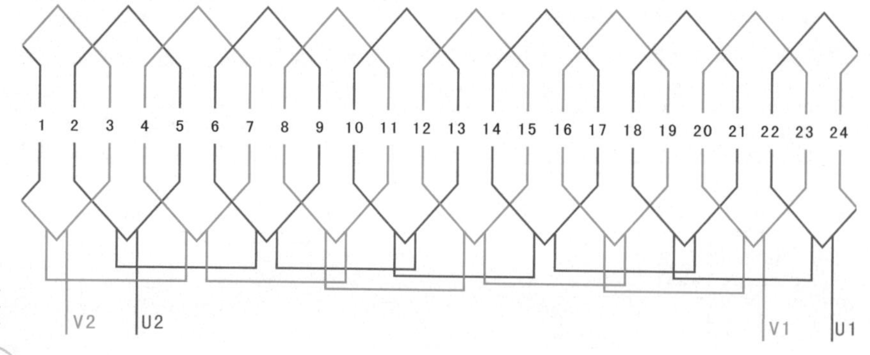

6.1.4 28槽14极单层链式绕组（$y=2$）

1 绕组数据

定子槽数 $Z=28$

电机极数 $2p=14$

线圈极距 $\tau=2$

线圈组数 $u=14$

每组圈数 $S=1$

极相槽数 $q=1$

总线圈数 $Q=14$

线圈节距 $y=2$

2 绕组端面图

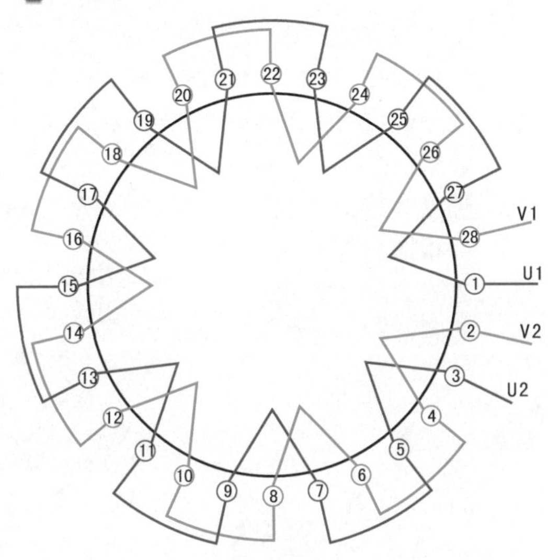

3 接线盒

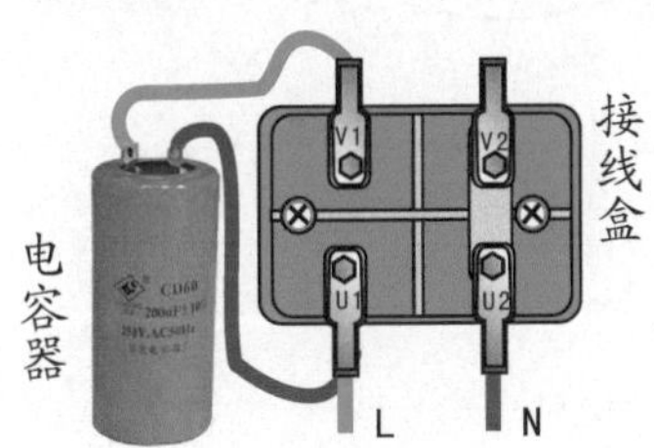

4 绕组展开图

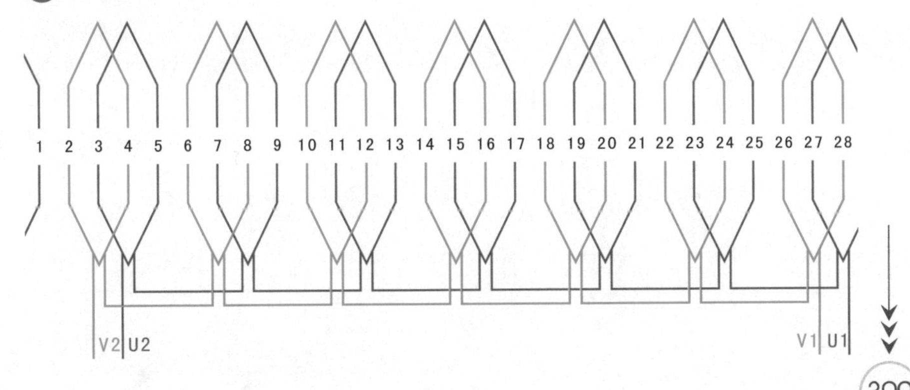

6.1.5 32槽16极单层链式绕组（$y=2$）

① 绕组数据

定子槽数 $Z=32$
电机极数 $2p=16$
线圈极距 $\tau=2$
线圈组数 $u=16$
每组圈数 $S=1$
极相槽数 $q=1$
总线圈数 $Q=16$
线圈节距 $y=2$

② 绕组端面图

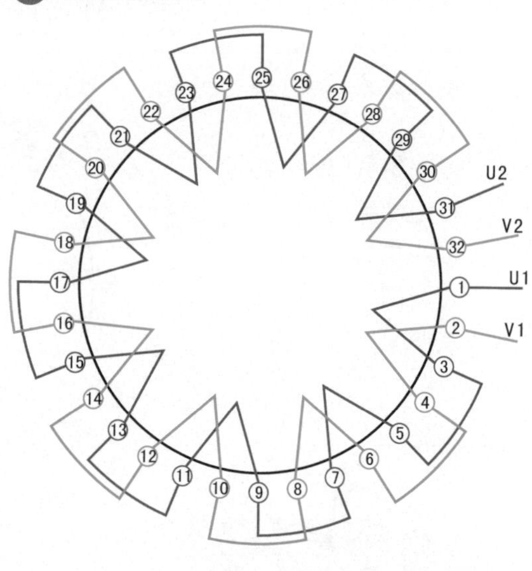

③ 接线盒

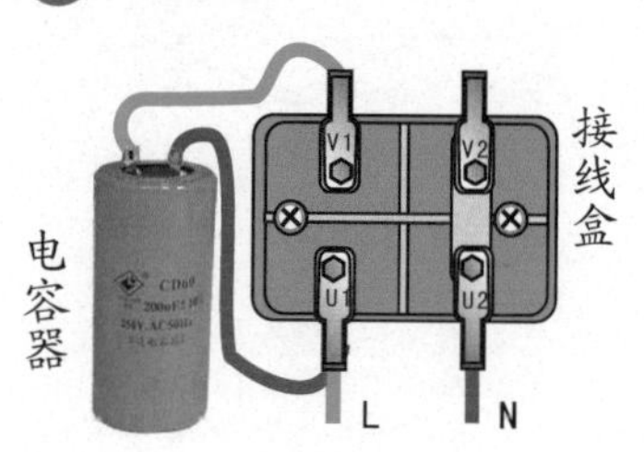

④ 绕组展开图

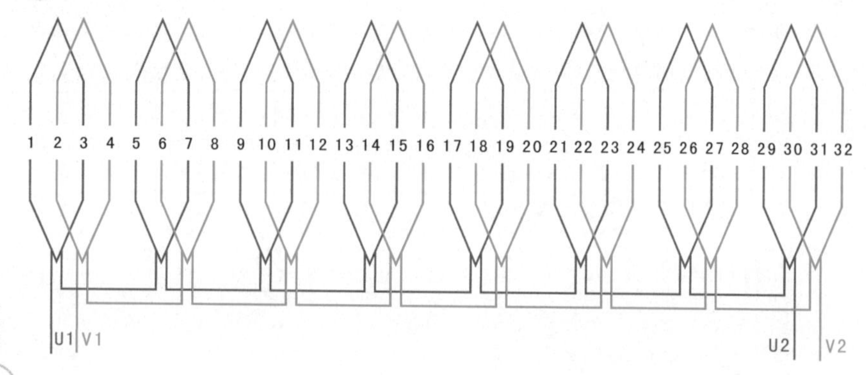

6.1.6 36槽18极单层链式绕组（$y=2$）

① 绕组数据

定子槽数 $Z=36$
电机极数 $2p=18$
线圈极距 $\tau=2$
线圈组数 $u=18$
每组圈数 $S=1$
极相槽数 $q=1$
总线圈数 $Q=18$
线圈节距 $y=2$

② 绕组端面图

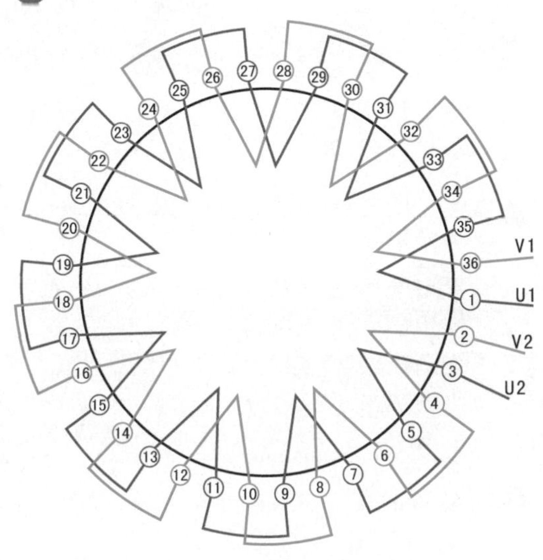

③ 接线盒

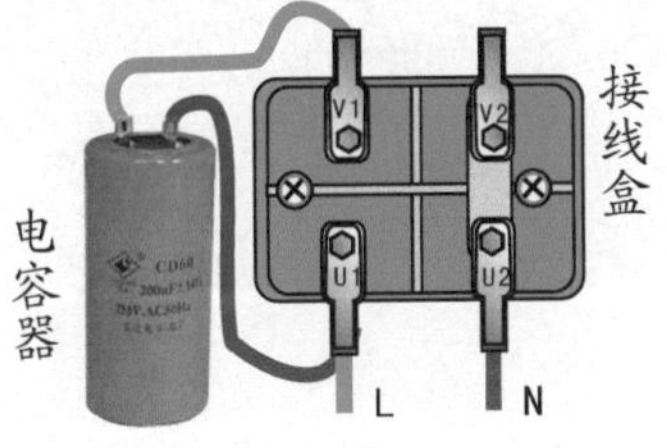

④ 绕组展开图

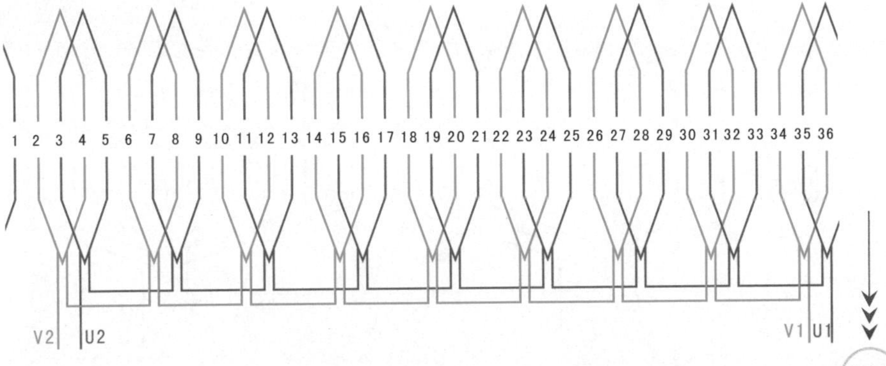

6.2 单相单层同心式绕组

6.2.1 18槽2极单层同心式绕组（启动型）

① 绕组数据

定子槽数 $Z=18$

电机极数 $2p=2$

总线圈数 $Q=9$

线圈组数 $u=4$

每组圈数 $S=3$、3/2

极相槽数 $q=6$、3

线圈极距 $\tau=9$

线圈节距 $y=8$、6、4、9、7

② 绕组端面图

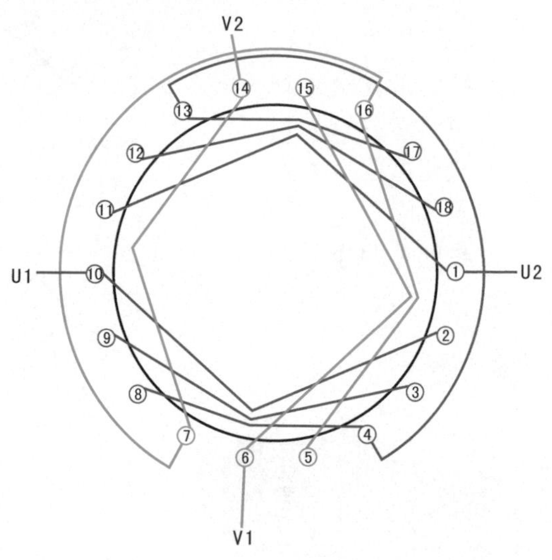

③ 接线盒

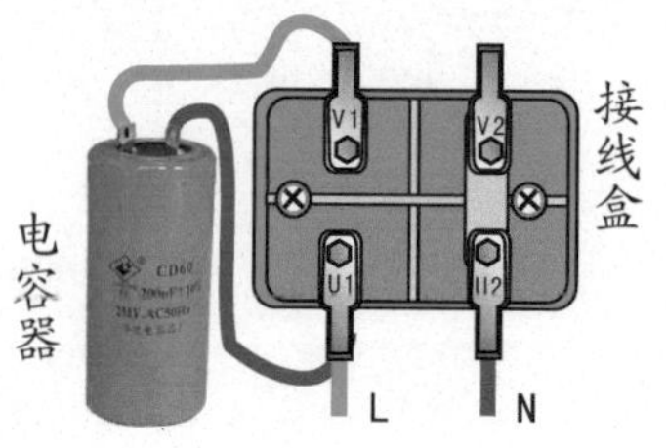

④ 绕组展开图

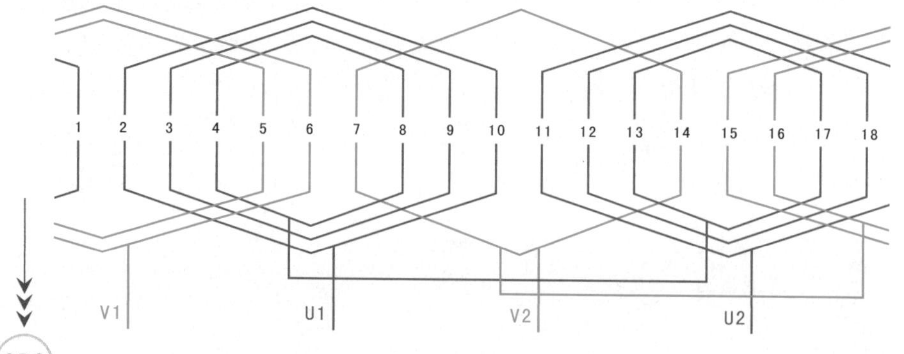

6.2.2 24槽4极单层同心式绕组（启动型）

① 绕组数据

定子槽数 $Z=24$

电机极数 $2p=4$

总线圈数 $Q=12$

线圈组数 $u=6$

每组圈数 $S=2$

绕组极距 $\tau=6$

线圈节距 $y=7$、5

② 绕组端面图

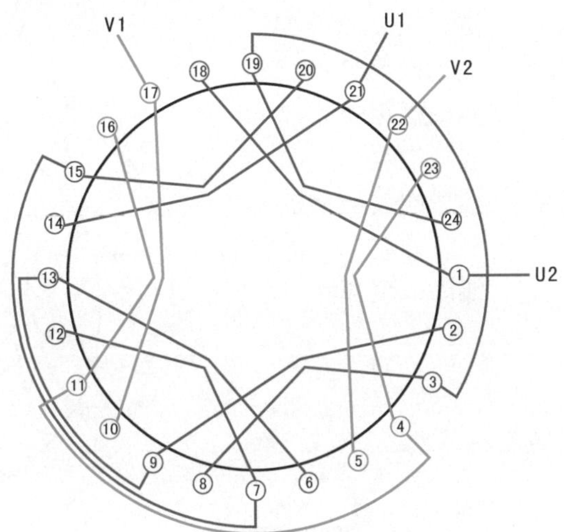

③ 接线盒

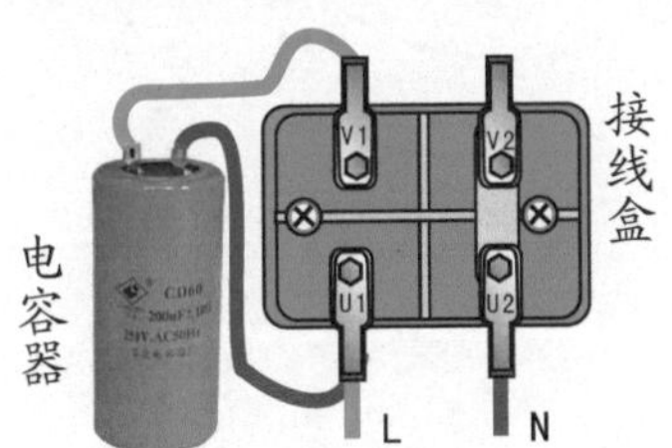

④ 绕组展开图

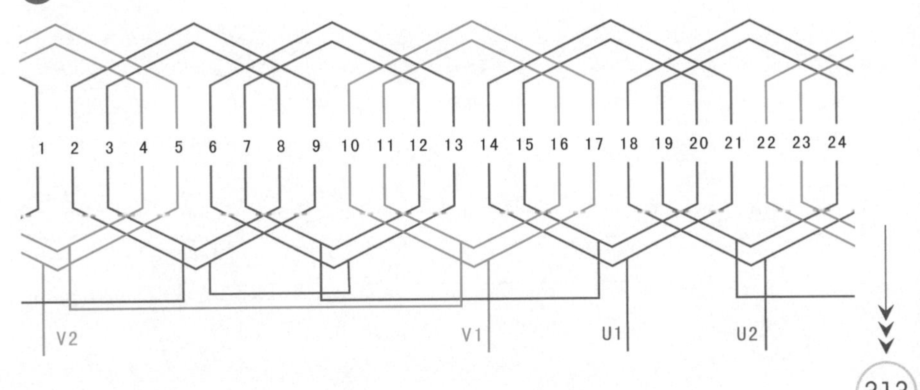

6.2.3 24槽2极单层同心式绕组（y=11、9）

1 绕组数据

定子槽数 $Z=24$

电机极数 $2p=2$

线圈极距 $\tau=12$

线圈组数 $u=6$

极线圈数 $S=2$

总线圈数 $Q=12$

线圈节距 $y=11$、9

2 绕组端面图

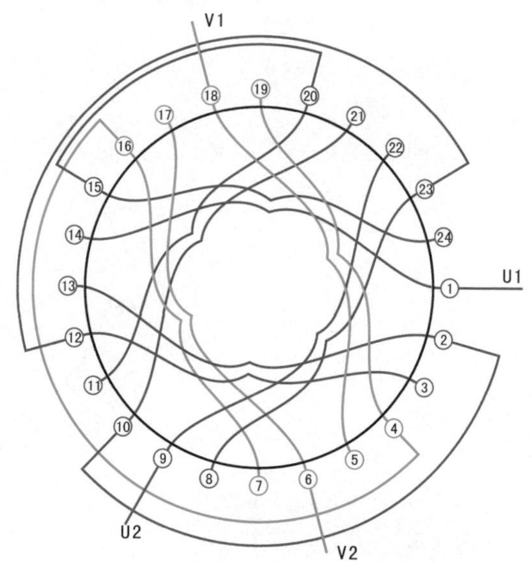

3 接线盒

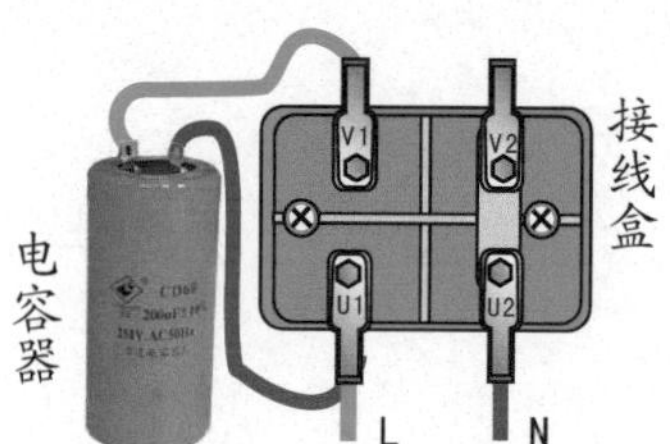

4 绕组展开图

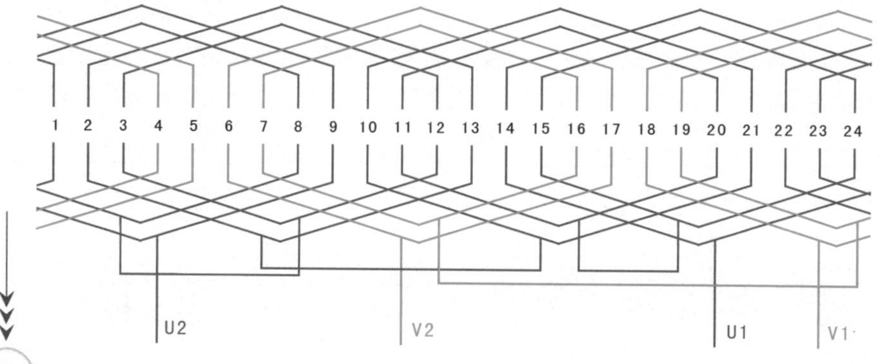

6.3 单相单层同心交叉式绕组

6.3.1 24槽4极单层同心交叉式绕组（y=5、3）

❶ 绕组数据

定子槽数 $Z=24$

电机极数 $2p=4$

线圈极距 $\tau=6$

线圈组数 $u=8$

每组圈数 $S=1$、2

总线圈数 $Q=12$

线圈节距 $y=5$、3

❷ 绕组端面图

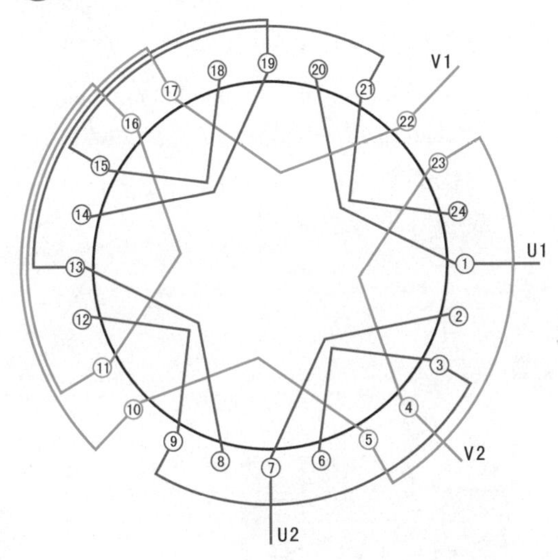

❸ 接线盒

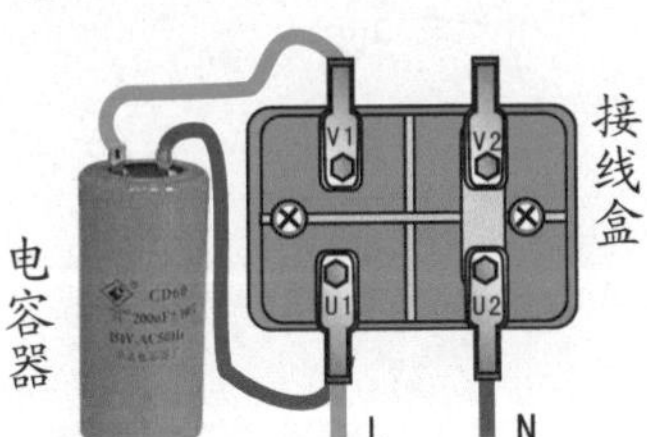

❹ 绕组展开图

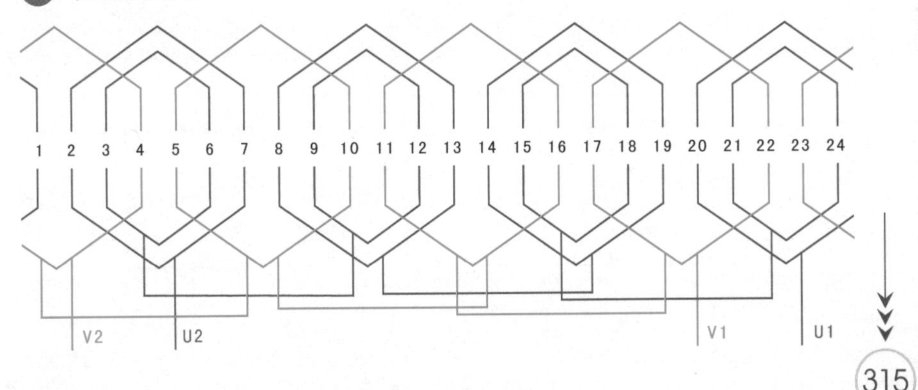

6.3.2 24槽4极单层同心交叉式绕组（$y=6$、4）

① 绕组数据

定子槽数 $Z=24$

电机极数 $2p=4$

线圈极距 $\tau=6$

线圈组数 $u=8$

每组圈数 $S=3/2$

总线圈数 $Q=12$

线圈节距 $y=6$、4

② 绕组端面图

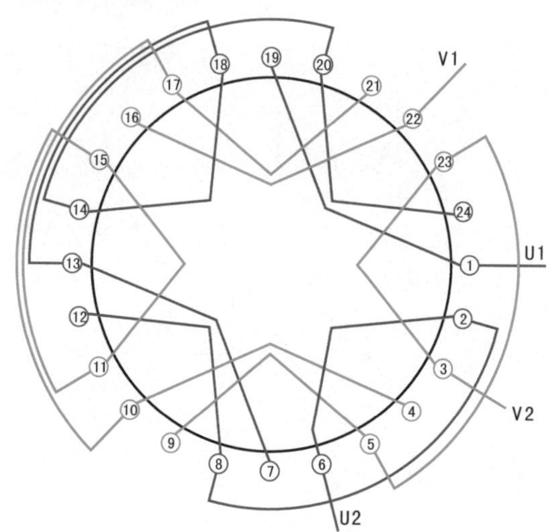

③ 接线盒

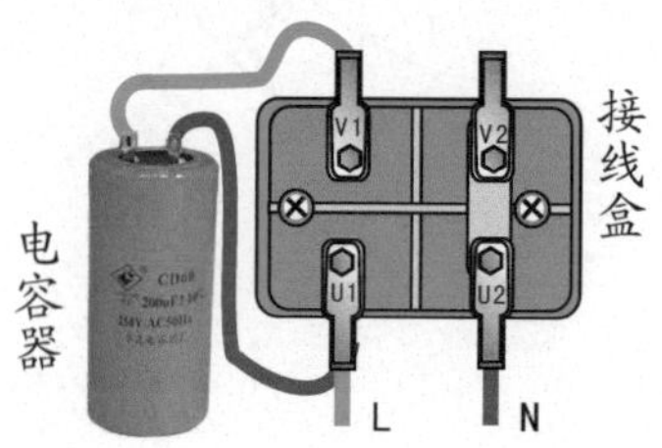

④ 绕组展开图

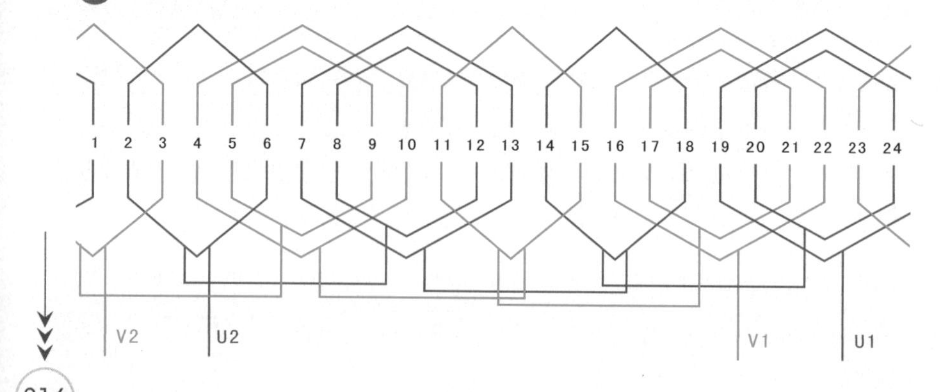

6.3.3 24槽4极单层同心交叉式绕组（y=8、6、4）

① 绕组数据

定子槽数 $Z_1=24$
电机极数 $2p=4$
总线圈数 $Q=8$
每组圈数 $S=1$、2
极相槽数 $q=3$
绕组极距 $\tau=6$
并联路数 $a=1$
线圈节距 $y=1\text{-}7$
线圈组数 $u=8$

② 绕组端面图

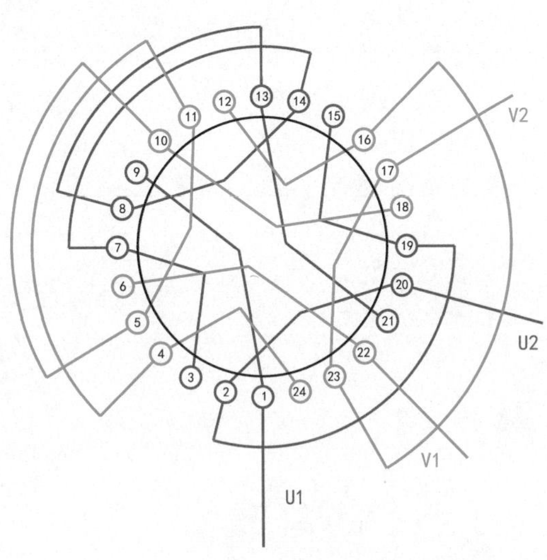

③ 接线盒

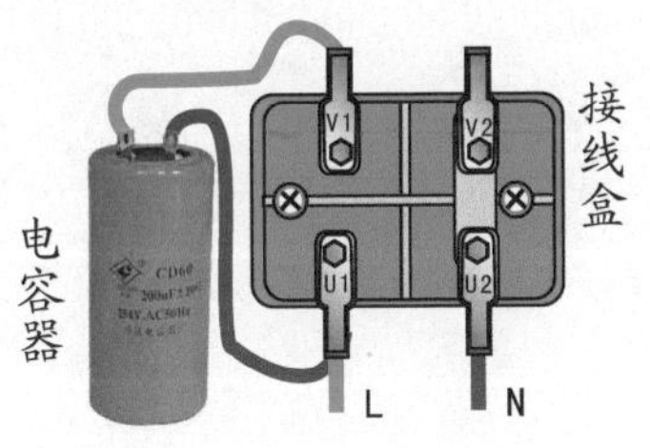

④ 绕组展开图

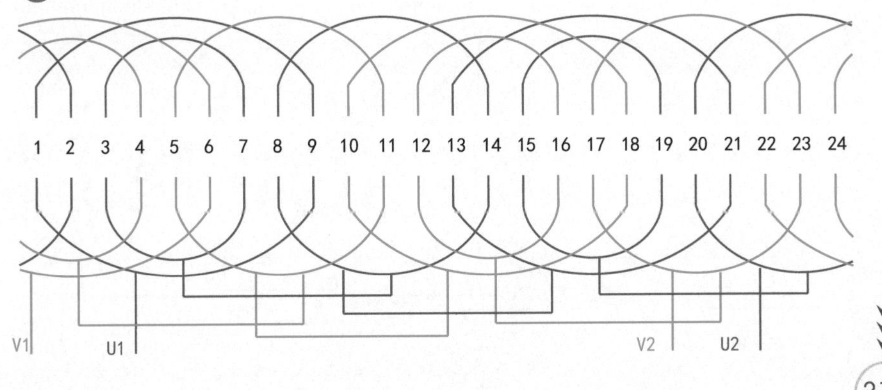

6.3.4 32槽6极单层同心式分数槽绕组（y=5、4、3）

1 绕组数据

定子槽数 $Z=32$

电机极数 $2p=6$

线圈极距 $\tau=16/3$

线圈组数 $u=4/3$

每组圈数 $S=4/3$

总线圈数 $Q=16$

线圈节距 $y=5$、4、3

2 绕组端面图

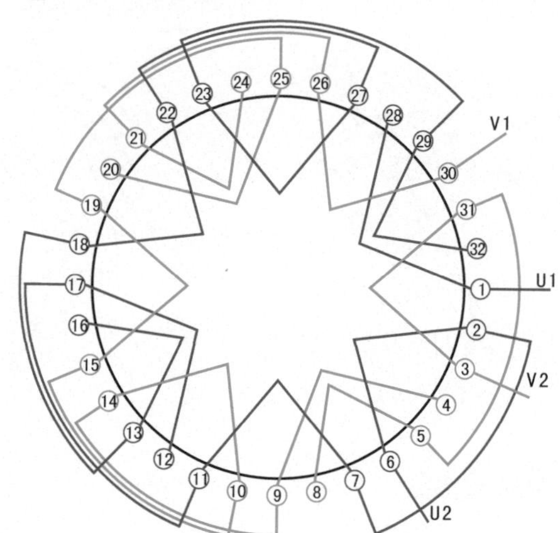

3 接线盒

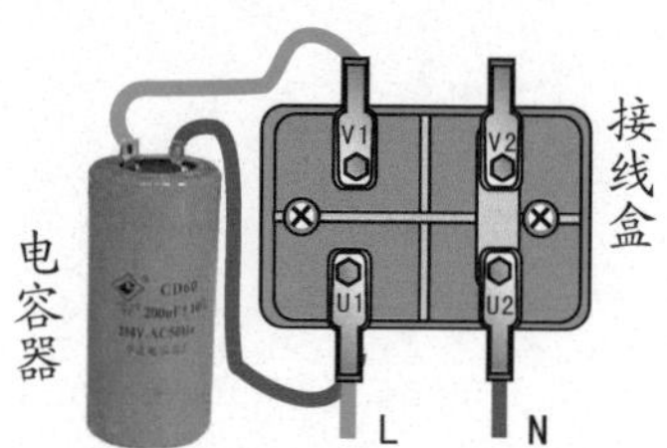

4 绕组展开图

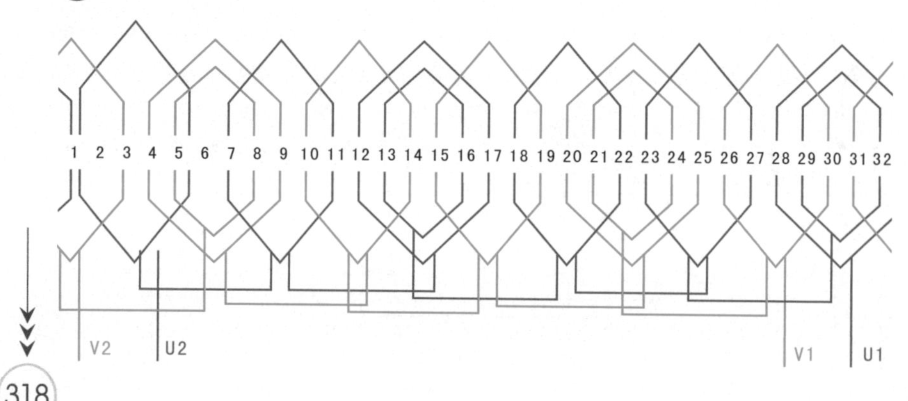

6.4 单相单层叠式绕组

6.4.1 16槽2极单层叠式绕组（$y=6$）

1 绕组数据

定子槽数 $Z=16$

电机极数 $2p=2$

线圈极距 $\tau=8$

线圈组数 $u=4$

每组圈数 $S=2$

极相槽数 $q=4$

总线圈数 $Q=8$

线圈节距 $y=6$

2 绕组端面图

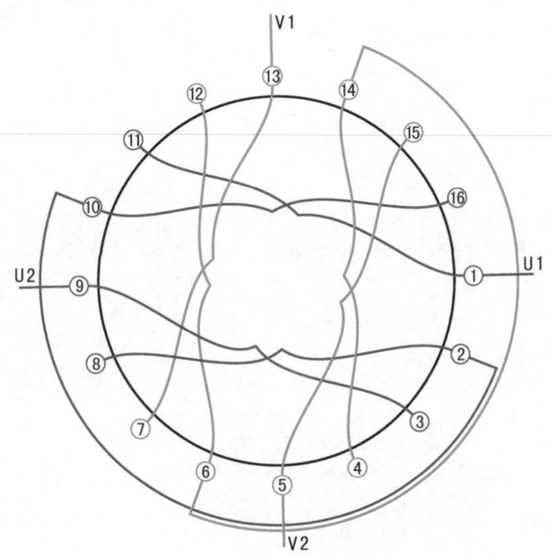

3 接线盒

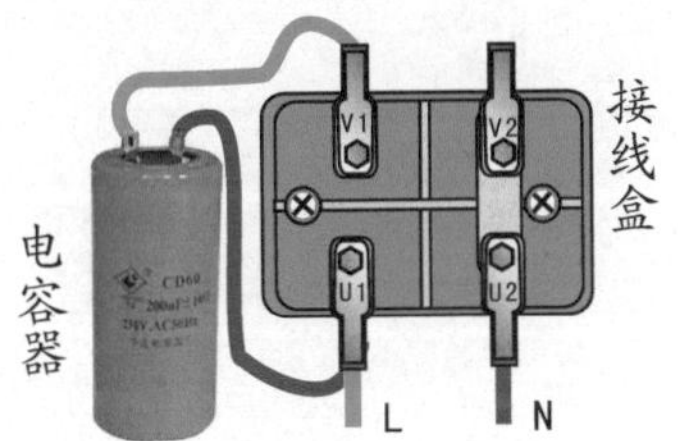

4 绕组展开图

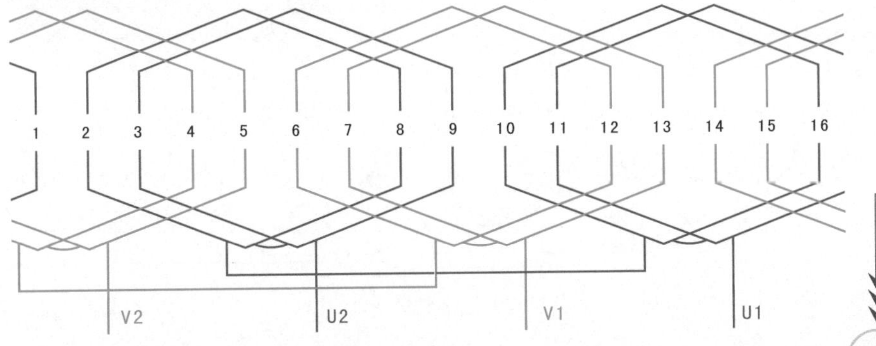

6.4.2 24槽4极单层叠式绕组（$y=4$、5）

1 绕组数据

定子槽数 $Z=24$
电机极数 $2p=4$
线圈极距 $\tau=6$
线圈组数 $u=8$
每组圈数 $S=1$、2
极相槽数 $q=2$、4
总线圈数 $Q=12$
线圈节距 $y=4$、5

2 绕组端面图

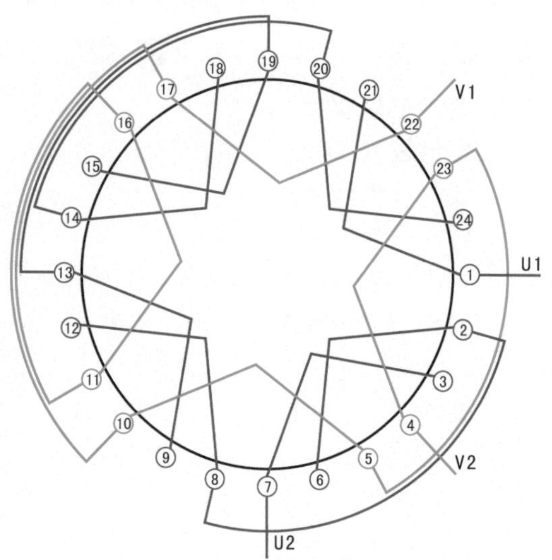

3 接线盒

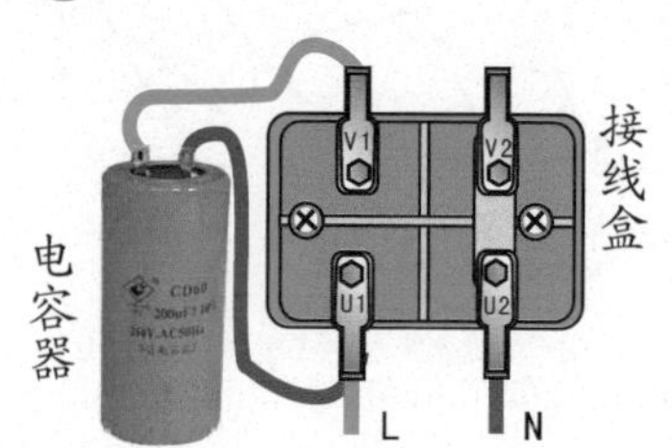

4 绕组展开图

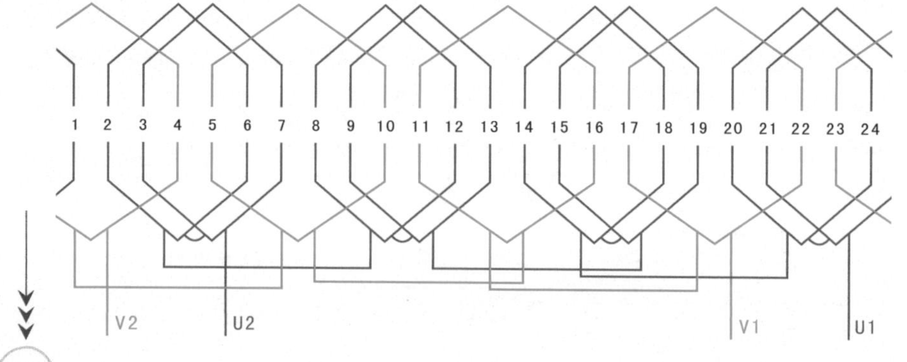

6.4.3 24槽4极单层叠式绕组（y=4、6）

1 绕组数据

定子槽数 $Z=24$

电机极数 $2p=4$

线圈极距 $\tau=6$

线圈组数 $u=6$

每组圈数 $S=2$

极相槽数 $q=4$

总线圈数 $Q=12$

线圈节距 $y=4$、6

2 绕组端面图

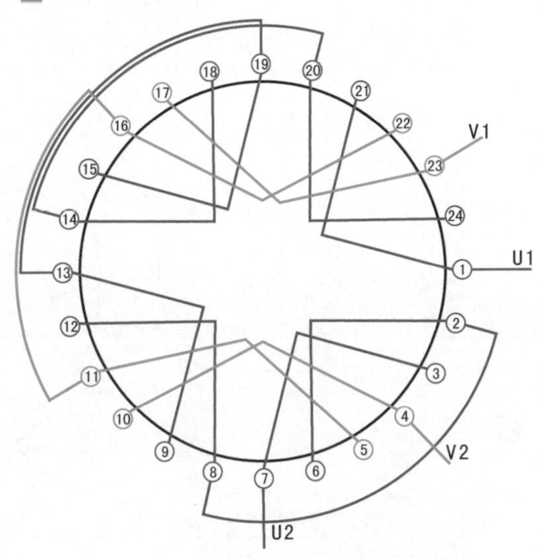

3 接线盒

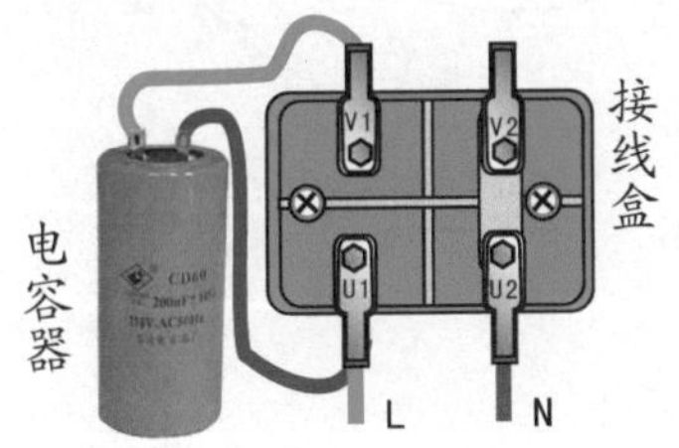

4 绕组展开图

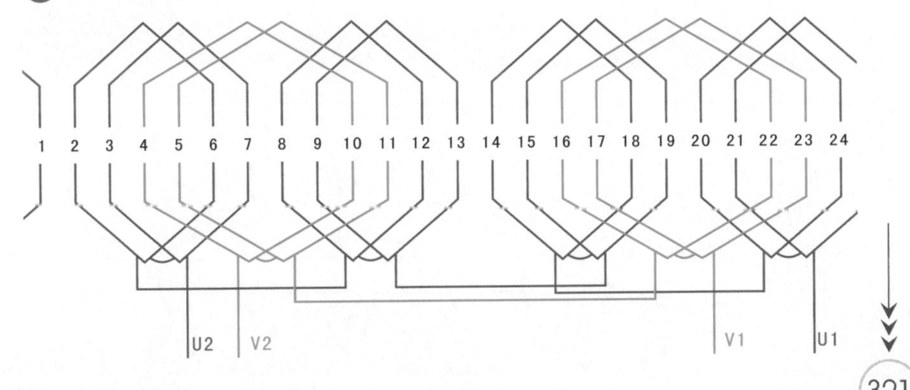

6.4.4 24槽4极单层叠式绕组（$y=5$、6）

1 绕组数据

定子槽数 $Z=24$
电机极数 $2p=4$
线圈极距 $\tau=6$
线圈组数 $u=8$
每组圈数 $S=1$、2
总线圈数 $Q=12$
线圈节距 $y=5$、6

2 绕组端面图

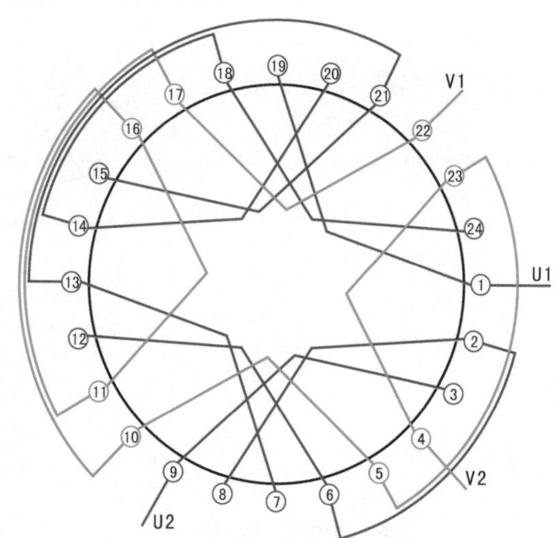

3 接线盒

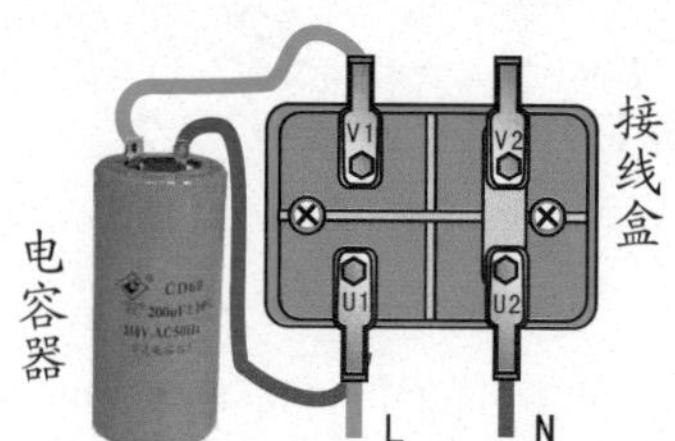

4 绕组展开图

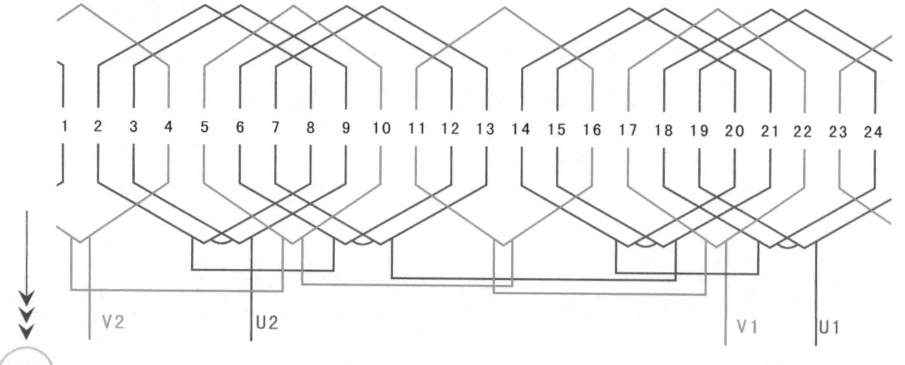

6.4.5 24槽4极单层叠式绕组（$y=6$）

① 绕组数据

定子槽数 $Z=24$

电机极数 $2p=4$

线圈极距 $\tau=6$

线圈组数 $u=6$

每组圈数 $S=2$

极相槽数 $q=2、4$

总线圈数 $Q=12$

线圈节距 $y=6$

② 绕组端面图

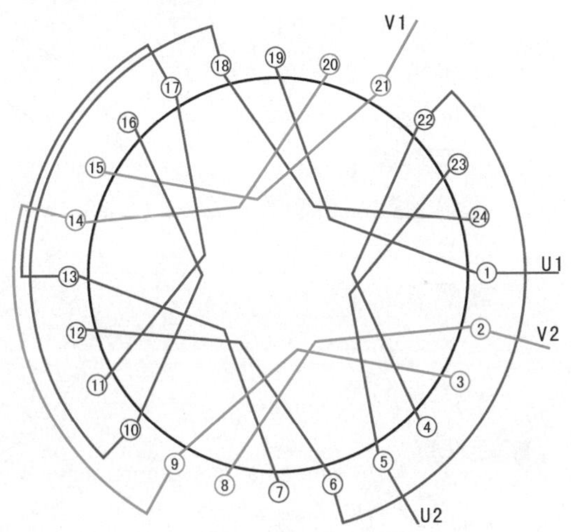

③ 接线盒

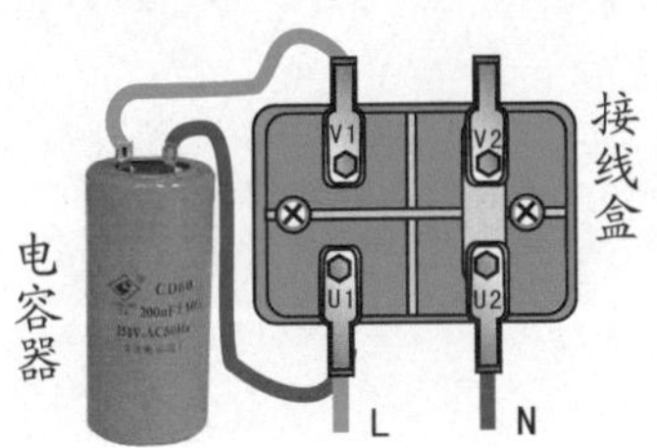

④ 绕组展开图

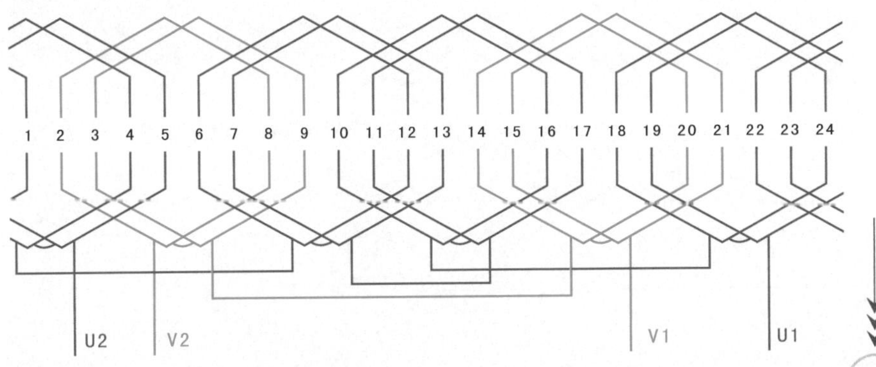

6.4.6 24槽4极单层叠式绕组（$y=6$）

1 绕组数据

定子槽数 $Z=24$

电机极数 $2p=4$

线圈极距 $\tau=6$

线圈组数 $u=8$

每组圈数 $S=3/2$

总线圈数 $Q=12$

线圈节距 $y=6$

2 绕组端面图

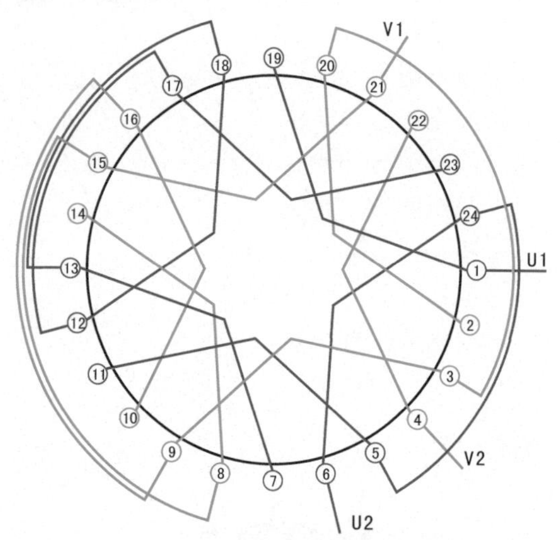

3 接线盒

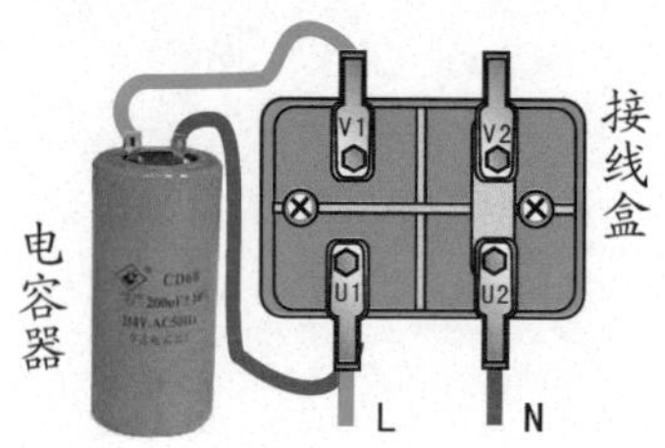

4 绕组展开图

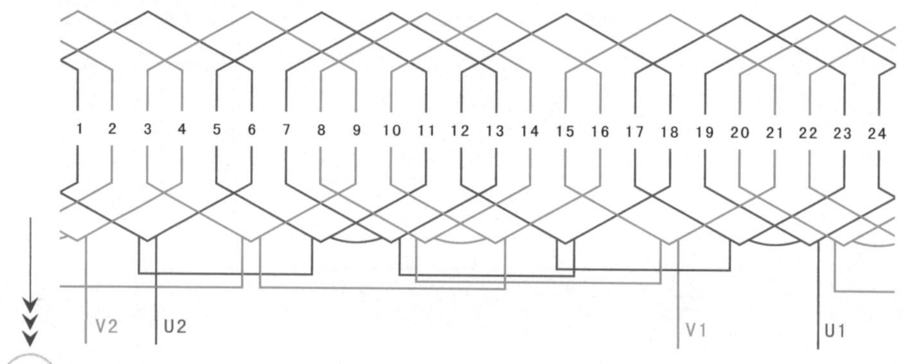

6.4.7 24槽4极单层叠式和同心式绕组（y=5、6、7）

❶ 绕组数据

定子槽数 $Z=24$

电机极数 $2p=4$

线圈极距 $\tau=6$

线圈组数 $u=6$

每组圈数 $S=2$

总线圈数 $Q=12$

线圈节距 $y=5$、6、7

❷ 绕组端面图

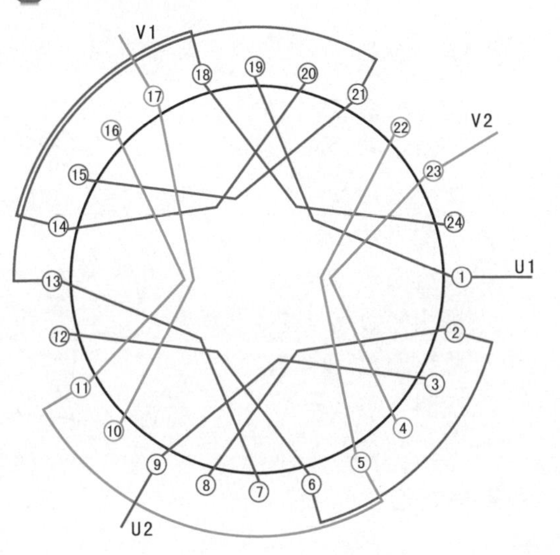

❸ 接线盒

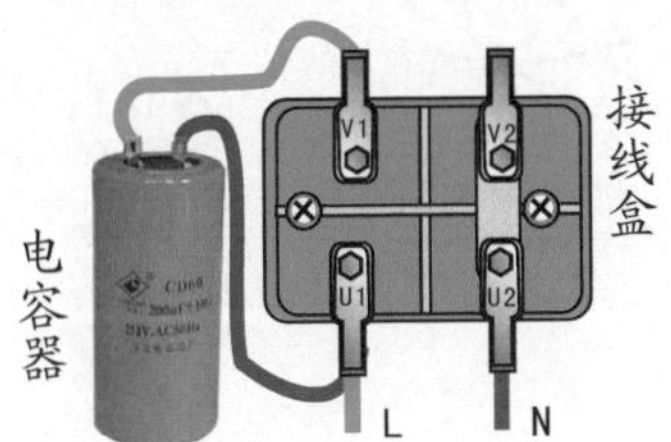

❹ 绕组展开图

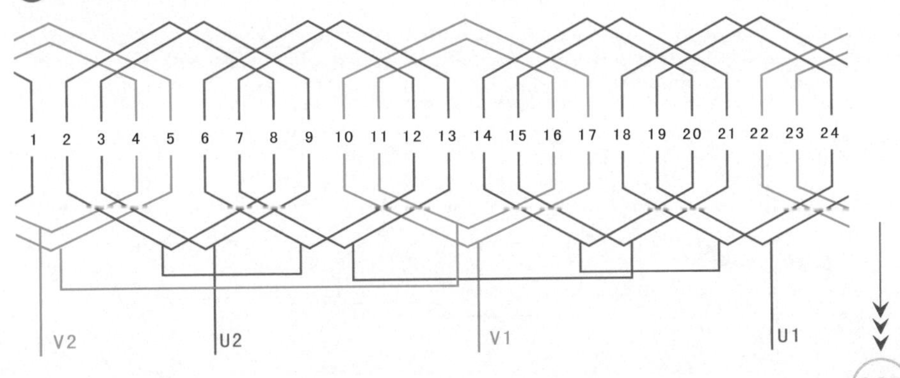

6.5 单相双层叠式绕组

6.5.1 16槽4极双层叠式绕组（$y=3$）

① 绕组数据

定子槽数 $Z=16$

电机极数 $2p=4$

线圈极距 $\tau=4$

线圈组数 $u=8$

每组圈数 $S=2$

极相槽数 $q=2$

总线圈数 $Q=16$

线圈节距 $y=3$

② 绕组端面图

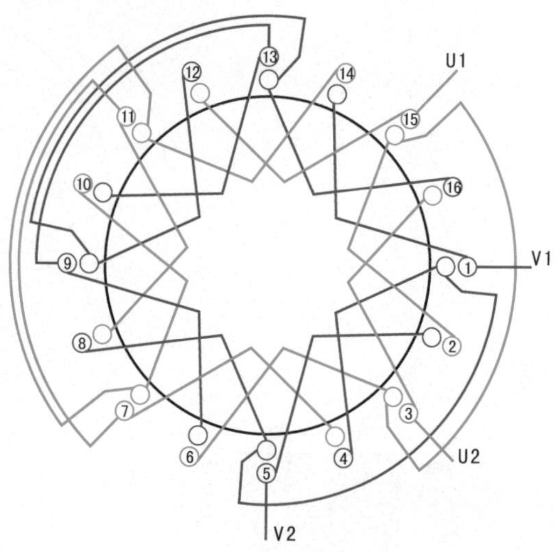

③ 接线盒

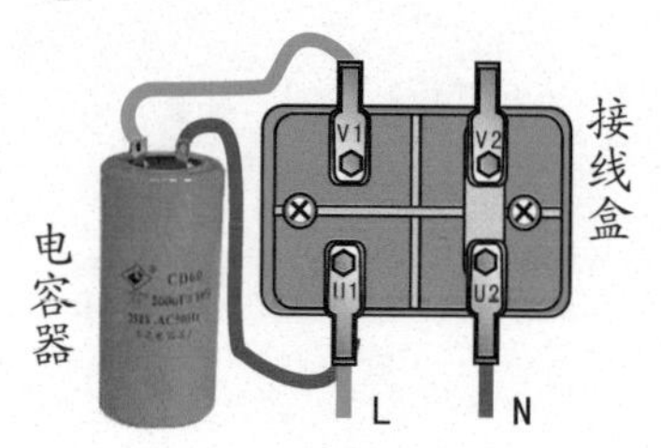

④ 绕组展开图

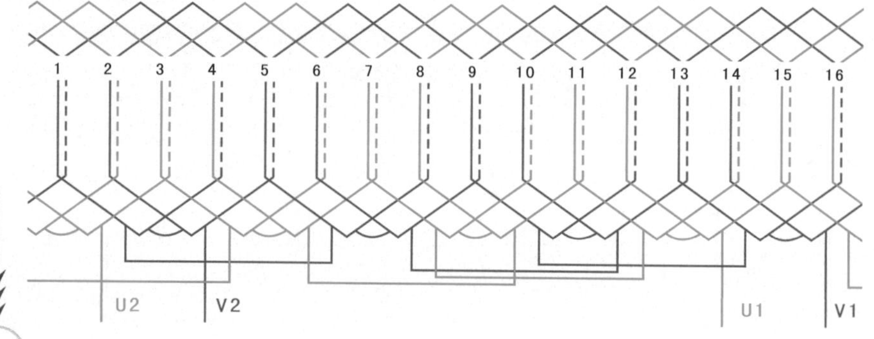

6.5.2 18槽4极双层叠式绕组（$y=4$）

① 绕组数据

定子槽数 $Z=18$

电机极数 $2p=4$

线圈极距 $\tau=9/2$

线圈组数 $u=8$

每组圈数 $S=3$、$3/2$

极相槽数 $q=3$、$3/2$

总线圈数 $Q=18$

线圈节距 $y=4$

② 绕组端面图

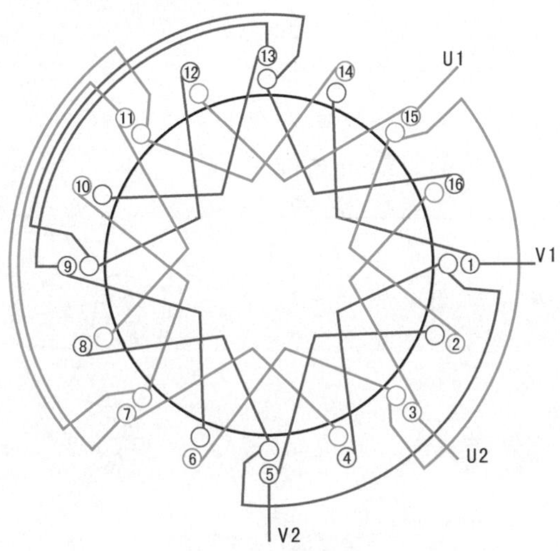

③ 接线盒

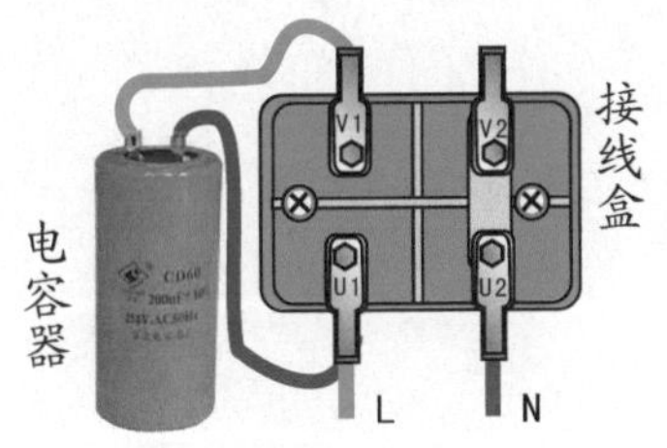

④ 绕组展开图

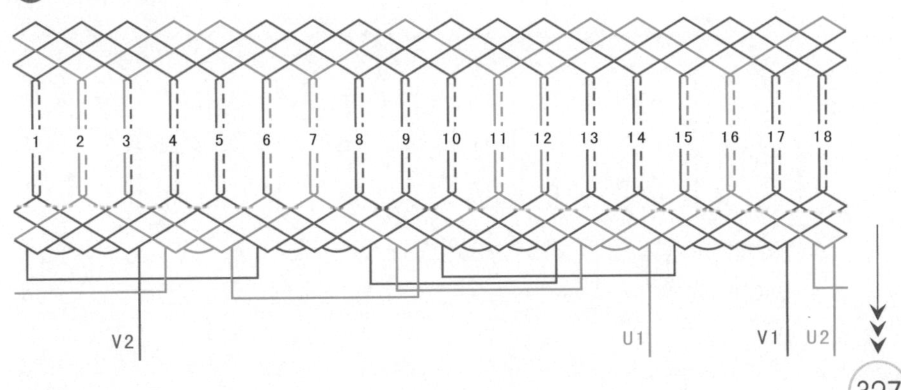

6.5.3 24槽6极双层叠式绕组（$y=3$）

① 绕组数据

定子槽数 $Z=24$

电机极数 $2p=6$

线圈极距 $\tau=4$

线圈组数 $u=12$

每组圈数 $S=2$

总线圈数 $Q=24$

线圈节距 $y=3$

② 绕组端面图

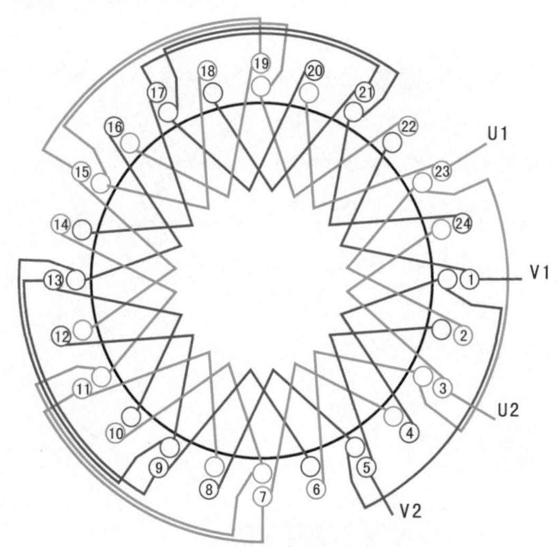

③ 接线盒

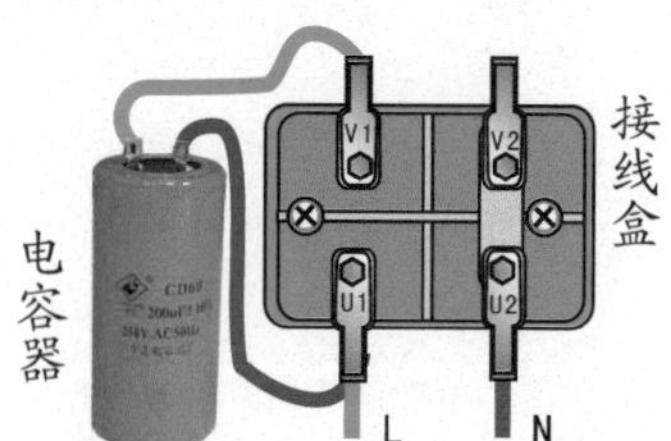

④ 绕组展开图

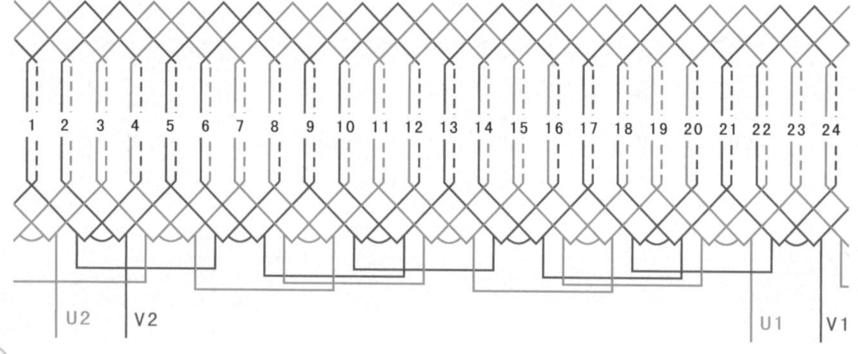

6.5.4 24槽4极双层叠式绕组（$y=4$）

① 绕组数据

定子槽数 $Z=24$

电机极数 $2p=4$

线圈组数 $u=8$

每组圈数 $S=3$

极相槽数 $q=3$

总线圈数 $Q=24$

线圈节距 $y=4$

② 绕组端面图

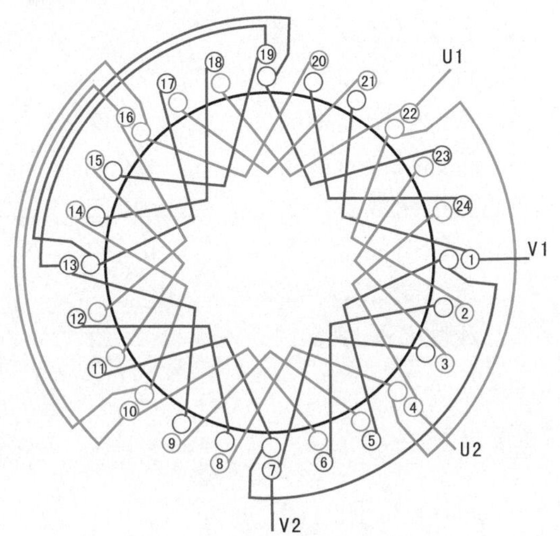

③ 接线盒

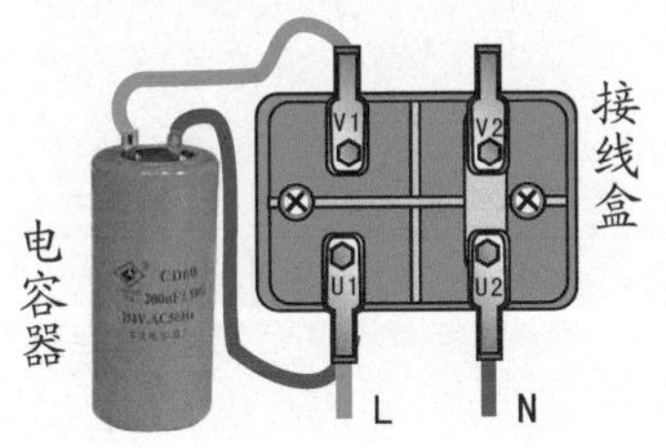

④ 绕组展开图

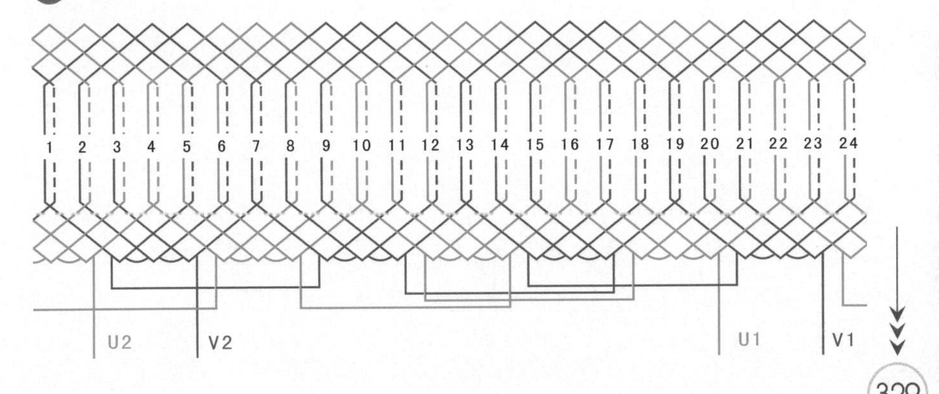

6.5.5 24槽4极双层叠式绕组（$y=4$）

1 绕组数据

定子槽数 $Z=24$

电机极数 $2p=4$

线圈极距 $\tau=6$

线圈组数 $u=8$

每组圈数 $S=2、4$

极相槽数 $q=2、4$

总线圈数 $Q=24$

线圈节距 $y=4$

2 绕组端面图

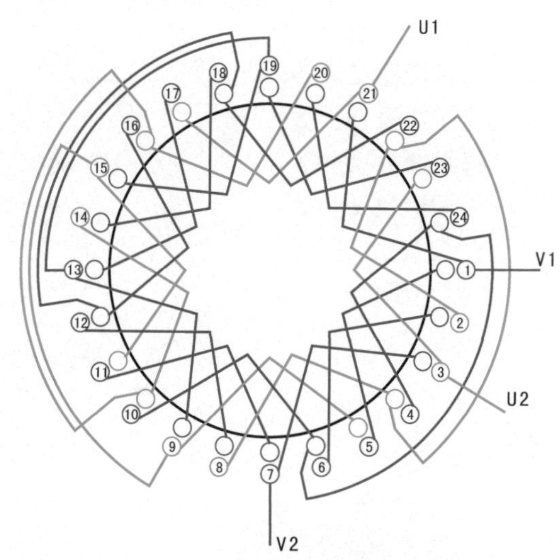

3 接线盒

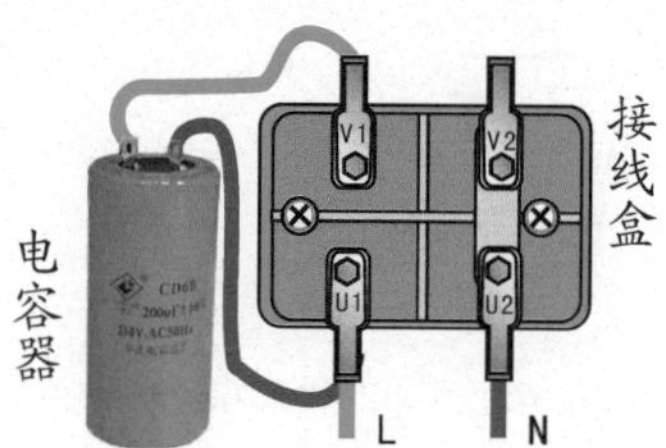

4 绕组展开图

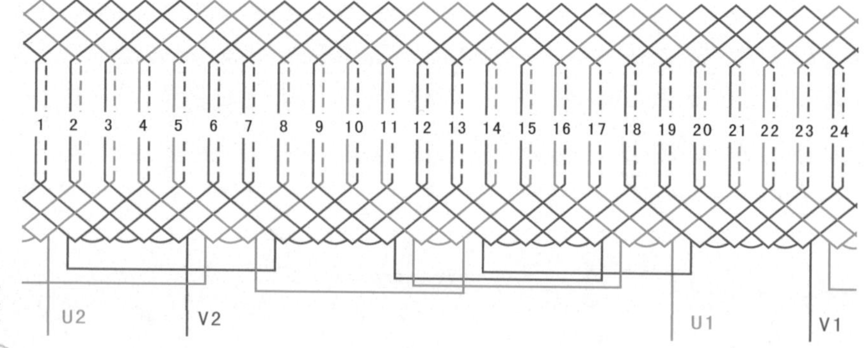

6.6 单相双层链式绕组

6.6.1 8槽4极双层链式绕组（$y=2$）

① 绕组数据

定子槽数 $Z=8$
电机极数 $2p=4$
线圈极距 $\tau=2$
线圈组数 $u=8$
每组圈数 $S=1$
极相槽数 $q=1$
总线圈数 $Q=8$
线圈节距 $y=2$

② 绕组端面图

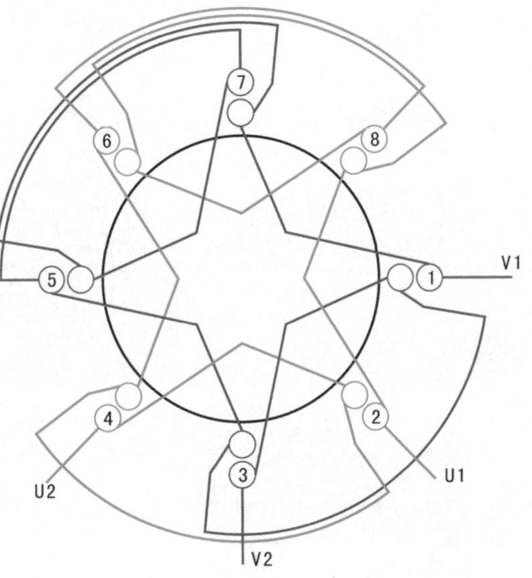

③ 接线盒

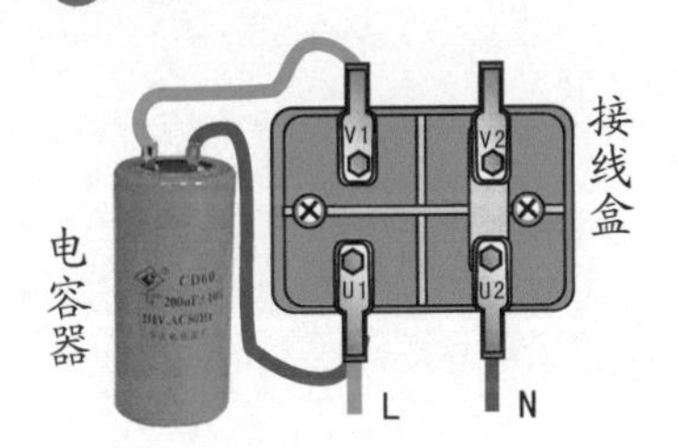

④ 绕组展开图

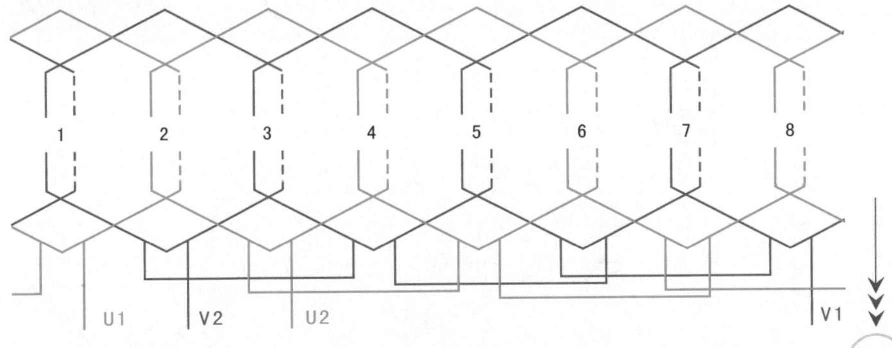

6.6.2 28槽14极双层链式绕组（$y=2$）

① 绕组数据

定子槽数 $Z=28$

电机极数 $2p=14$

线圈极距 $\tau=2$

线圈组数 $u=28$

每组圈数 $S=1$

极相槽数 $q=1$

总线圈数 $Q=28$

线圈节距 $y=2$

② 绕组端面图

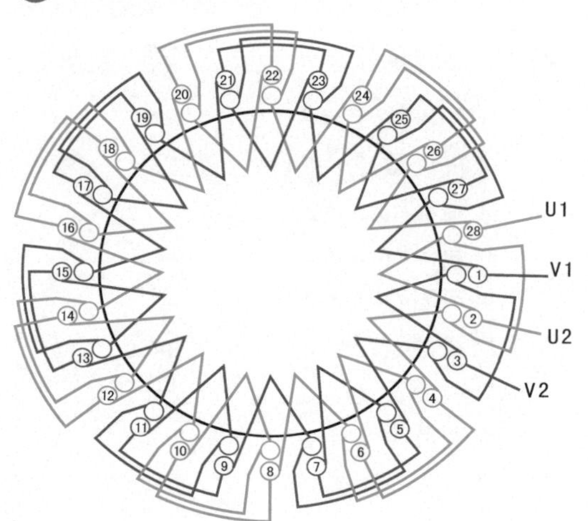

③ 接线盒

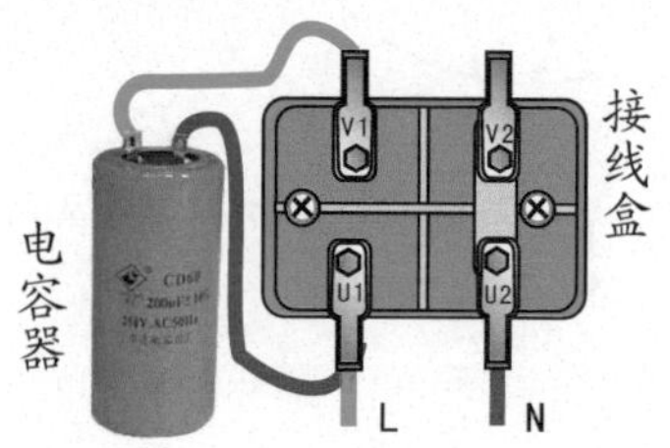

④ 绕组展开图

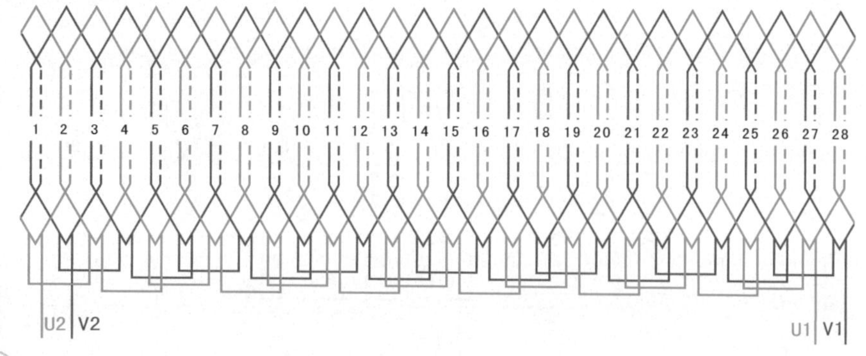

6.6.3 32槽16极双层链式绕组（$y=2$）

① 绕组数据

定子槽数 $Z=32$

电机极数 $2p=16$

线圈极距 $\tau=2$

线圈组数 $u=32$

每组圈数 $S=1$

极相槽数 $q=1$

总线圈数 $Q=32$

线圈节距 $y=2$

② 绕组端面图

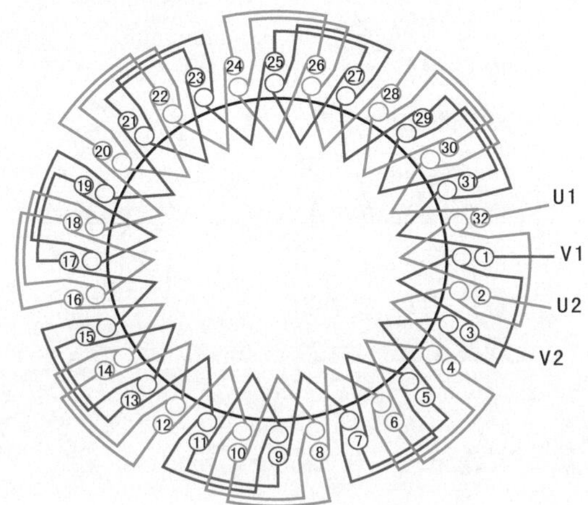

③ 接线盒

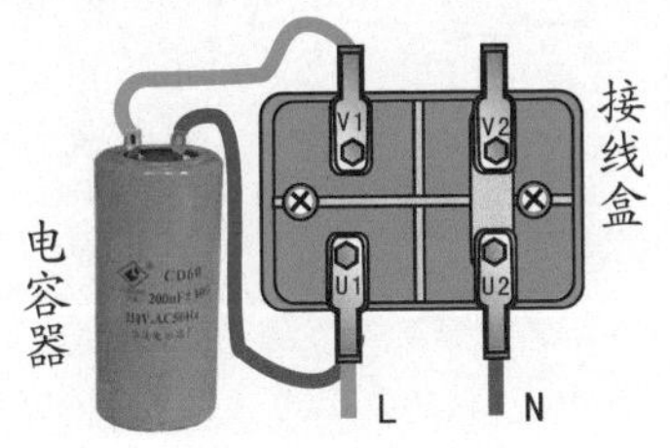

④ 绕组展开图

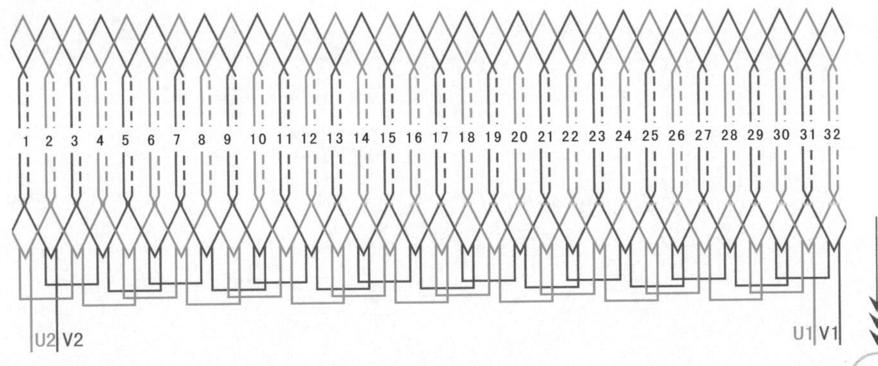

6.6.4 36槽18极双层链式绕组（$y=2$）

① 绕组数据

定子槽数 $Z=36$

电机极数 $2p=18$

线圈极距 $\tau=2$

线圈组数 $u=36$

每组圈数 $S=1$

极相槽数 $q=1$

总线圈数 $Q=36$

线圈节距 $y=2$

② 绕组端面图

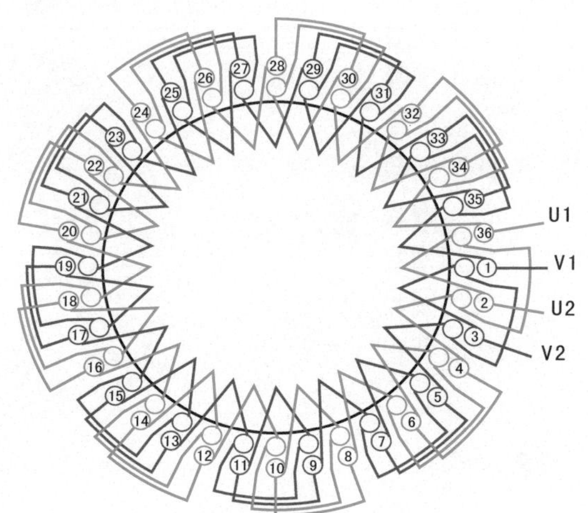

③ 接线盒

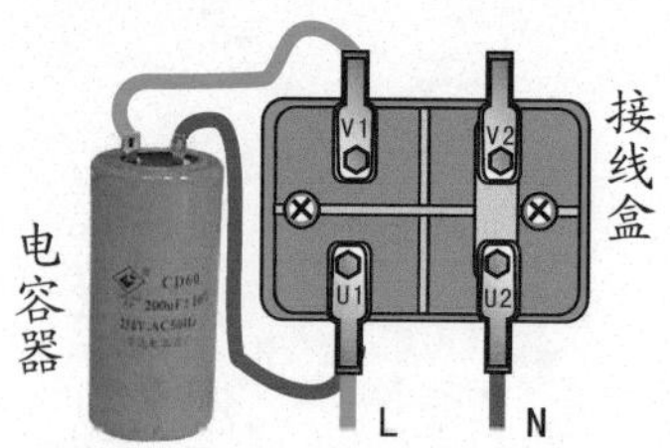

④ 绕组展开图

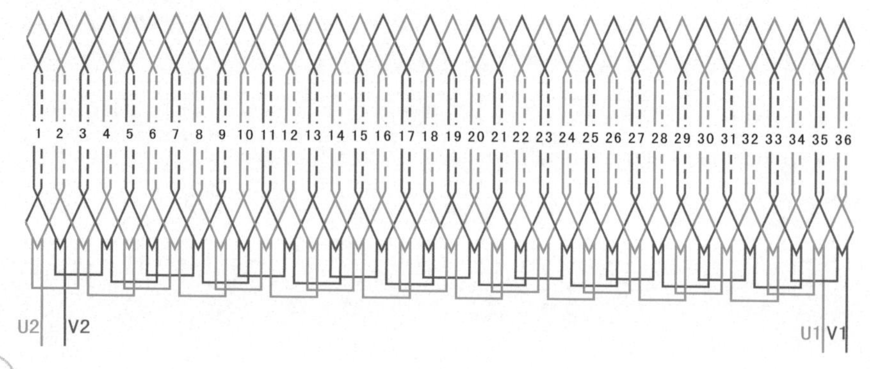

6.7 单相单双层混合绕组

6.7.1 12槽2极单双层（A类运行型）绕组

① 绕组数据

定子槽数 $Z=12$

电机极数 $2p=2$

总线圈数 $Q=8$

线圈组数 $u=4$

每组圈数 $S=3/2$

极相槽数 $q=3$

线圈极距 $\tau=6$

线圈节距 $y=6$、4

② 绕组端面图

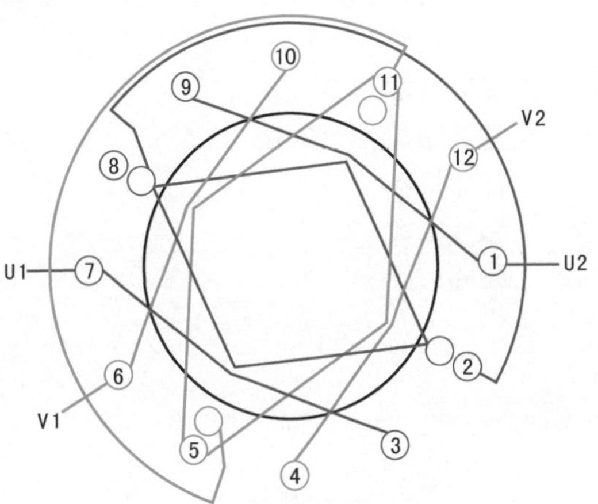

③ 接线盒

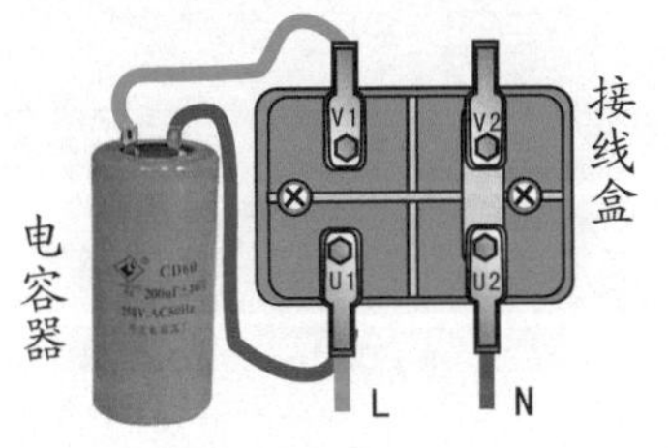

④ 绕组展开图

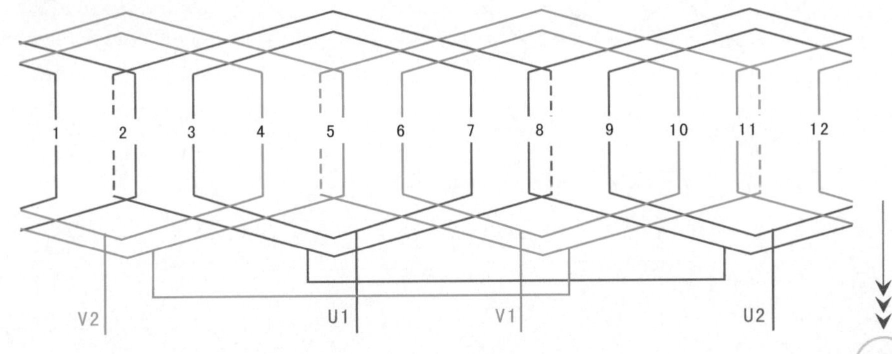

6.7.2 12槽4极单双层混合式绕组（$y=2$）

1 绕组数据

定子槽数 $Z=12$

电机极数 $2p=4$

线圈极距 $\tau=3$

线圈组数 $u=8$

每组圈数 $S=3/4$

极相槽数 $q=3/2$

总线圈数 $Q=8$

线圈节距 $y=2$

2 绕组端面图

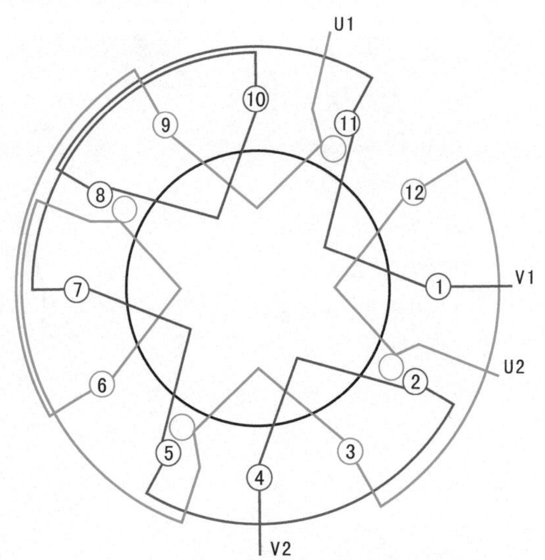

3 接线盒

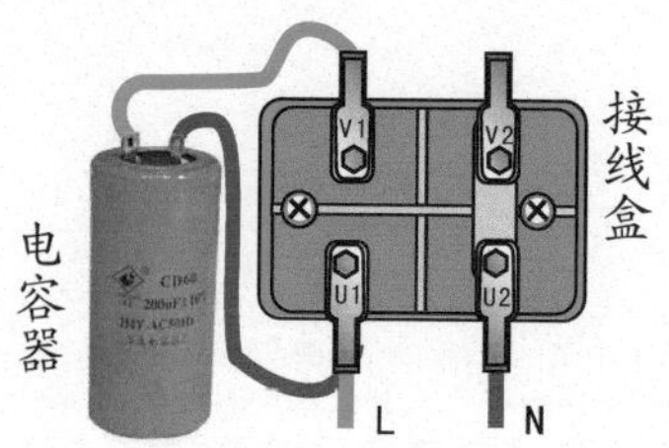

4 绕组展开图

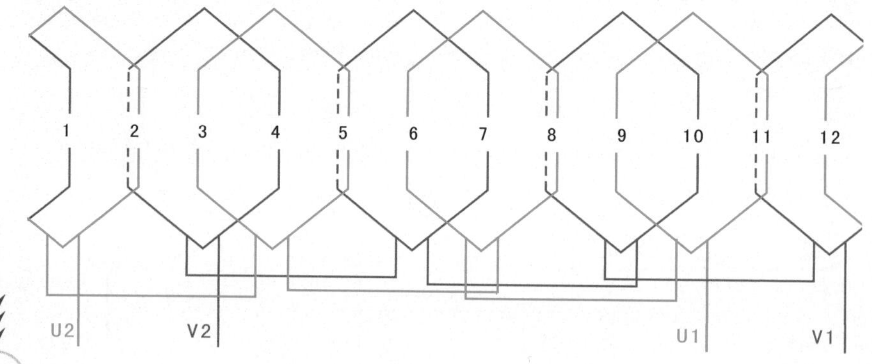

6.7.3 24槽4极单双层混合式绕组（y=5、3、1）

① 绕组数据

定子槽数 $Z=24$

电机极数 $2p=4$

线圈极距 $\tau=6$

线圈组数 $u=8$

每组圈数 $S=2、3$

总线圈数 $Q=20$

线圈节距 $y=5、3、1$

② 绕组端面图

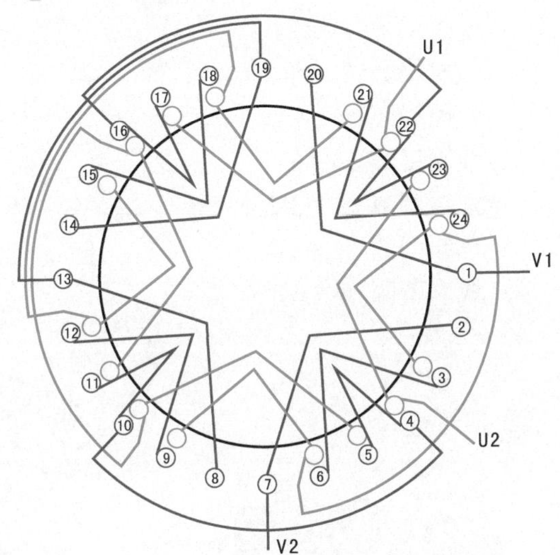

③ 接线盒

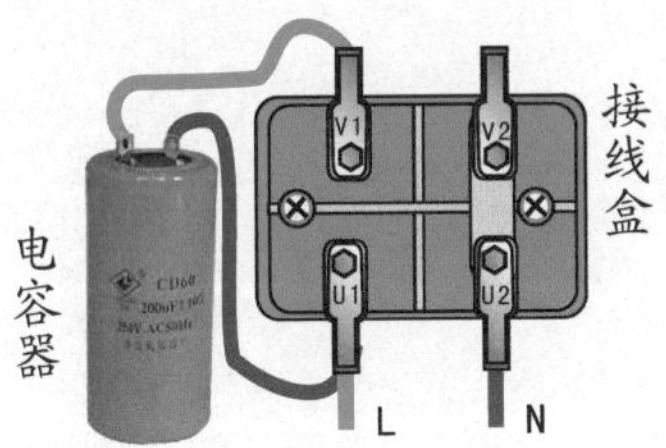

④ 绕组展开图

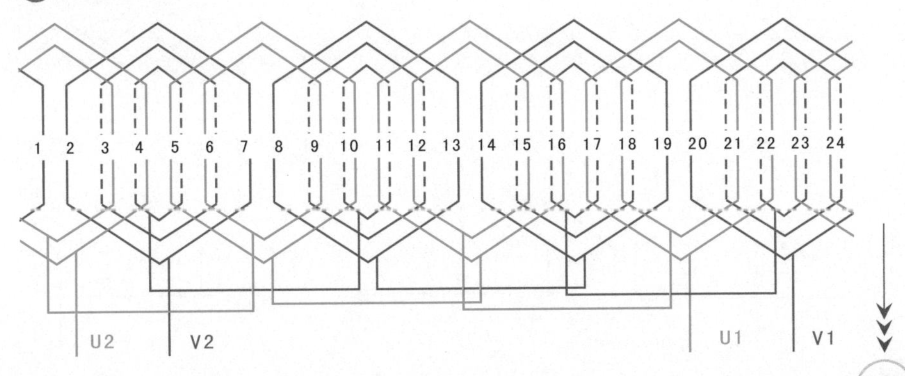

6.7.4 24槽6极单双层混合式绕组（y=2、4）

① 绕组数据

定子槽数 $Z=24$

电机极数 $2p=6$

线圈极距 $\tau=4$

线圈组数 $u=6$

每组圈数 $S=3/2$

总线圈数 $Q=18$

线圈节距 $y=2、4$

② 绕组端面图

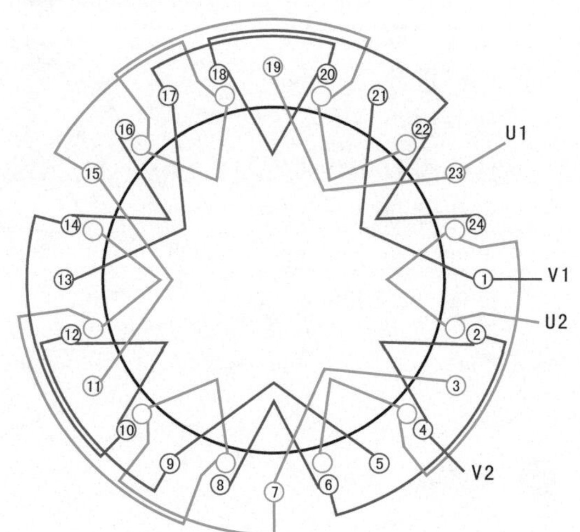

③ 接线盒

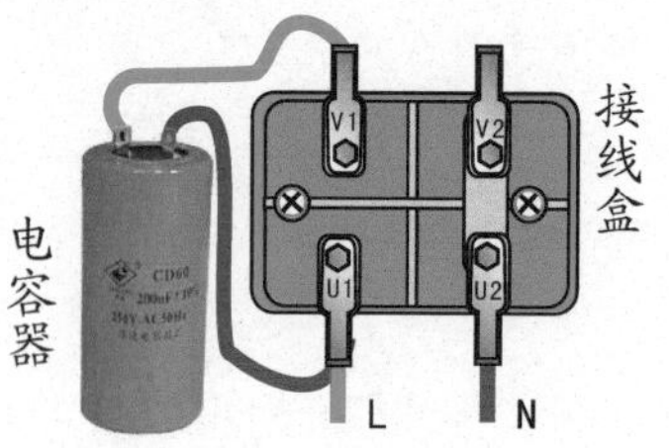

④ 绕组展开图

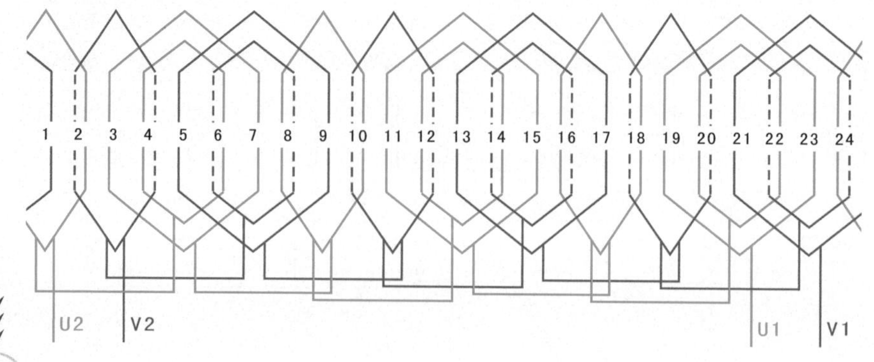

6.7.5 32槽4极单双层混合式绕组（$y=7$、5、3）

1 绕组数据

定子槽数 $Z=32$

电机极数 $2p=4$

线圈极距 $\tau=8$

线圈组数 $u=8$

每组圈数 $S=3$

总线圈数 $Q=24$

线圈节距 $y=7$、5、3

2 绕组端面图

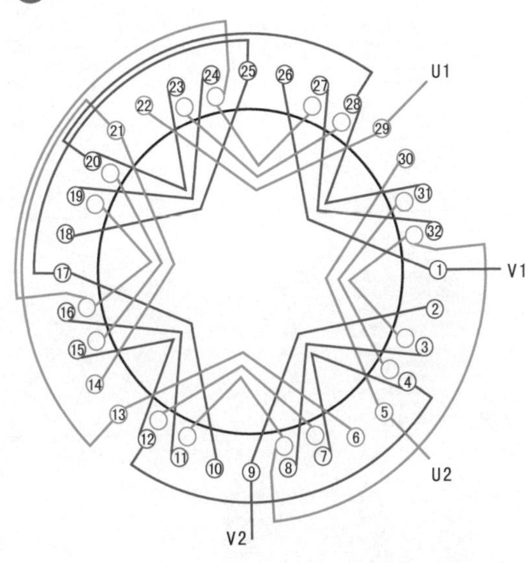

3 接线盒

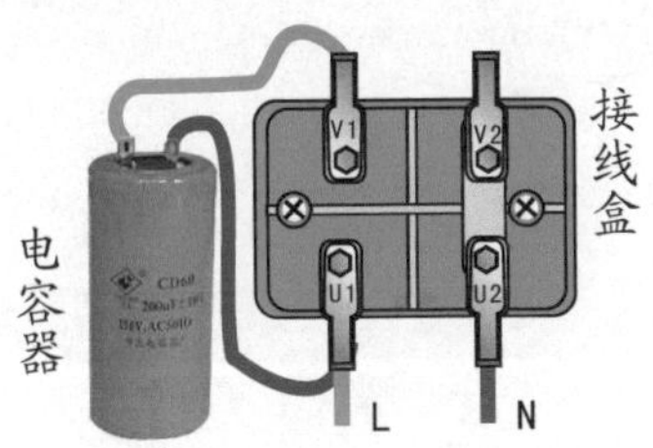

4 绕组展开图

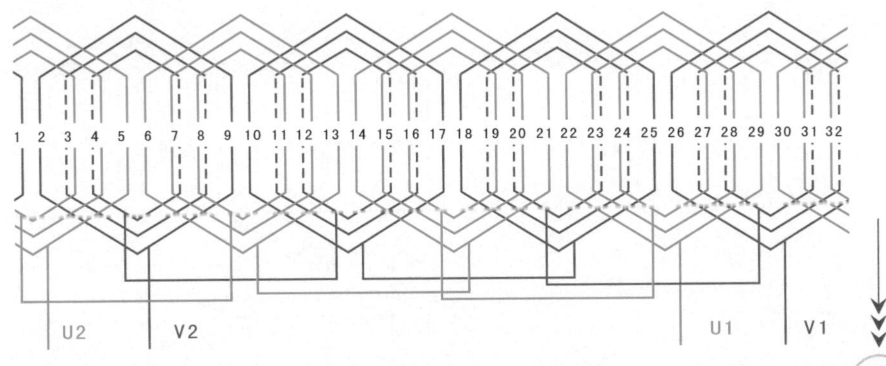

6.7.6 36槽4极单双层混合式绕组（$y=9$、7、5）

1 绕组数据

定子槽数 $Z=36$

电机极数 $2p=4$

线圈极距 $\tau=9$

线圈组数 $u=8$

每组圈数 $S=2$、3

总线圈数 $Q=20$

线圈节距 $y=9$、7、5

2 绕组端面图

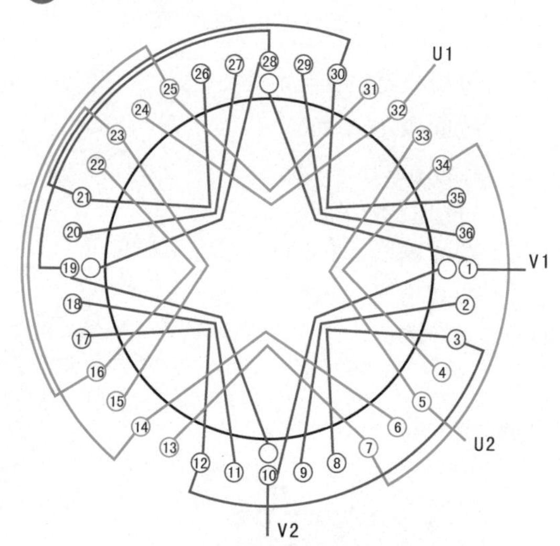

3 接线盒

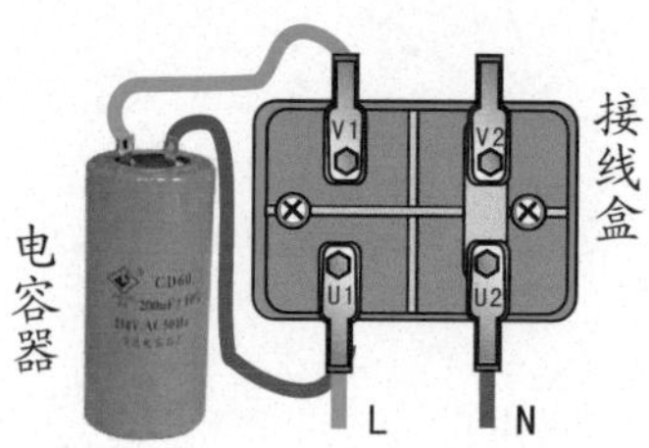

4 绕组展开图

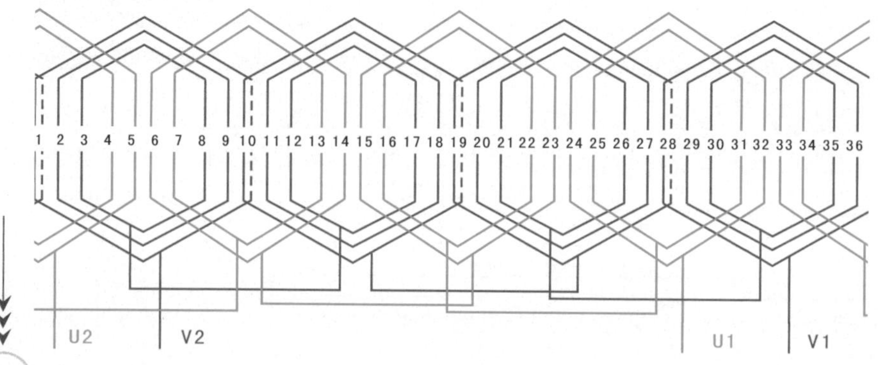

PART7

第7章 其他单相电动机绕组

单相正弦绕组

7.1.1 12槽2极2/2正弦绕组

① 绕组数据

定子槽数 $Z=12$

电机极数 $2p=2$

总线圈数 $Q=8$

线圈组数 $u=4$

每组圈数 $S=2$

极相槽数 $q=3$

绕组极距 $\tau=6$

② 绕组端面图

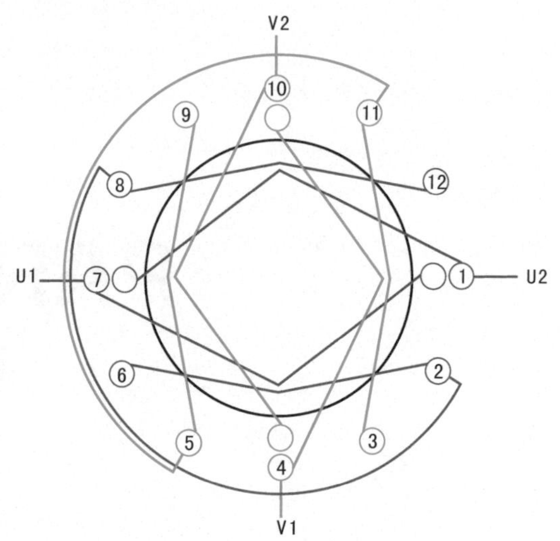

③ 接线盒

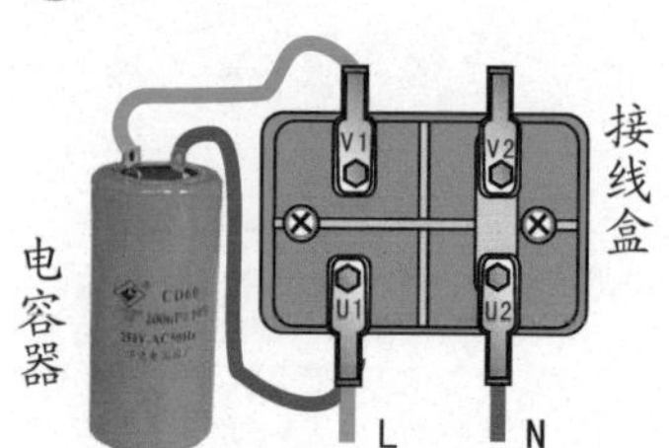

④ 绕组展开图

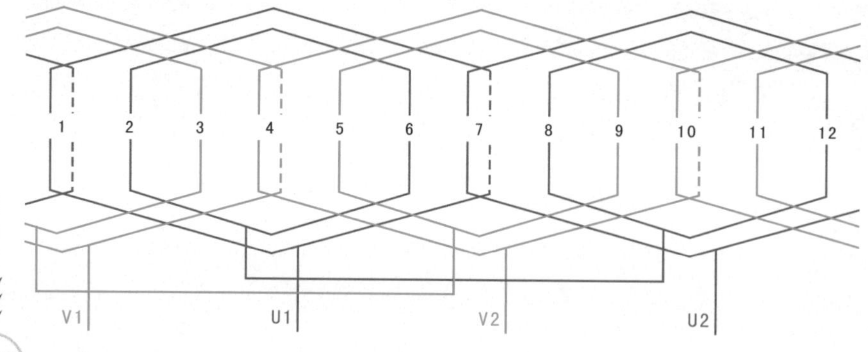

7.1.2 12槽2极3/3正弦绕组（A）

1 绕组数据

定子槽数 $Z=12$

电机极数 $2p=2$

总线圈数 $Q=12$

线圈组数 $u=4$

每组圈数 $S=3$

极相槽数 $q=3$

绕组极距 $\tau=6$

2 绕组端面图

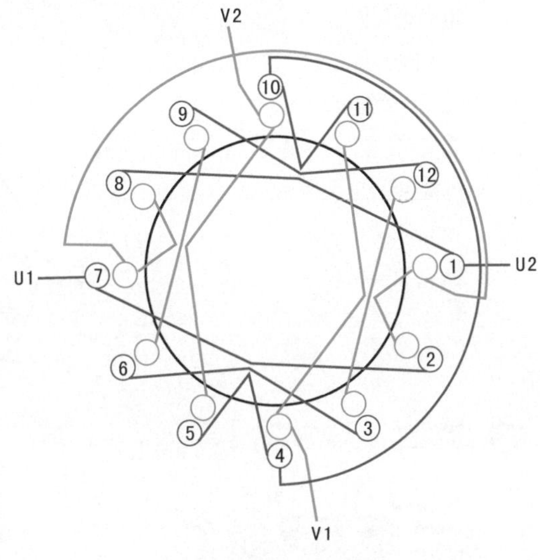

3 接线盒

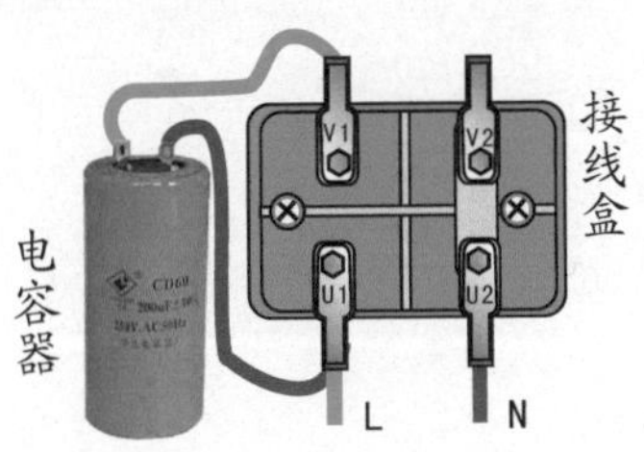

4 绕组展开图

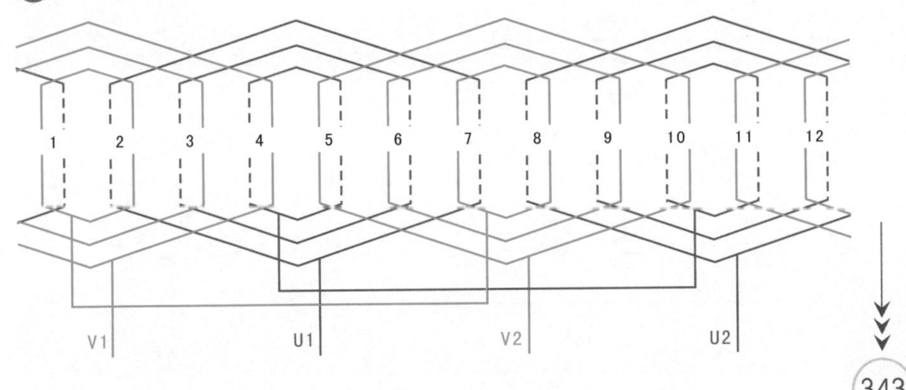

7.1.3 12槽2极3/3正弦绕组（B）

① 绕组数据

定子槽数 $Z=12$

电机极数 $2p=2$

线圈极距 $\tau=6$

线圈组数 $u=4$

每组圈数 $S=3$

极相槽数 $q=3$

总线圈数 $Q=12$

② 绕组端面图

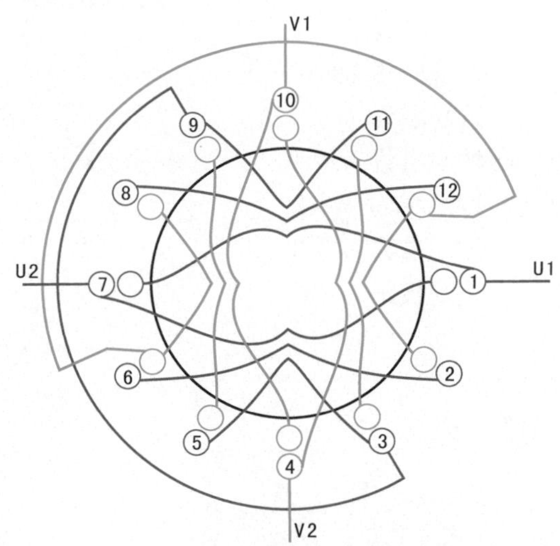

③ 接线盒

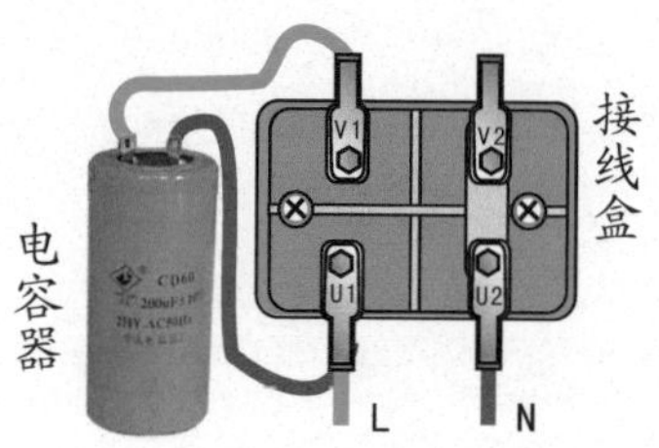

④ 绕组展开图

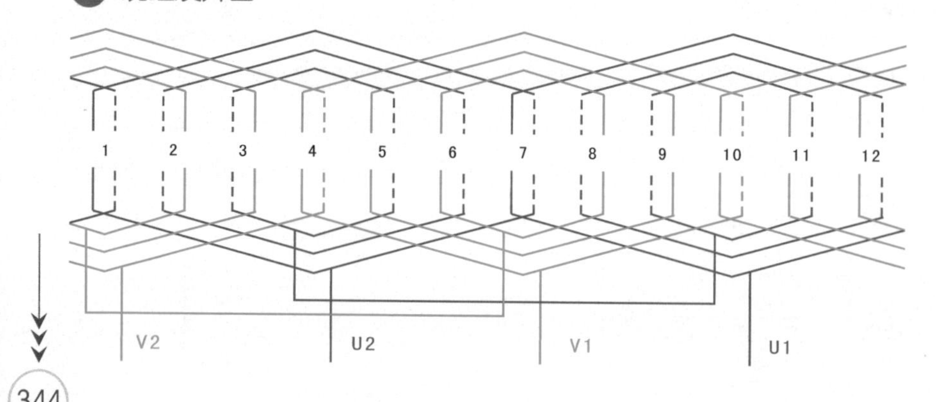

7.1.4 12槽4极2/1正弦绕组

1 绕组数据

定子槽数 $Z=12$

电机极数 $2p=4$

线圈极距 $\tau=3$

线圈组数 $u=8$

每组圈数 $S=1、2$

极相槽数 $q=3/2$

总线圈数 $Q=12$

2 绕组端面图

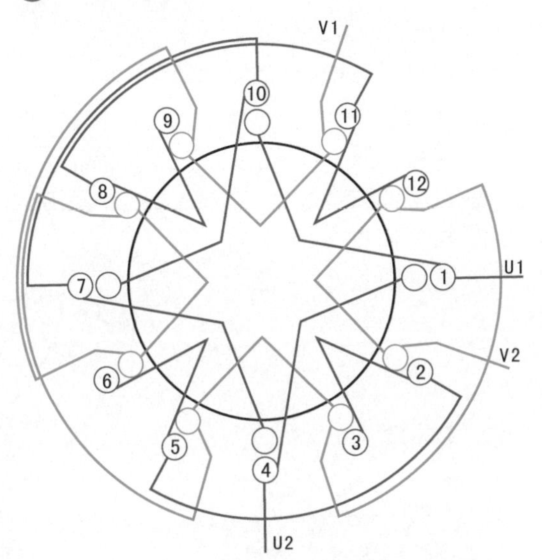

3 接线盒

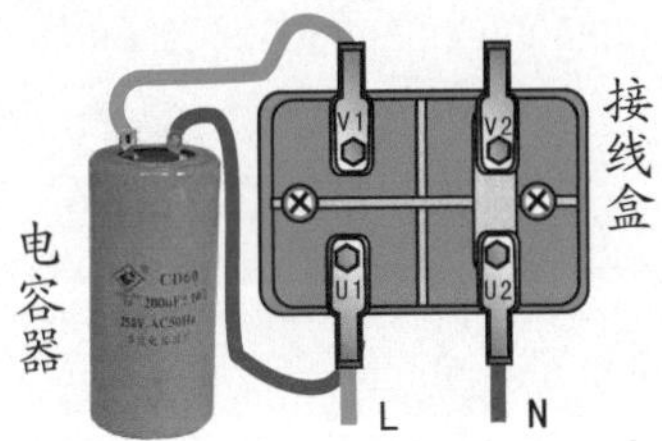

4 绕组展开图

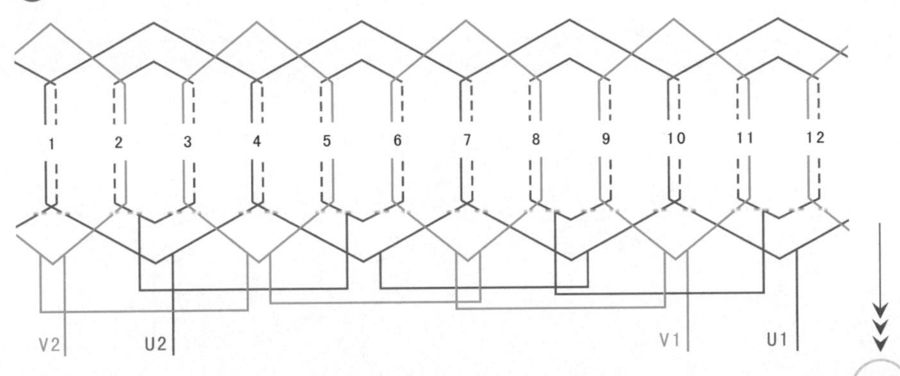

7.1.5 16槽2极3/3正弦绕组

1 绕组数据

定子槽数 $Z=16$

电机极数 $2p=2$

线圈极距 $\tau=8$

线圈组数 $u=4$

每组圈数 $S=3$

极相槽数 $q=4$

总线圈数 $Q=12$

2 绕组端面图

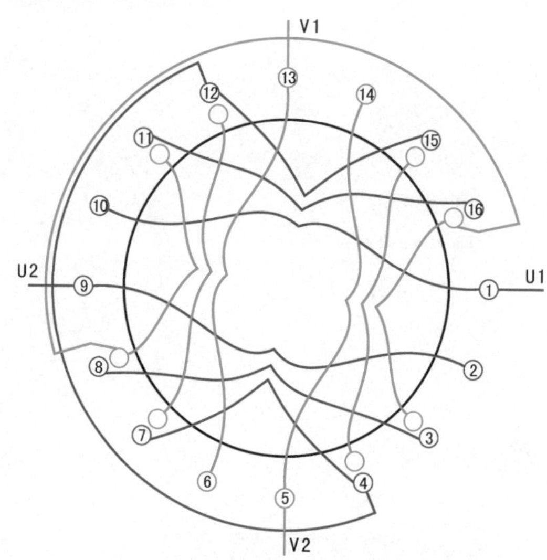

3 接线盒

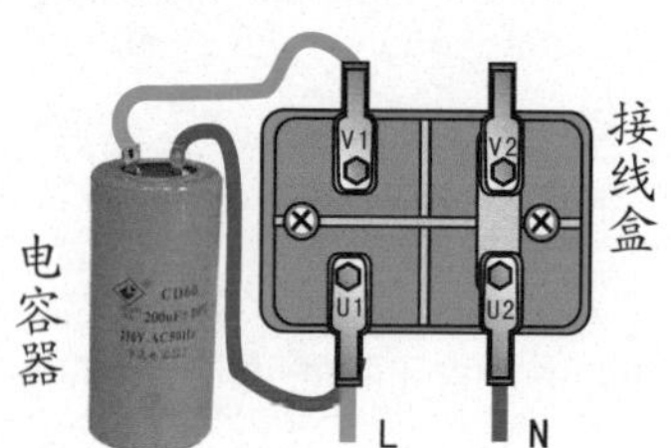

4 绕组展开图

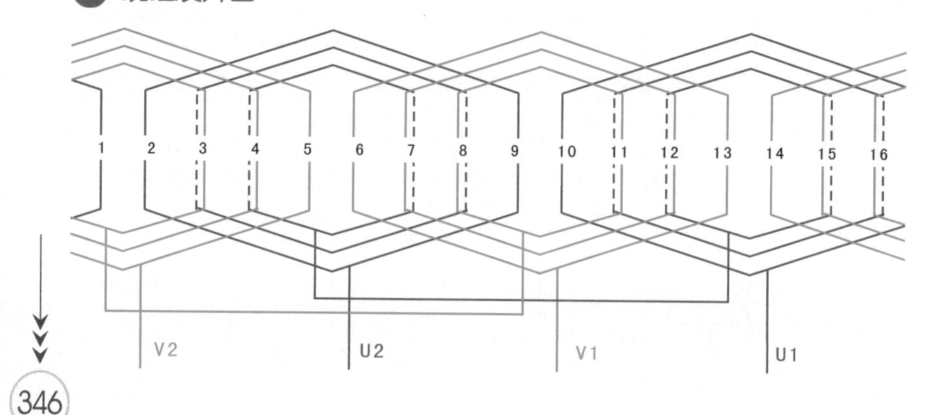

7.1.6 16槽4极2/2正弦绕组

① 绕组数据

定子槽数 $Z=16$

电机极数 $2p=4$

线圈极距 $\tau=4$

线圈组数 $u=8$

每组圈数 $S=2$

极相槽数 $q=2$

总线圈数 $Q=16$

每槽电角 $\alpha=45°$

② 绕组端面图

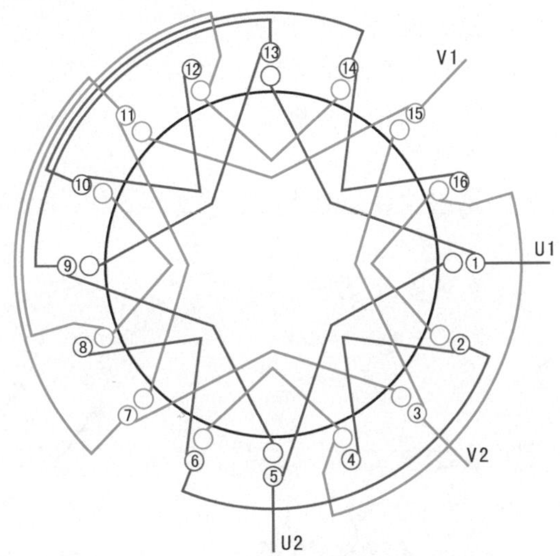

③ 接线盒

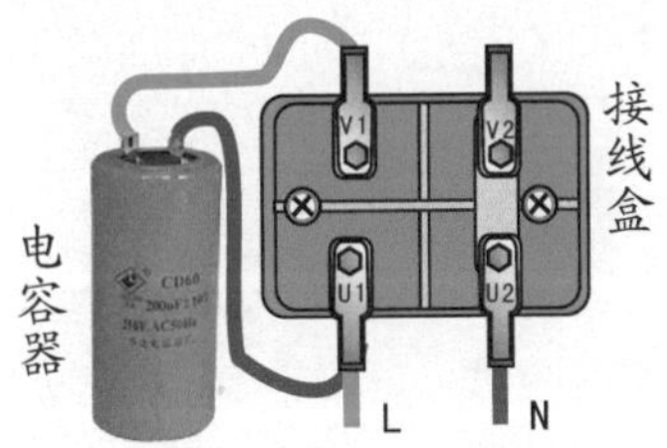

④ 绕组展开图

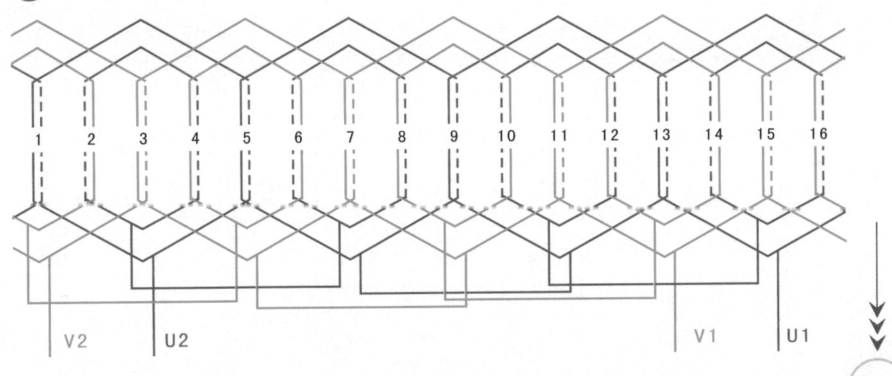

7.1.7 18槽2极4/4正弦绕组

① 绕组数据

定子槽数 $Z=18$

电机极数 $2p=2$

线圈极距 $\tau=9$

线圈组数 $u=4$

每组圈数 $S=4$

极相槽数 $q=9/2$

总线圈数 $Q=16$

② 绕组端面图

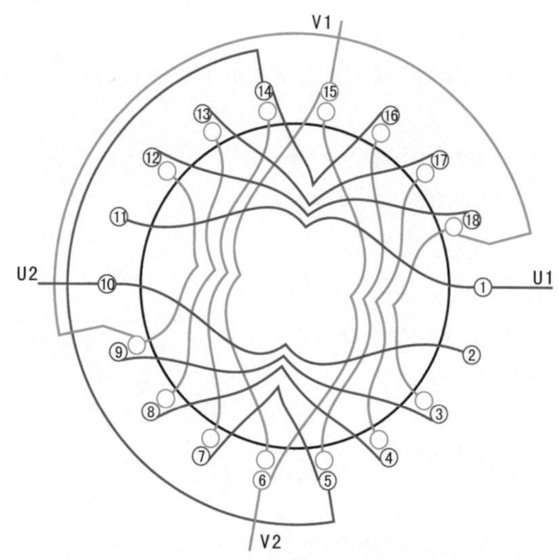

③ 接线盒

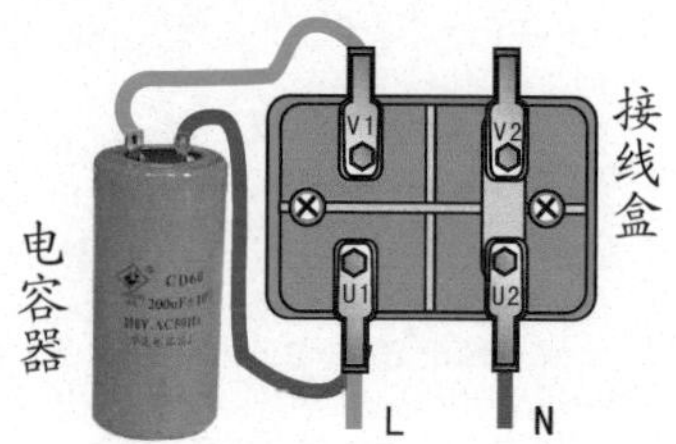

④ 绕组展开图

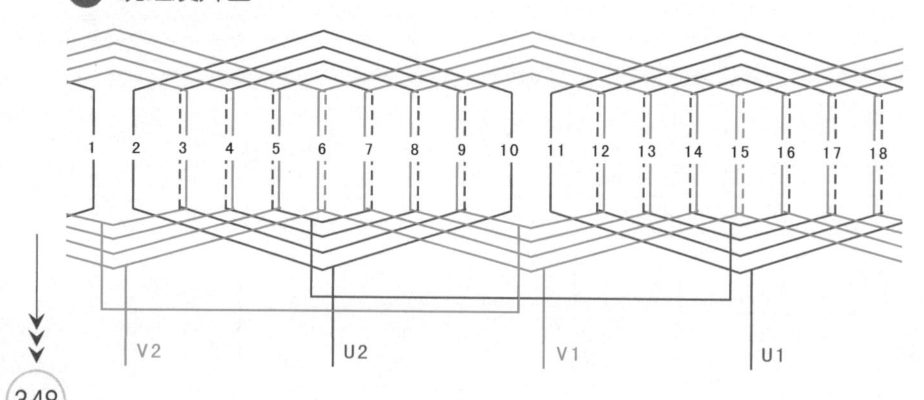

7.1.8 24槽2极4/2正弦绕组

1 绕组数据

定子槽数 $Z=24$

电机极数 $2p=2$

线圈极距 $\tau=12$

线圈组数 $u=4$

每组圈数 $S=2$、4

极相槽数 $q=6$

总线圈数 $Q=12$

2 绕组端面图

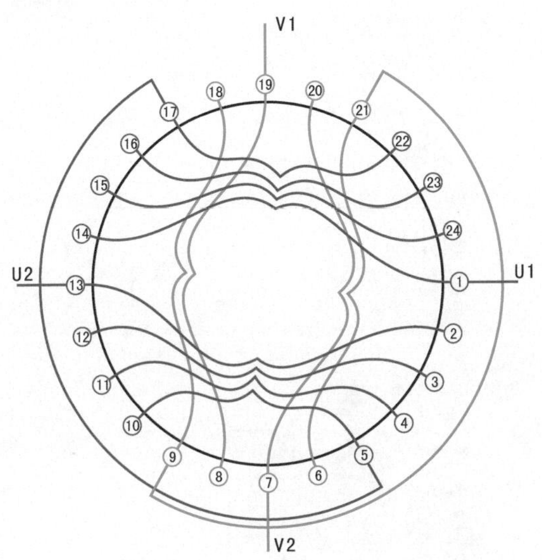

3 接线盒

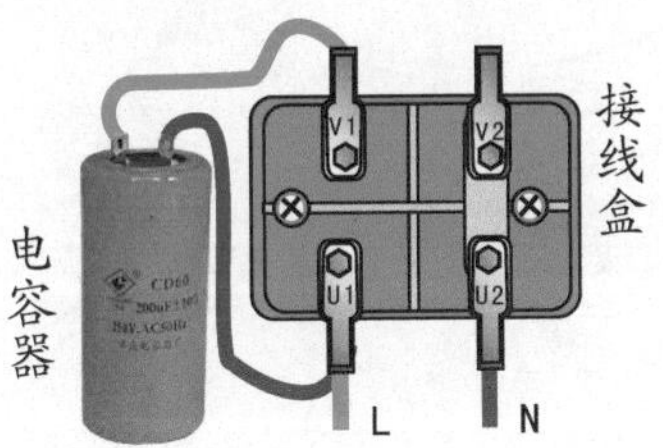

4 绕组展开图

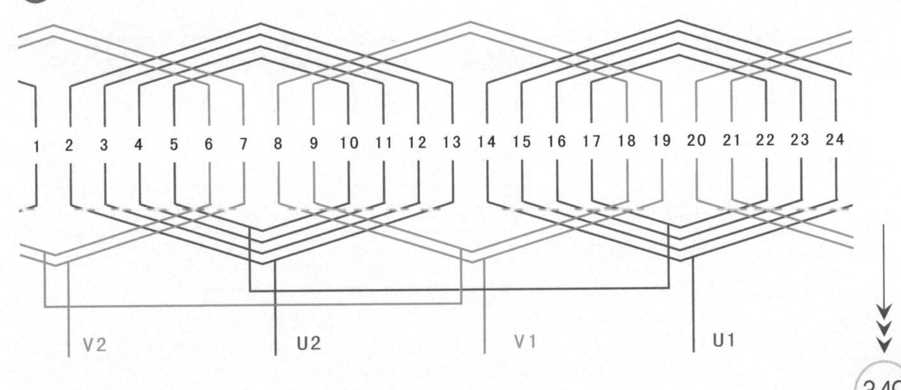

7.1.9　24槽2极4/3正弦绕组

① 绕组数据

定子槽数 $Z=24$

电机极数 $2p=2$

线圈极距 $\tau=12$

线圈组数 $u=4$

每组圈数 $S=3、4$

极相槽数 $q=6$

总线圈数 $Q=14$

② 绕组端面图

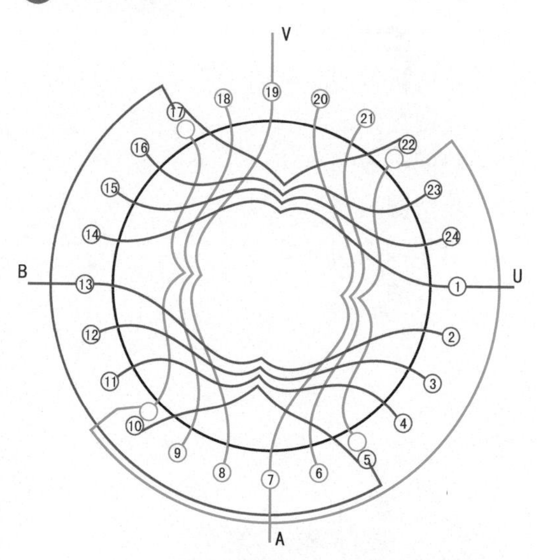

③ 接线盒

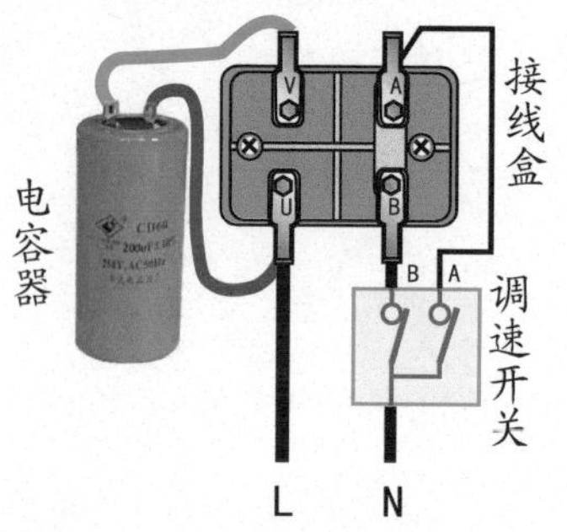

④ 绕组展开图

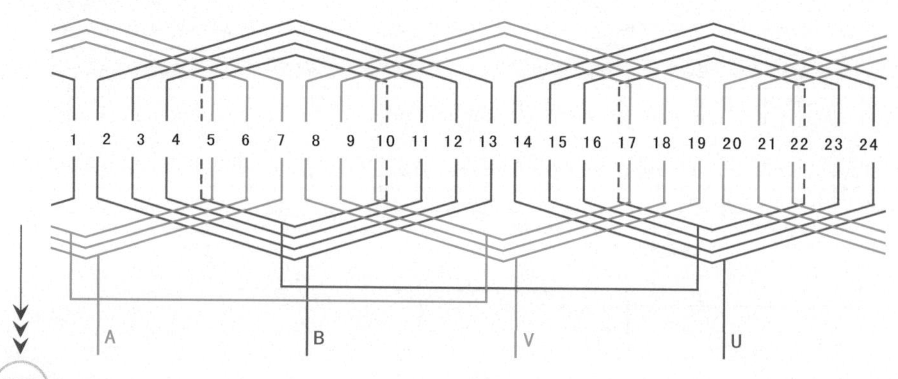

7.1.10 24槽2极4/4正弦绕组（A）

① 绕组数据

定子槽数 $Z=24$

电机极数 $2p=2$

线圈极距 $\tau=12$

线圈组数 $u=4$

每组圈数 $S=4$

极相槽数 $q=6$

总线圈数 $Q=16$

② 绕组端面图

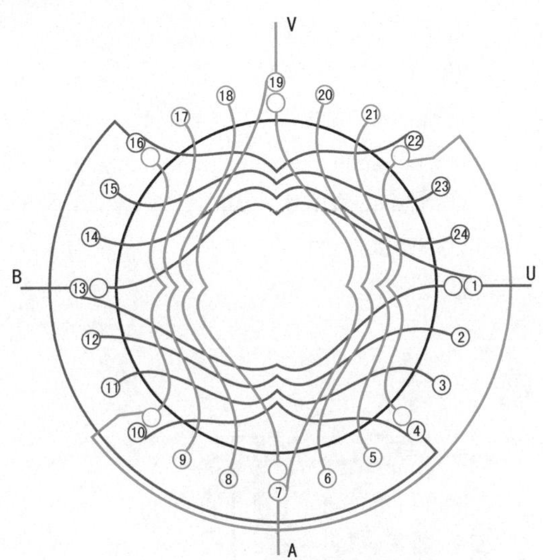

③ 接线盒

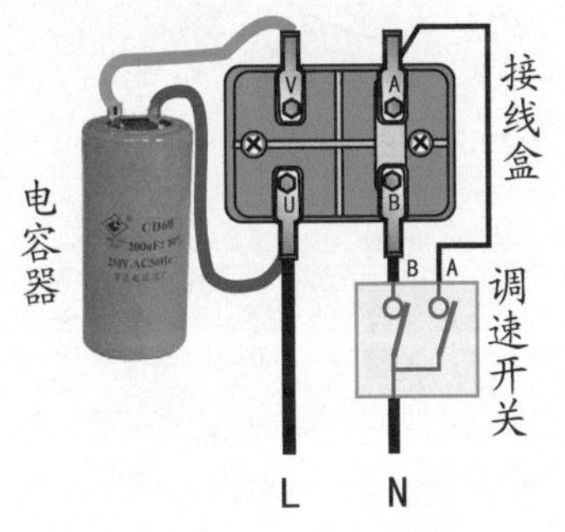

④ 绕组展开图

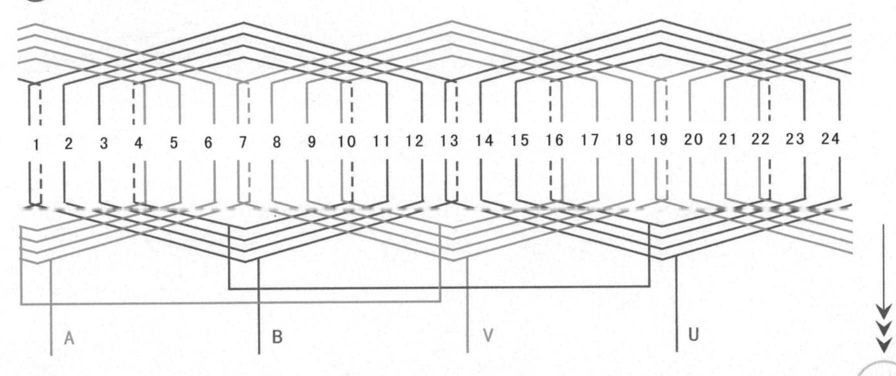

7.1.11 24槽2极4/4正弦绕组（A）

① 绕组数据

定子槽数 $Z=24$

电机极数 $2p=2$

线圈极距 $\tau=12$

线圈组数 $u=4$

每组圈数 $S=4$

极相槽数 $q=6$

总线圈数 $Q=16$

② 绕组端面图

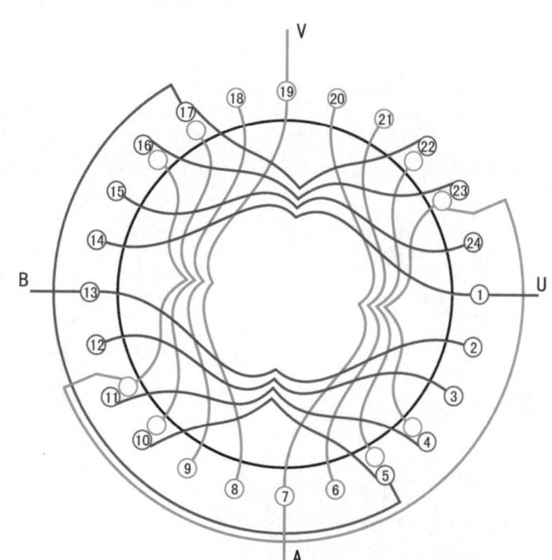

③ 接线盒

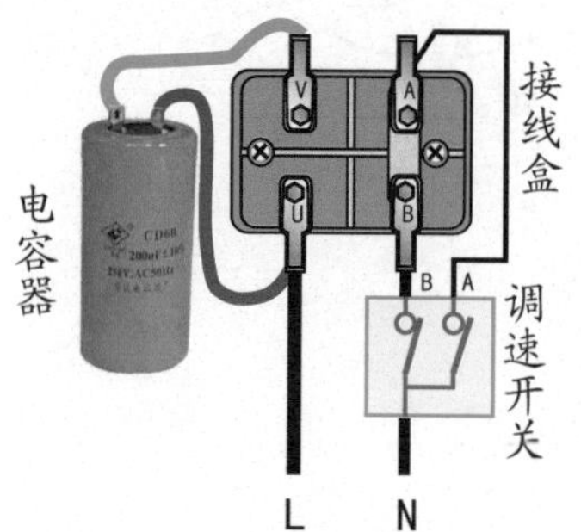

④ 绕组展开图

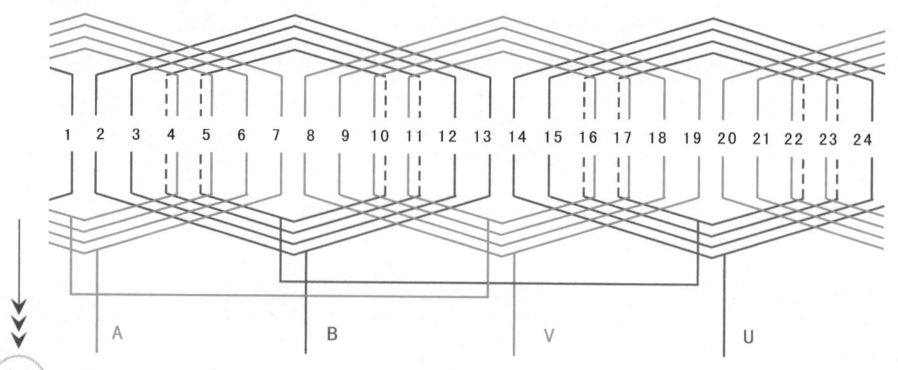

7.1.12 24槽2极5/3正弦绕组（A）

1 绕组数据

定子槽数 $Z=24$
电机极数 $2p=2$
线圈极距 $\tau=12$
线圈组数 $u=4$
每组圈数 $S=3$、5
极相槽数 $q=6$
总线圈数 $Q=16$

2 绕组端面图

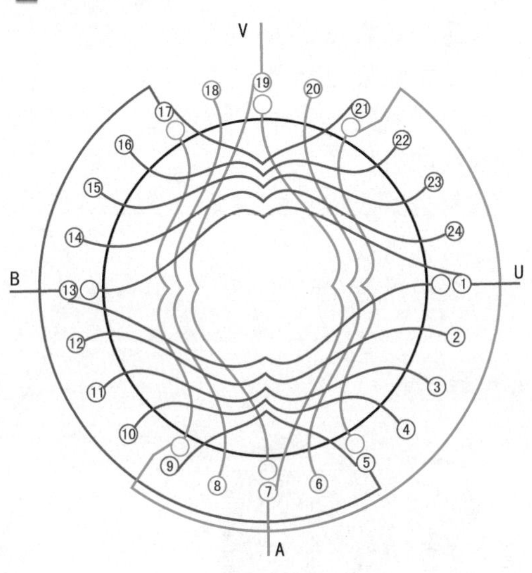

3 接线盒

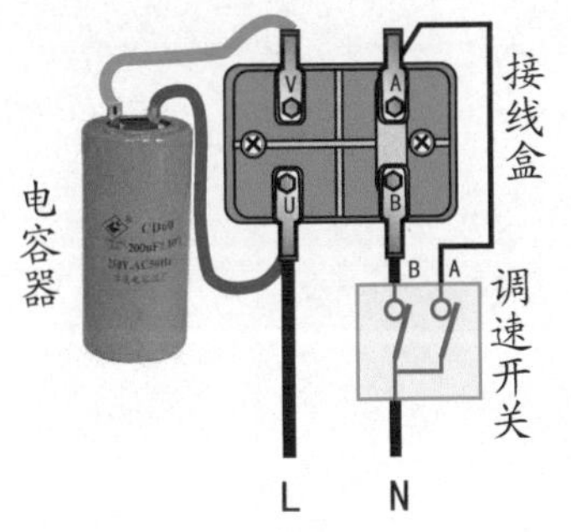

4 绕组展开图

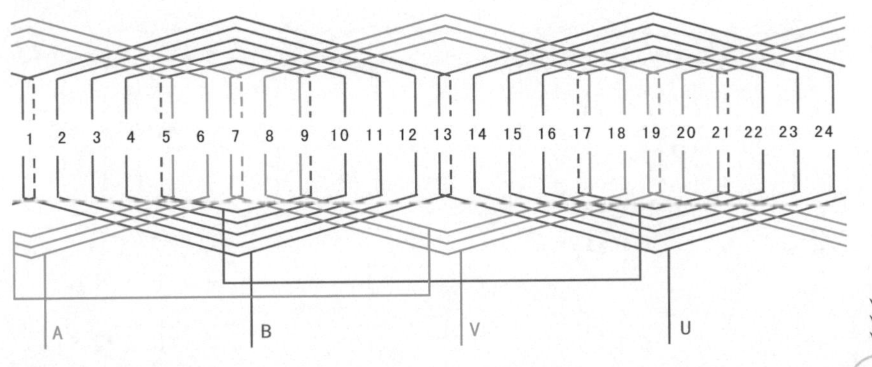

7.1.13 24槽2极5/3正弦绕组（B）

1 绕组数据

定子槽数 $Z=24$
电机极数 $2p=2$
总线圈数 $Q=16$
线圈组数 $u=4$
每组圈数 $S=5$、3
极相槽数 $q=6$
绕组极距 $\tau=12$

2 绕组端面图

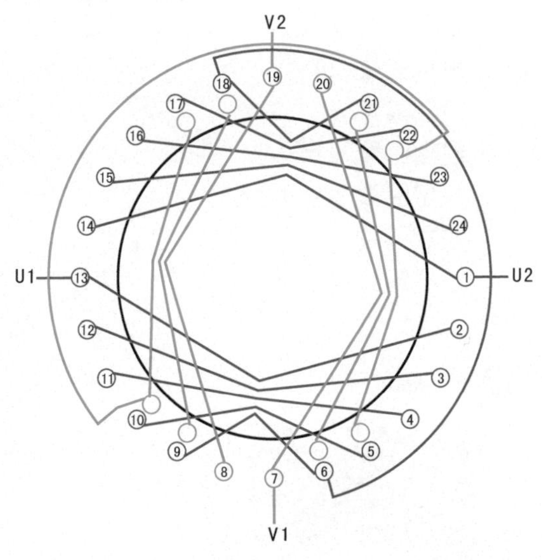

3 接线盒

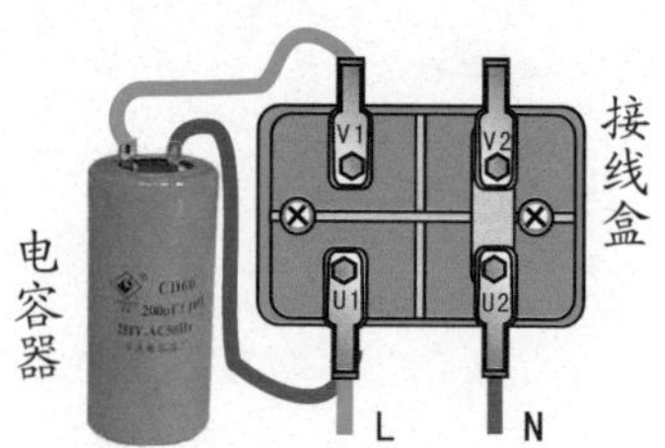

4 绕组展开图

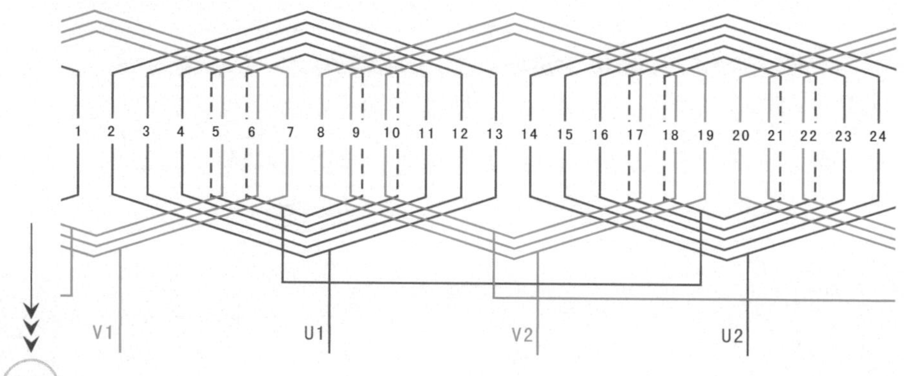

7.1.14 24槽2极5/4正弦绕组（A）

1 绕组数据

定子槽数 $Z=24$
电机极数 $2p=2$
线圈极距 $\tau=12$
线圈组数 $u=4$
每组圈数 $S=4、5$
极相槽数 $q=6$
总线圈数 $Q=18$

2 绕组端面图

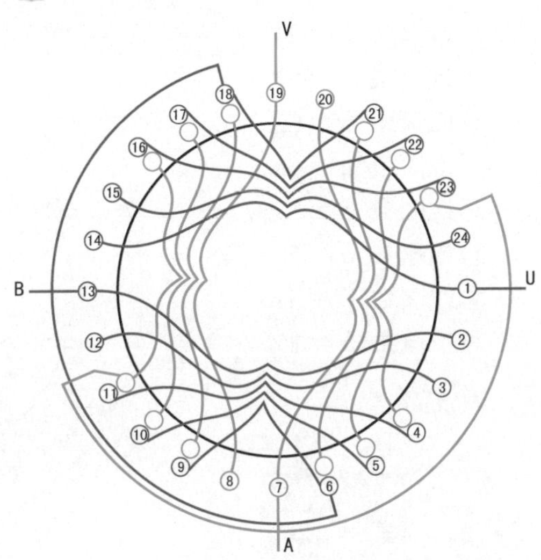

3 接线盒

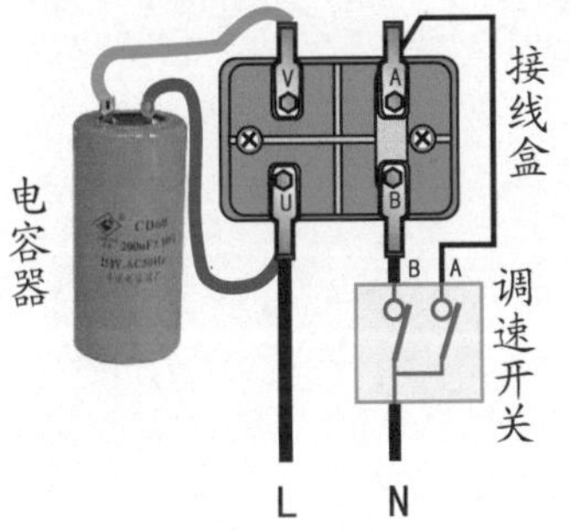

4 绕组展开图

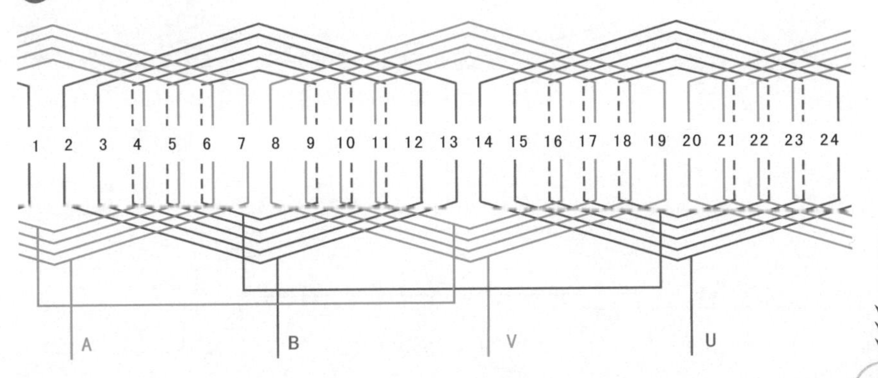

7.1.15 24槽2极5/4正弦绕组（B）

① 绕组数据

定子槽数 $Z=24$

电机极数 $2p=2$

线圈极距 $\tau=12$

线圈组数 $u=4$

每组圈数 $S=5$、4

极相槽数 $q=6$

总线圈数 $Q=18$

每槽电角 $\alpha=15°$

② 绕组端面图

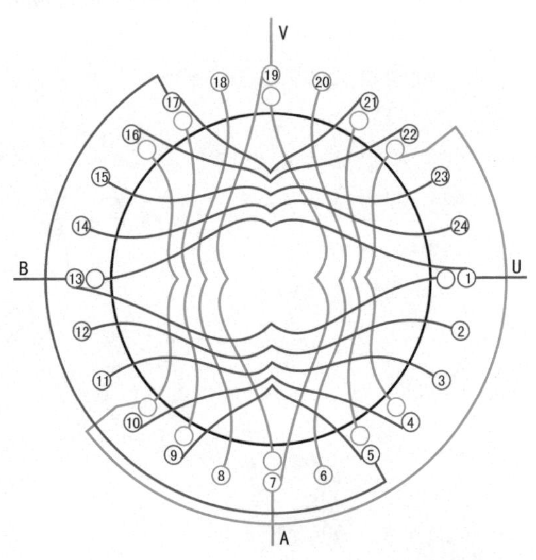

③ 接线盒

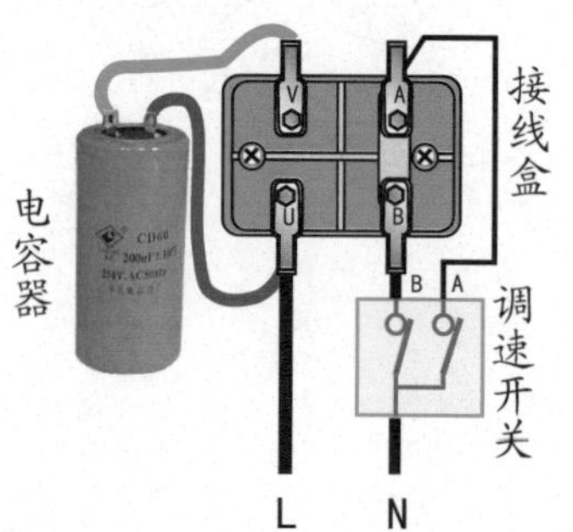

④ 绕组展开图

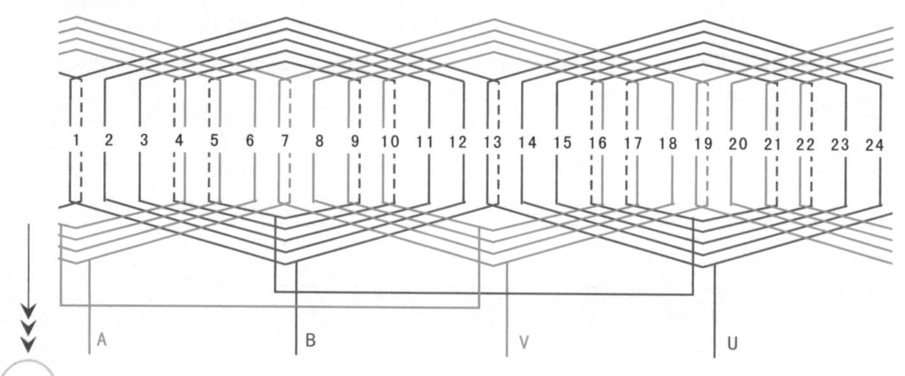

7.1.16 24槽2极5/5正弦单双混合式绕组

① 绕组数据

定子槽数 $Z=24$

电机极数 $2p=2$

线圈极距 $\tau=12$

线圈组数 $u=4$

每组圈数 $S=5$

极相槽数 $q=6$

总线圈数 $Q=20$

每槽电角 $\alpha=15°$

② 绕组端面图

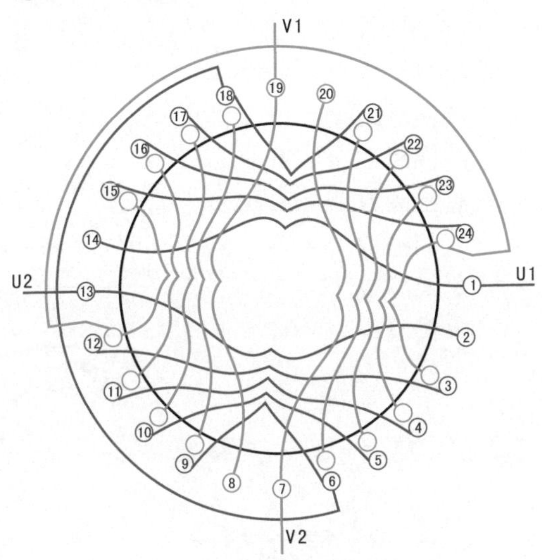

③ 接线盒

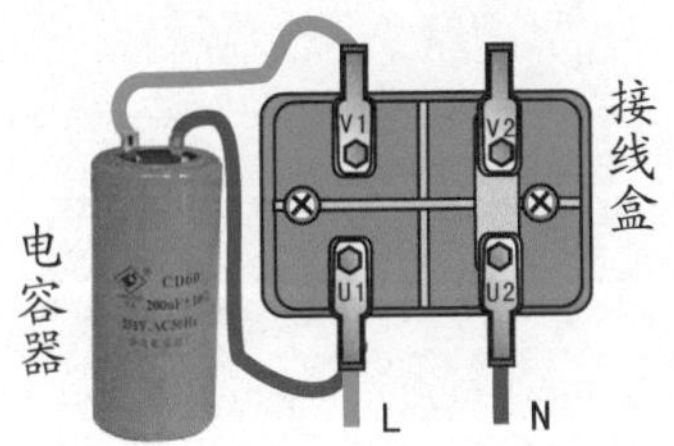

④ 绕组展开图

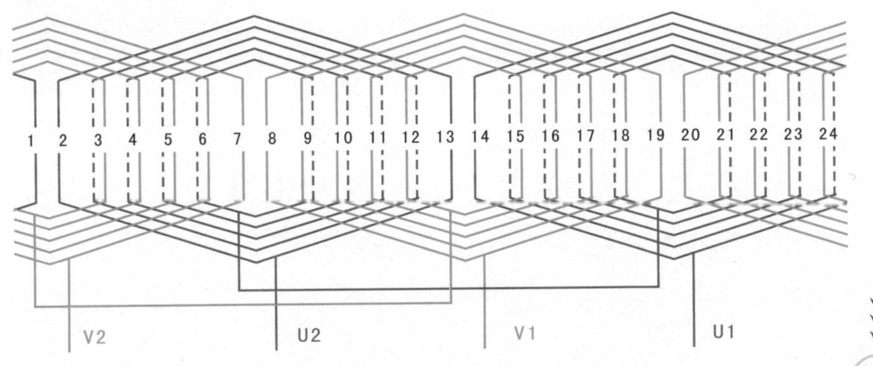

7.1.17 24槽2极6/4正弦绕组

1 绕组数据

定子槽数 $Z=24$

电机极数 $2p=2$

线圈极距 $\tau=12$

线圈组数 $u=4$

每组圈数 $S=6$、4

极相槽数 $q=6$

总线圈数 $Q=20$

每槽电角 $\alpha=15°$

2 绕组端面图

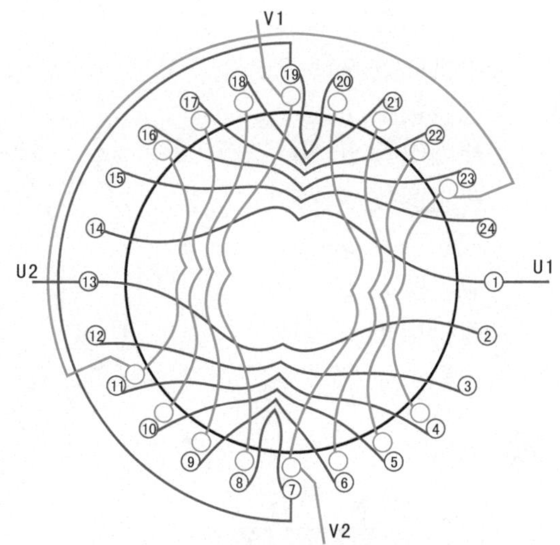

3 接线盒

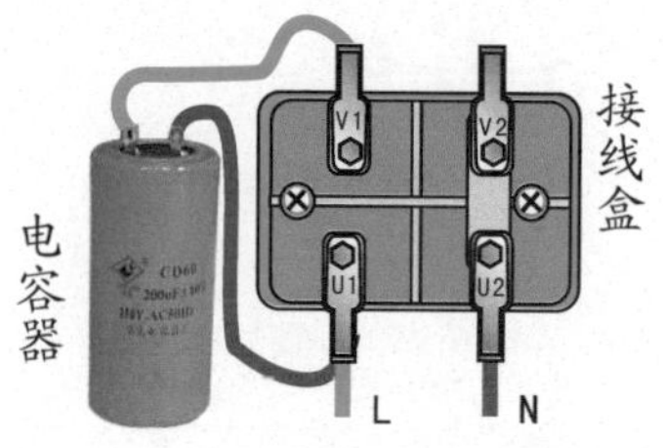

4 绕组展开图

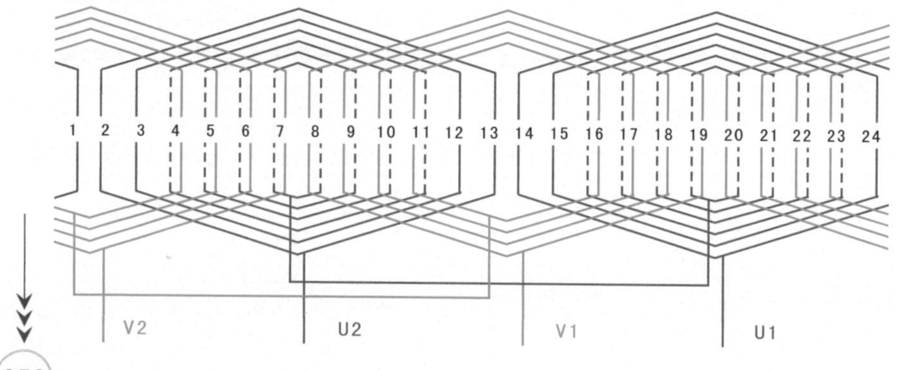

7.1.18 24槽2极6/5正弦绕组

① 绕组数据

定子槽数 $Z=24$

电机极数 $2p=2$

线圈极距 $\tau=12$

线圈组数 $u=4$

每组圈数 $S=6$、5

极相槽数 $q=6$

总线圈数 $Q=22$

每槽电角 $\alpha=15°$

② 绕组端面图

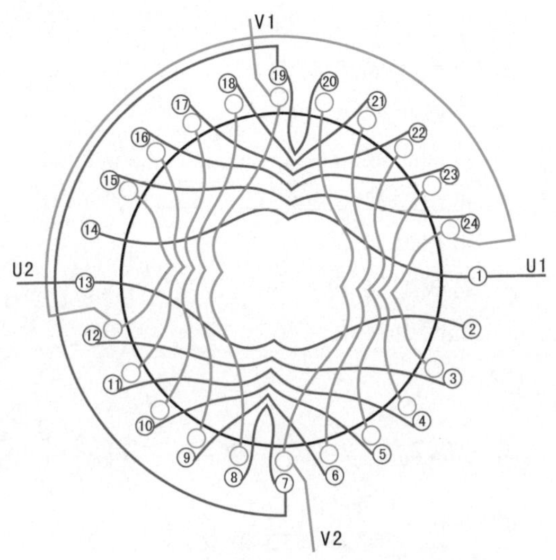

③ 接线盒

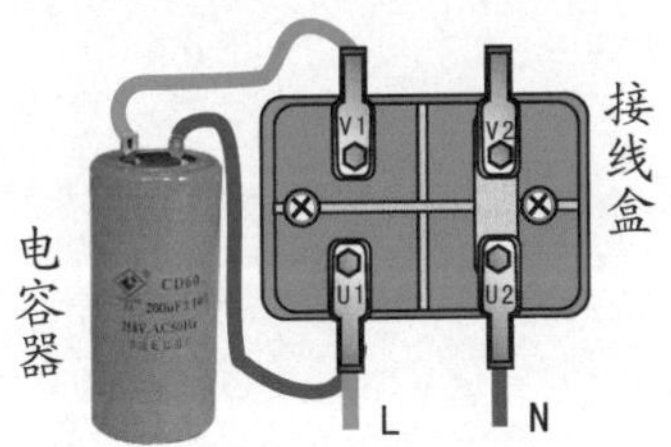

④ 绕组展开图

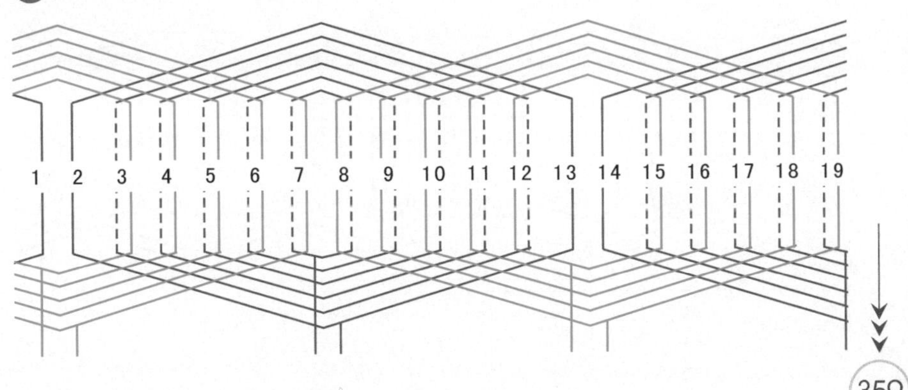

7.1.19 24槽2极6/6正弦绕组（A）

① 绕组数据

定子槽数 $Z=24$

电机极数 $2p=2$

线圈极距 $\tau=12$

线圈组数 $u=4$

每组圈数 $S=6$

极相槽数 $q=6$

总线圈数 $Q=24$

每槽电角 $\alpha=15°$

② 绕组端面图

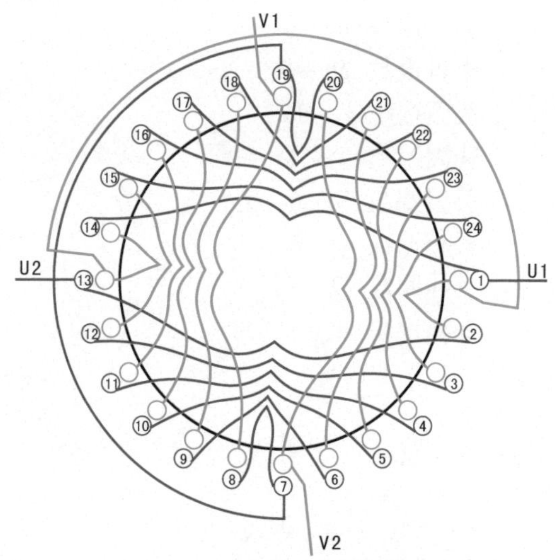

③ 接线盒

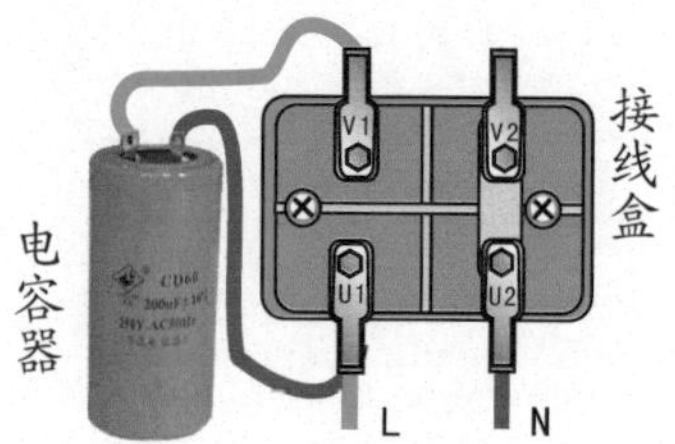

④ 绕组展开图

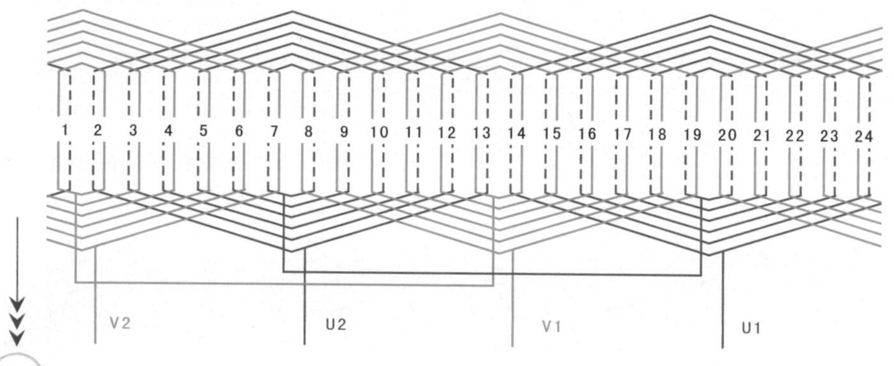

7.1.20 24槽2极6/6正弦绕组（B）

① 绕组数据

定子槽数 $Z=24$
电机极数 $2p=2$
总线圈数 $Q=24$
线圈组数 $u=4$
每组圈数 $S=6$
极相槽数 $q=6$
绕组极距 $\tau=12$

② 绕组端面图

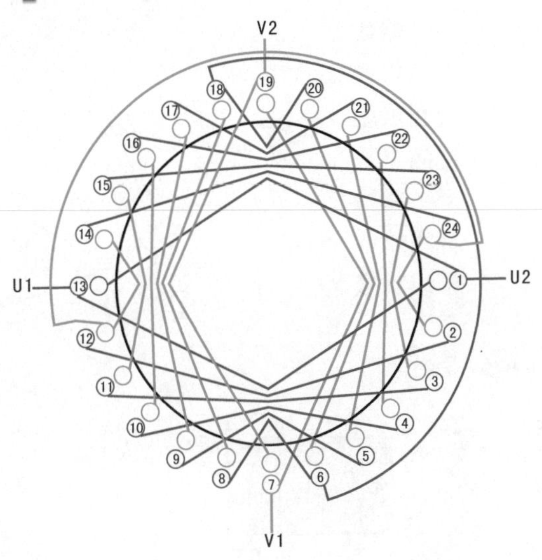

③ 接线盒

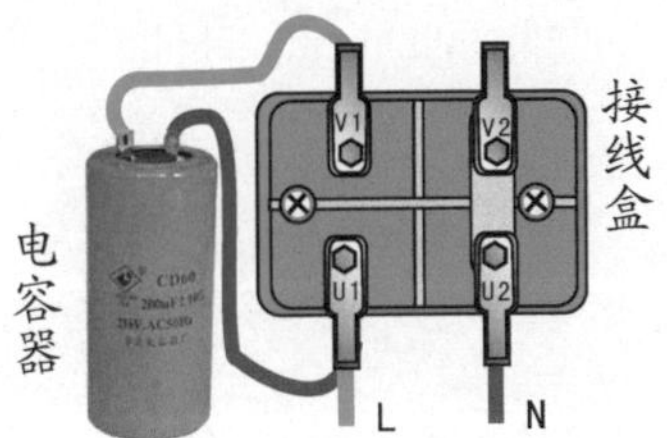

④ 绕组展开图

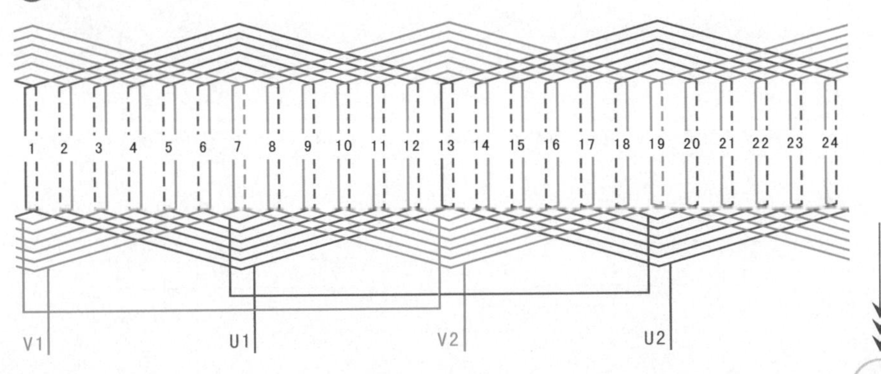

7.1.21 24槽4极2/2正弦绕组（A）

1 绕组数据

定子槽数 $Z=24$

电机极数 $2p=4$

线圈极距 $\tau=6$

线圈组数 $u=8$

每组圈数 $S=2$

极相槽数 $q=3$

总线圈数 $Q=16$

2 绕组端面图

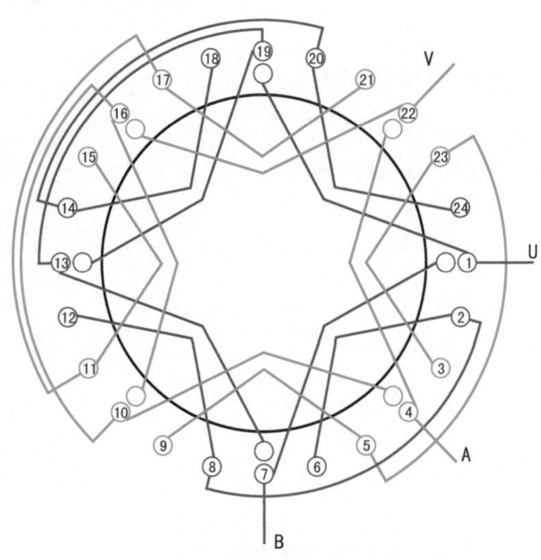

3 接线盒

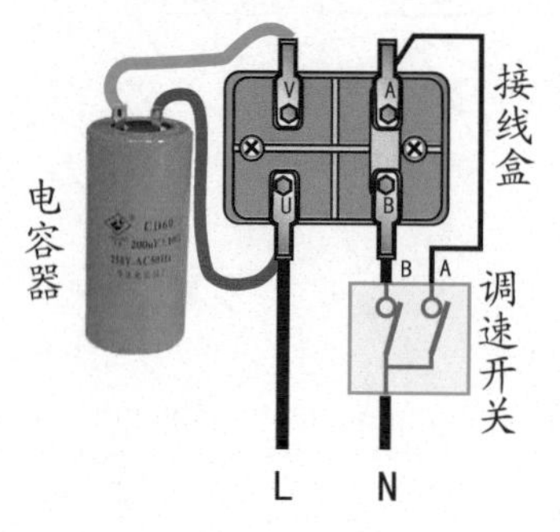

4 绕组展开图

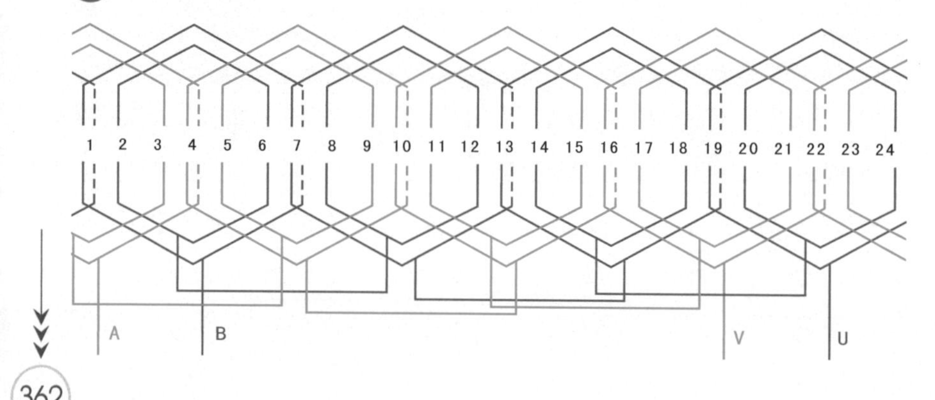

7.1.22 24槽4极2/2正弦绕组（A）

1 绕组数据

定子槽数 $Z=24$
电机极数 $2p=4$
总线圈数 $Q=16$
线圈组数 $u=8$
每组圈数 $S=2$
极相槽数 $q=3$
绕组极距 $\tau=6$

2 绕组端面图

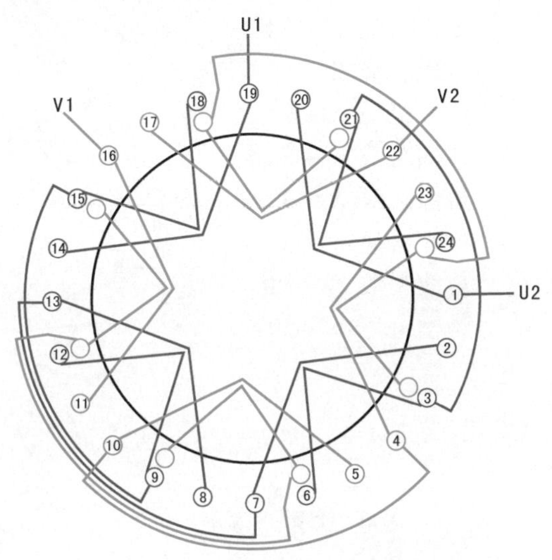

3 接线盒

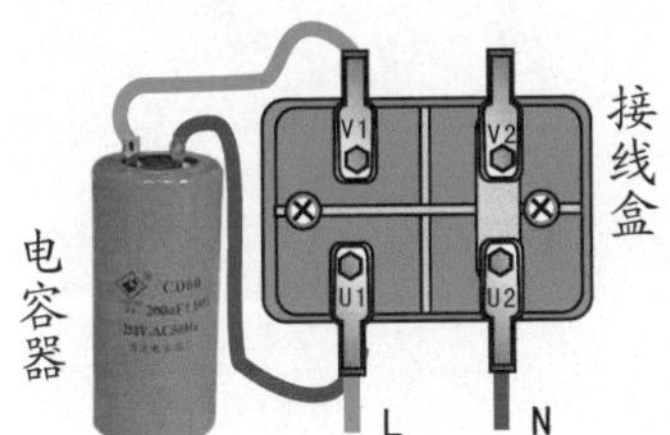

4 绕组展开图

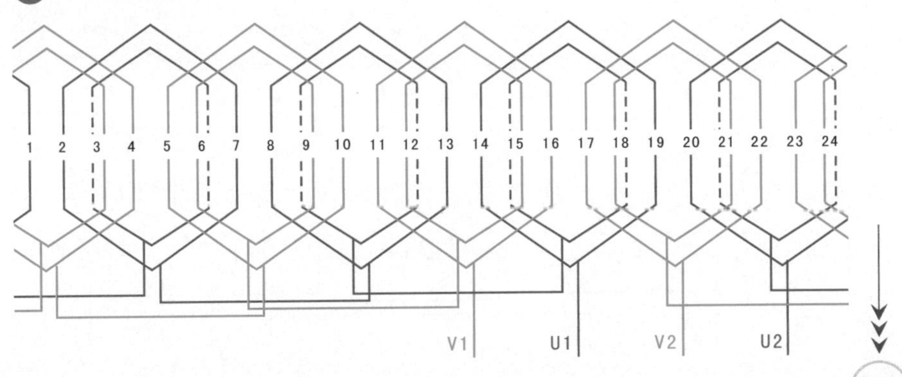

7.1.23 24槽4极3/2正弦绕组

① 绕组数据

定子槽数 $Z=24$

电机极数 $2p=4$

线圈极距 $\tau=6$

线圈组数 $u=8$

每组圈数 $S=3、2$

极相槽数 $q=3$

总线圈数 $Q=20$

每槽电角 $\alpha=30°$

② 绕组端面图

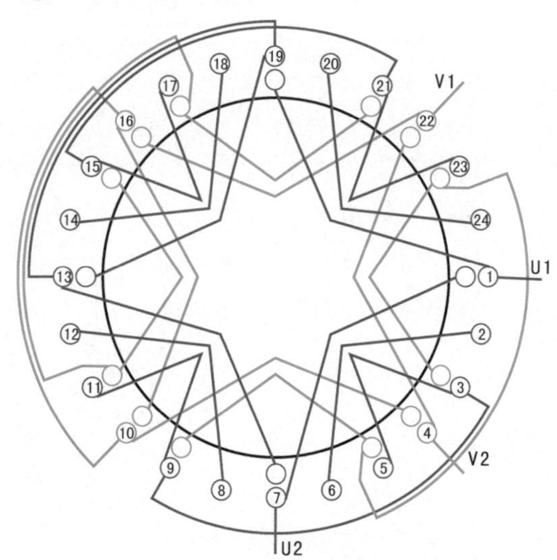

③ 接线盒

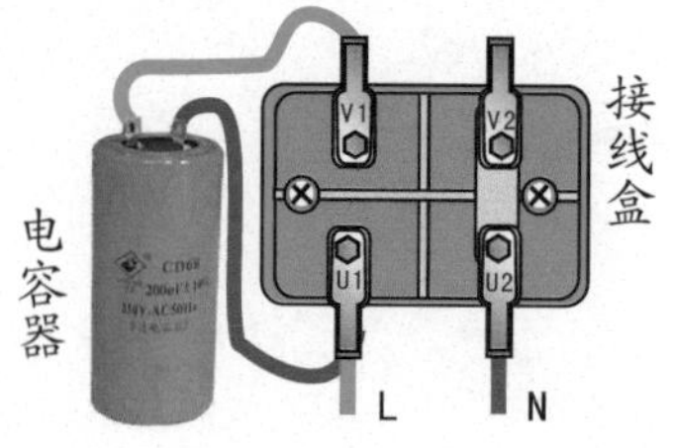

④ 绕组展开图

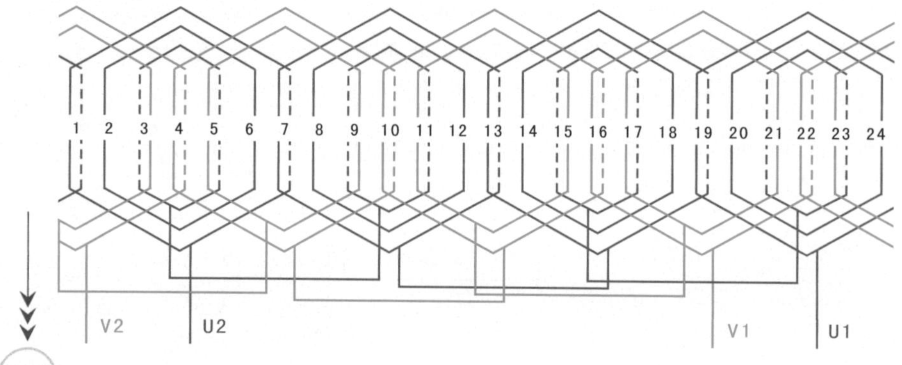

7.1.24 24槽4极3/3正弦绕组

① 绕组数据

定子槽数 $Z=24$
电机极数 $2p=4$
线圈极距 $\tau=6$
线圈组数 $u=8$
每组圈数 $S=3$
极相槽数 $q=3$
总线圈数 $Q=24$
每槽电角 $\alpha=30^\circ$

② 绕组端面图

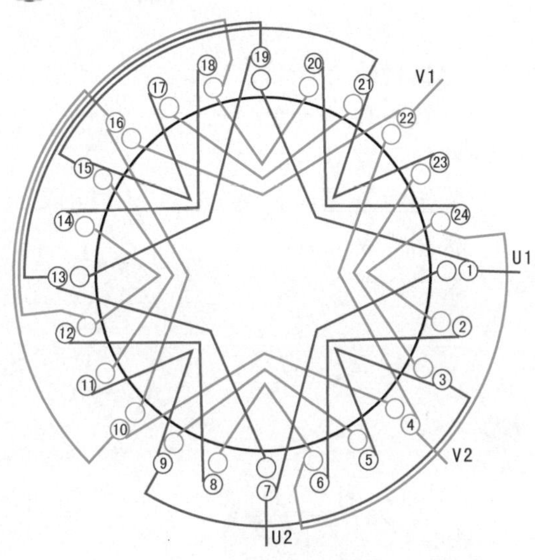

③ 接线盒

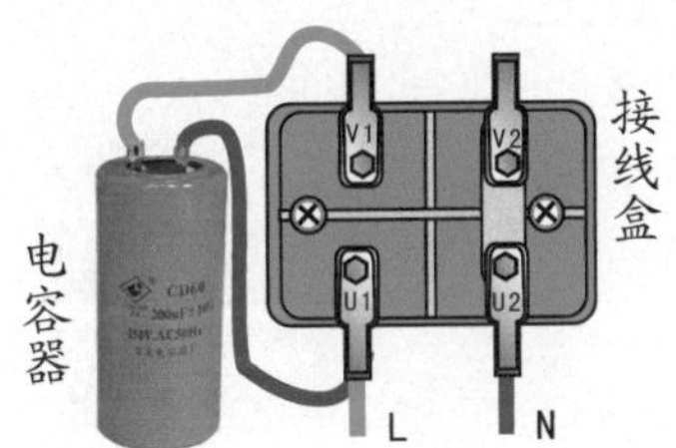

④ 绕组展开图

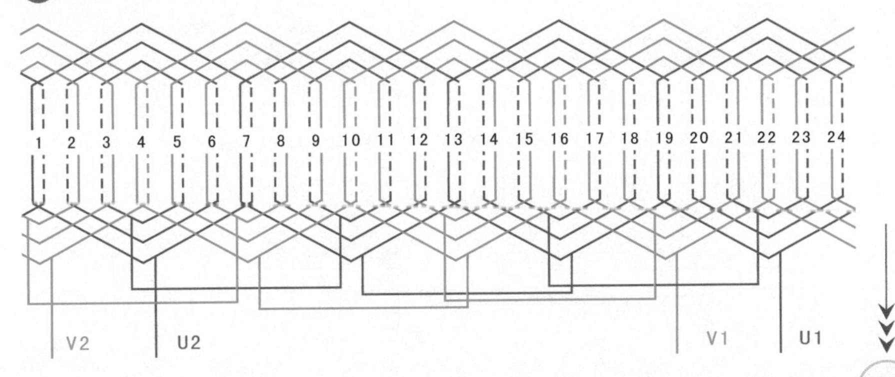

7.1.25　32槽4极3/2正弦绕组

❶ 绕组数据

定子槽数 $Z=32$

电机极数 $2p=4$

总线圈数 $Q=20$

线圈组数 $u=8$

每组圈数 $S=3$、2

极相槽数 $q=4$

绕组极距 $\tau=6$

❷ 绕组端面图

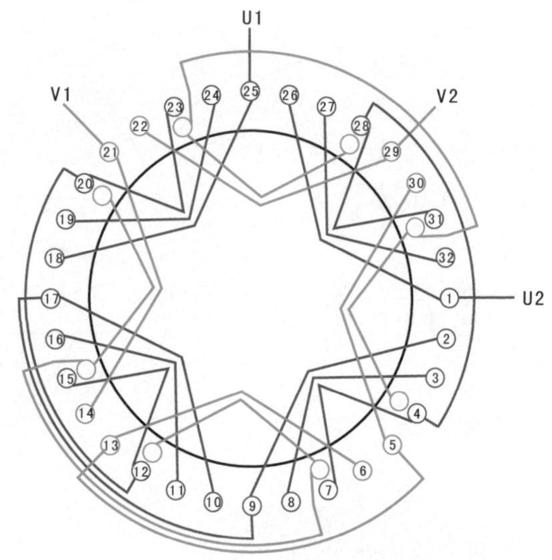

❸ 接线盒

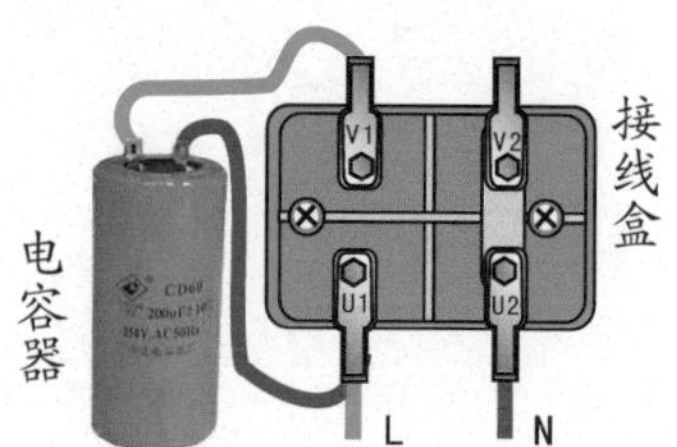

❹ 绕组展开图

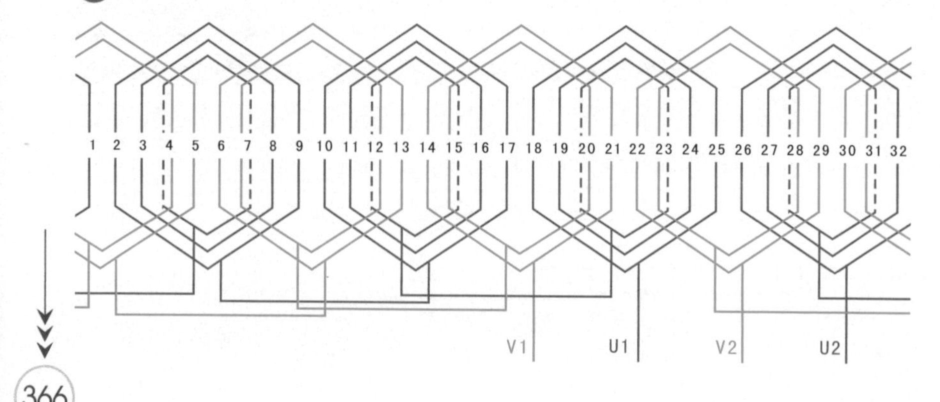

7.1.26 32槽4极3/3正弦绕组（A）

① 绕组数据

定子槽数 $Z=32$
电机极数 $2p=4$
线圈极距 $\tau=8$
线圈组数 $u=8$
每组圈数 $S=3$
极相槽数 $q=4$
总线圈数 $Q=24$

② 绕组端面图

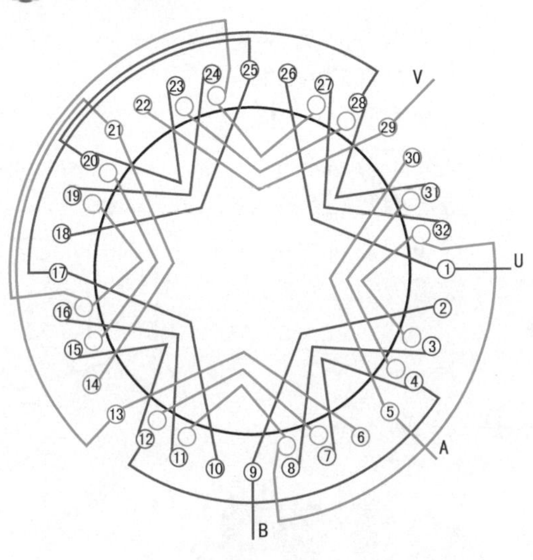

③ 接线盒

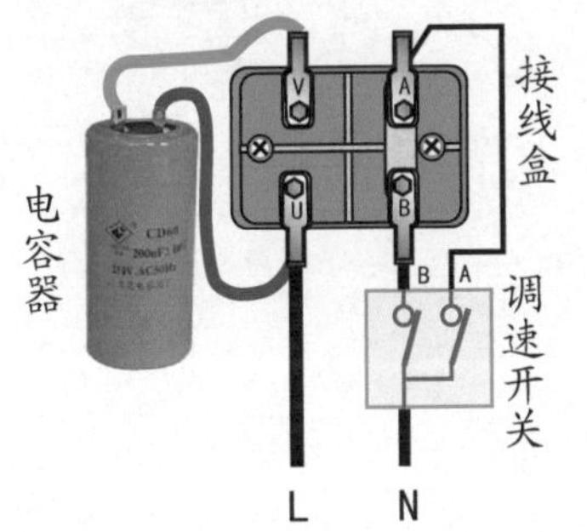

④ 绕组展开图

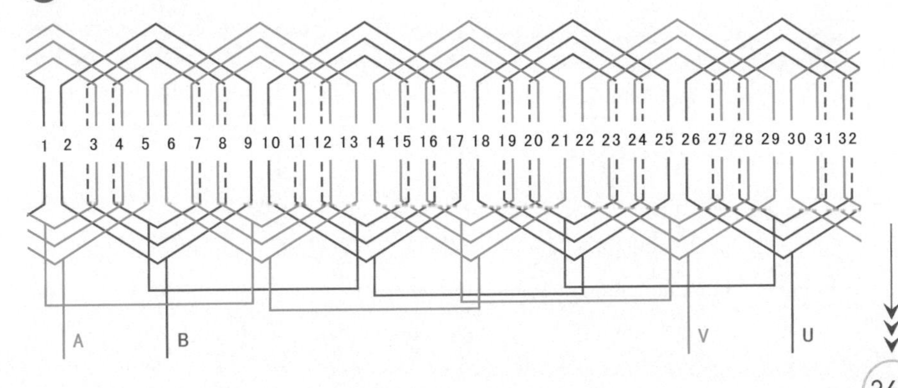

7.1.27 32槽4极3/3正弦绕组（B）

① 绕组数据

定子槽数 $Z=32$

电机极数 $2p=4$

总线圈数 $Q=24$

线圈组数 $u=8$

每组圈数 $S=3$

极相槽数 $q=4$

绕组极距 $\tau=8$

② 绕组端面图

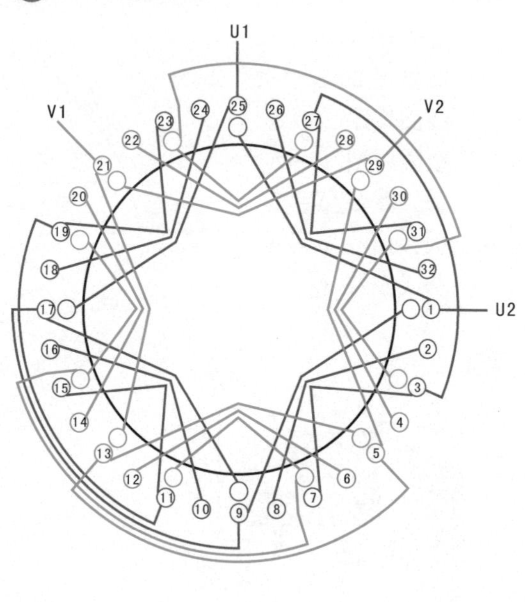

③ 接线盒

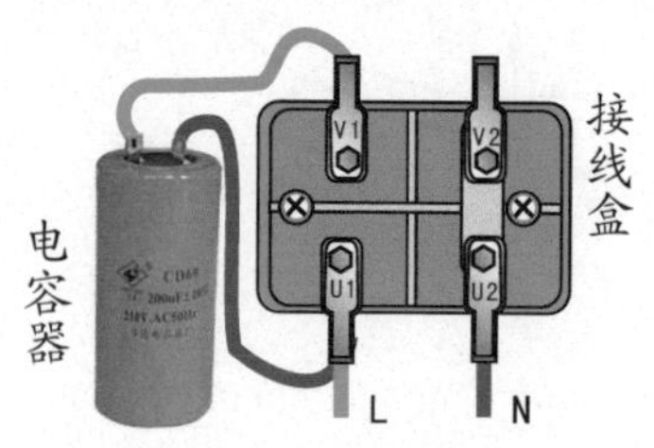

④ 绕组展开图

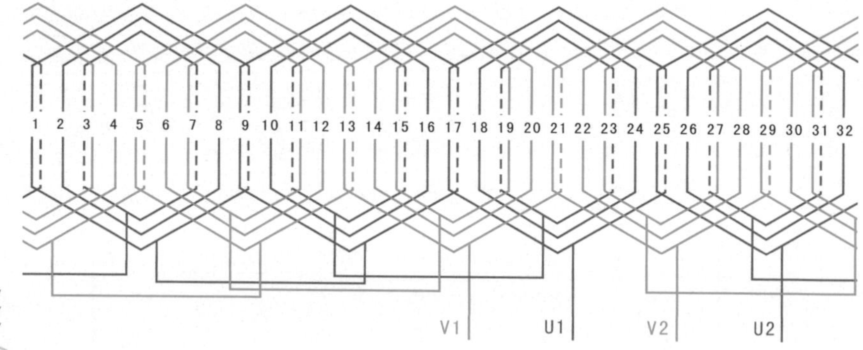

7.1.28　32槽4极4/3正弦绕组（A）

① 绕组数据

定子槽数 $Z=32$

电机极数 $2p=4$

总线圈数 $Q=28$

线圈组数 $u=8$

每组圈数 $S=4$、3

极相槽数 $q=4$

绕组极距 $\tau=8$

② 绕组端面图

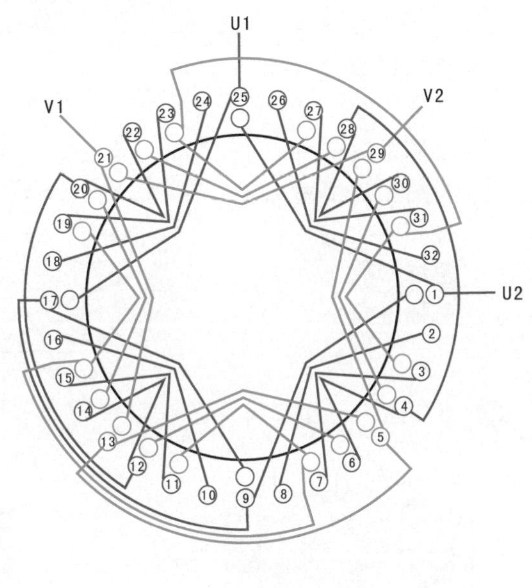

③ 接线盒

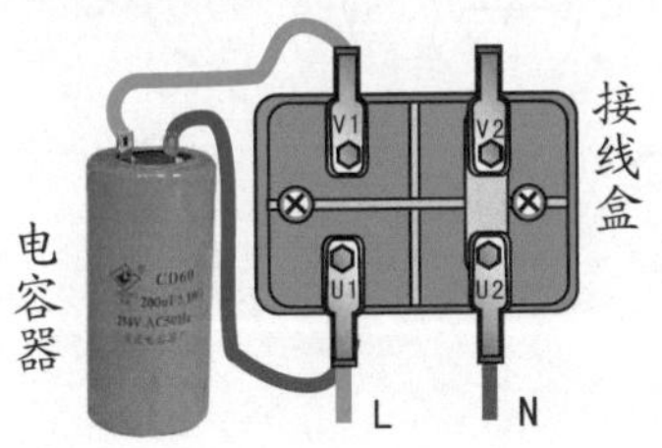

④ 绕组展开图

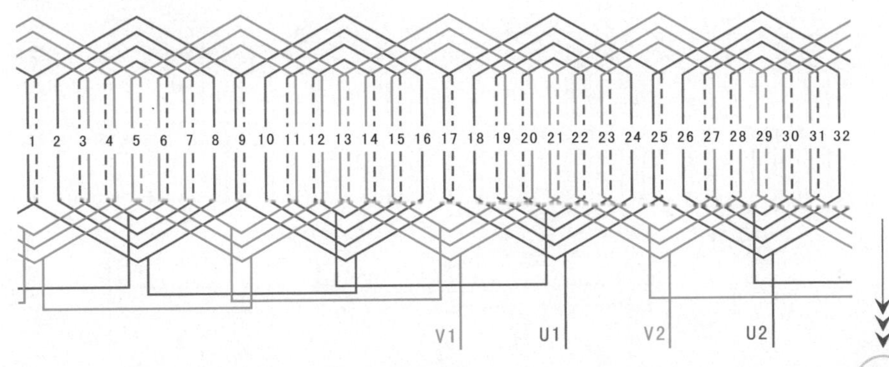

7.1.29 36槽4极4/3正弦绕组（B）

① 绕组数据

定子槽数 $Z=36$

电机极数 $2p=4$

线圈极距 $\tau=9$

线圈组数 $u=8$

每组圈数 $S=4、3$

极相槽数 $q=9/2$

总线圈数 $Q=28$

每槽电角 $\alpha=20°$

② 绕组端面图

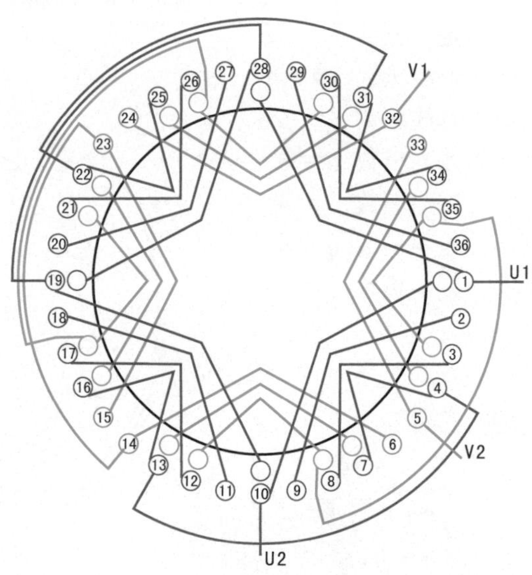

③ 接线盒

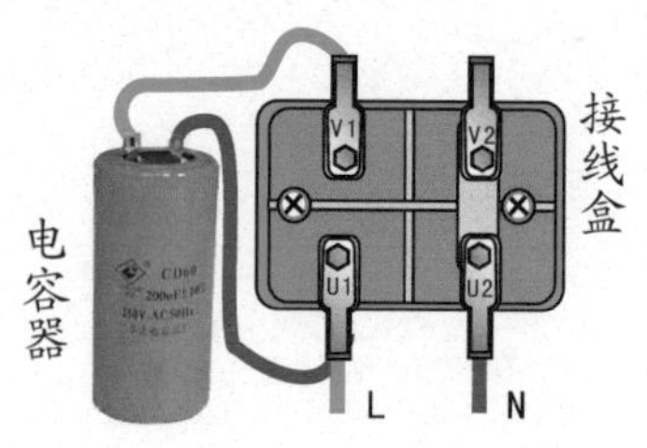

④ 绕组展开图

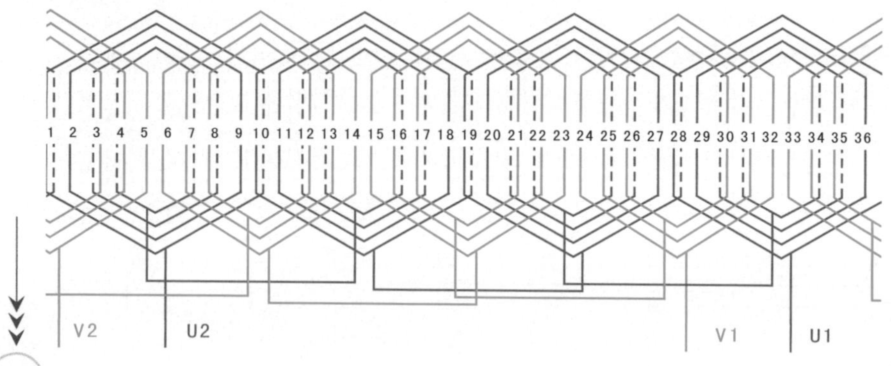

7.1.30 36槽4极4/3正弦绕组（C）

① 绕组数据

定子槽数 $Z=36$
电机极数 $2p=4$
总线圈数 $Q=28$
线圈组数 $u=8$
每组圈数 $S=4、3$
极相槽数 $q=9/2$
绕组极距 $\tau=9$

② 绕组端面图

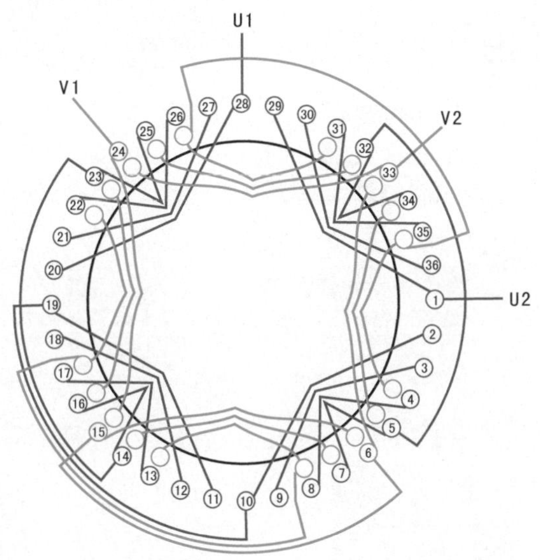

③ 接线盒

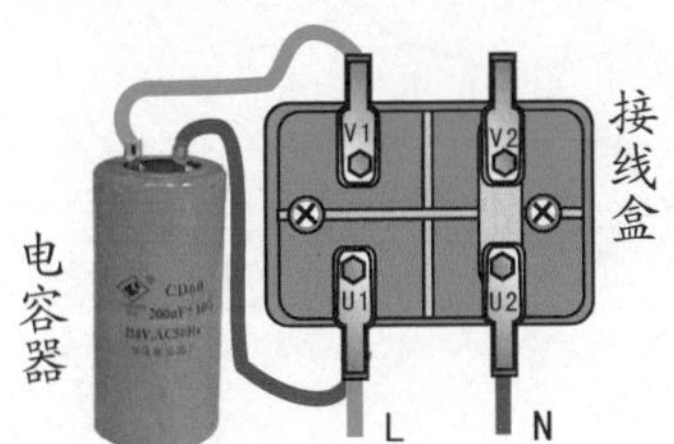

④ 绕组展开图

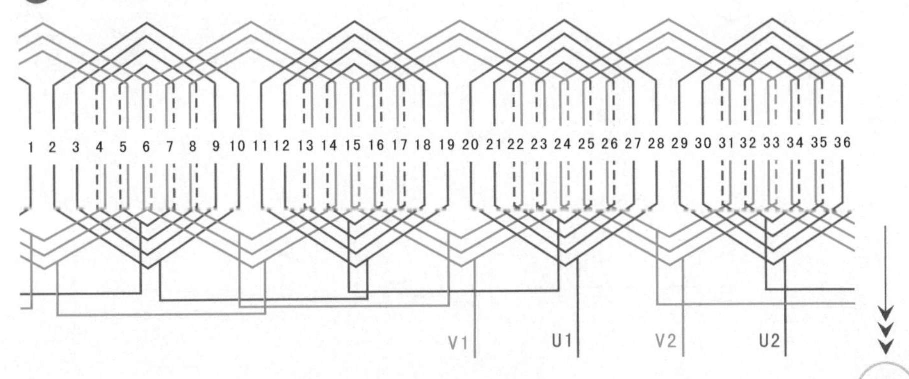

7.2 单相正弦罩极式绕组

7.2.1 12槽4极2/1正弦绕组（罩极式）

① 绕组数据

定子槽数 $Z=12$

电机极数 $2p=4$

线圈组数 $u=4$

每组圈数 $S=4、2$

总线圈数 $Q=12$

线圈节距 $y=1、3$

② 绕组端面图

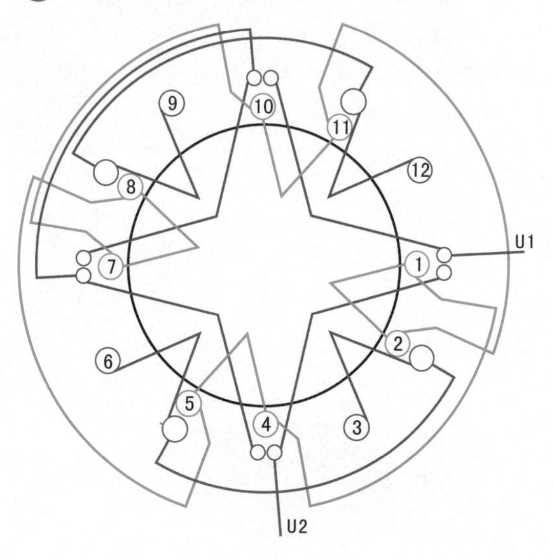

③ 接线盒

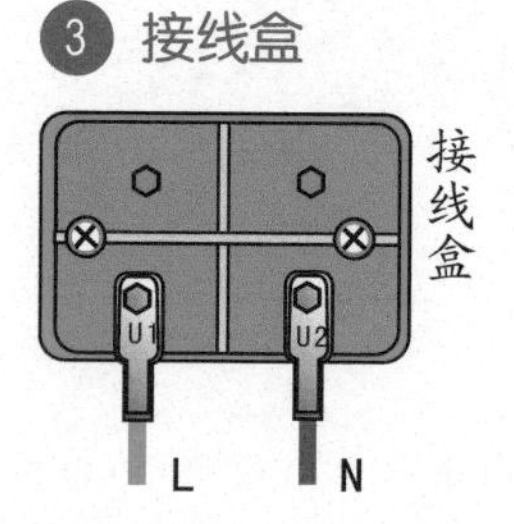

④ 绕组展开图

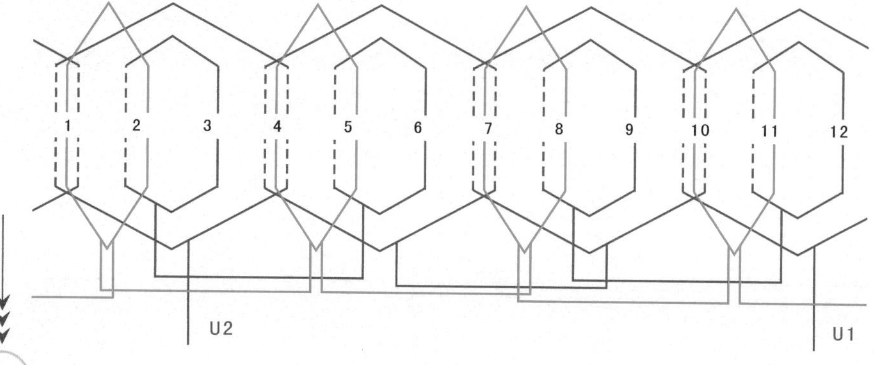

7.2.2 16槽2极3/1正弦绕组（罩极式）

❶ 绕组数据

定子槽数 $Z=16$

电机极数 $2p=2$

主线圈数 $Q=3$

主圈组数 $u=2$

每组圈数 $S=3$

罩极圈数 $S=2$

每槽电角 $\alpha=22.5°$

❷ 绕组端面图

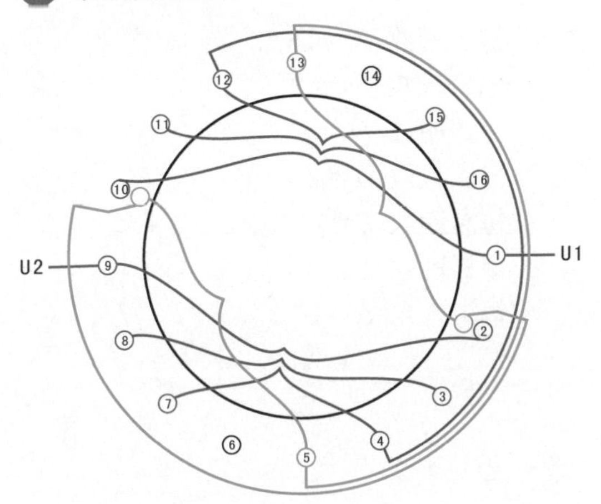

❸ 接线盒

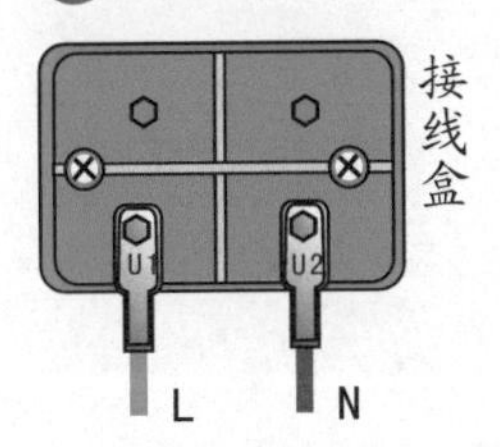

❹ 绕组展开图

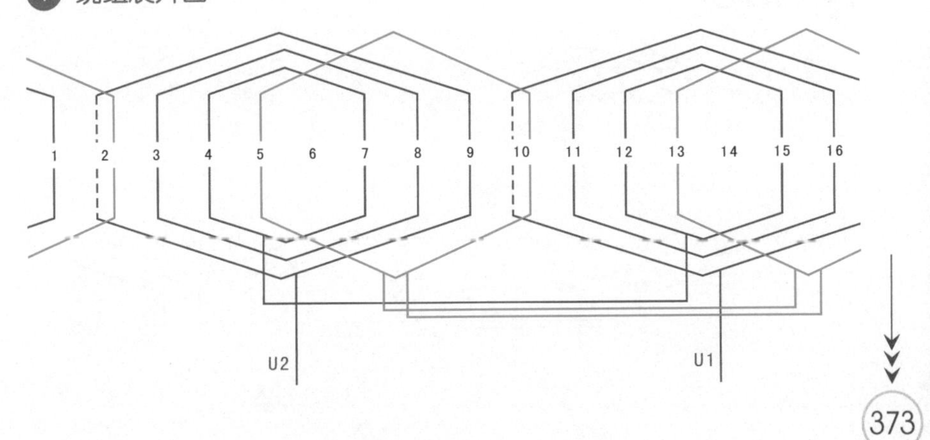

7.2.3 16槽2极4/2正弦绕组（罩极式）（A）

① 绕组数据

定子槽数 $Z=16$

电机极数 $2p=2$

主线圈数 $Q=8$

主圈组数 $u=2$

每组圈数 $S=4$

罩极圈数 $S=4$

每槽电角 $\alpha=22.5°$

② 绕组端面图

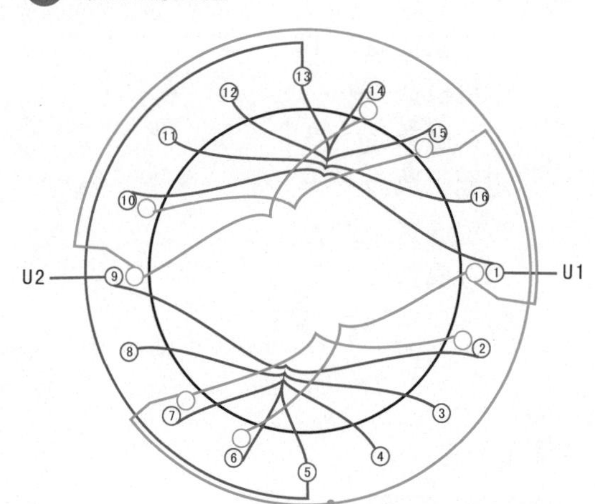

③ 接线盒

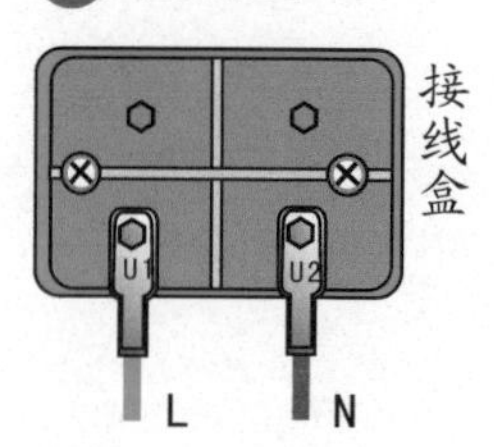

④ 绕组展开图

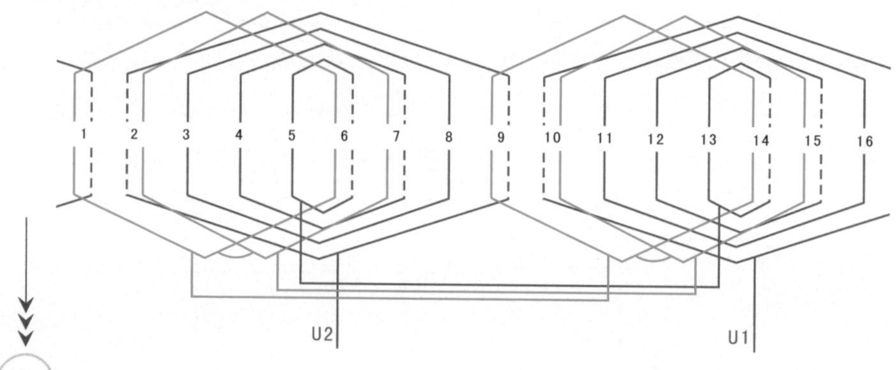

7.2.4 16槽2极4/2正弦绕组（罩极式）（B）

① 绕组数据

定子槽数 $Z=16$

电机极数 $2p=2$

主线圈数 $Q=8$

主圈组数 $u=2$

每组圈数 $S=4$

罩极圈数 $S=4$

每槽电角 $\alpha=22.5°$

主圈节距 $y=4$

② 绕组端面图

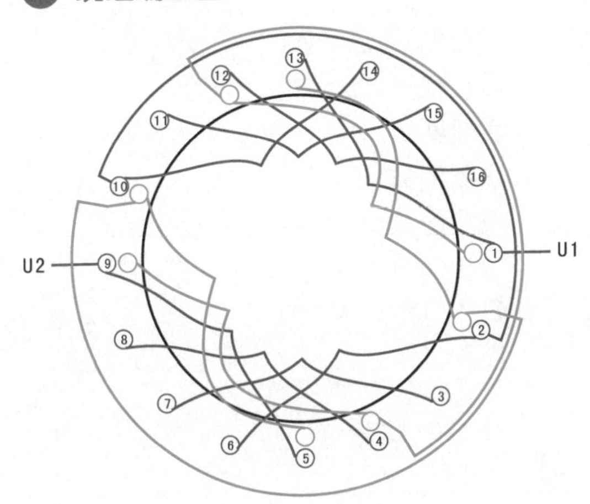

③ 接线盒

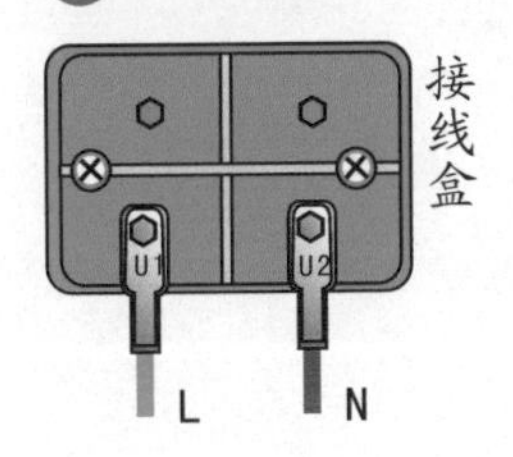

④ 绕组展开图

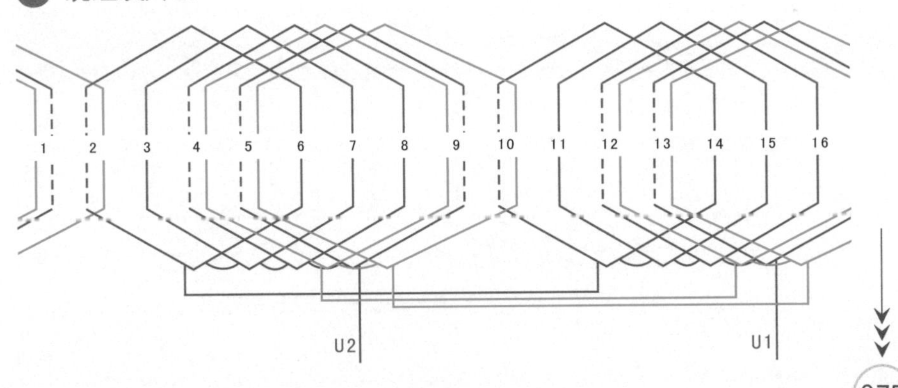

7.2.5 18槽2极3/2正弦绕组（罩极式）（A）

1 绕组数据

定子槽数 $Z=18$

电机极数 $2p=2$

主线圈数 $Q=6$

主圈组数 $u=2$

每组圈数 $S=3$

罩极圈数 $S=4$

每槽电角 $\alpha=20°$

2 绕组端面图

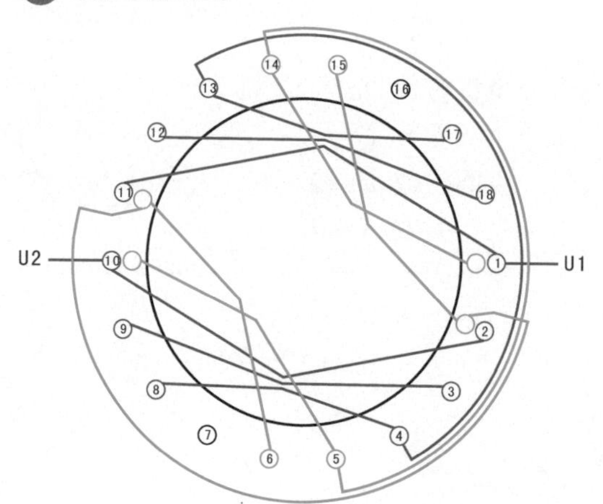

3 接线盒

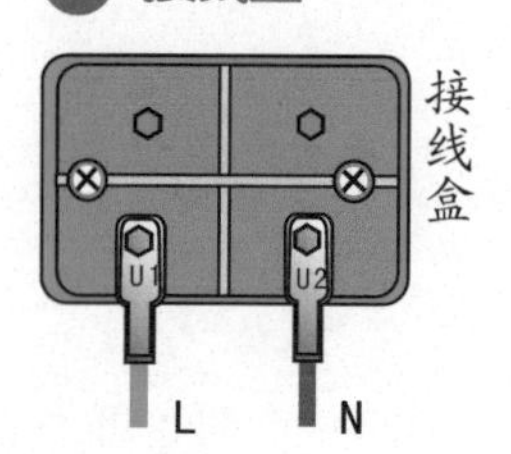

4 绕组展开图

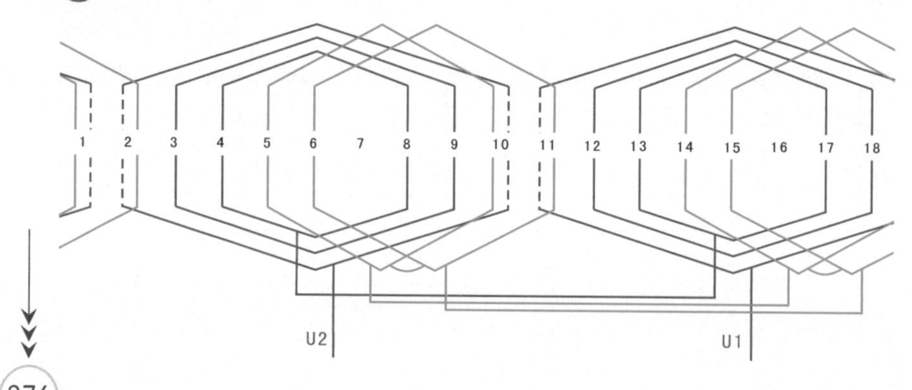

7.2.6 18槽2极3/2正弦绕组（罩极式）（B）

1 绕组数据

定子槽数 $Z=18$

电机极数 $2p=2$

主线圈数 $Q=6$

主圈组数 $u=2$

每组圈数 $S=3$

罩极圈数 $S=4$

每槽电角 $\alpha=20°$

2 绕组端面图

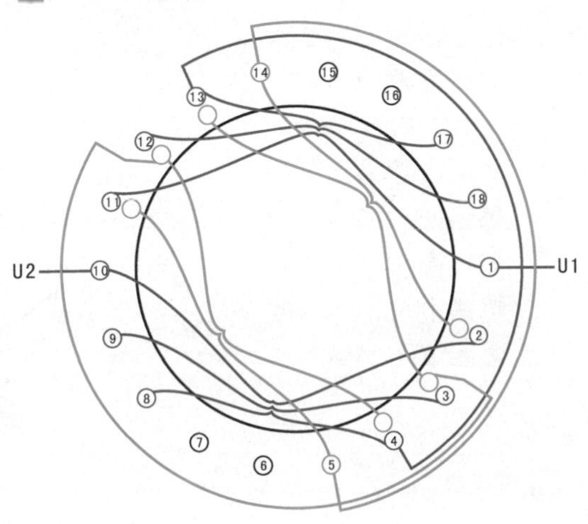

3 接线盒

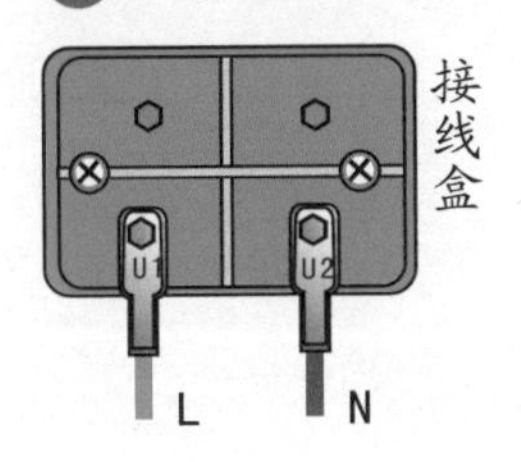

4 绕组展开图

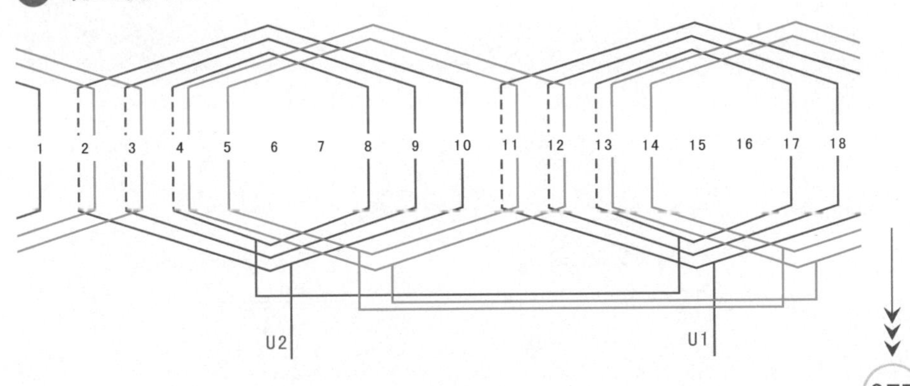

7.2.7 20槽2极5/2正弦绕组（罩极式）（A）

1 绕组数据

定子槽数 $Z=20$

电机极数 $2p=2$

主线圈数 $Q=8$

主圈组数 $u=2$

每组圈数 $S=4$

罩极圈数 $S=4$

每槽电角 $\alpha=18^\circ$

主圈节距 $y=5$

2 绕组端面图

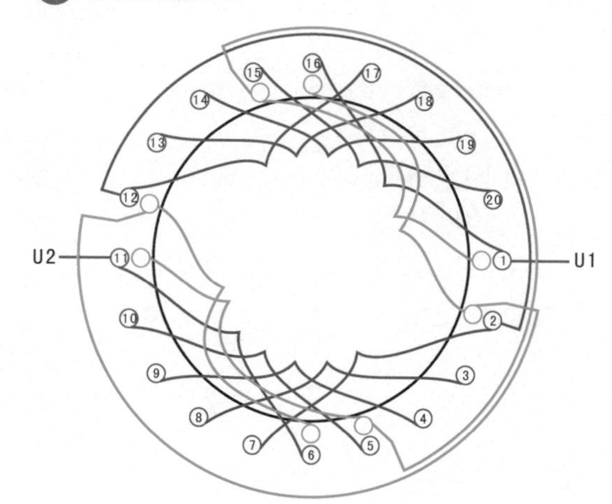

3 接线盒

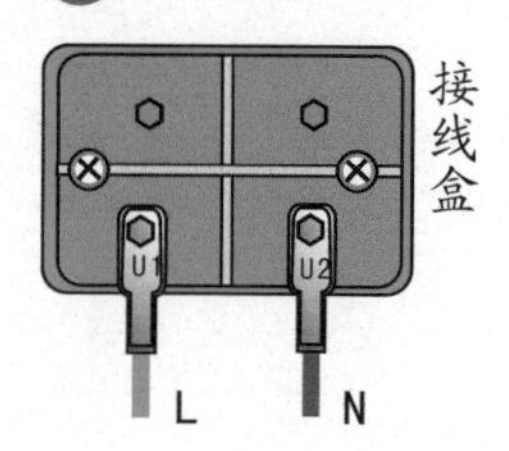

4 绕组展开图

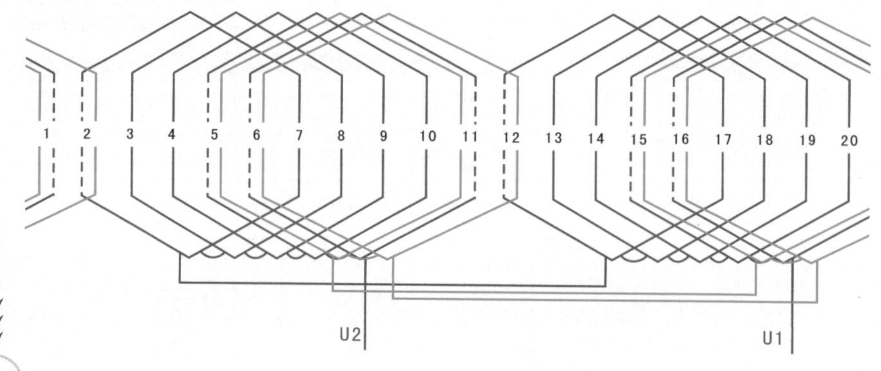

7.2.8 20槽2极5/2正弦绕组（罩极式）（B）

1 绕组数据

定子槽数 $Z=20$

电机极数 $2p=2$

主线圈数 $Q=10$

主圈组数 $u=2$

每组圈数 $S=5$

罩极圈数 $S=4$

每槽电角 $\alpha=18°$

2 绕组端面图

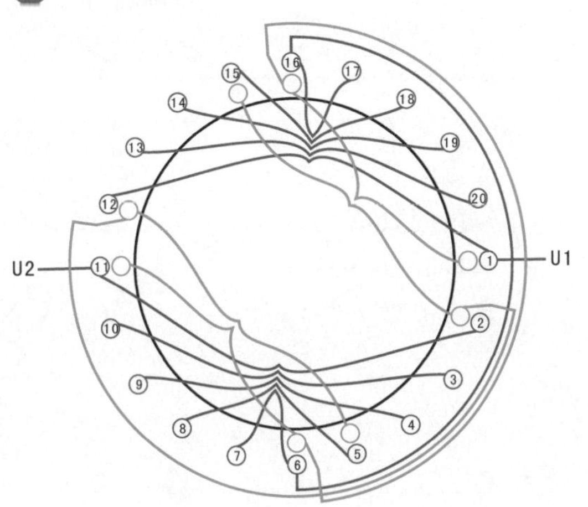

3 接线盒

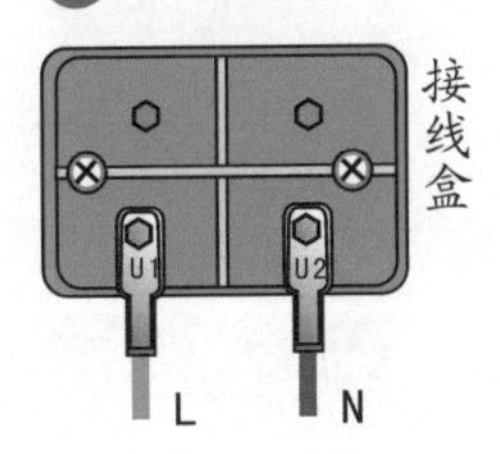

4 绕组展开图

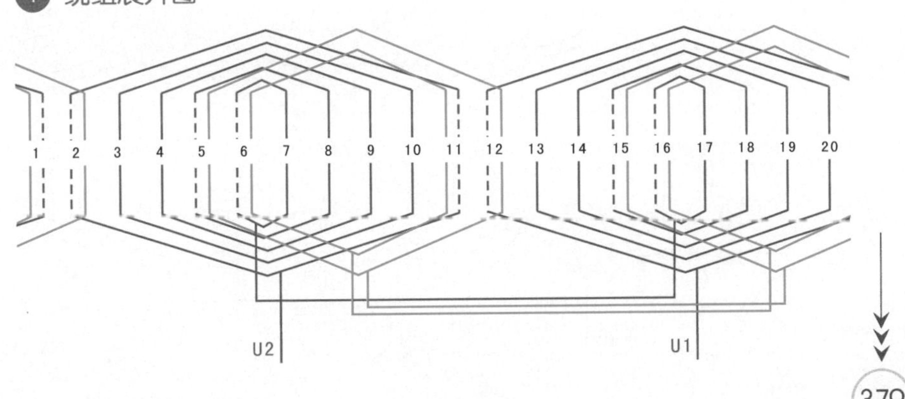

7.2.9 20槽2极5/2正弦绕组（θ=45°）（罩极式）

1 绕组数据

定子槽数 $Z=20$

电机极数 $2p=2$

主线圈数 $Q=10$

主圈组数 $u=2$

每组圈数 $S=5$

罩极圈数 $S=4$

每槽电角 $\alpha=15°$

2 绕组端面图

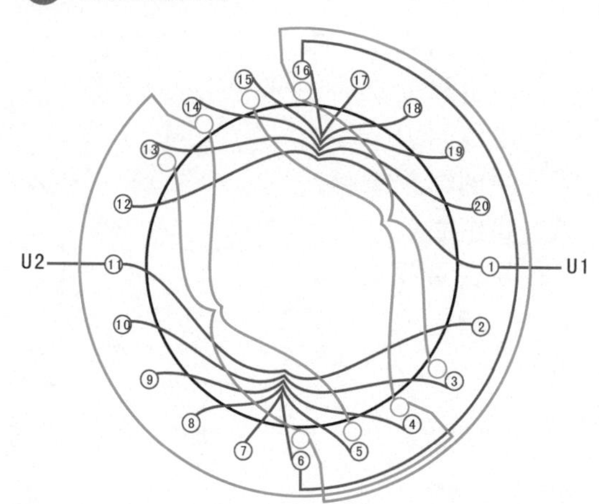

3 接线盒

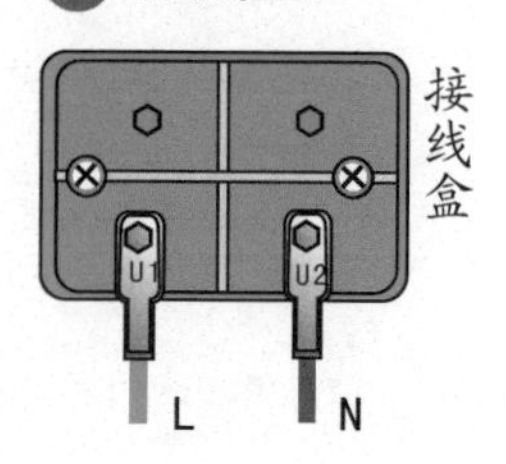

4 绕组展开图

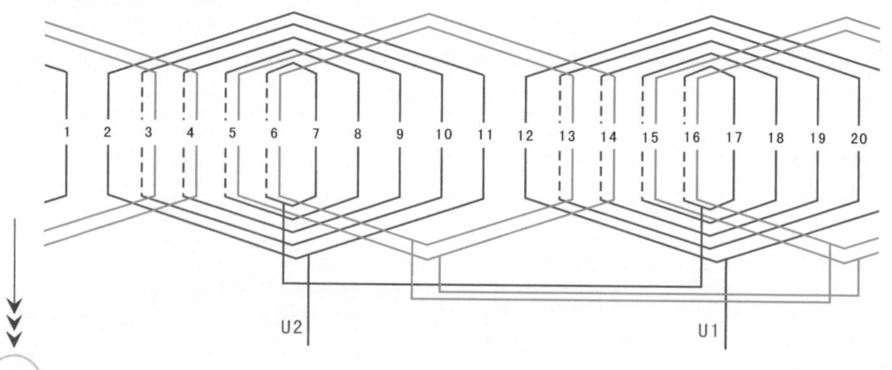

7.2.10 24槽4极3/2正弦绕组（罩极式）

① 绕组数据

定子槽数 $Z=24$

电机极数 $2p=4$

主线圈数 $Q=12$

主圈组数 $u=4$

每组圈数 $S=3$

罩极圈数 $S=8$

每槽电角 $\alpha=30°$

② 绕组端面图

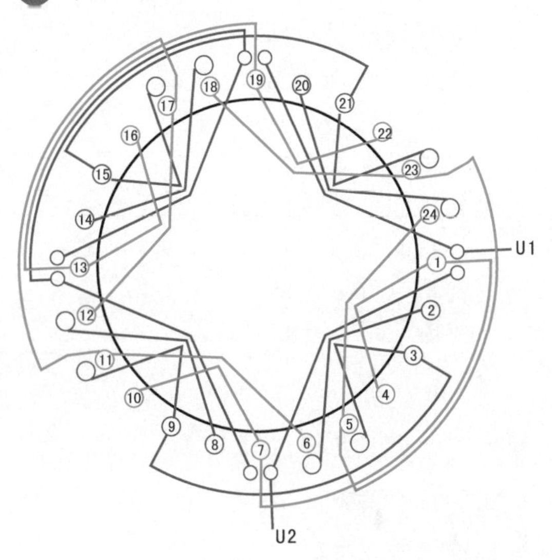

③ 接线盒

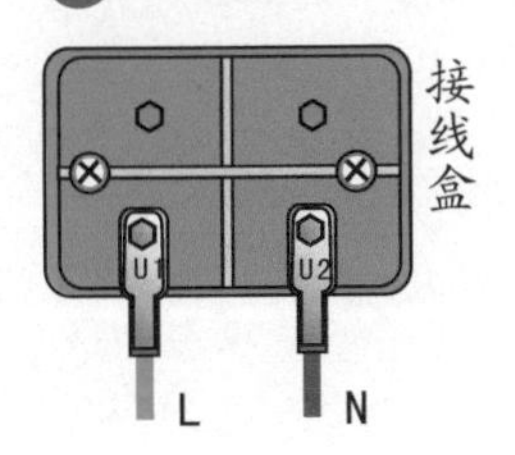

④ 绕组展开图

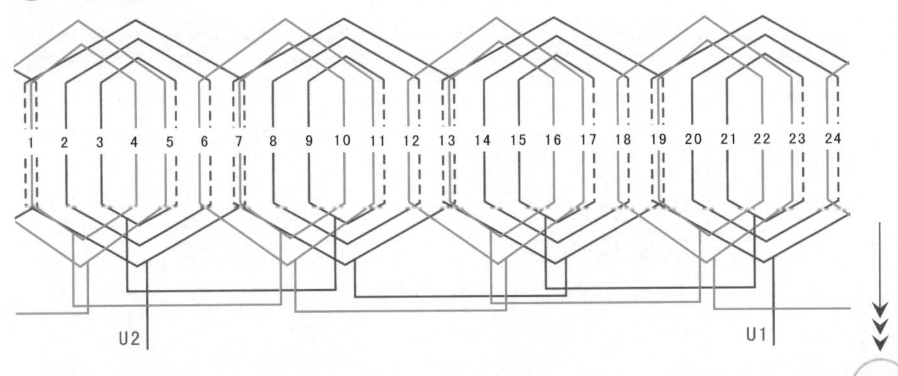

7.2.11 24槽2极5/2（θ=37.5°）正弦绕组（罩极式）

1 绕组数据

定子槽数 $Z=24$

电机极数 $2p=2$

主线圈数 $Q=10$

主圈组数 $u=2$

每组圈数 $S=5$

罩极圈数 $S=4$

每槽电角 $\alpha=15°$

主圈节距 $y=8$

2 绕组端面图

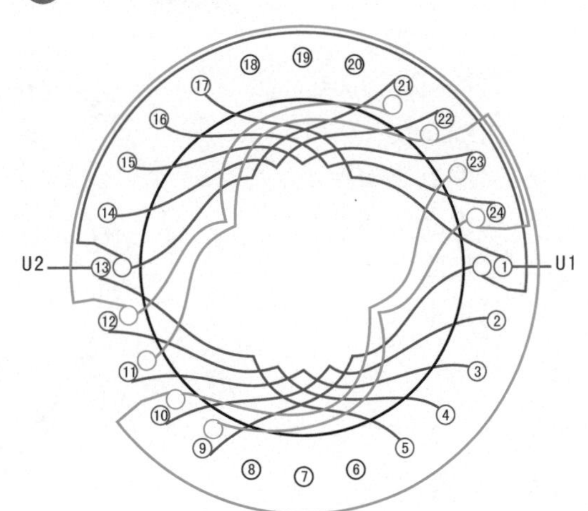

3 接线盒

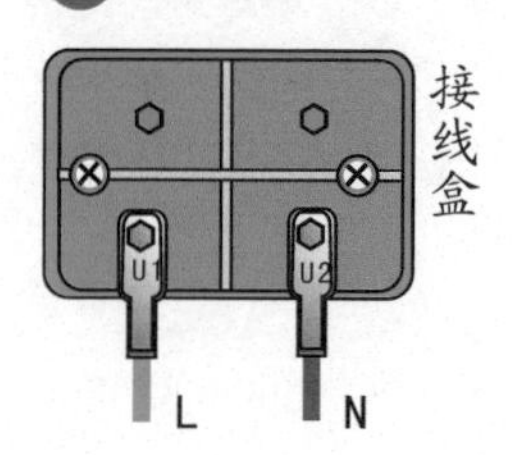

4 绕组展开图

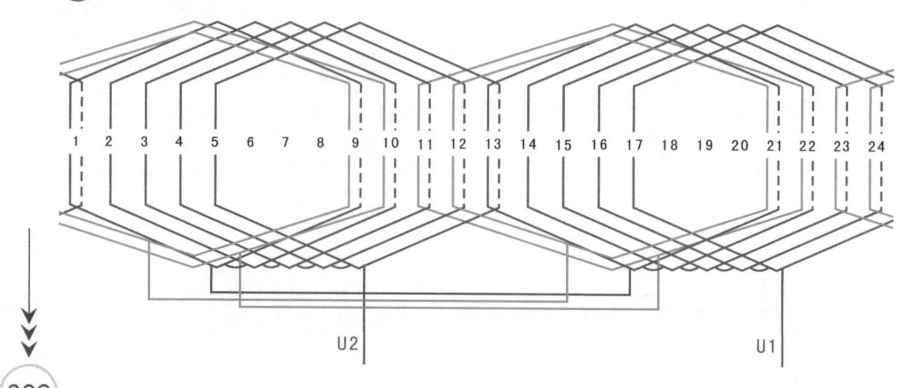

7.2.12 24槽2极5/2（θ=52.5°）正弦绕组（罩极式）

① 绕组数据

定子槽数 $Z=24$

电机极数 $2p=2$

主线圈数 $Q=10$

主圈组数 $u=2$

每组圈数 $S=5$

罩极圈数 $S=4$

每槽电角 $\alpha=15°$

主圈节距 $y=7$

② 绕组端面图

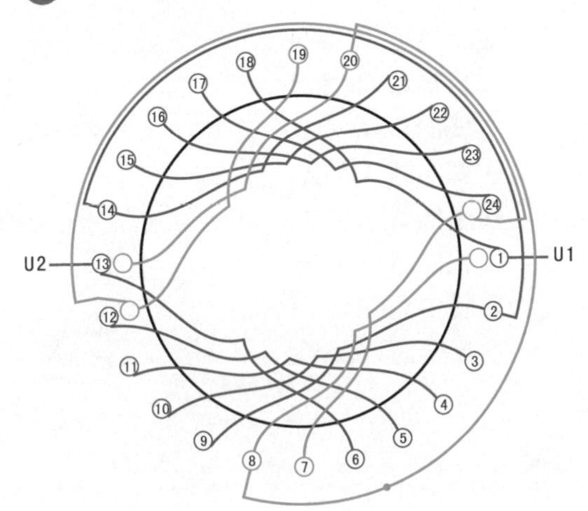

③ 接线盒

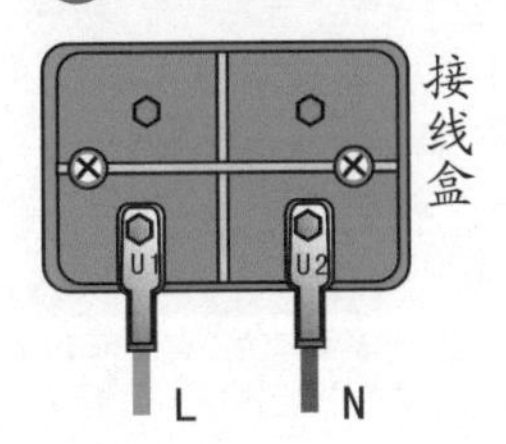

④ 绕组展开图

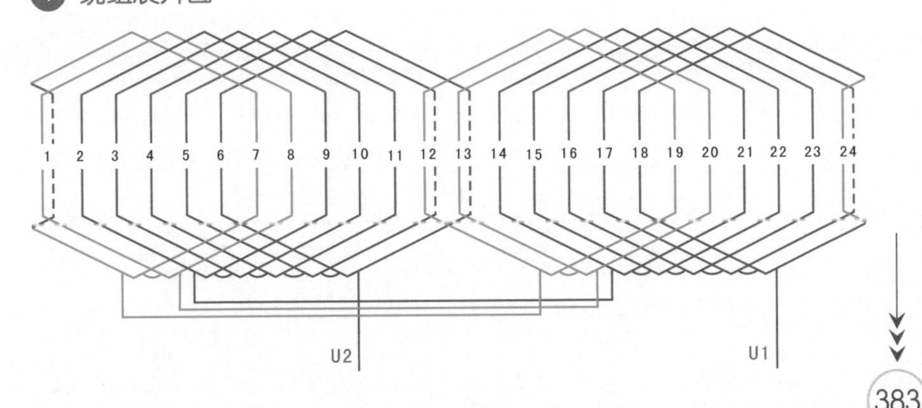

7.2.13 24槽2极5/2（θ=22.5°）正弦绕组（罩极式）

① 绕组数据

定子槽数 $Z=24$

电机极数 $2p=2$

主线圈数 $Q=10$

主圈组数 $u=2$

每组圈数 $S=5$

罩极圈数 $S=4$

每槽电角 $\alpha=15°$

主圈节距 $y=8$

② 绕组端面图

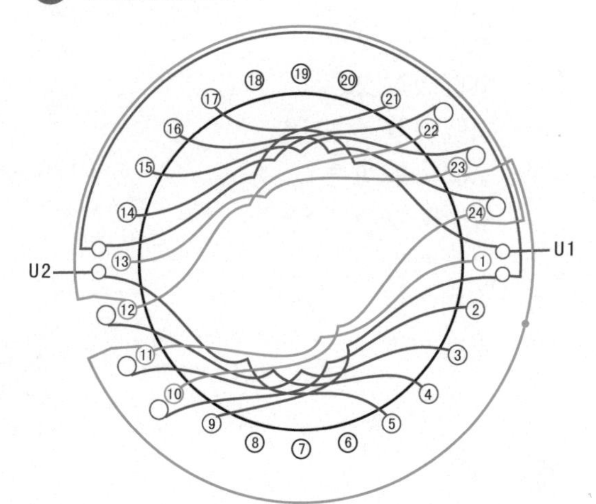

③ 接线盒

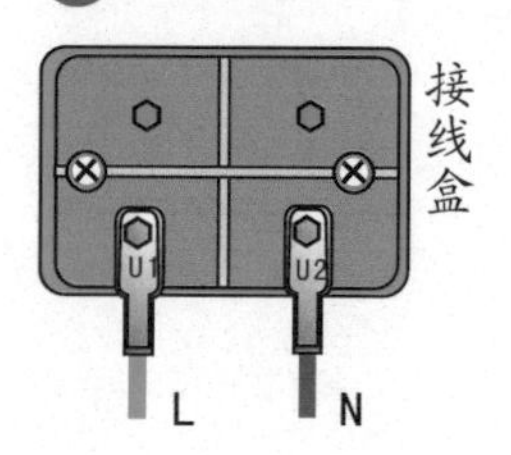

④ 绕组展开图

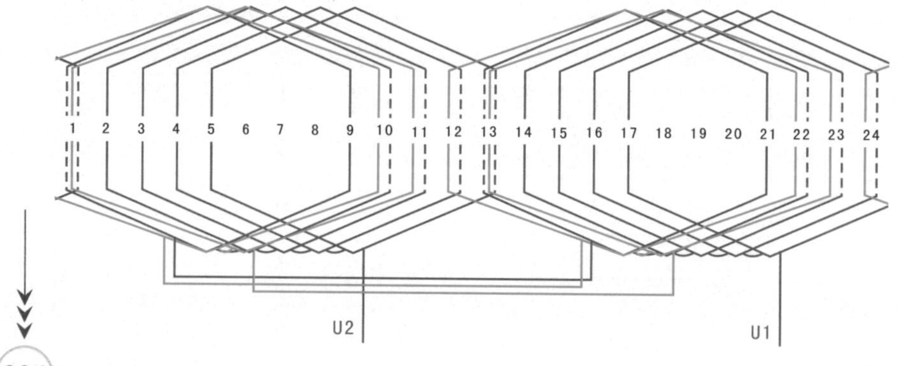

7.2.14 24槽2极5/2（θ=60°）正弦绕组（罩极式）

1 绕组数据

定子槽数 $Z=24$
电机极数 $2p=2$
主线圈数 $Q=10$
主圈组数 $u=2$
每组圈数 $S=5$
罩极圈数 $S=4$
每槽电角 $\alpha=15°$
主圈节距 $y=7$

2 绕组端面图

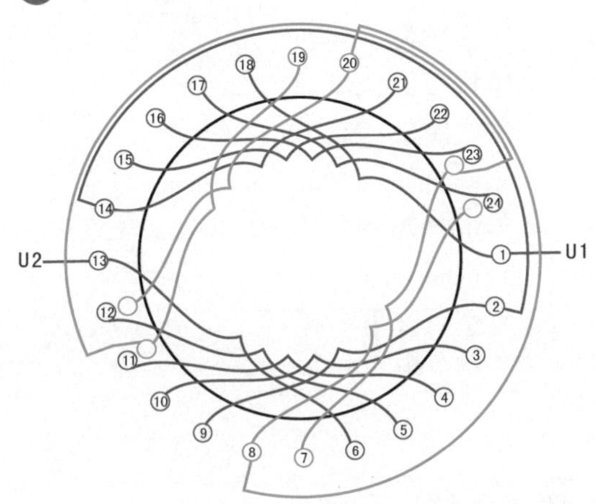

3 接线盒

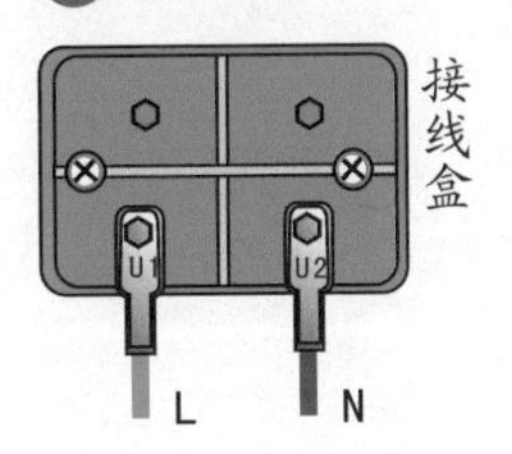

4 绕组展开图

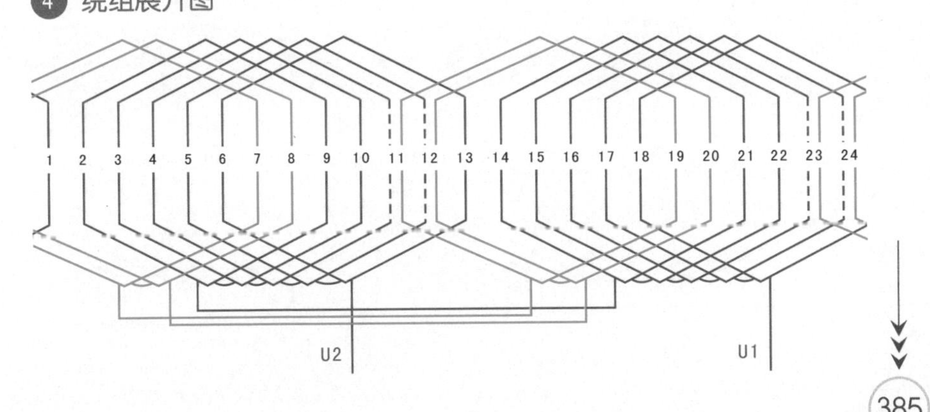

7.2.15 24槽2极5/2（θ=45°）正弦绕组

1 绕组数据

定子槽数 $Z=24$

电机极数 $2p=2$

主线圈数 $Q=10$

主圈组数 $u=2$

每组圈数 $S=5$

罩极圈数 $S=4$

每槽电角 $\alpha=15^\circ$

主圈节距 $y=7$

2 绕组端面图

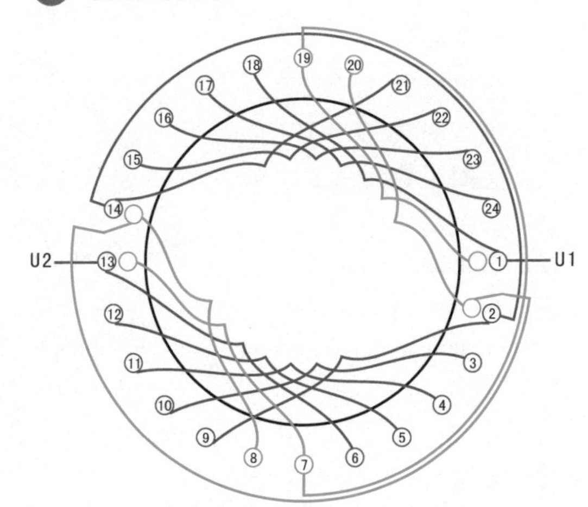

3 接线盒

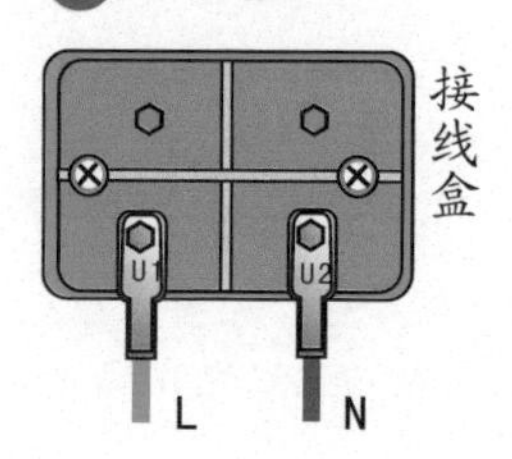

4 绕组展开图

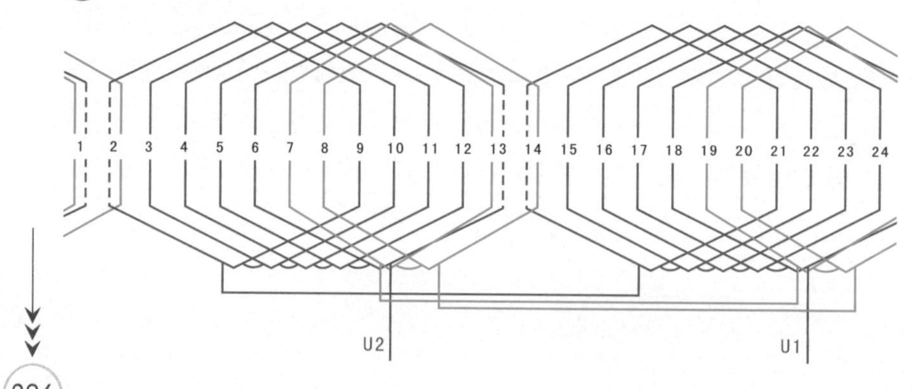

7.2.16　24槽2极5/2正弦绕组（罩极式）

① 绕组数据

定子槽数 $Z=24$

电机极数 $2p=2$

主线圈数 $Q=10$

主圈组数 $u=2$

每组圈数 $S=5$

罩极圈数 $S=4$

每槽电角 $\alpha=15^\circ$

② 绕组端面图

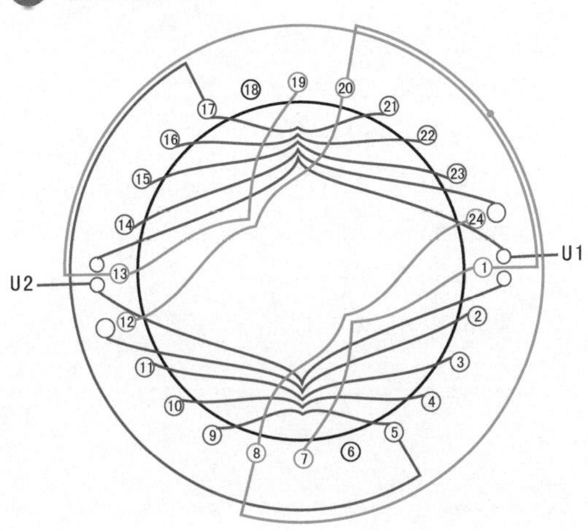

③ 接线盒

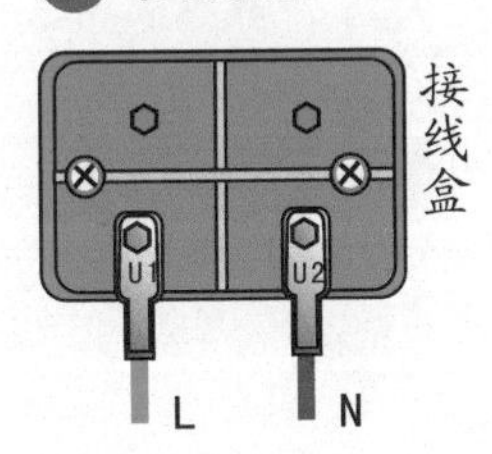

④ 绕组展开图

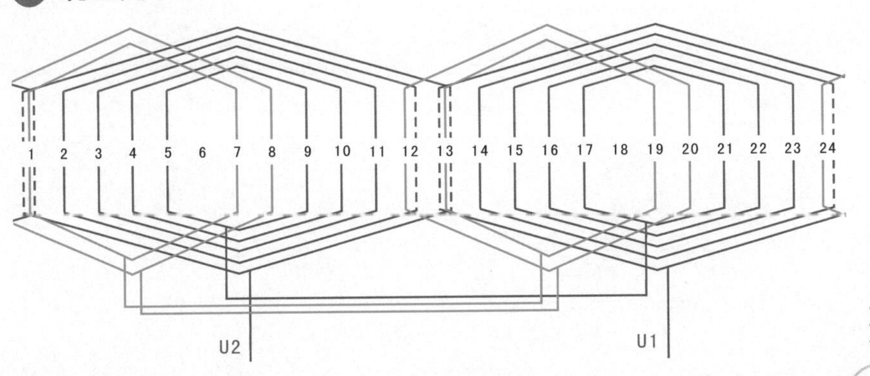

7.2.17 24槽2极5/3正弦绕组（罩极式）

① 绕组数据

定子槽数 $Z=24$

电机极数 $2p=2$

主线圈数 $Q=10$

主圈组数 $u=2$

每组圈数 $S=5$

罩极圈数 $S=6$

每槽电角 $\alpha=15°$

② 绕组端面图

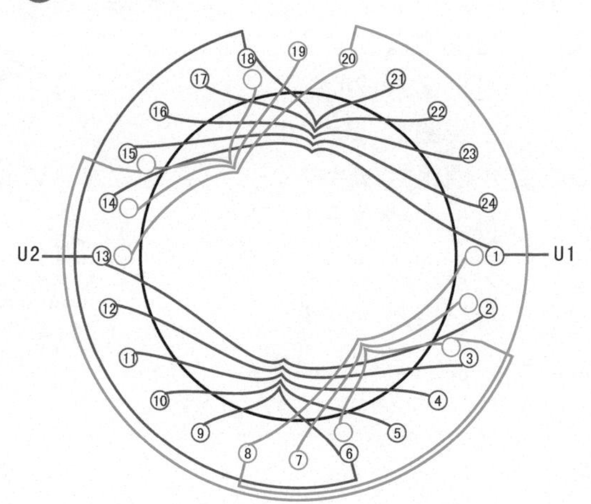

③ 接线盒

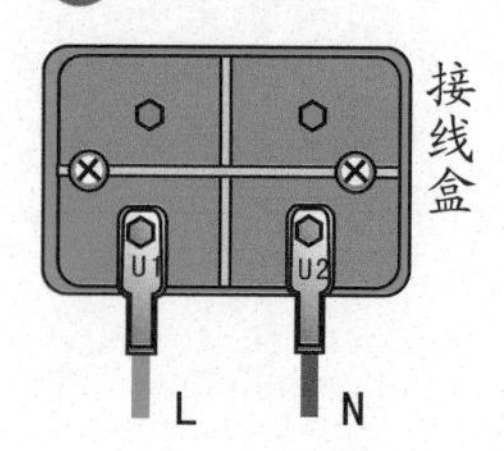

④ 绕组展开图

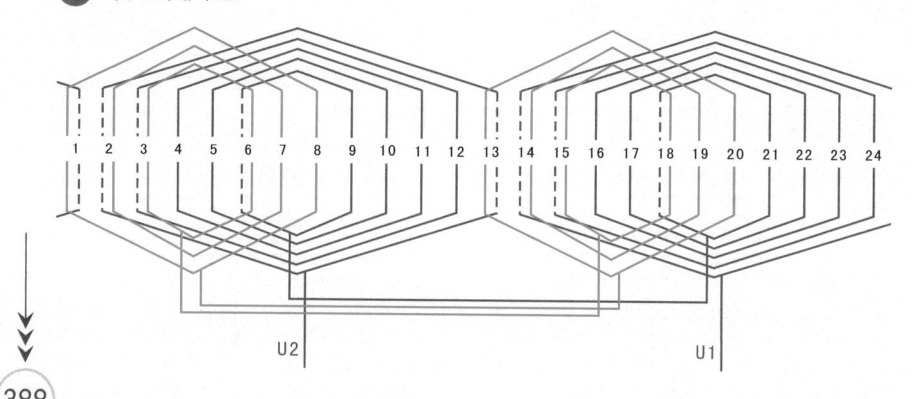

7.2.18 24槽2极6/2（θ=45°）正弦绕组（罩极式）

1 绕组数据

定子槽数 $Z=24$
电机极数 $2p=2$
主线圈数 $Q=12$
主圈组数 $u=2$
每组圈数 $S=6$
罩极圈数 $S=4$
每槽电角 $\alpha=15°$
主圈节距 $y=7$

2 绕组端面图

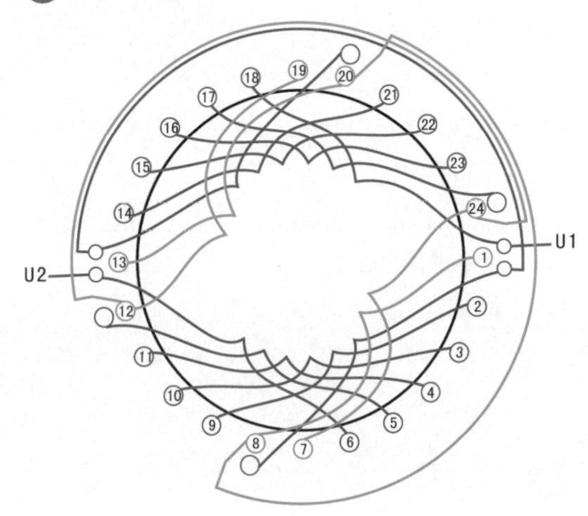

3 接线盒

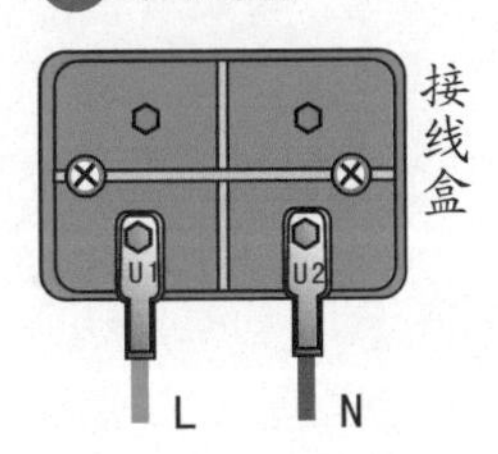

4 绕组展开图

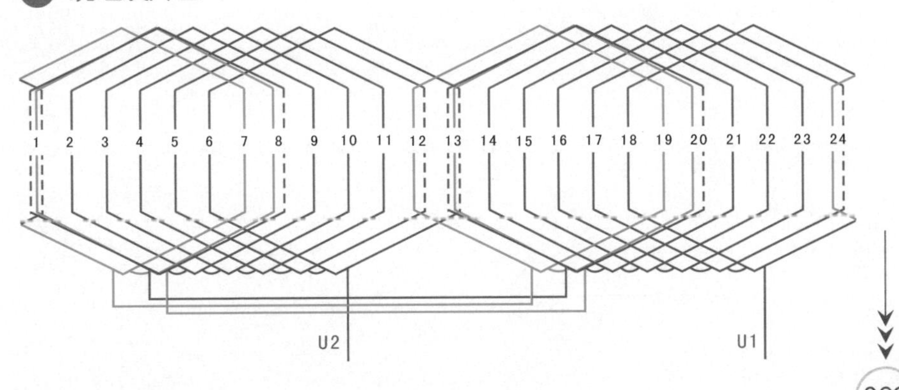

7.2.19 24槽2极6/2（θ=37.5°）正弦绕组（罩极式）

① 绕组数据

定子槽数 $Z=24$

电机极数 $2p=2$

主线圈数 $Q=12$

主圈组数 $u=2$

每组圈数 $S=6$

罩极圈数 $S=4$

每槽电角 $\alpha=15°$

主圈节距 $y=7$

② 绕组端面图

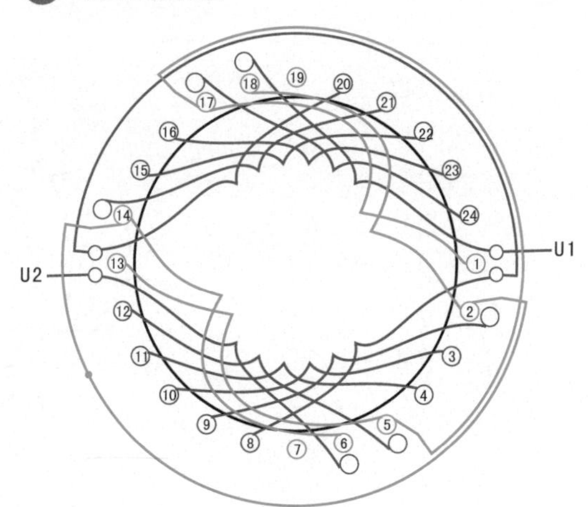

③ 接线盒

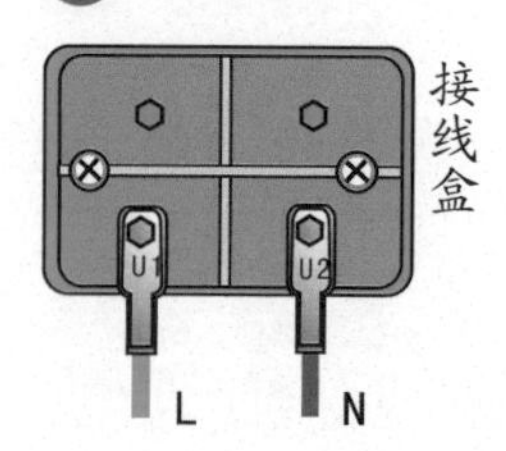

④ 绕组展开图

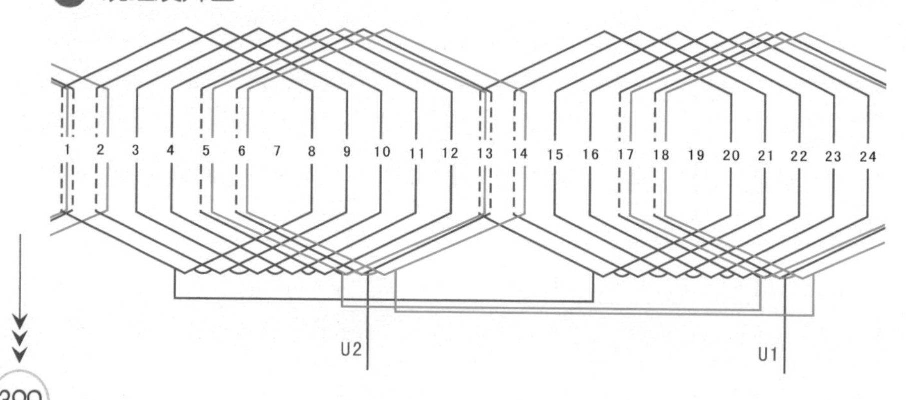

7.3 单相双速绕组

7.3.1 12槽2极2-1-1双速绕组

① 绕组数据

定子槽数 $Z=12$

电机极数 $2p=2$

总线圈数 $Q=8$

线圈组数 $u=3$

线圈极距 $\tau=6$

② 绕组端面图

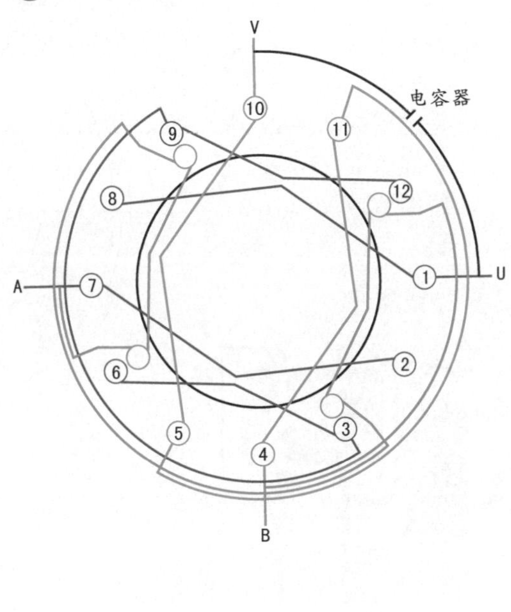

③ 接线盒

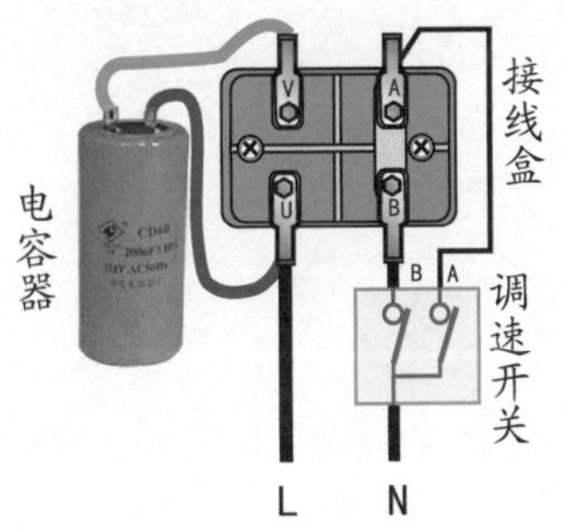

④ 绕组展开图

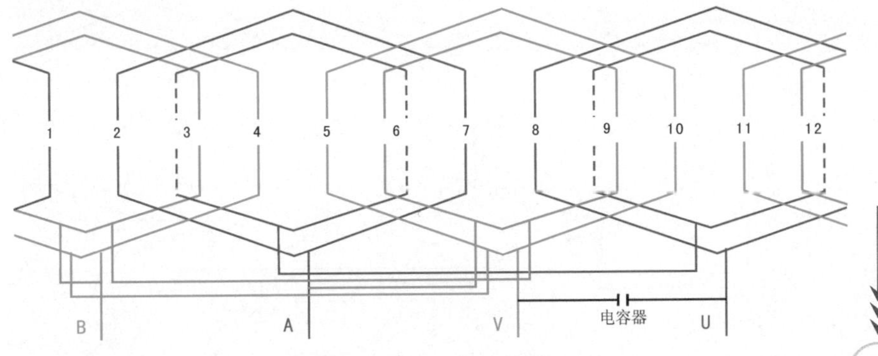

7.3.2 12槽2极双速绕组（单双混合）

1 绕组数据

定子槽数 $Z=12$

电机极数 $2p=2$

线圈极距 $\tau=6$

线圈组数 $u=3$

每组圈数 $S=2、4$

总线圈数 $Q=8$

线圈节距 $y=16/3$

2 绕组端面图

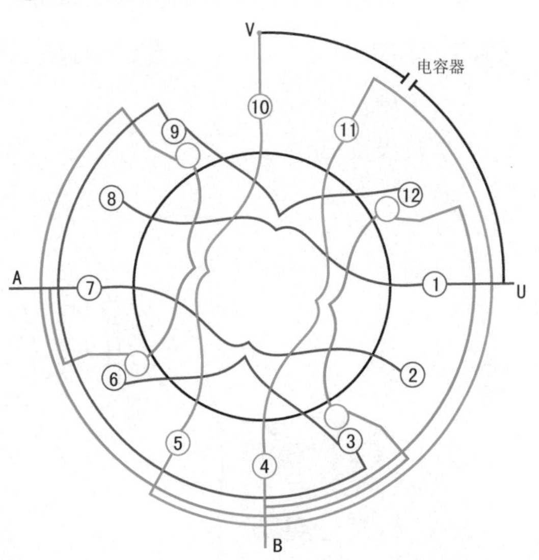

3 接线盒

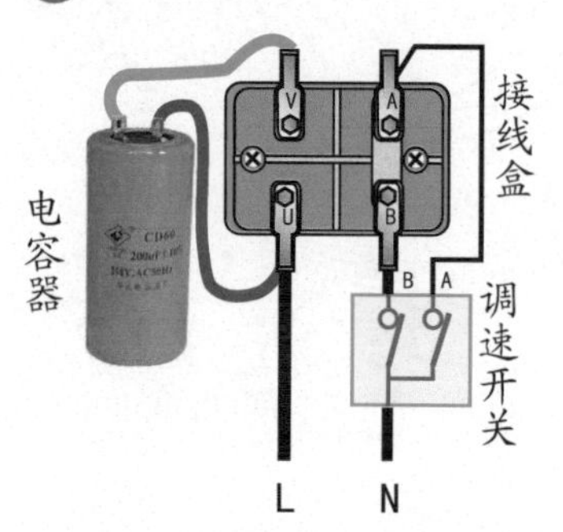

4 绕组展开图

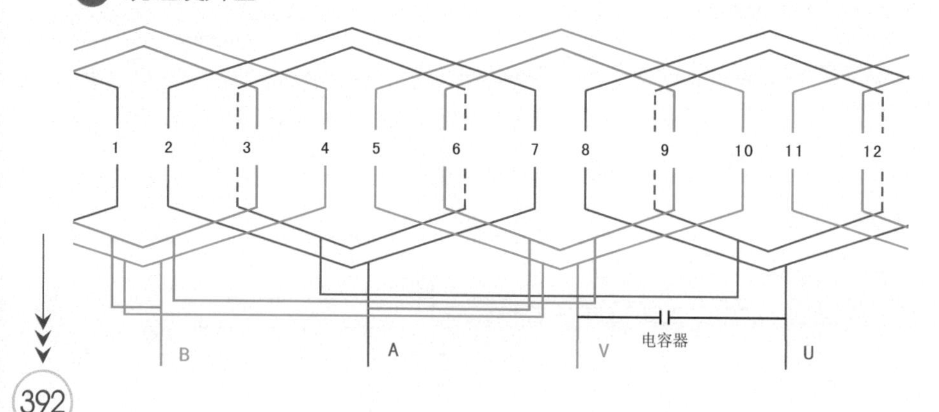

7.3.3　12槽4极双速绕组（单双层）

1 绕组数据

定子槽数 $Z=12$

电机极数 $2p=4$

线圈极距 $\tau=3$

线圈组数 $u=3$

每组圈数 $S=2$、4

总线圈数 $Q=8$

线圈节距 $y=2$

2 绕组端面图

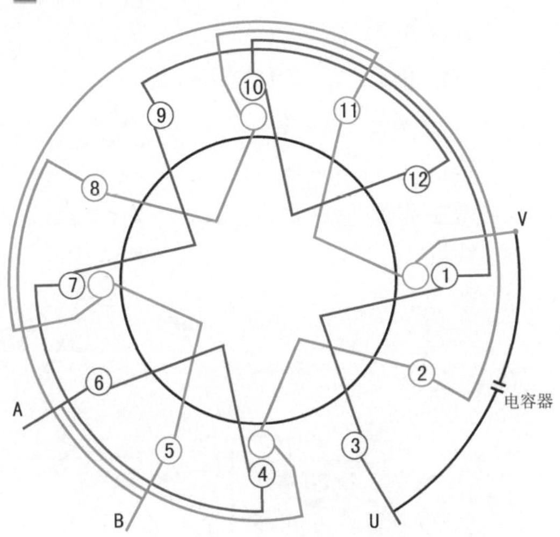

3 接线盒

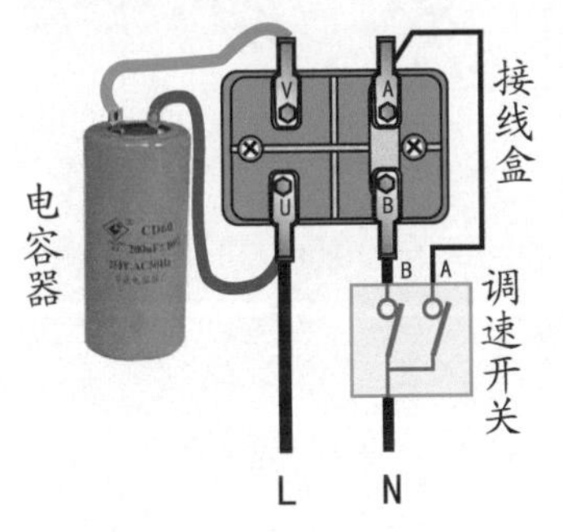

4 绕组展开图

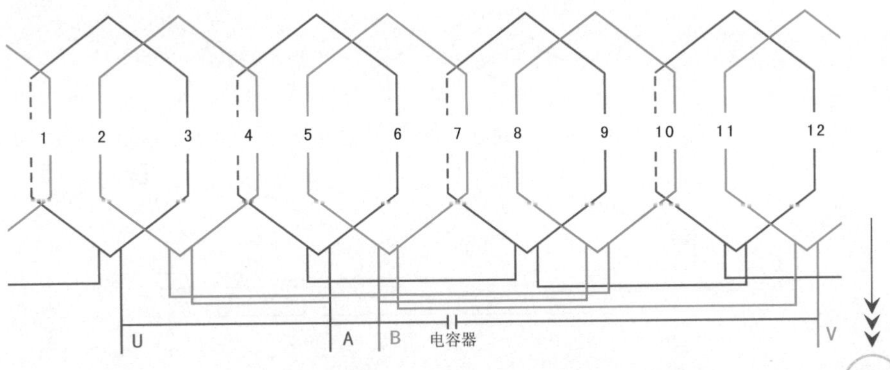

7.3.4 8槽4极4/2-2/2-2/2双速绕组

① 绕组数据

定子槽数 $Z=8$

电机极数 $2p=4$

总线圈数 $Q=8$

线圈组数 $u=3$

绕组极距 $\tau=2$

线圈节距 $y=2$

② 绕组端面图

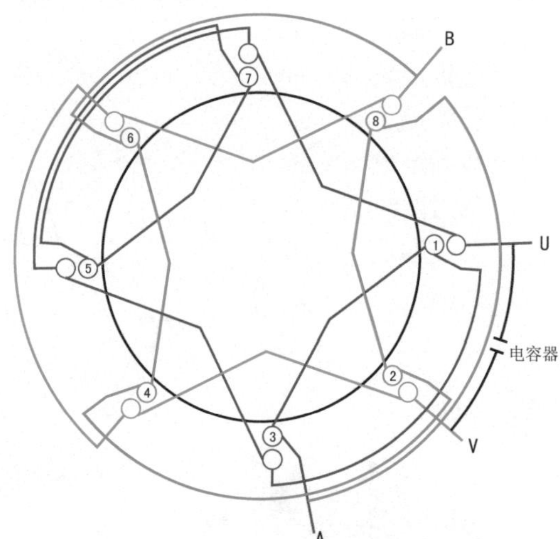

③ 接线盒

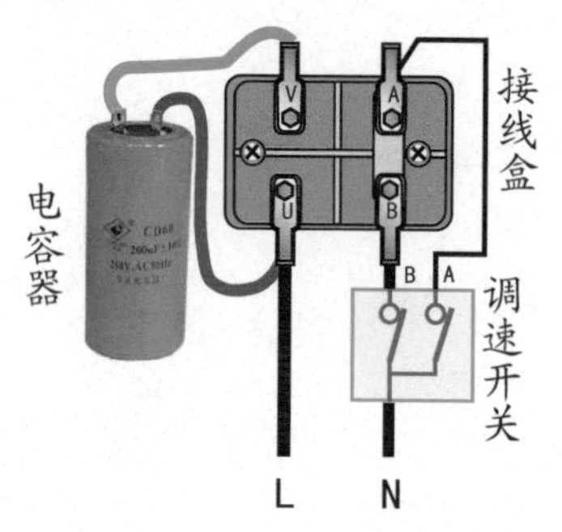

④ 绕组展开图

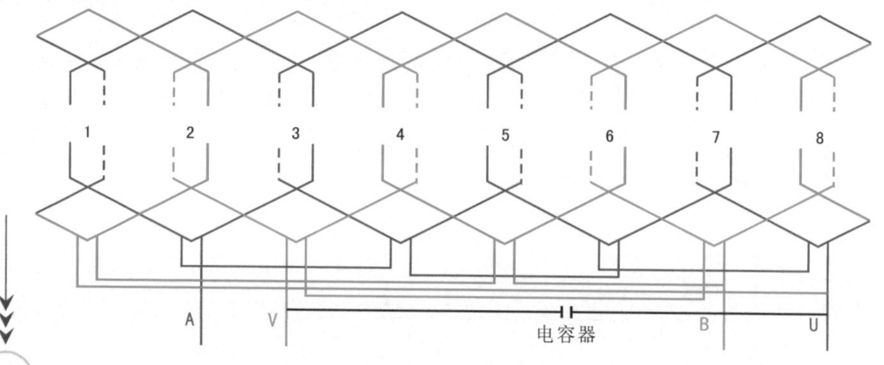

7.3.5 16槽4极2（2/2）-4-2/2双速绕组

1 绕组数据

定子槽数 $Z=16$

电机极数 $2p=4$

总线圈数 $Q=10$

线圈组数 $u=3$

线圈极距 $\tau=4$

线圈节距 $y=3$

2 绕组端面图

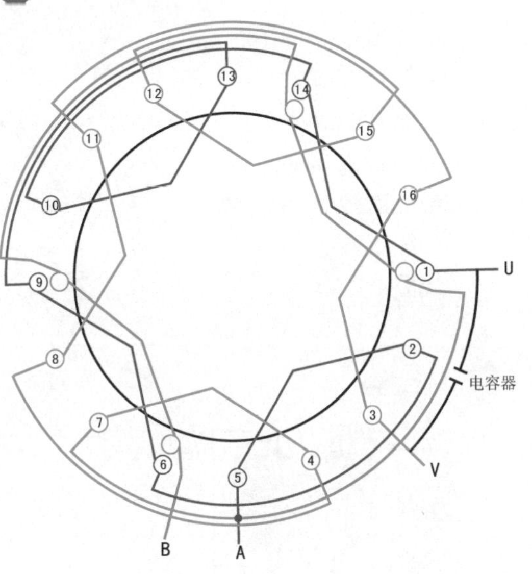

3 接线盒

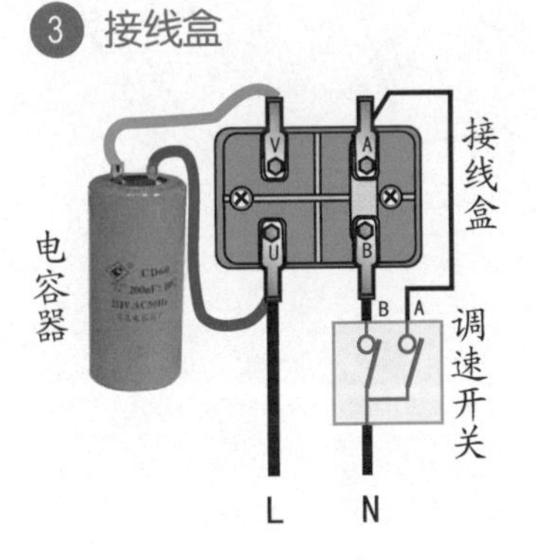

4 绕组展开图

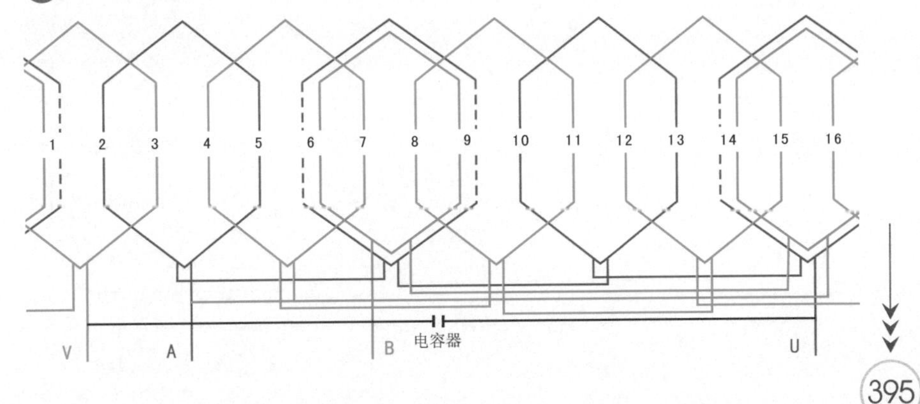

7.3.6 16槽4极4-2双速绕组

① 绕组数据

定子槽数 $Z=16$

电机极数 $2p=4$

线圈极距 $\tau=4$

线圈组数 $u=3$

每组圈数 $S=2$、4

总线圈数 $Q=8$

线圈节距 $y=3$

② 绕组端面图

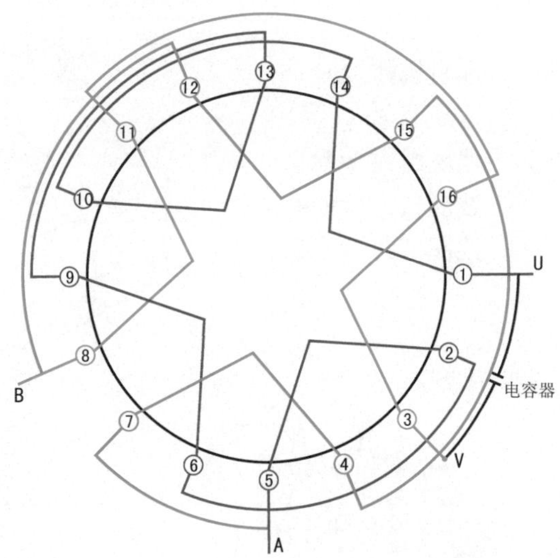

③ 接线盒

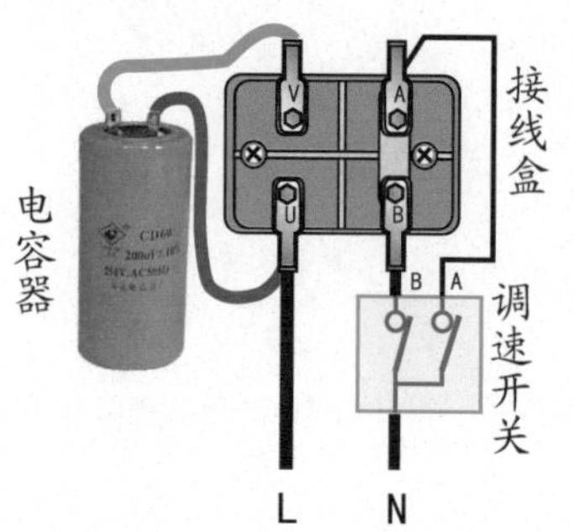

④ 绕组展开图

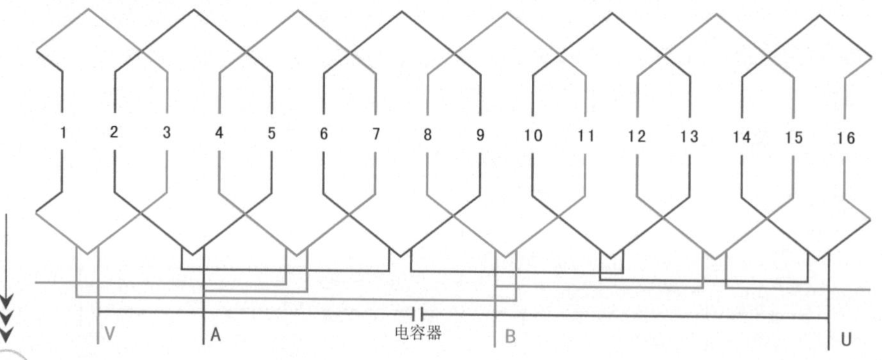

7.3.7 16槽4极4-2（2/2）-2/2双速绕组

❶ 绕组数据

定子槽数 $Z=16$

电机极数 $2p=4$

总线圈数 $Q=10$

线圈组数 $u=3$

绕组极距 $\tau=4$

线圈节距 $y=3$

❷ 绕组端面图

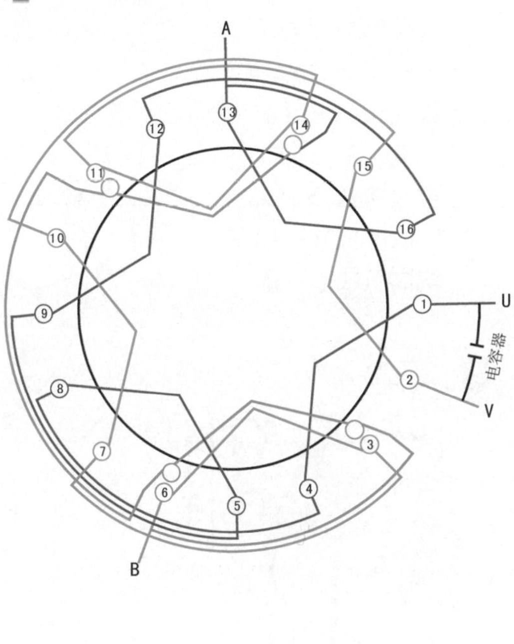

❸ 接线盒

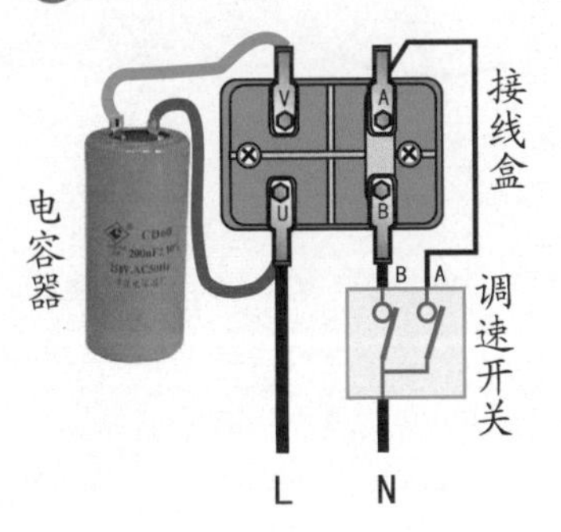

❹ 绕组展开图

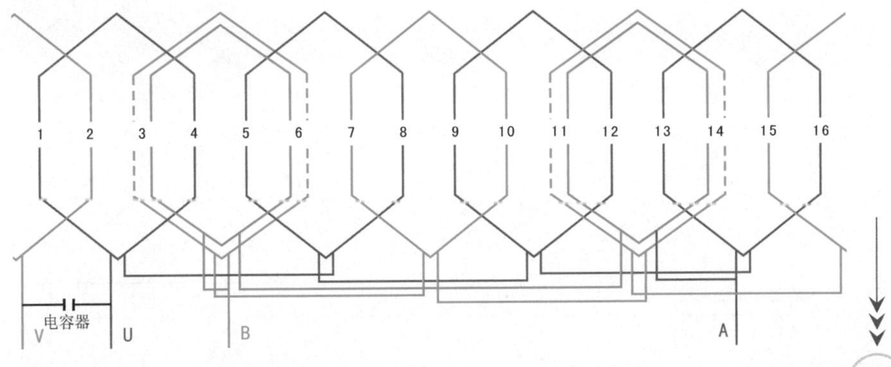

7.3.8　16槽4极4-2-2双速绕组

① 绕组数据

定子槽数 $Z=16$

电机极数 $2p=4$

线圈极距 $\tau=4$

线圈组数 $u=3$

每组圈数 $S=2、4$

总线圈数 $Q=8$

线圈节距 $y=3$

② 绕组端面图

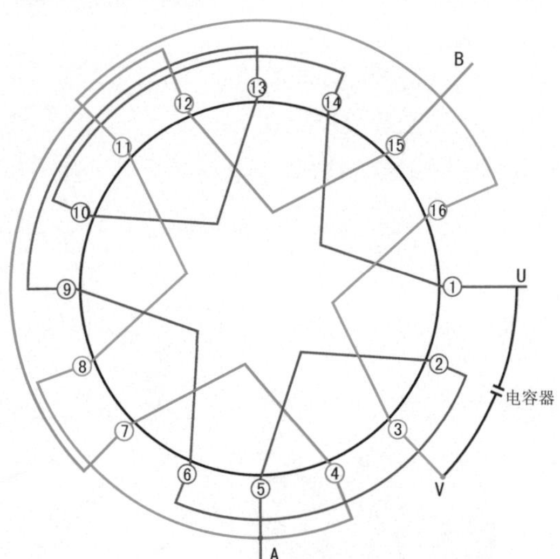

③ 接线盒

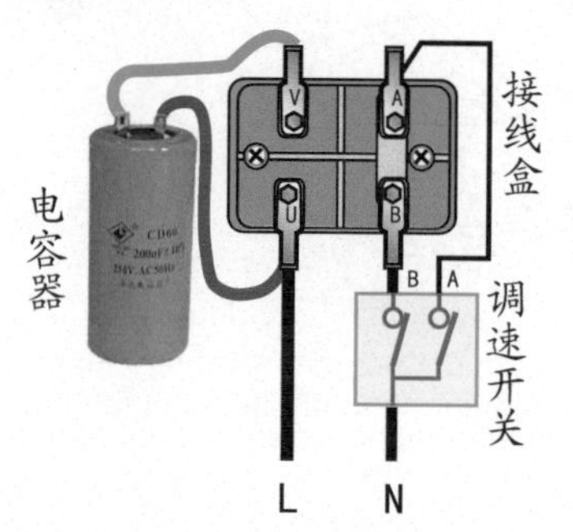

④ 绕组展开图

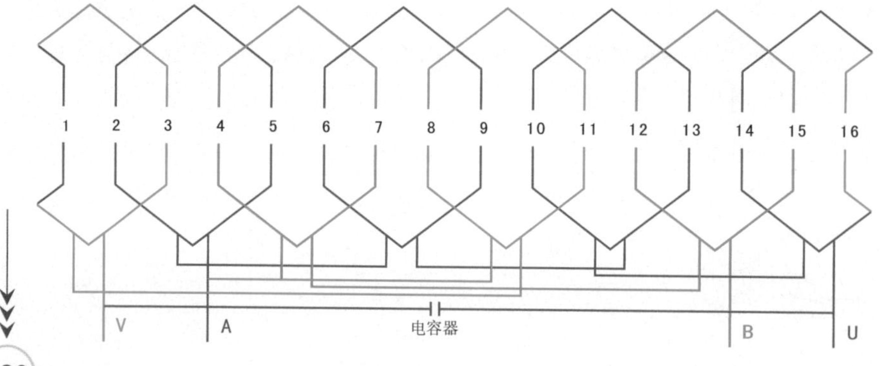

7.3.9 16槽4极4-2-2/2双速绕组

① 绕组数据

定子槽数 $Z=16$

电机极数 $2p=4$

线圈极距 $\tau=4$

线圈组数 $u=3$

每组圈数 $S=4$、2

总线圈数 $Q=10$

线圈节距 $y=3$

② 绕组端面图

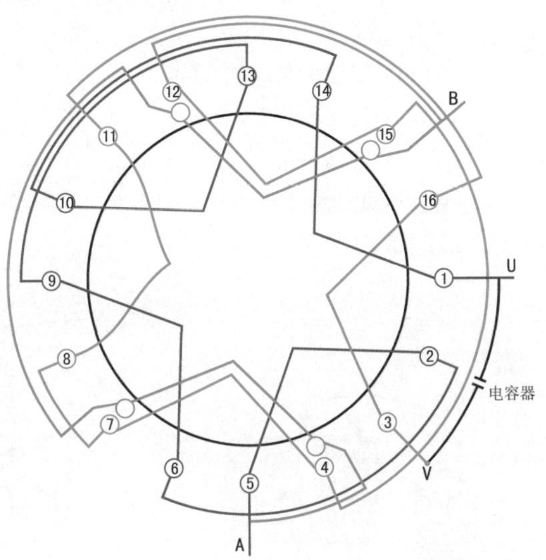

③ 接线盒

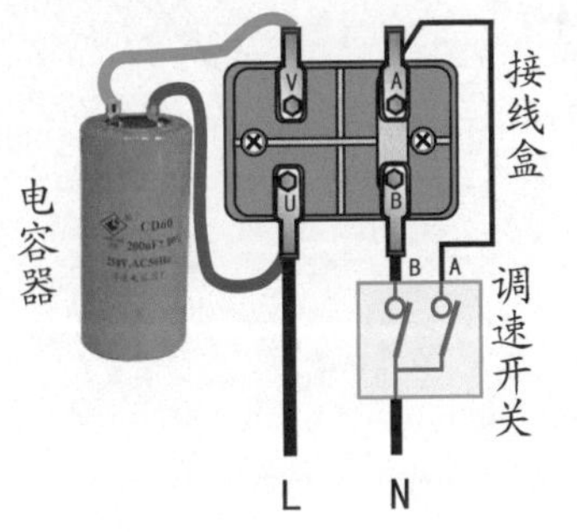

④ 绕组展开图

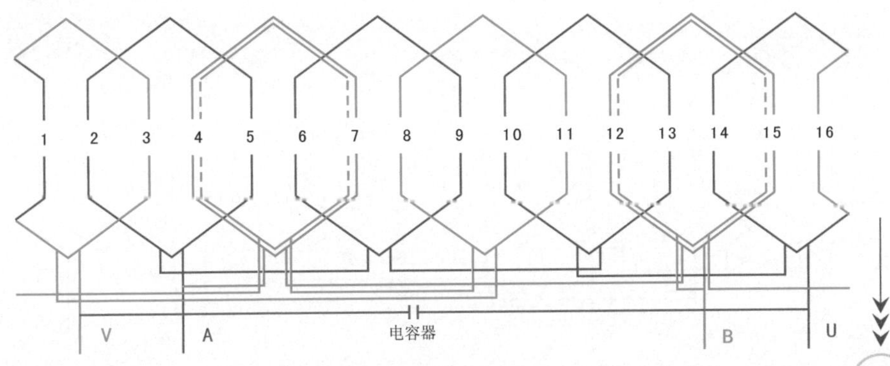

7.3.10 24槽4极2-1$^1/_2$-1双速绕组（A）

1 绕组数据

定子槽数 $Z=24$

电机极数 $2p=4$

总线圈数 $Q=16$

线圈组数 $u=3$

线圈极距 $\tau=6$

线圈节距 $y=5$、3

2 绕组端面图

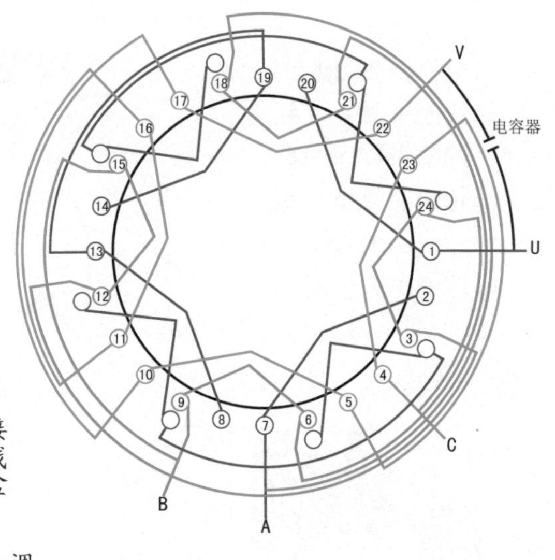

3 接线盒

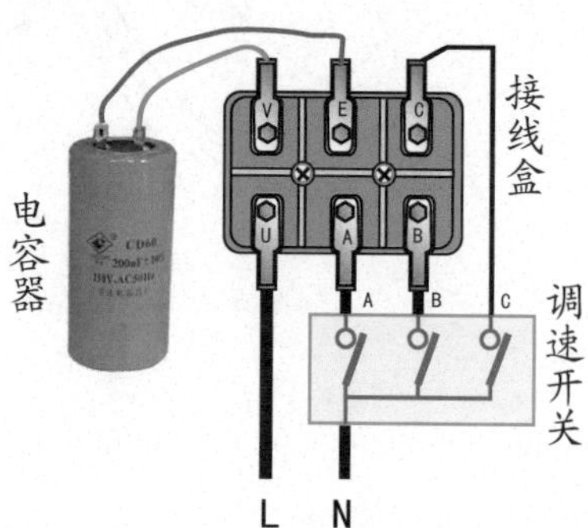

4 绕组展开图

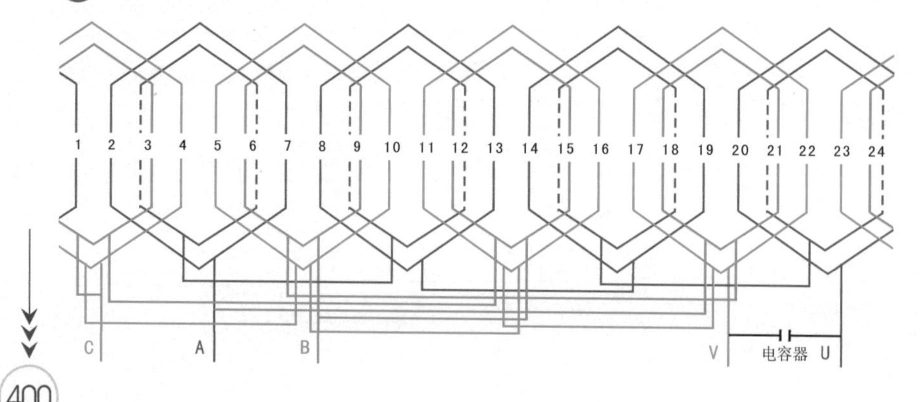

7.3.11 24槽4极正弦2-1½-1双速绕组（B）

1 绕组数据

定子槽数 $Z=24$

电机极数 $2p=4$

总线圈数 $Q=16$

绕组组数 $u=3$

绕组极距 $\tau=6$

线圈节距 $y=5、3$

2 绕组端面图

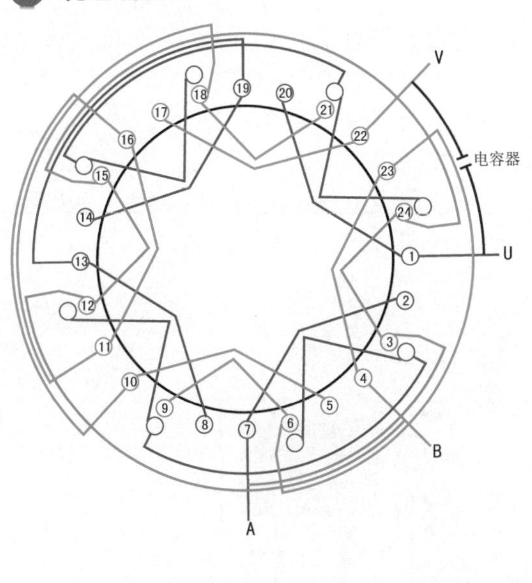

3 接线盒

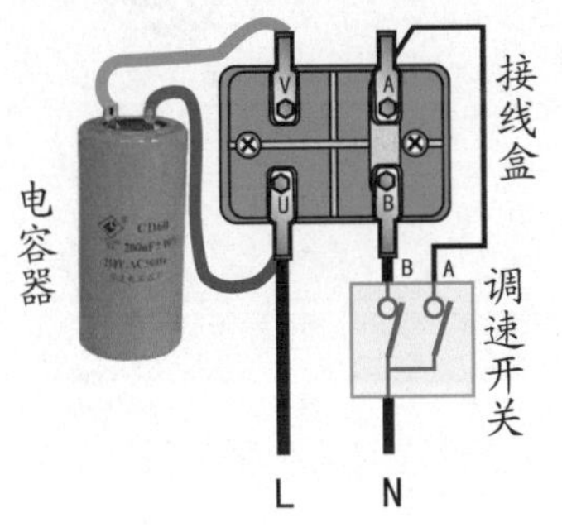

4 绕组展开图

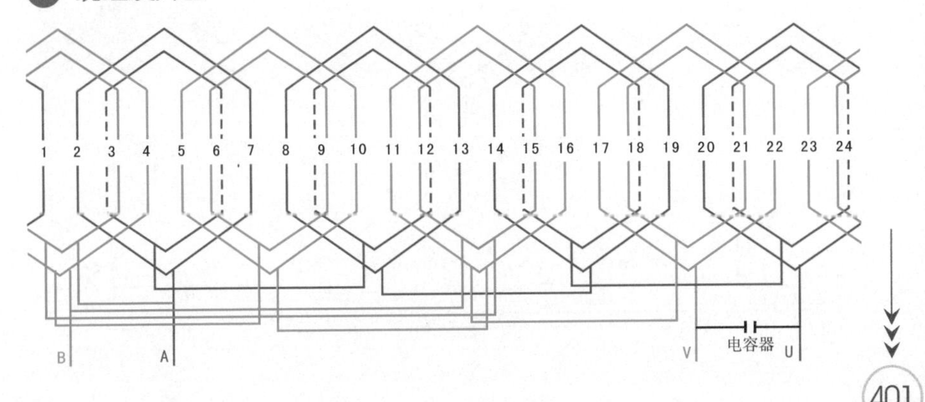

7.3.12 24槽4极2-1-1双速绕组

1 绕组数据

定子槽数 $Z=24$

电机极数 $2p=4$

总线圈数 $Q=16$

线圈组数 $u=3$

线圈极距 $\tau=6$

线圈节距 $y=5、3$

2 绕组端面图

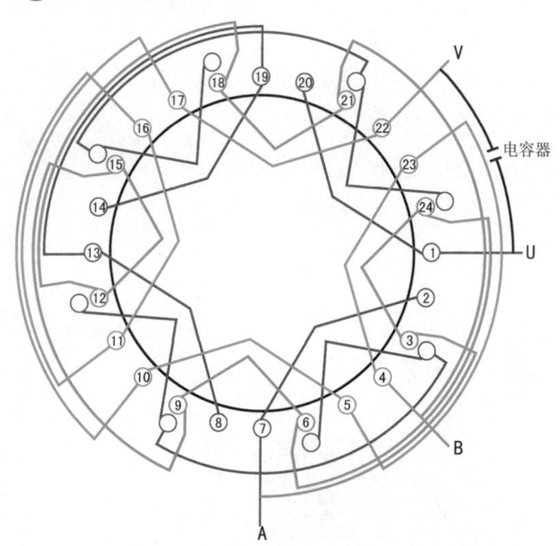

3 接线盒

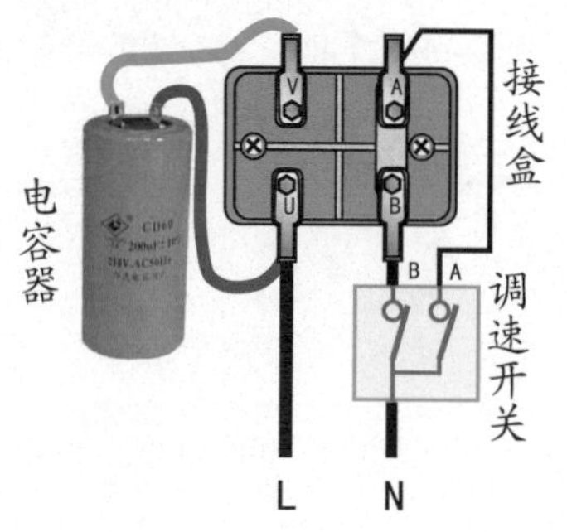

4 绕组展开图

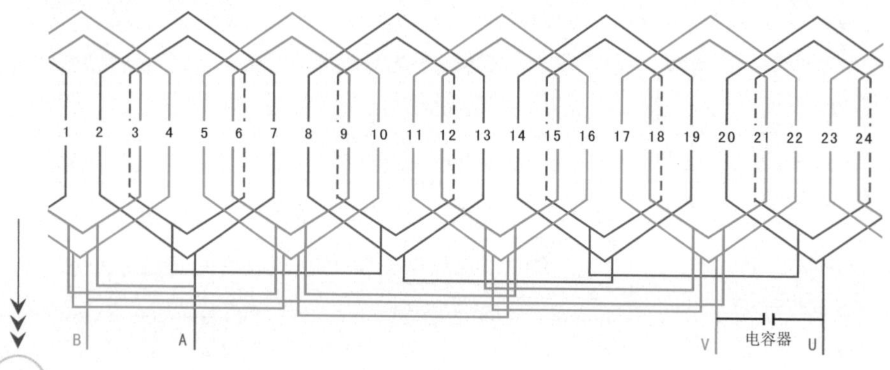

7.3.13 24槽4极3-2-1双速绕组

1 绕组数据

定子槽数 $Z=24$

电机极数 $2p=4$

线圈极距 $\tau=6$

线圈组数 $u=3$

每组圈数 $S=12$、8、4

总线圈数 $Q=24$

2 绕组端面图

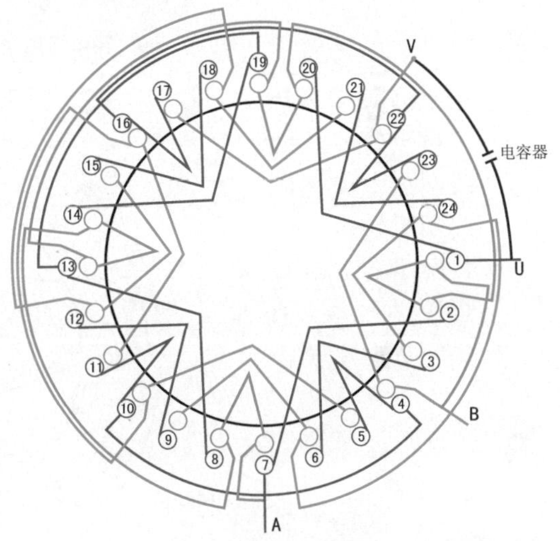

3 接线盒

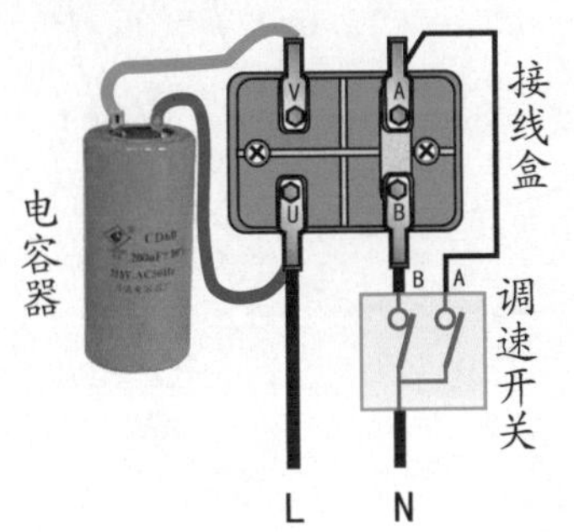

4 绕组展开图

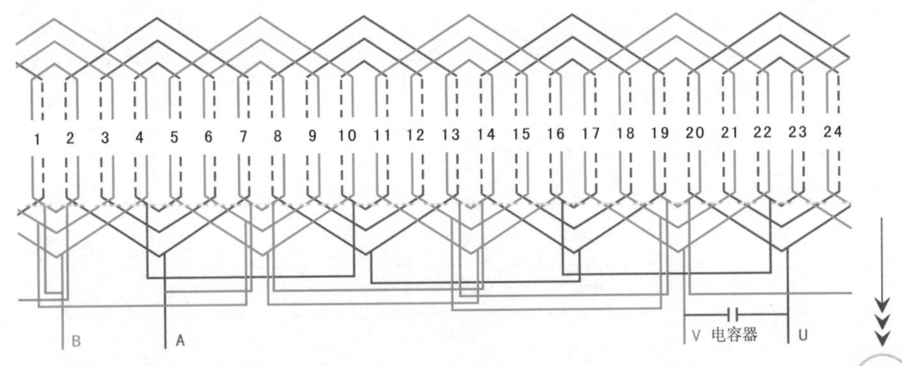

7.4 单相三速绕组

7.4.1 16槽4极4-2-4/2三速绕组

① 绕组数据

定子槽数 $Z=16$

电机极数 $2p=4$

线圈极距 $\tau=4$

线圈组数 $u=4$

每组圈数 $S=4$、2

总线圈数 $Q=10$

线圈节距 $y=3$

② 绕组端面图

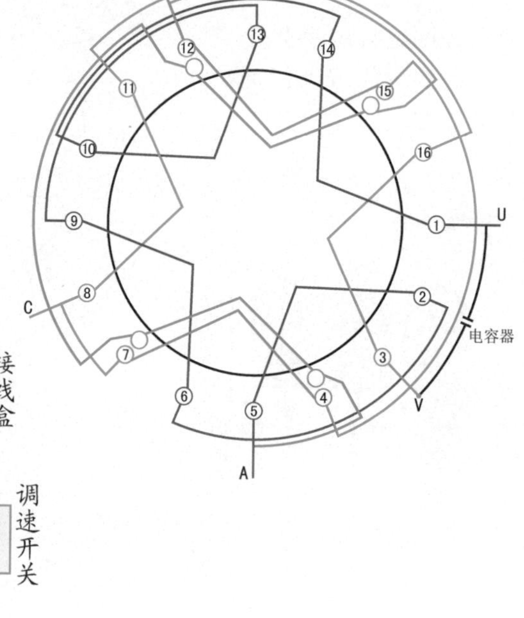

③ 接线盒

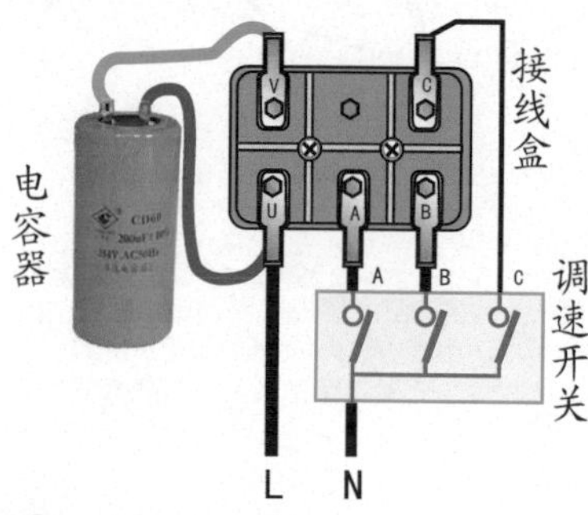

④ 绕组展开图

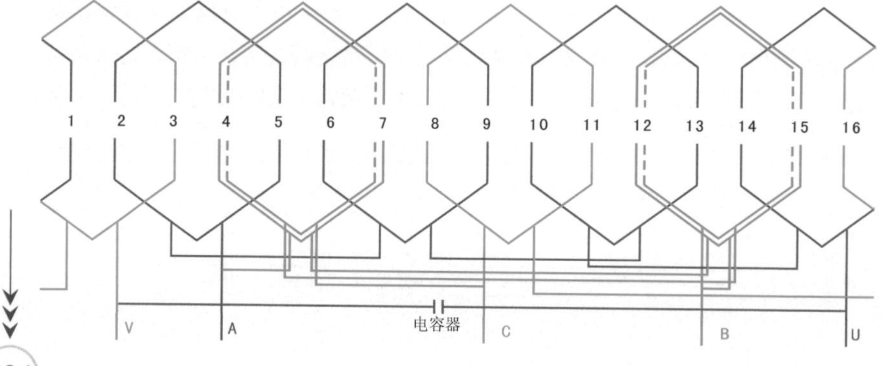

7.4.2 16槽4极4-4/2-4/2三速绕组（A）

1 绕组数据

定子槽数 $Z=16$

电机极数 $2p=4$

线圈极距 $\tau=4$

线圈组数 $u=4$

每组圈数 $S=4$

总线圈数 $Q=12$

线圈节距 $y=3$

2 绕组端面图

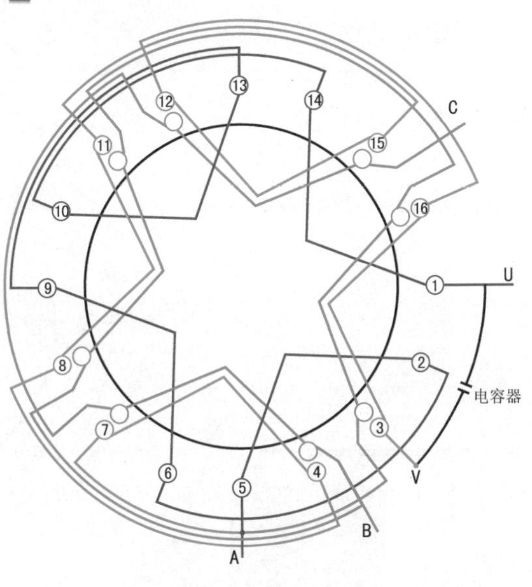

3 接线盒

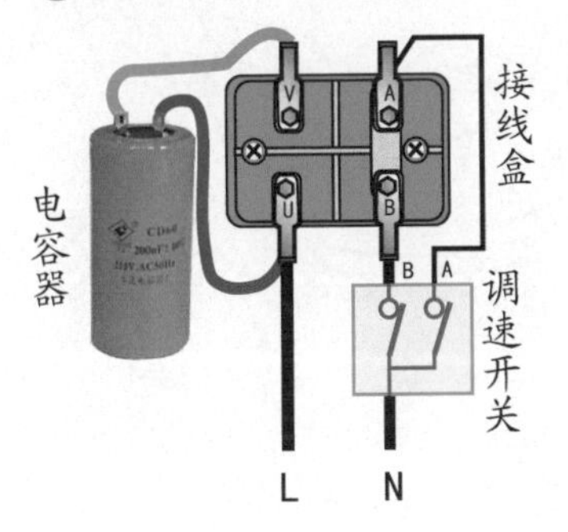

4 绕组展开图

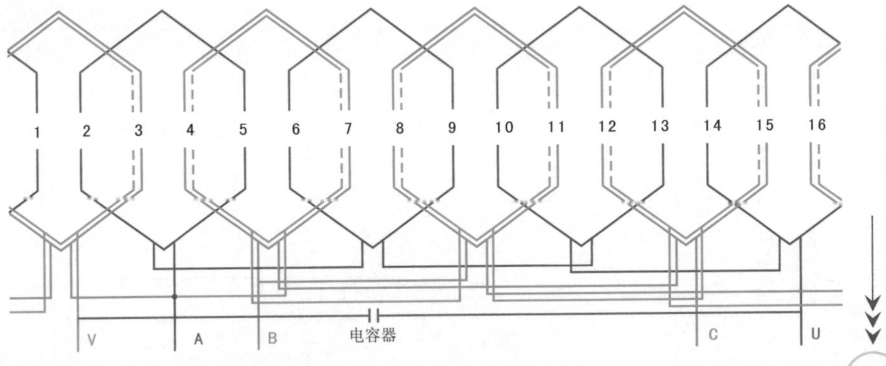

7.4.3 16槽4极4-4/2-4/2三速绕组（B）

1 绕组数据

定子槽数 $Z=16$

电机极数 $2p=4$

总线圈数 $Q=12$

线圈组数 $u=4$

线圈极距 $\tau=4$

线圈节距 $y=3$

2 绕组端面图

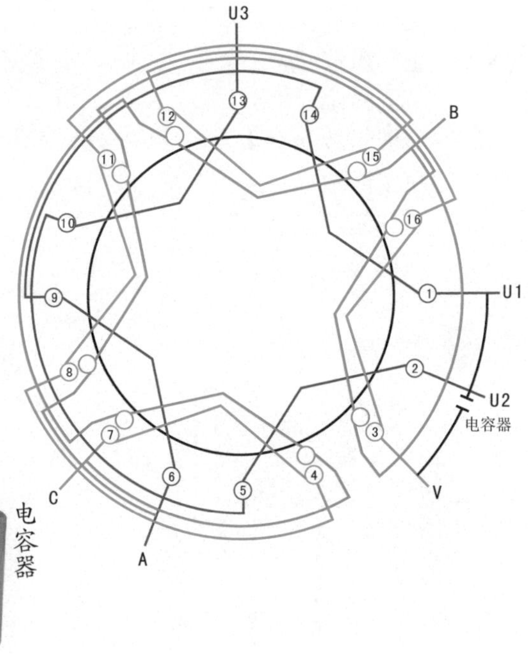

3 接线盒

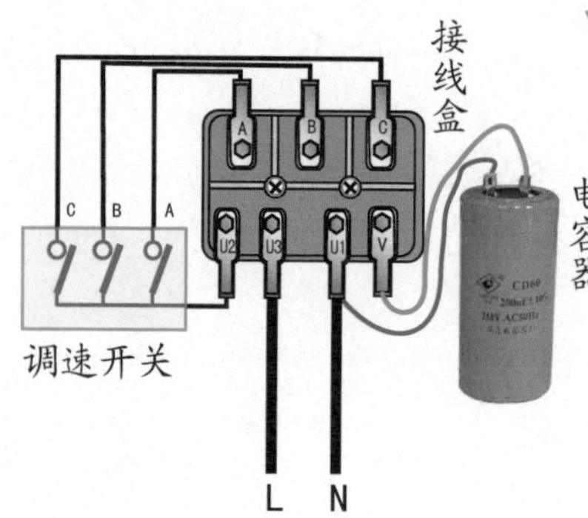

4 绕组展开图

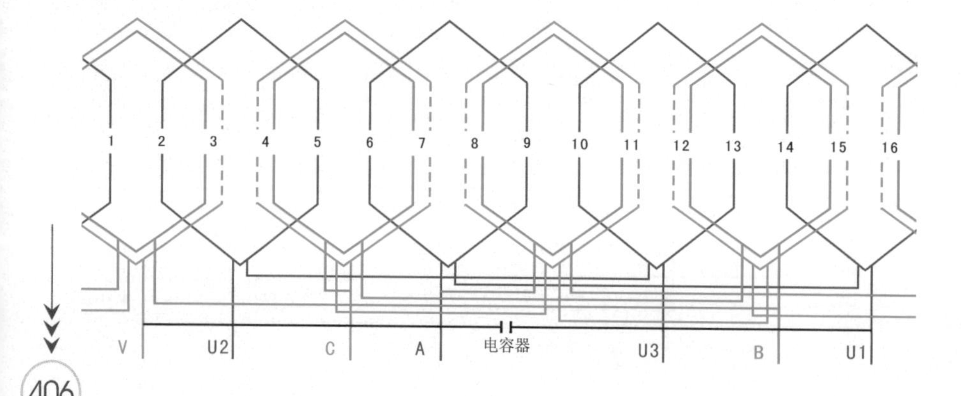

7.4.4 16槽4极4-4/2-4/2三速绕组（C）

1 绕组数据

定子槽数 $Z=16$

电机极数 $2p=4$

总线圈数 $Q=12$

线圈组数 $u=4$

线圈极距 $\tau=4$

线圈节距 $y=3$

2 绕组端面图

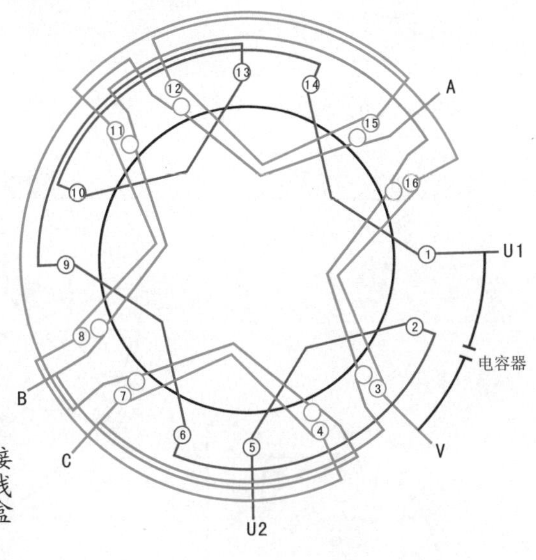

3 接线盒

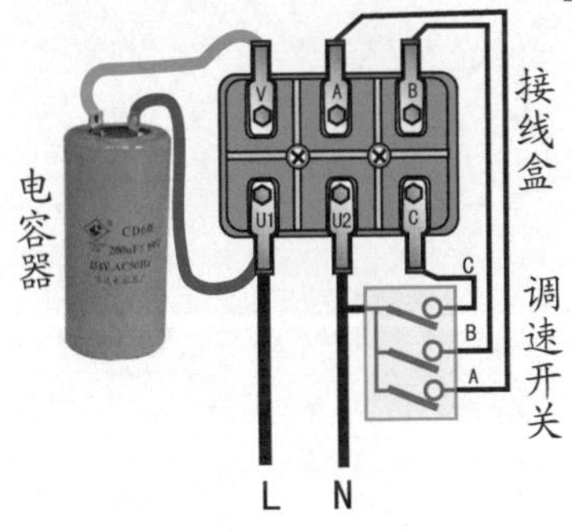

4 绕组展开图

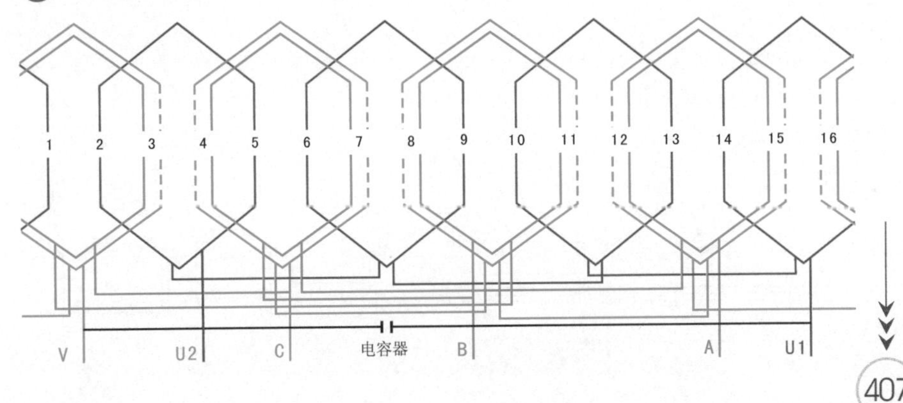

7.4.5 16槽4极4-4/2-4/2三速绕组（D）

1 绕组数据

定子槽数 $Z=16$

电机极数 $2p=4$

线圈极距 $\tau=4$

线圈组数 $u=4$

每组圈数 $S=4$

总线圈数 $Q=12$

线圈节距 $y=3$

2 绕组端面图

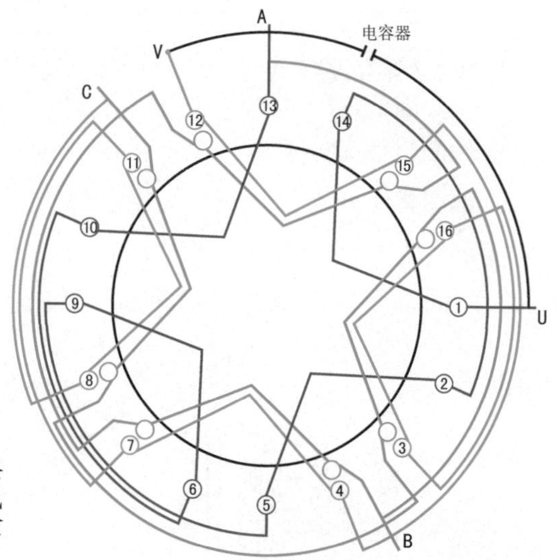

3 接线盒

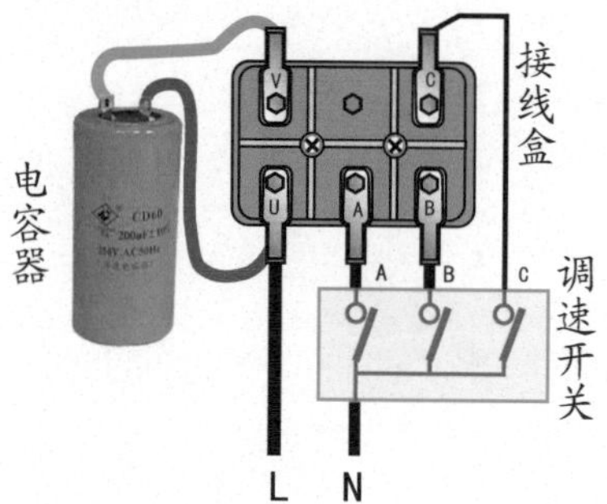

4 绕组展开图

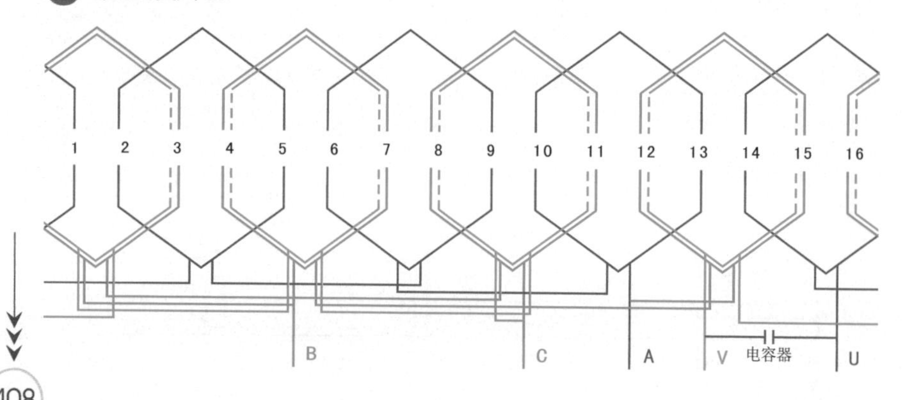

7.4.6　16槽4极4/2-4-4/2三速绕组（A）

① 绕组数据

定子槽数 $Z=16$

电机极数 $2p=4$

线圈极距 $\tau=4$

线圈组数 $u=4$

每组圈数 $S=4$

总线圈数 $Q=12$

线圈节距 $y=3$

② 绕组端面图

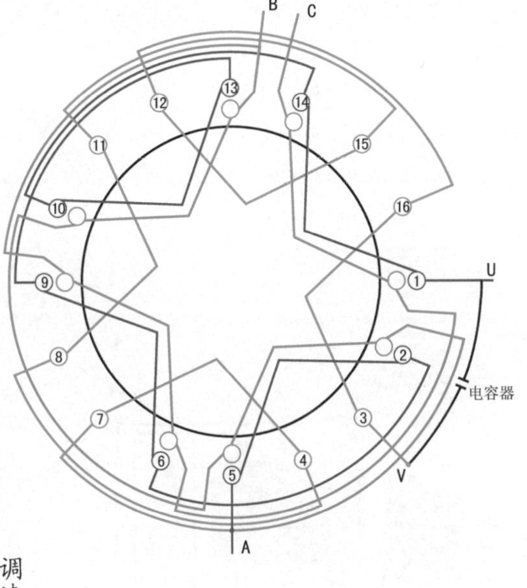

③ 接线盒

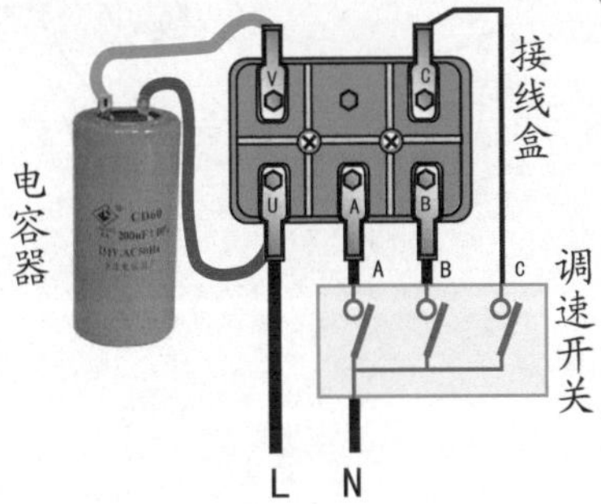

④ 绕组展开图

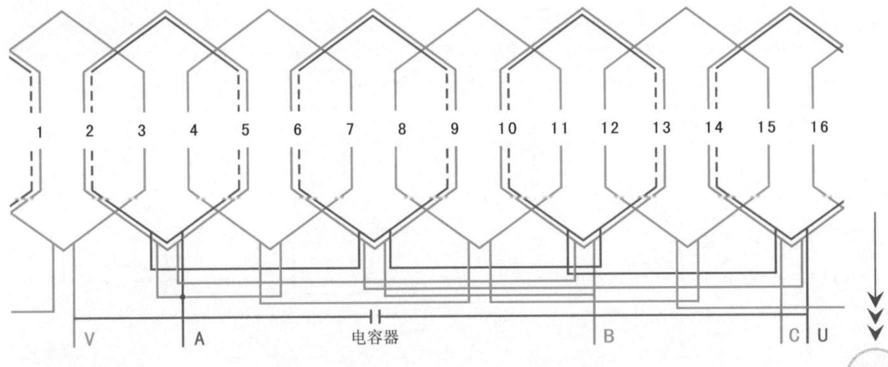

7.4.7 16槽4极4/2-4-4/2三速绕组（B）

① 绕组数据

定子槽数 $Z=16$

电机极数 $2p=4$

总线圈数 $Q=12$

线圈组数 $u=4$

线圈极距 $\tau=4$

线圈节距 $y=3$

② 绕组端面图

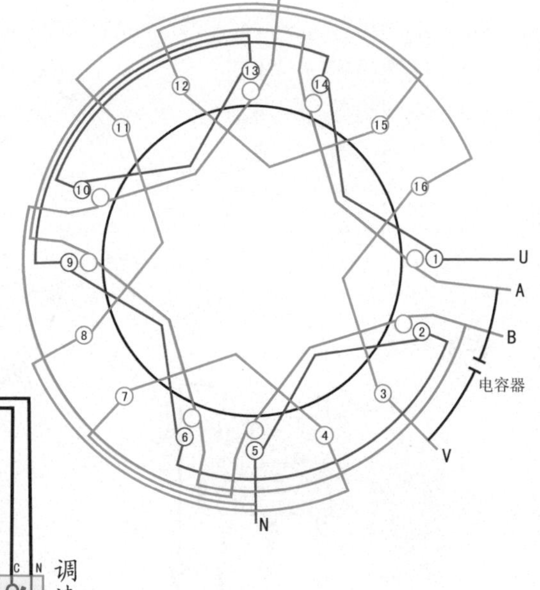

③ 接线盒

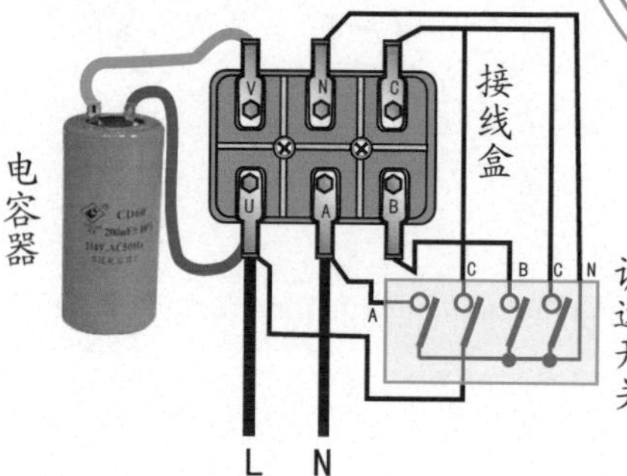

④ 绕组展开图

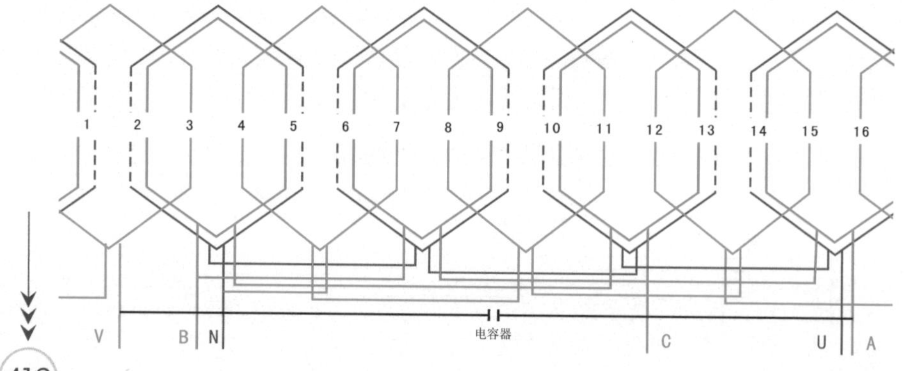

7.4.8 16槽4极4/2-4-4/2三速绕组（C）

① 绕组数据

定子槽数 $Z=16$
电机极数 $2p=4$
总线圈数 $Q=12$
线圈组数 $u=4$
线圈极距 $\tau=4$
线圈节距 $y=3$

② 绕组端面图

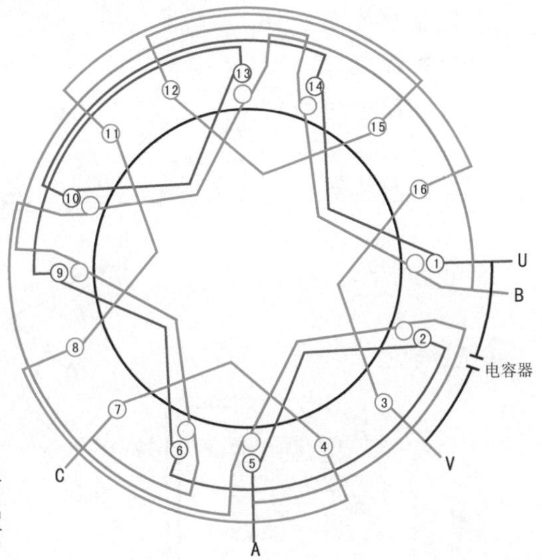

③ 接线盒

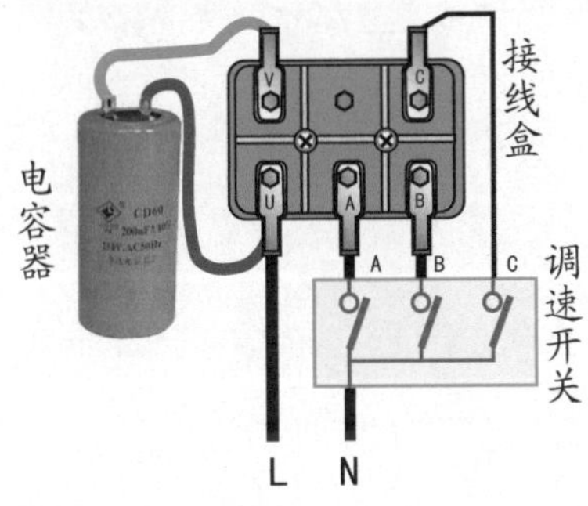

④ 绕组展开图

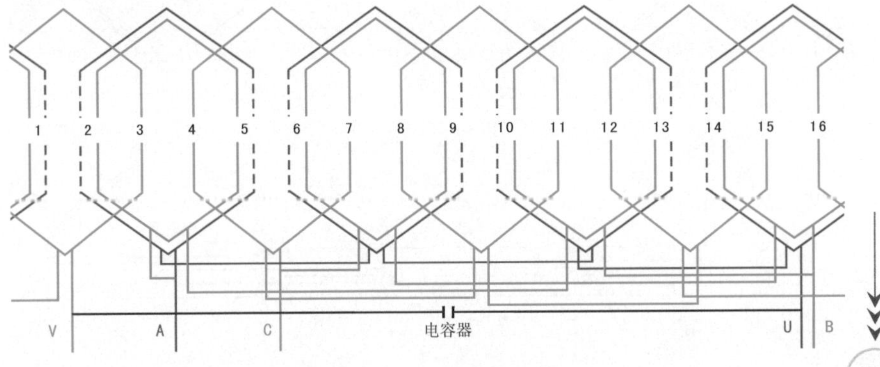

7.4.9 16槽4极4/2-4-4/2三速绕组（D）

① 绕组数据

定子槽数 $Z=16$

电机极数 $2p=4$

线圈极距 $\tau=4$

线圈组数 $u=4$

每组圈数 $S=4$

总线圈数 $Q=12$

线圈节距 $y=3$

② 绕组端面图

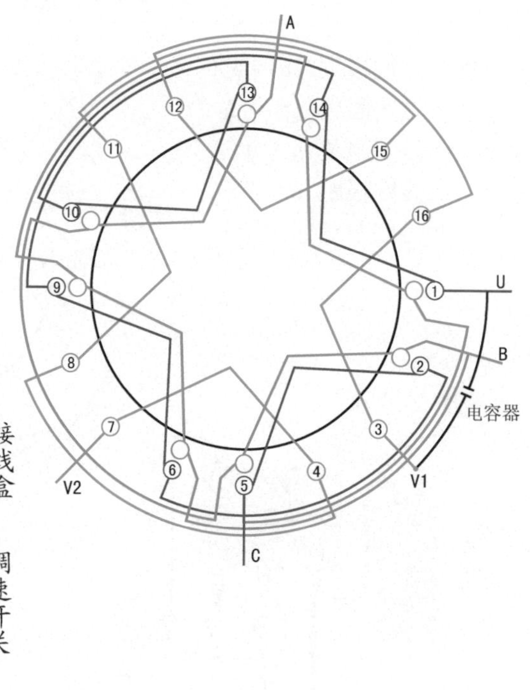

③ 接线盒

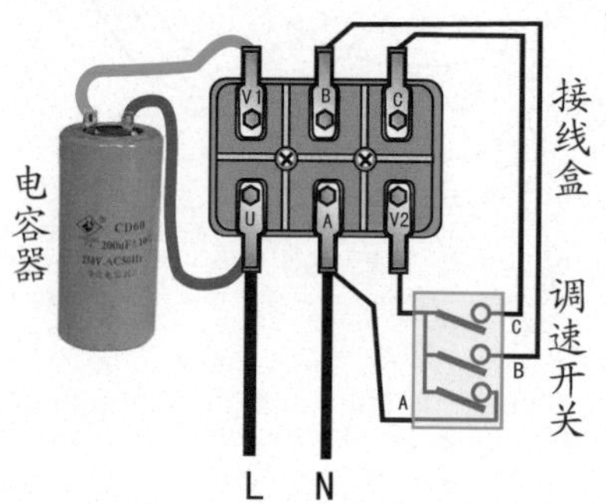

④ 绕组展开图

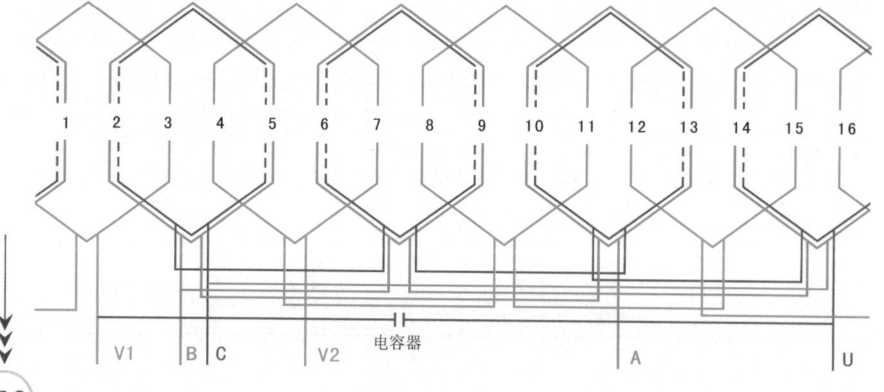

7.4.10 16槽4极4-2/2-2（2/2）三速绕组

① 绕组数据

定子槽数 $Z=16$

电机极数 $2p=4$

总线圈数 $Q=10$

绕组组数 $u=4$

绕组极距 $\tau=4$

线圈节距 $y=3$

② 绕组端面图

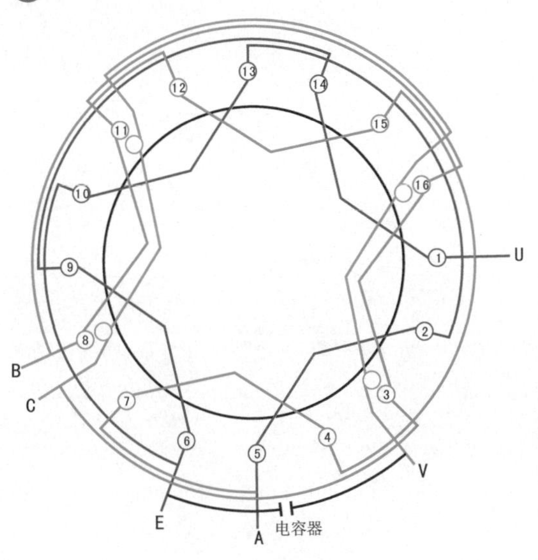

③ 接线盒

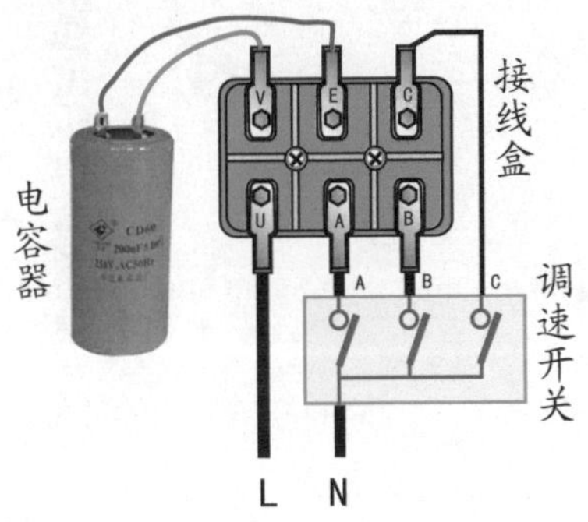

④ 绕组展开图

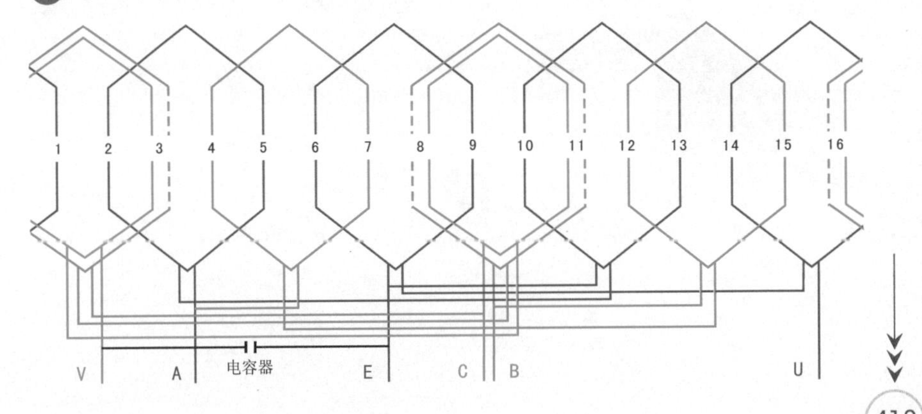

附录

电动机绕组全彩色图集——嵌线·布线·接线展开图

附录1 常见三相异步电动机铁芯和绕组的技术数据

附表1 Y系列（IP44）三相异步电动机铁芯及绕组的技术数据

型号	极数	功率/kW	定子铁芯			定子绕组							槽数
			外径/mm	内径/mm	长度/mm	线规 根数	线规 直径/mm	绕组形式	每槽线数	线圈节距	接法	线重/kg	
Y-801-2	2	0.75	120	67	65	1	ϕ0.63	交叉式	111	2（1—9） 1（1—8）	Y	1.30	18
Y-802-2	2	1.1	120	67	80	1	ϕ0.71		90		Y	1.45	18
Y-90S-2	2	1.5	130	72	80	1	ϕ0.80		77		Y	1.60	18
Y-90L-2	2	2.2	130	72	110	1	ϕ0.95		58		Y	1.90	18
Y-100L-2	2	3.0	155	84	100	1	ϕ1.18	同心式	40	1—12 2—11	Y	2.80	24
Y-112M-2	2	4.0	175	98	105	1	ϕ1.06		48	1—16 2—15 3—14 1—14 2—13	△	3.70	30
Y-132S-2	2	5.5	210	116	105	2	ϕ0.93		44		△	5.70	30
Y-132M-2	2	7.5	210	116	125	2	ϕ1.04		37		△	6.30	30
Y-160M1-2	2	11	260	150	125	3	ϕ1.20		28		△	11.2	30
Y-160M2-2	2	15	260	150	155	4	ϕ1.16		23		△	12.0	30
Y-160L-2	2	18.5	260	150	195	5	ϕ1.16		19		△	13.3	30
Y-180M-2	2	22	290	160	175	4	ϕ1.35	双层叠式	16	1—14 1—14	△	14.65	36
Y-200L1-2	2	30	327	182	180	4	ϕ1.16		28		2△	20.2	36
Y-200L2-2	2	37	327	182	210	3	ϕ1.45		24		2△	22.4	36
Y-225M-2	2	45	368	210	210	4	ϕ1.50		21	1—14	2△	28.8	36
Y-250M-2	2	55	400	225	195	6	ϕ1.40		20		2△	37.6	36
Y-280S-2	2	75	445	255	225	7	ϕ1.50		14	1—16	2△	45.6	42
Y-280M-2	2	90	445	255	265	8	ϕ1.50		12		2△	47.0	42

续表

型号	极数	功率/kW	定子铁芯			定子绕组							槽数
			外径/mm	内径/mm	长度/mm	线规		绕组形式	每槽线数	线圈节距	接法	线重/kg	
						根数	直径/mm						
Y-801L-4	4	0.55	120	75	65	1	ϕ0.59	链式	128	1—16	Y	1.15	24
Y-802L-4	4	0.75	120	75	80	1	ϕ0.63		103		Y	1.30	24
Y-90S-4	4	1.1	130	80	90	1	ϕ0.71		81		Y	1.40	24
Y-90L-4	4	1.5	130	80	120	1	ϕ0.80		63		Y	1.60	24
Y-100L1-4	4	2.2	155	98	105	2	ϕ0.71	交叉式	41	2（1—9） 1（1—8）	Y	2.5	36
Y-100L2-4	4	3.0	155	98	135	1	ϕ1.18		31		Y	2.9	36
Y-112M-4	4	4.0	175	110	135	1	ϕ1.06		46		△	3.7	36
Y-132S-4	4	5.5	210	136	115	2	ϕ0.93		47		△	5.7	36
Y-132M-4	4	7.5	210	136	160	2	ϕ1.06		35		△	6.5	36
Y-160M-4	4	11	260	170	155	1	ϕ1.30		56		2△	8.4	36
Y-160L-4	4	15	260	170	195	4	ϕ1.04		22		△	9.9	36
Y-180M-4	4	18.5	290	187	190	2	ϕ1.18	双层叠式	32	1—11	2△	12.5	48
Y-180L-4	4	22	290	187	220	2	ϕ1.30		28		2△	14.2	48
Y-200L-4	4	30	327	210	230	2	ϕ1.08		48		4△	18.4	48
Y-225S-4	4	37	368	245	200	2	ϕ1.25		46	1—12	4△	24.1	48
Y-225M-4	4	45	368	245	235	2	ϕ1.35		40		4△	26.3	48
Y-250M-4	4	55	400	260	240	4	ϕ1.3		36		4△	34.6	48
Y-280S-4	4	75	445	300	240	4	ϕ1.3		26	1—14	4△	42.1	60
Y-280M-4	4	90	445	300	325	5	ϕ1.3		20		4△	48.4	60

续表

型号	极数	功率/kW	定子铁芯			定子绕组							槽数
			外径/mm	内径/mm	长度/mm	线规		绕组形式	每槽线数	线圈节距	接法	线重/kg	
						根数	直径/mm						
Y-90S-6	6	0.75	130	86	100	1	ϕ0.67	链式	77	1—6	Y	1.7	36
Y-90L-6	6	1.1	130	86	120	1	ϕ0.75		63		Y	1.9	36
Y-100L-6	6	1.5	155	106	100	1	ϕ0.85		53		Y	2.0	36
Y-112L-6	6	2.2	175	120	110	1	ϕ1.06		44		Y	2.8	36
Y-132S-6	6	3.0	210	148	110	1	ϕ0.90		38		Y	3.5	36
						1	ϕ0.85						
Y-132M1-6	6	4.0	210	148	140	1	ϕ1.06		52		△	4.0	36
Y-132M2-6	6	5.5	210	148	180	1	ϕ1.25		42		△	5.2	36
Y-160M-6	6	7.5	260	180	145	1	ϕ1.12		38		△	7.1	36
						1	ϕ1.18						
Y160L1-6	6	11	260	180	195	4	ϕ0.95		28		△	8.9	36
Y-180L-6	6	15	290	205	200	1	ϕ1.50	双层叠式	34	1—9	2△	11.1	54
Y-200L1-6	6	18.5	327	230	190	2	ϕ1.16		32		2△	12.3	54
Y-200L2-6	6	22	327	230	220	2	ϕ1.25		28		2△	13.8	54
Y-225M-6	6	30	368	260	200	3	ϕ1.35		28		2△	23.8	54

续表

型号	极数	功率/kW	定子铁芯			定子绕组							槽数
			外径/mm	内径/mm	长度/mm	线规		绕组形式	每槽线数	线圈节距	接法	线重/kg	
						根数	直径/mm						
Y-250M-6	6	37	400	285	225	3	ϕ1.16	双层叠式	28	1—12	3△	27.2	72
Y-280S-6	6	45	445	325	215	3	ϕ1.35		26		3△	34.4	72
Y-280M-6	6	55	445	325	260	3	ϕ1.5		22		3△	38.8	72
Y-315S-6	6	75	520	375	300	3	ϕ1.5		34		6△		72
Y-132S-8	8	2.2	210	148	110	1	ϕ1.12	链式	39	1—6	Y	4.0	48
Y-132M-8	8	3	210	148	140	1	ϕ1.30		31		Y	4.4	48
Y-160M1-8	8	4	260	180	110	1	ϕ1.25		51		△	6.3	48
Y-160M2-8	8	5.5	260	180	145	2	ϕ1.0		39		△	7.2	48
Y-160L-8	8	7.5	260	180	195	2	ϕ1.16		30		△	8.7	48
Y-180L-8	8	11	290	205	200	2	ϕ0.9	双层叠式	46	1—7	2△	9.9	54
Y-200L-8	8	15	327	230	190	2	ϕ1.5		40		2△	11.9	54
Y-225S-8	8	18.5	368	260	165	2	ϕ1.4		40		2△	20.3	54
Y-225M-8	8	22	368	260	200	2	ϕ1.5		34		2△	21.9	54
Y-250M-8	8	30	400	285	225	3	ϕ1.3		22	1—9	2△	23.9	72
Y-280S-8	8	37	445	325	215	2	ϕ1.3		40	1—12	4△	29.5	72
Y-280M-8	8	45	445	325	260	2	ϕ1.45		34		4△	24.7	72

附表2　J02系列三相异步电动机（国产）铁芯及绕组的技术数据

型号	磁极	功率/kW	定子铁芯			定子绕组							槽数
			外径/mm	内径/mm	长度/mm	线规 根数	线规 直径/mm	绕组形式	每槽线数	线圈节距	接法	线重/kg	
JO2-11-2	2	0.8	120	67	65	1	$\phi0.67$	同心式	94	1—12 2—11	Y	1.61	24
JO2-12-2	2	1.1	120	67	85	1	$\phi0.77$		72		Y	1.775	24
JO2-21-2	2	1.5	145	82	100	1	$\phi0.83$	交叉式	80	2（1—9） 1（1—8）	Y	1.805	18
JO2-22-2	2	2.2	145	82	100	1	$\phi0.93$		60		Y	1.88	18
JO2-31-2	2	3	167	94	95	1	$\phi1.12$	同心式	41	1—12 2—11	Y	2.74	24
JO2-32-2	2	4.0	167	94	125	1	$\phi0.96$		56		△	3.02	24
JO2-41-2	2	5.5	210	114	110	2	$\phi0.93$		53		△	5.76	24
JO2-42-2	2	7.5	210	114	135	2	$\phi1.08$		43		△	6.77	24
JO2-51-2	2	10	245	136	120	2	$\phi1.35$		40		△	10.4	24
JO2-52-2	2	13	245	136	160	3	$\phi1.25$		32		△	11.22	24
JO2-61-2	2	17	280	155	155	1	$\phi1.45$	双层叠式	50	1—11	2△	9.15	30
JO2-71-2	2	22	327	182	155	4	$\phi1.35$		20	1—13	△	17.92	36
JO2-72-2	2	30	327	182	200	4	$\phi1.60$		16		△	21.8	36
JO2-82-2	2	40	368	210	240	2	$\phi1.56$		26		2△	29.8	36
JO2-91-2	2	55	423	245	260	4	$\phi1.56$		20	1—15	2△	38.7	42
JO2-92-2	2	75	423	245	300	5	$\phi1.56$		16		2△	42.7	42
JO2-93-2	2	100	423	245	365	7	$\phi1.56$		12		2△	48.9	42

续表

型号	磁极	功率/kW	定子铁芯			定子绕组							槽数
			外径/mm	内径/mm	长度/mm	线规		绕组形式	每槽线数	线圈节距	接法	线重/kg	
						根数	直径/mm						
JO2-11-4	4	0.6	120	75	85	1	ϕ0.57	链式	115	1—6	Y	1.217	24
JO2-12-4	4	0.8	120	75	100	1	ϕ0.67		96		Y	1.52	24
JO2-21-4	4	1.1	145	90	85	1	ϕ0.72		80		Y	1.445	24
JO2-22-4	4	1.5	145	90	115	1	ϕ0.83		62		Y	1.715	24
JO2-31-4	4	2.2	167	104	95	1	ϕ0.96	交叉式	41	2（1—9） 1（1—8）	Y	2.27	36
JO2-32-4	4	3.0	167	104	135	1	ϕ1.12		31		Y	2.74	36
JO2-41-4	4	4.0	210	136	100	1	ϕ1.0		52		△	3.55	36
JO2-42-4	4	5.5	210	136	125	1	ϕ1.12		42		△	3.96	36
JO2-51-4	4	7.5	245	162	120	2	ϕ1.0		38		△	6.08	36
JO2-52-4	4	10	245	162	160	2	ϕ1.12		29		△	6.56	36
JO2-61-4	4	13	280	182	155	1	ϕ1.25	双层叠式	54	1—8	2△	7.58	36
JO2-62-4	4	17	280	182	190	1	ϕ1.45		42		2△	8.75	36
JO2-71-4	4	22	327	210	175	2	ϕ1.25		42	1—9	2△	14.05	36
JO2-72-4	4	30	327	210	235	2	ϕ1.50		32		2△	17.7	36
JO2-82-4	4	40	368	245	275	3	ϕ1.40		22	1—11	2△	24.4	48
JO2-91-4	4	55	423	280	260	2	ϕ1.50		34	1—13	4△	37.1	60

续表

型号	磁极	功率/kW	定子铁芯			定子绕组							槽数
			外径/mm	内径/mm	长度/mm	线规		绕组形式	每槽线数	线圈节距	接法	线重/kg	
						根数	直径/mm						
JO2-92-4	4	75	423	280	340	3	$\phi1.45$	链式	26	1—13	4△	45.5	60
JO2-93-4	4	100	423	280	380	4	$\phi1.40$		22		4△	50.8	60
JO2-21-6	6	0.8	145	94	85	1	$\phi0.67$		81	1—6	Y	1.62	36
JO2-22-6	6	1.1	145	94	115	1	$\phi0.77$		61		Y	1.895	36
JO2-31-6	6	1.5	167	114	95	1	$\phi0.86$		60		Y	2.28	36
JO2-32-6	6	2.2	167	114	135	1	$\phi1.04$		42		Y	2.81	36
JO2-41-6	6	3	210	148	110	1	$\phi1.20$		40		Y	3.44	36
JO2-42-6	6	4	210	148	140	1	$\phi1.04$		55		△	4.03	36
JO2-51-6	6	5.5	245	174	130	1	$\phi1.20$		47		△	4.70	36
JO2-52-6	6	7.5	245	174	170	1	$\phi1.40$		37		△	5.81	36
JO2-61-6	6	10	280	200	175	2	$\phi1.12$	双层叠式	22	1—9	△	7.6	54
JO2-62-6	6	13	280	200	220	2	$\phi1.35$		18		△	9.53	54
JO2-71-6	6	17	327	230	200	2	$\phi1.50$		18		△	11.5	54
JO2-72-6	6	22	327	230	250	2	$\phi1.20$		28		2△	13.42	54
JO2-81-6	6	30	368	260	240	2	$\phi1.25$		32	1—11	3△	23.3	72
JO2-82-6	6	40	368	260	310	2	$\phi1.45$		24		3△	27.20	72
JO2-91-6	6	55	423	300	320	3	$\phi1.40$		20		3△	33.6	72
JO2-92-6	6	75	423	300	420	2	$\phi1.40$		30		6△	39.8	72

续表

型号	磁极	功率/kW	定子铁芯			定子绕组							槽数
			外径/mm	内径/mm	长度/mm	线规		绕组形式	每槽线数	线圈节距	接法	线重/kg	
						根数	直径/mm						
JO2-41-8	8	2.2	210	148	110	1	ϕ1.12	链式	37	1—6	Y	3.40	48
JO2-42-8	8	3.0	210	148	140	1	ϕ1.30		31		Y	4.39	48
JO2-51-8	8	4.0	245	174	130	1	ϕ1.12		48		△	4.95	48
JO2-52-8	8	5.5	245	174	170	1	ϕ1.30		37		△	5.95	48
JO2-61-8	8	7.5	280	200	175	1	ϕ1.04	双层叠式	58	1—7	2△	7.58	54
JO2-62-8	8	10	280	200	220	1	ϕ1.20		46		2△	9.2	54
JO2-71-8	8	13	327	230	200	1	ϕ1.35		42		2△	10.32	54
JO2-72-8	8	17	327	230	250	1	ϕ1.56		34		2△	12.8	54
JO2-81-8	8	22	368	260	240	2	ϕ1.35		24	1—9	2△	1.90	72
JO2-82-8	8	30	368	260	310	2	ϕ1.62		20		2△	26.6	72
JO2-91-8	8	40	423	300	320	2	ϕ1.30		34		4△	30.9	72
JO2-92-8	8	55	423	300	420	2	ϕ1.50		26		4△	37.6	72
JO2-81-10	10	17	368	260	240	2	ϕ1.25		34	1—6	2△	17.8	60
JO2-82-10	10	22	368	260	310	2	ϕ1.45		26		2△	21.7	60
JO2-91-10	10	30	423	300	320	1	ϕ1.40		52		5△	21.7	60
JO2-92-10	10	40	423	300	400	1	ϕ1.62		42		5△	26.7	60

附表3 J02系列三相异步电动机（上海产）铁芯及绕组的技术数据

型号	磁极	功率/kW	定子铁芯			定子绕组							槽数
			外径/mm	内径/mm	长度/mm	线规		绕组形式	每槽线数	线圈节距	接法	线重/kg	
						根数	直径/mm						
JO2-11-2	2	0.8	120	67	65	1	$\phi 0.67$	同心式	94	1—12 2—11	Y	1.68	24
JO2-12-2	2	1.1	120	67	85	1	$\phi 0.77$		72		Y	1.7	24
JO2-21-2	2	1.5	145	80	80	1	$\phi 0.83$	交叉式	76	1（1—8） 2（1—9）	Y	1.765	18
JO2-22-2	2	2.2	145	80	100	1	$\phi 0.93$		59		Y	1.89	18
JO2-31-2	2	3	167	90	100	1	$\phi 0.8$	同心式	78	1—12 2—11	2Y	2.41	24
JO2-32-2	2	4	167	90	135	1	$\phi 0.86$		62		2Y	2.67	24
JO2-41-2	2	5.5	210	110	100	3	$\phi 1.04$		33		Y	6.22	24
JO2-42-2	2	7.5	210	110	135	2	$\phi 0.74$		88		2Y	7.0	24
JO2-52-2	2	10	245	136	130	2	$\phi 1.2$		38		△	7.8	24
JO2-61-2	2	13	280	150	130	2	$\phi 1.0$		68		2△	9.75	24
JO2-62-2	2	17	280	150	170	2	$\phi 1.16$		51		2△	11.0	24
JO2-71-2	2	22	327	174	155	4	$\phi 1.30$		18	1—18 2—17 3—16	△	17.4	36
JO2-72-2	2	30	327	174	210	4	$\phi 1.56$		13		△	20	36
JO2-11-4	4	0.6	120	75	85	1	$\phi 0.57$	单层链式	118	1—6	Y	1.23	24
JO2-12-4	4	0.8	120	75	100	1	$\phi 0.64$		98		Y	1.53	24
JO2-21-4	4	1.1	145	90	75	1	$\phi 0.74$		89		Y	1.6	24
JO2-22-4	4	1.5	145	90	100	1	$\phi 0.83$		68		Y	1.76	24

续表

型号	磁极	功率/kW	定子铁芯			定子绕组							槽数
			外径/mm	内径/mm	长度/mm	线规		绕组形式	每槽线数	线圈节距	接法	线重/kg	
						根数	直径/mm						
JO2-31-4	4	2.2	167	104	95	1	ϕ0.96	交叉式	40	1（1—8） 2（1—9）	Y	2.16	36
JO2-32-4	4	3	167	104	130	1	ϕ0.8		62		2Y	2.71	36
JO2-41-4	4	4	210	136	100	2	ϕ0.9		30		Y	3.27	36
JO2-42-4	4	5.5	210	136	125	1	ϕ1.04		48		2Y	4.16	36
JO2-51-4	4	7.5	245	162	110	1	ϕ1.3	双层叠式	40	1—9	△	5.12	36
JO2-52-4	4	10	245	162	140	1	ϕ1.08		60	1—9	2△	5.86	36
JO2-61-4	4	13	280	180	140	1	ϕ1.25		56	1—8	2△	7.54	36
JO2-62-4	4	17	280	180	180	1	ϕ1.45		44		2△	8.95	36
JO2-71-4	4	22	327	210	175	2 2	ϕ1.20 ϕ1.20		42	1—9	2△	—	36
JO2-72-4	4	30	327	210	230	1	ϕ1.25		32		2△	9.3 8.0	36
JO2-12-6	6	0.6	120	75	105	1	ϕ0.59		116	1—5	Y	1.44	27
JO2-21-6	6	0.8	145	94	90	1	ϕ0.72	单层叠式	74	1—6	Y	1.7	36
JO2-22-6	6	1.1	145	94	110	1	ϕ0.77		61		Y	1.81	36
JO2-31-6	6	1.5	167	114	100	1	ϕ0.9		59		Y	2.42	36
JO2-32-6	6	2.2	167	114	135	1	ϕ1.04		42		Y	2.7	36
JO2-41-6	6	3	210	148	115	1	ϕ1.16		36		Y	3.39	36
JO2-42-6	6	4	210	148	135	1	ϕ0.93		62		2Y	3.31	36
JO2-51-6	6	5.5	245	174	110	1	ϕ1.08		60		2Y	4.57	36
JO2-52-6	6	7.5	245	174	140	1	ϕ1.3		41		△	5.07	36

续表

型号	磁极	功率/kW	定子铁芯			定子绕组							槽数
			外径/mm	内径/mm	长度/mm	线规 根数	线规 直径/mm	绕组形式	每槽线数	线圈节距	接法	线重/kg	
JO2-61-6	6	10	280	200	140	1	ϕ1.08	双层叠式	30	1—8	△	3.36	45
						1	ϕ1.12					3.62	
JO2-62-6	6	13	80	200	190	2	ϕ1.25		22		△	7.9	45
JO2-71-6	6	17	327	230	175	3	ϕ1.30		28	1—6	2△	—	36
JO2-72-6	6	22	327	230	220	1	ϕ1.30		42		2△	6.87	36
						1	ϕ1.25					7.43	
JO2-22-8	8	0.8	145	94	125	1	ϕ0.72		76	1—5	Y	2.1	36
JO2-31-8	8	1.1	167	114	110	1	ϕ0.83		68		Y	2.35	36
JO2-32-8	8	1.5	167	114	140	1	ϕ0.96		52		Y	2.63	36
JO2-41-8	8	2.2	210	148	110	1	ϕ1.16	链式	38	1—6	Y	3.46	48
JO2-42-8	8	3	210	148	145	1	ϕ0.96	单层链式	58	1—6	2Y	4.25	48
JO2-51-8	8	4	245	174	110	1	ϕ1.0	双层叠式	64		2Y	4.82	48
JO2-52-8	8	5.5	245	174	140	1	ϕ1.12		26		Y	2.8	48
						1	ϕ1.16					3	
JO2-61-8	8	7.5	280	200	140	1	ϕ1.04	单层链式	36		△	3.75	48
						1	ϕ1.08					4.05	
JO2-62-8	8	10	280	200	190	1	ϕ1.2		56		2△	9.2	48
JO2-71-8	8	13	327	230	175	1	ϕ1.35	双层叠式	42	1—7	2△	9.45	60
JO2-72-8	8	17	327	230	220	1	ϕ1.56		34		2△	12.9	60

附表4 J02L系列三相异步电动机铁芯及绕组的技术数据

型号	磁极	额定功率/kW	定子铁芯 外径/mm	定子铁芯 内径/mm	定子铁芯 长度/mm	线规 根数	线规 直径/mm	绕组形式	每槽线数	线圈节距	接法	线重/kg	定转子槽数
JO2L-11-2	2	0.8	120	67	75	1	ϕ0.83	单层交叉	112	1/1—8 2/1—9	Y		18/16
JO2L-12-2	2	1.1	120	67	95	1	ϕ0.93		89	2/1—9	Y		18/16
JO2L-11-2	2	0.8	120	67	75	1	ϕ0.83		112	2/1—9	Y		18/16
JO2L-12-2	2	1.1	120	67	95	1	ϕ0.93		90	2/1—9	Y		18/16
JO2L-11-4	4	0.6	120	75	95	1	ϕ0.72	单层链式	105	1—6	Y		24/22
JO2L-12-4	4	0.8	120	75	115	1	ϕ0.80		85	1—6	Y		24/22
JO2L-11-4	4	0.6	120	75	90	1	ϕ0.69		108	1—6	Y		24/22
JO2L-12-4	4	0.8	120	75	115	1	ϕ0.80		82	1—6	Y		24/22
JO2L-11-4	4	0.6	120	75	95	1	ϕ0.74		105	1—6	Y		24/22
JO2L-12-4	4	0.8	120	75	115	1	ϕ0.83		86	1—6	Y		24/22
JO2L-21-2	2	1.5	145	82	85	1	ϕ1.04	单层交叉	73	1/1—8 2/1—9	Y		18/16
JO2L-22-2	2	2.2	145	82	110	2	ϕ0.83		57	2/1—9	Y		18/16
JO2L-21-2	2	1.5	145	82	90	1	ϕ1.08		73	1/1—8 2/1—9	Y		18/16
JO2L-22-2	2	2.2	145	82	115	1	ϕ1.25		56	2/1—9	Y		18/16
JO2L-21-2	2	1.5	145	82	90	1	ϕ1.04		71	2/1—9	Y		18/16
JO2L-22-2	2	2.2	145	82	115	1 1	ϕ0.83 ϕ0.86		54	2/1—9	Y		18/16

续表

型号	磁极	额定功率/kW	定子铁芯			定子绕组							定转子槽数
			外径/mm	内径/mm	长度/mm	线规		绕组形式	每槽线数	线圈节距	接法	线重/kg	
						根数	直径/mm						
JO2L-21-4	4	1.1.	145	90	85	1	$\phi 0.86$	单层链式	78	1—6	Y		24/22
JO2L-22-4	4	1.5	145	90	115	1	$\phi 1.0$		60	1—6	Y		24/22
JO2L-21-4	4	1.1	145	90	95	1	$\phi 0.96$		82	1—6	Y		24/22
JO2L-22-4	4	1.5	145	90	125	1	$\phi 0.77$		61	1—6	Y		24/22
JO2L-21-4	4	1.1	145	90	90	1	$\phi 0.80$		78	1—6	Y		24/22
						1	$\phi 0.93$						
JO2L-22-4	4	1.5	145	90	120	1	$\phi 1.04$		61	1—6	Y		24/22
JO2L-21-6	6	0.8	145	94	95	1	$\phi 0.83$	单层链式	74	1—6	Y		36/33
JO2L-22-6	6	1.1	145	94	125	1	$\phi 0.96$		57	1—6	Y		36/33
JO2L-21-6	6	0.8	145	94	100	1	$\phi 0.86$		73	1—6	Y		36/33
JO2L-22-6	6	1.1	145	94	130	1	$\phi 1.0$		55	1—12	Y		36/33
JO2L-31-2	2	3	167	94	105	2	$\phi 1.12$	单层同心	42	2—11	Y		24/20
JO2L-32-2	2	4	167	94	135	1	$\phi 1.35$		59	2—11	△		24/20
JO2L-31-2	2	3	167	94	105	2	$\phi 1.08$		40	1—12	Y		24/20
										2—11			
JO2L-32-2	2	4	167	94	130	1	$\phi 1.30$		56	2—11	△		24/20
JO2L-31-2	2	3	167	94	105	2	$\phi 1.08$		41	2—11	Y		24/20
JO2L-32-2	2	4	167	94	135	1	$\phi 1.30$		57	2—11	△		24/20
JO2L-31-2	2	3	167	94	105	1	$\phi 1.08$		42	2—11	Y		24/20
						1	$\phi 1.04$						
JO2L-32-2	2	4	167	94	135	2	$\phi 0.9$		59	2—11	△		24/20

续表

型号	磁极	额定功率/kW	定子铁芯			定子绕组							定转子槽数
			外径/mm	内径/mm	长度/mm	线规 根数	线规 直径/mm	绕组形式	每槽线数	线圈节距	接法	线重/kg	
JO2L-31-4	4	2.2	167	104	110	1	ϕ1.30	单层交叉	40	1/1—8 2/1—9	Y		36/26
JO2L-32-4	4	3	167	104	140	1	ϕ1.45		32	2/1—9	Y		36/26
JO2L-31-4	4	2.2	167	104	110	1	ϕ1.25		39	2/1—9	Y		36/26
JO2L-32-4	4	3	167	104	140	1	ϕ1.40		30	2/1—9	Y		36/26
JO2L-31-4	4	2.2	167	104	110	2	ϕ0.86		38	2/1—9	Y		36/26
JO2L-32-4	4	3	167	104	140	2	ϕ1.0		30	2/1—9	Y		36/26
JO2L-31-6	6	1.5	167	114	105	1	ϕ1.08	单层链式	55	1—6	Y		36/33
JO2L-32-6	6	2.2	167	114	145	1	ϕ1.25		41	1—6	Y		36/33
JO2L-31-6	6	1.5	167	114	105	1	ϕ1.08		56	1—6	Y		36/33
JO2L-32-6	6	2.2	167	114	150	1	ϕ1.30		40	1—6	Y		36/33
JO2L-41-2	2	5.5	210	114	120	1 1	ϕ1.25 ϕ1.30	单层同心	49	1—12 2—11	△		24/20
JO2L-42-2	2	7.5	210	114	150	1 1	ϕ1.40 ϕ1.45		39	2—11	△		24/20
JO2L-41-2	2	5.5	210	114	120	2	ϕ1.25		50	2—11	△		24/20
JO2L-42-2	2	7.5	210	114	150	1	ϕ1.35		40	2—11	△		24/20
JO2L-42-4	4	5.5	210	136	140	1	ϕ1.45	单层交叉	41	1/1—8	△		36/26
JO2L-41-4	4	4	210	136	120	2	ϕ0.96		51	1/1—8	△		36/33
JO2L-42-4	4	5.5	210	136	155	2	ϕ1.08		40	1/1—8	△		36/33

续表

型号	磁极	额定功率/kW	定子铁芯			定子绕组							定转子槽数
			外径/mm	内径/mm	长度/mm	线规		绕组形式	每槽线数	线圈节距	接法	线重/kg	
						根数	直径/mm						
JO2L-41-6	6	3	210	148	120	1	$\phi1.50$	单层链式	37	1—6	△		36/33
JO2L-42-6	6	4	210	148	145	1	$\phi1.25$		52	1—6	△		36/33
JO2L-41-6	6	3	210	145	110	2	$\phi1.04$		38	1—6	△		36/33
JO2L-42-6	6	4	210	145	150	1	$\phi1.30$		50	1—6	△		36/33
JO2L-41-8	8	2.2	210	148	110	1	$\phi1.4$		38	1—6	Y		48/44
JO2L-42-8	8	3	210	148	150	2	$\phi1.16$		29	1—6	Y		48/44
JO2L-41-8	8	2.2	210	145	110	1	$\phi1.4$		38	1—6	Y		48/44
JO2L-41-8	8	3	210	145	150	1	$\phi1.62$		29	1—6	Y		48/44
JO2L-51-8	8	10	245	136	130	2	$\phi1.62$	单层同心	37	1—12	△		24/20
JO2L-52-2	2	13	245	136	160	2	$\phi1.45$		30	2—11	△		24/20
						1	$\phi1.50$						
JO2L-51-2	2	10	245	136	130	1	$\phi1.25$		37	2—11	△		24/20
						2	$\phi1.35$						
JO2L-52-2	2	13	245	136	160	2	$\phi1.45$		30	2—11	△		24/20
						1	$\phi1.50$						
JO2L-51-4	4	7.5	245	162	135	2	$\phi1.20$	单层交叉	35	2—11	△		36/36
						3	$\phi1.12$			2/1—9			
JO2L-52-4	4	10	245	162	175	1	$\phi1.20$		27	1/1—8	△		36/26
JO2L-51-4	4	7.5	245	162	140	1	$\phi1.25$		35	1/1—8	△		36/26
JO2L-52-4	4	10	245	162	180	2	$\phi1.40$		27	1/1—8	△		36/26

续表

型号	磁极	额定功率/kW	定子铁芯			定子绕组								定转子槽数
			外径/mm	内径/mm	长度/mm	线规		绕组形式	每槽线数	线圈节距	接法	线重/kg		
						根数	直径/mm							
JO2L-51-6	6	5.5	245	174	130	1	ϕ1.50	单层链式	46	1—6	△			36/33
JO2L-52-6	6	7.5	245	174	175	2	ϕ1.20		35	1—6	△			36/33
JO2L-51-6	6	5.5	245	174	130	2	ϕ1.08		47	1—6	△			36/33
JO2L-52-6	6	7.5	245	174	170	2	ϕ1.20		35	1—6	△			36/33
JO2L-51-8	8	4	245	174	130	1	ϕ1.40		46	1—6	△			48/44
JO2L-52-8	8	5.5	245	174	170	1	ϕ1.56		36	1—6	△			48/44
JO2L-51-8	8	4	245	174	130	1	ϕ1.40		46	1—6	△			48/44
JO2L-52-8	8	5.5	245	174	175	2	ϕ1.12		36	1—6	△			48/44
JO2L-61-2	2	17	280	155	165	2	ϕ1.35	双层叠式	46	1—11	2△			30/22
JO2L-61-2	2	17	280	150	170	2	ϕ1.40		36	1—14	2△			36/28
JO2L-61-4	4	13	280	182	160	1	ϕ1.50		28	1—8	△			36/34
						1	ϕ1.56							
JO2L-62-4	4	17	280	182	210	2	ϕ1.74		22	1—8	△			36/34
JO2L-61-4	4	13	280	182	170	1	ϕ1.62		52	1—9	2△			36/32
JO2L-62-4	4	17	280	182	210	1	ϕ1.81		42	1—9	2△			36/32
JO2L-61-6	6	10	280	200	170	1	ϕ1.45		50	1—9	2△			54/50
JO2L-62-6	6	13	280	200	230	1	ϕ1.35		58	1—9	3△			54/50
JO2L-61-6	6	10	280	200	170	1	ϕ1.45		48	1—9	2△			54/44
JO2L-62-6	6	13	280	200	230	1	ϕ0.93		56	1—9	3△			54/44
						1	ϕ0.96							

续表

型号	磁极	额定功率/kW	定子铁芯			定子绕组							定转子槽数
			外径/mm	内径/mm	长度/mm	线规		绕组形式	每槽线数	线圈节距	接法	线重/kg	
						根数	直径/mm						
JO2L-61-8	8	7.5	280	200	170	1	ϕ0.93	双层叠式	126	1—7	4△		54/58
JO2L-62-8	8	10	280	200	230	1	ϕ1.04		98	1—7	4△		54/58
JO2L-61-8	8	7.5	280	200	170	1	ϕ1.30		64	1—7	2△		54/50
JO2L-62-8	8	10	280	200	230	1	ϕ1.50		50	1—7	2△		54/50
JO2L-71-2	2	22	327	182	165	2	ϕ1.35	单双层混合	单33	1、2、3、4—15、16、17、18	2△		36/28
						2	ϕ1.3		双32				
JO2L-72-2	2	30	327	182	220	5	ϕ1.35		单26	1、2、3、4—15、16、17、18	2△		36/28
									双25				
JO1L-71-4	4	22	327	210	175	3	ϕ1.56	双层交叉	30		2△		48/38
JO2L-72-4	4	30	327	210	235	3	ϕ1.20	双叠	46	1—11	4△		48/38
JO2L-71-4	4	22	327	210	195	2	ϕ1.20		62	1—11	4△		48/38
JO2L-72-4	4	30	327	210	270	2	ϕ1.12		46	1—11	4△		48/38
						1	ϕ1.25			1—9			
JO2L-71-6	5	17	327	230	200	1	ϕ1.35		34	2/1—9	2△		54/44
						2	ϕ1.35						
JO2L-72-6	5	22	327	230	250	2	ϕ1.25	单层交叉	41	1/1—8	3△		54/44
JO2L-71-6	5	17	327	230	200	1	ϕ1.40	双层叠式	34	1—9	2△		54/44
						1	ϕ1.45						
JO2L-72-6	5	22	327	230	250	2	ϕ1.30		28	1—9	2△		54/44
						1	ϕ1.25						

续表

<table>
<tr><th rowspan="3">型号</th><th rowspan="3">磁极</th><th rowspan="3">额定功率/kW</th><th colspan="3">定子铁芯</th><th colspan="7">定子绕组</th><th rowspan="3">定转子槽数</th></tr>
<tr><th rowspan="2">外径/mm</th><th rowspan="2">内径/mm</th><th rowspan="2">长度/mm</th><th colspan="2">线规</th><th rowspan="2">绕组形式</th><th rowspan="2">每槽线数</th><th rowspan="2">线圈节距</th><th rowspan="2">接法</th><th rowspan="2">线重/kg</th></tr>
<tr><th>根数</th><th>直径/mm</th></tr>
<tr><td>JO2L-71-8</td><td>8</td><td>13</td><td>327</td><td>230</td><td>200</td><td>2</td><td>φ1.20</td><td rowspan="16">双层叠式</td><td>44</td><td>1—7</td><td>2△</td><td></td><td>54/58</td></tr>
<tr><td>JO2L-71-8</td><td>8</td><td>13</td><td>327</td><td>230</td><td>200</td><td>2</td><td>φ1.20</td><td>44</td><td>1—7</td><td>2△</td><td></td><td>54/58</td></tr>
<tr><td>JO2L-72-8</td><td>8</td><td>17</td><td>327</td><td>230</td><td>250</td><td>2</td><td>φ1.35</td><td>36</td><td>1—7</td><td>2△</td><td></td><td>54/58</td></tr>
<tr><td>JO2L-71-8</td><td>8</td><td>13</td><td>327</td><td>230</td><td>200</td><td>2</td><td>φ1.20</td><td>44</td><td>1—7</td><td>2△</td><td></td><td>54/58</td></tr>
<tr><td rowspan="2">JO2L-72-8</td><td rowspan="2">8</td><td rowspan="2">17</td><td rowspan="2">327</td><td rowspan="2">230</td><td rowspan="2">270</td><td>1</td><td>φ1.93</td><td rowspan="2">70</td><td rowspan="2">1—7</td><td rowspan="2">4△</td><td rowspan="2"></td><td rowspan="2">54/58</td></tr>
<tr><td>1</td><td>φ1.04</td></tr>
<tr><td>JO2L-82-2</td><td>2</td><td>40</td><td>368</td><td>210</td><td>230</td><td>4</td><td>φ1.56</td><td>24</td><td>1—13</td><td>2△</td><td></td><td>36/28</td></tr>
<tr><td>JO2L-82-2</td><td>2</td><td>40</td><td>368</td><td>210</td><td>230</td><td>4</td><td>φ1.62</td><td>24</td><td>1—13</td><td>2△</td><td></td><td>36/28</td></tr>
<tr><td rowspan="2">JO2L-82-4</td><td rowspan="2">4</td><td rowspan="2">40</td><td rowspan="2">368</td><td rowspan="2">245</td><td rowspan="2">275</td><td>2</td><td>φ1.62</td><td rowspan="2">20</td><td rowspan="2">1—11</td><td rowspan="2">2△</td><td rowspan="2"></td><td rowspan="2">48/38</td></tr>
<tr><td>2</td><td>φ1.50</td></tr>
<tr><td rowspan="2">JO2L-82-4</td><td rowspan="2">4</td><td rowspan="2">40</td><td rowspan="2">368</td><td rowspan="2">245</td><td rowspan="2"></td><td>2</td><td>φ1.50</td><td rowspan="2">20</td><td rowspan="2">1—11</td><td rowspan="2">2△</td><td rowspan="2"></td><td rowspan="2">48/38</td></tr>
<tr><td>2</td><td>φ1.56</td></tr>
<tr><td>JO2L-81-6</td><td>6</td><td>30</td><td>368</td><td>260</td><td>260</td><td>2</td><td>φ1.45</td><td>28</td><td>1—11</td><td>3△</td><td></td><td>72/56</td></tr>
<tr><td>JO2L-82-6</td><td>6</td><td>40</td><td>368</td><td>260</td><td>320</td><td>2</td><td>φ1.68</td><td>22</td><td>1—11</td><td>3△</td><td></td><td>72/56</td></tr>
<tr><td>JO2L-81-6</td><td>6</td><td>30</td><td>368</td><td>260</td><td>250</td><td>2</td><td>φ1.40</td><td>28</td><td>1—11</td><td>3△</td><td></td><td>72/58</td></tr>
<tr><td>JO2L-82-6</td><td>6</td><td>40</td><td>368</td><td>260</td><td>320</td><td>2</td><td>φ1.62</td><td>22</td><td>1—11</td><td>3△</td><td></td><td>72/58</td></tr>
<tr><td>JO2L-81-8</td><td>8</td><td>22</td><td>368</td><td>260</td><td>250</td><td>1</td><td>φ1.56</td><td rowspan="4">双层叠式</td><td>50</td><td>1—9</td><td>4△</td><td></td><td>72/58</td></tr>
<tr><td>JO2L-82-8</td><td>8</td><td>30</td><td>368</td><td>260</td><td>340</td><td>1</td><td>φ1.81</td><td>38</td><td>1—9</td><td>4△</td><td></td><td>72/58</td></tr>
<tr><td rowspan="2">JO2L-81-8</td><td rowspan="2">8</td><td rowspan="2">22</td><td rowspan="2">368</td><td rowspan="2">260</td><td rowspan="2">250</td><td>1</td><td>φ1.5</td><td rowspan="2">24</td><td rowspan="2">1—9</td><td rowspan="2">2△</td><td rowspan="2"></td><td rowspan="2">72/58</td></tr>
<tr><td>1</td><td>φ1.56</td></tr>
</table>

续表

型号	磁极	额定功率/kW	定子铁芯			定子绕组							定转子槽数
			外径/mm	内径/mm	长度/mm	线规		绕组形式	每槽线数	线圈节距	接法	线重/kg	
						根数	直径/mm						
JO1L-82-8	8	30	368	260	330	1 1	ϕ1.68 ϕ1.81		18	1—9	2△		72/58
JO2L-81-10	10	17	368	260	270	2	ϕ1.45		30	1—6	2△		60/64
JO2L-82-10	10	22	368	260	330	1	ϕ1.45	双层叠式	62		5△		60/64
JO2L-91-2	2	55	423	245	250	3 3	ϕ1.68 ϕ1.62		18	1—15	5△		42/34
JO2L-92-2	2	75	423	245	310	3	ϕ1.62		14	1—15	2△		42/34
JO2L-93-2	2	100	423	245	370	11	ϕ1.74	单双层混合	18	1、2、3、4、5—24、23、22、21、20	2△		48/40
JO2L-91-2	2	55	423	245	250	3 3	ϕ1.68 ϕ1.62	双层叠式	14	1—15	2△		42/34
JO2L-92-2	2	75	423	245	310	3	ϕ1.62			1—15	2△		42/34
JO2L-93-2	2	100	423	245	370	12	ϕ1.74	单双层混合			2△		42/34
JO2L-91-4	4	55	423	280	260	3	ϕ1.50	双层叠式	30	1—13	4△		60/50
JO2L-92-4	4	75	423	280	360	4	ϕ1.50		22	1—13	4△		60/50
JO2L-93-4	4	100	423	280	420	5	ϕ1.62	单双层混合		1—13 2—15 3—13	4△		60/50

续表

型号	磁极	额定功率/kW	定子铁芯			定子绕组							定转子槽数
			外径/mm	内径/mm	长度/mm	线规		绕组形式	每槽线数	线圈节距	接法	线重/kg	
						根数	直径/mm						
JO2L-91-4	4	55	423	280	260	1	$\phi1.50$	双层叠式	30	1—13	4△		60/50
						2	$\phi1.45$						
JO2L-92-4	4	75	423	280	360	4	$\phi1.50$		22	1—13	4△		60/50
						△3	$\phi1.50$						
						2	$\phi1.62$						
JO2L-93-4	4	100	423	280	410	Y4	$\phi1.50$			1—14	4△		60/50
						4	$\phi1.62$						
JO2L-91-6	6	55	423	300	340	2	$\phi1.50$		18	1—11	3△		72/56
						2	$\phi1.45$						
JO2L-92-6	6	75	423	300	435	4	$\phi1.68$		14	1—11	3△		72/56
JO2L-91-6	6	55	423	300	340	2	$\phi1.45$		18	1—11	3△		72/56
						2	$\phi1.50$						
JO2L-92-6	6	75	423	300	435	4	$\phi1.68$		14	1—11	3△		72/56
JO2L-91-8	8	40	423	300	340	4	$\phi1.56$		16	1—9	2△		72/56
JO2L-92-8	8	55	423	300	435	4	$\phi1.62$		12	1—9	2△		72/56
						1	$\phi1.68$						
JO2L-91-10	10	30	423	300	315	1	$\phi1.50$		22	1—6	2△		60/64
						2	$\phi1.56$						
JO2L-92-10	10	40	423	300	425	7	$\phi1.68$		8	1—6	△		60/64
						7	$\phi1.74$						

附表5　J03系列三相异步电动机（铜线）铁芯及绕组的技术数据

型号	磁极	功率/kW	定子铁芯			定子绕组							槽数
			外径/mm	内径/mm	长度/mm	线规		绕组形式	每槽线数	线圈节距	接法	线重/kg	
						根数	直径/mm						
JO3-801-2	2	1.1	130	70	65	1	ϕ0.77	交叉式	107	1（1—8） 2（1—9）	Y	1.57	18
JO3-802-2	2	1.5	130	70	85	1	ϕ0.86		82		Y	1.75	18
JO3-90S-2	2	2.2	145	80	90	1	ϕ1.00	同心式	52	2—11 1—12	Y	2.45	24
JO3-100S-2	2	3	167	94	90	2	ϕ0.86		42		Y	2.95	24
JO3-100L-2	2	4	167	94	120	1	ϕ1.04		55		△	3.05	24
JO3-112S-2	2	5.5	188	104	110	2	ϕ1.0		45	1—14 2—13 1—16 2—15 3—14	△	5.6	30
JO3-112L-2	2	7.5	188	104	145	3	ϕ0.9		35		△	6.2	30
JO3-140M-2	2	11	245	136	155	2	ϕ0.96		64		2△	7.9	24
JO3160S-2	2	15	280	150	160	2	ϕ1.2		55	2—11 1—12	2△	12	24
JO3-160M-2	2	18.5	280	150	200	2	ϕ1.3		47		2△	14	24
JO3-801-4	4	0.75	130	80	75	1	ϕ0.69	链式	113	1—6	Y	1.67	24
JO3-820-4	4	1.1	130	80	100	1	ϕ0.80		85		Y	1.82	24
JO3-90S-4	4	1.5	145	90	100	1	ϕ0.86		69		Y	1.77	24
JO3-100S-4	4	2.2	167	104	85	2	ϕ0.74	交叉式	48	2（1—9） 1（1—8）	Y	2.84	36
JO3-100L-4	4	3	167	104	115	2	ϕ0.86		36		Y	3.2	36
JO3-112S-4	4	4	188	118	110	2	ϕ0.74		54		△	3.8	36
JO3-112L-4	4	5.5	188	118	140	2	ϕ0.86		42		△	4.75	36
JO3-140S-4	4	7.5	245	162	120	1	ϕ1.04		74		2△	6.4	36
JO3-140M-4	4	11	245	162	170	1	ϕ1.25		53		2△	7.5	36

续表

型号	磁极	功率/kW	定子铁芯			定子绕组							槽数
			外径/mm	内径/mm	长度/mm	线规		绕组形式	每槽线数	线圈节距	接法	线重/kg	
						根数	直径/mm						
JO3-160S-4	4	15	280	180	170	2	$\phi1.04$	双层叠式	46	1—9	2△	9.7	36
JO3-160M-4	4	18.5	280	180	210	2	$\phi1.16$		40	1—11	2△	11.7	36
JO3-90S-6	6	1.1	145	94	105	1	$\phi0.83$	链式	65	1—6	Y	2.22	36
JO3-801-6	6	0.55	130	80	80	1	$\phi0.64$		128	1—5	Y	1.47	27
JO3-802-6	6	0.75	130	80	100	1	$\phi0.72$		104		Y	2.12	27
JO3-100S-6	6	1.5	167	114	90	1	$\phi0.90$		62	1—6	Y	2.30	36
JO3-100L-6	6	2.2	167	114	125	2	$\phi0.77$		45		Y	2.95	36
JO3-112S-6	6	3	188	128	110	2	$\phi0.90$		41		Y	3.70	36
JO3-112L-6	6	4	188	128	150	2	$\phi0.80$		54		△	4.90	36
JO3-140S-6	6	5.5	245	174	120	1	$\phi1.3.$		47		△	5.1	36
JO3-140M-6	6	7.5	245	174	170	1	$\phi1.08$		70		2△	6.9	36
JO3-160S-6	6	11	280	200	180	1	$\phi1.3$	双层叠式	60		2△	8.8	36
JO3-160M-6	6	15	280	200	240	1	$\phi1.45$		46		2△	9.6	36
JO3-100S-8	8	1.1	167	114	105	1	$\phi0.80$		72	1—5	Y	2.35	36
JO3-100L-8	8	1.5	167	114	140	1	$\phi0.93$		54		Y	330	36
JO3-112S-8	8	2.2	188	128	115	2	$\phi0.83$	链式	40	1—6	Y	3.85	48
JO3-112L-8	8	3	188	128	145	2	$\phi0.96$		31		Y	4.5	48
JO3-140S-8	8	4	245	174	120	1	$\phi1.20$		49		△	5.7	48
JO3-140M-8	8	4	245	174	170	1	$\phi1.04$		49		2△	6.9	48
JO3-160S-8	8	7.5	280	200	180	1	$\phi1.20$	双层叠式	64		2△	8.5	48
JO3-160M-8	8	11	280	200	240	1	$\phi1.35$		48		2△	10.7	48

附表6　J04系列三相异步电动机铁芯及绕组的技术数据

型号	磁极	功率/kW	定子铁芯			定子绕组							转子槽数
			外径/mm	内径/mm	长度/mm	线规		绕组形式	每槽线数	线圈节距	接法	线重/kg	
						根数	直径/mm						
JO4-21-2	2	1.5	130	72	90	1	0.68	单层交叉	75	1—9 2—10 18—11	1△/Y	1.7	16
JO4-22-2	2	2.2	130	72	105	1	0.96		63	18—11	1△/Y	1.85	16
JO4-31-2	2	3	145	82	110	1	1.12	单层同心	41	1—12 2—11	1△/Y	2.5	20
JO4-41-2	2	4	167	94	105	1	1.04		63	2—11	1△	3.6	20
JO4-42-2	2	5.5	167	94	130	1	0.90		51	2—11	1△	4.5	20
						1	0.86						
JO4-52-2	2	7.5	190	104	145	2	1.12		44	2—11	1△	7.1	20
JO4-61-2	2	10	230	128	135	3	1.08	双层叠式	21	1—10	1△	9.3	22
JO4-62-2	2	13	230	128	160	4	1.04		18	1—10	1△	11	22
JO4-71-2	2	17	280	155	135	2	1.30		14	1—10	1△	9.9	22
						1	1.25						
JO4-72-2	2	22	280	155	160	4	1.30		11	1—12	1△	14.2	22
JO4-73-2	2	30	280	155	210	2	1.25		16	1—12	2△	16.3	22
						1	1.30						

续表

型号	磁极	功率/kW	定子铁芯			定子绕组							转子槽数
			外径/mm	内径/mm	长度/mm	线规		绕组形式	每槽线数	线圈节距	接法	线重/kg	
						根数	直径/mm						
JO4-21-4	4	1.1	130	84	95	1	0.72	单层链式	83	1—6	1△/Y	1.4	22
JO4-21-4	4	1.5	130	84	110	1	0.83		72	1—6	1△/Y	1.9	22
JO4-31-4	4	2.2	145	94	110	1	0.96		62	1—6	1△/Y	2.1	22
JO4-41-4	4	3	167	104	105	1	1.12	单层交叉	38	1—9 2—10 18—11	1△/Y	2.8	26
JO4-42-4	4	4	167	104	135	1	1.0		52	18—11	1△	3.5	26
JO4-51-4	4	5.5	190	121	130	2	0.9		47	18—11	1△	5.4	34
JO4-52-4	4	7.5	190	121	170	2	1.04		37	18—11	1△	6.4	34
JO4-61-4	4	10	230	152	150	2	1.16		32	18—11	1△	6.9	32
JO4-62-4	4	13	230	152	190	2	1.3		25	18—11	1△	7.5	32
JO4-71-4	4	17	280	155	135	2	1.16	双层叠式	11	1—9	1△	8.6	32
						1	1.2						
JO4-72-4	4	22	280	155	160	2	1.35		21	1—9	2△	15.4	32
						2	1.3						
JO4-73-4	4	30	280	155	210	1	1.25		16	1—9	2△	17.8	32
JO4-21-6	6	0.8	130	86	110	1	0.69	单层链式	72	1—6	1△/Y	1.7	33
JO4-22-6	6	1.1	130	86	120	1	0.77		62	1—6	1△/Y	1.9	33
JO4-31-6	6	1.5	145	94	110	1	0.9		60	1—6	1△/Y	2.4	33

续表

型号	磁极	功率/kW	定子铁芯			定子绕组							转子槽数
			外径/mm	内径/mm	长度/mm	线规 根数	线规 直径/mm	绕组形式	每槽线数	线圈节距	接法	线重/kg	
JO4-41-6	6	2.2	167	114	115	1 1	1.04 0.9	单层链式	45	1—6	1△/Y	2.7	33
JO4-42-6	6	3	167	114	145	1	0.83		36	1—6	1△/Y	3.3	33
JO4-51-6	6	4	190	132	135	1	1.08		57	1—6	1△	4.4	33
JO4-52-6	6	5.5	190	132	190	2	0.9		41	1—6	1△	5.4	33
JO4-61-6	6	7.5	230	166	175	1 1	1.0 1.04		37	1—6	1△	6.4	33
JO4-62-6	6	10	230	166	220	2	1.2		29	1—6	1△	7.7	33
JO4-71-6	6	13	280	192	175	3	1.08	双层叠式	10	1—9	1△	9.5	44
JO4-72-6	6	17	280	192	210	3	1.2		9	1—9	1△	11.4	44
JO4-73-6	6	22	280	192	270	1 1	1.2 1.25		13	1—9	2△	13.5	44
JO4-51-8	8	3	190	136	150	2	0.93	单层链式	31	1—6	1△/Y	4.6	44
JO4-52-8	8	4	190	136	190	2	0.83		42	1—6	1△	5.8	44
JO4-61-8	8	5.5	230	166	170	2	0.93		37	1—6	1△	5.3	44
JO4-62-8	8	7.5	230	166	220	2	1.12		29	1—6	1△	8.4	44
JO4-71-8	8	10	280	200	180	1	1.2	双层叠式	24	1—7	2△	9.5	58
JO4-71-8	8	13	280	200	220	2	1.0		22	1—7	2△	11.9	58
JO4-73-8	8	17	280	200	270	2	1.16		17	1—7	2△	14	58

附表7　J系列三相异步电动机铁芯及绕组的技术数据

型号	磁极	功率/kW	定子铁芯			定子绕组							槽数
			外径/mm	内径/mm	长度/mm	线规		绕组形式	每槽线数	线圈节距	接法	线重/kg	
						根数	直径/mm						
J-31-2	2	1.0	145	80	55	1	$\phi 0.69$	同心式	78	1—12 2—11	Y	1.65	24
J-32-2	2	1.7	145	80	82	1	$\phi 0.8$		55		Y	1.95	24
J-41-2	2	2.8	182	102	72	1	$\phi 1.16$		47		Y	3.27	24
J-42-2	2	4.5	182	102	105	1	$\phi 1.4$		33		Y	3.2	24
J-51-2	2	7	245	145	82	2	$\phi 1.2$		28		Y	5.55	24
J-52-2	2	10	245	145	115	2	$\phi 1.35$		22		Y	5.63	24
J-61-2	2	14	327	182	80	2	$\phi 1.25$	双层叠式	34	1—13	2Y	9.8	36
J-62-2	2	20	327	182	105	2	$\phi 1.45$		26		2Y	10.9	36
J-71-2	2	28	368	210	105	3	$\phi 1.40$		24		2Y	17.3	36
J-72-2	2	40	368	210	135	4	$\phi 1.40$		18		2Y	18.2	36
J-81-2	2	55	423	245	130	5	$\phi 1.50$		16		2Y	27.5	36
J-82-2	2	75	423	245	180	7	$\phi 1.50$		12		2Y	29.5	36
J-91-2	2	100	493	280	160	9	$\phi 1.56$		10		2Y	36.5	36
J-92-2	2	125	493	280	220	11	$\phi 1.56$		8		2Y	39.5	36
J-31-4	4	0.6	145	90	84	1	$\phi 0.57$	链式	108	1—6	Y	1.12	24
J-32-4	4	1.0	145	90	100	1	$\phi 0.69$		89		Y	1.34	24

续表

型号	磁极	功率/kW	定子铁芯			定子绕组							槽数
			外径/mm	内径/mm	长度/mm	线规		绕组形式	每槽线数	线圈节距	接法	线重/kg	
						根数	直径/mm						
J-41-4	4	1.7	182	110	80	1	ϕ0.96	交叉式	52	2（1—9） 1（1—8）	Y	2.85	36
J-42-4	4	2.8	182	110	115	1	ϕ1.2		36		Y	3.5	36
J-51-4	4	4.5	245	155	90	1	ϕ1.4		31		Y	5.9	36
J-52-4	4	7.0	245	155	115	1	ϕ1.56		21		Y	3.55	36
J-61-4	4	10	327	210	80	1	ϕ1.56	叠式	50	1—8	2Y	9.55	36
J-62-4	4	14	327	210	105	2	ϕ1.25		38		2Y	10.1	36
J-71-4	4	20	368	230	105	2	ϕ1.56	双叠式	34	1—8	2Y	15.2	36
J-72-4	4	28	368	230	135	3	ϕ1.45		26		2Y	16.3	36
J-81-4	4	40	423	280	130	4	ϕ1.45		18	1—10	2Y	22.7	48
J-82-4	4	55	423	280	180	3	ϕ1.40		26		4Y	25.9	48
J-91-4	4	75	493	327	160	4	ϕ1.45		20	1—13	4Y	37.5	60
J-92-4	4	100	493	327	220	5	ϕ1.50		16		4Y	43.5	60
J-41-6	6	1.0	182	110	80	1	ϕ0.86	链式	74	1—6	Y	2.6	36
J-42-6	6	1.7	182	110	115	1	ϕ1.08		51		Y	3.2	36
J-51-6	6	2.8	245	155	90	1	ϕ1.25		45		Y	4.6	36
J-52-6	6	4.5	245	155	135	1	ϕ1.56		30		Y	5.7	36

续表

型号	磁极	功率/kW	定子铁芯			定子绕组							槽数
			外径/mm	内径/mm	长度/mm	线规		绕组形式	每槽线数	线圈节距	接法	线重/kg	
						根数	直径/mm						
J-61-6	6	7	327	210	80	2	$\phi 1.35$	双叠式	34	1—6	Y	8.3	36
J-62-6	6	10	327	210	105	2	$\phi 1.56$		26		Y	9.3	36
J-71-6	6	14	368	260	105	1	$\phi 1.56$		48	1—8	3Y	14.3	54
J-72-6	6	20	368	260	135	2	$\phi 1.25$		38		3Y	15.9	54
J-81-6	6	28	423	300	130	2	$\phi 1.40$		24	1—11	3Y	18.4	72
J-82-6	6	40	423	300	180	4	$\phi 1.45$		12		2Y	22.5	72
J-91-6	6	55	493	350	160	2	$\phi 1.45$		34		6Y	34.6	72
J-92-6	6	75	493	350	220	3	$\phi 1.35$		26		6Y	38.5	72
J-61-8	8	4.5	327	230	80	2	$\phi 1.16$		34	1—6	Y	7.5	48
J-62-8	8	7.0	327	230	105	2	$\phi 1.40$		24		Y	8.5	48
J-71-8	8	10	368	260	105	2	$\phi 1.16$		40	1—7	2Y	11.9	54
J-72-8	8	14	368	260	135	2	$\phi 1.35$		32		2Y	14.3	54
J-81-8	8	20	423	300	130	2	$\phi 1.56$		20	1—9	2Y	17.4	72
J-82-8	8	28	423	300	180	2	$\phi 1.25$		30		4Y	19.3	72
J-91-8	8	40	493	350	160	3	$\phi 1.30$		28	1—8	4Y	28.0	72
J-92-8	8	55	493	350	220	3	$\phi 1.45$		22		4Y	32.2	72

附表8 J0系列三相异步电动机铁芯及绕组的技术数据

型号	磁极	功率/kW	定子铁芯			定子绕组							槽数
			外径/mm	内径/mm	长度/mm	线规		绕组形式	每槽线数	线圈节距	接法	线重/kg	
						根数	直径/mm						
JO-31-2	2	0.6	145	80	55	1	$\phi0.59$	同心式	88	1—12 2—11	Y	1.22	24
JO-32-2	2	1.0	145	80	82	1	$\phi0.69$		78		Y	1.65	24
JO-41-2	2	1.7	182	102	72	1	$\phi1.0$		56		Y	2.8	24
JO-42-2	2	2.8	182	102	105	1	$\phi1.12$		41		Y	3.0	24
JO-51-2	2	4.5	245	145	82	1	$\phi1.56$		34		Y	5.23	24
JO-52-2	2	7.0	245	145	115	2	$\phi1.30$		25		Y	5.7	24
JO-62-2	2	10	327	182	100	2	$\phi1.16$	双层叠式	36	1—13	2Y	10.5	36
JO-63-2	2	14	327	182	130	2	$\phi1.35$		28		2Y	11.7	36
JO-72-2	2	20	368	210	135	5	$\phi1.50$		12		Y	17.0	36
JO-73-2	2	28	368	210	180	3	$\phi1.56$		18		2Y	18.5	36
JO-82-2	2	40	423	245	180	5	$\phi1.45$	双层叠式	16	1—13	2Y	25.0	36
JO-83-2	2	55	423	245	240	6	$\phi1.50$		12		2Y	30.0	36
JO-93-2	2	75	493	280	250	8	$\phi1.56$		10		2Y	44	36
JO-94-2	2	100	493	280	320	12	$\phi1.56$		8		2Y	53	36
JO-31-4	4	0.6	145	90	55	1	$\phi0.57$	链式	116	1—6	Y	1.12	24
JO-32-4	4	1.0	145	90	82	1	$\phi0.64$		86		Y	1.34	24

续表

<table>
<tr><th rowspan="3">型号</th><th rowspan="3">磁极</th><th rowspan="3">功率/kW</th><th colspan="3">定子铁芯</th><th colspan="8">定子绕组</th><th rowspan="3">槽数</th></tr>
<tr><th rowspan="2">外径/mm</th><th rowspan="2">内径/mm</th><th rowspan="2">长度/mm</th><th colspan="2">线规</th><th rowspan="2">绕组形式</th><th rowspan="2">每槽线数</th><th rowspan="2">线圈节距</th><th rowspan="2">接法</th><th rowspan="2">线重/kg</th></tr>
<tr><th>根数</th><th>直径/mm</th></tr>
<tr><td>JO-41-4</td><td>4</td><td>1.7</td><td>182</td><td>110</td><td>72</td><td>1</td><td>ϕ1.0</td><td rowspan="4">交叉式</td><td>50</td><td rowspan="4">2（1—9）
1（1—8）</td><td>Y</td><td>2.55</td><td>36</td></tr>
<tr><td>JO-42-4</td><td>4</td><td>2.8</td><td>182</td><td>110</td><td>105</td><td>1</td><td>ϕ1.25</td><td>35</td><td>Y</td><td>2.92</td><td>36</td></tr>
<tr><td>JO-51-4</td><td>4</td><td>4.5</td><td>245</td><td>115</td><td>82</td><td>1</td><td>ϕ1.35</td><td>29</td><td>Y</td><td>3.82</td><td>36</td></tr>
<tr><td>JO-52-4</td><td>4</td><td>7.0</td><td>245</td><td>155</td><td>115</td><td>2</td><td>ϕ1.16</td><td>21</td><td>Y</td><td>4.82</td><td>36</td></tr>
<tr><td>JO-62-4</td><td>4</td><td>10</td><td>327</td><td>210</td><td>100</td><td>2</td><td>ϕ1.16</td><td rowspan="4">双层叠式</td><td>42</td><td rowspan="4">1—8</td><td>2Y</td><td>10</td><td>36</td></tr>
<tr><td>JO-63-4</td><td>4</td><td>14</td><td>327</td><td>210</td><td>130</td><td>2</td><td>ϕ1.35</td><td>32</td><td>2Y</td><td>13</td><td>36</td></tr>
<tr><td>JO-72-4</td><td>4</td><td>20</td><td>368</td><td>230</td><td>135</td><td>5</td><td>ϕ1.56</td><td>14</td><td>Y</td><td>17</td><td>36</td></tr>
<tr><td>JO-73-4</td><td>4</td><td>28</td><td>368</td><td>230</td><td>180</td><td>2</td><td>ϕ1.35</td><td>42</td><td>4Y</td><td>18</td><td>36</td></tr>
<tr><td>JO-82-4</td><td>4</td><td>40</td><td>423</td><td>280</td><td>180</td><td>2</td><td>ϕ1.56</td><td rowspan="4">双层叠式</td><td>30</td><td rowspan="2">1—11</td><td>4Y</td><td>25.5</td><td>48</td></tr>
<tr><td>JO-83-4</td><td>4</td><td>55</td><td>423</td><td>300</td><td>240</td><td>3</td><td>ϕ1.4</td><td>22</td><td>4Y</td><td>27.7</td><td>48</td></tr>
<tr><td>JO-93-4</td><td>4</td><td>75</td><td>493</td><td>327</td><td>260</td><td>5</td><td>ϕ1.45</td><td>14</td><td rowspan="2">1—12</td><td>4Y</td><td>43.7</td><td>60</td></tr>
<tr><td>JO-94-4</td><td>4</td><td>100</td><td>493</td><td>327</td><td>320</td><td>6</td><td>ϕ1.45</td><td>12</td><td>4Y</td><td>49.5</td><td>60</td></tr>
<tr><td>JO-41-6</td><td>6</td><td>1.0</td><td>182</td><td>110</td><td>72</td><td>1</td><td>ϕ0.86</td><td rowspan="4">链式</td><td>72</td><td rowspan="4">1—6</td><td>Y</td><td>2.44</td><td>36</td></tr>
<tr><td>JO-42-6</td><td>6</td><td>1.7</td><td>182</td><td>110</td><td>105</td><td>1</td><td>ϕ1.08</td><td>50</td><td>Y</td><td>2.57</td><td>36</td></tr>
<tr><td>JO-51-6</td><td>6</td><td>2.8</td><td>245</td><td>155</td><td>82</td><td>1</td><td>ϕ1.25</td><td>45</td><td>Y</td><td>3.02</td><td>36</td></tr>
<tr><td>JO-52-6</td><td>6</td><td>4.5</td><td>245</td><td>155</td><td>115</td><td>1</td><td>ϕ1.56</td><td>31</td><td>Y</td><td>4.0</td><td>36</td></tr>
</table>

续表

型号	磁极	功率/kW	定子铁芯			定子绕组							槽数
			外径/mm	内径/mm	长度/mm	线规		绕组形式	每槽线数	线圈节距	接法	线重/kg	
						根数	直径/mm						
JO-62-6	6	7.0	327	210	100	2	$\phi1.4$	双层叠式	28	1—6	Y	8.9	36
JO-63-6	6	10	327	210	130	3	$\phi1.35$		22		Y	9.8	36
JO-72-6	6	14	368	260	135	2	$\phi1.45$		26	1—9	2Y	15.3	54
JO-73-6	6	20	368	260	180	2	$\phi1.40$		28		3Y	17.2	54
JO-82-6	6	28	423	300	180	2	$\phi1.56$		20	1—11	3Y	21.4	72
JO-83-6	6	40	423	300	240	4	$\phi1.56$		10		2Y	24.5	72
JO-93-6	6	55	493	350	260	3	$\phi1.30$		26		6Y	37.7	72
JO-94-6	6	75	493	350	320	3	$\phi1.56$		20		6Y	46.5	72
JO-62-8	8	4.5	327	230	100	2	$\phi1.25$	双层叠式	28	1—6	Y	8.2	48
JO-63-8	8	7	327	230	135	2	$\phi1.45$		22		Y	9.5	48
JO-72-8	8	10	368	260	135	2	$\phi1.25$		34	1—7	2Y	13	54
JO-73-8	8	14	368	260	180	2	$\phi1.45$		26		2Y	15.7	54
JO-82-8	8	20	423	300	180	2	$\phi1.40$		16	1—9	2Y	18.4	72
JO-83-8	8	28	423	300	240	3	$\phi1.45$		26		4Y	24	72
JO-93-8	8	40	493	350	260	2	$\phi1.45$		22		4Y	34	72
JO-94-8	8	55	493	350	320	3	$\phi1.40$		16		4Y	36.2	72

附表9 J2系列三相异步电动机铁芯及绕组的技术数据

型号	磁极	功率/kW	定子铁芯			定子绕组							槽数
			外径/mm	内径/mm	长度/mm	线规 根数	线规 直径/mm	绕组形式	每槽线数	线圈节距	接法	线重/kg	
J2-61-2	2	17	280	155	110	2	ϕ1.40	双层叠式	32	1—13	△	9.72	36
J2-62-2	2	22	280	155	130	2	ϕ1.62		26		△	10.67	36
J2-71-2	2	30	327	182	130	4	ϕ1.3		20		△	15.7	36
J2-72-2	2	40	327	182	155	4	ϕ1.5		16		△	17.7	36
J2-81-2	2	55	368	210	180	2	ϕ1.5		28		2△	26.9	36
J2-82-2	2	75	368	210	230	5	ϕ1.30		22		2△	28.6	36
J2-91-2	2	100	423	245	220	5	ϕ1.45		16	1—15	2△	32.7	42
J2-92-2	2	125	423	245	260	5	ϕ1.68		14		2△	40.8	42
J2-61-4	4	13	280	182	120	2	ϕ1.2	双层叠式	34	1—8	△	7.1	36
J2-62-4	4	17	280	182	155	2	ϕ1.4		54		△	7.8	36
J2-71-4	4	22	327	210	145	3	ϕ1.3		24	1—9	△	14.82	36
J2-72-4	4	30	327	210	175	2	ϕ1.35		38		2△	15.75	36
J2-81-4	4	40	368	245	180	1	ϕ1.5		54	1—11	4△	18.9	48
J2-82-4	4	55	368	245	240	3	ϕ1.5		20		2△	23.8	48
J2-91-4	4	75	423	280	210	4	ϕ1.5	双层叠式	16	1—13	2△	31.8	60
J2-92-4	4	100	423	280	260	3	ϕ1.45		26		4△	39.8	60
J2-61-6	6	10	280	200	165	2	ϕ1.12		28	1—9	△	7.9	54
J2-62-6	6	13	280	200	205	2	ϕ1.25		22		△	10	54
J2-71-6	6	17	327	230	155	1	ϕ1.40		40		2△	10.1	54
J2-72-6	6	22	327	230	200	1	ϕ1.62		32		2△	12.3	54

续表

型号	磁极	功率/kW	定子铁芯			定子绕组							槽数
			外径/mm	内径/mm	长度/mm	线规		绕组形式	每槽线数	线圈节距	接法	线重/kg	
						根数	直径/mm						
J2-81-6	6	30	368	260	180	2	ϕ1.40	双层叠式	24	1—11	2△	18.9	72
J2-82-6	6	40	368	260	240	2	ϕ1.35		28		3△	23.7	72
J2-91-6	6	55	423	300	255	1	ϕ1.56		46		6△	28.1	72
J2-92-6	6	75	423	300	340	2	ϕ1.30		34		6△	34	72
J2-61-8	8	7.5	280	200	165	1	ϕ1.45		36	1—7	△	8	54
J2-62-8	8	10	280	200	205	1	ϕ1.20		54		2△	9.5	54
J2-71-8	8	13	327	230	155	1	ϕ1.30		50		2△	9.9	54
J2-72-8	8	17	327	230	200	2	ϕ1.50		20		1△	11.7	54
J2-81-8	8	22	368	260	180	2	ϕ1.25		30	1—9	2△	11.6	72
J2-82-8	8	30	368	260	240	1	ϕ1.5		46		4△	22.5	72
J2-91-8	8	40	423	300	255	2	ϕ1.16		36		4△	22.8	72
J2-92-8	8	55	423	300	240	2	ϕ1.50		28		4△	31.9	72
J2-81-10	10	17	368	260	180	2	ϕ1.20		40	1—6	2△	16.4	60
J2-82-10	10	22	368	260	240	2	ϕ1.35		30		2△	18.4	60
J2-91-10	10	30	423	300	240	1	ϕ1.35		62		5△	19.4	60
J2-92-10	10	40	423	300	320	2	ϕ1.16		48		5△	26.7	60

附录2　派生和专用系列电动机铁芯和绕组的技术数据

附表1　YX 系列高效率三相异步电动机铁芯及绕组的技术数据

型号	磁极	额定功率/kW	定子铁芯			定子绕组							定转子槽数
			外径/mm	内径/mm	长度/mm	线规		绕组形式	每槽线数	线圈节距	接法	线重/kg	
						根数	直径/mm						
YX-100L-2	2	3	155	84	115	2	ϕ0.85	单层同心式	38	1—12 2—11		3.6	24/20
YX-112M-2	2	4	175	98	120	1	ϕ1.18		37	1—18 2—17 3—16		4.8	36/28
YX-132S1-2	2	5.5	210	116	110	1	ϕ1.0		34			7.0	36/28
						1	ϕ1.06						
YX-132M-2	2	7.5	210	116	145	2	ϕ1.18		26			7.5	36/28
YX-160M1-2	2	11	260	150	150	3	ϕ1.25		20			13.5	36/28
YX-160M2-2	2	15	260	150	190	2	ϕ1.18		16			14.6	36/28
						1	ϕ1.25						
YX-160L-2	2	18.5	260	150	215	4	ϕ1.3		14			15.7	36/28
YX-180M-2	2	22	290	160	205	2	ϕ1.25	双层叠式	28	1—14		19.5	36/28
						1	ϕ1.18						
YX-200L1-2	2	20	327	182	200	3	ϕ1.4		28			25.8	36/28
YX-200L2-2	2	37	327	182	235	4	ϕ1.3		24			27.5	36/28
YX-225M-2	2	45	368	210	220	5	ϕ1.4		20			33.2	36/28
YX-250M-2	2	55	400	225	240	5	ϕ1.5		14	1—17		47.2	42/34
						1	ϕ1.6						

续表

型号	磁极	额定功率/kW	定子铁芯			定子绕组							定转子槽数
			外径/mm	内径/mm	长度/mm	线规		绕组形式	每槽线数	线圈节距	接法	线重/kg	
						根数	直径/mm						
YX-200S-2	2	75	445	755	245	9	ϕ1.5	双层叠式	14	1—16		56.5	42/34
YX-280M-2	2	90	445	255	275	6	ϕ1.5		12	1—16		60.5	42/34
						4	ϕ1.6						
YX-100L1-4	4	2.2	155	98	135	1	ϕ1.18	单层交叉式	35	2(1—9) 1(1—8)		3.6	36/32
YX-100L2-4	4	3	155	98	160	1	ϕ1.30		29			4.1	36/32
YX-112M-4	4	4	175	110	160	1	ϕ1.25		46			5.2	36/32
YX-132S-4	4	5.5	210	136	145	1	ϕ0.9		40			7.5	36/32
						2	ϕ0.85						
YX-132M-4	4	7.5	210	136	180	2	ϕ1.18		32			8.2	36/32
YX-160M-4	4	11	260	170	175	2	ϕ1.18	单层链式	20	1—11		13.3	48/44
						1	ϕ1.25						
YX-160L-4	4	15	260	170	215	1	ϕ1.12		16			15.7	48/44
						3	ϕ1.18						
YX-180M-4	4	18.5	290	187	220	2	ϕ0.95	双层叠式	60			19.0	48/44
YX-130L-4	4	22	290	187	250	1	ϕ1.06		52			20.5	48/44
						1	ϕ0.95						
YX-200L-4	4	30	327	210	250	3	ϕ1.40		26			27.4	48/44

续表

型号	磁极	额定功率/kW	定子铁芯			定子绕组							定转子槽数
			外径/mm	内径/mm	长度/mm	线规		绕组形式	每槽线数	线圈节距	接法	线重/kg	
						根数	直径/mm						
YX-225S-4	4	37	368	245	235	1	ϕ1.20	双层叠式	42	1—12		32.4	48/44
						1	ϕ1.50						
YX-225M-4	4	45	368	245	260	2	ϕ1.50		38			34.9	48/44
YX-250M-4	4	55	400	260	260	2	ϕ1.40	双层叠式	34	1—12		44.7	48/44
						1	ϕ1.30						
YX-280S-4	4	75	445	300	290	4	ϕ1.30		24	1—14		60.5	60/50
						1	ϕ1.40						
YX-280M-4	4	90	445	300	345	2	ϕ1.40		20			67.0	60/50
						3	ϕ1.50						
YX-100L-6	6	1.5	155	106	115	1	ϕ0.95	单层链式	50	1—6		3.5	36/33 54/44
YX-112M-6	6	2.2	175	120	130	1	ϕ1.18		41			4.8	36/33 54/44
YX-132S-6	6	3	210 260	148 180	125	1	ϕ1.0		35			7.0	36/33 54/44
						1	ϕ0.95						
YX132M1-6	6	4	210 260	148 180	150	2	ϕ0.85		49			7.7	36/33 54/44
YX-132M2-6	6	5.5	210 260	148 180	195	2	ϕ0.95		38			8.5	36/33 54/44

续表

型号	磁极	额定功率/kW	定子铁芯			定子绕组								定转子槽数
			外径/mm	内径/mm	长度/mm	线规		绕组形式	每槽线数	线圈节距	接法	线重/kg	
						根数	直径/mm						
YX-160M-6	6	7.5	210 260	148 180	165	1 1	ϕ1.25 ϕ1.30	单层链式	24	1—9		12.7	36/33 54/44
YX-160L-6	6	11	210 260	148 180	220	2 1	ϕ1.18 ϕ1.25		18			15.5	36/33 54/44
YX-180L-6	6	15	290	205	235	2	ϕ0.95		48			19.5	36/33 54/44
YX-200L1-6	6	18.5	327	230	215	2 1	ϕ1.0 ϕ1.06	双层叠式	24	1—12		25.0	72/58
YX-200L2-6	6	22	327	230	225	2 1	ϕ1.0 ϕ1.18		22			27.0	72/58
YX-225M-6	6	30	368	260	240	2 1	ϕ1.18 ϕ1.06	双层叠式	28	1—12		32.7	72/58
YX-250M-6	6	37	400	285	235	3	ϕ1.25		30			44.1	72/58
YX-280S-6	6	45	445	325	235	3 1	ϕ1.18 ϕ1.25		24			54.0	72/58
YX-280M-6	6	55	445	325	280	2 1	ϕ1.25 ϕ1.60		20			59.5	72/58

附表2　YX系列高效率三相异步电动机技术数据

型号	额定功率/kW	额定电流/A	转速/(r/min)	功率因数	堵转转矩/额定转矩	堵转电流/额定电流	最大转矩/额定转矩	效率/%		
								输出功率/额定功率/%		
								100	75	50
YX-100L-2	3	5.9	2880	0.89	2.0	8.0	2.2	86.5	86.8	86.3
YX-112M-2	4	7.7	2910	0.89	2.0	8.0	2.2	88.3	88.6	88
YX-132S1-2	5.5	10.6	2920	0.89	1.8	8.0	2.2	88.6	89	88.2
YX-132M-2	7.5	14.3	2920	0.89	1.8	8.0	2.2	89.7	90.2	89.4
YX-160M1-2	11	20.9	2950	0.88	1.8	8.0	2.2	90.8	91.2	90.4
YX-160M2-2	15	27.8	2950	0.88	1.8	8.0	2.2	92	92.4	91.6
YX-160L-2	18.5	34.3	2950	0.88	1.8	8.0	2.2	92	92.4	91.7
YX-180M-2	22	40.1	2950	0.90	1.8	8.0	2.2	92.5	92.5	92.1
YX-200L1-2	20	54.5	2960	0.90	1.8	7.5	2.2	93	93	92.7
YX-200L2-2	37	67	2950	0.90	1.8	7.5	2.2	93.2	93.4	93
YX-225M-2	45	80.8	2970	0.90	1.8	7.5	2.2	94	94	93.5
YX-250M-2	55	99.7	2980	0.89	1.8	7.5	2.2	94.2	94.2	93.6
YX-200S-2	75	135.8	2970	0.89	1.8	7.5	2.2	94.2	94.4	93.7
YX-280M-2	90	162.6	2980	0.89	1.8	7.5	2.2	94.5	94.6	94

续表

型号	额定功率/kW	额定电流/A	转速/(r/min)	功率因数	堵转转矩/额定转矩	堵转电流/额定电流	最大转矩/额定转矩	效率/%		
								输出功率/额定功率/%		
								100	75	50
YX-100L1-4	2.2	4.7	1440	0.82	2.0	8.0	2.2	86.3	87	86.5
YX-100L2-4	3	6.4	1440	0.82	2.0	8.0	2.2	86.5	87.2	86.6
YX-112M-4	4	8.3	1460	0.83	2.0	8.0	2.2	88.3	89	88.5
YX-132S-4	5.5	11.2	1460	0.83	2.0	8.0	2.2	89.5	90.2	89.5
YX-132M-4	7.5	14.8	1460	0.85	2.0	8.0	2.2	90.3	90.7	90.3
YX-160M-4	11	20.9	1470	0.87	2.0	8.0	2.2	91.8	92	91.6
YX-160L-4	15	28.5	1470	0.87	2.0	8.0	2.2	91.8	92.2	91.7
YX-180M-4	18.5	35.2	1480	0.86	1.8	7.5	2.2	93	93.2	92.8
YX-130L-4	22	41.7	1480	0.86	1.8	7.5	2.2	93.2	93.5	93
YX-200L-4	30	56	1480	0.87	1.8	7.5	2.2	93.5	93.8	93.5
YX-225S-4	37	68.9	1490	0.87	1.8	7.5	2.2	93.8	94.2	93.7
YX-225M-4	45	83.5	1480	0.87	1.8	7.5	2.2	94.1	94.5	94
YX-250M-4	55	100.2	1480	0.88	1.8	7.5	2.2	94.5	94.8	94.2
YX-280S-4	75	136.7	1490	0.88	1.8	7.5	2.2	94.7	95	94.6
YX-280M-4	90	161.7	1490	0.89	1.8	7.5	2.2	95	95.2	94.8

续表

型号	额定功率/kW	额定电流/A	转速/(r/min)	功率因数	堵转转矩/额定转矩	堵转电流/额定电流	最大转矩/额定转矩	效率/%		
								输出功率/额定功率/%		
								100	75	50
YX-100L-6	1.5	3.8	960	0.72	2.0	7.0	2.0	82.4	82.8	82
YX-112M-6	2.2	5.3	970	0.74	2.0	7.0	2.0	85.3	85.8	84.8
YX-132S-6	3	6.9	980	0.76	2.0	7.0	2.0	87.2	87.5	86.8
YX-132M1-6	4	9	970	0.77	2.0	7.0	2.0	88	88.4	87.6
YX-132M2-6	5.5	12.1	970	0.78	2.0	7.0	2.0	88.5	88.8	88.3
YX-160M-6	7.5	16	980	0.79	2.0	7.0	2.0	90	90.4	89.6
YX-160L-6	11	23.4	980	0.79	2.0	7.0	2.0	90.4	91	90.2
YX-180L-6	15	30.7	980	0.81	1.8	7.0	2.0	91.7	92.2	91.5
YX-200L1-6	18.5	36.9	980	0.83	1.8	7.0	2.0	91.7	92.2	91.5
YX-200L2-6	22	43.2	980	0.84	1.8	7.0	2.0	92.1	92.5	91.8
YX-225M-6	30	57.7	990	0.85	1.8	7.0	2.0	93	93.4	92.8
YX-250M-6	37	70.8	990	0.85	1.8	7.0	2.0	93.4	93.8	93.2
YX-280S-6	45	84	990	0.87	1.8	7.0	2.0	93.6	94	93.4
YX-280M-6	55	102.4	990	0.87	1.8	7.0	2.0	93.8	94.2	93.6

附表3 Y系列中型高压（大直径）三相异步电动机铁芯及绕组的技术数据

型号	功率/kW	定子铁芯			定子绕组						气隙/mm	转子线规/mm	定转子槽数
		外径/mm	内径/mm	长度/mm	线规		每槽线数	线圈节距	半匝长/mm	端部长/mm			
					根数	直径/mm							
Y355-4	220	590	345	380+6×10	1	1.15×4.5	31	1—13	1069	267	1.4	4×40	60/50
	250	590	345	400+7×10	1	1.32×4.5	29	1—13	1091	267	1.4	4×40	60/50
	280	590	345	430+7×10	1	1.5×4.5	27	1—13	1128	267	1.4	4×40	60/50
	315	590	345	450+8×10	1	1.6×4.5	26	1—13	1154	267	1.4	4×40	60/50
Y400-4	355	670	420	380+6×10	1	1.18×5.6	24	1—14	1097	261	1.6	5×35.5	60/50
	400	670	420	400+7×10	1	1.32×5.6	22	1—14	1127	261	1.6	5×35.5	60/50
	450	670	420	450+8×10	1	1.5×5.6	20	1—14	1187	261	1.6	5×35.5	60/50
	500	670	420	480+8×10	1	1.7×5.6	19	1—14	1220	261	1.6	5×35.5	60/50
	560	670	420	530+9×10	1	1.9×5.6	17	1—14	1279	261	1.6	5×35.5	60/50
Y400-6	280	670	465	430+7×10	2串	2×3.15	28	1—11	1057	242	1.2	5.5×40	72/58
	315	670	465	450+8×10	2	1.18×3.15	26	1—11	1096	242	1.2	5.5×40	72/58
	355	670	465	480+8×10	2	1.32×3.15	24	1—11	1126	242	1.2	5.5×40	72/58
	400	670	465	530+9×10	2	1.4×3.15	22	1—11	1185	242	1.2	5.5×40	72/58
Y400-8	220	670	480	430+7×10	2串	1.8×3.15	32	1—9	981	206	1.2	6.3×40	72/58
	250	670	480	450+8×10	2串	2.0×3.15	32	1—8	978	206	1.2	6.3×40	72/58
	280	670	480	530+9×10	2串	2.24×3.15	28	1—8	1066	206	1.2	6.3×40	72/58
Y450-4	630	740	470	480+8×10	1	1.9×7.1	18	1—13	1225	262	1.9	5.6×40	60/50
	710	740	470	500+9×10	1	2.24×7.1	16	1—14	1295	275	1.9	5.6×40	60/50
	800	740	470	550+10×10	1	2.36×7.1	15	1—14	1353	275	1.9	5.6×40	60/50
	900	740	470	600+11×10	1	2.65×7.1	14	1—14	1415	275	1.9	5.6×40	60/50

续表

型号	功率/kW	定子铁芯			定子绕组						气隙/mm	转子线规/mm	定转子槽数
		外径/mm	内径/mm	长度/mm	线规		每槽线数	线圈节距	半匝长/mm	端部长/mm			
					根数	直径/mm							
Y450-6	450	740	510	450+8×10	1	1.6×6.3	22	1—11	1081	224	1.4	4×45	72/86
	500	740	510	480+8×10	1	1.8×6.3	20	1—11	1111	224	1.4	4×45	72/86
	560	740	510	530+9×10	1	2.0×6.3	18	1—11	1170	224	1.4	4×45	72/86
	600	740	510	580+10×10	1	2.36×6.3	16	1—11	1231	224	1.4	4×45	72/86
Y450-8	315	740	530	450+8×10	2	1.25×1.35	26	1—9	1019	200	1.4	4.5×50	72/86
	355	740	530	480+8×10	2	1.4×3.15	24	1—9	1050	200	1.4	4.5×50	72/86
	400	740	530	530+9×10	2	1.6×3.15	22	1—9	1110	200	1.4	4.5×50	72/86
	450	740	530	580+10×10	2	1.8×3.15	20	1—9	1170	200	1.4	4.5×50	72/86
Y450-10	220	740	530	400+7×10	1	1.5×4	26	1—9	910	187	1.2	3.55×31.5	90/106
	250	740	530	450+8×10	1	1.7×4	24	1—9	970	187	1.2	3.55×31.5	90/106
	280	740	530	480+8×10	1	1.9×4	22	1—9	1001	187	1.2	3.55×31.5	90/106
	315	740	530	530+9×10	1	2.12×4	20	1—9	1061	187	1.2	3.55×31.5	90/106
	355	740	530	580+10×10	1	2.36×4	18	1—9	1120	187	1.2	3.55×31.5	90/106
Y450-12	220	740	530	500+9×10	1	1.6×4	26	1—7	972	166	1.1	3.55×31.5	90/106
	250	740	530	550+10×10	1	1.8×4	24	1—7	1023	166	1.1	3.55×31.5	90/106
Y500-4	1000	850	545	480+8×10	1	2.65×8	14	1—13	1261	258	2.2	5.6×50	60/50
	1120	850	545	530+9×10	1	3.0×8	13	1—14	1364	270	2.2	5.6×50	60/50
	1125	850	545	580+10×10	1	3.35×8	12	1—13	1385	258	2.2	5.6×50	60/50
	1400	850	545	600+11×10	1	3.55×8	11	1—13	1453	270	2.2	5.6×50	60/50

续表

型号	功率/kW	定子铁芯			定子绕组						气隙/mm	转子线规/mm	定转子槽数
		外径/mm	内径/mm	长度/mm	线规		每槽线数	线圈节距	半匝长/mm	端部长/mm			
					根数	直径/mm							
Y500-6	710	850	590	480+8×10	1	2.5×7.1	16	1—11	1143	227	1.6	4×50	72/86
	800	850	590	530+9×10	1	2.8×7.1	15	1—11	1205	227	1.6	4×50	72/86
	900	850	590	550+10×10	1	3.0×7.1	14	1—11	1235	227	1.6	4×50	72/86
	1000	850	590	600+11×10	1	3.35×7.1	13	1—11	1296	227	1.6	4×50	72/86
Y500-8	500	850	620	480+8×10	1	1.8×7.5	20	1—9	1072	200	1.6	4.5×50	72/86
	560	850	620	530+9×10	1	2×7.8	18	1—9	1131	200	1.6	4.5×50	72/86
	630	850	620	550+10×10	1	2.24×7.5	18	1—8	1130	200	1.6	4.5×50	72/86
	710	850	620	630+11×10	1	2.5×7.5	16	1—8	1219	200	1.6	4.5×50	72/86
Y500-10	400	850	620	480+8×10	1	2.24×5	20	1—8	992	180	1.4	3.55×35.5	90/114
	450	850	620	530+9×10	1	2.5×5	18	1—8	1052	180	1.4	3.55×35.5	90/114
	500	850	620	580+10×10	1	2.8×5	16	1—9	1143	180	1.4	3.55×35.5	90/114
	560	850	620	630+11×10	1	3.15×5	14	1—9	1202	190	1.4	3.55×35.5	90/114
	630	850	620	680+12×10	1	3.55×5	14	1—8	1237	190	1.4	3.55×35.5	90/114
Y500-12	280	850	620	450+8×10	1	1.5×5.6	26	1—7	931	172	1.4	3.55×40	90/114
	315	850	620	500+9×10	1	1.7×5.6	24	1—7	992	172	1.4	3.55×40	90/114
	355	850	620	530+9×10	1	1.9×5.6	22	1—7	1022	172	1.4	3.55×40	90/114
	400	850	620	580+10×10	1	2.12×5.6	20	1—7	1083	172	1.4	3.55×40	90/114
	450	850	620	650+12×10	1	2.5×5.6	18	1—7	1174	172	1.4	3.55×40	90/114

附表4　Y系列中型高压（小直径）三相异步电动机铁芯及绕组的技术数据

型号	额定功率/kW	定子铁芯			定子绕组						气隙/mm	转子线规/mm	定转子槽数
		外径/mm	内径/mm	长度/mm	线规		每槽线数	线圈节距	半匝长/mm	端部长/mm			
					根数	直径/mm							
Y355-4	220	560	330	430+7×10	1	1.18×4.5	30	1—13	1127	275	1.4	4.5×35	60/50
	250	560	330	450+8×10	1	12.5×4.5	28	1—14	1191	275	1.4	4.5×35	60/50
	280	560	330	480+8×10	1	1.4×4.5	26	1—14	1222	275	1.4	4.5×35	60/50
	315	560	330	530+9×10	1	1.6×4.5	24	1—14	1282	275	1.4	4.5×35	60/50
Y400-4	355	630	390	400+7×10	1	1.25×5.6	24	1—14	1132	273	1.5	5×31.5	60/50
	400	630	390	450+8×10	1	1.4×5.5	22	1—14	1192	273	1.5	5×31.5	60/50
	450	630	390	480+8×10	1	1.6×5.6	20	1—14	1223	273	1.5	5×31.5	60/50
	500	630	390	530+9×10	1	1.8×5.6	18	1—14	1282	273	1.5	5×31.5	60/50
	560	630	390	580+10×10	1	2×5.6	17	1—14	1344	273	1.5	5×31.5	60/50
Y400-6	280	630	410	480+8×10	1	1.4×5	24	1—12	1127	219	1.2	6.3×40	72/58
	315	630	410	530+9×10	1	1.6×5	22	1—12	1187	219	1.2	6.3×40	72/58
	355	630	410	580+10×10	1	1.8×5	20	1—12	1247	219	1.2	6.3×40	72/58
	400	630	410	630+11×10	1	2.12×5	18	1—12	1309	219	1.2	6.3×40	72/58
Y400-8	220	630	450	500+9×10	2串	1.8×3.15	32	1—9	1083	217	1.2	7.1×3.15	72/58
	250	630	450	580+10×10	2串	2.0×3.15	28	1—9	1172	217	1.2	7.1×3.15	72/58
	280	630	450	630+11×10	2串	2.24×3.15	28	1—8	1196	217	1.2	7.1×3.15	72/58
Y450-4	630	710	450	480+8×10	1	1.9×7.1	18	1—14	1261	282	1.8	5.6×35.5	60/50
	710	710	450	530+9×10	1	2.24×7.1	16	1—14	1323	282	1.8	5.6×35.5	60/50
	800	710	450	580+10×10	1	2.5×7.1	15	1—14	1384	282	1.8	5.6×35.5	60/50
	900	710	450	650+12×10	1	2.8×7.1	13	1—14	1472	282	1.8	5.6×35.5	60/50

续表

型号	额定功率/kW	定子铁芯			定子绕组						气隙/mm	转子线规/mm	定转子槽数
		外径/mm	内径/mm	长度/mm	线规		每槽线数	线圈节距	半匝长/mm	端部长/mm			
					根数	直径/mm							
Y450-6	450	710	480	480+8×10	1	1.6×6.3	22	1—11	1111	231	1.3	4×40	72/86
	500	710	480	530+9×10	1	1.8×6.3	20	1—11	1172	231	1.3	4×40	72/86
	560	710	480	580+10×10	1	2.0×6.3	18	1—11	1230	231	1.3	4×40	72/86
	630	710	480	630+11×10	1	2.36×6.3	16	1—11	1292	231	1.3	4×40	72/86
Y450-8	315	710	510	480+8×10	2	1.18×3.15	26	1—9	1046	202	1.3	4.5×45	72/86
	355	710	510	530+9×10	2	1.32×3.15	24	1—9	1106	202	1.3	4.5×45	72/86
	400	710	510	580+10×10	2	1.5×3.15	22	1—9	1167	202	1.3	4.5×45	72/86
	450	710	510	630+11×10	2	1.7×3.15	20	1—9	1227	202	1.3	4.5×45	72/86
Y450-10	220	710	510	450+8×10	1	1.4×4	26	1—9	968	189	1.1	3.55×3.15	90/106
	250	710	510	480+8×10	1	1.6×4	24	1—9	999	189	1.1	3.55×3.15	90/106
	280	710	510	530+9×10	1	1.8×4	22	1—9	1059	189	1.1	3.55×3.15	90/106
	315	710	510	580+10×10	1	2×4	20	1—9	1119	189	1.1	3.55×3.15	90/106
	355	710	510	630+11×10	1	2.24×4	18	1—9	1178	189	1.1	3.55×3.15	90/106
Y450-12	220	710	510	530+9×10	1	1.6×4	26	1—7	1002	168	1.1	3.55×3.15	90/106
	250	710	510	580+10×10	1	1.8×4	24	1—7	1062	168	1.1	3.55×3.15	90/106
Y500-4	1000	800	515	550+10×10	2	1.25×4	26	1—14	1392	288	2.1	6.3×45	60/50
	1120	800	515	600+11×10	2	1.4×4	24	1—14	1453	288	2.1	6.3×45	60/50
	1250	800	515	650+12×10	2	1.6×4	22	1—14	1513	288	2.1	6.3×45	60/50
	1400	800	515	730+13×10	2	1.8×4	20	1—14	1593	288	2.1	6.3×45	60/50

续表

型号	额定功率/kW	定子铁芯			定子绕组						气隙/mm	转子线规/mm	定转子槽数
		外径/mm	内径/mm	长度/mm	线规		每槽线数	线圈节距	半匝长/mm	端部长/mm			
					根数	直径/mm							
Y500-6	710	800	550	530+9×10	1	2.5×6.7	16	1—11	1190	226	1.6	4.5×40	72/86
	800	800	550	580+10×10	1	2.8×6.7	15	1—11	1252	226	1.6	4.5×40	72/86
	900	800	550	650+12×10	1	3.15×6.7	13	1—11	1340	226	1.6	4.5×40	72/86
	1000	800	550	730+13×10	1	3.55×6.7	12	1—11	1432	226	1.6	4.5×40	72/86
Y500-8	500	800	580	530+9×10	1	1.8×7.1	20	1—8	1085	198	1.6	4.5×50	72/86
	560	800	580	600+11×10	1	2.0×7.1	18	1—9	1175	198	1.6	4.5×50	72/86
	630	800	580	650+12×10	1	2.36×7.1	16	1—9	1273	198	1.6	4.5×50	72/86
	710	800	580	730+13×10	1	2.65×7.1	14	1—9	1362	198	1.6	4.5×50	72/86
Y500-10	400	800	580	530+9×10	1	2.24×5	20	1—8	1048	182	1.3	3.15×40	90/114
	450	800	580	580+10×10	1	2.5×5	18	1—8	1108	182	1.3	3.15×40	90/114
	500	800	580	630+11×10	1	2.8×5	16	1—9	1199	193	1.3	3.15×40	90/114
	560	800	580	730+13×10	1	3.15×5	14	1—9	1318	193	1.3	3.15×40	90/114
	630	800	580	830+15×10	1	3.55×5	12	1—9	1436	193	1.3	3.15×40	90/114
Y500-12	280	800	580	500+9×10	1	1.8×5	24	1—7	986	180	1.3	3.35×45	90/114
	315	800	580	530+9×10	1	2×5	22	1—8	1048	180	1.3	3.35×45	90/114
	355	800	580	580+10×10	1	2.24×5	20	1—8	1108	180	1.3	3.35×45	90/114
	400	800	580	650+12×10	1	2.5×5	18	1—8	1198	180	1.3	3.35×45	90/114
	450	800	580	730+13×10	1	2.8×5	16	1—8	1287	180	1.3	3.35×45	90/114

附表5　YR系列（IP44）绕线转子三相异步电动机铁芯及绕组的技术数据

型号	磁极	额定功率/kW	满载时				定子绕组							定转子槽数 Z_1/Z_2
			转速/(r/min)	电流/A	效率/%	功率因数	线规		绕组形式	每槽线数	线圈节距	接法	并联路数	
							根数	直径/mm						
YR-132M1-4	4	4	1440	9.3	84.5	0.77	1	ϕ0.8	双层叠式	102	1—9	△	2	36/24
YR-132M2-4	4	5.5	1440	12.6	86	0.77	1	ϕ0.95		74	1—9	△	2	36/24
YR-160M-4	4	7.5	1460	15.7	87.5	0.83	1	ϕ1.12		74	1—9	△	2	36/24
YR-160L-4	4	11	1460	22.5	89.5	0.83	2	ϕ0.95		52	1—9	△	2	36/24
YR-180L-4	4	15	1465	30		0.85	2	ϕ1.06		32	1—11	△	4	36/24
YR-200L1-4	4	18.5	1465	36.7	89	0.86					1—11	△	4	48/36
YR-200L2-4	4	22	1465	43.2	90	0.86	1	ϕ1.30		54	1—11	△	4	48/36
YR-225L2-4	4	30	1475	57.6	91	0.87	3	ϕ1.25		22	1—11	△	2	48/36
YR-250M1-4	4	37	1480	71.4	91.5	0.86	2	ϕ1.25		40	1—12	△	4	48/36
YR-250M2-4	4	45	1480	85.9	91.5	0.87	3	ϕ1.12	双层叠式	34	1—12	△	4	48/36
YR-280S-4	4	55	1480	30.8	91.5	0.88	2	ϕ1.50		26	1—14	△	4	60/48
YR-280M-4	4	75	1480	140	92.5	0.88	1 2	ϕ1.40 ϕ1.50		18	1—14	△	1	
YR-132M1-6	6	3	955	8.2	8.05	0.69	1	ϕ1.0		46	1—8	△	1	48/36
YR-132M2-6	6	4	955	10.7	82	0.69	1	ϕ0.80		70	1—8	△	2	48/36
YR-160M-6	6	5.5	970	13.4	84.5	0.74	1	ϕ1.0		66	1—8	△	2	
YR-160L-6	6	7.5	970	17.9	86	0.74	1	ϕ1.18		50	1—8	△	2	
YR-180L-6	6	11	975	23.6	87.5	0.81	1	ϕ1.25		38	1—9	△	2	54/36
YR-200L1-6	6	15	975	31.8	88.5	0.81	1 1	ϕ1.06 ϕ1.12		34	1—9	△	2	54/36

续表

型号	磁极	额定功率/kW	满载时				定子绕组							定转子槽数 Z_1/Z_2
			转速/(r/min)	电流/A	效率/%	功率因数	线规 根数	线规 直径/mm	绕组形式	每槽线数	线圈节距	接法	并联路数	
YR-225M1-3	3	18.5	980	38.3	88.5	0.83	1	ϕ1.18	双层叠式	36	1—9	△	2	54/36
							1	ϕ1.25						
YR-225M2-6	6	22	980	45	89.5	0.83	1	ϕ1.30		30	1—9	△	2	54/36
							1	ϕ1.40						
YR-250M1-6	6	30	980	60.3	90	0.84	3	ϕ1.12		18	1—12	△	2	72/48
							1	ϕ1.18						
YR-250M2-6	6	37	980	73.9	90.5	0.84	3	ϕ1.40		16	1—12	△	2	72/48
YR-280S-6	6	45	985	87.9	91.5	0.85	3	ϕ1.40		14	1—12	△	2	72/48
							1	ϕ1.50						
YR-280M-6	6	55	985	106.9	92	0.85	3	ϕ1.50		12	1—12	△	2	72/48
							1	ϕ1.60						
YR-160M-8	8	4	715	10.7	82.5	0.69	1	ϕ0.90		92	1—6	△	2	
YR-160L-8	8	5.5	715	14.2	83	0.71	1	ϕ1.0	双层叠式	70	1—6	△	2	48/36
YR-180L-8	8	7.5	725	18.4	85	0.73	1	ϕ1.06		28	1—7	△	1	54/36
							1	ϕ1.12						
YR-200L1-8	8	11	735	26.6	86	0.73	2	ϕ0.95		44	1—7	△	2	54/36
YR-225M1-8	8	15	735	34.5	88	0.75	2	ϕ1.12		40	1—7	△	2	54/36
YR-225M2-8	8	18.5	735	42.1	89	0.75	2	ϕ1.30		32	1—7	△	2	54/36
YR-250M1-8	8	22	735	48.7	88	0.78	1	ϕ1.40		48	1—9	△	4	72/48
YR-250M2-8	8	30	735	66.1	89.5	0.77	1	ϕ1.12		74	1—9	△	8	72/48
YR-280S-8	8	37	735	78.2	91	0.79	3	ϕ1.0	双层叠式	36	1—9	△	4	72/48
YR-280M-8	8	45	735	92.9	92	0.80	2	ϕ1.4		28	1—9	△	4	72/48

附表6 YR系列（IP44）绕线转子三相异步电动机铁芯及绕组的技术数据

型号	磁极	额定功率/kW	转子			转子绕组							定转子槽数 Z_1/Z_2
			转速/(r/min)	电压/V	电流/A	线规		绕组形式	每槽线数	线圈节距	接法	并联路数	
						根数	直径/mm						
YR-132M1-4	4	4	1440	230	11.5	3	ϕ1.06	双层叠式	28	1—6	Y	1	36/24
YR-132M2-4	4	5.5	1440	272	13	2	ϕ1.12		24	1—6	Y	1	36/24
						1	ϕ1.18						
YR-160M-4	4	7.5	1460	250	19.5	2	ϕ1.0		44	1—6	Y	2	36/24
						1	ϕ1.16						
YR-160L-4	4	11	1460	276	25	3	ϕ1.18		34	1—6	Y	2	36/24
YR-180L-4	4	15	1465	278	34	3	ϕ1.30		18	1—9	Y	2	36/24
YR-200L1-4	4	18.5	1465	247	47.5	4	ϕ1.40		18	1—9	Y	2	48/36
						1	2×5.6		8			1	
YR-200L2-4	4	22	1465	293	47	4	ϕ1.40		16	1—9	Y	2	48/36
						1	2.24×5.6		8			1	
YR-225L2-4	4	30	1475	360	51.5	6	ϕ1.25		16	1—9	Y	2	48/36
						1	2.5×5.6		8			1	
YR-250M1-4	4	37	1480	289	79	8	ϕ1.40		12	1—9	Y	2	48/36
						8	2.2×5.6		6			1	
YR-250M2-4	4	45	1480	340	81	8	ϕ1.40	双层叠式	12	1—12	Y	2	48/36
						2	2×5.6		6			1	
YR-280S-4	4	55	1480	485	70	7	ϕ1.40		12	1—12	Y	2	60/48
						2	2×5		6			1	

续表

型号	磁极	额定功率/kW	转子			转子绕组							定转子槽数 Z_1/Z_2
			转速/(r/min)	电压/V	电流/A	线规		绕组形式	每槽线数	线圈节距	接法	并联路数	
						根数	直径/mm						
YR-280M-4	4	75	1480	354	128	7	ϕ1.40	双层叠式	12	1—6	Y	4	
						2	2×5		6				
YR-132M1-6	6	3	955	206	9.5	3	ϕ1.0		20	1—6	Y	2	48/36
YR-132M2-6	6	4	955	230	11	2	ϕ0.95		34	1—6	Y	1	48/36
YR-160M-6	6	5.5	970	244	14.5	2	ϕ1.06		34	1—6	Y	2	
YR-160L-6	6	7.5	970	266	18	2	ϕ1.18		28	1—6	Y	2	
YR-180L-6	6	11	975	310	22.5	4	ϕ1.0		28	1—6	Y	2	54/36
YR-200L1-6	6	15	975	198	48	2	ϕ1.18		16	1—6	Y	2	54/36
						1	2.24×5.6		8				
YR-225M1-3	3	18.5	980	187	62.5	8	ϕ1.25	双层叠式	16	1—6	Y	2	54/36
						1	2.8×6.3		8		Y	1	
YR-225M2-6	6	22	980	224	61	8	ϕ1.25		16	1—6	Y	2	54/36
						1	2.8×6.3		8		Y	1	
YR-250M1-6	6	30	980	282	66	7	ϕ1.40		12	1—8	Y	2	72/48
						2	2.24×5		6		Y	1	
YR-250M2-6	6	37	980	331	69	3	ϕ1.40		12	1—8	Y	2	72/48
						2	2.24×5		6		Y	1	
YR-280S-6	6	45	985	362	76	3	ϕ1.30		12	1—8	Y	2	72/48
						2	2.5×5.6		6		Y	1	

续表

型号	磁极	额定功率/kW	转子			转子绕组							定转子槽数 Z_1/Z_2
			转速/(r/min)	电压/V	电流/A	线规		绕组形式	每槽线数	线圈节距	接法	并联路数	
						根数	直径/mm						
YR-280M-6	6	55	985	423	80	9	ϕ1.40	双层叠式	12	1—8	Y	2	72/48
						2	2.5×5.6		6		Y	1	
YR-160M-8	8	4	715	216	12	2	ϕ0.95		42	1—5	Y	2	
YR-160L-8	8	5.5	715	230	15.5	2	ϕ1.06	双层叠式	34	1—5	Y	2	48/36
YR-180L-8	8	7.5	725	255	19	1	ϕ1.25		34	1—5	Y	2	54/36
						1	ϕ1.30						
YR-200L1-8	8	11	735	152	46	2	ϕ1.18		16	1—5	Y	2	54/36
						1	2.2×5.6		8			1	
YR-225M1-8	8	15	735	169	56	8	ϕ1.25		16	1—5	Y	2	54/36
						1	2.8×6.3		8			1	
YR-225M2-8	8	18.5	735	211	54	8	ϕ1.25		16	1—5	Y	2	54/36
						1	2.8×6.3		8			1	
YR-250M1-8	8	22	735	210	65.5	7	ϕ1.4		12	1—6	Y	2	72/48
						2	2.24×5		6			1	
YR-250M2-8	8	30	735	270	69	7	ϕ1.40		12	1—6	Y	2	72/48
						2	2.24×5		6			1	
YR-280S-8	8	37	735	281	81.5	9	ϕ1.40	双层叠式	12	1—6	Y	2	72/48
						2	2.5×5.6		6			1	
YR-280M-8	8	45	735	359	76	3	ϕ1.30		12	1—6	Y	2	72/48
						2	2.5×5.6		6			1	

附表7 YR系列（IP23）绕线转子式三相异步电动机定子铁芯及绕组的技术数据

型号	磁极	额定功率/kW	满载时				定子绕组							定转子槽数 Z_1/Z_2
			转速/(r/min)	电流/A	效率/%	功率因数	线规		绕组形式	每槽线数	线圈节距	接法	并联路数	
							根数	直径/mm						
YR-160M-4	4	7.5	1420	16	84	0.84	1	$\phi1.50$	双层叠式	34	1—11	△	1	48/36
YR-160L1-4	4	11	1435	22.7	86.5	0.85	2	$\phi0.85$		50	1—11	△	2	48/36
YR-160L2-4	4	15	1445	30.8	87	0.85	2	$\phi1.0$		38	1—11	△	2	48/36
YR-180M-4	4	18.5	1425	36.7	87	088	2	$\phi1.12$		40	1—11	△	2	48/36
YR-180L-4	4	22	1435	43.2	88	0.88	1	$\phi1.18$		34	1—11	△	2	48/36
							1	$\phi1.25$						
YR-200M-4	4	30	1440	58.2	89	0.88	2	$\phi0.95$	双层叠式	62	1—11	△	4	48/36
YR-200L-4	4	37	1450	71.8	89	0.88	2	$\phi1.0$		50	1—11	△	4	48/36
YR-225M1-4	4	45	1440	87.3	89	0.88	1	$\phi1.12$		24	1—12	△	2	48/36
							3	$\phi1.18$						
YR-225M2-4	4	55	1450	105.5	90	0.88	1	$\phi1.25$		40	1—12	△	4	48/36
							1	$\phi1.30$						
YR-250S-4	4	75	1450	141.5	90.5	0.89	2	$\phi1.25$		14	1—14	△	2	60/48
							3	$\phi1.30$						
YR-250M-4	4	90	1460	168.8	91	0.89	4	$\phi1.25$		12	1—14	△	2	60/48
							2	$\phi1.30$						

续表

型号	磁极	额定功率/kW	满载时				定子绕组							定转子槽数Z_1/Z_2
			转速/(r/min)	电流/A	效率/%	功率因数	线规		绕组形式	每槽线数	线圈节距	接法	并联路数	
							根数	直径/mm						
YR-280S-4	4	110	1460	205.2	91.5	0.89	4	$\phi1.25$	双层叠式	24	1—14	△	4	60/48
YR-280M-4	4	132	1460	243.6	92.5	0.89	4	$\phi1.40$		20	1—14	△	4	60/48
YR-160M-6	6	5.5	950	13.2	82.5	0.77	2	$\phi0.95$		36	1—9	△	1	54/36
YR-160L-6	6	7.5	950	17.5	83.5	0.78	1	$\phi1.06$		58	1—9	△	2	54/36
YR-180M-6	6	11	940	25.4	84.5	0.78	1	$\phi1.40$	双层叠式	46	1—9	△	2	54/36
YR-180L-6	6	15	950	33.7	85.5	0.79	2	$\phi1.06$		36	1—9	△	2	54/36
YR-200M-6	6	18.5	950	40.1	86.5	0.81	2	$\phi1.18$		36	1—9	△	2	54/36
YR-200L-6	6	22	955	46.6	87.5	0.82	—	—		30	—	△		—
YR-225M1-6	6	30	955	61.3	87.5	0.85	2	$\phi1.12$		38	1—12	△	3	72/54
YR-225M2-6	6	37	965	74.3	89	0.85	—	—		30	1—12	△	3	72/54
YR-250S-6	6	45	965	90.4	89	0.85	2	$\phi1.40$		28	1—12	△	3	72/54
YR-250M-6	6	55	970	108.6	89.5	0.86	4	$\phi1.06$		24	1—12	△	3	72/54
YR-280S-6	6	75	970	143.1	90.5	0.88	3	$\phi1.40$		22	1—12	△	3	72/54
YR-280M-6	6	90	970	168.7	91	0.89	3	$\phi1.50$		18	1—12	△	3	72/54

续表

型号	磁极	额定功率/kW	满载时				定子绕组							定转子槽数 Z_1/Z_2
			转速/(r/min)	电流/A	效率/%	功率因数	线规		绕组形式	每槽线数	线圈节距	接法	并联路数	
							根数	直径/mm						
YR-160M-8	8	4	705	10.6	81	0.71	1	ϕ1.25	双层叠式	54	1—6	△	1	48/36
YR-160L-8	8	5.5	705	14.4	81.5	0.71	1	ϕ1.40		43	1—6	△	1	48/36
YR-180M-8	8	7.5	690	19	82	0.73	2	ϕ0.90		70	1—6	△	2	48/36
YR-180L-8	8	11	710	27.6	83	0.73	2	ϕ1.0		54	1—6	△	2	48/36
YR-200M-8	8	15	710	36.7	85	0.73	2	ϕ0.95		50	1—6	△	2	48/36
YR-200L-8	8	18.5	710	41.9	86	0.78	2	ϕ1.30		43	1—6	△	2	48/36
YR-225M1-8	8	22	715	49.2	86	0.79	1	ϕ1.25	双层叠式	62	1—9	△	4	72/48
YR-225M2-8	8	30	715	66.3	87	0.79	1	ϕ1.40		50	1—9	△	4	72/48
YR-250S-8	8	37	720	81.3	87.5	0.79	2	ϕ1.06		46	1—9	△	4	72/48
YR-250M-8	8	45	720	97.8	88.5	0.79	1 1	ϕ1.18 ϕ1.25		38	1—9	△	4	72/48
YR-280S-8	8	55	725	114.5	89	0.82	1 1	ϕ1.30 ϕ1.40		36	1—9	△	4	72/48
YR-280M-8	8	75	725	154.4	90	0.82	1 1	ϕ1.50 ϕ1.60		28	1—9	△	4	72/48

附表8 YR系列（IP23）绕线转子三相异步电动机铁芯及绕组的技术数据

型号	磁极	额定功率/kW	转子			转子绕组							定转子槽数 Z_1/Z_2
			转速/(r/min)	电压/V	电流/A	线规		绕组形式	每槽线数	线圈节距	接法	并联路数	
						根数	直径/mm						
YR-160M-4	4	7.5	1420	260	19	3	ϕ1.12	双层叠式	18	1—9	Y	1	48/36
YR-160L1-4	4	11	1435	275	26	4	ϕ1.12		14	1—9	Y	1	48/36
YR-160L2-4	4	15	1445	260	37	3	ϕ1.30		10	1—9	Y	1	48/36
						1	ϕ1.40						
YR-180M-4	4	18.5	1425	197	61	1	1.8×5		8	1—9	Y	1	48/36
YR-180L-4	4	22	1435	232	61	1	1.8×5		8	1—9	Y	1	48/36
YR-200M-4	4	30	1440	255	76	1	2×5.6	双层叠式	8	1—9	Y	1	48/36
YR-200L-4	4	37	1450	316	74	1	2×5.6		8	1—9	Y	1	48/36
YR-225M1-4	4	45	1440	240	120	2	1.8×4.5		6	1—9	Y	1	48/36
YR-225M2-4	4	55	1450	288	121	2	1.8×4.5		6	1—9	Y	1	48/36
YR-250S-4	4	75	1450	449	105	2	1.6×45		6	1—12	Y	1	60/48
YR-250M-4	4	90	1460	524	107	2	1.6×45		6	1—12	Y	1	60/48
YR-280S-4	4	110	1460	349	196	2	2.24×6.3		4	1—12	Y	1	60/48
YR-280M-4	4	132	1460	419	194	2	2.24×6.3		4	1—12	Y	1	60/48
YR-160M-6	6	5.5	950	279	13	1	ϕ1.18		24	1—6	Y	1	54/36
						1	ϕ1.25						
YR-160L-6	6	7.5	950	260	19	3	ϕ1.12		18	1—6	Y	1	54/36
YR-180M-6	6	11	940	146	50	1	ϕ1.84	双层叠式	8	1—6	Y	1	54/36
YR-180L-6	6	15	950	187	53	1	1.8×4		8	1—6	Y	1	54/36
YR-200M-6	6	18.5	950	187	65	1	1.85×5		8	1—6	Y	1	54/36

续表

型号	磁极	额定功率/kW	转子			转子绕组							定转子槽数 Z_1/Z_2
			转速/(r/min)	电压/V	电流/A	线规 根数	线规 直径/mm	绕组形式	每槽线数	线圈节距	接法	并联路数	
YR-200L-6	6	22	955	224	63	1	1.8×5	双层叠式	8	1—6	Y	1	54/36
YR-225M1-6	6	30	955	227	86	2 2	1.6×4.5 1.8×4.5		6	1—9	Y	1	72/54
YR-225M2-6	6	37	965	287	82				6	1—9	Y	1	72/54
YR-250S-6	6	45	965	307	93				6	1—9	Y	1	72/54
YR-250M-6	6	55	970	359	97				6	1—9	Y	1	72/54
YR-280S-6	6	75	970	392	121				6	1—9	Y	1	72/54
YR-280M-6	6	90	970	481	118				6	1—9	Y	1	72/54
YR-160M-8	8	4	705	262	11	—	—		30	1—5	Y	1	48/36
YR-160L-8	8	5.5	705	243	15	2	ϕ1.25		22	1—5	Y	1	48/36
YR-180M-8	8	7.5	690	105	49	1	1.8×4		8	1—5	Y	1	48/36
YR-180L-8	8	11	710	140	53	1	1.8×4		8	1—5	Y	1	48/36
YR-200M-8	8	15	710	153	64	1	1.8×5		8	1—5	Y	1	48/36
YR-200L-8	8	18.5	710	187	64	1	1.8×5		8	1—5	Y	1	48/36
YR-225M1-8	8	22	715	161	90	2	1.6×4.5	双层叠式	6	1—6	Y	1	72/48
YR-225M2-8	8	30	715	200	97	2	1.6×4.5		6	1—6	Y	1	72/48
YR-250S-8	8	37	720	218	110	2	1.8×4.5		6	1—6	Y	1	72/48
YR-250M-8	8	45	720	264	109	2	1.8×4.5		6	1—6	Y	1	72/48
YR-280S-8	8	55	725	279	125	2	2×5		6	1—6	Y	1	72/48
YR-280M-8	8	75	725	359	131	2	2×5		6	1—6	Y	1	72/48

附表9　YZ系列起重冶金用三相异步电动机铁芯及绕组的技术数据

型号	磁极	功率/kW	定子铁芯			定子绕组							槽数
			外径/mm	内径/mm	长度/mm	线规		绕组形式	每槽线数	线圈节距	接法	线重/kg	
						根数	直径/mm						
YZ-112M-6	6	1.5	182	127	100	1	ϕ0.80	双层叠式	42	7	Y	1.90	45
YZ-132M-6	6	2.2	210	148	110	1	ϕ1.00		34	7	Y	2.62	45
YZ-132M-6	6	3.7	210	148	160	2	ϕ0.85		24	7	Y	3.25	45
YZ-160M-6	6	5.5	245	182	115	1	ϕ1.00		40	8	2Y	4.10	54
YZ-160M-6	6	7.5	245	182	150	1	ϕ1.18		30	8	2Y	4.80	54
YZ-160L-8	8	7.5	245	182	210	3	ϕ1.00		14	6	Y	5.40	54
YZ-160L-6	8	11	245	182	210	2	ϕ0.95		22	8	2Y	5.52	54
YZ-180L-8	8	11	280	210	200	2	ϕ1.06		24	7	2Y	8.30	60
YZ-200L-8	8	15	327	245	195	3	ϕ1.12		20	7	2Y	11.80	60
YZ-225M-8	8	22	327	245	245	3	ϕ1.30		16	6	2Y	14.0	60
YZ-250M-8	8	30	368	280	270	2	ϕ1.15		24	7	4Y	14.6	60

附表10　YZR系列起重冶金用三相异步电动机铁芯及绕组的技术数据

型号	磁极	功率/kW	定子铁芯			定子绕组							槽数
			外径/mm	内径/mm	长度/mm	线规		绕组形式	每槽线数	线圈节距	接法	线重/kg	
						根数	直径/mm						
YZR-112M-6	6	1.5	182	127 55	100	1	$\phi 0.8$	双层链式	42	7	Y	1.90	45
						2	$\phi 0.95$		14	5	Y	1.4	36
YZR-132M-6	6	2.2	210	148 60	110	1	$\phi 1.0$		34	7	Y	2.62	45
						2	$\phi 1.12$		15	5	Y	2.8	36
YZR-132M-6	6	3.7	210	148 60	160	2	$\phi 0.85$		24	7	Y	3.25	45
						2	$\phi 1.12$		15	5	Y	2.7	36
YZR-160M-6	6	5.5	245	182 70	115	1	$\phi 1.0$		40	8	2Y	4.10	54
						3	$\phi 1.00$		22	5	2Y	4.0	36
YZR-160M-6	6	7.5	245	182 70	150	1	$\phi 1.18$		30	8	2Y	4.80	54
						3	$\phi 1.00$		22	5	2Y	4.6	36
YZR-160L-8	8	7.5	245	182 70	210	3	$\phi 1.0$	双层链式	14	6	Y	5.40	54
						2	$\phi 1.18$		24	4	2Y	5.3	36
YZR-160L-6	6	11	245	182 70	210	2	$\phi 0.95$	双层链式	22	8	2Y	5.52	54
						3	$\phi 1.00$		22	5	2Y	5.6	36
YZR-180L-8	8	11	280	210 80	200	2	$\phi 1.06$		24	7	2Y	8.30	60
						3	$\phi 1.25$		14	5	2Y	7.4	48

续表

型号	磁极	功率/kW	定子铁芯			定子绕组							槽数
			外径/mm	内径/mm	长度/mm	线规		绕组形式	每槽线数	线圈节距	接法	线重/kg	
						根数	直径/mm						
YZR-180L-6	6	15	280	210 80	200	2	ϕ0.9	双层链式	28	8	3Y	6.70	54
						3	ϕ1.30		16	5	2Y	7.3	36
YZR-200L-8	8	15	327	245 130	195	3	ϕ1.12		20	7	2Y	11.80	60
						4	ϕ1.30		12	5	2Y	9.63	48
YZR-200L-6	6	22	327	245 130	195	2	ϕ1.25		24	8	3Y	11.54	54
						4	ϕ1.25		19	5	3Y	11.73	36
YZR-225M-8	8	22	327	245 130	245	3	ϕ1.3	双层叠式	16	6	2Y	14.0	60
						4	ϕ1.30	单层叠式	12	5	2Y	11.1	48
JZR-225M-6	6	30	327	245	245	2	ϕ1.4	双层叠式	20	7	3Y	13.1	54
				130		4	ϕ1.25	单层叠式	19	5	3Y	13.0	36
JZR-250M-8	8	30	368	280	270	2	ϕ1.25	双层叠式	24	7	4Y	14.6	68
				150		2	ϕ1.40	单层叠式	22	5	4Y	12.9	48
YZR-250M-6	6	37	368	280	270	3	ϕ1.3	双层叠式	14	10	3Y	18.0	72
				150		4	ϕ1.40	单层叠式	12	10	3Y	17.2	54
JZR-250M-8	8	37	368	280	340	3	ϕ1.12	双层叠式	20	6	4Y	16.4	60
				150		2	ϕ1.40	单层叠式	22	5	4Y	15.0	48

续表

型号	磁极	功率/kW	定子铁芯			定子绕组							槽数
			外径/mm	内径/mm	长度/mm	线规		绕组形式	每槽线数	线圈节距	接法	线重/kg	
						根数	直径/mm						
YZR-250M-6	6	45	368	280	340	3	φ1.4	双层叠式	12	10	3Y	20.5	72
				150		4	φ1.40	单层叠式	12	10	3Y	19.8	54
JZR-280S-6	6	55	423	310	285	2	φ1.18	双层叠式	24	11	6Y	27.0	72
				180		3	φ1.30		24	8	6Y	23.0	54
YZR-280S-8	8	45	423	310	285	2	φ1.3	双层叠式	18	5	4Y	24.0	72
						1	φ1.4						
				180		2	φ1.30	单层叠式	22	8	4Y	19.0	48
						1	φ1.40						
YZR-280S-10	10	37	423	340	310	3	φ1.12	双层叠式	30	5	5Y	24.0	60
				180		1	φ2.8						75
YZR-280M-6	6	75	423	310	360	3	φ1.18		18	11	6Y	31.0	72
				180		3	φ1.30		24	8	6Y	27.0	54
YZR-280M-8	8	55	423	310	360	2 2 1	φ1.25 φ1.30 φ1.40	单层叠式	30	7	8Y	26.5	72
				180					22	5	4Y	20.0	48
JZR-280M-10	10	45	423	340	355	2 1 1	φ1.25 φ1.18 φ2.8×12.5	双层叠式	26	5	5Y	27.2	60
				180					2	7	Y	27.3	75

续表

型号	磁极	功率/kW	定子铁芯			定子绕组							槽数
			外径/mm	内径/mm	长度/mm	线规		绕组形式	每槽线数	线圈节距	接法	线重/kg	
						根数	直径/mm						
YZR-315S-8	8	75	493	400	340	3 1	ϕ1.18 ϕ2.36 ×16	双层叠式	26	8	8Y	33.5	72
				255					2	12	Y	39.6	96
YZR-315S-10	10	55	493	400	340	3 1	ϕ1.25 ϕ2.36 ×16		18	7	5Y	25.5	75
				255					2	9	Y	35.3	90
YZR-315M-8	8	90	493	400	430	3 1	ϕ1.25 ϕ2.36 ×16	双层叠式	22	8	8Y	36.5	72
				255					2	12	Y	45.2	96
YZR-315M-10	10	75	493	400	430	4 1	ϕ1.25 ϕ2.36 ×16		14	7	5Y	31.0	75
				255					2	9	Y	39.5	90
YZR-355M-10	10	90	560	460	380	3 1	ϕ1.18 ϕ3.15 ×16		26	8	10Y	43.3	90
				255					2	11	Y	51.8	105
YZR-355L-10	10	110	560	460	455	3 1	ϕ1.3 ϕ3.15 ×16		22	8	10Y	50.0	90
				255					2	11	Y	58.0	105
YZR-355L-10	10	132	560	460	540	3 1	ϕ1.4 ϕ3.15 ×16		18	8	10Y	53.4	90
				255					2	11	Y	64.0	105

附表11 JB系列高压隔爆型三相异步电动机铁芯及绕组的技术数据

型号	极数	额定功率/kW	定子铁芯			线规/mm	匝数	节距	定转子槽数
			外径/mm	内径/mm	长度/mm				
JB560S1-2	2	200	650	350	340+5×10	1×6.3	18	1—14	48/40
JB560S2-2	2	220	650	350	340+5×10	1×6.3	18	1—14	48/40
JR560M-2	2	250	650	350	380+5×10	1.16×6.4	16	1—14	48/40
JB630S1-2	2	315	740	380	340+6×10	1.25×6.9	13	1—17	48/40
JB630S2-2	2	355	740	380	370+6×10	1.45×6.9	12	1—17	48/40
JB630M1-2	2	400	740	380	405+6×10	1.6×7.1	11	1—17	48/40
JB630M2-2	2	450	740	380	460+6×10	1.9×7.1	10	1—17	48/40
JB710S1-2	2	500	850	460	370+6×10	1.95×8	11	1—17	48/40
JB710S2-2	2	560	850	460	405+6×10	2.1×8	10	1—17	48/40
JB710M1-2	2	630	850	460	450+6×10	2.44×8	9	1—17	48/40
JB710M2-2	2	710	850	460	520+6×10	2.83×8	8	1—17	48/40

附表12　YB系列高压隔爆型三相异步电动机铁芯及绕组的技术数据

型号	极数	额定功率/kW	定子铁芯			线规/mm	匝数	节距	定转子槽数
			外径/mm	内径/mm	长度/mm				
YB400S1-2	2	200	650	350	400	1.12×7.1	17	1—14	48/40
YB400S2-2	2	220	650	350	400	1.12×7.1	17	1—14	48/40
YB400M1-2	2	250	650	350	460	1.32×7.1	15	1—14	48/40
YB400M2-2	2	280	650	350	500	1.5×7.1	14	1—14	48/40
YB450S1-2	2	315	740	380	420	1.8×7.1	13	1—17	48/40
YB450S2-2	2	355	740	380	450	2.0×7.1	12	1—17	48/40
YB450S3-2	2	400	740	380	500	2.24×7.1	11	1—17	48/40
YB450M1-2	2	450	740	380	560	2.5×7.1	10	1—17	48/40
YB450M2-2	2	500	740	380	640	2.8×7.1	9	1—17	48/40
YB400S1-4	4	200	650	400	420	1.25×5.6	15	1—14	60/50
YB400S2-4	4	220	650	400	420	1.25×5.6	15	1—14	60/50
YB400M1-4	4	250	650	400	460	1.4×5.6	14	1—14	60/50
YB400M2-4	4	280	650	400	500	1.6×5.6	13	1—14	60/50
YB450S1-4	4	315	740	475	450	2.0×7.1	12	1—14	60/50
YB450S2-4	4	355	740	475	500	2.24×7.1	11	1—14	60/50
YB450S3-4	4	400	740	475	560	2.5×7.1	10	1—14	60/50
YB450M1-4	4	450	740	475	620	2.8×7.1	9	1—14	60/50
YB450M2-4	4	500	740	475	680	3.15×7.1	8	1—14	60/50

附表13　YB系列隔爆型三相异步电动机铁芯及绕组的技术数据

型号	磁极	额定功率/kW	定子铁芯			线规		匝数	节距	定转子槽数
			外径/mm	内径/mm	长度/mm	根数	直径/mm			
YB801-2	2	0.75	120	67	65	1	$\phi0.63$	111	1—9 2—10 11—18	18/16
YB802-2	2	1.1	120	67	80	1	$\phi0.71$	90		18/16
YB90S-2	2	1.5	130	72	85	1	$\phi0.85$	74	1—9 2—10 11—18	18/16
YB90L-2	2	2.2	130	72	110	1	$\phi0.95$	58		18/16
YB100L-2	2	3	155	84	100	1	$\phi0.71$	40	1—12 2—11	24/20
						1	$\phi0.95$			
YB112M-2	2	4	175	98	105	1	$\phi1.06$	48	1—16 2—15 3—14 1—14 2—13	30/26
YB132S1-2	2	5.5	210	116	105	1	$\phi0.9$	44		30/26
						1	$\phi0.95$			
YB132S2-2	2	7.5	210	116	125	1	$\phi1.0$	37		30/26
						1	$\phi1.06$			
YB160M1-2	2	11	260	150	125	2	$\phi1.18$	28	1—16 2—15 3—14 1—14 2—13	30/26
						1	$\phi1.25$			
YB160M2-2	2	15	260	150	155	2	$\phi1.12$	23		30/26
						2	$\phi1.18$			
YB160L-2	2	18.5	260	150	195	3	$\phi1.12$	19		30/26
						2	$\phi1.18$			
YB180M-2	2	22	290	160	175	2	$\phi1.3$	8	1—14	36/28
						2	$\phi1.4$			

续表

型号	磁极	额定功率/kW	定子铁芯			线规		匝数	节距	定转子槽数
			外径/mm	内径/mm	长度/mm	根数	直径/mm			
YB200L1-2	2	30	327	182	180	2	$\phi1.12$	14	1—14	36/28
						2	$\phi1.18$			
YB200L2-2	2	37	327	182	210	1	$\phi1.4$	12	1—14	36/28
						2	$\phi1.5$			
YB225M-2	2	45	368	210	210	1	$\phi1.4$	11	1—14	36/28
						3	$\phi1.5$			
YB250M-2	2	55	400	225	195	6	$\phi1.4$	10	1—14	36/28
YB280S-2	2	75	445	255	225	7	$\phi1.5$	7	1—16	42/34
YB280M-2	2	90	445	255	260	8	$\phi1.5$	6	1—16	42/34
YB315S-2	2	110	520	300	290	13	$\phi1.5$	4.5	1—18	48/40
YB315M-2	2	132	520	300	340	16	$\phi1.5$	4	1—18	48/40
YB315L-2	2	160	520	300	380	21	$\phi1.5$	3.5	1—18	48/40
YB801-4	4	0.55	120	75	65	1	$\phi0.56$	128	1—6	24/22
YB802-4	4	0.75	120	75	80	1	$\phi0.63$	103	1—6	24/22
YB90S-4	4	1.1	130	80	90	1	$\phi0.71$	81	1—6	24/22
YB90L-4	4	1.5	130	80	120	1	$\phi0.8$	63	1—6	24/22

续表

<table>
<tr><th rowspan="2">型号</th><th rowspan="2">磁极</th><th rowspan="2">额定功率/kW</th><th colspan="3">定子铁芯</th><th colspan="2">线规</th><th rowspan="2">匝数</th><th rowspan="2">节距</th><th rowspan="2">定转子槽数</th></tr>
<tr><th>外径/mm</th><th>内径/mm</th><th>长度/mm</th><th>根数</th><th>直径/mm</th></tr>
<tr><td>YB100L1-4</td><td>4</td><td>2.2</td><td>155</td><td>98</td><td>105</td><td>2</td><td>ϕ0.71</td><td>41</td><td rowspan="4">1—9
2—10
11—18</td><td>36/26</td></tr>
<tr><td rowspan="2">YB100L2-4</td><td rowspan="2">4</td><td rowspan="2">3</td><td rowspan="2">155</td><td rowspan="2">98</td><td rowspan="2">135</td><td>1</td><td>ϕ0.71</td><td rowspan="2">31</td><td rowspan="2">36/26</td></tr>
<tr><td>1</td><td>ϕ0.95</td></tr>
<tr><td>YB112M-4</td><td>4</td><td>4</td><td>175</td><td>110</td><td>135</td><td>1</td><td>ϕ1.06</td><td>46</td><td>36/26</td></tr>
<tr><td rowspan="2">YB132S-4</td><td rowspan="2">4</td><td rowspan="2">5.5</td><td rowspan="2">210</td><td rowspan="2">136</td><td rowspan="2">115</td><td>1</td><td>ϕ0.9</td><td rowspan="2">47</td><td rowspan="3">1—9
2—10
11—18</td><td rowspan="2">36/22</td></tr>
<tr><td>1</td><td>ϕ0.95</td></tr>
<tr><td>YB132M-4</td><td>4</td><td>7.5</td><td>210</td><td>136</td><td>160</td><td>2</td><td>ϕ1.06</td><td>35</td><td>36/22</td></tr>
<tr><td>YB160M-4</td><td>4</td><td>11</td><td>260</td><td>170</td><td>155</td><td>2</td><td>ϕ1.3</td><td>28</td><td rowspan="3">1—9
2—10
11—18</td><td>36/26</td></tr>
<tr><td rowspan="2">YB160L-4</td><td rowspan="2">4</td><td rowspan="2">15</td><td rowspan="2">260</td><td rowspan="2">170</td><td rowspan="2">195</td><td>2</td><td>ϕ1.25</td><td rowspan="2">22</td><td rowspan="2">36/26</td></tr>
<tr><td>1</td><td>ϕ1.18</td></tr>
<tr><td>YB180M-4</td><td>4</td><td>18.5</td><td>290</td><td>180</td><td>190</td><td>2</td><td>ϕ1.18</td><td>16</td><td>1—11</td><td>48/44</td></tr>
<tr><td>YB180L-4</td><td>4</td><td>22</td><td>290</td><td>180</td><td>220</td><td>2</td><td>ϕ1.3</td><td>14</td><td>1—11</td><td>48/44</td></tr>
<tr><td rowspan="2">YB200L-4</td><td rowspan="2">4</td><td rowspan="2">30</td><td rowspan="2">327</td><td rowspan="2">210</td><td rowspan="2">230</td><td>2</td><td>ϕ1.06</td><td rowspan="2">12</td><td rowspan="2">1—11</td><td rowspan="2">48/44</td></tr>
<tr><td>2</td><td>ϕ1.12</td></tr>
<tr><td>YB225S-4</td><td>4</td><td>37</td><td>368</td><td>245</td><td>200</td><td>2</td><td>ϕ1.25</td><td>23</td><td>1—12</td><td>48/44</td></tr>
<tr><td rowspan="2">YB225M-4</td><td rowspan="2">4</td><td rowspan="2">45</td><td rowspan="2">368</td><td rowspan="2">245</td><td rowspan="2">235</td><td>2</td><td>ϕ1.4</td><td rowspan="2">10</td><td rowspan="2">1—12</td><td rowspan="2">48/44</td></tr>
<tr><td>2</td><td>ϕ1.3</td></tr>
<tr><td>YB250M-4</td><td>4</td><td>55</td><td>400</td><td>260</td><td>240</td><td>3</td><td>ϕ1.3</td><td>18</td><td>1—12</td><td>48/44</td></tr>
</table>

续表

型号	磁极	额定功率/kW	定子铁芯			线规		匝数	节距	定转子槽数
			外径/mm	内径/mm	长度/mm	根数	直径/mm			
YB280S-4	4	75	445	300	240	2	$\phi1.25$	13	1—14	60/50
						2	$\phi1.3$			
YB280M-4	4	90	445	300	325	5	$\phi1.3$	10	1—14	60/50
YB315S-4	4	110	520	350	290	2	$\phi1.5$	8.5	1—16	72/64
						4	$\phi1.4$			
YB315M-4	4	132	520	350	380	2	$\phi1.5$	7	1—16	72/64
						5	$\phi1.4$			
YB315L-4	4	160	520	350	420	8	$\phi1.5$	6	1—16	72/64
YB90S-6	6	0.75	130	86	100	1	$\phi0.67$	77	1—6	36/33
YB90L-6	6	1.1	130	86	120	1	$\phi0.75$	63	1—6	36/33
YB100L-6	6	1.5	155	106	100	1	$\phi0.85$	53	1—6	36/33
YB112M-6	6	2.2	175	120	110	1	$\phi1.06$	44	1—6	36/33
YB132S-6	6	3	210	148	110	1	$\phi0.85$	38	1—6	36/33
						1	$\phi0.9$			
YB132M1-6	6	4	210	148	140	1	$\phi1.06$	52	1—6	36/33
YB132M2-6	6	5.5	210	148	180	1	$\phi1.25$	42	1—6	36/33
YB160M-6	6	7.5	260	180	145	2	$\phi1.12$	38	1—6	36/33
YB160L-6	6	11	260	180	195	4	$\phi0.95$	28	1—6	36/33
YB180L-6	6	15	290	205	200	1	$\phi1.5$	17	1—9	54/44

续表

型号	磁极	额定功率/kW	定子铁芯			线规		匝数	节距	定转子槽数
			外径/mm	内径/mm	长度/mm	根数	直径/mm			
YB200L1-6	6	18.5	327	230	190	1	ϕ1.12	16	1—9	54/44
						1	ϕ1.18			
YB200L2-6	6	22	327	230	220	2	ϕ1.25	14	1—9	54/50
YB225M-6	6	30	368	260	200	2	ϕ1.3	14	1—9	54/44
						1	ϕ1.4			
YB250M-6	6	37	400	285	225	1	ϕ1.12	14	1—12	72/58
						1	ϕ1.18			
YB280S-6	6	45	—	—	215	2	ϕ1.3	13	—	—
						1	ϕ1.4			
YB280M-6	6	55	—	—	260	1	ϕ1.4	11	—	—
						2	ϕ1.5			
YB315S-6	6	75	—	—	290	1	ϕ1.3	19	—	—
						2	ϕ1.4			
YB315M-6	6	90	—	—	340	1	ϕ1.4	16	—	—
						2	ϕ1.5			
YB315L1-6	6	110	—	—	380	2	ϕ1.4	14	—	—
						2	ϕ1.5			
YB315L2-6	6	132	—	—	450	5	ϕ1.5	12	—	—
YB132S-8	8	2.2	210	148	110	1	ϕ1.12	39	1—6	48/44
YB132M-8	8	3	210	148	140	1	ϕ1.3	31	1—6	48/44

续表

型号	磁极	额定功率/kW	定子铁芯			线规		匝数	节距	定转子槽数
			外径/mm	内径/mm	长度/mm	根数	直径/mm			
YB160M1-8	8	4	260	180	110	1	ϕ1.25	51	1—6	48/44
YB160M2-8	8	5.5	260	180	145	2	ϕ1.0	39	1—6	48/44
YB160L-8	8	7.5	260	180	195	1	ϕ1.12	30	1—6	48/44
						1	ϕ1.18			
YB180L-8	8	11	290	205	20	2	ϕ0.9	23	1—7	54/58
YB200L-8	8	15	327	230	190	1	ϕ1.5	20	1—7	54/50
YB225S-8	8	18.5	368	260	165	2	ϕ1.4	20	1—7	54/50
YB225M-8	8	22	368	260	200	2	ϕ1.5	17	1—7	54/50
YB250M-8	8	30	400	285	225	3	ϕ1.3	11	1—9	72/58
YB280S-8	8	37	445	325	215	2	ϕ1.3	20	1—9	72/58
YB280M-8	8	45	445	325	260	1	ϕ1.4	17	1—9	72/58
						1	ϕ1.5			
YB315S-8	8	55	520	390	290	3	ϕ1.0	29	1—9	72/58
YB315M-8	8	75	520	390	380	4	ϕ1.4	11	1—9	72/58
YB315L1-8	8	90	520	390	420	5	ϕ1.4	10	1—9	72/58
YB315L2-8	8	110	520	390	480	3	ϕ1.5	17	1—9	72/58
YB315S-10	10	45	520	390	290	3	ϕ1.3	19	1—9	90/72
YB315M-10	10	55	520	390	360	3	ϕ1.5	15	1—9	90/72
YB315L-10	10	75	520	390	400	4	ϕ1.5	11	1—9	90/72

附表14　JBR系列隔爆型三相异步电动机铁芯及绕组的技术数据

型号	极数	定子外径/mm	定子内径/mm	定子铁芯长/mm	定子槽数	线规		每圈匝数	绕组形式	节距	380V接法	660V接法
						根数	直径/mm					
JBR40-6	6	493	360	185	54	4	ϕ1.56	7	双层梯形	1—9	2Y	—
JBR41-6	6	493	360	230	54	5	ϕ1.56	6	双层梯形	1—9	2Y	—
JBR42-6	6	493	360	285	54	2	ϕ1.56	15	双层梯形	1—9	6Y	—
JBR51-6	6	560	420	340	72	—	2.26×5.9	5	双层菱形	1—10	3Y	—
JBR52-6	6	560	420	440	72	—	1.45×5.9	7	双层菱形	1—10	6Y	—
JBR61-6	6	650	480	380	72	—	2.1×6.9	18支6匝 18支7匝	双层菱形	1—12	3△	3Y
JBR62-6	6	650	480	480	72	—	2.26×6.9	18支5匝 18支6匝	双层菱形	1—12	6△	6Y
JBR40-8	8	493	360	185	72	4	ϕ1.45	7	双层梯形	1—9	2Y	—
JBR41-8	8	493	360	230	72	4	ϕ1.45	6	双层梯形	1—9	2Y	—
JBR42-8	8	493	360	285	72	5	ϕ1.56	5	双层梯形	1—9	2Y	—
JBR51-8	8	560	420	340	72	—	2.63×6.4	4	双层菱形	1—9	2Y	—
JBR52-8	8	560	420	440	72	—	3.8×6.4	3	双层菱形	1—9	2Y	—
JBR61-8	8	650	480	380	72	—	2.83×6.9	5	双层菱形	1—9	2△	2Y
JBR62-8	8	650	480	480	72	—	1.68×6.9	8	双层菱形	1—9	4△	4Y

附表15　JBT、JBT1型隔爆型局部扇风用三相异步电动机铁芯及绕组的技术数据

型号	JBT41-2	JBT42-2	JBT1-51-2	JBT1-52-2	JBT61-2	JBT62-2
定子铁芯外径/mm	210	210	210	210	327	327
定子铁芯内径/mm	120	120	120	120	182	182
转子轴孔直径/mm	40	40	48	48	70	70
铁芯长/mm	50	80	95	170	95	190
定子槽数	24	24	24	24	36	36
转子槽数	18	18	20	20	28	28
每圈匝数	113	72	62	35	16	17
节距	1—12 2—11	1—12 2—11	1—12 2—11	1—12 2—11	1—13	1—13
接法	△	△	△	△	△	2△
线规/mm	1-ϕ1.08	1-ϕ1.08	2-ϕ0.86	2-ϕ1.16	3-ϕ1.26	3-ϕ1.2
每槽圈数	1	1	1	1	2	2

附表16 YD系列变极多速三相异步电动机铁芯及绕组的技术数据

型号	极数	额定功率/kW	定子铁芯		铁芯长度/mm	定转子槽数	绕组形式	节距	每槽线数	线规		接法
			外径/mm	内径/mm						根数	直径/mm	
YD801-4/2	4	0.45	120	75	65	24/22	双层叠式	1—8或1—7	260	1	ϕ0.38	△
	2	0.55										2Y
YD802-4/2	4	0.55	120	75	80	24/22		1—8或1—7	210	1	ϕ0.42	△
	2	0.75										2Y
YD90S-4/2	4	0.85	130	80	90	24/22		1—7	166	1	ϕ0.47	△
	2	1.1										2Y
YD90L-4/2	4	1.3	130	80	120	24/22		1—7	128	1	ϕ0.56	△
	2	1.8										2Y
YD100L1-4/2	4	2	155	98	105	36/32		1—11	80	1	ϕ0.71	△
	2	2.4										2Y
YD100L2-4/2	4	2.4	155	98	135	36/32		1—11	68	1	ϕ0.77	△
	2	3										2Y
YD112M-4/2	4	3.3	175	110	135	36/32		1—11	56	1	ϕ0.95	△
	2	4										2Y
YD132S-4/2	4	4.5	210	136	115	36/32		1—11	58	1	ϕ1.18	△
	2	5.5										2Y
YD132M-4/2	4	6.5	210	136	160	36/32		1—11	44	2	ϕ0.95	△
	2	8										2Y
YD160M-4/2	4	9	260	170	155	36/26		1—10	36	1	ϕ1.18	△
	2	11								1	ϕ1.12	2Y

续表

型号	极数	额定功率/kW	定子铁芯		铁芯长度/mm	定转子槽数	绕组形式	节距	每槽线数	线规		接法
			外径/mm	内径/mm						根数	直径/mm	
YD160L-4/2	4	11	260	170	195	36/26	双层叠式	1—10	30	1	ϕ1.30	△
	2	14								1	ϕ1.25	2Y
YD180M-4/2	4	15	290	187	190	48/44		1—13	20	3	ϕ1.25	△
	2	18.5										2Y
YD180 L-4/2	4	1.85	290	187	220	48/44		1—13	18	4	ϕ1.12	△
	2	22										2Y
YD90S-6/4	6	0.65	130	86	100	36/33	双层叠式	1—7/1—8	152/146	1	ϕ0.45	△
	4	0.85								1	ϕ0.45	2Y
YD90L-6/4	6	0.85	130	86	120	36/33		1—7/1—8	126/116	1	ϕ0.50	△
	4	1.1								1	ϕ0.53	2Y
YD100L1-6/4	6	1.3	155	98	115	36/32		1—7	100	1	ϕ0.63	△
	4	1.8										2Y
YD100L2-6/4	6	1.5	155	98	135	36/32		1—7	86	1	ϕ0.69	△
	4	2.2										2Y
YD112M-6/4	6	2.2	175	120	135	36/33		1—7/1—8	76/76	1	ϕ0.80	△
	4	2.8								1	ϕ0.80	2Y
YD132S-6/4	6	3	210	148	125	36/33	双层叠式	1—7/1—8	68/66	1	ϕ1.0	△
	4	4								1	ϕ0.95	2Y
YD132M-6/4	6	4	210	148	180	36/33		1—7/1—8	52/48	2	ϕ0.75	△
	4	5.5								2	ϕ0.8	2Y

续表

型号	极数	额定功率/kW	定子铁芯		铁芯长度/mm	定转子槽数	绕组形式	节距	每槽线数	线规		接法
			外径/mm	内径/mm						根数	直径/mm	
YD160M-6/4	6	6.5	260	180	145	36/33	双层叠式	1—7/1—8	48/46	1	ϕ1.06	△
										1	ϕ1.0	
	4	8								1	ϕ1.0	2Y
										1	ϕ1.06	
YD160L-6/4	6	9	260	180	195	36/33		1—7/1—8	36/34	2	ϕ1.18	△
	4	11								2	ϕ1.18	2Y
YD180M-6/4	6	11	290	205	200	36/32		1—7/1—8	32/30	1	ϕ1.25	△
	4	14								1	ϕ1.30	2Y
										3	ϕ0.95	
										1	ϕ0.90	
YD180L-6/4	6	13	290	205	230	36/32		1—7/1—8	28/26	3	ϕ0.95	△
	4	16								1	ϕ1.0	2Y
										2	ϕ1.18	
										1	ϕ1.12	
YD90L-8/4	8	0.45	130	86	120	36/33		1—6	172	1	ϕ0.42	△
	4	0.75										2Y
YD100L-8/4	8	0.85	155	106	135	36/33		1—6	114	1	ϕ0.56	△
	4	1.5										2Y
YD112M-8/4	8	1.5	175	120	135	36/33		1—6	94	1	ϕ0.71	△
	4	2.4										2Y

续表

型号	极数	额定功率/kW	定子铁芯		铁芯长度/mm	定转子槽数	绕组形式	节距	每槽线数	线规		接法
			外径/mm	内径/mm						根数	直径/mm	
YD132S-8/4	8	2.2	210	148	125	36/33	双层叠式	1—6	84	1	ϕ0.85	△
	4	3.3										2Y
YD132M-8/4	8	3	210	148	180	36/33		1—6	60	1	ϕ0.67	△
	4	4.5								1	ϕ0.71	2Y
YD160M-8/4	8	5	260	180	145	36/33		1—6	54	1	ϕ1.40	△
	4	7.5										2Y
YD160L-8/4	8	7	260	180	195	36/33		1—6	40	2	ϕ1.12	△
	4	11										2Y
YD180L-8/4	8	11	290	205	260	54/58		1—8	22	2	ϕ1.30	△
	4	17										2Y
YD90S-8/6	8	0.35	130	86	100	36/33		1—6	208	1	ϕ0.40	△
	6	0.45										2Y
YD90L-8/6	8	0.45	130	86	120	36/33		1—6	170	1	ϕ0.45	△
	6	0.65										2Y
YD100L-8/6	8	0.75	155	106	135	36/33		1—6	116	1	ϕ0.53	△
	6	1.1										2Y
YD112M-8/6	8	1.3	175	120	135	36/33	双层叠式	1—6	98	1	ϕ0.67	△
	6	1.8										2Y
YD132S-8/6	8	1.8	210	148	110	36/33		1—5	94	1	ϕ0.53	△
	6	2.4								1	ϕ0.56	2Y

续表

型号	极数	额定功率/kW	定子铁芯		铁芯长度/mm	定转子槽数	绕组形式	节距	每槽线数	线规		接法
			外径/mm	内径/mm						根数	直径/mm	
YD132M-8/6	8	2.6	210	148	180	36/33	双层叠式	1—5	62	1	ϕ0.67	△
	6	3.7								1	ϕ0.71	2Y
YD160M-8/6	8	4.5	260	180	145	36/33		1—5	56	2	ϕ0.95	△
	6	6										2Y
YD160L-8/6	8	6	260	180	195	36/33		1—5	42	3	ϕ0.9	△
	6	8										2Y
YD180M-8/6	8	7.5	290	205	200	36/32		1—5	36	2	ϕ1.0	△
	6	10								1	ϕ0.95	2Y
YD180L-8/6	8	9	290	205	230	36/32		1—5	32	1	ϕ1.30	△
	6	12								1	ϕ1.25	2Y
YD160M-12/6	12	2.6	260	180	145	36/33	双层叠式	1—4	74	1	ϕ0.80	△
	6	5								1	ϕ0.85	2Y
YD160L-12/6	12	3.7	260	180	205	36/33		1—4	52	1	ϕ1.40	△
	6	7										2Y
YD180L-12/6	12	5.5	290	205	230	54/58		1—6	32	1	ϕ1.06	△
	6	10								1	ϕ1.12	2Y
YD100L-6/4/2	6	0.75	155	98	135	36/32	单层链式	1—6	54	1	ϕ0.53	Y
	4	1.3					双层叠式	1—10	68			△
	2	1.8										2Y

续表

型号	极数	额定功率/kW	定子铁芯		铁芯长度/mm	定转子槽数	绕组形式	节距	每槽线数	线规		接法
			外径/mm	内径/mm						根数	直径/mm	
YD112M-6/4/2	6	1.1	175	110	135	36/32	单层链式	1—6	45	1	φ0.67	Y
	4	2					双层叠式	1—10	62	1	φ0.60	△
	2	2.4										2Y
YD132S-6/4/2	6	1.8	210	136	115	36/32	单层链式	1—6	45	1	φ0.83	Y
	4	2.6					双层叠式	1—10	64	1	φ0.80	△
	2	3										2Y
YD132M1-6/4/2	6	2.2	210	136	140	36/32	单层链式	1—6	37	1	φ0.90	Y
	4	3.3					双层叠式	1—10	56	1	φ0.85	△
	2	4										2Y
YD132M2-6/4/2	6	2.6	210	136	180	36/32	单层链式	1—6	30	2	φ0.75	Y
	4	4					双层叠式	1—10	44	1	φ0.90	△
	2	5										2Y
YD160M-6/4/2	6	3.7	260	170	155	36/26	单层链式	1—6	27	2	φ0.90	Y
	4	5					双层叠式	1—10	40	2	φ0.75	△ 2Y
	2	6										
YD160L-6/4/2	6	4.5	260	170	195	36/26	单层链式	1—6	22	3	φ0.80	Y
	4	7					双层叠式	1—10	32	1	φ1.18	△
	2	9										2Y
YD112M-8/4/2	8	0.65	175	110	135	36/26	双层叠式	1—5	68	1	φ0.53	Y
	4	2						1—10	62	1	φ0.60	△
	2	2.4										2Y

续表

型号	极数	额定功率/kW	定子铁芯		铁芯长度/mm	定转子槽数	绕组形式	节距	每槽线数	线规		接法
			外径/mm	内径/mm						根数	直径/mm	
YD132S-8/4/2	8	1	210	136	115	36/32	双层叠式	1—5	62	1	$\phi 0.75$	Y
	4	2.6						1—10	64	1	$\phi 0.75$	△
	2	3										2Y
YD132M-8/4/2	8	1.3	210	136	160	36/32	双层叠式	1—5	48	1	$\phi 0.85$	Y
	4	3.7						1—10	48	1	$\phi 0.85$	△
	2	4.5										2Y
YD160M-8/4/2	8	2.2	260	170	155	36/26	双层叠式	1—5	36	2	$\phi 0.71$	Y
	4	5						1—10	40	2	$\phi 0.75$	△
	2	6										2Y
YD160L-8/4/2	8	2.8	260	170	195	36/26	双层叠式	1—5	30	1	$\phi 1.18$	Y
	4	7						1—10	32			△
	2	9										2Y
YD112M-8/6/4	8	0.85	175	120	135	36/33	双层叠式	1—6	100	1	$\phi 0.53$	△
	6	1					单层链式	1—6	46	1	$\phi 0.56$	Y
	4	1.5					双层叠式	1—6	100	1	$\phi 0.53$	2Y
YD132S-8/6/4	8	1.1	210	148	120	36/33	双层叠式	1—6	98	1	$\phi 0.60$	△
	6	1.5					单层链式	1—6	41	1	$\phi 0.71$	Y
	4	1.8					双层叠式	1—6	98	1	$\phi 0.60$	2Y

续表

型号	极数	额定功率/kW	定子铁芯		铁芯长度/mm	定转子槽数	绕组形式	节距	每槽线数	线规		接法
			外径/mm	内径/mm						根数	直径/mm	
YD132M1-8/6/4	8	1.5	210	148	160	36/33	双层叠式	1—6	78	1	φ0.67	△
	6	2					单层链式	1—6	32	1	φ0.85	Y
	4	2.2					双层叠式	1—6	78	1	φ0.67	2Y
YD132M2-8/6/4	8	1.8	210	148	180	36/33	双层叠式	1—6	66	1	φ0.71	△
	6	2.6					单层链式	1—6	27	1	φ0.90	Y
	4	3					双层叠式	1—6	66	1	φ0.71	2Y
YD160M-8/6/4	8	3.3	260	180	145	36/33	双层叠式	1—6	58	2	φ0.75	△
	6	4					单层链式	1—6	25	2	φ0.75	Y
	4	4.5					双层叠式	1—6	58	2	φ0.75	2Y
YD160L-8/6/4	8	4.5	260	180	195	36/33	双层叠式	1—6	44	2	φ0.85	△
	6	6					单层链式	1—6	18	3	φ0.80	Y
	4	7.5					双层叠式	1—6	44	2	φ0.85	2Y
YD180L-8/6/4	8	7	290	205	260	54/50	双层叠式	1—8	22	2	φ1.0	△
	6	9						1—9	10	2	φ1.12	Y
	4	12						1—8	22	2	φ1.0	2Y
YD180L-12/8/6/4	12	3.3	290	205	260	54/50	双层叠式	1—6	36	2	φ0.75	△
	8	5						1—8	24	1	φ0.80	△
										1	φ0.75	
	6	6.5						1—6	36	2	φ0.75	2Y
	4	9						1—8	24	1	φ0.80	2Y
										1	φ0.75	

附表17　YCT系列电磁调速三相异步电动机的技术数据

型号	额定转矩/N·m	调速范围/（r/min）	转速变化率不大于/%	励磁线圈			直流励磁		拖动电动机	
				导线直径/mm	匝数	导线质量/kg	电压/V	电流/A	型号	功率/kW
YCT112-4A	3.6	1250～125	3	—	—	—	—	—	Y801-4	0.55
YCT112-4B	4.91	1250～125	3	0.57	1456	1.22	45.5	1.01	Y802-4	0.75
YCT132-4A	7.14	1250～125	3	—	—	—	—	—	Y90S-4	1.1
YCT132-4B	9.73	1250～125	3	0.63	1296	1.5	48.4	1.32	Y90L-4	1.5
YCT160-4A	14.12	1250～125	3	—	—	—	—	—	Y100L1-4	2.2
YCT160-4B	19.22	1250～125	3	0.71	1350	2.32	53.8	1.51	Y100L2-4	3
YCT180-4A	25.2	1250～125	3	0.71	1534	2.96	80	1.19	Y112M-4	4
YCT200-4A	35.1	1250～125	3	—	—	—	—	—	Y132S-4	5.5
YCT200-4B	47.75	1250～125	3	0.83	1400	3.85	72	1.63	Y132M-4	7.5
YCT225-4A	69.13	1250～125	3	—	—	—	—	—	Y160M-4	11
YCT225-4B	94.33	1250～125	3	0.9	1355	5.49	80	1.91	Y160L-4	15
YCT250-4A	115.75	1320～132	3	—	—	—	—	—	Y180M-4	18.5
YCT250-4B	137.29	1320～132	3	1.02	1104	6.54	70	2.88	Y180L-4	22
YCT280-4A	180.26	1320～132	3	1.16	1326	9.41	80	2.46	Y200L-4	30
YCT315-4A	232.41	1320～132	3	—	—	—	—	—	Y225S-4	37
YCT315-4B	282.43	1320～132	3	1.2	1100	10.4	73	3.39	Y225M-4	45

附表18　YLB系列三相深井泵用电动机铁芯绕组的技术数据

型号	极数	额定功率/kW	定子铁芯				定子绕组									
			外径/mm	内径/mm	长度/mm	槽数	线规		每槽线数	每圈匝数	每联圈数	每台联数	并联路数	绕组形式	节距	导线质量/kg
							根数	直径/mm								
YLB132-1-2	2	5.5	210	116	105	30	1 1	ϕ0.95 ϕ1.0	44	44	3,2	6	1	同心式	1—16 2—15 3—14 17—30 18—29	6.5
YLB132-2-2	2	7.5	210	116	125	30	2	ϕ1.06	37	37	3,2	6	1	同心式		6.8
YLB160-1-2	2	11	29	160	85	36	2 1	ϕ1.0 ϕ0.95	29	14 15	6	6	1	双层	1—14	8.2
YLB160-2-2	2	15	29	160	100	36	2 1	ϕ1.06 ϕ1.12	24	12	6	6	1	双层		8.6
YLB160-1-4	4	11	29	187	100	48	1	ϕ1.18	54	27	4	12	2	双层	1—11	7.9
YLB160-2-4	4	15	29	187	130	48	1	ϕ1.3	42	21	4	12	2	双层		8.2
YLB180-1-2	2	18.5	327	182	105	36	1 1	ϕ1.16 ϕ1.12	42	21	6	6	2	双层	1—14	11.1
YLB180-2-2	2	22	327	182	115	36	2 1	ϕ0.95 ϕ1.0	38	19	6	6	2	双层		12
YLB180-1-4	4	18.5	327	210	120	48	1 1	ϕ1.06 ϕ1.12	40	20	4	12	2	双层	1—11	11.4
YLB180-2-4	4	22	327	210	135	48	2	ϕ1.12	36	18	4	12	2	双层		11.3

续表

<table>
<tr><th rowspan="3">型号</th><th rowspan="3">极数</th><th rowspan="3">额定功率/kW</th><th colspan="4">定子铁芯</th><th colspan="10">定子绕组</th></tr>
<tr><th rowspan="2">外径/mm</th><th rowspan="2">内径/mm</th><th rowspan="2">长度/mm</th><th rowspan="2">槽数</th><th colspan="2">线规</th><th rowspan="2">每槽线数</th><th rowspan="2">每圈匝数</th><th rowspan="2">每联圈数</th><th rowspan="2">每台联数</th><th rowspan="2">并联路数</th><th rowspan="2">绕组形式</th><th rowspan="2">节距</th><th rowspan="2">导线质量/kg</th></tr>
<tr><th>根数</th><th>直径/mm</th></tr>
<tr><td rowspan="2">YLB200-1-2</td><td rowspan="2">2</td><td rowspan="2">30</td><td rowspan="2">368</td><td rowspan="2">210</td><td rowspan="2">115</td><td rowspan="2">36</td><td>1</td><td>$\phi 1.3$</td><td rowspan="2">32</td><td rowspan="2">16</td><td rowspan="2">6</td><td rowspan="2">6</td><td rowspan="2">2</td><td rowspan="2">双层</td><td rowspan="4">1—14</td><td rowspan="2">14.7</td></tr>
<tr><td>1</td><td>$\phi 1.4$</td></tr>
<tr><td rowspan="2">YLB200-2-2</td><td rowspan="2">2</td><td rowspan="2">37</td><td rowspan="2">368</td><td rowspan="2">210</td><td rowspan="2">135</td><td rowspan="2">36</td><td>1</td><td>$\phi 1.4$</td><td rowspan="2">28</td><td rowspan="2">14</td><td rowspan="2">6</td><td rowspan="2">6</td><td rowspan="2">2</td><td rowspan="2">双层</td><td rowspan="2">15.4</td></tr>
<tr><td>1</td><td>$\phi 1.5$</td></tr>
<tr><td>YLB200-1-4</td><td>4</td><td>30</td><td>368</td><td>245</td><td>125</td><td>48</td><td>2</td><td>$\phi 1.3$</td><td>32</td><td>16</td><td>4</td><td>12</td><td>2</td><td>双层</td><td rowspan="4">1—11</td><td>14.1</td></tr>
<tr><td rowspan="2">YLB200-2-4</td><td rowspan="2">4</td><td rowspan="2">37</td><td rowspan="2">368</td><td rowspan="2">245</td><td rowspan="2">155</td><td rowspan="2">48</td><td>1</td><td>$\phi 1.12$</td><td rowspan="2">26</td><td rowspan="2">13</td><td rowspan="2">4</td><td rowspan="2">12</td><td rowspan="2">2</td><td rowspan="2">双层</td><td rowspan="2">10.2</td></tr>
<tr><td>2</td><td>$\phi 1.18$</td></tr>
<tr><td>YLB200-3-4</td><td>4</td><td>45</td><td>368</td><td>245</td><td>185</td><td>48</td><td>3</td><td>$\phi 1.3$</td><td>22</td><td>11</td><td>4</td><td>12</td><td>2</td><td>双层</td><td>16.9</td></tr>
<tr><td rowspan="2">YLB250-1-4</td><td rowspan="2">4</td><td rowspan="2">55</td><td rowspan="2">445</td><td rowspan="2">300</td><td rowspan="2">145</td><td rowspan="2">60</td><td>1</td><td>$\phi 1.4$</td><td rowspan="2">18</td><td rowspan="2">9</td><td rowspan="2">5</td><td rowspan="2">12</td><td rowspan="2">2</td><td rowspan="2">双层</td><td rowspan="6">1—14</td><td rowspan="2">16</td></tr>
<tr><td>2</td><td>$\phi 1.5$</td></tr>
<tr><td rowspan="2">YLB250-2-4</td><td rowspan="2">4</td><td rowspan="2">75</td><td rowspan="2">445</td><td rowspan="2">300</td><td rowspan="2">185</td><td rowspan="2">60</td><td>2</td><td>$\phi 1.25$</td><td rowspan="2">14</td><td rowspan="2">7</td><td rowspan="2">5</td><td rowspan="2">12</td><td rowspan="2">2</td><td rowspan="2">双层</td><td rowspan="2">15.3</td></tr>
<tr><td>3</td><td>$\phi 1.3$</td></tr>
<tr><td rowspan="2">YLB250-3-4</td><td rowspan="2">4</td><td rowspan="2">90</td><td rowspan="2">445</td><td rowspan="2">300</td><td rowspan="2">215</td><td rowspan="2">60</td><td>4</td><td>$\phi 1.25$</td><td rowspan="2">12</td><td rowspan="2">6</td><td rowspan="2">5</td><td rowspan="2">12</td><td rowspan="2">2</td><td rowspan="2">双层</td><td rowspan="2">26.5</td></tr>
<tr><td>2</td><td>$\phi 1.3$</td></tr>
<tr><td>YLB280-1-4</td><td>4</td><td>110</td><td>493</td><td>330</td><td>200</td><td>60</td><td>4</td><td>$\phi 1.12$</td><td>24</td><td>12</td><td>5</td><td>12</td><td>4</td><td>双层</td><td rowspan="2">1—14</td><td>35.2</td></tr>
<tr><td>YLB280-2-4</td><td>4</td><td>132</td><td>493</td><td>330</td><td>240</td><td>60</td><td>4</td><td>$\phi 1.4$</td><td>20</td><td>10</td><td>5</td><td>12</td><td>4</td><td>双层</td><td>39.6</td></tr>
</table>

附表19　YQS系列充水式井用潜水电动机铁芯绕组的技术数据

型号	额定功率/kW	定子铁芯			气隙/mm	接法	定子槽数	转子槽数	绕组形式	节距	每槽导体数	线规/mm	槽满率/%
		外径/mm	内径/mm	长度/mm									
YQS150-3	3	130	65	267	0.7	Y	18	16	单层同心	1—10 2—9 11—18	34	1-ϕ1.06	71.1
YQS150-4	4	130	65	280	0.7	Y	18	16			32	1-ϕ1.12	70.8
YQS150-5.5	5.5	130	65	335	0.7	Y	18	16			27	1-ϕ1.30	71.4
YQS150-7.5	7.5	130	65	410	0.7	Y	18	16			22	1-ϕ1.50	71.2
YQS150-9.2	9.2	130	65	450	0.7	Y	18	16			20	1-ϕ1.60	73
YQS150-11	11	130	65	530	0.7	Y	18	16			17	1-ϕ1.80	73.3
YQS150-13	13	130	65	560	0.7	Y	18	16			16	1-ϕ1.85	71.3
YQS150-15	15	130	65	635	0.7	Y	18	16			14	1-ϕ2.0	73.5
YQS200-4	4	175	83	143	0.7	Y	24	20	单层同心	1—12 2—11	30	1-ϕ1.40	72
YQS200-5.5	5.5	175	83	157	0.7	Y	24	20			27	1-ϕ1.50	73
YQS200-7.5	7.5	175	83	175	0.7	Y	24	20			24	1-ϕ1.60	73.1
YQS200-9.2	9.2	175	83	221	0.7	△	24	20			33	1-ϕ1.30	72.9
YQS200-11	11	175	83	245	0.7	△	24	20			30	1-ϕ1.40	72
YQS200-13	13	175	83	272	0.7	△	24	20			27	1-ϕ1.50	73
YQS200-15	15	175	83	305	0.7	△	24	20			24	1-ϕ1.60	73.1
YQS200-18.5	18.5	175	83	355	0.7	Y	24	20			12	1-ϕ1.60	73.1
YQS200-22	22	175	83	400	1	△	24	20			17	1-ϕ1.85	67.3

续表

型号	额定功率/kW	定子铁芯			气隙/mm	接法	定子槽数	转子槽数	绕组形式	节距	每槽导体数	线规/mm	槽满率/%
		外径/mm	内径/mm	长度/mm									
YQS200-25	25	175	83	455	1	△	24	20	单层同心	1—12 2—11	15	1-ϕ2.0	70
YQS200-30	30	175	83	565	1	Y	24	20			7	7/1.0	70.1
YQS200-37	37	175	83	670	1	Y	24	20			6	7/1.120	69.1
YQS250-7.5	7.5	210	100	130	0.7	△	24	20	单层同心	1—12 2—11	43	1-ϕ1.25	73.5
YQS250-9.2	9.2	210	100	140	0.7	△	24	20			40	1-ϕ1.30	71.3
YQS250-11	11	210	100	150	0.7	△	24	20			37	1-ϕ1.40	71.7
YQS250-13	13	210	100	170	0.7	△	24	20			33	1-ϕ1.50	72
YQS250-15	15	210	100	194	0.7	△	24	20			29	1-ϕ1.60	71.3
YQS250-18.5	18.5	210	100	220	0.7	Y	24	20			15	2-ϕ1.60	72.5
YQS250-22	22	210	100	275	0.7	△	24	20	单层同心	1—12 2—11	21	2-ϕ1.30	73.6
YQS250-25	25	210	100	305	0.7	△	24	20			19	2-ϕ1.40	72.4
YQS250-30	30	210	100	338	0.7	△	24	20			17	2-ϕ1.5	72.9
YQS250-37	37	210	100	380	0.7	△	24	20			15	2-ϕ1.6	72.5
YQS250-45	45	210	104	530	1.2	Y	24	20			7	19/0.85	69.4
YQS250-55	55	210	104	620	1.2	Y	24	20			6	19/0.95	70.5
YQS250-64	64	210	104	750	1.2	Y	24	20			5	19/1.06	70.6
YQS250-75	75	210	104	860	1.2	Y	24	20			4	19/1.12	71.3
YQS250-90	90	210	104	980	1.2	△	24	20			6	19/0.65	69.3

附表20 YQS2系列充水式井用潜水电动机铁芯及绕组的技术数据

型号	额定功率/kW	定子铁芯			气隙/mm	接法	定子槽数	转子槽数	绕组形式	节距	每槽导体数	线规/mm	槽满率/%
		外径/mm	内径/mm	长度/mm									
YQS2-150-3	3	134	64	250	0.6	Y	18	16	单层同心	1—10 2—9 11—18	36	1-φ1.06	73.2
YQS2-150-4	4	134	64	300	0.6	Y	18	16			30	1-φ1.25	72.5
YQS2-150-5.5	5.5	134	64	340	0.6	Y	18	16			26	1-φ1.40	71.3
YQS2-150-7.5	7.5	134	64	375	0.6	Y	18	16			23	1-φ1.50	73.8
YQS2-150-9.2	9.2	134	64	395	0.6	Y	18	16			19	1-φ1.60	72.9
YQS2-150-11	11	134	64	470	0.6	Y	18	16			16	1-φ1.70	73.1
YQS2-150-13	13	134	64	580	0.6	Y	18	16			13	1-φ1.90	71.8
YQS2-150-15	15	134	64	625	0.6	Y	18	16			12	1-φ2.0	70.4
YQS2-200-4	4	172	78	135	0.8	Y	18	22	单层同心	1—10 2—9	44	1-φ1.25	72
YQS2-200-5.5	5.5	172	78	152	0.8	Y	18	22			39	1-φ1.40	72.5
YQS2-200-7.5	7.5	172	78	185	0.8	Y	18	22			32	1-φ1.50	69.7
YQS2-200-9.2	9.2	172	78	210	0.8	Y	18	22			28	1-φ1.60	65.5
YQS2-200-11	11	172	78	260	0.8	Y	18	22			28	1-φ1.80	72.9
YQS2-200-13	13	172	78	270	0.8	Y	18	22	单层同心	1—10 2—9	22	1-φ1.90	74.1
YQS2-200-15	15	172	78	300	0.8	Y	18	22			20	1-φ2.0	71.6
YQS2-200-18.5	18.5	172	82	460	0.9	Y	24	22	单层同心	1—12 2—11	23	1-φ2.24	73
YQS2-200-22	22	172	82	435	0.9	Y	24	22			10	1-φ2.50	72.7
YQS2-200-25	25	172	82	500	0.9	△	24	22			15	1-φ2.0	75
YQS2-200-30	30	172	82	580	0.9	△	24	22			13	1-φ2.12	74.1
YQS2-200-37	37	172	82	685	0.9	△	24	22			11	1-φ2.36	74.6
YQS2-200-45	45	172	82	725	0.9	2Y	24	22			12	1-φ2.24	73

续表

型号	额定功率/kW	定子铁芯			气隙/mm	接法	定子槽数	转子槽数	绕组形式	节距	每槽导体数	线规/mm	槽满率/%
		外径/mm	内径/mm	长度/mm									
YQS2-250-11	11	220	98	140	0.9	△	24	22	单层同心	1—12 2—11	38	1-ϕ1.40	71.6
YQS2-250-13	13	220	98	162	0.9	△	24	22			33	1-ϕ1.50	72.8
YQS2-250-15	15	220	98	180	0.9	△	24	22			30	1-ϕ1.60	71.2
YQS2-250-18.5	18.5	220	104	255	1	Y	24	22	单层同心	1—12 2—11	13	1-ϕ2.50	59
YQS2-250-22	22	220	104	275	1	Y	24	22			12	7/1.0	68.5
YQS2-250-25	25	220	104	300	1	Y	24	22	单层同心	1—12 2—11	11	7/1.12	72.8
YQS2-250-30	30	220	104	370	1	Y	24	22			9	19/0.75	72.2
YQS2-250-37	37	220	104	420	1	Y	24	22			8	19/0.80	70.2
YQS2-250-45	45	220	104	475	1	Y	24	22			7	19/0.90	72.6
YQS2-250-55	55	220	104	555	1	Y	24	22			6	19/0.95	67.4
YQS2-250-63	63	220	104	645	1	△	24	22			9	19/0.75	72.2
YQS2-250-75	75	220	104	755	1	2Y	24	22			9	19/0.75	72.2
YQS2-250-90	90	220	104	895	1	2△	24	22			13	7/1.0	74.3
YQS2-250-100	100	220	104	970	1	2Y	24	22			7	19/0.90	72.6
YQS2-300-55	55	262	122	450	1.2	Y	24	22	单层同心	1—12 2—11	6	19/1.12	72.7
YQS2-300-63	63	262	122	520	1.2	△	24	22			9	19/0.90	74.5
YQS2-300-75	75	262	122	585	1.2	△	24	22			8	19/0.95	71.7
YQS2-300-90	90	262	122	680	1.2	Y	24	22			4	19/1.40	69.8

附表21 YQSY系列流水式井用潜水电动机铁芯及绕组的技术数据

型号	额定功率/kW	定子铁芯			气隙/mm	接法	定子槽数	转子槽数	绕组形式	节距	每槽导体数	线规/mm	槽满率/%
		外径/mm	内径/mm	长度/mm									
YQSY200-4	4	167	87	100	0.75	△	24	20	单层同心	1—12 2—11	66	1-ϕ1.0	67.6
YQSY200-5.5	5.5	167	87	135	0.75	△	24	20			50	1-ϕ1.18	69.8
YQSY200-7.5	7.5	167	87	160	0.75	△	24	20			42	1-ϕ1.30	70.3
YQSY200-9.2	9.2	167	87	185	0.75	△	24	20			36	1-ϕ1.40	69.3
YQSY200-11	11	167	87	215	0.75	Y	24	20			18	2-ϕ1.40	69.3
YQSY200-13	13	167	87	240	0.75	△	24	20			28	2-ϕ1.12	70.9
YQSY200-15	15	167	87	290	0.75	△	24	20			23	2-ϕ1.25	71.5
YQSY200-18.5	18.5	167	87	345	0.75	△	24	20			21	2-ϕ1.35	67
YQSY200-22	22	167	87	400	0.75	△	24	20			18	3-ϕ1.18	67
YQSY200-25	25	167	87	450	0.75	△	24	20			16	3-ϕ1.30	71
YQSY200-30	30	167	87	520	0.75	△	24	20			14	3-ϕ1.40	71.4
YQSY200-37	37	167	87	605	0.75	△	24	20			12	4-ϕ1.30	71
YQSY200-45	45	167	87	725	0.75	△	24	20			10	5-ϕ1.30	73.9

续表

型号	额定功率/kW	定子铁芯			气隙/mm	接法	定子槽数	转子槽数	绕组形式	节距	每槽导体数	线规/mm	槽满率/%
		外径/mm	内径/mm	长度/mm									
YQSY250-15	15	210	88	160	0.8	△	24	22	单层同心	1—12 2—11	33	2-ϕ1.40	69
YQSY250-18.5	18.5	210	88	185	0.8	△	24	22			29	3-ϕ1.25	73
YQSY250-22	22	210	88	215	0.8	△	24	22			25	3-ϕ1.30	69
YQSY250-25	25	210	88	245	0.8	△	24	22			22	3-ϕ1.40	69
YQSY250-30	30	210	88	285	0.8	△	24	22			19	4-ϕ1.30	69
YQSY250-37	37	210	88	335	0.8	△	24	22			16	5-ϕ1.25	67.4
YQSY250-45	45	210	88	420	0.8	△	24	22			13	6-ϕ1.30	71
YQSY250-55	55	210	88	480	0.8	2△	24	22			23	4-ϕ1.20	71.8
YQSY250-64	64	210	88	550	0.8	2△	24	22			20	4-ϕ1.30	72.6
YQSY250-75	75	210	88	645	0.8	2△	24	22			17	4-ϕ1.40	71
YQSY250-90	90	210	88	740	0.8	2△	24	22			15	5-ϕ1.35	73
YQSY250-110	110	210	88	850	0.8	2△	24	22			13	6-ϕ1. 30	70.7
YQSY250-132	132	210	88	1000	0.8	2△	24	22			11	6-ϕ1.45	73.6

附录3 大功率微型电动机铁芯和绕组的技术数据

附表1 BO系列单相异步电阻起动电动机铁芯及绕组的技术数据

型号	额定功率/W	额定电压/V	定子铁芯			定转子槽数Z_1/Z_2	主绕组			副绕组		
			外径/mm	内径/mm	长度/mm		线规根-直径/mm	每极匝数	绕组形式	线规根-直径/mm	每极匝数	绕组形式
BO-5612	60	220	90	48	40	18/15	1-ϕ0.41	520	22	1-ϕ0.31	227	22
BO-5622	90	220	90	48	48	18/15	1-ϕ0.47	472	22	1-ϕ0.35	179	22
BO-6312	120	220	102	52	44	24/18	1-ϕ0.51	379	22	1-ϕ0.38	187	21
BO-6322	180	220	102	52	56	24/18	1-ϕ0.59	352	21	1-ϕ0.38	174	22
BO-6332	250	220	102	52	70	24/18	1-ϕ0.62	270	21	1-ϕ0.41	125	21
BO-7112	370	220	130	66	62	24/18	1-ϕ0.74	218	21	1-ϕ0.49	140	21
BO-5614	40	220	190	52	40	24/22	1-ϕ0.38	374	6	1-ϕ0.27	150	6
BO-5624	60	220	190	52	40	24/22	1-ϕ0.41	318	6	1-ϕ0.29	126	6
BO-6314	90	220	102	58	48	24/22	1-ϕ0.53	288	6	1-ϕ0.31	128	6
BO-6324	120	220	102	58	56	24/22	1-ϕ0.57	248	6	1-ϕ0.33	109	6
BO-6334	130	220	102	58	70	24/22	1-ϕ0.67	200	6	1-ϕ0.38	89	6
BO-7114	250	220	130	72	62	24/22	1-ϕ0.80	161	6	1-ϕ0.41	123	6
BO-7124	370	220	130	72	80	24/22	1-ϕ0.90	126	6	1-ϕ0.41	79	6

附表2　BO系列单相异步电阻起动电动机铁芯及绕组的技术参数

型号	额定功率/W	额定电压/V	满载时				气隙长度/mm	空载电流/A	堵转电流/A	副绕组堵转电流/A	堵转转矩/额定转矩	最大转矩/额定转矩	质量/kg
			电流/A	转速/(r/min)	效率/%	功率因数							
BO-5612	60	220	1.01	2800	42	0.64	0.25	0.58	8	8.4	1.8	1.8	3.3
BO-5622	90	220	1.19	2800	52	0.66	0.25	0.72	10.5	8.4	1.7	1.8	3.8
BO-6312	120	220	1.43	2800	56	0.68	0.25	1.16	12.5	9.1	1.6	1.8	4.8
BO-6322	180	220	1.95	2800	60	0.70	0.25	1.2	15.5	9.3	1.5	1.8	5.6
BO-6332	250	220	2.5	2800	63	0.72	0.25	1.52	20	14	1.3	1.8	6.3
BO-7112	370	220	3.5	2800	65	0.74	0.25	1.75	29	15.3	1.25	1.8	7.8
BO-5614	40	220	1.05	1400	32	0.54	0.2	0.94	7	4.7	2.2	1.8	3.2
BO-5624	60	220	1.28	1400	38	0.56	0.2	1.06	8	5.9	2.0	1.8	3.8
BO-6314	90	220	1.60	1400	44	0.58	0.2	1.21	10.5	6.3	1.8	1.8	4.8
BO-6324	120	220	1.85	1400	50	0.59	0.2	1.59	12.5	7.8	1.7	1.8	5.6
BO-6334	180	220	2.44	1400	56	0.60	0.2	1.92	15.5	11	1.6	1.8	6.3
BO-7114	250	220	3.05	1400	60	0.62	0.25	2.37	20	8.1	1.4	1.8	7.8
BO-7124	370	220	4.17	1400	63	0.64	0.25	2.92	29	12.2	1.3	1.8	9.3

附表3　CO系列单相电容起动异步电动机铁芯及绕组的技术数据

型号	额定功率/W	额定电压/V	定子铁芯			定转子槽数 Z_1/Z_2	主绕组			副绕组		
			外径/mm	内径/mm	长度/mm		线规根-直径/mm	每极匝数	绕组形式	线规根-直径/mm	每极匝数	绕组形式
CO-6322	180	220	102	52	52	24/18	1-ϕ0.57	301	21	1-ϕ0.41	273	21
CO-6332	250	220	102	52	70	24/18	1-ϕ0.62	270	21	1-ϕ0.49	189	21
CO-7112	370	220	130	66	62	24/18	1-ϕ0.74	218	21	1-ϕ0.53	224	21
CO-7122	550	220	130	66	80	24/18	1-ϕ0.9	159	21	1-ϕ0.62	140	21
CO-8012	750	220	138	74	70	24/18	1-ϕ0.67 1-ϕ0.69	146	21	1-ϕ0.62	165	21
CO-6334	180	220	102	58	70	24/22	1-ϕ0.67	200	6	1-ϕ0.41	98	6
CO-7114	250	220	130	72	62	24/22	1-ϕ0.8	161	6	1-ϕ0.41	112	6
CO-7124	370	220	130	72	80	24/22	1-ϕ0.9	126	6	1-ϕ0.49	131	6
CO-8014	550	220	138	84	80	36/34	2-ϕ0.69	116	17	1-ϕ0.57	147	13
CO-8024	750	220	138	84	100	36/34	1-ϕ0.72 1-ϕ0.80	93	17	1-ϕ0.62	114	13

附表4 CO系列单相电容起动异步电动机铁芯及绕组的技术参数

型号	额定功率/W	额定电压/V	满载时				气隙长度/mm	空载电流/A	堵转电流/A	副绕组堵转电流/A	堵转转矩/额定转矩	最大转矩/额定转矩	电容器容量/μF	质量/kg
			电流/A	转速/(r/min)	效率/%	功率因数								
CO-6322	180	220	1.95	2800	60	0.70	0.2	1.3	12	4.3	3.0	1.8	75	5.8
CO-6332	250	220	2.5	2800	63	0.72	0.25	1.53	15	6.6	3.0	1.8	100	6.5
CO-7112	370	220	3.5	2800	65	0.74	0.25	1.73	21	6.6	2.5	1.8	100	8.0
CO-7122	550	220	4.84	2800	68	0.76	0.25	2.4	29	10.5	2.5	1.8	150	9.3
CO-8012	750	220	6.25	2800	70	0.78	0.25	3.6	37	14.7	2.5	1.8	200	9.3
CO-6334	180	220	2.44	1400	0.56	0.60	0.2	1.89	12	6.4	3.0	1.8	100	6.5
CO-7114	250	220	3.05	1400	60	0.62	0.25	2.4	15	5.8	3.0	1.8	100	8.0
CO-7124	370	220	4.17	1400	63	0.64	0.25	2.9	21	7.8	2.5	1.8	100	9.2
CO-8014	550	220	5.65	1400	66	0.67	0.25	4.2	29	10.5	2.5	1.8	150	9.2
CO-8024	750	220	7.05	1400	69	0.70	0.25	4.8	37	14	2.5	1.8	20	9.2

附表5　DO系列单相电容起动异步电动机铁芯及绕组的技术数据

型号	额定功率/W	额定电压/V	定子铁芯			定转子槽数Z_1/Z_2	主绕组			副绕组		
			外径/mm	内径/mm	长度/mm		线规根-直径/mm	每极匝数	绕组形式	线规根-直径/mm	每极匝数	绕组形式
DO-4512	15	220	71	38	45	12/15	1-ϕ0.23	823	4	1-ϕ0.19	1258	4
DO-4522	25	220	71	38	45	12/15	1-ϕ0.25	698	4	1-ϕ0.2	1369	4
DO-5012	40	220	80	43	35	24/18	1-ϕ0.25	700	26	1-ϕ0.19	920	25
DO-5022	60	220	80	43	46	24/18	1-ϕ0.29	550	26	1-ϕ0.23	778	25
DO-5612	90	220	90	48	38	18/12	1-ϕ0.33	500	14	1-ϕ0.27	650	17
DO-5622	120	220	90	48	48	18/12	1-ϕ0.41	400	14	1-ϕ0.27	640	17
DO-6312	180	220	102	54	44	24/18	1-ϕ0.44	341	22	1-ϕ0.33	510	22
DO-4514	8	220	71	38	45	12/15	1-ϕ0.2	575	1	1-ϕ0.16	650	1
DO-4524	15	220	71	38	45	12/15	1-ϕ0.21	523	1	1-ϕ0.17	670	1
DO-5014	25	220	80	42	34	24/18	1-ϕ0.25	504	6	1-ϕ0.18	523	6
DO-5024	40	220	80	42	44	24/18	1-ϕ0.27	373	6	1-ϕ0.2	598	6
DO-5614	60	220	90	52	38	24/18	1-ϕ0.29	350	6	1-ϕ0.27	460	6
DO-5624	90	220	90	52	48	24/18	1-ϕ0.31	260	6	1-ϕ0.29	420	6
DO-6314	120	220	102	60	44	24/22	1-ϕ0.38	265	6	1-ϕ0.29	460	6
DO-6324	180	220	102	60	55	24/22	1-ϕ0.44	213	6	1-ϕ0.33	355	6

附表6 DO系列单相电容起动异步电动机铁芯及绕组的技术参数

型号	额定功率/W	额定电压/V	满载时				气隙长度/mm	空载电流/A	堵转电流/A	堵转转矩/额定转矩	最大转矩/额定转矩	电容器容量/μF	质量/kg
			电流/A	转速/(r/min)	效率/%	功率因数							
DO-4512	15	220	0.23	2800	36	0.82	0.2	0.249	1	0.7	1.6	1	1.8
DO-4522	25	220	0.32	2800	42	0.84	0.2	0.373	1.5	0.7	1.6	1	2.0
DO-5012	40	220	0.45	2800	48	0.84	0.25	0.38	2	0.7	1.6	2	2.4
DO-5022	60	220	0.55	2800	53	0.86	0.25	0.474	2.5	0.5	1.6	2	2.7
DO-5612	90	220	0.82	2800	58	0.86	0.25	0.63	3.2	0.35	1.6	4	3.4
DO-5622	120	220	1.0	2800	62	0.88	0.25	0.66	5	0.35	1.6	4	3.7
DO-6312	180	220	1.42	2800	65	0.88	0.25	1.29	7	0.35	1.6	6	4.8
DO-4514	8	220	0.20	1400	23	0.80	0.2	0.275	0.8	0.7	1.6	1	1.8
DO-4524	15	220	0.28	1400	30	0.80	0.2	0.388	1	0.7	1.6	1	2.0
DO-5014	25	220	0.35	1400	35	0.82	0.15	0.382	1.5	0.7	1.6	2	2.4
DO-5024	40	220	0.52	1400	40	0.82	0.15	0.565	2	0.7	1.6	2	2.7
DO-5614	60	220	0.72	1400	45	0.84	0.2	0.84	2.5	0.35	1.6	4	3.4
DO-5624	90	220	0.97	1400	49	0.84	0.2	1.23	3.2	0.35	1.6	4	3.7
DO-6314	120	220	1.2	1400	53	0.86	0.25	1.28	5	0.35	1.6	4	4.8
DO-6324	180	220	1.67	1400	57	0.86	0.25	1.73	7	0.35	1.6	6	5.6

附表7　B02系列单相电分阻起动异步电动机铁芯及绕组的技术数据

型号	额定功率/W	额定电压/V	定转子槽数Z_1/Z_2	主绕组			副绕组		
				线规根-直径/mm	每极匝数	平均半匝长/mm	线规根-直径/mm	每极匝数	平均半匝长/mm
BO2-6312	90	220	24/18	1-ϕ0.45	436	132	1-ϕ0.33	192	132
BO2-6322	120	220	24/18	1-ϕ0.50	357	141	1-ϕ0.35	182	140
BO2-7112	180	220	24/18	1-ϕ0.56	297	148.2	1-ϕ0.38	167	148.5
BO2-7122	250	220	24/18	1-ϕ0.63	235	160.2	1-ϕ0.40	156	160.6
BO2-8012	370	220	24/18	1-ϕ0.71	206	170.4	1-ϕ0.45	136	171.3
BO2-6314	60	220	24/30	1-ϕ0.42	315	97.3	1-ϕ0.31	127	93.5
BO2-6324	90	220	24/30	1-ϕ0.45	270	166.3	1-ϕ0.35	117	103
BO2-7114	120	220	24/30	1-ϕ0.53	224	109.4	1-ϕ0.33	124	109.4
BO2-7124	180	220	24/30	1-ϕ0.60	183	121.4	1-ϕ0.35	102	121.4
BO2-8014	250	220	24/30	1-ϕ0.71	158	126.4	1-ϕ0.40	104	126.4
BO2-8024	370	220	24/30	1-ϕ0.85	124	143.9	1-ϕ0.47	89	143.4

附表8　B02系列单相电分阻起动异步电动机铁芯及绕组的技术参数

型号	额定功率/W	额定电压/V	满载时				定子铁芯			气隙长度/mm	定子转子槽数Z_1/Z_2	堵转电流/A
			电流/A	转速/(r/min)	效率/%	功率因数	外径/mm	内径/mm	长度/mm			
BO2-6312	90	220	1.02	2800	56	0.67	96	50	45	0.25	24/18	12
BO2-6322	120	220	1.36	2800	58	0.69	96	50	54	0.25	24/18	14
BO2-7112	180	220	1.89	2800	60	0.72	110	58	50	0.25	24/18	17
BO2-7122	250	220	2.40	2800	64	0.74	110	58	62	0.25	24/18	22
BO2-8012	370	220	3.36	2800	65	0.77	128	67	58	0.25	24/18	30
BO2-6314	60	220	1.23	1400	39	0.57	96	58	45	0.25	24/30	9
BO2-6324	90	220	1.64	1400	48	0.58	96	58	54	0.25	24/30	12
BO2-7114	120	220	1.88	1400	50	0.58	110	67	50	0.25	24/30	14
BO2-7124	180	220	2.49	1400	53	0.62	110	67	62	0.25	24/30	17
BO2-8014	250	220	3.11	1400	58	0.63	128	77	58	0.25	24/30	22
BO2-8024	370	220	4.24	1400	62	0.64	128	77	75	0.25	24/30	30

附表9　C02系列单相电容起动异步电动机的铁芯及绕组的技术数据

型号	额定功率/W	额定电压/V	定转子槽数Z_1/Z_2	主绕组			副绕组		
				线规根-直径/mm	每极匝数	平均半匝长/mm	线规根-直径/mm	每极匝数	平均半匝长/mm
CO2-7112	180	220	24/18	1-ϕ0.56	297	148.2	1-ϕ0.38	247	158.3
CO2-7122	250	220	24/18	1-ϕ0.63	235	160.2	1-ϕ0.47	204	170.3
CO2-8012	370	220	24/18	1-ϕ0.71	206	170.4	1-ϕ0.53	206	182
CO2-8022	550	220	24/18	1-ϕ0.85	159	187.6	1-ϕ0.56	154	192
CO2-90S2	750	220	24/18	1-ϕ1.0	147	198.2	1-ϕ0.63	133	211.2
CO2-7114	120	220	24/30	1-ϕ0.53	224	109.4	1-ϕ0.35	145	120.2
CO2-7124	180	220	24/30	1-ϕ0.60	183	121.4	1-ϕ0.38	124	132.2
CO2-8014	250	220	24/30	1-ϕ0.71	158	126.4	1-ϕ0.47	133	139
CO2-8024	370	220	24/30	1-ϕ0.85	124	143.4	1-ϕ0.50	134	155.8
CO2-90S4	550	220	36/42	1-ϕ0.95	127	144.6	1-ϕ0.60	108	157.2
CO2-90L4	750	220	36/42	1-ϕ1.06	96	165	1-ϕ0.63	120	177

附表10　CO2系列单相电容起动异步电动机的铁芯及绕组的技术参数

型号	额定功率/W	额定电压/V	满载时				定子铁芯			气隙长度/mm	定子转子槽数 Z_1/Z_2	堵转电流/A	电容器容量/μF
			电流/A	转速/(r/min)	效率/%	功率因数	外径/mm	内径/mm	长度/mm				
CO2-7112	180	220	1.89	2800	60	0.72	110	58	50	0.25	24/18	12	75
CO2-7122	250	220	2.40	2800	64	0.74	110	58	62	0.25	24/18	15	75
CO2-8012	370	220	3.36	2800	65	0.77	128	67	58	0.25	24/18	21	100
CO2-8022	550	220	4.65	2800	68	0.79	128	67	75	0.25	24/18	29	150
CO2-90S2	750	220	5.94	2800	70	0.82	145	77	70	0.30	24/18	37	200
CO2-7114	120	220	1.88	1400	50	0.58	110	67	50	0.25	24/30	9	75
CO2-7124	180	220	2.49	1400	53	0.62	110	67	62	0.25	24/30	12	75
CO2-8014	250	220	3.11	1400	58	0.63	128	77	58	0.25	24/30	15	100
CO2-8024	370	220	4.24	1400	62	0.64	128	77	75	0.25	24/30	21	100
CO2-90S4	550	220	5.57	1400	65	0.69	145	87	70	0.25	36/42	29	100
CO2-90L4	750	220	6.77	1400	69	0.73	145	87	90	0.25	36/42	37	100

附表11　DO2系列单相电容起动异步电动机的铁芯及绕组的技术数据

型号	额定功率/W	额定电压/V	定转子槽数Z_1/Z_2	主绕组			副绕组		
				线规根-直径/mm	每极匝数	平均半匝长/mm	线规根-直径/mm	每极匝数	平均半匝长/mm
DO2-4512	10	220	12/18	1-ϕ0.18	868	106	1-ϕ0.16	971	106
DO2-4522	16	220	12/18	1-ϕ0.20	750	106	1-ϕ0.19	796	106
DO2-5012	25	220	12/18	1-ϕ0.25	519	125.7	1-ϕ0.23	819	125.7
DO2-5022	40	220	12/18	1-ϕ0.25	489	125.7	1-ϕ0.25	698	125.7
DO2-5612	60	220	24/18	1-ϕ0.28	454	131.6	1-ϕ0.31	527	131.6
DO2-5622	90	220	24/18	1-ϕ0.33	363	131.6	1-ϕ0.31	467	131.6
DO2-6312	120	220	24/18	1-ϕ0.40	415	132	1-ϕ0.31	593	132
DO2-6322	180	220	24/18	1-ϕ0.45	320	140.7	1-ϕ0.33	427	140.7
DO2-7112	250	220	24/18	1-ϕ0.50	271	148.1	1-ϕ0.45	382	148.1
DO2-4514	6	220	12/18	1-ϕ0.18	700	83.3	1-ϕ0.16	657	83.3
DO2-4524	10	220	12/18	1-ϕ0.20	600	83.3	1-ϕ0.16	620	83.3
DO2-5014	16	220	12/18	1-ϕ0.21	560	85.4	1-ϕ0.21	455	85.4
DO2-5024	25	220	12/18	1-ϕ0.25	436	85.4	1-ϕ0.21	435	85.4
DO2-5614	40	220	24/18	1-ϕ0.28	356	98.7	1-ϕ0.23	508	98.7
DO2-5624	60	220	24/18	1-ϕ0.31	348	98.7	1-ϕ0.28	339	98.7
DO2-6314	90	220	24/18	1-ϕ0.35	302	93.7	1-ϕ0.31	374	93.7
DO2-6324	120	220	24/30	1-ϕ0.40	259	106.3	1-ϕ0.31	365	106.3
DO2-7114	180	220	24/30	1-ϕ0.42	206	109.4	1-ϕ0.38	330	109.4
DO2-7124	250	220	24/30	1-ϕ0.47	165	121.4	1-ϕ0.42	268	121.4

附表12　DO2系列单相电容起动异步电动机铁芯及绕组的技术参数

型号	额定功率/W	额定电压/V	满载时				定子铁芯			气隙长度/mm	定子转子槽数 Z_1/Z_2	堵转电流/A	堵转转矩/额定转矩	最大转矩/额定转矩	电容器	
			电流/A	转速/(r/min)	效率/%	功率因数	外径/mm	内径/mm	长度/mm						容量/μF	工作电压/V
DO2-4512	10	220	0.20	2800	28	0.80	71	38	45	0.2	12/18	0.8	0.60	1.8	1	630
DO2-4522	16	220	0.26	2800	35	0.80	71	38	45	0.2	12/18	1.0	0.60	1.8	1	630
DO2-5012	25	220	0.33	2800	40	0.85	80	44	45	0.2	12/18	1.5	0.60	1.8	2	630
DO2-5022	40	220	0.42	2800	42	0.90	80	44	45	0.2	12/18	2.0	0.50	1.8	2	630
DO2-5612	60	220	0.57	2800	53	0.90	90	48	50	0.25	24/18	2.5	0.50	1.8	4	630
DO2-5622	90	220	0.81	2800	56	0.90	90	48	50	0.25	24/18	3.2	0.35	1.8	4	630
DO2-6312	120	220	0.91	2800	63	0.95	96	50	45	0.25	24/18	5.0	0.35	1.8	4	630
DO2-6322	180	220	1.29	2800	67	0.95	96	50	54	0.25	24/18	7.0	0.35	1.8	6	630
DO2-7112	250	220	1.73	2800	69	0.95	110	58	50	0.25	24/18	10	0.35	1.8	8	430
DO2-4514	6	220	0.20	1400	17	0.80	71	38	45	0.2	12/18	0.5	1.0	1.8	1	630
DO2-4524	10	220	0.26	1400	24	0.80	71	38	45	0.2	12/18	0.8	0.60	1.8	1	630
DO2-5014	16	220	0.28	1400	33	0.80	80	44	45	0.2	12/18	1.0	0.60	1.8	2	630
DO2-5024	25	220	0.36	1400	38	0.82	80	44	45	0.2	12/18	1.5	0.50	1.8	2	630
DO2-5614	40	220	0.49	1400	45	0.82	90	54	50	0.25	24/18	2.0	0.50	1.8	2	630
DO2-5624	60	220	0.64	1400	50	0.85	90	54	50	0.25	24/18	2.5	0.50	1.8	4	630
DO2-6314	90	220	0.94	1400	51	0.85	96	58	45	0.25	24/18	3.2	0.35	1.8	4	630
DO2-6324	120	220	1.17	1400	55	0.85	96	58	54	0.25	24/30	5.0	0.35	1.8	4	630
DO2-7114	180	220	1.58	1400	59	0.88	110	67	50	0.25	24/30	7.0	0.35	1.8	6	430
DO2-7124	250	220	2.04	1400	62	0.90	110	67	62	0.25	24/30	10	0.35	1.8	8	430

附表13　G系列单相串励电动机铁芯及绕组的技术数据

型号	额定功率/W	定子铁芯			气隙/mm	转子槽数	绕组						
		外径/mm	内径/mm	长度/mm			磁极每极匝数	磁极绕组线径/mm	转子每元件匝数	转子绕组线径/mm	转子总导体数	换向片数	实槽节距
G3614	8	56	30	18	0.3	8	1010	0.14	214	0.09	10272	24	3
G3624	15	56	30	30	0.3	8	685	0.18	137	0.12	6576	24	3
G3634	25	56	30	38	0.3	8	536	0.23	104	0.15	4992	24	3
G3636	40	56	30	38	0.3	8	470	0.25	77	0.17	3696	24	3
G3638	60	56	30	38	0.3	8	445	0.29	62	0.20	2976	24	3
G36312	90	56	30	38	0.3	8	366	0.33	47	0.23	2256	24	3
G4524	60	71	39	40	0.35	12	362	0.31	51	0.21	3672	36	5
G4534	90	71	39	50	0.35	12	290	0.38	39	0.25	2808	36	5
G4536	120	71	39	50	0.35	12	240	0.41	33	0.27	2376	36	5
G4538	180	71	39	50	0.35	12	195	0.44	26	0.31	1872	36	5
G45212	180	71	39	40	0.35	12	192	0.44	25	0.31	1800	36	5
G45312	250	71	39	50	0.35	12	167	0.51	19	0.38	1368	36	5
G5614	120	90	50	35	0.5	13	266	0.44	42	0.29	3276	39	6

续表

型号	额定功率/W	定子铁芯			气隙/mm	转子槽数	绕组						
		外径/mm	内径/mm	长度/mm			磁极每极匝数	磁极绕组线径/mm	转子每元件匝数	转子绕组线径/mm	转子总导体数	换向片数	实槽节距
G5624	180	90	50	50	0.5	13	195	0.53	29	0.35	2262	39	6
G5634	250	90	50	65	0.5	13	152	0.59	22	0.41	1716	39	6
G5616	180	90	50	35	0.5	13	243	0.49	31	0.33	2418	39	6
G5626	250	90	50	50	0.5	13	179	0.57	22	0.41	1716	39	6
G5636	370	90	50	65	0.5	13	144	0.67	16	0.47	1248	39	6
G5618	250	90	50	35	0.5	13	226	0.55	24	0.38	1872	39	6
G5628	370	90	50	50	0.5	13	166	0.64	17	0.47	1326	39	6
G5638	550	90	50	65	0.5	13	123	0.77	12	0.55	936	39	6
G7114	370	120	69	42	0.9	19	156	0.69	17	0.49	1938	57	9
G7124	550	120	69	60	0.9	19	112	0.83	12	0.59	1368	57	9
G7116	550	120	69	42	0.9	19	132	0.77	13	0.56	1482	57	9
G7126	750	120	69	60	0.9	19	100	0.93	9	0.64	1026	57	9

附录4 家用电器电动机铁芯及绕组数据

附表1 电风扇、排风扇用异步电动机铁芯及绕组的技术数据

风扇类型	规格/mm	额定输入功率/W	额定频率/Hz	额定电压/V	极数	定子铁芯			气隙长度/mm	定转子槽数Z_1/Z_2	绕组					功率因数
						外径/mm	内径/mm	长度/mm			线规/mm	每极匝数	线圈数	节距	绕组形式	
三相排气扇	400	130	50	380	4	102	58	46	0.3	12/22	ϕ0.29	580	6	1～4	单层叠绕	0.61
	500	125	50	380	6	120	72	40	0.25	18/20	ϕ0.29	450	9	1～4		0.55
	600	600	50	380	4	120	72	59	0.25	24/18	ϕ0.44	150	12	1～6		0.71
	600	330	50	380	6	120	78	50	0.25	36/33	ϕ0.35	170	18	1～6	单层链式	0.65
	750	850	50	380	6	145	90	85	0.3	24/22	ϕ0.72	80	12	1～6		0.7

附表2 电风扇调速用电抗器技术数据

类型	规格/mm	铁芯尺寸			调速线圈		电枢线圈			备注
		形式	外形尺寸/mm	厚度/mm	线规/mm	匝数	线规/mm	匝数	电压/V	
台扇	200	U	ϕ10	—	ϕ0.17	1600	—	—	—	罩极式
	250	E	63.4×60.3	13	ϕ0.17	1400+200+200	ϕ0.17	72+600	6.3	电容运转
	300	E	63.4×60.3	13	ϕ0.27	750+100	—	—	—	罩极式
	300	E	63.4×60.3	13	ϕ0.17	1100+250+200	ϕ0.17	70+300	6.3	电容运转
	350	E	ϕ57	18	ϕ0.21	800+350+250	ϕ0.19	70	4	电容运转
	400	E	63.4×60.3	17	ϕ0.41	380+70	—	—	—	罩极式
	400	E	ϕ57	18	ϕ0.23	640+300+200	ϕ0.19	65	4	电容运转

续表

类型	规格/mm	铁芯尺寸			调速线圈		电枢线圈			备注
		形式	外形尺寸/mm	厚度/mm	线规/mm	匝数	线规/mm	匝数	电压/V	
顶扇	350	E	ϕ57	18	ϕ0.23	200+850+350	ϕ0.19	70	4	电容运转
顶扇	400	E	ϕ57	18	ϕ0.29	190+520+220	ϕ0.19	65	4	电容运转
吊扇	900	E	63.4×60.3	18	ϕ0.38	250+100+100+100+100+100	—	—	—	罩极式
吊扇	1200	E	63.4×60.3	18	ϕ0.27	380+120+110+100+100+100	—	—	—	电容运转
吊扇	1400	全封闭	—	20	ϕ0.38	414+69+81+43+73+88	—	—	—	电容运转

附表3　台扇用电抗器的技术数据

电扇规格/mm	线径/mm	三档调速线圈匝数	指示灯线圈匝数	铁芯型式	铁芯厚度/mm
250	0.17	1550+250	72+600	方	12
300	0.17	1100+300	70+270	圆	19
350	0.23	870+150	52+500	方	16
350	0.19	800+350	70+250	方	18
400	0.23	800+200	45+455	方	16
400	0.23	640+300	65+200	圆	16

附表4 国产电风扇电动机的铁芯及绕组的技术数据

型号规格	主电动机参数						电动机槽数	电抗器线圈		电容 / μF
	主线圈		副线圈		调速线圈			线径 / mm	圈数	
	线径 / mm	圈数	线径 / mm	圈数	线径 / mm	圈数				
1050毫米吊扇	ϕ0.27	295×（18）	ϕ0.23	400×18	—	—	36	—	—	1.2
400毫米台扇	ϕ0.25	475×4	ϕ0.19	790×4	—	—	8	ϕ0.25	600+300	1.35
400毫米落地扇	ϕ0.21	700	ϕ0.17	980	—	—	16	—	—	1.2
FS407c落地扇	ϕ0.23	530×4	ϕ0.17	890×4	—	—	8	ϕ0.23	600+230	1.2
FT4010c台扇	ϕ0.23	530×4	ϕ0.17	890×4	—	—	8	ϕ0.23	600+230	1.2
FC1200吊扇	ϕ0.23	330	ϕ0.19	510	—	—	28	—	—	1.2
FT_4-40台扇	ϕ0.21	710×4	ϕ0.17	935×4	—	—	16	ϕ0.21	600+600+200	—
FS_5-40落地扇	ϕ0.21	710×4	ϕ0.17	935×4	—	—	16	ϕ0.21	200+430+200	—
FC_2-105吊扇	ϕ0.23	350	ϕ0.19	505	—	—	28	—	—	—
FC_4-140吊扇	ϕ0.27	280	ϕ0.25	328	—	—	36	ϕ0.27	150+150+200+170	—
FL-40-5落地扇	ϕ0.21	710×4	ϕ0.17	550×4	ϕ0.17	150×4+280×4	16	—	—	—
FL-40-6落地扇	ϕ0.21	710×4	ϕ0.17	550×4	ϕ0.17	150×4+280×4	16	—	—	—
FL-40-11落地扇	ϕ0.21	710×4	ϕ0.17	550×4	ϕ0.17	150×4+280×4	16	—	—	—
FT-40-5A台扇	ϕ0.21	710×4	ϕ0.17	550×4	ϕ0.17	150×4+280×4	16	—	—	—
TT-40-6台扇	ϕ0.21	710×4	ϕ0.17	550×4	ϕ0.17	150×4+280×4	16	—	—	—
FS_2-40P落地扇	ϕ0.23	570×4	ϕ0.19	720×4	—	—	16	ϕ0.23及ϕ0.19	1260+700	—
FS_3-40P落地扇	ϕ0.23	570×4	ϕ0.19	720×4	—	—	16	ϕ0.23及ϕ0.19	1260+700	—
FS_4-40P落地扇	ϕ0.23	570×4	ϕ0.19	720×4	—	—	16	ϕ0.23及ϕ0.19	1260+700	—
FT-40P台扇	ϕ0.23	570×4	ϕ0.19	720×4	—	—	16	ϕ0.23及ϕ0.19	1260+700	—

续表

型号规格	主电动机参数						电动机槽数	电抗器线圈		电容/μF
	主线圈		副线圈		调速线圈			线径/mm	圈数	
	线径/mm	圈数	线径/mm	圈数	线径/mm	圈数				
FT_2-40P台扇	ϕ0.23	570×4	ϕ0.19	720×4	—	—	16	ϕ0.23及ϕ0.19	1260+700	—
FB-40P壁扇	ϕ0.23	570×4	ϕ0.19	720×4	—	—	16	ϕ0.23及ϕ0.19	1260+700	—
300毫米台扇	ϕ0.16	770×4	ϕ0.15	600×4	ϕ0.15	200+200	12	—	—	1
350毫米台扇	ϕ0.19	750×4	ϕ0.16	550×4	ϕ0.16	200+200	12	—	—	1
400毫米台扇	ϕ0.21	600×4	ϕ0.16	500×4	ϕ0.16	140+140	12	—	—	1.2
400毫米台扇	ϕ0.21	600×4	ϕ0.19	560×4	ϕ0.19	180+180	16	—	—	1
FT_2-40P台扇	ϕ0.23	530×4	ϕ0.18	840×4	ϕ0.23	1090	8	—	—	—
FL_2-40P落地扇	ϕ0.23	530×4	ϕ0.18	840×4	ϕ0.23	1090	8	—	—	—
FS40E落地扇	ϕ0.21	710×4	ϕ0.17	100×4	—	—	16	ϕ0.23	45+200+250+530	1.2
FS40H落地扇	ϕ0.21	710×4	ϕ0.17	100×4	—	—	16	ϕ0.23	45+200+250+530	1.2
400毫米台扇	ϕ0.21	710×4	ϕ0.17	100×4	—	—	16	ϕ0.23	45+200+250+530	1.2
FD_2-2-1200吊扇	ϕ0.27	304	ϕ0.27	300	—	—	32	—	45+200+250+530	1.2
FL-40P落地扇	ϕ0.23	510×4	ϕ0.21	300×4	ϕ0.21	110+520	8	—	—	4
FS-40落地扇	ϕ0.23	530×4	ϕ0.19	790×4	—	—	8	ϕ0.23	950	
FS-40台扇	ϕ0.23	530×4	ϕ0.19	790×4	—	—	8	ϕ0.23	950	
FC-15吊扇	ϕ0.27	290	ϕ0.21	360	—	—	28	ϕ0.25	1150	
FS6落地扇	ϕ0.21	730×4	ϕ0.17	840×4	ϕ0.17	250+170	16	—	—	—
FS8落地扇	ϕ0.21	730×4	ϕ0.17	840×4	ϕ0.17	250+170	16	—	—	—
FS9落地扇	ϕ0.21	730×4	ϕ0.17	840×4	ϕ0.17	250+170	16	—	—	—
FS10落地扇	ϕ0.21	730×4	ϕ0.17	840×4	ϕ0.17	250+170	16	—	—	—

附录5　直流电动机技术数据

附表1　Z3系列直流电机技术数据

机座号	电枢				换向器外径/mm	电刷$b_b \times l_b$/mm	主极				换向极			
	外径/mm	内径/mm	长度/mm	槽数			极数	极身宽度/mm	极长/mm	气隙δ_{min}/δ_{max}/mm	极数	极身长度/mm	极宽/mm	气隙/mm
Z3-11	70	20	55	14	60/66	8×16	2	30	55	0.6/1.8	1	45	15	1.2
Z3-12	70	20	75	14	60/66	8×16	2	30	75	0.6/1.8	1	60	15	1.2
Z3-21	83	22	70	18	60/82	8×16	2	38	70	0.6/2.4	1	55	18	1.2
Z3-22	83	22	95	18	60/82	8×16	2	38	95	0.6/2.4	1	75	18	1.2
Z3-31	106	32	70	18	85/96	10×12.5	2	56	70	0.6/2.4	1	60	22	1.5
Z3-32	106	32	95	18	85/96	10×12.5	2	56	95	0.6/2.4	1	80	22	1.5
Z3-33	106	32	130	18	85/96	10×12.5	2	56	130	0.6/2.4	1	105	22	1.5
Z3-41	120	40	95	25	100或100/115	10×12.5	4	35	95	0.7/3.5	4	75	18	2
Z3-42	120	40	125	25	100或100/115	10×12.5	4	35	125	0.7/3.5	4	100	18	2
Z3-51	138	45	100	27	100或100/115	10×12.5	4	43	100	0.8/4.0	4	80	20	2
Z3-52	138	45	135	27	100或100/115	10×12.5	4	43	135	0.8/4.0	4	110	20	2
Z3-61	162	55	120	31	125	12.5×16	4	54	120	0.9/3.6	4	105	20	2.5
Z3-62	162	55	165	31	125	12.5×16	4	54	165	0.9/3.6	4	150	20	2.5

附表2　Z3系列1～6号直流电动机的技术数据（电枢、换向器）

机座号	序号	功率/kW	电压/V	额定转速/（r/min）	电流/A	励磁方式	电枢						换向器		
							每元件匝数	总导体数	支路数	线规/mm	槽节距	绕组铜重/kg	长度/mm	换向片数	换向器节距
Z3-11	1	0.55	110	3000	7.14	并	30/4	840	2	ϕ0.77	1—8	0.57	32	56	1—2
	2	0.55	160	3000	4.5	他	11	1232	2	ϕ0.63	1—8	0.64	32	56	1—2
	3	0.55	220	3000	3.52	并	15	1680	2	ϕ0.53	1—8	0.54	32	56	1—2
	4	0.25	110	1500	3.7	并	14	1568	2	ϕ0.56	1—8	0.56	32	56	1—2
	5	0.25	160	1500	2.3	他	81/4	2268	2	ϕ0.47	1—8	0.57	32	56	1—2
	6	0.25	220	1500	1.85	并	28	3136	2	ϕ0.40	1—8	0.58	32	56	1—2
Z3-12	1	0.75	110	3000	9.2	并	23/4	644	2	ϕ0.90	1—8	0.68	32	56	1—2
	2	0.75	160	3000	5.9	他	33/4	924	2	ϕ0.71	1—8	0.61	32	56	1—2
	3	0.75	220	3000	4.55	并	46/4	1288	2	ϕ0.63	1—8	0.66	32	56	1—2
	4	0.37	110	1500	5.05	并	42/4	1176	2	ϕ0.67	1—8	0.69	32	56	1—2
	5	0.37	160	1500	3.2	他	16	1792	2	ϕ0.53	1—8	0.65	32	56	1—2
	6	0.37	220	1500	2.51	并	21	2352	2	ϕ0.47	1—8	0.68	32	56	1—2
Z3-21	1	1.1	110	3000	13.2	并	4	576	2	ϕ1.12	1—10	0.97	32	72	1—2
	2	1.1	160	3000	8.65	他	23/4	828	2	ϕ0.95	1—10	0.91	32	72	1—2
	3	1.1	220	3000	6.5	并	8	1152	2	ϕ0.8	1—10	0.9	32	72	1—2
	4	0.55	110	1500	7.1	并	29/4	1044	2	ϕ0.83	1—10	0.86	32	72	1—2
	5	0.55	160	1500	4.5	他	43/4	1548	2	ϕ0.69	1—10	1.1	32	72	1—2
	6	0.55	220	1500	3.52	并	58/4	2088	2	ϕ0.56	1—10	0.88	32	72	1—2

续表

机座号	序号	功率/kW	电压/V	额定转速/（r/min）	电流/A	励磁方式	电枢						换向器		
							每元件匝数	总导体数	支路数	线规/mm	槽节距	绕组铜重/kg	长度/mm	换向片数	换向器节距
Z3-22	1	1.5	110	3000	17.7	并	3	432	2	ϕ1.3	1—10	1.12	32	72	1—2
	2	1.5	160	3000	11.6	他	18/4	648	2	ϕ1.06	1—10	1.18	32	72	1—2
	3	1.5	220	3000	8.74	并	6	864	2	ϕ0.93	1—10	1.14	32	72	1—2
	4	0.75	110	1500	9.34	并	22/4	792	2	ϕ0.95	1—10	1.2	32	72	1—2
	5	0.75	160	1500	5.85	他	8	1152	2	ϕ0.8	1—10	1.58	32	72	1—2
	6	0.75	220	1500	4.64	并	11	1584	2	ϕ0.67	1—10	1.37	32	72	1—2
	7	0.37	110	1000	5.17	并	8	1152	2	ϕ0.77	1—10	1.1	32	72	1—2
	8	0.37	160	1000	3	他	46/4	1656	2	ϕ0.63	1—10	1.12	32	72	1—2
	9	0.37	220	1000	2.55	并	16	2304	2	ϕ0.53	1—10	1.1	32	72	1—2
Z3-31	1	2.2	110	3000	25.3	并	3	432	2	ϕ1.56	1—10	1.71	50	72	1—2
	2	2.2	160	3000	16.8	他	18/4	648	2	ϕ1.25	1—10	1.65	50	72	1—2
	3	2.2	220	3000	12.5	并	6	864	2	ϕ1.12	1—10	1.76	50	72	1—2
	4	1.1	110	1500	13.15	并	22/4	792	2	ϕ1.18	1—10	1.79	50	72	1—2
	5	1.1	160	1500	8.6	他	8	1152	2	ϕ0.95	1—10	1.7	50	72	1—2
	6	1.1	220	1500	6.54	并	46/4	1656	2	ϕ0.8	1—10	1.72	50	72	1—2
	7	0.55	110	1000	7.04	并	33/4	1188	2	ϕ0.95	1—10	1.74	50	72	1—2
	8	0.55	160	1000	4.5	他	49/4	1764	2	ϕ0.77	1—10	1.7	50	72	1—2
	9	0.55	220	1000	3.5	并	66/4	2376	2	ϕ0.67	1—10	1.73	50	72	1—2

续表

机座号	序号	功率/kW	电压/V	额定转速/（r/min）	电流/A	励磁方式	电枢						换向器		
							每元件匝数	总导体数	支路数	线规/mm	槽节距	绕组铜重/kg	长度/mm	换向片数	换向器节距
Z3-32	1	3	110	3000	34.7	并	9/4	324	2	2-ϕ1.25	1—10	1.84	70	72	1—2
	2	3	160	3000	23	他	13/4	468	2	ϕ1.45	1—10	1.79	50	72	1—2
	3	3	220	3000	17.1	并	18/4	648	2	ϕ1.25	1—10	1.84	50	72	1—2
	4	1.5	110	1500	17.6	并	17/4	612	2	ϕ1.3	1—10	1.88	50	72	1—2
	5	1.5	160	1500	11.6	他	25/4	900	2	ϕ1.06	1—10	1.84	50	72	1—2
	6	1.5	220	1500	8.68	并	35/4	1260	2	ϕ0.9	1—10	1.86	50	72	1—2
	7	0.75	110	1000	9.4	并	26/4	936	2	ϕ1.06	1—10	1.91	50	72	1—2
	8	0.75	160	1000	6	他	37/4	1332	2	ϕ0.9	1—10	1.96	50	72	1—2
	9	0.75	220	1000	4.64	并	50/4	1800	2	ϕ0.75	1—10	1.84	50	72	1—2
	10	0.55	110	750	7.25	并	8	1152	2	ϕ0.95	1—10	1.89	50	72	1—2
	11	0.55	160	750	4.55	他	47/4	1692	2	ϕ0.77	1—10	1.82	50	72	1—2
	12	0.55	220	750	3.57	并	65/4	2340	2	ϕ0.67	1—10	1.91	50	72	1—2
Z3-33	1	4	110	3000	45.4	并	6/4	216	2	2-ϕ1.45	1—10	1.9	70	72	1—2
	2	4	160	3000	30.3	他	9/4	324	2	2-ϕ1.25	1—10	2.11	70	72	1—2
	3	4	220	3000	22.4	并	13/4	468	2	ϕ1.45	1—10	2.05	50	72	1—2
	4	2.2	110	1500	25	并	3	432	2	ϕ1.56	1—10	2.2	50	72	1—2
	5	2.2	160	1500	16.5	他	18/4	648	2	ϕ1.3	1—10	2.3	50	72	1—2
	6	2.2	220	1500	12.3	并	25/4	900	2	ϕ1.06	1—10	2.11	50	72	1—2

续表

机座号	序号	功率/kW	电压/V	额定转速/（r/min）	电流/A	励磁方式	电枢						换向器		
							每元件匝数	总导体数	支路数	线规/mm	槽节距	绕组铜重/kg	长度/mm	换向片数	换向器节距
Z3-33	7	1.1	110	1000	13.3	并	18/4	648	2	ϕ1.25	1—10	2.11	50	72	1—2
	8	1.1	160	1000	8.46	他	26/4	936	2	ϕ1.06	1—10	2.2	50	72	1—2
	9	1.1	220	1000	6.6	并	37/4	1332	2	ϕ0.85	1—10	2.0	50	72	1—2
	10	0.75	110	750	9.4	并	6	864	2	ϕ1.12	1—10	2.26	50	72	1—2
	11	0.75	160	750	5.84	他	34/4	1224	2	ϕ0.93	1—10	2.21	50	72	1—2
	12	0.75	220	750	4.64	并	12	1728	2	ϕ0.77	1—10	2.14	50	72	1—2
Z3-41	1	5.5	110	3000	61.3	并	5/3	250	2	3-ϕ1.4	1—7	2.16	70	75	1—38
	2	5.5	220	3000	30.5	并	10/3	500	2	2-ϕ1.18	1—7	2.05	50	75	1—38
	3	3	110	1500	34.3	并	3	450	2	2-ϕ1.25	1—7	2.06	50	75	1—38
	4	3	160	1500	22.1	他	13/3	650	2	ϕ1.45	1—7	2.01	32	75	1—38
	5	3	220	1500	17	并	19/3	950	2	ϕ1.25	1—7	2.18	32	75	1—38
	6	1.5	110	1000	18	并	14/3	700	2	ϕ1.4	1—7	2.02	32	75	1—38
	7	1.5	160	1000	11.5	他	7	1050	2	ϕ1.18	1—7	2.05	32	75	1—38
	8	1.5	220	1000	8.9	并	28/3	1400	2	ϕ1	1—7	1.9	32	75	1—38
	9	1.1	110	750	14.2	并	6	900	2	ϕ1.25	1—7	2.07	32	75	1—38
	10	1.1	160	750	8.9	他	26/3	1300	2	ϕ1	1—7	1.91	32	75	1—38
	11	1.1	220	750	7	并	12	1800	2	ϕ0.85	1—7	1.91	32	75	1—38
	12	2.2	115	1450	19.2	复	13/3	650	2	ϕ1.45	1—7	2.01	32	75	1—38
	13	2.2	230	1450	9.6	复	26/3	1300	2	ϕ1	1—7	1.91	32	75	1—38

续表

机座号	序号	功率/kW	电压/V	额定转速/（r/min）	电流/A	励磁方式	电枢						换向器		
							每元件匝数	总导体数	支路数	线规/mm	槽节距	绕组铜重/kg	长度/mm	换向片数	换向器节距
Z3-42	1	7.5	110	3000	83	并	4/3	200	2	3-ϕ1.56	1—7	2.46	70	75	1—38
	2	7.5	220	3000	41.3	并	8/3	400	2	2-ϕ1.35	1—7	2.46	50	75	1—38
	3	4	110	1500	44.9	并	7/3	350	2	2-ϕ1.45	1—7	2.48	50	75	1—38
	4	4	160	1500	29	他	10/3	500	2	2-ϕ1.18	1—7	2.35	32	75	1—38
	5	4	220	1500	22.3	并	14/3	700	2	ϕ1.45	1—7	2.48	32	75	1—38
	6	2.2	110	1000	25.8	并	11/3	550	2	ϕ1.6	1—7	2.37	32	75	1—38
	7	2.2	160	1000	6.7	他	16/3	800	2	ϕ1.35	1—7	2.46	32	75	1—38
	8	2.2	220	1000	12.8	并	22/3	1100	2	ϕ1.12	1—7	2.46	32	75	1—38
	9	1.5	110	750	18.8	并	14/3	700	2	ϕ1.45	1—7	2.48	32	75	1—38
	10	1.5	160	750	11.8	他	20/3	1000	2	ϕ1.18	1—7	2.35	32	75	1—38
	11	1.5	220	750	9.3	并	28/3	1400	2	ϕ1	1—7	2.36	32	75	1—38
	12	3	115	1450	26.1	复	10/3	500	2	2-ϕ1.18	1—7	2.35	32	75	1—38
	13	3	230	1450	13.1	复	20/3	1000	2	ϕ1.18	1—7	2.35	32	75	1—38
Z3-51	1	10	220	3000	54.8	并	7/3	378	2	2-ϕ1.5	1—8	2.75	50	81	1—41
	2	5.5	110	1500	61	并	7/3	378	2	2-ϕ1.56	1—8	2.97	70	81	1—41
	3	5.5	220	1500	30.3	并	13/3	702	2	2-ϕ1.12	1—8	2.84	32	81	1—41
	4	5.5	440	1500	14.4	他	26/5	1404	2	ϕ1.12	1—8	2.84	32	135	1—68
	5	3	110	1000	34.5	并	10/3	540	2	2-ϕ1.25	1—8	2.73	50	81	1—41

续表

机座号	序号	功率/kW	电压/V	额定转速/（r/min）	电流/A	励磁方式	电枢						换向器		
							每元件匝数	总导体数	支路数	线规/mm	槽节距	绕组铜重/kg	长度/mm	换向片数	换向器节距
Z3-51	6	3	160	1000	22.4	他	5	810	2	ϕ1.5	1—8	2.94	32	31	1—41
	7	3	220	1000	17.2	并	20/3	1080	2	ϕ1.25	1—8	2.73	32	31	1—41
	8	2.2	110	750	26.2	并	13/3	702	2	2-ϕ1.12	1—8	2.84	32	81	1—41
	9	2.2	160	750	17.2	他	19/3	1026	2	ϕ1.3	1—8	2.8	32	81	1—41
	10	2.2	220	750	13	并	26/3	1404	2	ϕ1.12	1—8	2.84	32	81	1—41
	11	4.2	115	1450	36.5	复	3	486	2	2-ϕ1.3	1—8	2.65	50	81	1—41
	12	4.2	230	1450	18.3	复	6	972	2	ϕ1.3	1—8	2.65	32	81	1—41
Z3-52	1	13	220	3000	70.8	并	2	324	2	2-ϕ1.7	1—8	3.3	70	81	1—41
	2	7.5	110	1500	82.1	并	5/3	270	2	3-ϕ1.5	1—8	3.41	70	81	1—41
	3	7.5	220	1500	40.8	并	10/3	540	2	2-ϕ1.3	1—8	3.42	50	81	1—41
	4	7.5	440	1500	19.5	他	4	1080	2	ϕ1.3	1—8	3.42	32	81	1—41
	5	4	110	1000	45.2	并	8/3	432	2	2-ϕ1.45	1—8	3.4	50	81	1—41
	6	4	160	1000	29.6	他	4	648	2	2-ϕ1.18	1—8	3.4	32	135	1—68
	7	4	220	1000	22.3	并	16/3	864	2	ϕ1.45	1—8	3.4	32	81	1—41
	8	3	110	750	35.2	并	10/3	540	2	2-ϕ1.3	1—8	3.42	50	81	1—41
	9	3	160	750	22.7	他	14/3	756	2	ϕ1.56	1—8	3.44	50	81	1—41

续表

机座号	序号	功率/kW	电压/V	额定转速/(r/min)	电流/A	励磁方式	电枢						换向器		
							每元件匝数	总导体数	支路数	线规/mm	槽节距	绕组铜重/kg	长度/mm	换向片数	换向器节距
Z3-52	10	3	220	750	17.4	并	20/3	1080	2	ϕ1.3	1—8	3.42	32	81	1—41
	11	2.2	110	600	26.7	并	4	648	2	2-ϕ1.18	1—8	3.4	32	81	1—41
	12	2.2	160	600	16.8	他	17/3	918	2	ϕ1.4	1—8	3.37	32	81	1—41
	13	2.2	220	600	13.3	并	8	1296	2	ϕ1.18	1—8	3.38	32	81	1—41
	14	6	115	1450	52.2	复	7/3	378	2	2-ϕ1.56	1—8	3.44	50	81	1—41
	15	6	230	1450	26.1	复	14/3	756	2	ϕ1.56	1—8	3.44	50	81	1—41
Z3-61	1	17	220	3000	92	并	4/3	248	2	4-ϕ1.45	1—9	4	80	93	1—47
	2	10	110	1500	108.2	并	4/3	248	2	4-ϕ1.5	1—9	4.26	80	93	1—47
	3	10	220	1500	53.8	并	8/3	496	2	2-ϕ1.5	1—9	4.26	60	93	1—47
	4	10	440	1500	26	他	16/5	992	2	2-ϕ1.06	1—9	4.26	50	155	1—78
	5	5.5	110	1000	61.4	并	2	372	2	2-ϕ1.7	1—9	4.1	60	93	1—47
	6	5.5	220	1000	30.3	并	4	744	2	1-ϕ1.7	1—9	4.1	40	93	1—47
	7	5.5	440	1000	14.4	他	24/5	1488	2	1-ϕ1.18	1—9	3.95	50	155	1—78
	8	4	110	750	46.6	并	8/3	496	2	2-ϕ1.5	1—9	4.26	40	93	1—47
	9	4	160	750	30.3	他	11/3	682	2	2-ϕ1.25	1—9	4.07	40	93	1—47
	10	4	220	750	23	并	5	930	2	1-ϕ1.56	1—9	44.32	40	93	1—47

续表

机座号	序号	功率/kW	电压/V	额定转速/(r/min)	电流/A	励磁方式	电枢						换向器		
							每元件匝数	总导体数	支路数	线规/mm	槽节距	绕组铜重/kg	长度/mm	换向片数	换向器节距
Z3-61	11	3	110	600	35.9	并	3	558	2	2-ϕ1.4	1—9	4.2	40	93	1—47
	12	3	160	600	23	他	13/3	806	2	2-ϕ1.12	1—9	3.9	40	93	1—47
	13	3	220	600	17.8	并	19/3	1178	2	1-ϕ1.35	1—9	4.1	40	93	1—47
	14	8.5	115	1450	74	复	5/3	310	2	4-ϕ1.3	1—9	4	60	93	1—47
	15	8.5	230	1450	37	复	10/3	620	2	2-ϕ1.3	1—9	4	40	93	1—47
Z3-62	1	22	220	3000	117.6	并	1	186	2	4-ϕ1.7	1—9	4.81	80	93	1—47
	2	13	110	1500	139.8	并	1	186	2	4-ϕ1.7	1—9	4.81	80	93	1—47
	3	13	220	1500	69.5	并	2	372	2	2-ϕ1.7	1—9	4.81	60	93	1—47
	4	13	440	1500	33.5	他	12/5	744	2	2-ϕ1.18	1—9	4.81	50	155	1—78
	5	7.5	110	1000	83	并	4/3	248	2	4-ϕ1.45	1—9	4.67	60	93	1—47
	6	7.5	220	1000	41.3	并	3	558	2	2-ϕ1.4	1—9	4.9	40	93	1—47
	7	7.5	440	1000	19.8	他	18/5	1116	2	1-ϕ1.4	1—9	4.9	50	155	1—78
	8	5.5	110	750	62.8	并	2	372	2	3-ϕ1.4	1—9	4.9	60	93	1—47
	9	5.5	220	750	31.2	并	11/3	682	2	1-ϕ1.8	1—9	4.95	40	93	1—47
	10	5.5	440	750	14.7	他	22/5	1364	2	1-ϕ1.25	1—9	4.77	50	155	1—78
	11	4	110	600	47.5	并	7/3	434	2	2-ϕ1.56	1—9	4.73	40	93	1—47
	12	4	160	600	30.8	他	10/3	620	2	2-ϕ1.3	1—9	4.69	40	93	1—47
	13	4	220	600	23.6	并	14/3	868	2	1-ϕ1.56	1—9	4.73	40	93	1—47
	14	11	115	1450	95.7	复	4/3	248	2	4-ϕ1.5	1—9	5	80	93	1—47
	15	11	230	1450	47.8	复	8/3	496	2	2-ϕ1.5	1—9	5	60	93	1—47

附表3 Z2系列直流电机技术数据

机座号	电枢				换向器外径/mm	电刷/mm	主极				换向极			
	外径/mm	内径/mm	长度/mm	槽数			极数	极身宽度/mm	极长/mm	气隙/mm	极数	极身长度/mm	极宽/mm	气隙/mm
Z2-11	83	22	65	14	62	10×12.5	2	38	65	0.7	1	50	20	1.5
Z2-12	83	22	90	14	62	10×12.5	2	38	90	0.7	1	75	20	1.5
Z2-21	106	30	65	18	82	10×12.5	2	48	65	0.8	1	50	20	1.5
Z2-22	106	30	90	18	82	10×12.5	2	48	90	0.8	1	75	20	1.5
Z2-31	120	30	75	18	82	10×12.5	2	58	75	1.0	1	55	25	1.5
Z2-32	120	30	105	18	82	10×12.5	2	58	105	1.0	1	85	25	1.5
Z2-41	138	45	85	27	100	10×12.5	4	42	85	1.0	4	65	20	1.5
Z2-42	138	45	110	27	100	10×12.5	4	42	110	1.0	4	90	20	1.5
Z2-51	162	55	90	31	125	10×12.5	4	50	90	1.2	4	65	20	1.7
Z2-52	162	55	130	31	125	10×12.5	4	50	130	1.2	4	105	20	1.7
Z2-61	195	55	95	31	125	10×12.5	4	58	95	1.5	4	70	25	2.5
Z2-62	195	55	125	31	125	10×12.5	4	58	125	1.5	4	100	25	2.5
Z2-71	210	60	125	35	150	12.5×75	4	68	125	1.5	4	95	28	3
Z2-72	210	60	160	27	150	12.5×75	4	68	160	1.5	4	130	28	3
Z2-81	245	70	135	31	180	12.5×75	4	84	135	2	4	105	32	4
Z2-82	245	70	180	35	180	12.5×75	4	84	180	2	4	150	32	4
Z2-91	294	80	145	37	200	16×75	4	106	145	2.5	4	115	40	5
Z2-92	294	80	185	29	200	16×75	4	106	185	2.5	4	155	40	5
Z2-101	327	95	195	37	230	20×32	4	128	195	2.5	4	160	45	5
Z2-102	327	95	240	31	230	20×32	4	128	240	2.5	4	205	45	5
Z2-111	368	110	230	50	250	25×32	4	145	230	3	4	195	55	6
Z2-112	368	110	280	42	250	25×32	4	145	280	3	4	245	55	6

附表4　Z2系列部分直流电动机的技术数据（电枢、换向器）

机座号	功率/kW	电压/V	额定转速/(r/min)	电流/A	励磁方式	电枢						换向器		
						每元件匝数	总导体数	支路数	线规/mm	槽节距	绕组铜重/kg	长度/mm	换向片数	换向器节距
Z2-11	0.8	220	3000	4.85	并	12	1344	2	ϕ0.96	1—8	0.807	42	56	1—2
Z2-12	1.1	220	3000	6.41	并	9	1008	2	ϕ0.8	1—8	0.925	42	56	1—2
Z2-21	0.8	220	1500	4.92	并	50/4	1800	2	ϕ0.74	1—10	1.455	45	72	1—2
Z2-22	1.1	220	1500	6.5	并	9	1296	2	ϕ0.86	1—10	1.581	45	72	1—2
Z2-31	1.5	220	1500	8.7	并	37/4	1336	2	ϕ1.0	1—10	2.26	45	72	1—2
Z2-32	2.2	220	1500	12.35	并	27/4	972	2	ϕ1.20	1—10	2.66	45	72	1—2
Z2-41	1.5	110	1000	17.8	并	13/4	702	2	ϕ1.45	1—8	2.105	32	81	1—41
Z2-42	2.2	110	1000	25.32	并	10/3	540	2	2-ϕ1.16	1—8	2.332	32	81	1—41
Z2-51	3	220	1000	17.2	并	17/3	1054	2	ϕ1.35	1—9	3.1	32	93	1—47
Z2-52	4	220	1000	22.6	并	4	744	2	ϕ1.62	1—9	3.68	32	93	1—47
Z2-61	10	220	1500	53.8	并	3	558	2	2-ϕ1.56	1—9	5.0	48	93	1—47
Z2-62	13	220	1500	69.5	并	7/3	434	2	3-ϕ1.56	1—9	6.5	65	93	1—47
Z2-71	30	220	3000	158.5	并	1	210	2	2-1.16×4.7	1—10	6.81	130	105	1—53
Z2-72	40	220	3000	210	并	1	162	2	2-1.81×4.7	1—8	8.75	130	81	1—41
Z2-81	30	220	1500	156.9	并	1	310	2	2-1.25×4.7	1—9	12.4	130	155	1—78
Z2-82	40	220	1500	208	并	1	210	2	2-1.68×4.7	1—10	12.82	130	105	1—53
Z2-91	55	220	1500	284	并	1	222	2	2-1.81×6.4	1—10	20.6	150	111	1—56
Z2-92	75	220	1500	385	并	1	174	2	2-2.63×6.4	1—8	25.1	180	87	1—44
Z2-101	55	220	1000	285.5	并	1	222	2	2-1.95×6.4	1—10	26.35	110	111	1—56
Z2-102	75	220	1000	385	并	1	186	2	2-2.83×6.4	1—9	34.25	145	93	1—47
Z2-111	160	220	1500	808	并	1	200	4	2-2.63×6.4	1—13	36	225	100	1—2
Z2-112	200	220	1500	1010	并	1	168	4	2-3.53×6.4	1—11	44.2	225	84	1—2

附表5　Z2系列部分直流电动机的技术数据（主极、换向极）

机座号	主极						换向极		
	每极匝数		线规/mm		额定电流/A	绕组铜重/kg	每极匝数	线规/mm	绕组铜重/kg
	串	并	串	并					
Z2-11	24	3450	同换向极绕组	ϕ0.27	0.234	1.055	258	ϕ1.25	0.629
Z2-12	20	2750		ϕ0.29	0.28	1.11	192	ϕ1.45	0.772
Z2-21	40	3700		ϕ0.33	0.3085	1.757	352	ϕ1.35	1.002
Z2-22	24	3000		ϕ0.41	0.458	2.64	230	ϕ1.45	0.863
Z2-31	30	3160		ϕ0.38	0.424	2.27	240	1.0×2.44	1.23
Z2-32	24	2940		ϕ0.41	0.414	2.95	174	1.08×3.28	1.705
Z2-41	4	1100		ϕ0.67	1.114	4.61	54	1.16×4.7	2.236
Z2-42	3	825		ϕ0.72	1.56	4.48	41	1.68×4.7	3.15
Z2-51	8	2040		ϕ0.55	0.75	6.38	81	1.35×3.28	2.75
Z2-52	7	1460		ϕ0.59	1.04	6.17	57	1.16×4.7	3.22
Z2-61	6	1800		ϕ0.67	1.178	9.07	44	1.68×6.4	4.11
Z2-62	8	1530		ϕ0.69	1.2	8.77	35	2.26×6.4	5.4
Z2-71	2	1150		ϕ0.69	1.74	6.9	15	3.05×12.5	6.11
Z2-72	2	1000		ϕ0.77	2.1	8.8	12	4.1×12.5	8.05
Z2-81	3	1200		ϕ0.93	2.4	15.6	23	2.1×14.5	8.43
Z2-82	2	1050		ϕ1.12	3.4	23.5	16	3.05×14.5	10.8
Z2-91	2	1120		ϕ1.12	3.39	23.7	17	4.4×19.5	20.6
Z2-92	2	1000		ϕ1.2	3.83	27.4	13	5.1×19.5	22.1
Z2-101	2	1000		ϕ1.08	2.953	24	16	3.8×19.5	21.4
Z2-102	1.5	880		ϕ1.20	3.63	29.5	14	5.1×19.5	29.5
Z2-111	1.5	780		ϕ1.45	5.68	39.8	7	2-5.1×19.5	30
Z2-112	1	680		ϕ1.62	7.23	48.1	6	2-6.5×19.5	38.4

附表6　ZD2系列直流电动机铁芯及绕组的技术数据

型号	额定功率/kW	额定电压/V	额定转速/（r/min）	电枢								主极		换向器		
				铁芯外径/mm	铁芯长度/mm	槽数	每槽元件数	支路数	总导体数	绕组形式	线规/mm	每极匝数	线规/mm	电刷尺寸/mm	每杆电刷数	换向器片数
ZD2-112-1	75	220	500/1200	368	300	41	3	2	246	单波	2-2.44×7.4	610	1.25×4.1	16×32	4	12
ZD2-112-1	100	220	600/1200	368	300	46	4	8	736	单蛙	1.35×7.4	609	1.56×4.1	16×32	6	18
ZD2-112-1	125	220	750/1500	368	300	50	3	8	600	单蛙	1.68×7.4	609	1.56×4.1	20×32	6	15
ZD2-112-1	160	220	1000/1500	368	300	42	3	8	504	单蛙	2.44×7.4	610	1.35×4.1	20×32	6	12
ZD2-121-1B	55	220	320/1200	423	250	59	3	2	354	单波	2-1.68×7.4	645	1.35×3.8	2-12.5×32	4	17
ZD2-121-1B	75	220	400/1200	423	250	45	3	2	270	单波	2-2.1×7.4	590	1.56×4.1	2-10×32	4	13
ZD2-122-1B	75	220	320/1200	423	320	45	3	2	270	单波	2-2.1×7.4	535	1.81×3.8	2-10×32	4	13
ZD2-121-1B	100	220	500/1200	423	250	54	4	8	864	单蛙	1.35×7.4	590	1.56×4.1	2-12.5×32	4	21
ZD2-121-1B	100	440	500/1200	423	250	45	5	2	450	单波	2-1.45×7.4	590	1.56×4.1	2-10×32	4	22
ZD2-122-1B	100	220	400/1200	423	320	54	4	8	864	单蛙	1.35×7.4	535	1.81×3.8	2-12.5×32	4	21
ZD2-122-1B	100	440	400/1200	423	320	45	5	2	450	单波	2-1.45×7.4	535	1.81×3.8	2-10×32	4	22
ZD2-123-1B	100	220	320/1200	423	395	54	4	8	864	单蛙	1.35×7.4	470	1.56×5.1	2-12.5×32	4	21
ZD2-123-1B	100	440	320/1200	423	395	45	5	2	450	单波	2-1.45×7.4	470	1.56×5.1	2-10×32	4	22
ZD2-122-2B	125	220	500/1200	423	320	42	4	8	672	单蛙	1.68×7.4	540	1.45×5.1	2-10×32	6	16
ZD2-122-1B	125	440	500/1200	423	320	59	3	2	354	单波	2-1.68×7.4	535	1.81×3.8	2-12.5×32	4	17

续表

型号	额定功率/kW	额定电压/V	额定转速/（r/min）	电枢								主极		换向器		
				铁芯外径/mm	铁芯长度/mm	槽数	每槽元件数	支路数	总导体数	绕组形式	线规/mm	每极匝数	线规/mm	电刷尺寸/mm	每杆电刷数	换向器片数
ZD2-123-2B	125	220	400/1200	423	395	42	4	8	672	单波	1.68×7.4	470	1.81×5.1	2-10×32	6	16
ZD2-123-1B	125	440	400/1200	423	395	59	3	2	354	单波	2-1.68×7.4	470	1.56×5.1	2-10×32	4	17
ZD2-123-2B	160	220	500/1200	423	395	46	3	8	552	单蛙	2.26×7.4	470	1.81×5.1	2-12.5×32	6	13
ZD2-123-1B	160	440	500/1200	423	395	45	3	2	270	单波	2-2.1×7.4	470	1.81×5.1	2-10×32	4	13
ZD2-131-2B	125	220	320/1200	423	340	50	4	8	800	单蛙	1.68×7.4	470	1.35×6.4	2-10×32	6	20
ZD2-131-1B	125	440	320/1200	493	340	43	5	2	430	单波	2-1.68×7.4	510	2.1×4.1	2-10×32	4	21
ZD2-131-2B	160	220	400/1200	493	340	54	3	8	648	单蛙	2.1×7.4	510	2.1×4.1	2-12.5×32	6	16
ZD2-131-1B	160	440	400/1200	493	340	55	3	2	330	单波	2-2.1×7.4	510	2.1×4.1	2-12.5×32	4	16
ZD2-131-2B	200	220	500/1200	493	340	46	3	8	552	单蛙	2-1.45×7.4	484	1.45×6.4	2-10×32	8	13
ZD2-131-1B	200	440	500/1200	493	340	45	3	2	270	单波	4-1.35×7.4	484	1.45×6.4	2-10×32	4	13
ZD2-132-2B	160	220	320/1200	493	420	54	3	8	648	单蛙	2.1×7.4	460	2.26×4.4	2-12.5×32	6	16
ZD2-132-1B	160	440	320/1200	493	420	55	3	2	330	单波	2-2.1×7.4	460	2.26×4.4	2-12.5×32	4	16
ZD2-132-2B	200	220	400/1200	493	420	46	3	8	552	单蛙	2-1.45×7.4	468	2.26×5.1	2-10×32	8	13
ZD2-132-1B	200	440	400/1200	493	420	45	3	2	270	单波	4-1.35×7.4	468	2.26×5.1	2-10×32	4	13
ZD2-132-2B	250	220	500/1200	493	420	54	2	8	432	单蛙	2-1.56×7.4	425	1.68×5.9	2-12.5×32	8	10

续表

型号	额定功率/kW	额定电压/V	额定转速/（r/min）	电枢								主极		换向器		
				铁芯外径/mm	铁芯长度/mm	槽数	每槽元件数	支路数	总导体数	绕组形式	线规/mm	每极匝数	线规/mm	电刷尺寸/mm	每杆电刷数	换向器片数
ZD2-132-2B	250	440	500/1200	493	420	54	4	8	846	单蛙	1.68×7.4	468	2.26×5.1	2-10×32	6	21
ZD2-151-1B	200	220	320/1000	650	300	69	4	12	1104	单蛙	2.1×7.4	390	1.45×6.4	2-10×32	5	27
ZD2-151-1B	200	440	320/1000	650	300	86	2	2	344	单波	4-1.35×7.4	390	1.45×6.4	2-12.5×32	5	17
ZD2-151-1B	250	220	400/1000	650	300	69	3	12	828	单蛙	2.26×7.4	390	1.45×6.4	2-10×32	8	20
ZD2-151-1B	250	330	400/1000	650	300	81	4	12	1296	单蛙	1.45×7.4	390	1.45×6.4	2-10×32	5	32
ZD2-152-1B	250	220	320/1000	650	375	69	3	12	828	单蛙	2.26×7.4	330	1.56×6.4	2-10×32	8	20
ZD2-152-1B	250	330	320/1000	650	375	81	4	12	1296	单蛙	1.45×7.4	330	1.56×6.4	2-10×32	5	32
ZD2-151-1B	320	220	500/1000	650	300	81	2	12	648	单蛙	2-1.35×7.4	384	1.68×6.4	2-12.5×32	8	16
ZD2-151-1B	320	440	500/1000	650	300	81	4	12	1296	单蛙	1.35×7.4	384	1.68×6.4	2-10×32	5	32
ZD2-152-1B	320	220	400/1000	650	375	81	2	12	648	单蛙	2-1.35×7.4	352	1.81×6.4	2-12.5×32	8	16
ZD2-152-1B	320	440	400/1000	650	375	81	4	12	1296	单蛙	1.35×7.4	352	1.81×6.4	2-10×32	5	32
ZD2-153-1B	320	220	320/1000	650	460	81	2	12	648	单蛙	2-1.35×7.4	300	2.63×5.9	2-12.5×32	8	16
ZD2-153-1B	320	440	320/1000	650	460	81	4	12	1296	单蛙	1.35×7.4	300	2.63×5.9	2-10×32	5	32
ZD2-152-1B	400	330	500/1000	650	375	69	3	12	828	单蛙	2.26×7.4	330	1.56×6.4	2-10×32	8	20
ZD2-152-1B	400	440	500/1000	650	375	69	4	12	1104	单蛙	1.68×7.4	330	1.56×6.4	2-10×32	5	27
ZD2-153-1B	400	330	400/1000	650	460	69	3	12	828	单蛙	2.26×7.4	296	1.81×6.9	2-10×32	8	20

续表

型号	额定功率/kW	额定电压/V	额定转速/(r/min)	电枢								主极		换向器		
				铁芯外径/mm	铁芯长度/mm	槽数	每槽元件数	支路数	总导体数	绕组形式	线规/mm	每极匝数	线规/mm	电刷尺寸/mm	每杆电刷数	换向器片数
ZD2-153-1B	400	440	400/1000	650	460	69	4	12	1104	单蛙	1.68×7.4	296	1.81×6.9	2-10×32	5	27
ZD2-153-1B	500	330	500/1000	650	460	81	2	12	648	单蛙	2-1.45×7.4	300	2.63×5.9	2-12.5×32	8	16
ZD2-153-1B	500	660	500/1000	650	460	81	4	12	1296	单蛙	1.45×7.4	300	2.63×5.9	2-10×32	5	32
ZD2-172-1B	400	330	320/1000	850	360	87	3	12	1044	单蛙	2.26×7.4	320	1.56×7.4	2-12.5×32	6	26
ZD2-172-1B	400	440	320/1000	850	360	81	4	12	1296	单蛙	1.68×7.4	308	1.95×7.4	2-12.5×32	5	32
ZD2-172-1B	500	330	400/1000	850	360	75	3	12	900	单蛙	2-1.45×7.4	320	1.56×7.4	2-12.5×32	8	22
ZD2-172-1B	500	440	400/1000	850	360	87	3	12	1044	单蛙	2.1×7.4	308	1.95×7.4	2-12.5×32	6	26
ZD2-173-1B	500	440	320/1000	850	450	87	3	12	1044	单蛙	2.1×7.4	292	2.26×7.4	2-12.5×32	6	26
ZD2-172-1B	630	330	500/1000	850	360	81	2	12	648	单蛙	2-1.68×7.4	300	1.81×7.4	2-12.5×32	8	16
ZD2-172-1B	630	660	500/1000	850	360	81	4	12	1296	单蛙	1.68×7.4	300	1.81×7.4	2-10×32	5	32
ZD2-173-1B	630	660	400/1000	850	450	81	4	12	1296	单蛙	1.68×7.4	292	2.26×7.4	2-10×32	5	32
ZD2-174-1B	630	660	320/1000	850	545	81	4	12	1296	单蛙	1.68×7.4	250	2.83×7.4	2-12.5×32	5	32
ZD2-173-1B	800	660	500/1000	850	450	87	3	12	1044	单蛙	2.1×7.4	292	2.26×7.4	2-12.5×32	6	26
ZD2-174-1B	800	660	400/1000	850	545	87	3	12	1044	单蛙	2.1×7.4	250	2.83×7.4	2-12.5×32	6	26
ZD2-174-1B	1000	660	500/1000	850	545	75	3	12	900	单蛙	2-1.45×7.4	258	2.44×7.4	2-12.5×32	8	22

附表7　ZF2系列直流发电机铁芯及绕组的数据

型号	额定功率/kW	额定电压/V	额定转速/（r/min）	电枢								主极		换向器		
				铁芯外径/mm	铁芯长度/mm	槽数	每槽元件数	支路数	总导体数	绕组形式	线规/mm	每极匝数	线规/mm	电刷尺寸/mm	每杆电刷数	换向器片数
ZF2-111-1	190	460	1500	368	230	41	3	2	246	单波	2-2.44×7.4	690	1.16×4.1	16×32	4	123
ZF2-111-1B	190	460	1500	368	230	41	3	2	246	单波	2-2.44×7.4	640	1.16×4.1	16×32	4	123
ZF2-111-1	190	230	1500	368	230	42	3	8	504	单蛙	2.44×7.4	690	1.16×4.1	20×32	6	126
ZF2-111-1B	190	230	1500	368	230	42	3	8	504	单蛙	2.44×7.4	640	1.16×4.1	20×32	6	126
ZF2-112-1	145	230	1000	368	300	50	3	8	600	单蛙	1.68×7.4	630	1.16×4.1	20×32	6	150
ZF2-112-1B	240	230	1500	368	300	46	2	8	368	单蛙	2-1.35×7.4	594	1.25×4.1	25×32	6	92
ZF2-112-1	240	230	1500	368	300	46	2	8	368	单蛙	2-1.35×7.4	610	1.25×4.1	25×32	6	92
ZF2-112-1B	240	460	1500	368	300	46	4	8	736	单蛙	1.35×7.4	594	1.25×4.1	16×32	6	184
ZF2-112-1	240	460	1500	368	300	46	4	8	736	单蛙	1.35×7.4	610	1.25×4.1	16×32	6	184
ZF2-112-2B	190	230	1000	423	250	46	3	8	552	单蛙	2.26×7.4	590	1.56×4.1	2-12.5×32	6	138
ZF2-121-2	190	230	1000	423	250	46	3	8	552	单蛙	2.26×7.4	575	1.81×3.8	2-12.5×32	6	138
ZF2-121-1B	190	460	1000	423	250	45	3	2	270	单波	2-2.1×7.4	590	1.56×4.1	2-10×32	4	135
ZF2-121-1	190	460	1000	423	250	45	3	2	270	单波	2-2.1×7.4	575	1.81×3.8	2-10×32	4	135
ZF2-122-2	240	230	1000	423	320	54	2	8	432	单蛙	2-1.35×7.4	546	1.81×3.8	2-12.5×32	8	108
ZF2-122-2B	240	230	1000	423	320	54	2	8	432	单蛙	2-1.35×7.4	535	1.81×3.8	2-12.5×32	8	108
ZF2-122-1	240	460	1000	423	320	54	4	8	864	单蛙	2-1.35×7.4	546	1.81×3.8	2-12.5×32	4	216
ZF2-122-1B	240	460	1000	423	320	54	4	8	864	单蛙	2-1.35×7.4	535	1.81×3.8	2-12.5×32	4	216
ZF2-121-2	300	230	1500	423	250	42	2	8	336	单蛙	2-1.68×7.4	610	1.35×5.1	2-12.5×32	8	84
ZF2-121-2B	300	230	1500	423	250	42	2	8	336	单蛙	2-1.68×7.4	570	1.35×5.1	2-12.5×32	8	84
ZF2-123-2	300	230	1000	423	395	42	2	8	336	单蛙	2-1.68×7.4	490	1.56×5.1	2-12.5×32	8	84

续表

型号	额定功率/kW	额定电压/V	额定转速/（r/min）	电枢								主极		换向器		
				铁芯外径/mm	铁芯长度/mm	槽数	每槽元件数	支路数	总导体数	绕组形式	线规/mm	每极匝数	线规/mm	电刷尺寸/mm	每杆电刷数	换向器片数
ZF2-123-2B	300	230	1000	423	395	42	2	8	336	单蛙	2-1.68×7.4	470	1.56×5.1	2-12.5×32	8	84
ZF2-121-2B	300	330	1500	423	250	42	3	8	504	单蛙	2.44×7.4	590	1.56×4.1	2-10×32	8	126
ZF2-123-2B	300	330	1000	423	395	42	3	8	504	单蛙	2.44×7.4	470	1.56×5.1	2-10×32	8	126
ZF2-121-2B	300	460	1500	423	250	42	4	8	672	单蛙	1.68×7.4	570	1.35×5.1	2-10×32	6	168
ZF2-121-2	300	460	1500	423	250	42	4	8	672	单蛙	1.68×7.4	610	1.35×5.1	2-10×32	6	168
ZF2-123-2	300	460	1000	423	395	42	4	8	672	单蛙	1.68×7.4	490	1.56×5.1	2-10×32	6	168
ZF2-123-2B	300	460	1000	423	395	42	4	8	672	单蛙	1.68×7.4	470	1.56×5.1	2-10×32	6	168
ZF2-131-3B	370	230	1000	493	340	46	2	8	368	单蛙	2-2.44×7.4	529	1.16×5.5	2-12.5×32	10	92
ZF2-131-2B	370	330	1000	493	340	54	2	8	432	单蛙	2-1.56×7.4	484	1.45×6.4	2-12.5×32	8	108
ZF2-131-2B	370	460	1000	493	340	54	3	8	648	单蛙	2.1×7.4	510	2.1×4.1	2-12.5×32	6	162
ZF2-132-3B	470	330	1000	493	420	50	2	8	400	单蛙	2-2.1×7.4	470	1.35×6.4	2-12.5×32	10	100
ZF2-132-2B	470	460	1000	493	420	46	3	8	552	单蛙	1.45×7.4	470	1.35×6.4	2-10×32	8	138
ZF2-132-2B	470	660	1000	493	420	50	4	8	800	单蛙	2.1×7.4	470	1.35×6.4	2-10×32	6	200
ZF2-151-1B	580	330	1000	650	300	81	2	12	648	单蛙	2-1.56×7.4	378	1.25×6.4	2-12.5×32	8	162
ZF2-151-1B	580	460	1000	650	300	69	3	12	828	单蛙	2.44×7.4	378	1.25×6.4	2-10×32	8	207
ZF2-151-1B	580	660	1000	650	300	81	4	12	1296	单蛙	1.56×7.4	378	1.25×6.4	2-10×32	5	324
ZF2-152-1B	730	660	1000	650	375	81	3	12	972	单蛙	1.95×7.4	368	1.56×5.9	2-10×32	8	243
ZF2-152-2B	730	330	1000	650	375	63	2	12	504	单蛙	2-2.1×7.4	368	1.56×5.9	2-12.5×32	10	126
ZF2-171-1B	920	660	1000	650	320	75	3	12	900	单蛙	2-1.45×7.4	312	1.45×7.4	2-12.5×32	8	225
ZF2-171-1B	1150	660	1000	650	320	75	3	12	900	单蛙	2-1.68×7.4	312	1.68×7.4	2-12.5×32	8	225

附表8　ZFS系列试验用直流发电机技术数据

型号		ZFS29.4/11.5-4	ZFS42.3/14-4	ZFS49.3/24-4	ZFS65/22-6
额定功率/kW		35	115	190	300
额定电压/V		115	115/230	115/230	230/460
额定电流/A		304	1000/500	1652/826	1306/653
额定转速/(r/min)		1500	1500	1000	1000
电枢	铁芯外径/mm	294	423	493	650
	铁芯长度/mm	115	140	240	220
	槽数	29	42	62	75
	槽节距	1～8	1～11	1～16	1～13
	每槽单元数	3	2	1	2
	每元件匝数	1	1	1	1
	总导体数	174	168×2	124×2	300×2
	支路数	2	4×2	4×2	6×2
	线规/mm	2-2.44×6.4	3.05×7.4	2-3.05×7.4	3.28×6.9
主极	气隙/mm	2.5	4	5.5	6.8
	每极他励匝数	1100	900	625	430
	每极串励匝数	1	1×2	1×2	1×2
	他励绕组线/mm	ϕ1.16	1.16×2.63	1.35×3.53	1.56×4.7
	串励绕组线/mm	5.5×19.5	4.7×30	6×40	4.5×45
	他励绕组电/A	3.2	6.95	13.6	20.7
换向极	气隙/mm	5	8	10	12
	每极匝数	14	7×2	5×2	6×2
	线规/mm	5.5×19.5	6.5×28	2-5.0×25	2-4.4×22
换向器	外径/mm	200	335	355	500
	换向片数	87	84×2	62×2	150×2
	节距	1～44	1～2	1～2	1～2
每杆电刷数		4	4	4	5
电刷尺寸/mm		16×25	2-12.5×32	20×32	12.5×32

附录6　电动机电磁线和绝缘材料规格参数

附表1　常用电磁线的规格参数

裸线直径/mm	截面积/mm^2	1km导线电阻/Ω	漆包线最大外径/mm			漆包线1km质量/kg			
			Q型	QQ型	QZ、QY型	Q型	QQ型	QZ型	QY型
0.10	0.0079	2270	0.12	0.13	0.13	0.072	0.074	0.074	0.076
0.12	0.0113	1524	0.14	0.15	0.15	0.104	0.104	0.104	0.108
0.15	0.0177	974	0.17	0.19	0.19	0.161	0.161	0.161	0.167
0.17	0.0227	758	0.19	0.21	0.21	0.206	0.206	0.206	0.213
0.20	0.0314	548	0.22	0.24	0.24	0.285	0.285	0.285	0.292
0.21	0.0346	497	0.23	0.25	0.25	0.314	0.314	0.314	0.321
0.23	0.0415	415	0.25	0.28	0.28	0.376	0.376	0.376	0.385
0.25	0.0491	351	0.27	0.3	0.3	0.443	0.443	0.443	0.454
0.27	0.0573	300	0.31	0.32	0.32	0.519	0.519	0.519	0.529
0.29	0.0661	260	0.33	0.34	0.34	0.598	0.599	0.598	0.608
0.31	0.0755	228	0.35	0.36	0.36	0.685	0.685	0.685	0.693
0.33	0.0855	201	0.37	0.38	0.38	0.775	0.775	0.775	0.784
0.35	0.0962	179	0.39	0.41	0.41	0.871	0.871	0.871	0.834
0.38	0.1134	152	0.42	0.44	0.44	1.025	1.025	1.025	1.04
0.41	0.132	130	0.45	0.47	0.47	1.195	1.195	1.195	1.20
0.44	0.152	113	0.49	0.50	0.50	1.374	1.374	1.374	1.39
0.47	0.174	99	0.52	0.53	0.53	1.566	1.566	1.566	1.58
0.49	0.188	91.3	0.54	0.55	0.55	1.701	1.701	1.701	1.72
0.51	0.204	84.4	0.56	0.58	0.58	1.846	1.843	1.843	1.87
0.53	0.221	77.8	0.58	0.60	0.60	1.992	1.987	1.987	2.02
0.55	0.238	72.3	0.60	0.62	0.62	2.144	2.144	2.144	2.17

续表

裸线直径/mm	截面积/mm²	1km导线电阻/Ω	漆包线最大外径/mm			漆包线1km质量/kg			
			Q型	QQ型	QZ、QY型	Q型	QQ型	QZ型	QY型
0.57	0.255	67.5	0.62	0.64	0.64	2.302	2.302	2.302	2.34
0.59	0.273	63.0	0.64	0.66	0.66	2.466	2.466	2.466	2.50
0.62	0.302	57.0	0.67	0.69	0.69	2.72	2.72	2.72	2.76
0.64	0.322	53.4	0.69	0.72	0.72	2.897	2.897	2.987	2.94
0.67	0.353	48.7	0.72	0.75	0.75	3.173	3.163	3.163	3.21
0.69	0.374	46.0	0.74	0.77	0.77	3.374	3.374	3.374	3.41
0.72	0.407	42.3	0.78	0.8	0.8	3.637	3.640	3.640	3.70
0.74	0.430	40.0	0.8	0.83	0.83	3.882	3.882	3.882	3.92
0.77	0.466	36.9	0.83	0.86	0.86	4.196	4.196	4.196	4.24
0.80	0.503	34.2	0.86	9.89	9.89	4.427	4.527	4.527	4.58
0.83	0.541	31.8	0.89	0.92	0.92	4.870	4.842	4.842	4.92
0.86	0.581	29.6	0.92	0.95	0.95	5.227	5.227	5.227	5.27
0.90	0.636	27.0	0.96	0.99	0.99	5.721	5.709	5.709	5.78
0.93	0.679	25.3	0.99	1.02	1.02	6.107	6.107	6.107	6.16
0.96	0.724	23.8	1.02	1.05	1.05	6.525	6.493	6.493	6.56
1.00	0.785	21.9	1.07	1.11	1.11	7.069	7.069	7.069	7.14
1.04	0.849	20.3	1.12	1.15	1.15	7.613	7.620	7.620	7.72
1.06	0.916	18.79	1.16	1.19	1.19	8.240	8.240	8.240	9.32
1.12	0.985	17.47	1.20	1.23	1.28	8.860	8.860	8.860	8.94
1.16	1.057	16.28	1.24	1.27	1.27	9.50	9.510	9.510	9.05
1.20	1.131	15.22	1.28	1.31	1.31	10.16	10.161	10.161	10.4
1.25	1.227	11.02	1.32	1.26	1.36	11.02	11.021	11.021	11.2
1.30	1.327	12.95	1.38	1.41	1.41	11.91	11.912	11.912	12.1

续表

裸线直径/mm	截面积/mm²	1km导线电阻/Ω	漆包线最大外径/mm			漆包线1km质量/kg			
			Q型	QQ型	QZ、QY型	Q型	QQ型	QZ型	QY型
1.35	1.431	12.01	1.43	1.46	1.46	12.84	12.832	12.832	13.0
1.40	1.539	11.18	1.48	1.51	1.51	13.81	13.819	13.819	14.0
1.45	1.651	10.41	1.53	1.56	1.56	14.81	14.802	14.802	15.0
1.50	1.767	9.74	1.58	1.61	1.61	15.84	15.847	15.847	16.0
1.56	1.911	9.06	1.64	1.67	1.67	17.13	17.130	17.130	17.3
1.62	2.06	8.36	1.71	1.73	1.73	18.51	18.456	18.456	18.6
1.68	2.22	7.75	1.77	1.79	1.79	19.82	19.843	19.843	20.2
1.74	2.38	7.23	1.83	1.85	1.85	21.22	21.262	21.262	21.4
1.81	2.57	6.7	1.90	1.93	1.93	23.11	23.030	23.030	23.3
1.88	2.78	6.19	1.97	2.00	2.00	24.93	24.845	24.845	25.5
1.95	2.99	5.76	2.04	2.07	2.07	26.78	26.780	26.780	27.0
2.02	3.20	5.38	2.12	2.14	2.14	28.77	28.659	28.659	29.6
2.10	3.46	4.97	2.20	2.23	2.23	30.28	31.002	31.002	31.3
2.26	4.01	4.29	2.36	2.39	2.39	32.37	35.892	35.892	36.1
2.44	4.68	3.68	2.54	2.57	2.57	34.54	41.802	41.802	42.2

附表2　常用电磁线代用及简捷计算方法（电磁漆包线代用表）

原导线直径d/mm	绕组联接方式不变时，代用的导线直径d_1；d_2/mm	绕组联接由△接改Y接时，代用导线直径d_3；d_4/mm	绕组联接由Y接改△接时，代用导线直径d_5；d_6/mm
0.47	—	0.62	—
0.49	—	0.64	—
0.51	—	0.67	—
0.53	—	0.69	—
0.55	—	0.72	—

续表

原导线直径d/mm	绕组联接方式不变时，代用的导线直径d_1；d_2/mm	绕组联接由△接改Y接时，代用导线直径d_3；d_4/mm	绕组联接由Y接改△接时，代用导线直径d_5；d_6/mm
0.57	—	0.74	—
0.59	—	0.77	—
0.62	—	0.44；0.69	0.47
0.64	—	0.44；0.72	0.49
	—	0.47；0.69	—
	—	0.49；0.69	—
0.67	—	0.46；0.77	0.51
	—	0.49；0.74	—
	—	0.49；0.74	—
	—	0.51；0.72	—
	—	0.55；0.69	—
0.72	—	0.44；0.83	0.55
	—	0.47；0.83	—
	—	0.49；0.80	—
	—	0.49；0.80	—
	—	0.51；0.80	—
	—	0.55；0.77	—
	—	0.59；0.74	—
	—	0.62；0.72	—
	—	0.64；0.69	—
0.74	—	0.96	0.57
	—	0.44；0.86；	—
	—	0.47；0.86	—
	—	0.49；0.83	—
	—	0.51；0.83	—
	—	0.55；0.80	—

续表

原导线直径 d/mm	绕组联接方式不变时，代用的导线直径 d_1；d_2/mm	绕组联接由△接改Y接时，代用导线直径 d_3；d_4/mm	绕组联接由Y接改△接时，代用导线直径 d_5；d_6/mm
0.74	—	0.57；0.80	—
	—	0.57；0.80	—
	—	0.59；0.77	—
	—	0.62；0.74	—
	—	0.64；0.74	—
	—	0.69；0.69	—
0.77	—	1.0	0.59
	—	0.47；0.90	—
	—	0.53；0.86	—
	—	0.55；0.86	—
	—	0.57；0.83	—
	—	0.59；0.83	—
	—	0.62；0.80	—
	—	0.67；0.77	—
	—	0.69；0.74	—
	—	0.72；0.72	—
0.80	—	1.04；	—
	—	0.44；0.96	—
	—	0.49；0.93	—
	—	0.51；0.93	—
	—	0.53；0.90	—
	—	0.55；0.90	—
	—	0.59；0.86	—
	—	0.62；0.86	—

续表

原导线直径 d/mm	绕组联接方式不变时，代用的导线直径 d_1；d_2/mm	绕组联接由△接改Y接时，代用导线直径 d_3；d_4/mm	绕组联接由Y接改△接时，代用导线直径 d_5；d_6/mm
0.80	—	0.64；0.86	—
	—	0.67；0.80	—
	—	0.69；0.80	—
	—	0.72；0.77	—
	—	0.74；0.74	—
0.83	0.47~0.69	1.08	—
	—	0.44；1.00	—
	—	0.51；0.96	—
	—	0.53；0.96	—
	—	0.57；0.93	—
	—	0.59；0.93	—
	—	0.62；0.90	—
	—	0.67；0.86	—
	—	0.72；0.83	—
	—	0.74；0.80	—
	—	0.77；0.77	—
0.86	0.44；0.74	1.12	—
	0.47；0.72	0.47；1.04	—
	0.51；0.69	0.51；1.0	—
	—	0.59；0.96	—
	—	0.64；0.93	—
	—	0.67；0.90	—
	—	0.69；0.90	—
	—	0.72；0.86	—

续表

原导线直径d/mm	绕组联接方式不变时，代用的导线直径d_1；d_2/mm	绕组联接由△接改Y接时，代用导线直径d_3；d_4/mm	绕组联接由Y接改△接时，代用导线直径d_5；d_6/mm
0.86	—	0.74；0.86	—
	—	0.77；0.83	—
	—	0.80；0.80	—
0.90	0.47；0.77	0.49；1.08	0.69
	0.51；0.74	0.55；1.08	—
	0.53；0.72	0.57；1.04	—
	0.55；0.72	0.62；1.00	—
	0.57；0.69	0.64；1.00	—
	—	0.69；0.96	—
	—	0.72；0.93	—
	—	0.74；0.93	—
	—	0.77；0.90	—
	—	0.80；0.86	—
	—	0.83；0.83	—
0.93	0.47；0.80	0.49；1.12	—
	0.51；0.77	0.51；1.12	—
	0.53；0.77	0.57；1.08	—
	0.55；0.74	0.59；1.08	—
	0.57；0.72	0.64；1.04	—
	0.62；0.69	0.69；1.00	—
	—	0.72；1.00	—
	—	0.77；0.96	—
	—	0.80；0.93	—
	—	0.86；0.86	—
0.96	0.44；0.86	1.25；	0.74
	0.47；0.83	0.49；1.16	—
	0.49；0.83	0.51；1.16	—
	0.53；0.80	0.57；1.12	—

续表

原导线 直径 d/mm	绕组联接方式不变时，代用的导线 直径 d_1；d_2/mm	绕组联接由△接改Y接时，代用导线 直径 d_3；d_4/mm	绕组联接由Y接改△接时，代用导线直径 d_5；d_6/mm
0.96	0.57；0.77	0.59；1.12	—
	0.62；0.74	0.64；1.08	—
	0.64；0.72	0.67；1.08	—
	0.67；0.69	0.72；1.04	—
	—	0.77；1.00	—
	—	0.83；0.96	—
	—	0.86；0.93	—
	—	0.90；0.90	—
1.0	0.44；0.90	0.53；1.20	0.73
	0.51；0.86	0.55；1.20	—
	0.55；0.83	0.62；1.16	—
	0.57；0.83	0.64；1.16	—
	0.59；0.80	0.69；1.12	—
	0.64；0.77	0.74；1.08	—
	0.67；0.74	0.80；1.04	—
	0.69；0.72	0.86；1.00	—
	—	0.90；0.96	—
	—	0.93；0.93	—
1.04	0.47；0.93	0.55；1.25	0.80
	0.51；0.90	0.57；1.25	—
	0.53；0.90	0.64；1.20	—
	0.57；0.86	0.72；1.16	—
	0.59；0.86	0.74；1.16	—

续表

原导线直径d/mm	绕组联接方式不变时，代用的导线直径d_1；d_2/mm	绕组联接由△接改Y接时，代用导线直径d_3；d_4/mm	绕组联接由Y接改△接时，代用导线直径d_5；d_6/mm
1.04	0.62；0.83	0.80；1.12	—
	0.67；0.80	0.83；1.08	—
	0.69；0.77	0.90；1.04	—
	0.72；0.74	0.93；1.00	—
	0.74；0.74	0.96；0.96	—
1.08	0.49；0.96	0.57；1.30	0.83
	0.51；0.96	0.59；1.30	0.44；0.69
	0.55；0.93	0.67；1.25	—
	0.59；0.90	0.69；1.25	—
	0.64；0.86	0.74；1.20	—
	0.69；0.83	0.77；1.20	—
	0.72；0.80	0.83；1.16	—
	0.77；0.77	0.86；1.10	—
	—	0.93；1.08	—
	—	0.96；1.04	—
	—	1.00；1.00	—
1.12	0.49；1.00	0.57；1.35	0.49；0.69
	0.51；1.00	0.59；1.35	0.86
	0.57；0.96	0.67；1.30	—
	0.59；0.96	0.69；1.30	—
	0.62；0.93	0.77；1.25	—
	0.67；0.90	0.80；1.25	—
	0.72；0.86	0.86；1.20	—
	0.74；0.83	0.90；1.16	—
	0.77；0.80	0.96；1.12	—
	0.80；0.80	1.00；1.08	—
	—	1.04；1.04	—

续表

原导线直径d/mm	绕组联接方式不变时，代用的导线直径d_1；d_2/mm	绕组联接由△接改Y接时，代用导线直径d_3；d_4/mm	绕组联接由Y接改△接时，代用导线直径d_5；d_6/mm
1.16	0.44；1.08	0.59；1.40	0.44；0.77
	0.51；1.04	0.62；1.40	0.47；0.74
	0.53；1.04	0.69；1.35	0.49；0.74
	0.59；1.00	0.72；1.35	0.51；0.72
	0.64；0.96	0.80；1.30	0.55；0.69
	0.64；0.93	0.86；1.25	—
	0.72；0.90	0.93；1.20	—
	0.74；0.90	0.96；1.20	—
	0.77；0.86	1.00；1.16	—
	0.80；0.83	1.04；1.12	—
	—	1.08；1.08	—
1.20	0.44；1.12	1.56	0.44；0.80
	0.51；1.08	0.62；1.45	0.49；0.77
	0.53；1.08	0.64；1.45	0.53；0.74
	0.59；1.04	0.72；1.40	0.55；0.72
	0.67；1.00	0.80；1.35	0.57；0.72
	0.72；0.96	1.83；1.35	0.59；0.69
	0.77；0.93	0.90；1.30	0.90
	0.80；0.90	0.96；1.25	—
	0.83；0.86	1.04；1.20	—
	—	1.08；1.16	—
	—	1.12；1.12	—
1.25	0.47；1.16	0.67；1.50	0.47；0.83
	0.55；1.12	0.69；1.50	0.51；0.80
	0.57；1.12	0.77；1.45	0.55；0.77
	0.62；1.08	0.80；1.45	0.59；0.74
	0.64；1.08	0.86；1.40	0.62；0.72
	0.69；1.04	0.93；1.35	—
	074；1.00	0.96；1.35	—
	0.80；0.96	1.00；1.30	—
	0.83；0.93	1.08；1.25	—
	0.86；0.90	1.12；1.20	—
	—	1.16；1.16	—

续表

原导线直径d/mm	绕组联接方式不变时，代用的导线直径d_1；d_2/mm	绕组联接由△接改Y接时，代用导线直径d_3；d_4/mm	绕组联接由Y接改△接时，代用导线直径d_5；d_6/mm
1.30	0.49；1.20	0.69；1.56	0.47；0.86
	0.51；1.20	0.72；1.56	0.49；0.86
	0.57；1.16	0.80；1.50	0.53；0.83
	0.59；1.16	0.83；1.50	0.57；0.80
	0.64；1.12	0.90；1.45	0.59；0.80
	0.67；1.12	0.93；1.45	0.62；0.77
	0.72；1.08	1.00；1.40	0.67；0.72
	0.74；1.08	1.04；1.35	—
	0.77；1.04	1.12；1.30	—
	0.83；1.00	1.16；1.25	—
	0.90；0.93	1.20；1.20	—
1.35	0.49；1.25	0.72；1.62	0.44；0.93
	0.51；1.25	0.74；1.62	0.49；0.90
	0.62；1.20	0.83；1.56	0.55；0.86
	0.67；1.16	0.86；1.56	0.57；0.86
	0.69；1.16	0.93；1.50	0.59；0.83
	0.74；1.12	0.96；1.50	0.64；0.80
	0.77；1.12	1.00；1.45	0.67；0.77
	0.80；1.08	1.04；1.45	0.72；0.74
	0.86；1.04	1.08；1.40	072；0.72
	0.90；1.00	1.12；1.40	—
	0.96；0.96	1.16；1.35	—
	—	1.20；1.30	—
	—	1.25；1.25	—
1.40	0.49；1.30	0.74；1.68	0.51；0.93
	0.51；1.30	0.77；1.68	0.53；0.93
	0.62；1.25	0.86；1.62	0.57；0.90
	0.64；1.25	0.90；1.62	0.62；0.86
	0.72；1.20	1.96；1.56	0.67；0.83
	0.74；1.20	1.00；1.56	0.69；0.80

续表

原导线直径d/mm	绕组联接方式不变时，代用的导线直径d_1；d_2/mm	绕组联接由△接改Y接时，代用导线直径d_3；d_4/mm	绕组联接由Y接改△接时，代用导线直径d_5；d_6/mm
1.40	0.77，1.16	1.08；1.50	0.74，0.77
	0.80；1.16	1.12；1.45	—
	0.83；1.12	1.16；1.45	—
	0.90；1.08	1.20；1.40	—
	0.93；1.04	1.25；1.35	—
	—	1.30；1.30	—
1.45	0.53；1.35	0.77；1.74	0.47；1.00
	0.55；1.35	0.80；1.74	0.53；0.96
	0.62；1.30	0.90；1.68	0.55；0.96
	0.64；1.30	0.93；1.68	0.59；0.93
	0.72；1.25	1.00；1.62	0.65；0.90
	0.74；1.25	1.08；1.56	0.69；0.86
	0.80；1.20	1.12；1.56	0.72；0.83
	0.83；1.20	1.16；1.50	—
	0.86；1.16	1.20；1.50	—
	0.93；1.12	1.25；1.45	—
	0.96；1.08	1.30；1.40	—
	1.00；1.04	1.35；1.35	—
1.50	0.53；1.40	1.95	0.47；1.04
	0.55；1.40	0.80；1.81	0.53；1.00
	0.64；1.35	0.83；1.81	0.55；1.00
	0.67；1.35	0.90；1.74	0.62；0.96
	0.74；1.30	0.93；1.74	0.67；0.93
	0.77；1.30	0.96；1.74	0.69；0.90
	0.80；1.25	1.04；1.68	0.74；0.86
	0.90；1.20	1.12；1.62	0.77；0.83
	0.96，1.16	1.20；1.56	0.80；0.80
	1.00；1.12	1.30；1.50	—
	1.04；1.08	1.35；1.45	—
	—	1.40；1.40	—

续表

原导线直径d/mm	绕组联接方式不变时，代用的导线直径d_1；d_2/mm	绕组联接由△接改Y接时，代用导线直径d_3；d_4/mm	绕组联接由Y接改△接时，代用导线直径d_5；d_6/mm
1.56	0.67；1.40	2.02	0.47；1.08
	0.69；1.40	0.80；1.88	0.49；1.08
	0.77；1.35	0.83；1.88	0.55；1.04
	0.80；1.35	0.93；1.81	0.59；1.04
	0.86；1.30	0.93；1.81	0.62；1.00
	0.93；1.25	1.08；1.74	0.64；1.00
	1.00；1.20	1.16；1.68	0.69；0.96
	1.04；1.16	1.20；1.68	0.74；0.93
	1.08；1.12	1.25；1.62	0.77；0.90
	—	1.35；1.56	0.83；0.83
	—	1.40；1.50	—
	—	1.45；1.45	—
1.62	0.72；1.45	2.10	0.51；1.12
	0.74；1.45	0.82；1.95	0.52；1.12
	0.80；1.40	0.86；1.95	0.59；1.08
	0.83；1.40	1.00；1.88	0.67；1.04
	0.90；1.35	1.12；1.81	0.72；1.00
	0.96；1.30	1.25；1.74	0.77；0.96
	1.04；1.25	1.30；1.68	0.80；0.93
	1.08；1.20	1.40；1.62	—
	1.12；1.16	1.50；1.50	—
1.68	0.74；1.50	0.86；2.02	0.44；1.20
	0.77；1.50	0.96；2.02	0.53；1.16
	0.83；1.45	1.04；1.95	0.55；1.16

续表

原导线直径d/mm	绕组联接方式不变时，代用的导线直径d_1；d_2/mm	绕组联接由△接改Y接时，代用导线直径d_3；d_4/mm	绕组联接由Y接改△接时，代用导线直径d_5；d_6/mm
1.68	0.86；1.45	0.08；1.95	0.62；1.12
	0.93；1.40	1.16；1.88	0.69；1.08
	1.00；1.35	1.25；1.81	0.74；1.04
	1.08；1.30	1.30；1.81	0.80；1.00
	1.12；1.25	1.35；1.74	0.83；0.96
	1.16；1.20	1.45；1.68	0.90；0.90
	—	1.50；1.62	—
	—	1.56；1.56	—
1.74	0.77；1.56	2.26	0.55；1.20
	0.80；1.56	0.90；2.10	0.57；1.20
	0.86；1.50	0.93；2.10	0.62；1.16
	0.90；1.50	1.08；2.02	0.64；1.16
	0.96；1.45	1.20；1.95	0.69；1.12
	1.04；1.40	1.30；1.88	0.72；1.13
	1.08；1.35	1.40；1.81	0.77；1.08
	1.12；1.35	1.50；1.74	0.83；1.04
	1.16；1.30	1.62；1.62	0.86；1.00
	1.25；1.20	—	0.90；0.96
1.81	0.90；1.56	1.40；1.95	0.69；1.20
	0.93；1.56	1.45；1.88	0.72；1.16
	1.00；1.50	1.56；1.81	0.74；1.16
	1.08；1.45	1.62；1.74	0.80；1.12
	1.16；1.40	1.68；1.68	0.86；1.08
	1.20；1.35	—	0.90；1.04
	1.25；1.30	—	0.93；1.00

续表

原导线直径 d/mm	绕组联接方式不变时，代用的导线直径 d_1；d_2/mm	绕组联接由△接改Y接时，代用导线直径 d_3；d_4/mm	绕组联接由Y接改△接时，代用导线直径 d_5；d_6/mm
1.88	0.83；1.68	—	0.57；1.30
	0.86；1.68	—	0.59；1.30
	0.93；1.62	—	0.67；1.25
	0.96；1.62	—	0.69；1.25
	1.04；1.56	—	0.77；1.20
	1.12；1.50	—	0.83；1.16
	1.16；1.50	—	0.90；1.12
	1.20；1.45	—	0.93；1.08
	1.25；1.40	—	—
	1.30；1.35	—	—

简捷计算方法

（1）三相异步电动机绕组Y、△接线方式变更，线径计算公式

① 由Y改接△时

$$d_{\triangle}=0.76d_{Y}$$

$$W_{\triangle}=\sqrt{3}\,W_{Y}$$

② 由△改接Y时

$$d_{Y}=1.33\,d_{\triangle}$$

$$W_{Y}=0.58\,W_{\triangle}$$

式中，$d_{\triangle}$、$W_{\triangle}$分别为绕组△接时，导线线径和匝数；d_{Y}、W_{Y}分别为绕组Y接时，导线线径和匝数。

（2）以铜代铝的漆包线代用计算公式

$$d_{铜}=0.8d_{铝}或d_{铝}=\frac{d_{铜}}{126}$$

式中，$d_{铜}$、$d_{铝}$分别表示裸铜导线直径和裸铝导线直径。

附表3　电机用绝缘漆主要性能及有关参数

型号	名称	颜色	溶剂	漆膜干燥条件			耐热等级	主要用途
				类型	温度/℃	时间/h		
1010 1011	沥清漆	黑色	200号溶剂 二甲苯	烘干	105±2	6 3	A	用于浸渍电机转子和定子线圈及其他不耐油的电器零部件
1210 1211	沥清漆	黑色	200号溶剂 二甲苯	烘干 气干	105±2 20±2	10 3	A	用于电机绕组覆盖用，系晾干漆，干燥快，在不须耐油处可以代替晾干灰磁漆用

续表

型号	名称	颜色	溶剂	漆膜干燥条件			耐热等级	主要用途
				类型	温度/℃	时间/h		
1012	耐油性清漆	黄至褐色	200号溶剂	烘干	105±2	2	A	用于浸渍电机，电器线圈
1030	醇酸清漆	黄至褐色	甲苯及二甲苯	烘干	120±2	2	B	用于浸渍电机、电器线圈外，也可作覆盖漆和胶黏剂
1032	三聚氰胺醇酸漆	黄至褐色	200号溶剂二甲苯	烘干	105±2	2	B	用于热带型电机、电器线圈作浸渍之用
1033	三聚氰胺环氧树脂浸渍漆	黄至褐色	二甲苯和丁醇	烘干	120±2	2	B	用于浸渍湿热带电机、变压器、电工仪表线圈以及电器零部件表面覆盖
1320 1321	覆盖磁漆	灰色	二甲苯	烘干 气干	105±2 20±2	3 24	E	1320漆适用电机、电器线圈覆盖，1321漆适用于电机定子和电器线圈的覆盖及各种绝缘零部件表面修饰
1350	硅有机覆盖漆	红色	二甲苯甲苯	烘干	180		H	适用于H级电机、电器线圈作表面覆盖层，可先在110～120℃下预热，然后在180℃下烘干
1610 1611	硅钢片漆		煤油	烘干	210±2	＞12分钟	A	此系高温（450～550℃）快干漆

附表4 电机用玻璃漆管主要性能及有关参数

型号、名称	耐压等级	规格/mm		壁厚/mm		组成材料	
		标准内径	公差	标准壁厚	公差	底材	浸渍物
2730醇酸玻璃漆管	B	1、1.5	+0.2 -0.1	0.4	±0.10	无碱玻璃丝管	醇酸清漆
		2、2.5、3、3.5	+0.3 -0.1	0.5	±0.15		
		4、5、6	+0.4 -0.2	0.6	±0.20		
		7、8、9	+0.5 -0.3	0.7	±0.20		
		10、12、14、16	+0.8 -0.5	0.8	±0.20		
		18、20、22、25、27	±1.0	1.0	±0.30		

续表

型号、名称	耐压等级	规格/mm		壁厚/mm		组成材料	
		标准内径	公差	标准壁厚	公差	底材	浸渍物
2731乙烯玻璃漆管	E(B)	1、1.5	+0.2 -0.1	0.4	±0.10	无碱玻璃丝管	聚氯乙烯树脂
		2、2.5、3、3.5	+0.3 -0.1	0.5	±0.15		
		4、5、6	+0.4 -0.2	0.6	±0.2		
		7、8、9	+0.5 -0.3	0.7	±0.2		
		10、12、14、16	+0.8 -0.5	0.8	±0.2		
		18、20、22、25、27	±1.0	1.0	±0.3		
2750有机硅玻璃漆管	H	1、1.5	+0.2 -0.1	0.3	±0.10	无碱玻璃丝管	有机硅漆
		2、2.5、3、3.5	+0.3 -0.1	0.4	±0.15		
		4、5、6	+0.4 -0.2	0.5	±0.15		
		7、8、9	+0.5 -0.3	0.6	±0.20		
		10、12、14、16	+0.8 -0.5	0.7	±0.20		